FANUC 数控 PMC
从入门到精通

龚仲华　编著

化学工业出版社
·北京·

内容简介

《FANUC 数控 PMC 从入门到精通》在简要介绍数控系统组成与结构、现代数控机床主要产品及 PLC 一般原理与应用知识的基础上，对 FANUC 数控系统及 CNC 集成 PLC 的特点、功能进行详细说明；对 FANUC 数控的 PMC 硬件、电气连接要求等电路设计知识进行了完整阐述；对 PMC 程序格式、程序指令、编程格式、程序示例进行了系统说明；对数控机床实际控制所涉及的操作面板程序、手动操作程序、自动运行程序、自动换刀程序、主轴定向定位程序的设计方法、程序示例进行了详尽分析；对 PMC 程序编辑、调试维修内容进行了全面介绍。

本书面向工程应用，技术先进、知识实用、选材典型，内容全面、由浅入深、循序渐进，可供数控机床设计、使用、维修人员和高等学校师生参考。

图书在版编目（CIP）数据

FANUC 数控 PMC 从入门到精通/龚仲华编著. —北京：化学工业出版社，2021.1

ISBN 978-7-122-37863-7

Ⅰ.①F… Ⅱ.①龚… Ⅲ.①数控机床-程序设计 Ⅳ.①TG659

中国版本图书馆 CIP 数据核字（2020）第 190342 号

责任编辑：张兴辉　毛振威　　　装帧设计：李子姮

责任校对：李　爽

出版发行：化学工业出版社（北京市东城区青年湖南街 13 号　邮政编码 100011）

印　　装：大厂聚鑫印刷有限责任公司

787mm×1092mm　1/16　印张 27¼　字数 700 千字　2021 年 1 月北京第 1 版第 1 次印刷

购书咨询：010-64518888　　　售后服务：010-64518899

网　　址：http://www.cip.com.cn

凡购买本书，如有缺损质量问题，本社销售中心负责调换。

定　　价：**128.00 元**

前言

数控机床是一种综合应用了计算机控制、精密测量、精密机械、气动、液压、润滑等技术的典型机电一体化产品，是现代制造技术的基础。当前，数控机床已成为企业的主要加工设备，在机械加工各领域得到了极为广泛的应用。

本书涵盖了数控机床 PLC 入门到 FANUC 数控系统集成 PMC 应用的全部知识与技术。全书在简要介绍数控系统组成与结构、现代数控机床主要产品及 PLC 一般原理与应用知识的基础上，对 FANUC 数控系统及 CNC 集成 PLC 的特点、功能进行详细说明；对 FANUC 数控的 PMC 硬件、电气连接要求等电路设计知识进行了完整阐述；对 PMC 程序格式、程序指令、编程格式、编程示例进行了系统说明；对数控机床实际控制所涉及的操作面板程序、手动操作程序、自动运行程序、自动换刀程序、主轴定向定位程序的设计方法、程序示例进行了详尽分析；对 PMC 程序编辑、调试维修内容进行了全面介绍。

第 1、2 章为数控机床 PLC 入门知识。第 1 章简要介绍了数控技术与数控系统的基本概念，对现代数控机床常用产品及特点、FANUC 数控系统概况等进行了具体说明；第 2 章简要介绍了 PLC 的组成与原理，PLC 电路设计、PLC 程序设计的基础知识。

第 3、4 章为 FANUC 数控系统集成 PMC 硬件设计知识。第 3 章简要介绍了 FANUC 数控系统的功能与组成，对 FANUC 数控系统集成 PMC 的硬件及性能、I/O-Link 网络配置要求进行了具体说明；第 4 章对集成 PMC 的 I/O 单元或模块的连接要求进行了详细阐述。

第 5～8 章为 FANUC 数控系统集成 PMC 的程序设计及示例。本部分对 FANUC 数控 PMC 编程指令的格式与要求进行了全部阐述，对数控系统操作面板及数控机床自动换刀、主轴控制的 PMC 程序设计要求进行详尽说明，并提供了完整的 PMC 程序设计示例。

第 9 章为 FANUC 数控系统集成 PMC 操作。本章对 FANUC 数控系统的 PMC 编辑器及设定、I/O-Link 网络配置操作、PMC 文本文件编辑、PMC 梯形图程序编辑、PMC 调试与维修操作进行了系统介绍。

本书编写时参阅了 FANUC 公司的技术资料，并得到了 FANUC 技术人员的大力支持与帮助，在此表示衷心的感谢！

由于编著者水平有限，书中难免存在疏漏，殷切期望广大读者批评指正，以便进一步提高本书的质量。

编著者

目录

第 5 章 FANUC PMC 程序与指令

第 6 章 操作面板程序设计

第 7 章 数控机床换刀程序设计

第 8 章 主轴控制程序设计

第 9 章 集成 PMC 操作

附录

第1章　数控技术基础

01

1.1　数控技术与数控系统

1.1.1　数控技术概述

(1) 数控技术与机床

数控（numerical control，NC）是利用数字化信息对机械运动及加工过程进行控制的一种方法。数控技术的发展和电子技术的发展保持同步，至今已经历了从电子管、晶体管、集成电路、计算机到微处理机的演变，由于现代数控都采用计算机控制，因此，又称计算机数控（computerized numerical control，CNC）。

数字化信息控制必须有相应的硬件和软件，这些硬件和软件的整体称为数控系统（numerical control system）。数控系统包括了计算机数控装置（computerized numerical controller，CNC）、集成式可编程序控制器（PLC或PMC）、伺服驱动、主轴驱动等，其中，数控装置是数控系统的核心部件。

由于数控技术、数控系统、数控装置的英文缩写均为CNC或NC，因此，在不同的使用场合，CNC或NC一词具有三种不同含义，即：在广义上，代表一种控制方法和技术；在狭义上，代表一种控制系统的实体；有时，还可特指一种具体的控制装置（数控装置）。

数控技术的诞生源自于机床，其目的是解决金属切削机床的轮廓加工——刀具轨迹的自动控制问题。这一设想最初由美国Parsons公司在20世纪40年代末提出，1952年，Parsons公司和美国麻省理工学院（Massachusetts Institute of Technology）联合，在一台Cincinnati Hydrotel立式铣床上安装了一套试验性的数控系统，并成功地实现了三轴联动加工，这是人们所公认的第一台数控机床。1954年，美国Bendix公司在Parsons专利的基础上，研制出了第一台工业用数控机床，随后，数控机床取得了快速发展和普及。

机床是对金属或其他材料的坯料、工件进行加工，使之获得所要求的几何形状、尺寸精度和表面质量的机器，是机械制造业的主要加工设备。由于加工方法、零件材料的不同，机床可分为金属切削机床、特种加工机床（激光加工、电加工等）、金属成型机床、木材加工机床、塑料成型机床等多种类型，其中，以金属切削机床最为常用，工业企业常见的车床、铣床、钻床、镗床、磨床等都属于金属切削机床。

机床用来制造机器零件，它是制造机器的机器，故又称为工作母机。没有机床就不能制造机器，没有机器就不能生产工业产品，就谈不上发展经济，因此，机床是国民经济基础的基础。没有好的机床就制造不出好的机器，就生产不出好的产品，所以，机床的水平是衡量一个国家制造业水平、现代化程度和综合实力的重要标志。

(2) 数控技术的产生

数控技术最初是为解决金属切削机床自动控制问题所研发。在金属切削机床上，为了能够完成零件的加工，机床一般需要进行以下三方面的控制。

① 动作顺序控制。机床对零件的加工一般需要有多个加工动作，加工动作的顺序有规定的要求，称为工序，复杂零件的加工可能需要几十道工序才能完成。因此，机床的加工过程需要根据工序的要求，按规定的顺序进行。

以图 1.1.1(a) 所示最简单的攻丝机为例，为完成攻丝动作，它需要进行图 1.1.1(b) 所示的“丝锥向下、接近工件→丝锥正转向下、加工螺纹→丝锥反转退出→丝锥离开工件” 4 步加工。

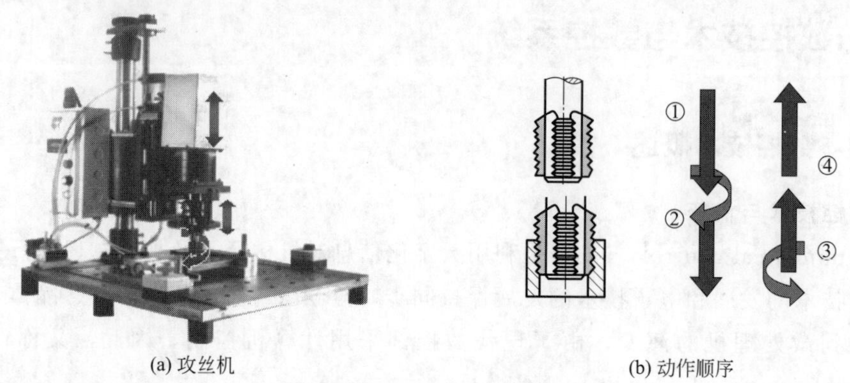

(a) 攻丝机　　(b) 动作顺序

图 1.1.1　动作的顺序控制

动作的顺序控制只需要根据加工顺序表，按要求依次通断接触器、电磁阀等执行元件便可完成，这样的控制属于开关量控制，即使利用传统的继电-接触器控制系统也能实现，而可编程序控制器（PLC）的出现，更是使之变得十分容易。

② 切削速度控制。金属切削机床使用刀具加工零件，为了提高加工效率和表面加工质量，需要根据刀具和零件的材料、直径及表面质量的要求，来调整刀具与工件的相对运动速度（切削速度），即改变刀具或零件的转速。

改变切削速度属于传动控制，它既可通过齿轮变速箱、传动带等机械传动实现，也可利用电气传动直接改变电动机转速实现，早期的直流调速和现代的交流调速都可以用于机床的切削速度控制。

③ 运动轨迹控制。为了将零件加工成规定的形状（轮廓），必须控制刀具与工件的相对运动轨迹（简称刀具轨迹）。例如，对于图 1.1.2 所示的叶轮加工，在加工时必须同时对刀具的上下（*Z* 轴）、叶轮的回转（*C* 轴）和摆动（*A* 轴）进行同步控制，才能得到正确的轮廓。

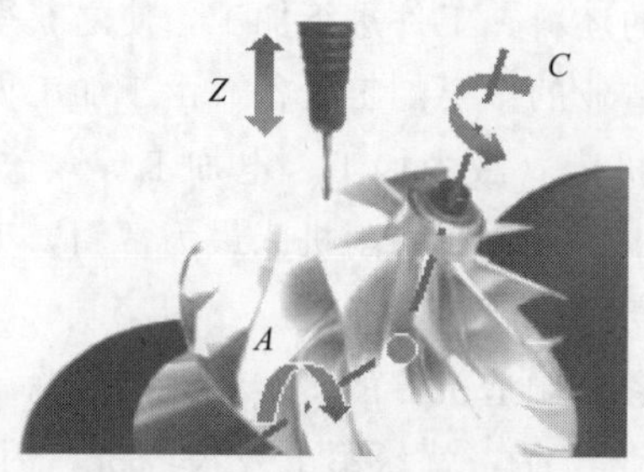

图 1.1.2　运动轨迹的控制

刀具轨迹控制不仅需要控制刀具的位置和运动速度，而且需要进行多个运动的合成控制（称为多轴联动）才能实现，这样的控制只有通过数字技术（数控）才能实现。因此，机床采用数控的根本目的是解决运动轨迹控制的问题，使之能加工出所需要的轮廓。

1.1.2 数字控制原理

(1) 轨迹控制原理

数控机床的刀具轨迹控制，实质上是应用了数学上的微分原理，例如，对于图1.1.3所示XY平面的任意曲线运动，其控制原理如下。

① 微分处理。CNC根据运动轨迹的要求，首先将曲线微分为X、Y方向的等量微小运动ΔX、ΔY，这一微小运动量称为CNC的插补单位。

② 插补运算。CNC通过运算处理，以最接近理论轨迹的ΔX、ΔY独立运动（或同时运动）折线，来拟合理论轨迹。

这种根据理论轨迹（数学函数），通过微分运算确定中间点的方法，在数控上称为“插补运算”。插补运算的方法很多，但是，以目前的计算机处理速度和精度，任何一种插补方法都足以满足机械加工的需要，故无需对此进行深究。

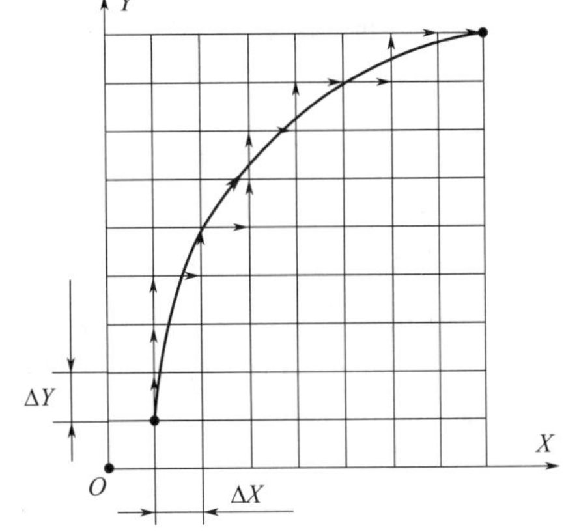

图1.1.3 轨迹控制原理

③ 脉冲分配。CNC完成插补运算后，按拟合线的要求，向需要运动的坐标轴发出运动指令（脉冲）；这一指令脉冲经伺服驱动器放大后，转换为伺服电机的微小转角，然后利用滚珠丝杠等传动部件，转换为X、Y轴的微量直线运动。

由此，便可得到以下结论。

① 能够参与插补运算的坐标轴数量，决定了数控系统拟合轨迹的能力，理论上说，2轴插补可拟合任意平面曲线，3轴插补可拟合任意空间曲线；如能够进行5轴插补运算，则可在拟合任意空间曲线的同时，控制任意点的法线方向等。

② 只要数控系统的脉冲当量（插补单位，如ΔX、ΔY等）足够小，微量运动折线就可以等效代替理论轨迹，使得刀具实际运动轨迹具有足够的精度。

③ 只要改变各坐标轴的指令脉冲分配方式（次序、数量），便可改变拟合线的形状，从而获得任意的刀具运动轨迹。

④ 只要改变指令脉冲的输出频率，即可改变坐标轴（刀具）的运动速度。

因此，理论上说，只要机床结构允许，数控机床便能加工任意形状的零件，并保证零件有足够的加工精度。

一般而言，数控设备对脉冲频率的要求并不十分高，因此，控制轴数、联动轴数、脉冲当量是衡量数控设备性能指标的关键参数。

(2) 轴与轨迹控制数

在数控系统上，能够进行插补控制的轴称为进给轴或NC轴，显然，NC轴越多，能够通过数控装置控制的运动也就越多，系统的控制能力也就越强；进一步说，如果计算机的运算速度足够高，同一数控装置还可以同时进行多条轨迹的插补运算，这样的系统就具备了多轨迹控制能力。

数控系统的多轨迹控制功能在不同公司生产的数控系统上有不同的表述方法。例如，FANUC公司称为“多路径控制（multi-path control）”，SIEMENS公司则称为“多加工通道控制（multi-machining channel control）”等。

多轨迹控制本质上是利用现代计算机的高速处理功能，同时运行多个加工程序，同时进行多种轨迹的插补运算，使得一台数控装置具备了同时控制多种轨迹的能力，从而，真正实现了早期数控系统曾经尝试的计算机群控（DNC）功能，使得多主轴同时加工、复合加工乃至FMC（柔性加工单元）、FMS（柔性制造系统，参见后述）等现代化数控机床的控制技术成为现实。

随着微处理器运算速度的极大提高，当代先进的数控系统都具有多轴、多轨迹控制功能。例如，FANUC 公司生产的最新一代 FANUC 30i MODEL B 系统，最大可用于 96 轴、15 路径（轨迹）控制；SIEMENS 公司最新一代 SIEMENS 840Dsl 数控系统，最大可用于 93 轴、30 加工通道（轨迹）控制等。

(3) 联动轴数

在数控系统上，能参与插补运算的最大坐标轴数称为同时控制轴数，简称联动轴数。联动轴数曾经是衡量 CNC 性能水平的重要技术指标之一，联动轴数越多，数控系统的轨迹控制能力就越强。

数控系统的联动轴数与控制对象的要求有关。理论上说，对于平面曲线运动只需要 2 轴联动，空间曲线只需要 3 轴联动；对于空间曲线及法线的控制，则需要 5 轴联动；如果能同时控制 X、Y、Z 直线运动及绕 X、Y、Z 的回转运动（A、B、C 轴），便可实现三维空间的任意运动轨迹控制。

需要注意的是，计算机技术发展到了今天，就数控装置而言，无论是其处理速度还是运算精度，处理多轴插补运算已不存在任何问题，因此，数控装置具有多少轴联动功能，实际上已不那么重要；作为数控系统最重要的是怎样保证坐标轴能完全按照数控装置的指令脉冲运动，确保实际运动轨迹与理论轨迹一致。因此，国外先进的数控系统都需要将伺服驱动和数控装置作为一个整体进行设计，并通过数控装置进行坐标轴的闭环位置控制，来确保坐标轴实际运动和指令脉冲一致，在这一点上，目前国产数控的技术水平还暂时达不到，在使用时需要引起注意。

(4) 脉冲当量

数控装置单位指令脉冲所对应的坐标轴实际位移，称为最小移动单位或脉冲当量，高精度数控系统的脉冲当量通常就是数控装置的插补单位。

脉冲当量是数控设备理论上能够达到的最高位置控制精度，它与数控系统性能有关。使用步进电机驱动的经济型数控，由于步进电机步距角的限制，其脉冲当量通常只能达到 0.01mm 左右；国产普及型数控的脉冲当量一般可达到 0.001mm；进口全功能数控的脉冲当量一般可达到 0.0001mm，甚至更小，例如，用于集成电路生产的光刻机（数控激光加工机床），其脉冲当量已经可达纳米（0.000001mm）级。

数控设备的实际运动精度和位置测量装置密切相关，采用电机内置编码器作为位置检测元件时，可保证电机转角的准确；采用光栅或编码器直接检测直线距离或回转角度时，可以保证直线轴或回转轴的实际位置准确。

国产经济型数控的步进电机为开环控制，无位置检测装置，故存在失步现象。国产普及型数控的伺服电机内置编码器一般为 2500P/r（脉冲/转），通过 4 倍频线路，对于滚珠丝杠导程为 10mm 的直线运动系统，如果伺服电机和滚珠丝杠为 1∶1 连接，其位置检测精度可到 1μm。进口全功能 CNC 的电机内置编码器光栅的分辨率已可达 2^{28}P/r 左右，同样对于滚珠丝杠导程 10mm 的传动系统，如果伺服电机和滚珠丝杠为 1∶1 连接，其位置检测精度可以达到 0.04μm。

1.1.3　数控系统组成

数控系统的基本组成如图 1.1.4 所示。数控系统是以运动轨迹作为主要控制对象的自动控制系统，其控制指令需要以程序的形式输入，因此，作为数控系统的基本组成，需要有数据输入/显示装置、计算机控制装置（数控装置）、脉冲放大装置（伺服驱动器及电机）等硬件和配套的软件。

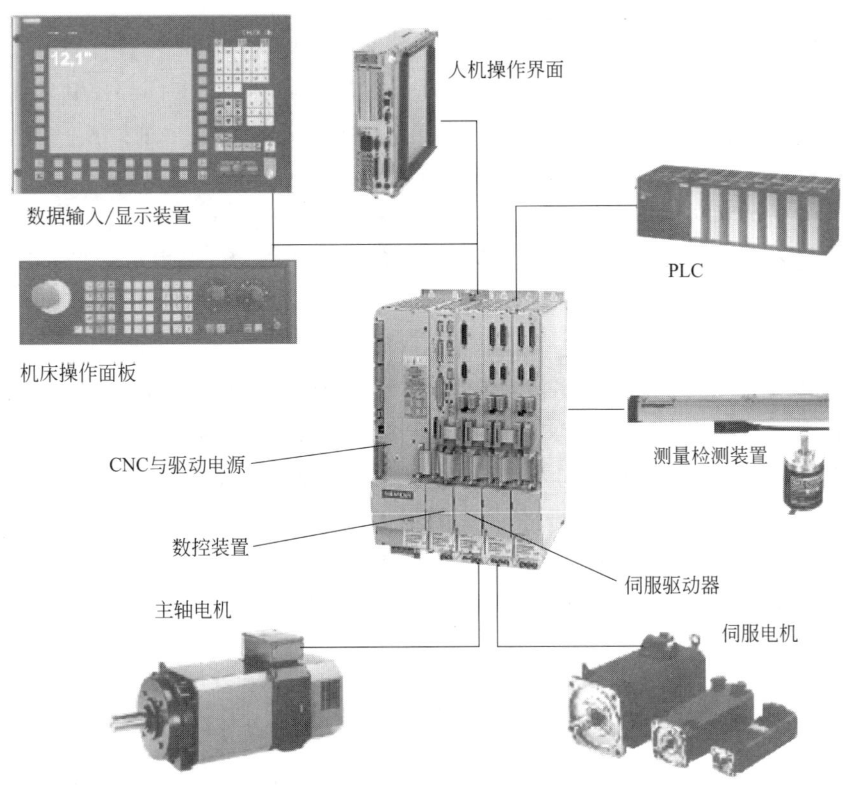

图 1.1.4　数控系统的组成

(1) 数据输入/显示装置

数据输入/显示装置用于加工程序、控制参数等数据的输入，以及程序、位置、工作状态等数据的显示。CNC 键盘和显示器是任何数控系统都必备的基本数据输入/显示装置。

CNC 键盘用于数据的手动输入，故又称手动数据输入单元（manual data input unit，简称 MDI 单元）；现代数控系统的显示器基本上都使用液晶显示器（liquid crystal display，LCD）。数控系统的键盘和显示器通常制成一体，这样的数据输入/显示装置简称 MDI/LCD 单元。

作为数据输入/显示扩展设备，早期的数控系统曾经采用光电阅读机、磁带机、软盘驱动器和 CRT 显示器等外部设备，这些设备目前已经淘汰，个人计算机（PC 机）、存储卡、U 盘等是目前最常用的数控系统数据输入/显示扩展设备。

(2) 数控装置

数控装置是数控系统的核心部件，它包括输入/输出接口、控制器、运算器和存储器等。数控装置的作用是将外部输入的控制命令转换为指令脉冲或其他辅助控制信号，以便通过伺服驱动装置或电磁元件，控制坐标轴或辅助装置运动。

坐标轴的运动速度、方向和位移直接决定了运动轨迹，它是数控装置的核心功能。坐标轴的运动控制信号（指令脉冲）通过数控装置的插补运算生成，指令脉冲经伺服驱动装置的放大后，驱动坐标轴运动。衡量数控装置的性能和水平，必须从其实际位置控制能力上区分。

国产普及型数控目前只具备产生位置指令脉冲的功能，输出的脉冲需要通过通用型伺服驱动器进行放大、转换成电机转角，数控装置并不能对坐标轴的实际位置进行实时监控和闭环控制，也不能根据实际轨迹调整各插补轴的指令脉冲输出，因此，其实际位置、轨迹控制精度通常较低。

进口全功能数控不仅能够产生位置指令脉冲，而且坐标轴的闭环位置控制也通过数控装置实现，因此，数控装置不但可以对坐标轴的实际位置进行实时监控和闭环控制，而且可以根据实际轨迹调整各插补轴的指令脉冲输出，以获得高精度的运动轨迹。进口控制装置技术先进、结构复杂、价格高，但其位置、轨迹控制精度均大大优于国产普及型数控。

(3) 伺服驱动

伺服驱动装置由伺服驱动器（servo drive，亦称放大器）和伺服电机（servo motor）等部件组成，按日本 JIS 标准，伺服（servo）是“以物体的位置、方向、状态等作为控制量，追踪目标值的任意变化的控制机构”。

伺服驱动装置不仅可和数控装置配套使用，还可构成独立的位置随动系统，故又称伺服系统。早期数控系统的伺服驱动装置采用步进电机或电液脉冲马达等驱动装置，到了 20 世纪 70 年代中期，FANUC 公司率先开始使用直流伺服电机驱动装置；自 20 世纪 80 年代中期起，交流伺服电机驱动已全面替代直流伺服驱动，而成为数控系统的主流。在现代高速加工机床上，已开始逐步使用图 1.1.5 所示的直线电机（linear motor）、内置力矩电机（built-in torque motor）或直接驱动电机（direct drive motor）等新颖无机械传动部件的直线、回转轴直接驱动装置。

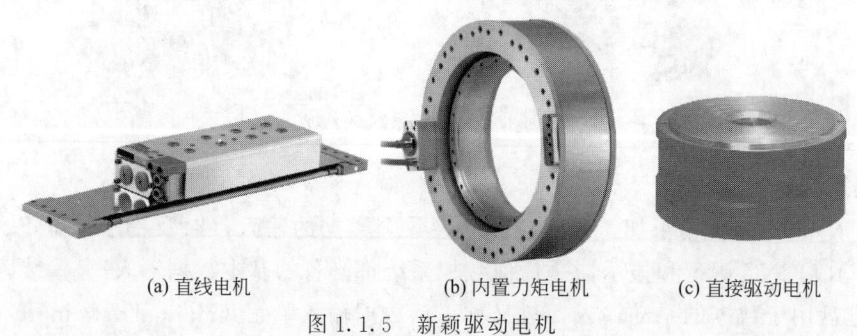

(a) 直线电机　(b) 内置力矩电机　(c) 直接驱动电机

图 1.1.5　新颖驱动电机

伺服驱动系统的结构与数控装置的性能密切相关，因此，它是区分经济型、普及型与全功能型数控的标准。经济型 CNC 使用的是步进驱动；国产普及型 CNC 由于数控装置不能进行闭环位置控制，故需要使用具有位置控制功能的通用型伺服驱动；进口全功能型 CNC 本身具有闭环位置控制功能，故使用的是无位置控制功能的专用型伺服驱动。

(4) PLC

PLC 是可编程序逻辑控制器（programmable logic controller）的简称，数控系统的 PLC 通常与数控装置集成一体，这样的 PLC 专门用于机床控制，故又称可编程机床控制器（programmable machine controller，简称 PMC）。根据不同公司的习惯，数控系统的集成 PLC 在

FANUC数控系统上称为PMC，而在SIEMENS等其他数控系统上仍然称为PLC。

数控系统的PLC用于数控设备中除坐标轴（运动轨迹）外的其他辅助功能控制，例如，数控机床主轴、刀具自动交换、冷却、润滑、工件松/夹等。在简单的国产普及型数控系统上，辅助控制命令经过数控装置的编译后，也可用开关量输出信号的形式直接输出，由强电控制电路或外部PLC进行处理；在进口全功能型数控系统上，PMC（PLC）一般作为数控装置的基本组件，直接与数控装置集成一体，或者通过网络连接使两者成为统一整体。

(5) 其他

随着数控技术的发展和机床控制要求的提高，数控系统的功能在日益增强。例如，在金属切削机床上，为了控制刀具的切削速度，主轴是其必需部件；特别是随着车铣复合等先进数控机床的出现，主轴不仅需要进行速度控制，而且需要参与坐标轴的插补运算（Cs轴控制），因此，在全功能数控系统上，主轴驱动装置也是数控系统的基本组件之一。

此外，在位置全闭环控制的数控机床上，用于直接位置测量的光栅、编码器等也是数控系统的基本部件。为了方便用户使用，系统生产厂家标准化设计的机床操作面板等附件，也是数控系统常用的配套部件；在先进的数控系统上，还可以直接选配集成个人计算机的人机界面（man machine communication，MMC），进行文件的管理和数据预处理，数控系统的功能更强，性能更完善。

1.1.4 数控系统分类

我国目前使用的数控系统一般可按系统性能分为国产普及型和进口全功能型两类。数控系统的主要应用对象——数控机床是一种加工设备，既快又好地完成加工，是人们对它的最大期望，因此，机床实际能够达到的轮廓加工精度和效率，是衡量其性能水平最重要的技术指标，而数控装置的控制轴数、联动轴数等虽代表了数控装置的插补运算能力，但它们并不代表机床实际能达到的轮廓加工精度和效率。

数控系统所使用的伺服驱动器的结构和性能，是决定机床轮廓加工精度的关键部件，也是判定普及型和全功能型数控系统的依据。

(1) 普及型数控系统

国产普及型数控系统的一般组成如图1.1.6所示，它通常由CNC/MDI/LCD集成单元（简称CNC单元）、通用型伺服驱动器、主轴驱动器（一般为变频器）、机床操作面板和I/O设备等硬件组成，数控系统对其配套的驱动器、变频器的厂家和型号无要求。

普及型数控系统的数控装置只能输出指令脉冲，不具备闭环位置控制功能，因此，它只能配套本身具备闭环位置控制功能的通用型交流伺服驱动器，这是它和全功能型数控系统的最大区别。由于伺服电机的位置测量信号不能反馈到数控装置上，故数控装置不能对坐标轴的实际位置、速度进行实时监控和调整，从这一意义上说，对数控装置而言，其位置控制仍然是开环的，只是它的最小转角不受步距角限制，也不存在步进电机的失步现象。

国产普及型数控系统所使用的通用型伺服驱动器是一种利用指令脉冲控制伺服电机位置和速度的通用控制器，它对上级位置控制器（指令脉冲的提供者）同样无要求，因此，也可用于PLC的轴控制。此外，为了进行驱动器的设定与调试，通用型伺服驱动器必须有数据输入/显示的操作面板。

由于普及型数控系统的数控装置不具备闭环速度、位置控制功能，这样的数控装置实际上

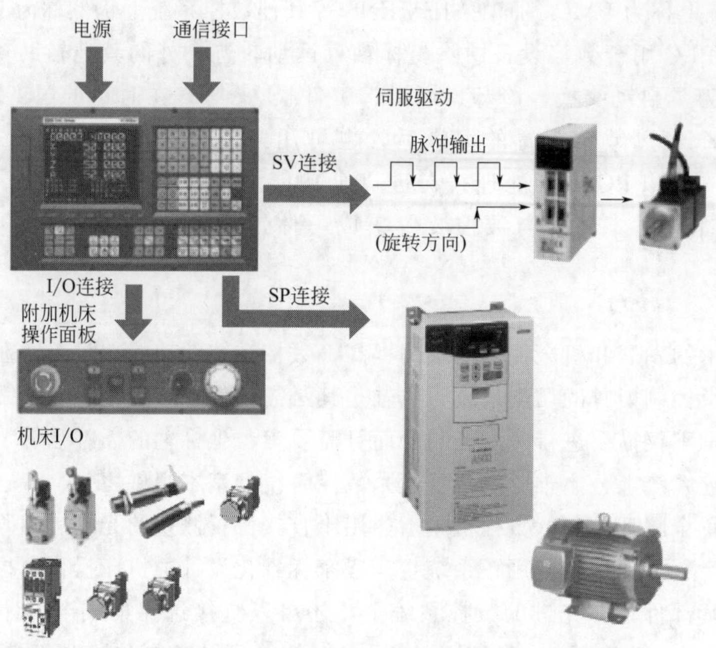

图 1.1.6　普及型数控系统的组成

只是一个具有插补运算功能的指令脉冲发生器，实际坐标轴的运动都需要由各自的驱动器进行独立控制，因此，运动轨迹的精确控制只存在理论上的可能。

大多数国产普及型数控装置无集成 PLC，它们只能输出最常用的少量辅助功能（M 代码）信号，如主轴正转（M03）、反转（M04）、停止（M05），冷却启动（M08）、停止（M09），刀架正转（TL+）、反转（TL−）等，用户不能通过 PLC 程序对坐标轴、主轴及刀架进行其他控制。

综上所述，尽管国产普及型数控系统的价格低、可靠性较高，部分产品也开发了多轴插补运算功能，但其位置控制的方式决定了这样的系统不能用于高精度定位和轮廓加工，故不能用于高速高精度数控机床。

(2) 全功能型数控系统

全功能型数控系统的一般组成如图 1.1.7 所示。

全功能型数控系统的闭环位置控制必须由数控装置实现，闭环速度控制在不同系统上有所不同，早期系统通常由伺服驱动器实现，当前的系统多数由数控装置控制。全功能型数控系统的各组成部件均需要在 CNC 的统一控制下运行，其功能强大、结构复杂、部件间的联系紧密，伺服驱动器、主轴驱动器、PMC 等通常都不能独立使用。

当前的全功能型数控系统一般都采用网络控制技术。在 FANUC 数控系统上，数控装置与驱动器之间使用光缆连接的高速 FANUC 串行伺服总线（FANUC serial servo bus，FSSB）网络控制，集成 PMC 与 I/O 单元之间采用了 I/O-Link 现场总线网络控制，数控系统连接简单、扩展性好、可靠性高。

全功能型数控系统的闭环位置控制通过数控装置实现，伺服驱动器与数控装置密不可分，驱动器参数设定、状态监控、调试与优化等均需要通过数控装置的 MDI/LCD 单元进行，驱动器无操作面板，也不能独立使用。

全功能型数控装置不但能实时监控运动轴的位置、速度及误差等参数，而且所有坐标轴的

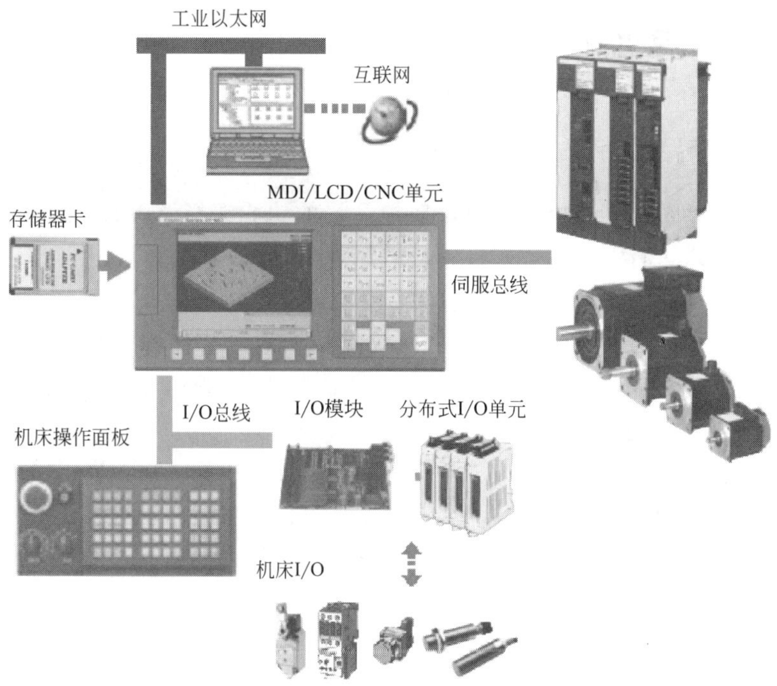

图 1.1.7　全功能型数控系统的组成

运动都可作为整体进行统一控制，确保轨迹的准确无误，这是一种真正意义上的闭环轨迹控制系统。在先进的数控系统上，还可通过“插补前加减速”“AI 先行控制（advanced preview control）”等前瞻控制功能，进一步提高轮廓加工精度。这也是进口全功能型数控机床的定位精度、轮廓加工精度远远高于国产普及型数控机床的原因所在。

全功能型数控系统的 PLC 有集成 PLC（PMC）和外置 PLC 两种，前者多用于 5 轴以下的紧凑型系统，后者多用于大型、复杂系统。

在使用集成 PLC 的数控系统上，PLC 与数控装置通常共用电源和 CPU；用户可根据实际控制需要，通过选择所需的 I/O 单元或 I/O 模块，构成相对简单的 PLC 系统，数控装置和 I/O 单元（模块）间可通过网络总线连接。集成 PLC 配套的 I/O 单元（模块）结构紧凑、I/O 点多，但模块种类少，I/O 连接要求固定，点数有一定的限制，通常也不能选配特殊功能模块；此外，由数控系统生产厂家标准设计的机床操作面板等部件，一般集成 PLC 总线接口，可直接作为 PLC 的 I/O 单元使用，无需另行选配 I/O 单元。集成 PLC 的软件功能相对简单、实用，PLC 一般设计有专门针对数控机床的回转分度、自动换刀等特殊功能指令。集成 PLC 的程序编辑、调试与状态监控，可直接通过数控装置的 MDI/LCD 单元进行。

大型、复杂全功能型数控系统的功能强大、I/O 点数众多，因此，通常需要使用外置式大中型 PLC。外置 PLC 具有独立的 CPU 和电源、I/O 模块，其结构与模块化结构的大中型通用 PLC 相同，因此，在 SIEMENS、AB 等既生产 CNC 又生产 PLC 的公司，通常直接使用带 CNC 网络总线通信接口的大中型通用 PLC，这样的数控系统，可使用通用 PLC 的全部模块，其规格、种类齐全，如果需要，还可选配模拟量控制、轴控制等特殊功能模块。外置 PLC 的软件功能强大、指令丰富，PLC 程序的设计方法与通用型 PLC 完全相同，但是其 PLC 程序的编辑、调试与状态监控，同样可通过数控装置的 MDI/LCD 单元进行。

1.2 现代数控机床

1.2.1 常用产品及特点

数控机床是数控系统的主要控制对象，数控系统的功能选择、PMC 程序设计等都必须根据数控机床的控制要求进行，了解数控机床是掌握数控 PMC 技术的基础。

(1) 常用数控机床

数控机床是一个广义上的概念，凡是采用数控技术的机床都称为数控机床（NC 机床或 CNC 机床），数控机床不仅包括车、铣、钻、磨等金属切削机床，而且包括激光加工、电加工、成型加工等所有机床类产品。

机床控制是数控技术应用最早、最广泛的领域，数控机床的水平代表了当前数控技术的性能、水平和发展方向。数控机床是一种综合应用了计算机技术、自动控制技术、精密测量技术和机床设计等先进技术的典型机电一体化产品，它是现代制造技术的基础，也是衡量一个国家制造技术水平和国家综合实力的重要标志。

在工业企业中，车削、镗铣类金属切削机床的用量最大，因此，它们是数控技术应用最广泛的领域和现代数控机床的标志性产品，数控系统功能通常也按车削加工（turning）、铣削加工（milling）分为 T、M 两大类产品。

车削类机床如图 1.2.1(a) 所示。车削以工件旋转作为切削主运动，最适合轴类、盘类零件的加工，与此类似的还有内外圆磨削类机床等。根据机床的结构和功能，现代车削类数控机床一般有数控车床、车削中心、车铣复合加工中心、车削 FMC 等。用于车削类机床控制的 T 类数控系统至少需要有轴向（Z）和径向（X）两个 NC 轴及主轴的控制功能。

镗铣类机床如图 1.2.1(b) 所示。镗铣（包括钻、攻螺纹等）通过刀具旋转和空间运动实现切削，可用于法兰、箱体等各种形状零件的加工，与此类似的机床有齿轮加工类、工具磨削类等。根据机床的结构和功能，现代镗铣类数控机床一般有数控铣床、数控镗铣床、加工中心、铣车复合加工中心、FMC 等。用于镗铣类机床控制的 M 类数控系统，至少需要有 $X/Y/Z$ 三个基本坐标轴的控制功能。

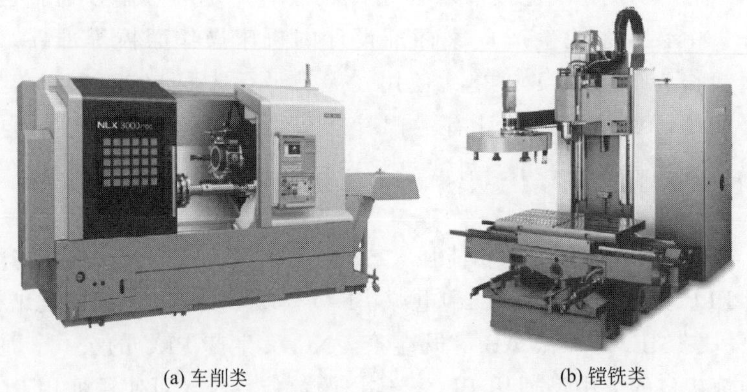

(a) 车削类　　(b) 镗铣类

图 1.2.1　常用数控机床

随着制造技术的进步，高精度、高效的五轴加工、复合加工机床及 FMC 等先进数控设备日益普及，数控系统也在不断向高性能、高速化、复合化、网络化方向发展。例如，在车削类数控系统上，研发、补充了车铣复合加工机床所需要的多坐标轴、多主轴控制及主轴插补（Cs 轴控制）等功能；在铣削类数控系统上，则研发、补充了五轴加工、车铣复合加工所需要的五轴联动、多主轴控制、车削主轴控制功能等功能，数控系统的性能正在日益完善和提高，T 系列和 M 系列产品的功能也在逐步融合。

(2) 数控机床的特点

数控机床与普通机床比较，具有以下基本特点。

① 精度高。机床采用数控后，由于以下原因，使得机床定位精度和加工精度一般都要高于传统的普通机床。

第一，脉冲当量小。数控装置输出的指令脉冲当量是机床的最小位移量，这一值越小，机床可达到的定位精度也就越高。数控机床的脉冲当量一般都在 0.001mm 及以下，这样的微量运动，在手动操作或液压、气动控制的普通机床上，通常很难把握和达到，因此，在同等条件下，采用数控后，机床能比手动操作更精密地定位和加工。

第二，误差自动补偿。数控系统具有间隙、螺距误差自动补偿功能，机床机械传动系统的反向间隙、滚珠丝杠的螺距加工误差等固定误差，均可通过数控装置对指令脉冲数量的修整进行自动补偿。例如，如坐标轴在反向运动时，机械传动系统存在 0.02mm 的间隙，对于脉冲当量为 0.001mm 的数控装置，可在坐标轴改变运动方向时，自动增加 20 个指令脉冲，补偿传动系统反向间隙产生的误差等。因此，理论上说，只要是固定误差，数控机床都可以自动补偿和消除。

第三，结构刚性好。数控机床的进给系统普遍采用滚珠丝杠、直线导轨等高效、低摩擦传动部件，机械传动系统结构简单、传动链短、传动间隙小、部件刚性好，因此，从结构上说，机床本身就比普通机床具有更高的刚度、精度和稳定性。

第四，操作误差小。数控机床可通过一次装夹，完成多工序的加工，与普通机床操作比较，可以减少由于零件的装夹所产生的人为误差，零件加工的尺寸一致性好、加工质量稳定、产品合格率高。

② 柔性强。机床采用数控后，只需改变加工程序，就能进行不同零件的加工，因此，可灵活适应不同的加工需要，为多品种小批量零件加工、新产品试制提供极大的便利。此外，数控机床还可实现任意曲线、曲面的加工，完成普通机床无法完成的复杂零件加工，适用面更广，柔性更强。

③ 生产效率高。数控机床的加工效率主要体现在以下几个方面。

第一，结构刚性好，加工参数可变。数控机床本身的结构刚性通常要高于同规格的普通机床，其切削用量可比普通机床更高；另外，由于数控机床的切削速度、进给量等加工参数可任意调整，因此每一工序的加工都可选择最合适的切削用量，从而提高加工效率和零件加工质量。

第二，高速性能好。数控机床的移动速度、主轴转速均大大高于手动操作或液压、气动控制的普通机床，数控机床的快速移动通常都可达到 15m/min 以上，高速加工机床甚至可超过 100m/min，加工定位的时间非常短，辅助运动时间比普通机床要小得多；此外，数控机床的主轴最高转速通常都在同类普通机床的 2 倍以上，高速加工机床甚至可达每分钟数万转，因此，可使用高速加工工艺和刀具，进行高效加工。

第三，加工辅助时间短。数控机床的多工序加工可一次装夹完成，更换同类零件时无需对机床进行任何调整。此外，数控机床可通过程序进行快速、精确定位，无需进行划线、预冲中心孔等辅助操作；所加工零件也具有一致的尺寸、稳定的质量，无需一一检测；因此，可大大节省加工前后的辅助时间。

④ 有利于现代化管理。数控机床是一种自动化加工设备，可联网、可无人化运行，零件的加工时间、加工费用可准确预计，因此，它可以方便地纳入工厂自动化、信息化管理网，为制造业的自动化、信息化管理提供便利。

1.2.2 车削加工数控机床

车削加工机床是工业企业最常用的设备，它具有适用面广、结构简单、操作方便、维修容易等特点，可用于轴类、盘类等回转体零件的外圆、端面、中心孔、螺纹等的车削加工。从结构布局上，工业企业常用的数控车削加工机床有卧式数控车床、立式数控车床两大类，卧式数控车床的用量最大。

卧式数控车床的主轴轴线为水平布置，它是所有数控机床中结构最简单、产量最大、使用最广泛的机床。根据机床性能和水平，目前企业使用的车削类数控机床主要有普及型、全功能数控车床及车削中心、车铣复合加工中心、车削 FMC 等高效、自动化车削加工机床，基本情况如下。

(1) 普及型数控车床

国产普及型数控车床是在普通车床基础上演变成的简易数控产品，其主要部件结构、外形、主要技术参数与普通车床相似。

中小规格卧式普及型数控车床如图 1.2.2 所示，这种机床只是根据数控的要求，对普通车床的相关部件作了局部改进，机床的床身、主轴箱、尾座、拖板等大件及液压、冷却、照明、润滑等辅助装置与普通车床并无太大的区别。

(a) 外形　　(b) 刀架

图 1.2.2　普及型数控车床

普及型数控车床的主电机一般采用变频调速，由于变频器调速的低频输出转矩很小，故仍需要通过机械齿轮变速提高主轴低速转矩，但其变速挡可以少于普通车床，主轴箱的结构也相对较简单。机床一般用图 1.2.2(b) 所示的电动刀架代替普通车床的手动刀架，以增加自动换刀功能，提高自动化程度。

普及型数控车床的结构简单、价格低廉、维修容易，可用于简单零件的自动加工，但由于数控系统大多采用国产系统，功能简单，数控装置还不具备闭环位置控制功能，因此，加工精度特别是轮廓加工精度、效率都与全功能型数控车床存在很大的差距，此类机床不能用于高速、高精度加工。

(2) 全功能数控车床

全功能数控车床是真正意义上的数控车床，它需要配套进口全功能数控系统，具备闭环位置控制功能，可用于高精度轮廓加工。中小规格卧式全功能数控车床图 1.2.3 所示。

(a) 外形

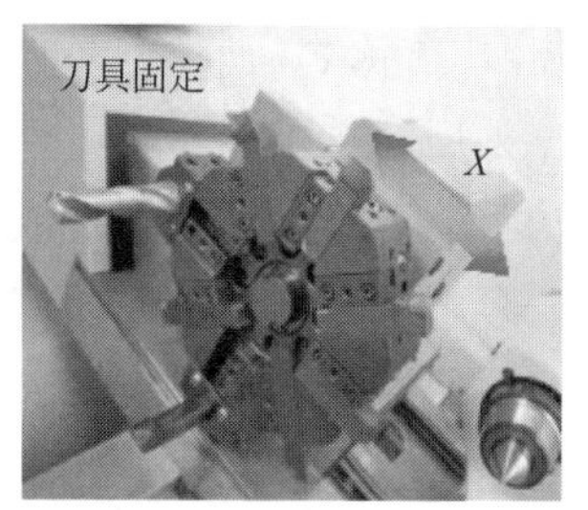

(b) 刀架

图 1.2.3　全功能数控车床

全功能数控车床的结构和布局一般都按数控机床的要求进行设计，机床多采用斜床身布局，自动刀架布置于床身的后侧，主轴箱固定安装在床身上。

全功能数控车床的主轴驱动需要采用数控生产厂家配套的交流主轴驱动装置，主轴的调速范围宽、低速输出转矩大、最高转速高，此外，还具备主轴定向、定位等简单位置控制功能；在高速、高精度数控车床上，还经常使用高速主轴单元、电主轴等先进功能部件，主轴的转速和精度等指标远远高于普及型数控车床。

全功能数控车床一般采用图 1.2.3(b) 所示的液压刀架自动换刀，刀架的结构刚性、刀具容量、回转精度、换刀速度也大大高于电动刀架。

全功能数控车床具有数控机床高速、高效、高精度的基本技术特点，其辅助装置比普及型数控车床更先进、更完善，其卡盘、尾座通常都需要采用液压自动控制，此外，机床还需要配备高压、大容量自动冷却系统以及自动润滑、自动排屑等辅助系统，因此，通常需要有全封闭的安全防护罩。

(3) 车削中心

车削中心（turning center）是在全功能数控车床的基础上发展起来的，可用于回转体零件表面铣削和孔加工的车削类数控机床。车削中心是最早出现的车铣复合加工机床，产品以卧式为常见。

车削中心的典型产品如图 1.2.4 所示，其外形与全功能数控车床类似，但内部结构与性能与全功能数控车床有较大的区别。主轴具有 Cs 轴控制功能，刀架上可安装用于钻、镗、铣加工用的动力刀具（live tool），刀具可以进行垂直方向的 Y 轴运动是车削中心和全功能数控车床的主要区别。

(a) 外形

(b) 刀架

图 1.2.4　车削中心

① Cs 轴控制。Cs 轴控制又称主轴插补或 C 轴插补，由于数控机床的主轴的轴线方向规定为 Z 轴，绕 Z 轴回转的运动轴规定为 C 轴，因此，这一功能被称之为 Cs 轮廓控制（Cs contouring control），简称 Cs 轴控制。

车削加工机床采用的是主轴驱动工件旋转、刀具移动进给的切削加工方法，而钻、镗、铣加工则是采用主轴驱动刀具旋转、工件或刀具移动进给运动的切削加工方法，两者的工艺特征完全不同。因此，车削中心的主轴不但需要驱动工件旋转，进行车削加工，而且必须能够在任意位置定位夹紧，以便进行钻、镗、铣加工；此外，还需要与 X、Y、Z 坐标轴一样，参与插补运算，实现进给运动，完成圆柱面轮廓加工。

② 动力刀具。动力刀具（live tool）是可旋转的特殊车削刀具。普通数控车床的车削加工通过图 1.2.5(a) 所示的工件旋转实现，安装在刀架上的刀具不能（不需要）旋转。车削中心需要进行回转体侧面、端面的孔、轮廓加工，刀架需要安装图 1.2.5(b) 所示的能进行钻、镗、铣等加工的动力刀具，并通过副主轴（第二主轴）驱动刀具旋转。

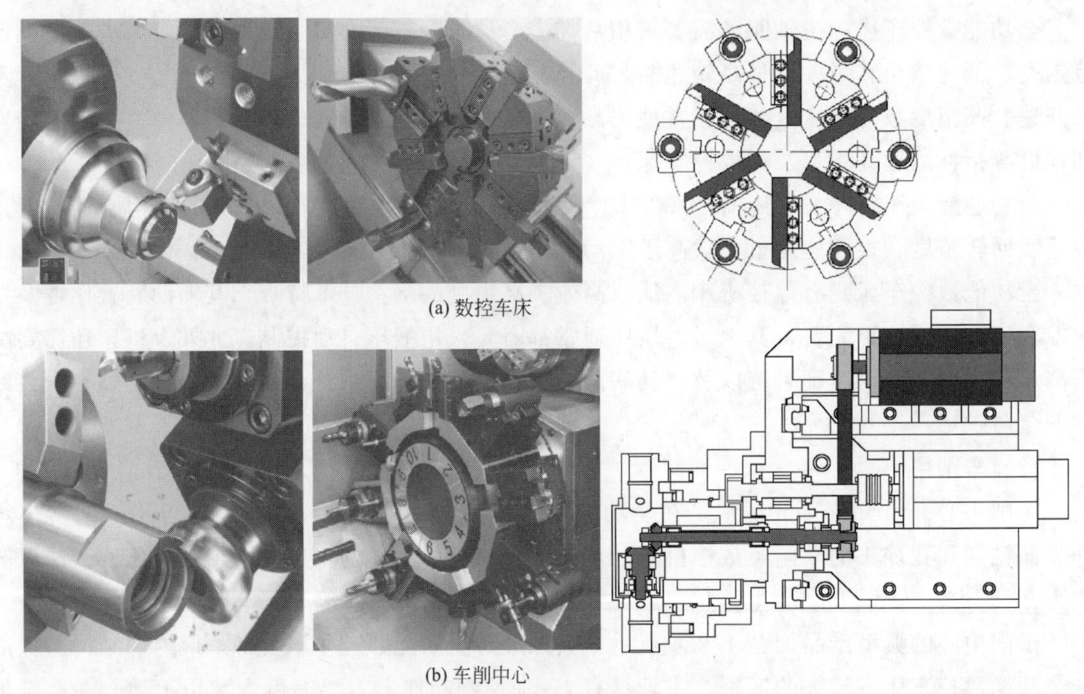

(a) 数控车床

(b) 车削中心

图 1.2.5　数控车床与车削中心加工比较

③ Y 轴运动。回转体的内外圆、端面车削加工，只需要有轴向（Z 轴）和径向（X 轴）进给运动，但其侧面、端面的孔加工和铣削加工，除了需要轴向和径向进给外，还需要有垂直刀具轴线的运动才能实现，因此，车削中心至少需要有 X、Y、Z 三个进给轴。

车削中心的刀架外形和全功能数控车床的刀架类似，但内部结构和控制要求有很大的差别。数控车床的刀架只有回转分度和定位功能，车削中心的刀架不但需要有回转分度和定位功能，而且需要安装动力刀具主传动系统，其结构较为复杂。

(4) 车铣复合加工中心

车铣复合加工中心是在车削类数控机床的基础上拓展镗铣加工功能的复合加工机床，机床具有车床床身、车削主轴及镗铣加工副主轴，机床以车削加工为主体、镗铣加工为补充，可用于车削和镗铣加工，故称为车铣复合加工中心。

中小型车铣复合加工中心如图 1.2.6(a) 所示。机床下部为卧式数控车床的斜床身和车削主轴，车削主轴同样具有 Cs 轴控制功能，配备尾架、顶尖等完整的车削加工附件。机床上部的副主轴和自动换刀装置则采用图 1.2.6(b) 所示的镗铣加工机床结构（详见后述），车削刀具和镗铣刀具采用统一的刀柄，刀具交换使用机械手换刀装置。

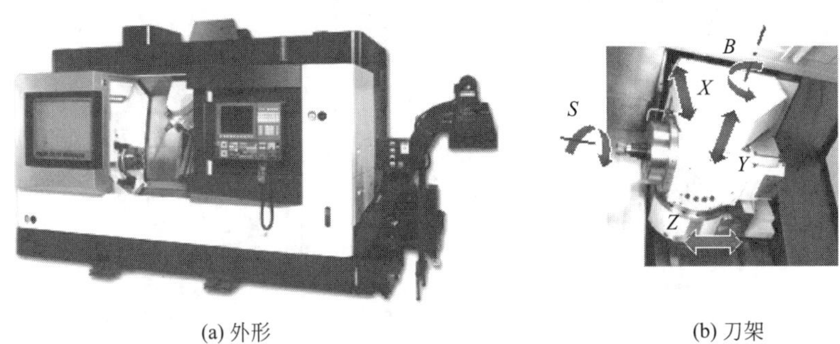

(a) 外形　　(b) 刀架

图 1.2.6　车铣复合加工中心

车铣复合加工中心和车削中心的最大区别在副主轴和自动换刀装置上。

车削中心与全功能数控车床一样采用转塔刀架，刀具交换通过转塔的回转分度实现，动力刀具及传动系统均安装在转塔内部。这种结构的刀具交换动作简单、换刀速度快，并且可直接使用传统的车削刀具，刀具刚性好、车削能力强；但是，对于镗铣类加工，机床存在 Y 轴行程小、铣削能力弱，以及副主轴传动系统的结构复杂、传动链长、主轴转速低和刚性差等一系列不足，因此，机床的镗铣加工能力较弱。

车铣复合加工中心的副主轴一般采用镗铣加工机床的电机直连或电主轴驱动，副主轴结构简单、刚性好、转速可高达每分钟上万转甚至数万转，并可安装标准镗铣加工刀具，机床的镗铣加工能力大幅度提高。

车铣复合加工中心的副主轴可进行 225°左右的大范围摆动（B 轴），以调整刀具方向、进行车削或倾斜面镗铣加工。例如，当机床用于内外圆或端面车削加工时，主轴换上车刀后定位锁紧，然后使 B 轴在 0°或 90°方向定位、夹紧，这样便可通过 X、Z 轴运动及车削主轴（主主轴）上的工件旋转，进行回转体的内外圆或端面车削加工。当机床用于回转体侧面或端面镗铣加工时，车削主轴（主主轴）切换到 Cs 轴控制方式，成为一个数控回转轴，此时，便可通过副主轴上的镗铣刀具，对安装在车削主轴上的工件进行钻镗铣等加工，由于机床具有 X、Y、Z、B、C 共 5 个坐标轴，故也可用于五轴加工。

以上的车铣复合加工中心较好地解决了车削中心铣削能力不足的问题，且可用于五轴加工，但自动换刀装置结构较复杂，倾斜床身对 Y 轴行程也有一定的限制，为此，大型车铣复合加工中心有时直接采用立柱移动式镗铣机床结构（见后述），这种机床和带 A 轴转台、主轴箱摆动的立式五轴加工中心非常类似，只是 A 轴采用的是车削主轴结构并具有尾架、顶尖等部件而已，这样的车铣复合加工机床完全具备了数控车床的车削加工和镗铣机床的镗铣加工性能。

1.2.3　镗铣加工数控机床

镗铣加工数控机床的种类较多，从机床的结构布局上，可分为立式、卧式和龙门式三大类，龙门式镗铣加工机床属于大型设备，其使用相对较少；立式和卧式镗铣加工机床是常用设备。根据机床性能和水平，目前市场使用的镗铣类数控机床可分为数控镗铣床、加工中心、铣车复合加工中心、FMC 等，产品的主要特点如下。

(1) 数控镗铣床

主轴轴线垂直布置的机床称为立式机床。根据通常的习惯，图 1.2.7(a) 所示的从传统升降台铣床基础上发展起来的数控镗铣加工机床称为数控铣床，图 1.2.7(b) 所示的从传统床身铣床基础上发展起来的数控镗铣加工机床称为数控镗铣床。

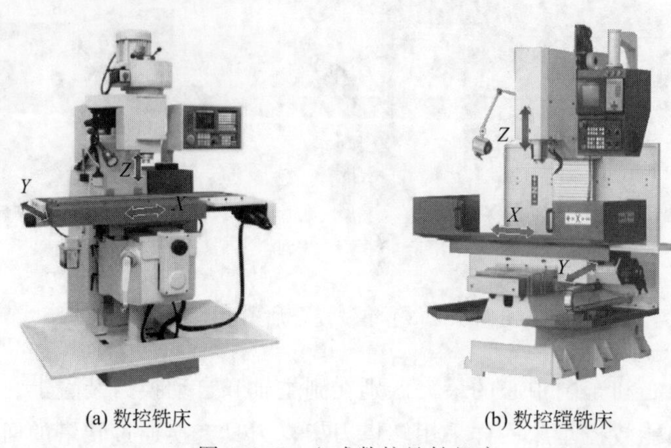

(a) 数控铣床　　(b) 数控镗铣床

图 1.2.7　立式数控镗铣机床

数控铣床和数控镗铣床的性能并无本质的区别，相对而言，数控镗铣床的孔加工能力较强，主轴的转速和精度较高，故更适合于高速、高精度加工，但其铣削加工能力一般低于同规格的数控铣床。

主轴轴线水平布置的机床称为卧式机床。卧式数控镗铣床是从普通卧式镗床基础上发展起来的数控机床，常见的外形如图 1.2.8 所示。

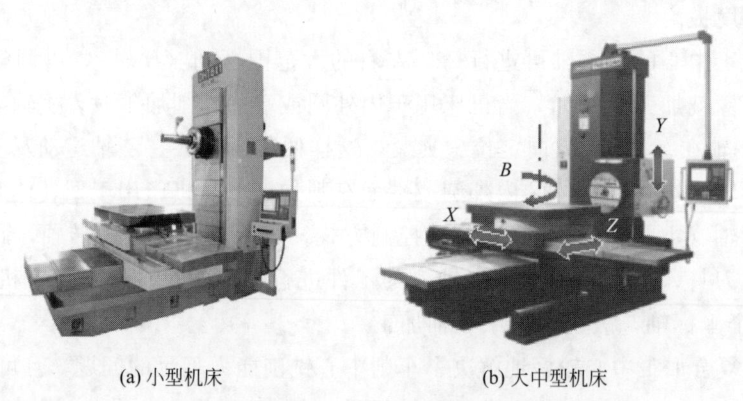

(a) 小型机床　　(b) 大中型机床

图 1.2.8　卧式数控镗铣机床

卧式数控镗铣床以镗孔加工为主要特征，主要用来加工箱体类零件侧面的孔或孔系。卧式机床的布局合理、工作台面敞开、工件装卸方便、工作行程大，故适合于箱体、机架等大型或结构复杂零件的孔加工。卧式数控镗铣床通常配备有回转工作台（B 轴），可完成工件的所有侧面加工，因此，相对立式镗铣床而言，其适用范围更广，机床的价格也相对较高。

龙门式数控机床一般用于大型零件的镗铣加工，它由两侧立柱和顶梁组成龙门，主轴箱安装于龙门的顶梁或横梁上，其典型结构如图 1.2.9 所示。

龙门式数控机床的顶梁由两侧立柱对称支撑，滑座可在顶梁上左右移动（Y 轴），其 Y 轴行程大、工作台完全敞开，它可以解决立式机床的主轴悬伸和工件装卸问题。同时，由于 Y 轴位于顶梁（或横梁）上，也不需要考虑切屑、冷却水的防护等问题，工作可靠性高。龙门式机床的 Z 轴行程可通过改变顶梁高度调整；在横梁移动的机床上，还可通过横梁的升降扩大 Z 轴行程，提高主轴刚性，它还可以解决卧式机床所存在的主轴或刀具的前端下垂问题，其 Z 轴行程大，加工精度容易保证。

图 1.2.9　龙门式数控镗铣床

龙门镗铣床的 X 轴运动可通过工作台或龙门的移动实现，其最大行程可以达到数十米；Y 轴行程决定于横梁的长度和刚性，最大可达 10m 以上；Z 轴运动可通过横梁升降和主轴移动实现，一般可达数米；机床的加工范围远远大于立式机床和卧式机床，可用于大型、特大型零件的加工。

(2) 加工中心

镗铣加工机床采用数控后，不仅实现了轮廓加工的功能，而且可通过改变加工程序改变零件的加工工艺与工序，增加了机床的柔性。但数控镗铣床不具备自动换刀功能，因此，其加工效率相对较低。

带有自动刀具交换装置（automatic tool changer，简称 ATC）的镗铣加工机床称为加工中心（machining center）。加工中心通过刀具的自动交换，可一次装夹完成多工序的加工，实现了工序的集中和工艺的复合，从而缩短了辅助加工时间，提高了机床的效率，减少了零件安装、定位次数，提高了加工精度，它是目前数控机床中产量最大、使用最广的数控机床之一，其种类繁多、结构各异，图 1.2.10 所示的立式、卧式和龙门式加工中心属于常见的典型结构。

(a) 立式

(b) 卧式(双工作台)

(c) 龙门式

图 1.2.10　加工中心

为了提高加工效率、缩短辅助时间，卧式加工中心经常采用图 1.2.10(b) 所示的双工作台交换装置，这种机床虽然也具备工件自动交换功能，但双工作台交换的主要作用是方便工件装卸，并使得加工和工件装卸能够同步进行，以提高效率、缩短辅助加工时间，机床并不具备完整的工件输送和交换功能，故不能称为 FMC。

(3) 五轴加工中心

五轴加工中心是具有图 1.2.11 所示 3 个直线运动轴（X、Y、Z 轴）和任意 2 个回转或摆动轴（A、B 或 C 轴）的多轴数控机床，这样的机床可始终保持刀具轴线和加工面的垂直，一次性完成诸如叶轮等复杂空间曲线、曲面的高速、高精度加工，五轴加工中心是代表当前数控机床性能水平的典型产品之一。

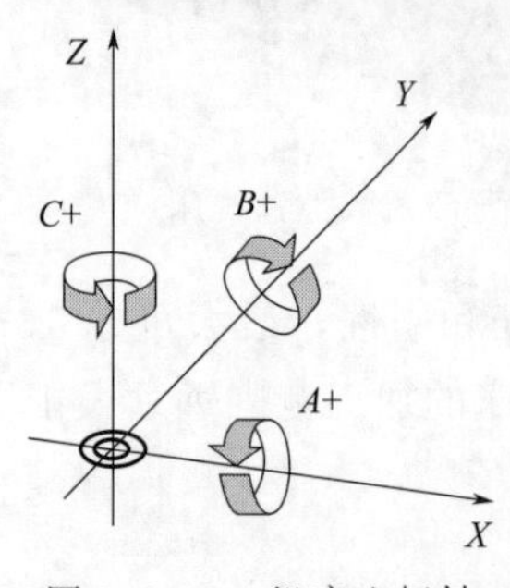

图 1.2.11　机床坐标轴

立式镗铣加工机床的主轴位于工作台上方，主轴周边的空间大，通常无机械部件干涉，因此，五轴加工中心多为立式布局。

立式加工中心的五轴加工可通过多种方式实现，工件回转式、主轴摆动式和混合回转式是五轴加工中心的基本结构。

① 工件回转式。工件回转式是通过工件回转改变加工面方向，使刀具轴线和加工面保持垂直的五轴加工方式，工件回转有图 1.2.12 所示的两种实现方式。

(a) 双轴转台回转

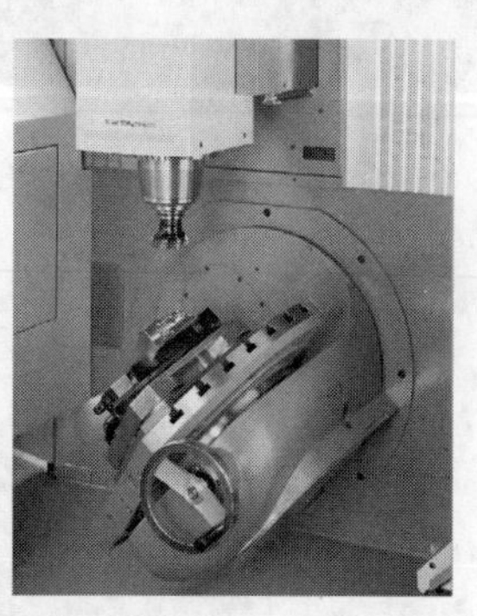

(b) 工作台直接回转

图 1.2.12　工件回转五轴加工中心

图 1.2.12(a) 是在三轴立式加工中心的水平工作台上安装双轴数控回转工作台，实现五轴加工的结构形式。双轴回转工作台目前已有专业生产厂家标准化生产，转台一般为 C 轴回转、A 轴摆动的结构，A 轴摆动范围通常为 120°～180°。

利用双轴转台的五轴加工实现容易、使用灵活、工作台回转速度快、定位精度高，而且不受机床结构形式的限制，也无需改变原机床结构，故适合标准化、模块化生产；但是，其 C 轴回转半径通常较小，转台结构层次多、刚性较差，此外，转台的安装也将影响 Z 轴行程和工件装卸高度，因此，较适合用于小型叶轮、端盖、泵体等零件的五轴加工，而不适用于叶片、机架等长构件的加工。

图 1.2.12(b) 为工作台直接回转式结构，这种数控机床专门为五轴加工设计，工作台本身可进行 C 轴回转、B 轴摆动运动，B 轴的摆动范围通常在 120°左右。

工作台直接回转的五轴加工机床的 C 轴回转半径大、结构刚性好、定位精度高、回转速度快，可用于大规格叶轮、端盖及箱体类零件的五轴加工；但是，其 X 向行程较小，故同样不适合用于叶片、机架等长构件的加工。

② 主轴摆动式。主轴摆动式是通过主轴的回转与摆动改变刀具方向，使刀具轴线和加工面保持垂直的五轴加工方式。主轴摆动式五轴加工可通过安装图 1.2.13 所示的双轴回转头来实现，双轴回转头一般为 C 轴回转、B 轴摆动结构，B 轴摆动范围为 180°左右。

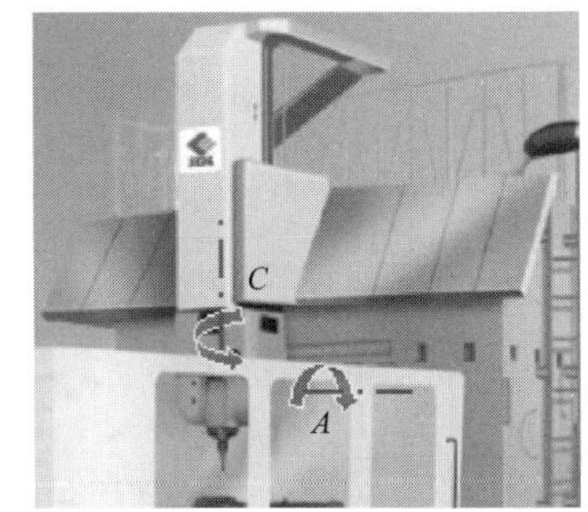

图 1.2.13　主轴摆动五轴加工

主轴摆动式五轴加工中心机床的结构简单、实现方便、机床加工范围大，并可用于任何立式数控镗铣机床，但是，双轴回转头的主轴传动系统设计较为复杂，因此，大多数情况都采用电主轴直接驱动主轴，这样的机床主轴转速高，但输出转矩小、主轴刚性差，通常只能用于轻合金零件的高速加工。

③ 混合回转式。混合回转式是通过图 1.2.14 所示的主轴摆动和工件回转来调整刀具方向，使刀具轴线和加工面保持垂直的五轴加工方式，主轴箱整体可进行 B 轴摆动，工件可进行 A 轴回转，B 轴摆动范围可超过 180°。

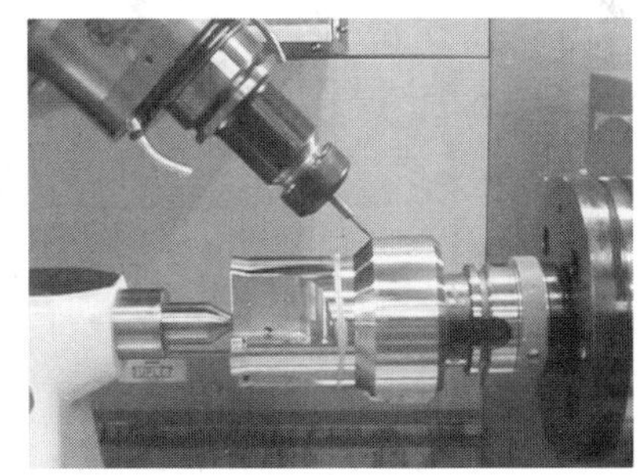

图 1.2.14　混合回转五轴加工中心

混合回转的五轴加工中心综合了工件回转、主轴摆动的优点，解决了主轴摆动式机床主轴刚性差、输出转矩小以及工件回转式机床加工范围小的缺点；机床结构刚性好、加工范围大、工作台承载能力强，故可以用于大型箱体、模具、叶片、机架等长构件的五轴加工，但是，其主轴箱摆动速度、精度低于工件回转、主轴摆动式机床，因此，通常用于大型零件的五轴加工。

(4) 铣车复合加工中心

铣车复合加工中心是在镗铣类数控机床的基础上拓展车削加工功能的复合加工机床，机床具有镗铣床床身、镗铣主轴及车削加工副主轴，以镗铣加工为主体、车削加工为补充，可用于镗铣和车削加工，故称为铣车复合加工中心。

铣车复合加工中心采用立式或龙门式结构，机床的车削副主轴布置一般有如图 1.2.15 所示的 2 种。

图 1.2.15(a) 是以 A 轴为车削副主轴的铣车复合加工中心，机床的基本结构与混合回转式五轴加工机床相同，但是，其工件回转轴 A 通常采用高转速、大转矩内置力矩电机（built-in torque motor）或直驱电机（direct drive motor）直接驱动，可作为车削加工副主轴使用。由于机床较适合用于细长轴类零件（棒料）的铣车复合加工，故又称棒料加工中心。棒料加工中心通常还带平行 X 轴的辅助运动轴 U（第 6 轴），通过 U 轴来实现车床尾架、夹持器等车削加工辅助部件运动。

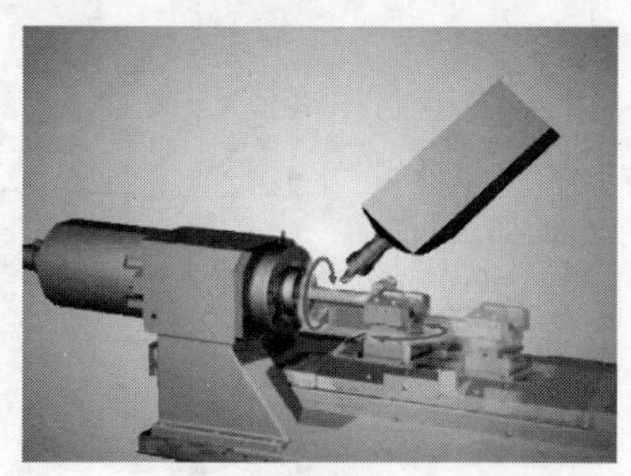
(a) A轴

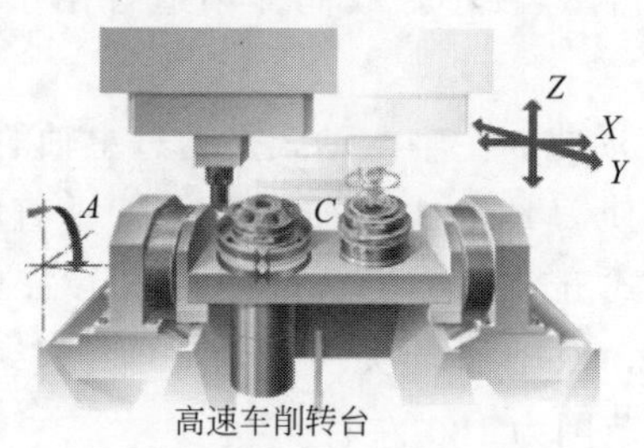

(b) C轴

图 1.2.15　铣车复合加工的车削副主轴

棒料加工中心用于镗铣类加工时，A 轴切换为伺服控制模式，成为图 1.2.16(a) 所示的工件回转和切削进给数控回转轴，U 轴可安装顶尖或夹具，机床成了一台混合回转式五轴加工机床，可进行轴类零件的五轴加工。

(a) 五轴铣削

(b) 外圆、端面车削

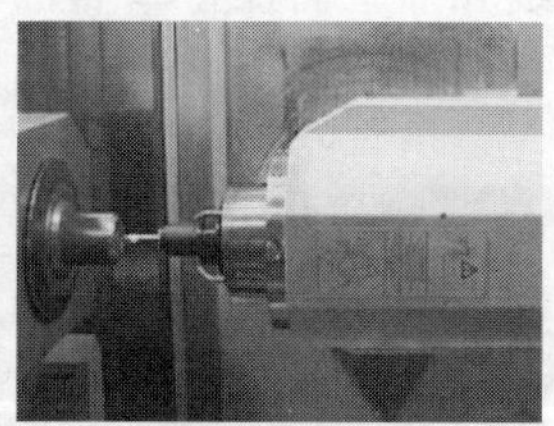
(c) 端面、侧面镗铣

图 1.2.16　棒料铣车复合加工

棒料加工中心用于车削加工时，A 轴切换为速度控制模式，成为车削副主轴，U 轴可安装尾架、夹持器，主轴安装车刀夹紧后，便可像卧式数控车床那样，对 A 轴上的轴类零件进行图 1.2.16(b) 所示的外圆、端面车削加工；同时，还可以通过 B 轴摆动，对工件进行图 1.2.16(c) 所示的端面、侧面镗铣加工。

图 1.2.15(b) 是以 C 轴为车削副主轴的铣车复合加工中心，机床的基本结构与工件回转式五轴加工机床相同，但是，其工件回转轴 C 通常采用高转速、大转矩内置力矩电机（built-in torque motor）或直驱电机（direct drive motor）直接驱动，可作为车削加工副主轴使用。此类机床通常用于法兰、端盖等盘类零件的铣车复合加工。

机床用于镗铣类加工时，C 轴切换为伺服控制模式，成为工件回转和切削进给的数控回转轴，机床就成了一台工件回转式五轴加工机床，可进行端盖、法兰等盘类零件的五轴镗铣加工。

机床用于车削加工时，C 轴切换为速度控制模式、成为车削副主轴，此时，如果 A 轴在 90°位置定位并夹紧，C 轴便具有卧式数控车床主轴功能，机床可对图 1.2.17(a) 所示的端盖、法兰等盘类零件，进行外圆、端面车削加工；如果 A 轴在 0°位置定位并夹紧，C 轴便具有立式数控车床主轴功能，进行图 1.2.17(b) 所示的外圆、端面车削加工；同时，还可以通过 A 轴摆动，对工件进行图 1.2.17(c) 所示的端面、侧面镗铣加工。

(a) 卧式车削

(b) 立式车削

(c) 侧面加工

图 1.2.17　盘类零件铣车复合加工

1.2.4　FMC、FMS 和 CIMS

(1) FMC

FMC 是柔性加工单元（flexible manufacturing cell）的简称。FMC 通常是由一台具备自动换刀功能的数控机床和工件自动输送、交换装置组成的自动化加工单元，FMC 不仅可利用数控机床的自动换刀实现工序集中和复合，而且还可通过工件的自动交换，使得无人化加工成为可能，从而进一步提高了数控设备的利用率。FMC 既可以作为柔性制造系统的核心设备，也可作为自动化加工设备独立使用，其技术先进、结构复杂、自动化程度高、价格贵，因此，多用于大型现代化制造企业。

具备自动换刀功能的数控机床是 FMC 的核心，这种数控机床可以为车削类的全功能数控车床或车削中心、车铣复合加工中心，也可以是镗铣类的加工中心或五轴加工中心、铣车复合加工中心，以数控车削机床为主体的 FMC 一般称为车削 FMC，以数控镗铣机床为主体的 FMC 则直接称为 FMC。

车削 FMC 如图 1.2.18 所示，它是在全功能数控车床、车削中心或车铣复合加工中心的基础上，通过增加工件自动输送和交换装置所构成的自动化加工单元。车削 FMC 的最大特点是可通过工件自动输送和交换装置，自动更换工件，实现长时间无人化加工，从而进一步提高设备使用率和自动化程度。

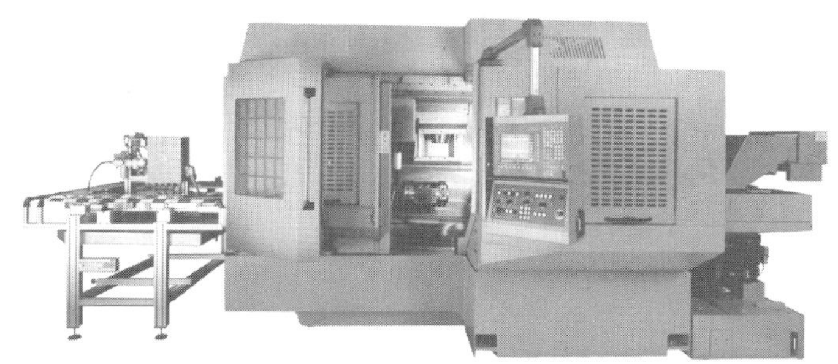

图 1.2.18　车削 FMC

以卧式加工中心为主体的 FMC 如图 1.2.19 所示，这是一种通过工作台（托盘）自动交换（automatic pallet changer，简称 APC）实现工件自动输送、交换的 FMC，它可将机床的工作台面连同安装的工件进行整体自动更换，以达到工件自动交换的目的。

图 1.2.19 卧式 FMC

（2）FMS 和 CIMS

数控车床、车削中心、车铣复合加工中心、车削 FMC 以及数控镗铣床、加工中心、五轴加工中心、铣车复合加工中心、FMC 都是可独立使用的完整数控加工设备，如果在这些数控加工设备的基础上，增加刀具中心、工件中心、检测设备、工业机器人、刀具及工件输送线等辅助设备，使多台独立的数控加工设备变成一个统一的整体，再通过中央控制计算机进行集中、统一控制和管理，便可组成一个具有多种工件自动装卸、自动加工、自动检测乃至于自动装配功能的完全自动化的加工制造系统，这样的加工制造系统同样具有适应产品变化的柔性，故称为柔性制造系统（flexible manufacturing system，FMS）。

FMS 的规模有大有小，中小规模的 FMS 一般由图 1.2.20 所示的若干台数控加工设备及测量机、工业机器人、刀具及工件输送线、中央控制计算机等设备组成，这样的 FMS 具有长时间无人化、自动加工和在线测量检验功能，这是一种用于制造业零部件加工的 FMS。

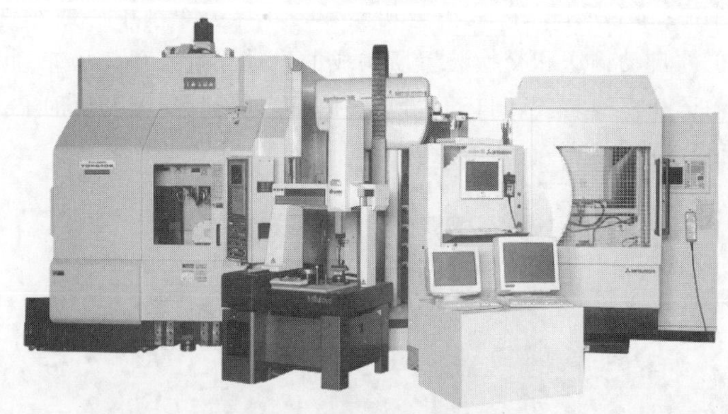

图 1.2.20 中小规模 FMS

大型 FMS 如图 1.2.21 所示，这样的 FMS 具有车间制造过程全面自动化的功能，故又称自动化车间或自动化工厂（FA）。大型 FMS 是一种高度自动化的先进制造系统，目前仅在制造业高度发达的美国、德国、日本等少数国家有部分应用。

图 1.2.21　大型 FMS

随着科学技术的发展，为了适应市场多变的需求，现代企业不仅需要实现产品制造过程的自动化，而且还希望能够实现从市场预测、生产决策、产品设计、产品制造直到产品销售的全过程自动化，如果将这些要求进行综合，并组成为一个直接面向市场的全方位、多功能完整系统，这样的系统称计算机集成制造系统（computer integrated manufacturing system，CIMS）。CIMS 将一个工厂的全部生产、经营活动进行了有机集成，实现了高效益、高柔性的智能化生产，它是目前制造技术追求的方向。

1.3　FANUC 数控系统概况

1.3.1　FANUC 数控系统发展简史

FANUC 公司是全球最大、最著名的数控系统生产厂家之一，整体技术水平居世界领先地位，产品占全球 CNC 市场的 30%以上。FANUC 数控系统以先进、可靠、实用著称，其数控系统发展历史基本上代表了数控系统的技术发展过程。

FANUC 公司的数控系统产品大致可分为以下几代。

(1) 第一代

第一代数控系统以电子电路控制、步进电机或电液脉冲马达驱动为标志。第一代数控系统的数控装置、驱动器采用的是电子管、晶体管等分立元件与小规模集成电路，伺服驱动系统为开环位置控制。

FANUC 第一代数控系统的发展简史如下。

1956 年：研发了全日本第一台电子管控制、电液脉冲马达驱动的点位控制型数控系统。

1959 年：研发了全日本第一台电子管控制、电液脉冲马达驱动的连续控制型数控系统。

1960 年：研发了全日本第一台步进电机直接驱动的数控系统。

1966 年：研发了采用集成电路、电液脉冲马达或步进电机直接驱动的数控系统。

1968 年：研发了全世界首台可用于多台机床控制的控数控系统（当时称为计算机集群系统）。

1969—1974 年：研发了采用集成电路、电液脉冲马达或步进电机直接驱动的数控系统标志性产品 F200A/B 系列，并在数控机床上得到了较大范围的应用。

通过以上产品研发，1974 年 FANUC 数控系统的市场占有率已位居世界第一。但是，由于步进电机和电液脉冲马达受原理、结构等因素的限制，在本质上存在控制精度低（步距角大）、运动速度慢（高频失步）、输出转矩小、运行噪声大等诸多即使今天都不能完全解决的技术问题，严重制约了数控系统的进一步推广和应用。为此，FANUC 公司毅然放弃了步进电机和电液脉冲马达的进一步研究，决定从美国 GETTYS 公司引进当时最先进的直流伺服电机制造技术，并研发了采用直流伺服驱动的新一代数控系统。

FANUC 公司这一决策彻底改变了数控系统的伺服驱动技术发展方向，推动了全球数控技术的全面进步，从此，数控系统开启了以直流伺服驱动代替液压驱动、以闭环控制代替开环控制的全新历程。

(2) 第二代

第二代数控系统以微处理器控制、直流伺服驱动为标志。第二代数控系统的数控装置采用了 8 位微处理器、中规模集成电路、晶闸管等第一代微电子及电力电子器件，伺服驱动系统为直流伺服电机驱动、闭环位置控制。

FANUC 公司第二代数控系统的发展简史如下。

1975 年：为了推动直流伺服驱动技术的进步，FANUC 公司与 SIEMENS 公司合作，并开始研发 FANUC 直流伺服、主轴电机。

1976—1978 年：研发了配套 FANUC（或 SIEMENS）直流伺服、主轴驱动的高性能数控系统 FANUC-SIEMENS SYSTEM 7（目前一般以 FANUC Series 表示，简称 FS 7，下同）及简约型数控系统 FANUC SYSTEM 5（简称 FS 5）。FS7 系统具有 4 轴控制、3 轴联动功能，其性能可满足大多数数控机床的控制要求。

1979—1982 年：研发了配套 FANUC（或 SIEMENS）直流伺服、主轴驱动的新一代高性能数控系统 FANUC-SIEMENS SYSTEM 6（简称 FS 6）及简约型数控系统 FANUC SYSTEM 3（简称 FS 3）等第二代数控系统的标志性产品。

FS 6 系列数控系统采用了标准的 MDI/CRT 操作单元，系统已具备 5 轴控制、4 轴联动功能，并可采用 SIEMENS 公司生产的 SIMATIC S5-130W 模块式 PLC 作为辅助控制器，系列产品的实际使用性能可满足绝大多数数控机床的需要。因此，FS 6 成为当时数控机床普遍使用的主导产品，在各类数控机床上得到了大量的应用，FANUC 也由此奠定了数控系统在全球的领先地位。

(3) 第三代

第三代数控系统以交流伺服驱动、微电子产品普及、高速高精度加工为标志，开启了交流伺服全面代替直流伺服的革命，数控装置普遍采用了 16 位、32 位微处理器及大规模集成电路、IGBT、IPM 等新一代微电子及电力电子器件，数控系统的轨迹控制精度、进给速度、主轴转速大幅度提高，并逐步以网络总线通信代替了传统的信号连接电缆。

FANUC 公司第三代数控系统的发展简史如下。

1983 年：FANUC S 系列交流伺服、主轴驱动系列产品研发成功，数控系统伺服、主轴驱动系统的可靠性、使用寿命大幅度提高。

1984—1985 年：研发了配套交流伺服、主轴驱动，使用光缆总线的高性能数控系统 FANUC SYSTEM 10/11/12（简称 FS 10/11/12）及简约型数控系统 FANUC SYSTEM 0（简称 FS 0）系列产品。

FS 10/11/12 系列数控系统率先使用了光缆总线通信的集成 PMC、分布式 I/O 单元等新技术，数控系统可实现 5 轴控制、5 轴联动，软件功能十分丰富。FS 10/11/12 系列数控系统的研发，奠定了 FANUC 高性能数控系统的发展基础。对于单机控制而言，FS 10/11/12 的大部分技术性能，即使用于现代数控机床仍不显落后。

简约型系统 FS 0 是 FANUC 历史上研发最为成功的数控系统产品之一，系列产品的可靠性大大高于当时的同类产品，而且其性能价格比与同类产品比较具有极大的优势，因此，它们在实用型数控机床上得到了极为广泛的应用。

1986—1987 年：研发了使用 MMC（man machine communication）操作界面的工业计算机代替 CRT 显示器的 FANUC SYSTEM 00/100/110/120 系列数控系统，以及改进版交流数字伺服、主轴驱动等产品。

1988—1993 年：研发了 FANUC SYSTEM 15（简称 FS 15）系列高速高精度加工控制用的高性能数控系统以及 FANUC-α 系列交流伺服、主轴驱动等产品。

FS 15 系列数控系统采用了当时最先进的 64 位高速微处理器和 RISC（reduced instruction set computing，精简指令集计算机）、超大规模立体集成电路等新颖控制器件，系统的处理速度、运算精度大大提高。最初的 FS 15 最大控制/联动轴数可达 24/24 轴，位置分辨率可达 1nm，快进速度可达 240m/min，并具有 Cs 轴控制、五轴加工等现代化控制功能；系统集成 PMC 的程序存储容量为 24000 步，处理速度为 0.1μs/步。以上技术指标均代表了第三代数控系统的最高水平，并且在后续的 FS 15B 等改进版产品中不断提高。

1994—1996 年：以提高 FS 15 系统性价比为主要发展方向，在 FS 15 系列数控系统的基础上，相继研发了 FS 16（最初为 18 轴控制/6 轴联动）、FS 18（最初为 10 轴控制/4 轴联动）、FS 20（最初为 8 轴控制/4 轴联动）、FS 21（最初为 6 轴控制/4 轴联动）、FS 22（最初为 4 轴控制/4 轴联动），使用 MMC 操作界面的工业计算机代替显示器的 FS 150/160/180/210 等 FS 15 系列拓展产品，简约型数控系统的改进产品 FANUC SYSTEM 0-MODEL B/C（简称 FS 0B、FS 0C）等。

FS 15 系列和 FS 0 系列产品的研发，分别占领了高性能数控机床和普通型数控机床的应用市场，在国际国内数控机床上得到了极为广泛的应用，标志着 FANUC 数控系统产品的市场占有率开始大幅度领先于其他数控系统生产厂家。

（4）第四代

第四代数控系统以多轨迹（多路径）控制、五轴联动与复合加工、直接驱动等最新技术应用和利用 IT 技术的远程控制、诊断与维修功能为标志，它是适应现代数控机床技术发展需求的新一代数控系统。

第四代数控系统以网络总线代替了传统的信号连接电缆，在大幅度简化系统连接的同时，大大提高了系统的扩展和网络集成能力；数控系统充分利用了现代计算机的高速高精度性能，通过高速高精度的多轨迹插补运算，具备了同时运行多个加工程序、控制多种轨迹加工的能力，故可满足现代多主轴同时加工、复合加工、五轴加工数控机床和 FMC、FMS 的控制需要。与此同时，还可使用工业平板电脑代替 LCD 显示器，大大提高系统操作性能和远程通信能力，使得数控系统的远程控制、诊断与维修成为现实。

FANUC 公司的第四代数控系统的研发始于 FS 15 系列和 FS 0 系列，并以最新的 FS 30i 系列和 FS 0i 系列作为标志性产品，产品的发展简史如下。

1997—2000 年：研发了应用 IT 技术的 i 系列高性能数控系统 FANUC SYSTEM 15i/16i/

18i/21i-MODEL A（简称 FS 15iA/16iA/18iA/21iA）、使用 MMC 操作界面的工业计算机代替显示器的 FS 150iA/160iA/180iA/210iA 系统和简约型 FANUC SYSTEM 0i-MODEL A（简称 FS 0iA）系统，以及新一代使用 FSSB（FANUC serial servo bus）高速串行伺服总线连接的 FANUC-αi 高性能伺服主轴驱动产品；与此同时，还推出了适合普通数控机床用的高性价比 β 系列交流伺服主轴驱动产品。

2001—2002 年：研发了五轴联动与复合加工控制用的 FANUC SYSTEM 16i/18i/21i-MODEL B5（简称 FS 16i/18i/21iB5）系列高性能数控系统，改进版的 FS 0iB、FS 0i Mate A/0i Mate B 等简约型数控系统，同时，还研发了应用 IT 技术的 FANUC-βi 系列高性价比普通型伺服主轴驱动等产品。

2003—2004 年：研发了用来替代 FS 15i 系列高性能数控系统的全新系列产品 FANUC SYSTEM 30i/31i/32i-MODEL A（简称 FS 30iA/31iA/32iA）、五轴联动与复合加工控制系统 FS 30iA5，同时，推出了改进版的 FANUC-αis 系列伺服主轴驱动等产品。

2005—2008 年：相继研发了五轴联动与复合加工控制系统 FS 31iA5/32iA5，使用 MMC 操作界面的工业计算机代替显示器的 FS 300iA/310iA/320iA、FS 300isA/310isA/320isA、FS 310iA5/310isA5 等高性能数控系统，以及改进版的 FS 0iC、FS 0i Mate C 等简约型数控系统产品。

2009—2012 年：相继研发了 FS 30i 系列改进版的 FS 30iB/31iB/32iB、FS 35iA，五轴联动与复合加工控制系统 FS 30iB5 等高性能数控系统，以及改进版的 FS 0iD、FS 0i Mate D 系列简约型数控系统。

2013—2015 年：相继研发了改进版的 FS 35iB、五轴联动与复合加工控制系统 FS 31iB5/32iB5 等系列高性能数控系统，改进版的 FS 0iF 系列简约型数控系统，以及 FANUC Lis 系列直线电机、Dis 系列转台直驱电机、Bi 系列电主轴等新一代直接驱动伺服电机、主轴电机产品。

2016—2019 年：相继研发了使用 iHMI 操作界面的 FANUC PANEL i 系列工业平板电脑代替显示器的 FS 30iB 系列高性能数控系统和简约型升级版数控系统 FS 0i F-Plus，新一代运动控制器 FANUC POWER Motion i-MODEL A（4 路径、32 轴控制），同时，还推出了改进版的 FANUC Lis-B 系列直线电机、Dis-B 系列转台直驱电机、Bi-B 系列电主轴等直接驱动伺服电机、主轴电机等最新一代产品。

FANUC PANEL i（包括 PANEL iH、PANEL iH Pro）系列工业平板电脑（industrial panel PC）采用 Intel Core i5 处理器、电容式触摸屏、1920×1080 像素 Full HD（full high definition，全高清）10.4～21.5in（1in＝2.54cm）显示、iHMI 操作界面，并利用 FANUC HSSB（high speed serial bus，高速串行总线）与 CNC 连接，大大提高了 CNC 操作和远程控制、诊断与维修性能。

1.3.2 当前主要产品

(1) 简约型系统

FANUC SYSTEM 0i（简称 FS 0i）系列简约型数控系统是 FANUC 公司销量最大、可靠性最好、性价比最高的数控系统，产品在各类数控机床上得到了极为广泛的应用。

简约型数控系统最初是 FANUC 公司专门为 5 轴以下、大批量生产数控机床所研发的实用型数控系统，但是，最新的 FS 0iF/F Plus 已具备 12 轴控制、4 轴联动功能，因此，实际上已可用于除五轴联动及复合加工中心以外的绝大多数数控机床控制。

FS 0i 的数控装置（以下简称 CNC）型号的一般表示方法如下：

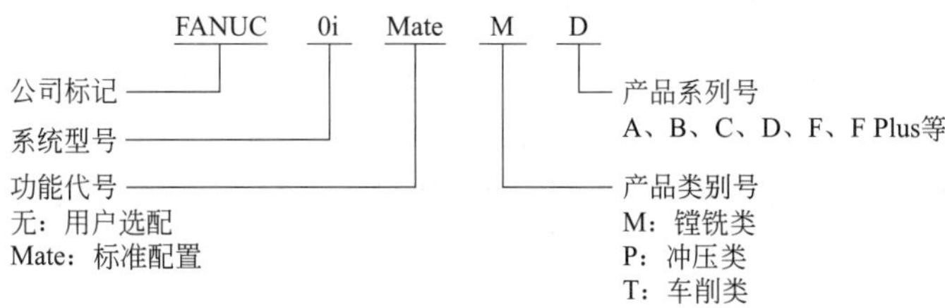

截至目前，FS 0i 已经推出了 FS 0iA、FS 0iB、FS 0iC、FS 0iD、FS 0iF、FS 0iF Plus 共 6 大系列、多种类别的数控系统产品，产品性能不断提高。FS 0i 不同系列产品在结构、功能及用途上的主要区别如下。

① 产品结构。在数控系统基本结构上，早期的 FS 0iA、FS 0iB 采用的是 MDI/LCD（手动数据输入/显示单元，下同）和 CNC（数控装置，下同）分离型结构，通常而言，MDI/LCD 安装在机床操纵台上、CNC 安装在控制柜内；后期的 FS 0iC、FS 0iD、FS 0iF、FS 0iF Plus 均采用 MDI/LCD/CNC 一体型结构，整个单元均安装在机床操纵台上，其结构更紧凑、安装更方便。

在网络结构上，FS 0iA 系列 PMC 的 I/O 单元与 CNC 之间采用了 I/O-Link 网络总线连接，但是，CNC 与伺服驱动器仍需要使用传统的电缆连接，因此，所配套的驱动器为 α 系列、β 系列电缆连接驱动器；自 FS 0iB 起，后续的产品均采用了 FANUC 高速串行伺服总线（FANUC serial servo bus，FSSB）技术，实现了 CNC 和伺服驱动器的光缆网络连接，所配套的驱动器为 FSSB 光缆连接的 αi/βi 系列驱动器。

② 产品功能。FS 0i 的功能有标准配置和用户选配两种，FS 0iD 及前期产品的标准配置系统需要增加功能代号“Mate”，用户选配系统不加功能代号；FS 0iF/0iF Plus 则以 Type3 或 Type5 表示。

标准配置 FS 0i Mate 的软硬件功能不能改变，FANUC 已根据数控机床的基本控制要求，配置了标准的选择功能软件包及常规硬件。FS 0i Mate 的 CNC 主板无安装扩展模块的接口，故不能选择通信接口、数据服务卡、附加轴控制、附加主轴控制等扩展模块及多轴控制、多路径控制、同步轴控制、倾斜轴控制、增强型 PMC 等软件功能，也不能选择 10.4in 分离型 LCD 等部件。用户选配的 FS 0i 的 CNC 主板带扩展模块接口，可根据用户需要，增加硬件模块与软件功能，增强系统功能。

例如，标准配置的 FS 0i Mate D 为水平布置或垂直布置的 8.4in LCD/CNC/MDI 一体型单元，其最大控制轴数为 6 轴（5 轴进给＋1 主轴），联动轴数为 4 轴，PMC 最大 I/O 点为 256/256 点，程序容量 8000 步，基本指令执行时间为 1μs。

用户选配的 FS 0iD 不但可选用水平布置或垂直布置的 8.4in LCD/CNC/MDI 一体型单元，并且，还可以根据需要选择 10.4in LCD/CNC 单元加分离型 MDI 的结构，CNC 最大可扩展至 2 加工路径（FS 0i TTD）、11 轴控制（8 轴进给＋3 主轴）/4 轴联动等软硬件，PMC 的最大 I/O 点可扩展到 2048/2048 点，程序容量可增加到 32000 步，基本指令执行时间可提高到 0.025μs 等。

最新的 FS 0iF Plus 系列产品，最大可用于 3 机械组、2 路径加工、2 路径装卸控制（有关机械组、路径控制的含义详见第 3 章），最大控制轴数为 12 轴（不分进给轴、主轴），4 轴联动。系统分为用户选配型（Type1，可选择全部功能）、高速高精度加工标准配置型（Type3）、一般加工标准配置型（Type5）3 种规格。

标准配置的 FS 0iF Plus Type3、Type5 为水平布置或垂直布置的 10.4in LCD/MDI/CNC 一体型单元，系统为单机械组、1 加工路径、6 轴控制/4 轴联动，PMC 最大 I/O 点为 2048/2048 点，程序容量 24000 步，基本指令执行时间为 0.018μs。

用户选配的 FS 0iF Plus Type1 可选配使用 iHMI 操作界面的 10.4in、15in、21.5in FANUC PANEL i 系列工业平板电脑代替显示器；PMC 最大可扩展至 3 路径（机械组）控制，3 程序同步运行，程序容量约为 100000 步（48000 步＋32000 步＋16000 步）。

③ 产品外形。FS 0iF 系列数控系统的外形如图 1.3.1 所示。

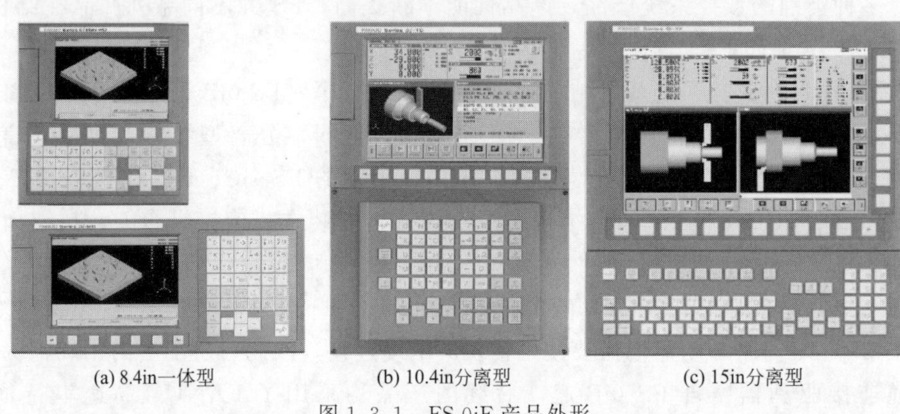

(a) 8.4in一体型　(b) 10.4in分离型　(c) 15in分离型

图 1.3.1　FS 0iF 产品外形

标准配置的 FS 0iF Type3、Type5 系统有图 1.3.1(a) 所示的水平布置和垂直布置 8.4in LCD/CNC/MDI 一体型 2 种基本结构；如果需要，也可选配图 1.3.1(b) 所示的 10.4in LCD/CNC 单元加分离型 MDI 面板的结构。用户选配的 FS 0iF/0iF Plus Type1 系统，不仅可以选择水平布置和垂直布置 8.4in LCD/CNC/MDI 一体型、10.4in LCD/CNC 单元加分离型 MDI 面板等结构，而且还可选配如图 1.3.1(c) 所示的 15in LCD/CNC 单元加分离型 MDI 面板结构。

最新的 FS 0iF Plus 系统外形如图 1.3.2 所示。

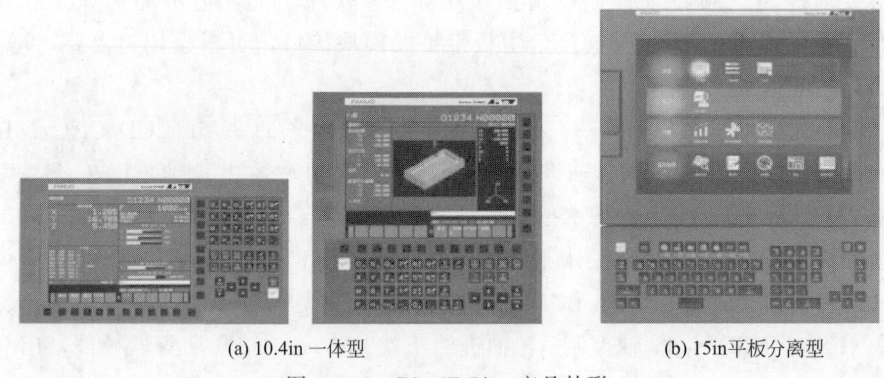

(a) 10.4in 一体型　(b) 15in平板分离型

图 1.3.2　FS 0iF Plus 产品外形

标准配置的 FS 0iF Plus Type3、Type5 系统有图 1.3.2(a) 所示的水平布置和垂直布置 10.4in LCD/CNC/MDI 一体型 2 种结构；用户选配的 FS 0iF Plus Type1 系统可选配使用

iHMI 操作界面的 10.4in、15in、21.5in FANUC PANEL i 系列工业平板电脑代替显示器，垂直布置的 15in iHMI/CNC 加分离型 MDI 结构的 CNC 如图 1.3.2(b) 所示。

(2) 高性能型系统

FANUC 30i 系列 CNC 是为了适应世界机床行业技术发展，而开发的高速高精度五轴及复合加工、FMC、FMS 控制用数控系统，其产品性能居当今世界领先水平。

FS 30i 系列数控系统采用了当前最先进的超高速处理器、FSSB 高速串行伺服总线技术（FANUC serial servo bus）、64 位 RISC（精简指令系统）等技术，大大提高了 NC 的处理速度；IC 元件的立体化安装有效地提高了可靠性、缩小了体积。CNC 的最小输入单位、最小输出单位、插补单位可达 1nm（0.001μm），伺服电机内置有每转 32000000 脉冲 FANUC αiA 32000 高分辨率编码器，并可选配五轴联动加工、坐标系设定误差补偿、刀具端点自动控制、坐标系空间旋转、倾斜面加工等当代高速高精度五轴及复合加工用的先进功能。系统选配使用 iHMI 操作界面的 FANUC PANEL i 系列工业平板电脑代替显示器时，可直接使用 Windows OS、Windows CE 操作系统，进行数据、文件、资料的管理，并可选择 C 语言编程功能，制作用户个性化画面。

FS 30i 目前主要有 FS 30i、FS 31i、FS 32i、FS 35i 四大系列产品，以 FS 30i 的功能为最强。最新的 FS 30iB 最大可控制 5 机械组、15 路径加工，最大控制轴数为 96 轴（72 进给轴＋24 主轴），最大联动轴数可达 24 轴；FS 31iB5 最大可控制 6 路径加工，最大控制轴数为 34 轴（26 进给轴＋8 主轴），最大联动轴数为 5 轴；FS 32iB 最大可控制 2 路径加工，最大控制轴数为 20 轴（12 进给轴＋8 主轴），最大联动轴数为 4 轴；FS 35iB 最大可控制 4 路径加工，最大控制轴数为 20 轴（16 进给轴＋4 主轴），最大联动轴数为 4 轴。有关机械组、路径控制的含义详见第 3 章。

FS 30i 系列集成 PMC 最大可控制 5 路径、5 程序同时运行，最大 I/D 点可达 5×2048/2048 点 I/O，最大程序总容量为 300000 步，基本指令执行时间为 0.018μs。

FS 30i 系列数控系统的 CNC 外形如图 1.3.3 所示。

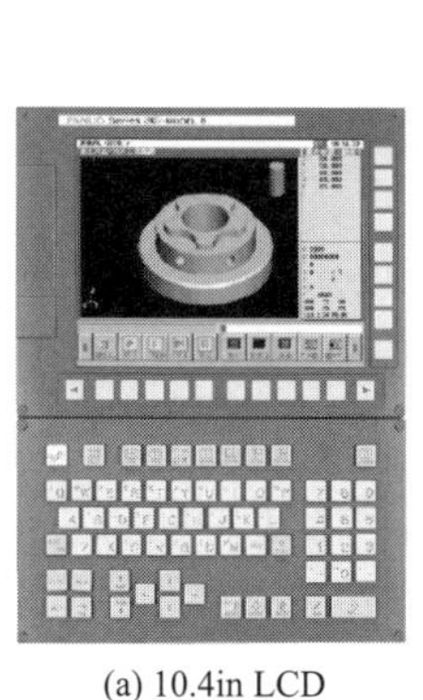

(a) 10.4in LCD

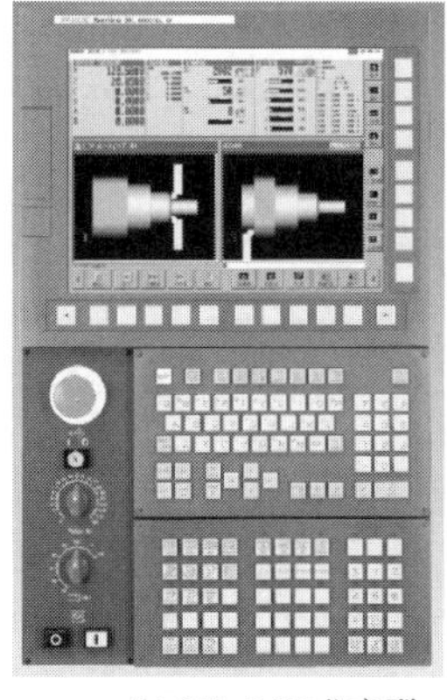

(b) 15in LCD分离型

(c) 平板分离型

图 1.3.3　FS 30i 系列 CNC

FANUC 30i 可选择图 1.3.3(a) 所示的 10.4in LCD/CNC 或 1.3.3(b) 所示的 15in LCD/CNC 加 MDI 分离型结构，或者选配图 1.3.3(c) 所示的使用 iHMI 操作界面的 10.4in、15in、21.5in FANUC PANEL i 系列工业平板电脑代替显示器的 MDI 分离型结构。

1.3.3 FS 0iF 主要功能

(1) CNC 主要功能

FANUC公司的FS 0i系列简约型数控系统是国际国内市场用量最大、可靠性最高的数控系统，其中，FS 0iF/F Plus是当前的主导产品。为了便于用户使用，FANUC公司对FS 0iF/F Plus的功能进行了“打包”处理，并分为如下Type1、Type3、Type5三种规格。

Type1：用户选配系统，可选配FS 0iF/F Plus的全部功能，CNC最大可控制2路径12轴，4轴联动；Type1可选配3机械组（machine group）、2路径装卸控制（loader control）功能；PMC支持3程序同步运行（3路径PMC控制），最大程序容量可达100000步。

Type3：现代高速高精度加工机床用标准配置系统，CNC配置有高速高精度加工功能和基本功能2个软件包，CNC最大可控制1路径7轴，4轴联动；系统可用于无装卸轴、单机械组控制；PMC为1路径控制、单程序运行，最大程序容量为24000步。

Type5：传统加工机床用标准配置系统，CNC只配置1个基本功能软件包，CNC最大可控制1路径7轴，4轴联动；系统同样用于无装卸轴、单机械组控制；PMC为1路径控制、单程序运行，最大程序容量为24000步。

表1.3.1为FS 0iF主要功能及与PMC程序设计相关的软件功能一览表，表中的FS 0iMF用于镗铣类机床控制，FS 0iTF用于车削类机床控制。有关路径、装卸轴、机械组等基本概念的说明详见第3章。

表 1.3.1 FS 0iF 主要功能一览表

软件与功能		用户选配(Type1)		标准配置(Type3、Type5)	
		MF	TF	MF	TF
最大控制路径数		2	2	1	1
2路径	合计最大进给轴数	11	12	—	—
	1路径最大进给轴数	9	9	—	—
	1路径最大联动轴数	4	4	—	—
	合计最大主轴数	4	4	—	—
	1路径最大主轴数	3	3	—	—
	Cs轴控制	●	●	—	—
1路径	最大控制轴数(进给轴+主轴)	8	8	7	6
	最大进给轴数	7	7	5	4
	最大联动轴数	4	4	4	4
	最大主轴数	2	3	2	2
	Cs轴控制	●	●	●	●
最大机械组数		3	3	1	1
最大装卸路径数		2	2	—	—
PMC轴控制(无Cs轴控制)		●	●	●	●
CNC基本功能软件包		●	●	●	●
高速高精度加工软件包		●	●	仅Type3	仅Type3
8.4in LCD/MDI		●	●	●	●

续表

软件与功能	用户选配(Type1)		标准配置(Type3、Type5)	
	MF	TF	MF	TF
10.4in LCD/MDI	可选	可选	可选	可选
15in 显示器	可选	可选	—	—
最小输入单位/mm	0.0001	0.0001	0.0001	0.0001
最大进给速度/m·min^{-1}	1000	1000	1000	1000
进给倍率调节范围	0～254%	0～254%	0～254%	0～254%
JOG 速度倍率调节范围	0～655.34%	0～655.34%	0～655.34%	0～655.34%
主轴倍率调节范围	0～254%	0～254%	0～254%	0～254%
M 代码二进制输出	8 位	8 位	8 位	8 位
B 代码二进制输出	8 位	8 位	8 位	8 位
T 代码二进制输出	8 位	8 位	8 位	8 位

注："●" 表示标准配置；"—" 表示不能使用。

(2) PMC 基本功能

FS 0iF 的 PMC 规格有多路径控制 PMC 和双重检测安全型 PMC (dual check safety PMC，简称 DCS PMC) 两种规格，用户选配的 FS 0iF Type1 系统 PMC 最大可选配 3 路径控制，标准配置的 FS 0iF Type3、Type5 系统 PMC 使用 1 路径控制 DCS PMC。

FS 0iF 系统的 PMC 主要 PMC 技术参数如表 1.3.2 所示。

表 1.3.2　FS 0iF 系统 PMC 主要技术参数一览表

技术参数	CNC 规格	
	用户选配(Type1)	标准配置(Type3、Type5)
编程语言	梯形图、程序功能图、功能块	梯形图、功能块
最大 PMC 控制路径数	3	1
梯形图程序容量	100000 步	24000 步
符号表/注释存储容量	大于 1KB	大于 1KB
符号长度(最大字符数)	40	40
注释长度(最大字符数)	255	255
操作信息存储容量	大于 8KB	大于 8KB
最大程序数	16	16
程序级数	3	3
高速程序执行时间	4ms 或 8ms	4ms 或 8ms
基本指令执行时间	0.018μs/步	0.018μs/步
最大 I/O 点数(X/Y)	2048/2048	2048/2048
CNC 接口 I/O 信号(F/G)	768 字节×10	768 字节
基本指令数	24	14
功能指令数	218	93
内部继电器(R)	60000 字节	1500 字节
系统继电器(R)	500 字节	500 字节

续表

技术参数	CNC 规格	
	用户选配(Type1)	标准配置(Type3、Type5)
用户保持型继电器(K)	300 字节	20 字节
系统保持型继电器(K)	100 字节	100 字节
扩展继电器(E)	10000 字节	10000 字节
信息显示请求位(A)	6000 点	2000 点
信息显示状态位(A)	6000 点	2000 点
数据寄存器(D)	60000 字节	3000 字节
可变定时器(TMR)	500 个	40 个
固定定时器(TMRB/TMRBF)	1500 个	100 个
可变计数器(CTR)	300 个	20 个
固定计数器(CTRB)	300 个	20 个
步进顺序号(S)	2000 字节	—
子程序(SP)	5000 个	512 个
跳转标记(L)	9999 个	9999 个

第2章　PLC原理与应用

02

2.1　PLC组成与原理

2.1.1　PLC特点与功能

PLC是通用型可编程序控制器（programmable logic controller）的简称，PMC是FANUC数控系统集成可编程机床控制器（programmable machine controller）的简称，两者除了结构稍有不同外，在原理、组成、功能、程序设计等方面并无区别。可以认为，PMC只是一种专门用于数控机床控制的PLC，它同样属于PLC的范畴。

为了全面介绍可编程序控制器的基本使用方法与要求，本章将对PLC的工作原理、结构组成、功能用途、电路设计、编程语言等基本知识进行简要说明，为此，在本章中将统一使用PLC通用代号（地址）I、Q、M及常用的触点、线圈符号，来表示PLC的开关量输入信号、开关量输出信号、内部继电器等常用编程元件。以上编程元件在FANUC数控PMC的表示方法，将在第5章进行具体说明。

(1) PLC的产生与发展

PLC是随着科学技术的进步与生产方式的转变，为适应多品种、小批量生产的需要，而产生、发展起来的一种新型工业控制装置。PLC从1969年问世以来，虽然只有40多年时间，但由于其通用性好、可靠性高、使用简单，因而在工业自动化的各领域得到了广泛的应用。曾经有人将PLC技术、CNC（数控）技术、IR（工业机器人）技术称为现代工业自动化技术的支柱技术。

PLC最初是为了解决传统的继电器接点控制系统存在的体积大、可靠性低、灵活性差、功能弱等问题，而开发的一种自动控制装置。这一设想最早由美国最大的汽车制造商——通用汽车公司（GM公司）于1968年提出，1969年由美国数字设备公司（DEC公司）率先研制出样机并获成功；接着，由美国GOULD公司在当年将其商品化并推向市场。1971年，通过引进美国技术，日本研制出了第一台PLC；1973年，德国SIEMENS公司也研制出了欧洲第一台PLC；1974年，法国随后也研制出了PLC。从此，PLC得到了快速发展，并被广泛用于各种工业控制的场合。

PLC的发展大致经历了以下5个阶段。

① 1970—1980年：标准化、实用化阶段。在这一阶段，各种类型的顺序控制器不断出现（如逻辑电路型、1位机型、通用计算机型、单板机型等），但被迅速淘汰，最终以微处理器为核心的现有PLC结构形式取得了市场认可，并得以迅速推广；PLC的原理、结构、软件、硬件趋向统一与成熟；其应用也开始向机床、生产线等领域拓展。

在该阶段，先进的数控系统已经逐步使用PLC作为系统辅助控制装置，例如，1979—1982年SIEMENS公司和FANUC公司联合开发的FANUC-SIEMENS SYSTEM 6（FS 6）数控系统上，已配套有外置式 SIMATIC S5-130WB 中型通用型 PLC。

② 1980—1990 年：普及化、系列化阶段。在这一阶段，PLC 的生产规模日益扩大，价格不断下降，应用被迅速普及。各 PLC 生产厂家的产品开始形成系列，相继出现了固定型、可扩展型、模块化这 3 种延续至今的基本结构，其应用范围开始遍及顺序控制的全部领域。

在该阶段，数控系统已经全面采用集成 PMC 或通用型 PLC，作为数控系统的辅助控制装置，大大增强了数控系统的功能。例如，FANUC 公司的 FS 10/11/12 数控系统的集成 PMC 采用了光缆连接的分布式 I/O 单元，SIEMENS 公司的 SINUMERK 850/880 数控系统采用了外置式 SIMATIC S5-150 大型通用 PLC 等。

③ 1990—2000 年：高性能、小型化阶段。在这一阶段，随着微电子技术的进步，CPU 的运算速度大幅度上升、位数不断增加、用于各种特殊控制的功能模块被不断开发，PLC 的功能日益增强，应用范围由最初的顺序控制向现场控制领域延伸，现场总线、触摸屏等技术在 PLC 上开始应用。同时，PLC 的体积大幅度缩小，出现了各种小型化、微型化 PLC。

在该阶段，先进数控系统的集成 PMC 或外置式 PLC 已开始使用现场总线控制技术。例如，FANUC 公司的高性能 FS 15 系列数控系统的集成 PMC 采用了 I/O-Link 总线；SIEMENS 公司的高性能 SINUMERK 840C 数控系统采用了 PROFIBUS 总线连接的外置式 SIMATIC S7-300 大型通用 PLC 等。

④ 2000—2010 年：网络化、集成化阶段。在这一阶段，为了适应工厂自动化的需要，一方面，PLC 的功能得到不断开发与完善，PLC 在 CPU 运算速度、位数大幅度提高的同时，开发了大量适用于过程控制、运动控制的特殊功能与模块，其应用范围开始遍及到工业自动化的全部领域；另一方面，为了适应网络技术的发展，PLC 的通信功能得到迅速完善，PLC 不仅可通过现场总线连接本身的 I/O 装置，且可与变频器、伺服驱动器、温度控制器等自动控制装置连接，构成完整的设备控制网络，此外，还可进行 PLC 与 PLC、CNC、DCS（distributed control system，集散控制系统，见后述）等各类自动化控制器之间的互联，集成为大型工厂自动化网络控制系统。

在该阶段，几乎所有数控系统的集成 PMC 或外置式 PLC 都使用网络总线连接技术。例如，FANUC 公司的简约型 FS 0i 系列数控系统、SIEMENS 公司的简约型 SINUMERK 802D 数控系统的集成 PMC 也都采用了 I/O-Link、PROFIBUS 总线连接等。

⑤ 2010 年至今：智能化、远程化阶段。在这一阶段，为了适应互联网技术（IT）的发展与智能化控制的需要，条形码、二维码识别与视频监控技术，利用互联网的远程诊断与维修服务技术等智能化、远程化技术，已经在 PLC 上大量应用，PLC 已深入到现在社会的工业生产、人们生活的各个领域。

在该阶段，数控系统的集成 PMC 或外置式 PLC 主要以五轴与复合加工、FMC 等现代数控设备控制为主要发展方向，增加了多路径控制、多程序同步运行、冗余控制等功能。例如，FANUC 公司的高性能 FS 30i 系列数控系统最大可控制 5 路径、进行 5 个程序的同步运行，以满足复合加工中心、FMC 的数控机床及工业机器人、机械手、输送线等各种辅助控制设备的控制要求，构成完整的自动化加工单元。

(2) PLC 的特点

PLC 虽然生产厂家众多，功能相差较大，但与其他类型的工业控制装置相比，它们都具有如下共同的特点。

① 可靠性高。作为一种通用的工业控制器，PLC 必须能够在各种不同的工业环境中正常

工作。对工作环境的要求低，抗干扰能力强，平均无故障工作时间（MTBF）长是 PLC 在各行业得到广泛应用的重要原因之一。PLC 的可靠性与生产制造过程的质量控制及硬件、软件设计密切相关。

首先，国外 PLC 的主要生产厂家通常都是大型、著名企业，其技术力量雄厚、生产设备先进、工艺要求严格，企业的质量控制与保证体系健全，可保证 PLC 的生产制造质量。其次，在硬件上，PLC 的输入/输出接口电路基本都采用光耦器件，PLC 的内部电路与外部电路完全隔离，可有效防止线路干扰对 PLC 的影响，大幅度提高了工作可靠性。再者，在软件设计上，PLC 采用了独特的循环扫描工作方式，大大提高了程序执行的可靠性；加上其用户程序与操作系统相对独立，用户程序不能影响操作系统运行，而且操作系统还可预先对用户程序进行语法等编程错误的自动检测，故一般不会出现计算机常见的死机等故障。

② 通用性好。在硬件上，绝大多数 PLC 都采用了可扩展型或模块化的结构，其 I/O 信号数量和形式、动作控制要求等都可根据实际控制要求选择与确定，此外，还有大量用于不同的控制要求的特殊功能模块可供选择，其使用灵活多变，程序调整与修改、状态监控与维修均非常方便。在软件方面，PLC 采用了独特的面向广大工程设计人员的梯形图、指令表、逻辑功能图、顺序功能图等形象、直观的编程语言，适合各类技术人员使用，对使用者的要求比其他工业计算机控制装置更低。

(3) PLC、工业 PC 与 DCS

PLC、工业 PC、DCS 都是用于工业自动化设备控制的控制装置，其结构、功能相似，用途相近，在某些场合容易混淆，现将三者的主要区别简介如下。

① PLC 与工业 PC。工业计算机（industrial personal computer，简称工业 PC）是以个人计算机、STD 总线（standard data bus）为基础的工业现场控制设备，它具有标准化的总线结构（STD 总线），不同机型间的兼容性好，与外部设备的通信容易，其兼容性、通信性能优于 PLC。此外，工业 PC 可像个人计算机那样，安装形式多样、功能丰富的各类应用软件，因此，对于算法复杂、实时性强的控制，其实现比 PLC 方便。

工业 PC 的硬件组成与个人计算机类似，它不像 PLC 那样有大量的适应各种控制要求的功能模块可供选择，因此，用于工业控制场合，其可靠性、通用性一般不及 PLC。同时，此外，工业 PC 对软件设计（编程）人员的要求较高，其编程语言不像 PLC 梯形图、指令表、逻辑功能图、顺序功能图那样通俗易懂，其程序设计（编程）没有 PLC 方便。

② PLC 与 DCS。集散控制系统（distributed control system，DCS）产生于 20 世纪 70 年代，这是一种在传统生产过程仪表控制的基础上发展起来的用于石化、电力、冶金等行业的仪表控制系统。DCS 采用的是分散控制、集中显示、分级递阶管理的设计思想，功能侧重于模拟量控制、PID 调节、仪表显示等方面，其模拟量运算、分析、处理、调节性能要优于 PLC。

PLC 是在传统的继电-接触器控制系统的基础上发展起来的用于机电设备控制的开关量控制装置。PLC 采用的输入采样、程序执行、输出刷新的循环扫描（scan cycle）设计思想，功能侧重于开关量处理、顺序控制等方面，其逻辑运算、分析、处理性能优于 DCS。

然而，随着科学技术的进步、工业自动化控制要求的日益提高，工业 PC、DCS 的性能也在不断完善，逻辑顺序处理能力不断增强，而 PLC 也在不断推出各种模拟量控制、PID 调节等特殊功能模块，3 类控制器的功能已日趋融合。

(4) PLC 的功能

PLC 的主要功能通常包括图 2.1.1 所示的基本功能、特殊功能和通信功能 3 类，简要说

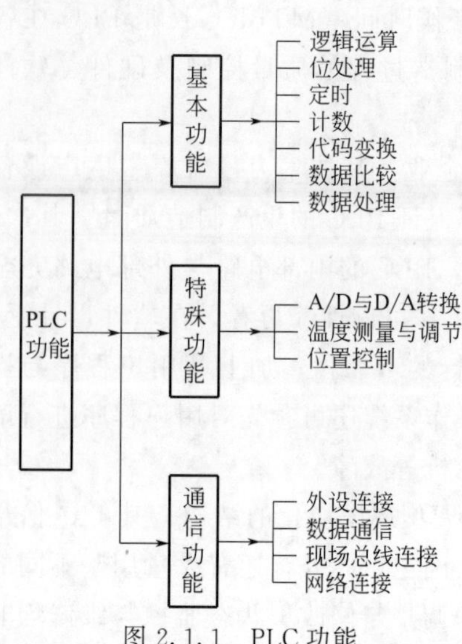

图 2.1.1　PLC 功能

明如下。

① 基本功能。PLC 的基本功能就是逻辑运算与处理。从本质上说，PLC 的逻辑运算与处理是一种以二进制位（bit）运算为基础，对可用二进制位状态（0 或 1）表示的按钮、行程开关、接触器触点等开关量信号，进行逻辑运算处理，并控制指示灯、电磁阀、接触器线圈等开关执行元件通、断控制的功能，因此，研发 PLC 的最初目的是用来替代传统的继电器-接触器控制系统。

在早期 PLC 上，顺序控制所需要的基本定时、计数功能都需要选配专门的定时模块、计数模块才能实现，但是，目前对于常规的定时、计数已可直接通过 PLC 的基本功能指令实现。此外，用于多位逻辑运算处理的代码转换、数据比较、数据运算功能，以及实数的算术、函数运算等功能，也都可利用 PLC 的基本功能指令直接编程。

② 特殊功能。在 PLC 上，除基本功能以外的其他控制功能均称为特殊功能，例如，用于温度、流量、压力、速度、位置调节与控制的模拟量/数字量转换（A/D 转换）、数字量/模拟量转换（D/A 转换）、PID 调节等。特殊控制功能通常需要选配 PLC 的 A/D 转换、D/A 转换、速度控制、位置控制等特殊功能模块，通过 PID 调节等通用功能指令或特殊功能程序块才能实现。

③ 通信功能。随着 IT 的发展，网络与通信在工业控制中已显得越来越重要，网络化、远程化已成为当代 PLC 的发展方向。

早期的 PLC 通信，一般只局限于 PLC 与编程器、编程计算机、打印机、显示器等常规输入/输出设备的简单通信。使用了现场总线后，PLC 不但可通过 PROFIBUS、CC-Link、I/O-Link、AS-i 等网络连接更多的 I/O 设备，而且还可进行 PLC 与 PLC、PLC 与其他工业控制设备、PLC 与上级计算机间的“点到点”通信（point to point，简称 PtP 通信）或进行多台工业控制设备的 MPI（multi point interface，多点接口）通信，此外，还可通过工业以太网（Industrial Ethernet）建立工厂自动化系统，并通过 Internet（国际互联网）、WAN（wide area network，广域网）、PDN（public data network，公用数据网）、ISDN（integrated services digital network，全球综合数据服务网）等多种网络的连接，进行 TCP/IP、OPC 等 IT 通信，实现 PLC 的远程控制及远程诊断、维修服务。

2.1.2　PLC 组成与结构

(1) PLC 组成

完整的 PLC 系统由控制对象、执行元件、检测元件、PLC、编程/操作设备等组成。通用 PLC 系统的组成如图 2.1.2 所示，图中的电源、CPU、输入/输出模块为 PLC 的基本组件，故又称 PLC 主机（简称 PLC）；由 PLC 输出控制的执行元件、与 PLC 输入连接的检测元件以及编程/操作设备，称为 PLC 的外设。

虽然 PLC 的种类繁多、性能各异，但它们都具有图 2.1.3 所示的基本硬件。

① 电源。电源用来产生 PLC 内部电子器件、集成电路工作的直流电压，小型 PLC 的电源

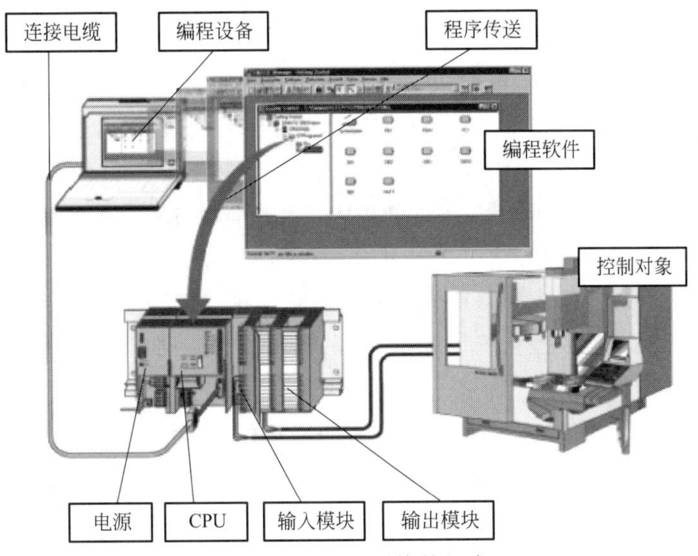

图 2.1.2　PLC 系统的组成

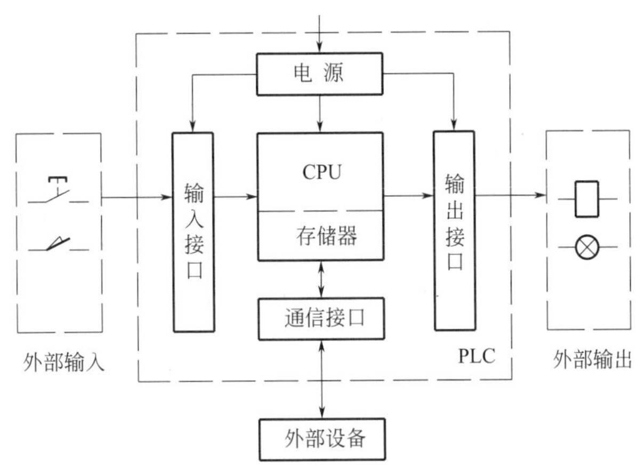

图 2.1.3　PLC 的硬件组成框图

还可供外部作为 PLC 的 DC 输入驱动电源；但由 PLC 输出控制的负载驱动电源一般需要外部提供。

② CPU。CPU 是决定 PLC 性能的关键部件，其型号众多，性能差距很大。现代 PLC 的 CPU 一般为 32 位以上处理器，大中型 PLC 还常采用双 CPU、多 CPU 的结构。

③ 存储器。PLC 的存储器分为系统存储器、用户程序存储器、数据存储器 3 类。

系统存储器用于 PLC 系统程序的存储，一般采用 ROM、EPROM 等只读存储器件，系统程序主要包括管理程序、命令解释程序、中断控制程序等，它由 PLC 生产厂家编制并安装，用户不能对此进行更改。

用户程序存储器（简称用户存储器）用来保存 PLC 用户程序，其存储容量经常用“步（step）”作为单位，1 步是指 1 条 PLC 基本逻辑运算指令所占的存储器字节数，如输入、输出、逻辑与、逻辑或等。PLC 的 1 步所占的存储器字节数在不同 PLC 上有所不同，有的 PLC 在 4 字节左右，有的 PLC 可能需要 10 字节以上。用户存储器通常使用电池保持型 RAM、EPROM、EEPROM、Flash ROM 等非易失存储器件。

数据存储器用来存储 PLC 程序执行的中间信息，相当于计算机的内存。执行 PLC 程序所需要的输入/输出映像、内部继电器、定时器、计数器、数据寄存器的状态均存储于数据存储器中。数据存储器的状态在 PLC 程序执行过程中需要动态改变，故多采用 RAM 器件，存储内容一般在关机时自动清除，但部分内部继电器、定时器、计数器、数据寄存器的状态可用电池保持。

④ 输入接口。输入接口的作用是将外部输入信号转换为 PLC 内部信号，它可将外部开关信号转换成内部控制所需的 TTL 电平，或将模拟电压转换成数字量（A/D 转换）等。PLC 的输入接口一般由连接器件、输入电路、光电隔离电路、状态寄存电路等组成，电路的形式在不同的输入模块上有所不同，数控系统集成 PMC 的输入接口电路以开关量输入为主，规格相对统一，有关内容详见本章后述。

⑤ 输出接口。输出接口的作用是将 PLC 内部信号转换为外部负载控制信号，它可将 CPU 的逻辑运算结果转换成控制外部执行元件的开关信号，或将数字量转换为模拟量（D/A 转换）等。PLC 的输出接口一般由状态寄存电路、光电隔离电路、输出驱动电路、连接器件等组成，电路的形式在不同的输出模块上有所不同，数控系统集成 PMC 的输入接口电路以开关量输出为主，规格相对统一，有关内容详见本章后述。

⑥ 通信接口。通信接口的作用是实现 PLC 与外设间的数据交换。利用通信接口，PLC 不但可与编程器、人机界面、显示器等连接，而且也可与远程 I/O 单元、上级计算机、其他 PLC 或工业自动化控制装置等连接，构成 PLC 网络控制系统或工厂自动化系统。

PLC 的通信接口一般为 USB、RS232、RS422/485 等标准串行接口。USB、RS232 接口常用于 PLC 与编程器、编程计算机、人机界面的通信，其传输距离一般在 15m 以内，传输速率在 20Kbit/s 以下，故不能用于高速、远距离通信。RS422/485 接口常用于 PLC 与其他 PLC、变频器、伺服驱动器等控制装置的全双工/半双工通信，其传输距离最大可达 1200m 左右，传输速率为 10Mbit/s 左右，适合于远距离通信。

(2) PLC 结构

通用型 PLC 的基本硬件结构大致可分为固定型、可扩展型、模块式、集成式、分布式 5 种。

① 固定型 PLC。固定型 PLC 亦称微型 PLC，其结构如图 2.1.4 所示。固定型 PLC 采用整体结构，PLC 的处理器、存储器、电源、输入/输出接口、通信接口等都安装于基本单元上，无扩展模块接口，I/O 点数不能改变。作为功能的扩展，部分固定式 PLC 有时可安装少量的通信接口、显示单元、模拟量输入等内置式功能模块，以增加部分功能。

固定型 PLC 的结构紧凑、安装简单，适用于 I/O 点数较少（10～30 点）的机电一体化设备或仪器的控制，或作为普及型 CNC 的外置 PLC 使用。

② 可扩展型 PLC。可扩展型 PLC 如图 2.1.5 所示。可扩展型 PLC 由整体结构、I/O 点数固定的基本单元和可选配的 I/O 扩展模块构成，PLC 的处理器、存储器、电源及固定数量的输入/输出接口、通信接口等安装于基本单元上；基本单元上的扩展接口可连接 I/O 扩展模块或功能模块，进行 I/O 点数或功能的扩展。可扩展型 PLC 与模块化 PLC 的主要区别在于 PLC 的基本单元本身带有固定的 I/O 点，基本单元可独立使用，扩展模块不需要基板或基架。

可扩展型 PLC 是小型 PLC 的常用结构，它同样具有结构紧凑、安装简单的特点，其最大 I/O 点数可达 256 点以上，功能模块的规格与品种也较多。可扩展型 PLC 的基本单元可以像固定式 PLC 一样独立使用，且其 I/O 点数更多，而且还可根据需要选配扩展模块，增加 I/O 点与功能，故可灵活适应控制要求的变化，因此，在中小型机电一体化设备中的应用非常广泛。

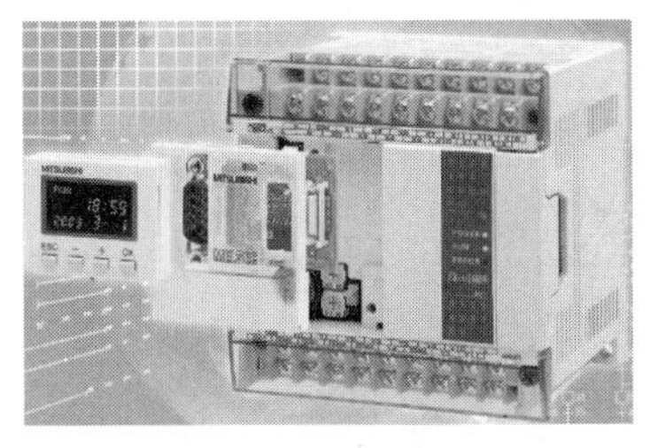

图 2.1.4　固定型 PLC

图 2.1.5　可扩展型 PLC

③ 模块式 PLC。模块式 PLC 如图 2.1.6 所示。模块式 PLC 通常由电源模块、中央处理器模块、输入/输出模块、通信模块、特殊功能模块构成，各类模块统一安装在带连接总线的基板或基架上。

图 2.1.6　模块式 PLC

模块式 PLC 的 I/O 点可达数千点，可选配的 I/O 模块规格、功能模块种类较多，指令丰富、功能强大，PLC 不但可用于开关量逻辑控制，而且还可用于速度、位置控制，温度、压力、流量的测量与调节，也能够通过各类网络通信模块，构成大型 PLC 网络控制系统，它是大中型 PLC 的常见结构。

模块式 PLC 的功能强大、配置灵活，通常用于大型复杂机电一体化设备、自动生产线等控制场合。

部分高性能数控系统（如 SIEMENS 840 系列）有时直接使用模块式 PLC 作为辅助控制装置，此类 PLC 需要选配 CNC 与 PLC 通信的专用总线接口模块，进行 CNC 与 PLC 间的数据通信，这种数控系统可使用模块式 PLC 的所有模块，具备模块式 PLC 的全部功能，其辅助控制功能比集成式 PLC 更强。

④ 集成式 PLC。集成式 PLC 是全功能数控系统常用的辅助控制装置，用于数控机床刀具、工作台自动交换，冷却、主轴启停，夹具松/夹等辅助机能的控制。

集成式 PLC 与 CNC 集成一体，PLC 的电源和 CPU 通常与 CNC 共用，并可直接通过 CNC 操作面板，进行程序编辑、调试与状态监控。

集成式 PLC 以开关量控制为主，I/O 连接一般通过专门的 I/O 单元或 I/O 模块进行，I/O 单元（模块）可连接的 I/O 点数较多，但种类较少、输入/输出规格统一，通常也无其他特殊功能模块。

集成式 PLC 以开关量逻辑控制功能为主，PLC 一般设计有专门针对数控机床刀架、刀库、分度工作台控制用的功能指令，程序需要处理大量 CNC 与 PLC 的内部连接信号。

⑤ 分布式 PLC。分布式 PLC 如图 2.1.7 所示，所组成的 PLC 控制系统结构类似 DCS（集散控制系统）。分布式 PLC 一般由 1 个“主站（master）”和若干个“从站（slave）”组成，从站可分散安装于不同的控制现场，主站与从站之间利用现场总线进行远距离连接。

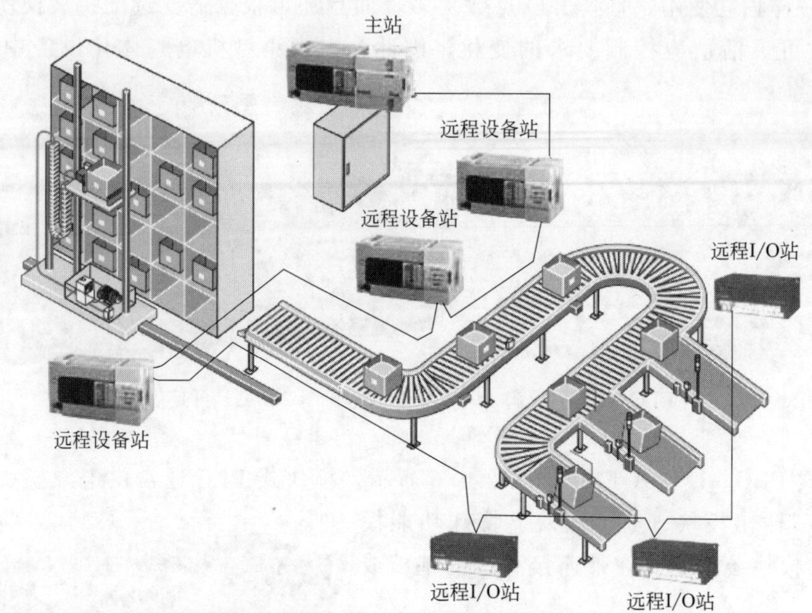

图 2.1.7　分布式 PLC 的组成示意图

分布式 PLC 的主站一般为大中型模块化 PLC，从站可以是分布式 I/O 模块、分布式功能模块（远程 I/O 站）或其他 PLC、CNC、伺服驱动器、变频器等自动化控制装置（远程设备站），从而构成大型复杂机电一体化设备、自动生产线控制系统，或构成以 PLC 为核心的工业现场控制或集散控制系统。

(3) PLC 分类

PLC 的产品分类方法较多，按 PLC 的硬件结构，可分为上述的固定型、可扩展型、模块式、集成式、分布式 5 类，按 PLC 的规模，则可分为小型、中型和大型 3 类。PLC 的规模一般以 PLC 可连接的最大 I/O 点数和最大用户程序存储器容量衡量，I/O 点数越多、存储器容量越大，能够组成的系统就越大。

① 小型 PLC。根据通常习惯，最大 I/O 点数在 256 点以下的 PLC 称为小型 PLC（或微型 PLC）。小型 PLC 一般采用固定型或可扩展型结构，用户程序存储器的容量通常在 8000 步以内，PLC 的内部继电器、定时器、计数器、数据寄存器的数量相对较少，应用指令、功能模块的数量也有一定的限制。

小型 PLC 的体积小、价格低，适用于简单机电一体化设备或自动化仪器仪表的控制，它是 PLC 中产量最大的品种。

② 中型 PLC。最大 I/O 点数为 256～1024 点的 PLC 称为中型 PLC。中型 PLC 一般采用模块式结构，用户程序存储器的容量通常在 16000 步以上，内部继电器、定时器、计数器、数据寄存器的数量较多，应用指令、功能模块的数量很多，通信能力较强。

中型 PLC 的配置灵活、功能强，它既可用于中等复杂程度的机电一体化设备控制，也可用于小型生产线与过程控制的压力、流量、温度、速度、位置等控制。

③ 大型 PLC。最大 I/O 点数在 1024 点以上的 PLC 称为大型 PLC。大型 PLC 均采用模块式结构，用户程序存储器的容量通常在 32000 步以上，PLC 的内部继电器、定时器、计数器、数据寄存器的数量众多，应用指令、功能模块丰富，网络功能强大，可构建大型 PLC 网络控制系统或车间自动化控制系统。

大型 PLC 还具有多 CPU、多路径、多程序同步运行、冗余控制等功能，可用于高速、高可靠性复杂控制场合。

2.1.3　PLC 工作原理

PLC 本质上也是一种计算机工业控制装置，但其工作过程、工作原理、编程方法等与其他计算机控制装置有较大区别。

(1) 工作过程

PLC 的用户程序执行过程分图 2.1.8 所示的输入采样、程序处理、通信处理、CPU 诊断、输出刷新 5 步无限重复进行，这种执行方式称为循环扫描（scan cycle）。

① 输入采样。输入采样又称输入读取（read the inputs），在这阶段，CPU 将一次性读入全部输入信号的状态，并将其保存到输入寄存器中。PLC 的输入采样与输入端是否连接有实际信号无关，没有使用的输入端，其读入的状态为 0。

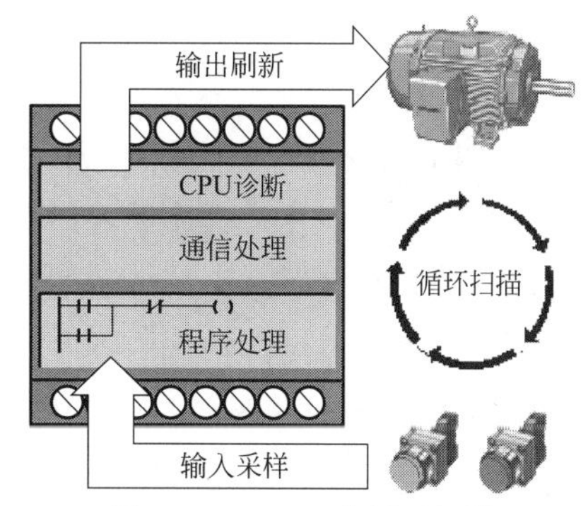

图 2.1.8　PLC 的循环扫描

这样的处理方式称为输入集中批处理，输入寄存器的状态称作“输入映像”；PLC 在处理用户程序时，输入映像将替代实际输入信号在程序中使用。由于输入映像的状态可一直保持到下次输入采样，因此，即使在程序处理阶段实际输入信号的状态发生变化，仍保证程序处理用的输入信号具有唯一的状态，从而使得程序执行具有唯一的结果。但是，由于输入采样需要一定的间隔时间（PLC 循环时间），故不能检测状态保持时间小于 PLC 循环时间的脉冲信号，因此，对于高速计数、中断处理等实时性要求很高的输入控制，需要使用特殊的输入点或选配专门的高速输入功能模块。

② 程序处理。PLC 的程序处理（execute the program）在输入采样完成后进行。PLC 处理用户程序时，将根据输入映像及输出映像的状态，对不同的输出（线圈）按从上到下、自左向右的次序，进行要求的逻辑运算处理，处理完成后，将处理结果保存到相应的结果寄存器中（称为输出映像）。结果寄存器的状态可立即用于随后的程序，如果随后的程序中使用了相同的结果寄存器（重复线圈），后来的执行结果可覆盖前面的执行结果。

例如，图 2.1.9 为输入信号 I0.1 由状态 0 变为 1 后，PLC 进行首次和第 2 次程序处理时的结果寄存器（输出）状态变化过程。

在 I0.1 由 0 变为 1 的首次执行循环中，处理指令第 1 行时，由于 M0.2 的状态仍为上次循环的执行结果 0，故 Q0.0 的结果为 0。当 PLC 处理到指令第 2 行时，由于本次输入采样的 I0.1 状态为 1，M0.2 的结果将为 1，这一结果将立即用于随后的指令第 3 行，使 Q0.1 的结果为 1；但是，它不能改变已经处理完成的第 1 行指令的 Q0.0 结果，故处理指令第 4 行后，Q0.2 的结果为 0。因此，首次循环处理后的输出状态为 Q0.0=0、Q0.1=1、Q0.2=0。

当 PLC 执行第 2 次循环时，M0.2 将使用首次循环的执行结果 1，故处理完成后的输出状态为 Q0.0=1、Q0.1=1、Q0.2=1。

③ 通信处理。通信处理（process any communications requests）仅在 PLC 执行通信指令或进行网络连接时进行，在此阶段，CPU 将进行通信请求检查，决定 PLC 是否需要与外设、网络总线进行数据传输。

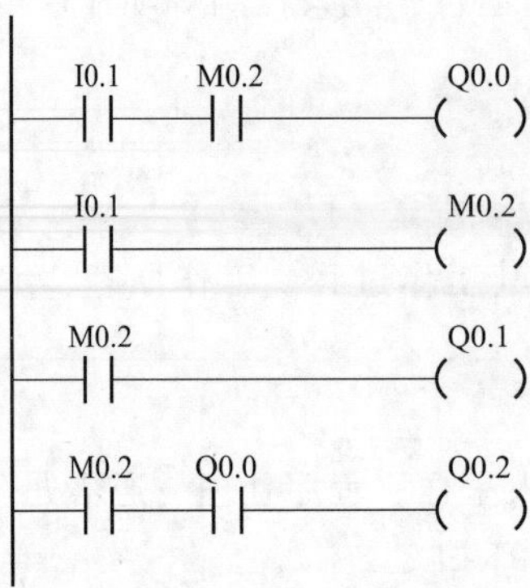

第1个PLC循环	第2个PLC循环
Q0.0=0 (I0.1=1, M0.2=0)	Q0.0=1 (I0.1=1, M0.2=1)
M0.2=1 (I0.1=1)	M0.2=1
Q0.1=1 (M0.2=1)	Q0.1=1
Q0.2=0 (M0.2=1, Q0.0=0)	Q0.2=1 (M0.2=1, Q0.0=1)

图 2.1.9　PLC 程序处理过程

④ CPU 诊断。CPU 诊断（perform the CPU diagnostics）是 CPU 对 PLC 硬件、通信连接、存储器状态、用户程序循环时间等进行的综合检查，如发现异常，PLC 将根据不同的情况，进行停止程序运行、发出报警、生成出错标志等处理；利用程序循环时间监控功能，还可有效防止程序陷入“死循环”。

⑤ 输出刷新。输出刷新（write to the outputs）是 PLC 的输出集中批处理过程，在该阶段，CPU 将程序执行完成后的结果寄存器最终状态（输出映像），一次性输出到外部，控制实际执行元件动作。因此，尽管在用户程序的执行过程中，结果寄存器的状态可能会因为重复线圈编程等原因改变，但 PLC 用于外部执行元件控制的输出状态，总是为唯一的状态。同样，由于输出刷新需要一定的间隔时间（PLC 循环时间），故输出信号的状态保持时间不能小于 PLC 循环时间；因此，对于高频脉冲输出、高速控制也需要使用特殊输出点或选配专门的高速输出功能模块。

PLC 完整地执行一次以上处理的时间，称为 PLC 循环时间或扫描周期。PLC 循环时间与 CPU 速度、用户程序容量等因素有关，循环时间越短，PLC 的输入采样、输出刷新间隔就越小，输入映像越接近实际输入信号状态，控制也就越准确、及时，因此，PLC 循环时间是 PLC 的重要技术参数。

(2) 等效电路

以上过程中的通信处理、CPU 诊断实际上为 PLC 的内部处理，它与用户程序的执行无直接关联，因此，单纯从 PLC 的用户程序执行角度理解，也可认为 PLC 需要进行图 2.1.10 所示的输入采样、程序执行、输出刷新 3 个基本步骤，其工作过程可简要理解如下。

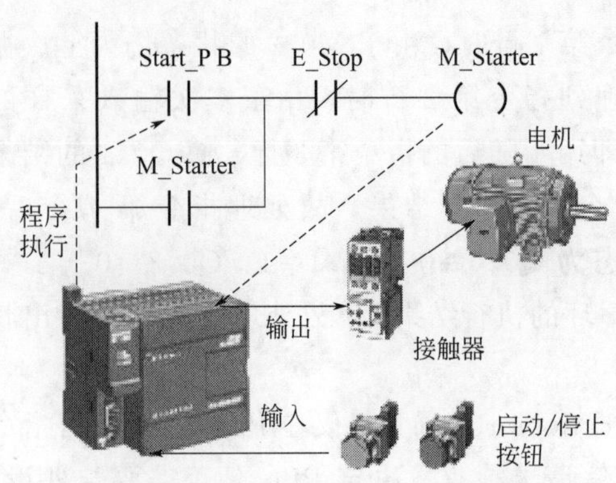

图 2.1.10　PLC 程序的工作过程

① PLC 一次性将全部输入信号读入到输入缓冲寄存器，生成“输入映像”。

② PLC 依据本循环所读入的输入映像及当前时刻的结果寄存器状态，进行逻辑处理，并立即将结果写入指定的结果寄存器中。

③ 程序执行完成后，PLC 一次性将全部输出映像输出到外部。

因此，PLC 用于开关量逻辑运算处理时，其工作原理可用图 2.1.11 所示的继电器电路进行等效描述。

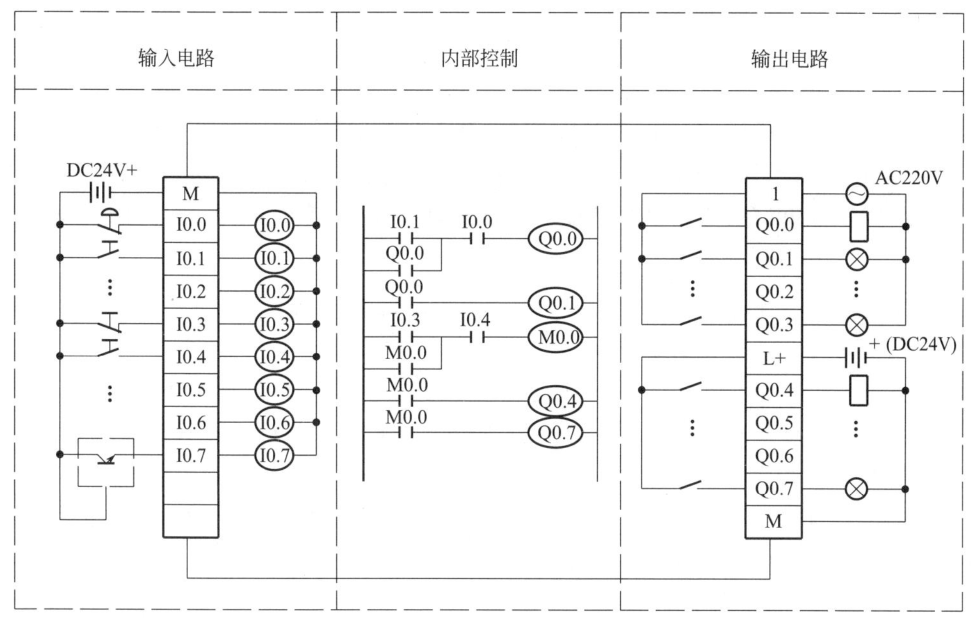

图 2.1.11　PLC 等效电路图

其中，PLC 的实际输入接口电路及输入采样处理可用“输入电路”等效代替；用户程序处理可用“继电器电路”等效代替；PLC 的实际输出接口及输出刷新处理可用“输出电路”等效代替。需要说明的是，等效电路仅是为了更好理解 PLC 工作原理而虚拟的电路，它并不是 PLC 的实际电路，例如，图中的输入 I0.1～I0.7 实际并不存在继电器等。

利用等效电路理解 PLC 工作原理的基本方法如下。

① 输入电路。输入电路相当于 PLC 的输入接口电路与输入映像，输入继电器与输入信号一一对应，其状态代表 PLC 的输入映像；实际输入信号 ON 时，输入继电器接通。由于输入映像实际上只是 PLC 的输入寄存器（存储器）状态，它在 PLC 程序中的使用次数不受限制，因此，应认为等效电路中的输入继电器具有无限多的常开/常闭触点。此外，由于绝大多数 PLC 不允许用户程序对输入寄存器进行赋值，故应认为等效输入继电器只能由输入信号控制通断，而不能通过等效的继电器电路控制，因此，等效的继电器电路只能使用输入继电器的触点。

② 输出电路。输出电路相当于 PLC 的输出映像与输出接口电路，输出继电器相当于输出映像，输出映像为“1”时，输出继电器接通。同样，由于输出映像只是 PLC 的输出结果寄存器（存储器）状态，它不仅可输出，且可在程序中无限次使用，因此，应认为等效电路中的输出继电器对外只能输出一对常开触点，但在等效继电器电路中具有无限多的常开/常闭触点。

③ 继电器电路。等效继电器电路由 PLC 用户程序转化而来，PLC 程序中的定时器、计数器可用时间继电器、计数器等效，且其精度更高、范围更大。PLC 程序中的内部继电器应理解为不能用于外部实际信号控制，但在等效继电器电路中具有无限对常开/常闭触点的中间继电器。

简言之，PLC 的输入可视为由输入信号驱动、具有无限多触点的继电器；PLC 输出可视为只有一对触点输出，但具有无限多内部触点的继电器；PLC 的内部继电器可视为具有无限多内部触点，但不能控制输出的中间继电器；而 PLC 用户程序可视为继电器电路。

(3) 主要特点

PLC 程序处理的基本特点如下。

① 可靠性高。由于 PLC 程序使用的输入映像状态，输入信号在程序中具有唯一的状态，程序设计无效考虑程序执行过程中的输入信号变化，程序设计容易、可靠性高。

② 处理速度快。集中批处理可以一次性完成全部输入、输出的状态更新，无需在程序执行过程中对输入、输出信号进行单独采样，大幅度减少了采样时间，提高了 PLC 程序的处理速度。

③ 程序设计方便。输入、输出映像为寄存器的二进制状态，在程序中也可用字节、字、双字的形式成组处理，其程序更简单。

④ 利用输入映像在同一扫描循环中状态保存不变的特点，可方便地生成边沿信号；利用输出集中批处理的特点，在程序中可以对输出进行多次赋值（使用重复线圈），从而实现实际继电器线路不能实现的动作。

⑤ PLC 程序的执行只是单次 PLC 程序循环的无限重复，因此，程序一旦调试完成，便可保证长期稳定工作，软件随机出错的可能性极小。

但是，由于 PLC 的输入采样、输出刷新需要一定的间隔时间（PLC 循环时间），因此，它既不能检测状态保持时间小于 PLC 循环时间的脉冲信号，也不能输出状态保持时间小于 PLC 循环时间的脉冲信号；因此，对于高速计数、中断处理、高频脉冲输出，必须使用特殊的输入/输出点或选配专门的功能模块。

2.2 PLC 电路设计

2.2.1 DI/DO 接口电路

PLC 的基本功能是开关量逻辑顺序控制，其输入/输出信号以开关量输入/输出（简称 DI/DO）为主，因此，电路设计侧重于 DI/DO 连接。需要说明的是，DI/DO 实际上是英文 data inputs/data outputs 的缩写，其直译应为数字输入/数字输出，但是，为了避免与中文的“十进制数字”混淆，本书均使用开关量输入/输出的名称。

PLC 的电路设计非常简单，电气设计时，只需要根据 PLC 的 DI/DO 的连接方式及接口电路，正确连接外部输入/输出信号，便可保证系统正常工作。DC24V 输入/输出是 PLC 的标准连接方式，其接口电路原理和信号连接方式如下。

(1) DI 接口电路与连接

PLC 的 DI 接口电路原理如图 2.2.1 所示，DI 信号的标准输入电压为 DC24V。为了提高系统的可靠性和输入抗干扰能力，输入接口电路一般都采用光电耦合器件（optical coupler，简称光耦）进行电隔离与电压转换，并设计有 RC 滤波、状态指示、稳压等辅助电路，因此，输入信号通常有数毫秒（ms）的延时。

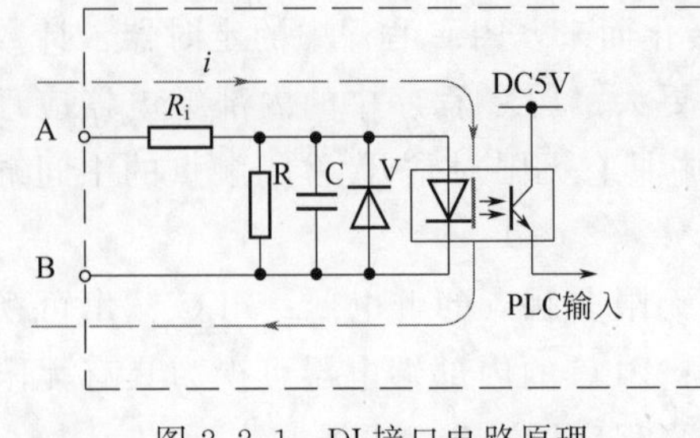

图 2.2.1 DI 接口电路原理

PLC 的 DI 接口电路所使用的光耦为电流驱动。一般而言，DI 的最大工作电流通常为 20mA 左右，当输入电流大于 3.5mA 时，光敏三极管便可饱和导通，PLC 的输入状态成为“1”；当输入电流小于

1.5mA 时，光敏三极管便能截止、PLC 的输入状态成为“0”。因此，为了保证接口电路的可靠工作，通常将 DI 信号 ON 时的输入电流设计为 1～5mA。

在图 2.2.1 所示的接口电路上，DI 信号既可从发光二极管的负极连接端 B 输入，也可从发光二极管的正极连接端 A 输入。

当 DI 信号从连接端 B 输入时，输入驱动电流将从 PLC 流向外部，然后，在外部“汇总”后返回 PLC，形成电流回路，这样的连接方式称为“汇点输入”；形象地说，输入驱动电流是从 PLC 输入点向外部“泄漏”，故又称“漏形输入（sink input）”。

当 DI 信号从连接端 A 输入时，所有 DI 信号的连接端 B 可并联为公共端，电流从输入端流入 PLC 后，通过公共端 B 返回外部电源，采用这种连接方式时，DI 信号需要带输入驱动电源，因此，称为“源输入（source input）”连接方式。

为了便于用户选择，PLC 的输入接口电路有时使用图 2.2.2 所示的双向光耦器件，这样的接口电路既可如图 2.2.2(a) 所示，连接成汇点输入方式，也能按图 2.2.2(b) 所示，连接成源输入，故称为“汇点/源输入”通用输入连接方式。

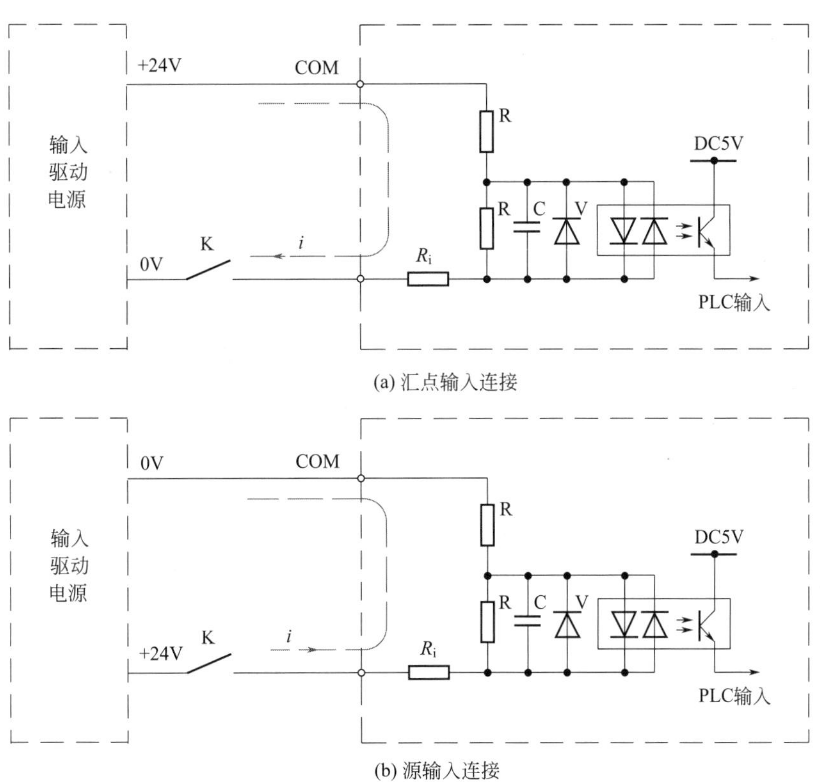

(a) 汇点输入连接

(b) 源输入连接

图 2.2.2　汇点/源通用输入连接

(2) DO 接口电路与连接

PLC 的 DO 输出形式主要有继电器触点输出、双向晶闸管输出、晶体管输出 3 类。

继电器触点输出既可连接直流负载，也能连接交流负载，且驱动能力较强，因此，在通用 PLC 上使用相当普遍。但是，由于继电器触点存在接触电阻和压降，因此，一般不能用于 DC12V/3mA 以下的小电流、低电压电子信号驱动。此外，继电器的体积较大、动作时间较长、使用寿命较短，因此，通常也不能用来驱动频繁通断的负载。

双向晶闸管输出也具有交、直流通用的优点，相对于继电器而言，其体积较小、动作时间较短、使用寿命较长，因此，多用于开关频率高的交流感性负载驱动。

继电器触点输出、双向晶闸管输出的连接方法与普通继电器触点并无区别，并且在数控系统集成 PMC 上的使用极少，本书不再对其进行详细介绍。

晶体管输出具有速度快、体积小、寿命长、成本低等诸多优点，但它只能用于直流负载驱动，且驱动能力较小，因此，被广泛用于电子信号驱动；数控系统集成 PMC 的 DO 输出一般都为集电极开路晶体管输出。

PLC 的晶体管输出有图 2.2.3 所示的 NPN 集电极开路型输出和 PNP 集电极开路型输出两种，图中的三极管在实际 PLC 上可能为 MOS 或其他器件。

图 2.2.3(a) 为 NPN 晶体管集电极开路型输出接口电路原理图。连接端 L－为输出公共端，应与负载驱动电源的 L－（0V）端连接；Q 为 DO 输出负载连接端，Q 端与 PLC 的＋24V 电源间呈隔离状态。当 PLC 输出为“1”时，晶体管饱和导通，DO 输出端 Q 与公共端 L－接通，负载驱动电流可从输出端 Q 流入 PLC、从公共端 L－返回驱动电源，形成电流回路。

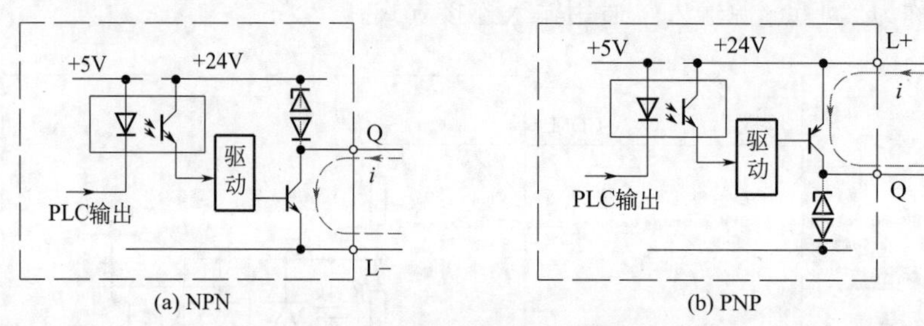

图 2.2.3　晶体管集电极开路型输出

图 2.2.3(b) 为 PNP 晶体管集电极开路型输出电路原理图。连接端 L＋（＋24V）为输出公共端，应与负载驱动电源的 DC24V 端连接；Q 为 DO 输出负载连接端，Q 端与 PLC 的 0V 间呈隔离状态。当 PLC 输出为“1”时，晶体管饱和导通，DO 输出端 Q 与公共端 L＋接通，负载驱动电流可从公共端 L＋流入 PLC，由输出端 Q 返回驱动电源，形成电流回路。

2.2.2　汇点输入连接

(1) 触点信号连接

PLC 的直流汇点输入与按钮、开关、接触器及继电器等机械触点的连接电路如图 2.2.4 所示，输入触点的一端与 DI 输入端连接，另一端汇总后连接到 PLC 的 0V 公共端 COM

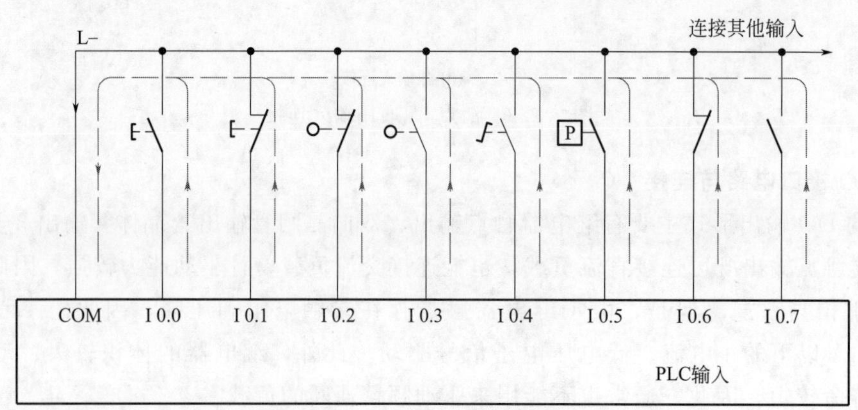

图 2.2.4　汇点输入连接

（L－），DI 输入驱动电源通常由 PLC 提供。

汇点输入的原理如图 2.2.5 所示，输入驱动电源一般由 PLC 提供，输入限流电阻通常为 3.3～4.7kΩ。由图可见，当输入触点 K2 闭合时，PLC 的 DC24V 与 0V（COM）间可通过光耦（发光二极管）、限流电阻、输入触点 K2、公共端 COM（0V）形成回路，光敏管饱和导通，PLC 输入状态为“1”。

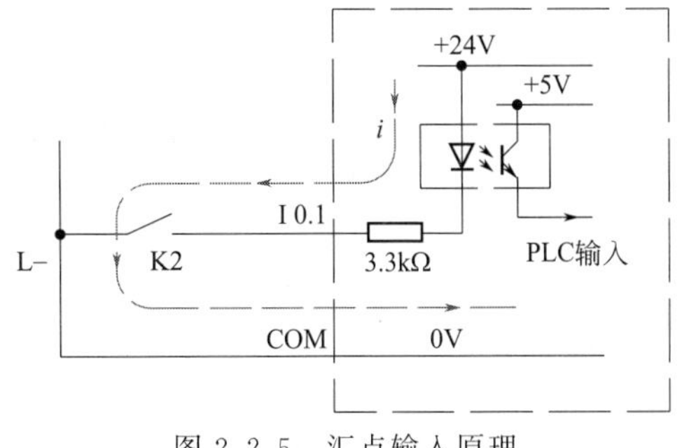

图 2.2.5　汇点输入原理

汇点输入的优点是连接简单，且不需要外部提供输入驱动电源，因此，日本生产的各类控制装置大多采用汇点输入连接方式；其缺点是如果 PLC 的输入连接线出现对地短路故障，PLC 可能会有错误的“1”信号输入，从而导致程序执行错误，引起设备的误动作。

(2) 无触点信号连接

接近开关、温控器、变频器等控制器件及装置的输出信号，通常为晶体管集电极开路输出的无触点信号，这些信号作为 PLC 输入连接时，需要根据信号的输出形式及 PLC 的输入连接方式，进行正确的连接。

① NPN 集电极开路信号。输出为 NPN 晶体管集电极开路驱动的无触点信号作为 PLC 输入时，可直接与采用汇点输入的 DI 连接端进行图 2.2.6 所示的连接；接近开关、温控开关等无源器件的电源也可由 PLC 提供。

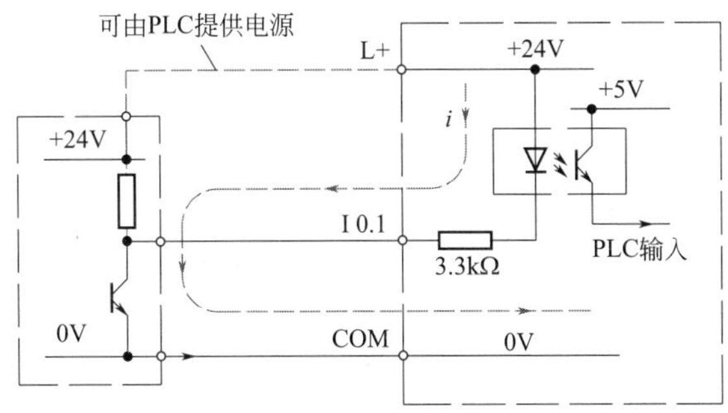

图 2.2.6　NPN 集电极开路信号的汇点输入

PLC 对输入装置的信号输出驱动能力要求为：

$$I_{out} \geqslant \frac{V_e - 0.7}{R_i}$$

式中　I_{out}——信号输出驱动能力，mA；

V_e——输入电源电压，V；

R_i——限流电阻，kΩ。

对于 DC24V 汇点输入标准电路，$V_e = 24V$，$R_i = 3.3k\Omega$，可得到 PLC 对输入装置的信号输出驱动能力要求为 $I_{out} \geqslant 7mA$。

② PNP 集电极开路信号。PNP 集电极开路输出驱动的信号作为 PLC 输入信号时，不能与汇点输入 DI 连接端直接连接，它必须经过转换才能连接到汇点输入 DI 连接端。作为最简单方法的转换方法，可在 PLC 的 DI 连接端与 0V 公共线 COM 间，增加一个图 2.2.7 所示的输入电阻 R（俗称下拉电阻），为 DI 输入驱动电流提供回路。

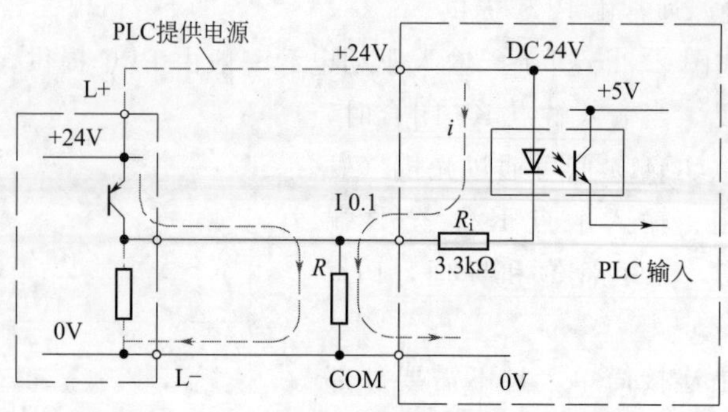

图 2.2.7 PNP 集电极开路信号的汇点输入

增加输入电阻后，PLC 的输入状态将与输入信号的状态相反。因为，当输入装置的输出信号 ON 时，其输出电压为＋24V，DI 输入光耦的发光二极管不能产生驱动电流，因此，PLC 的输入状态为“0”；但是，当输入装置的输出信号 OFF 时，DI 输入光耦的发光二极管可通过限流电阻、输入电阻、公共端 COM 形成回路，PLC 的输入状态为“1”。

输入电阻 R 的阻值可根据 PLC 的输入驱动电流、限流电阻值计算确定，如取光耦发光二极管的导通压降为 0.7V，其计算式如下：

$$R=\frac{V_e-0.7}{I_i}-R_i$$

式中 R——输入电阻，kΩ；

V_e——输入电源电压，V；

I_i——DI 输入工作电流，mA，工作电流必须大于 DI 信号 ON 的最小输入电流；

R_i——限流电阻，kΩ。

例如，对于 DC24V 汇点输入标准电路，$V_e=24V$、$R_i=3.3k\Omega$，如取 $I_i=5mA$，计算得到的输入电阻为 $R=1.36k\Omega$，故可取 $R=1.2k\Omega$ 等标准阻值。

DI 输入端增加输入电阻后，输入电阻将成为信号输入装置的工作负载，因此，对输入装置的信号输出驱动能力要求将变为：

$$I_{out}\geqslant\frac{V_e}{R}$$

式中 I_{out}——信号输出驱动能力，mA；

V_e——输入电源电压，V；

R——输入电阻，kΩ。

对于 DC24V 汇点输入标准电路，$V_e=24V$，$R_i=3.3k\Omega$，如取输入电阻 $R=1.2k\Omega$，可得到输入装置的信号输出驱动能力要求为 $I_{out}\geqslant 20mA$。

2.2.3 源输入连接

(1) 触点信号连接

PLC 的源输入与按钮、开关、接触器及继电器等机械触点的连接电路如图 2.2.8 所示，输入触点的一端与 DI 输入端连接，另一端汇总后连接到输入电源＋24V 公共端 L＋；DI 输入驱动电源一般由外部提供，输入驱动电源的 0V 端 L－必须与 PLC 的 0V 端连接，以形成电流回路。

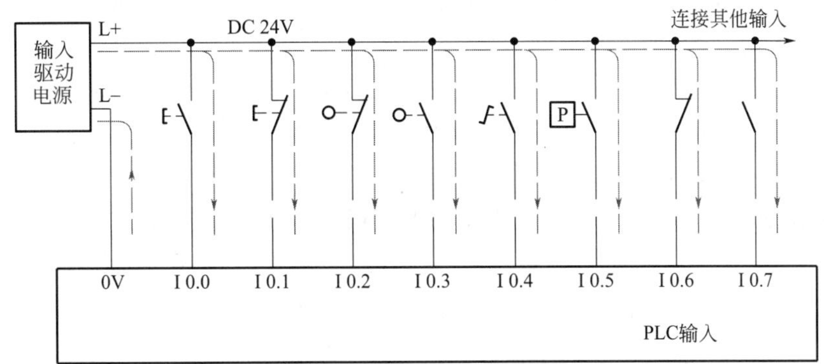

图 2.2.8 源输入连接

源输入的接口电路原理如图 2.2.9 所示，输入驱动电源一般由外部提供，输入限流电阻通常为 3.3～4.7kΩ。由图可见，当输入触点 K2 闭合时，输入驱动电源可通过输入触点 K2、限流电阻、光耦（发光二极管）、PLC 的 0V 端，形成电流回路，光敏三极管饱和导通，PLC 输入状态为“1”。

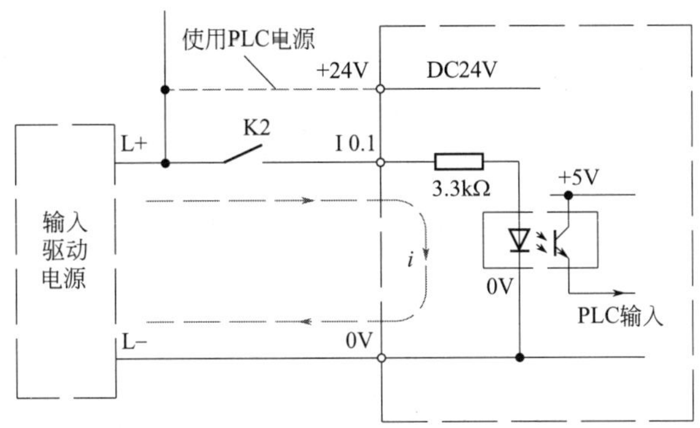

图 2.2.9 源输入接口电路原理

源输入是欧美国家常用的输入连接方式。采用源输入连接时，即使 DI 输入连接线出现对地短路或断开故障，都不会导致 PLC 出现错误的“1”信号输入，因此，其可靠性相对较高；但其输入驱动电源通常需要外部选配，系统稍有提高。

(2) 无触点信号连接

① PNP 集电极开路信号。输出为 PNP 晶体管集电极开路驱动的无触点信号作为 PLC 输入时，可直接与采用源输入的 DI 连接端进行图 2.2.10 所示的连接；接近开关、温控开关等无源器件的电源也可由 PLC 提供。

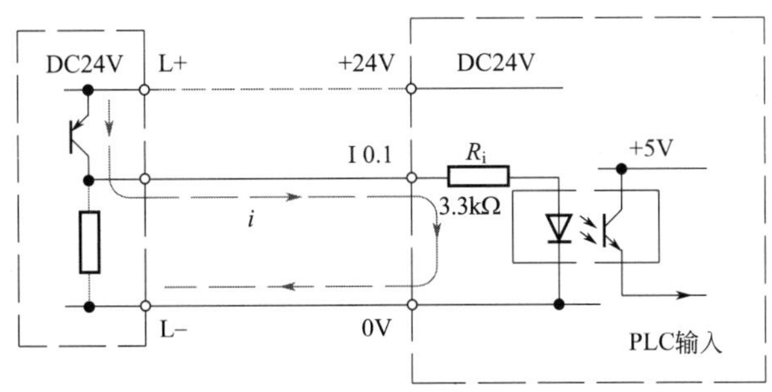

图 2.2.10 PNP 集电极开路信号的源输入

PLC对输入装置的信号输出驱动能力要求与汇点输入相同，对于DC24V汇点输入标准电路，要求$I_{out}\geqslant 7mA$。

② NPN集电极开路信号。NPN集电极开路输出驱动的信号作为PLC输入信号时，不能与源输入DI连接端直接连接，它必须经过转换才能连接到源输入DI连接端。作为最简单方法的转换方法，可在输入装置的信号输出端与DC24V电源线L+间，增加一个图2.2.11所示的输出电阻R（俗称上拉电阻），为DI输入驱动电流提供回路。

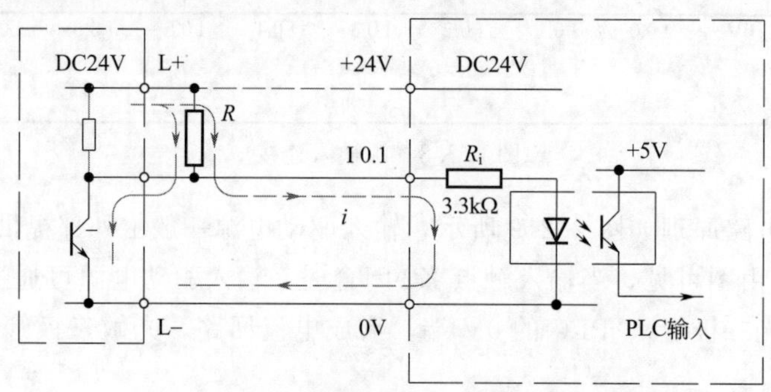

图2.2.11　NPN集电极开路信号的源输入

增加输出电阻后，PLC的输入状态将与输入信号的状态相反。因为，当输入装置的输出信号ON时，其输出电压为0V，DI输入光耦的发光二极管不能产生驱动电流，因此，PLC的输入状态为“0”；但是，当输入装置的输出信号OFF时，驱动电源可通过输出电阻、限流电阻、DI输入光耦的发光二极管、0V端形成回路，PLC的输入状态为“1”。

输出电阻R的阻值计算方法与汇点输入的输入电阻相同，对于DC24V汇点输入标准电路，输出电阻大致为1.2kΩ。

同样，增加输出电阻后，输出电阻将成为输入装置的输出工作负载，因此，对输入装置的信号输出驱动能力要求也将相应提高，其计算方法与汇点输入相同，对于DC24V汇点输入标准电路，要求$I_{out}\geqslant 20mA$。

2.2.4　DO信号连接

晶体管输出具有速度快、体积小、寿命长、成本低等诸多优点，但它只能用于直流负载驱动，且驱动能力较小，因此，被广泛用于电子信号驱动；数控系统集成PMC的DO输出一般都为集电极开路晶体管输出。

晶体管输出的常用形式有NPN集电极开路输出和PNP集电极开路输出两种。其连接方法分别如下。

(1) NPN集电极开路输出

NPN集电极开路输出标准DO信号与线圈类感性负载的连接如图2.2.12所示。负载的一端与DO输出连接，另一端连接到公共连接线L+（驱动电源DC24V）上，DO的0V公共端COM与驱动电源0V端L−连接。为避免输出断开时的过电压，感性负载两端需并联续流二极管，为负载提供放电回路，避免输出晶体管断开时可能出现的过电压。

在图2.2.12所示的电路中，当PLC输出ON时，输出晶体管饱和导通，DO输出端与0V公共端COM接通，负载驱动电流可经负载，由DO连接端流入输出晶体管，再从公共端COM返回驱动电源，构成电流回路；当PLC输出OFF时，输出晶体管截止，DO输出端呈

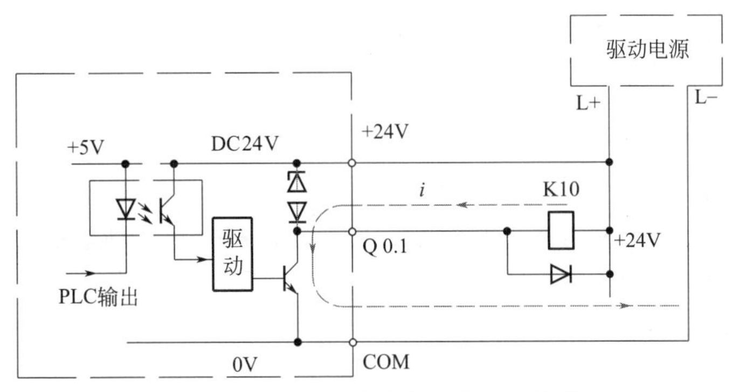

图 2.2.12　NPN 集电极开路输出连接

“悬空”状态，负载无驱动电流。

NPN 集电极开路输出的标准 DO 信号作为其他控制装置输入信号时，如果其他控制装置的输入采用汇点输入连接方式，两者可直接连接；其连接方法与前述 PLC 汇点输入的无触点信号连接相同（参见图 2.2.6）；如果其他控制装置的输入采用源输入连接方式，则需要在 PLC 的 DO 输出端安装输出电阻（上拉电阻），其连接方法与前述 PLC 源输入的无触点信号连接相同（参见图 2.2.11）。

（2）PNP 集电极开路输出

PNP 集电极开路输出标准 DO 信号与线圈类感性负载的连接如图 2.2.13 所示。负载的一端与 DO 输出连接，另一端连接到公共连接线 L－（驱动电源 0V）上，PLC 的 0V 公共端 COM 与驱动电源 0V 端 L－连接；感性负载两端同样需要并联续流二极管，以避免输出晶体管断开时可能出现的过电压。

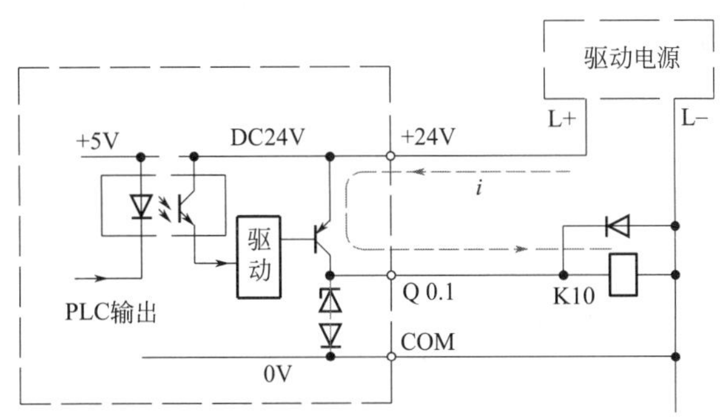

图 2.2.13　PNP 集电极开路输出连接

在图 2.2.13 所示的电路中，当 PLC 输出 ON 时，输出晶体管饱和导通，DO 输出端与 PLC 的 DC24V 公共端＋24 接通，负载驱动电源可由公共端＋24 流入，经输出晶体管，从 DO 输出端流出到负载，并从公共连接线 L－返回驱动电源，构成电流回路；当 PLC 的输出 OFF 时，输出晶体管截止，DO 输出端呈“悬空”状态，负载无驱动电流。

PNP 集电极开路输出的标准 DO 信号作为其他控制装置输入信号时，如果其他控制装置的输入端采用源输入连接方式，两者可以直接连接；其连接方法与前述 PLC 源输入的无触点信号连接相同（参见图 2.2.10）；如果其他控制装置的输入端采用汇点输入连接方式，则需要在其他控制装置的输入端安装输入电阻（下拉电阻），其连接方法与前述 PLC 汇点输入的无触点信号连接相同（参见图 2.2.7）。

2.3 PLC 程序设计

2.3.1 PLC 编程语言

PLC 常用的编程语言有梯形图、指令表、逻辑功能图、顺序功能图等，用于大型、复杂控制的 PLC 有时也可采用 BASIC、Pascal、C 等高级编程语言。数控系统所使用的 PLC 以开关量逻辑控制为主，大多采用梯形图编程。

(1) 梯形图

梯形图（ladder diagram，简称 LAD）是一种沿用了继电器的触点、线圈、连线等图形符号的图形编程语言，在 PLC 中最为常用。梯形图语言不但编程容易，程序通俗易懂，而且还可通过数控装置或编程器进行图 2.3.1 所示的动态监控，直观形象地反映触点、线圈、线路的通断情况。

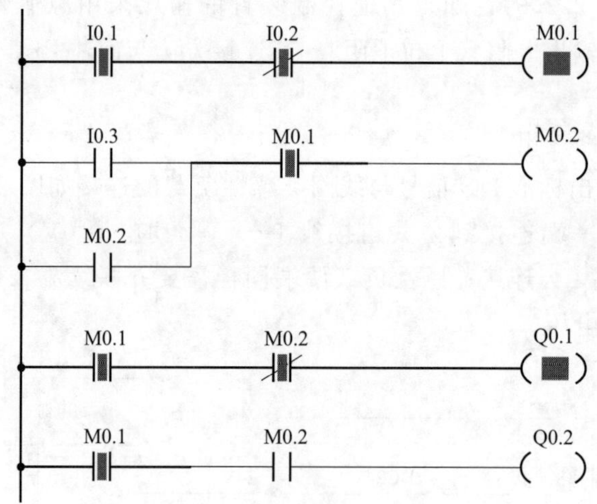

图 2.3.1　梯形图程序及动态监控

利用梯形图编程时，程序的主要特点如下。

① 程序清晰，阅读容易。采用梯形图编程时，逻辑运算指令的操作数可用触点、线圈等图形符号代替；逻辑运算指令“与”“或”“非”，可用触点的串、并联连接及“常闭”触点表示；逻辑运算结果用“线圈”表示。程序的表现形式与传统的继电-接触器电路十分相似，阅读与理解非常容易。此外，即使对于不同厂家生产的 PLC，其程序也只有地址、符号表示方法上的区别，程序转换方便、通用性强。

例如，对于图 2.3.1 所示的梯形图程序，PLC 输入信号 I0.1、I0.2、I0.3 的状态分别用触点 I0.1、I0.2、I0.3 代表，常开触点表示直接以信号输入状态做指令操作数，常闭触点表示输入信号需要进行逻辑“非”运算。PLC 输出信号 Q0.1、Q0.2 及内部继电器 M0.1、M0.2 的状态分别用线圈 Q0.1、Q0.2 及 M0.1、M0.2 代表，输出信号需要作为指令操作数时，同样用常开触点表示直接使用输出信号的状态，用常闭触点表示输出信号的逻辑“非”运算等。

② 功能实用，编程方便。梯形图程序不仅可用触点、线圈、连接线来表示普通逻辑运算

指令，而且还可通过线圈置位复位、边沿检测、多位逻辑处理、定时计数控制、重复线圈等简单指令，实现继电器控制电路难以实现的功能，并通过循环扫描功能避免线路竞争，其功能比继电器控制电路更强，编程更方便，可靠性更高。

③ 显示明了，监控直观。梯形图程序可通过数控装置或编程器的显示器，动态、实时监控程序的执行情况，并且可利用线条的粗细、不同色彩来表示线路的通断、区分编程元件，从而清晰地反映编程元件的状态及程序的执行情况，程序检查与维修十分方便。

但是，由于梯形图程序严格按照从上至下的顺序执行指令，因此，继电器控制电路的桥接支路、线圈后置触点等控制电路，无法通过梯形图程序实现。此外，PLC 程序只是一种软件处理功能，不满足机电设备紧急分断控制的强制执行条件，因此，也不能直接利用 PLC 程序来控制设备的紧急分断。

(2) 指令表

指令表（statement list，简称 STL 或 LIST）是一种使用助记符、类似计算机汇编语言的 PLC 编程语言。指令表是应用最早、最基本的 PLC 编程语言；梯形图、逻辑功能图、顺序功能图实际上只是指令表的不同呈现形式，它们最终都需要编译成指令表程序，才能由 CPU 进行处理，因此，当其他编程语言程序出现无法修改的错误时，需要将其转换成指令表程序，才能进行编辑与修改。

指令表是所有 PLC 编程语言中功能最强的编程语言，它可用于任何 PLC 指令的编程，利用梯形图、逻辑功能图、顺序功能图无法实现的程序，同样可通过指令表进行编程。此外，指令表程序可通过简单的数码显示、操作键进行输入、编辑与显示，对编程器的要求低。因此，尽管指令表程序编程较复杂、显示与监控不够形象直观，但是，在 PLC 编程中，目前仍离不开指令表。

指令表程序的每条指令由“操作码”和“操作数”两部分组成，举例如下：

LD　I1.5

操作码　操作数

指令中的操作码又称指令代码，它用来指定 CPU 需要执行的操作；操作数用来指定操作对象；通俗地说，操作码告诉 CPU 需要做什么，而操作数则告诉 CPU 由谁来做。操作码与操作数的表示方法，在不同的 PLC 上有所不同。

PLC 指令的操作码一般以英文助记符表示。例如，PLC 常用的状态读入操作通常用 LD、RD 等操作码（指令代码）表示；状态输出操作通常以“=”、WRT、OUT 等操作码（指令代码）；逻辑“与”“与非”“或”“或非”运算操作，则通常用 A、AN、O、ON 或 AND、AND. NOT、OR、OR. NOT 等操作码（指令代码）表示。

PLC 指令的操作数一般以“字母+编号”的形式表示，字母用来表示操作数类别，编号用来区分同类操作数。例如，PLC 的输入信号常用字母 I、X 表示，PLC 的输出信号常用字母 Q、Y 表示，PLC 的内部继电器信号常用字母 M、R 表示。PLC 的操作数实际上只是计算机的存储器状态，每一开关量信号占用一个二进制存储位（bit），因此，其编号通常以“字节.位”的形式表示，如 I0.5 代表第 1 字节（Byte0）、第 6 位（bit5）输入信号，Q2.1 代表第 3 字节（Byte2）、第 2 位（bit1）输出信号。

因此，图 2.3.1 所示的梯形图程序转换为指令表后，在 SIEMENS 等公司的 PLC 上的程序形式如图 2.3.2，程序中的 Network1、2 为 SIEMENS 的 PLC 程序段标记，称为“网络”，在其他公司的 PLC 上可能不使用。

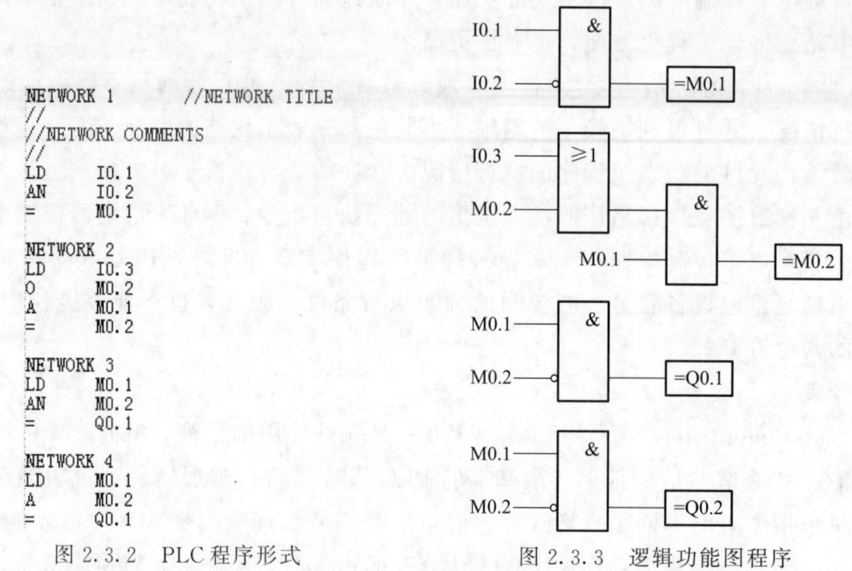

图 2.3.2 PLC 程序形式

图 2.3.3 逻辑功能图程序

(3) 逻辑功能图

逻辑功能图又称功能块图（function block diagram，简称 FBD）或控制系统框图（control system flowchart，简称 CSF），这是一种用逻辑门电路、触发器等数字电路功能图表示的图形编程语言，属于德国 DIN 40700 标准编程语言。

采用逻辑功能图编程时，PLC 程序中的“与”、“或”、“非”、置/复位、数据比较等操作，可用数字电路的“与门”“或门”“非门”“RS 触发器”“数据比较器”等图形符号表示，程序形式如图 2.3.3 所示，程序与数字线路十分相似。

逻辑功能图同样具有直观、形象的特点，其图形简洁、功能清晰，程序结构紧凑、显示容易，特别便于从事数字电路设计的技术人员编程、阅读与理解。此外，逻辑功能图还可用触发器、计数器、比较器等数字电路符号，形象地表示梯形图及其他图形编程语言无法表示的 PLC 功能指令；在表示多触点串联等复杂逻辑运算时，同样的显示页面可显示比梯形图更多的指令。因此，在可以使用逻辑功能图编程语言的 PLC 上，采用逻辑功能图编程往往比梯形图更加简单、方便。

(4) 顺序功能图

顺序功能图（sequential function chart，简称 SFC）是一种按工艺流程图进行编程的图形编程语言，比较适合非电气专业的技术人员使用。

顺序功能图的设计思想类似于子程序调用。设计者首先按控制要求将控制对象的动作划分为若干工步（简称步），并通过特殊的编程元件（称为状态元件或步进继电器），对每一步都赋予独立的标记。程序编制时，只需要明确每一步需要执行的动作及条件，并对相应的状态元件进行“置位”或“复位”，便在程序中选择需要执行的动作。

SFC 编程总体是一种基于工艺流程的编程语言，但在不同公司生产的 PLC 上，其编程方法有所不同，例如，三菱等公司称为“步进梯形图”，其程序形式如图 2.3.4 所示。

采用 SFC 编程时，程序设计者只需要确定输出元件和动作条件，然后利用分支控制指令进行工步的组织与管理，便可完成程序设计，而无需考虑动作互锁要求，因此，比较适合非电

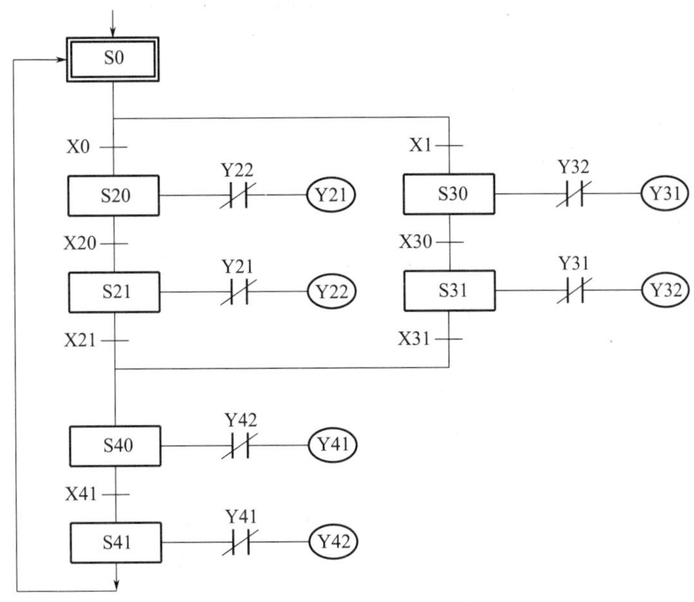

图 2.3.4　SFC 程序示例

气技术人员编程。

除以上常用编程语言外，用于大型复杂控制的 PLC，有时还可使用计算机程序设计用的 BASIC、Pascal、C 等高级语言编程。采用高级语言编程的 PLC 程序专业性较强，适合软件设计人员使用，在数控系统集成或配套的 PLC 上很少使用，本书不再对此进行介绍。

2.3.2　梯形图指令与符号

开关量逻辑顺序控制是 PLC 最主要的功能，由于其程序简单、编程容易，为了便于阅读、检查，人们普遍采用梯形图编程。

梯形图程序指令的用触点、线圈、连线等基本符号（亦称编程元件）表示，程序类似传统的继电器控制电路，因此，掌握触点、线圈、连线等基本符号的使用方法，是程序设计的基础。

(1) 基本符号

采用梯形图编程时，程序中的 PLC 输入、输出、内部继电器等编程元件以及取反、置位、复位等简单逻辑处理，可用表 2.3.1 所示的符号表示。

表 2.3.1　梯形图程序常用符号表

名称		梯形图符号	名称		梯形图符号
基本符号	常开触点	─┤ ├─	特殊符号	结果取反	─┤NOT├─
	常闭触点	─┤/├─		中间线圈	─(#)
	输出线圈	─(　)		取反线圈	─○(　)
	输出复位	─(R)		上升沿检测触点	─┤P├─
	输出置位	─(S)		下降沿检测触点	─┤N├─

触点用来表示逻辑运算的操作数及状态。当指令需要以编程元件的状态作为逻辑运算操作数时，应使用常开触点；如果需要将编程元件的状态取反后作为操作数，应使用常闭触点。线

圈用来保存指令的逻辑运算结果，如编程元件以 RS 触发器的形式保存指令的逻辑运算结果，一般在线圈内加复位、置位标记 R、S。

在不同公司生产的 PLC 上，梯形图的触点、线圈等基本符号类似，但特殊符号有所不同，例如，在 SIEMENS 公司生产的 PLC 上，还可使用表 2.3.1 所示的结果取反、中间结果存储（中间线圈）、取反输出（取反线圈）、边沿检测触点等特殊符号。

(2) 触点与连线

梯形图中的触点与连线用来表示逻辑运算对象与逻辑运算次序，它与继电器控制电路的触点、连接有所区别，编程时需要注意以下几点。

① 触点。触点用来表示开关量信号的状态，常开触点表示直接以开关量信号状态作为操作数；常闭触点表示将开关量信号状态取反后作为操作数。

梯形图程序中的触点与实际继电器触点的主要区别有两点：第一，梯形图中的所有触点都不像实际继电器那样有数量的限制，它们在程序中可以无限次使用；第二，PLC 的输入信号通过"输入采样"一次性读入，因此，梯形图中的输入触点在任何时刻都只有唯一的状态，无需考虑实际继电器电路可能出现的常开、常闭触点同时接通故障，但 PLC 输出、内部继电器等编程元件的状态由梯形图中的线圈设置，因此，在输出线圈指令的前后位置，PLC 输出、内部继电器的触点状态可能存在不同。

② 连线。连线用来表示指令的逻辑运算顺序，它不能像继电器电路那样控制电流流动，因此，梯形图中的逻辑运算必须在结果输出前完成，而不能像继电器电路那样使用图 2.3.5 所示的后置触点、桥接支路连接。

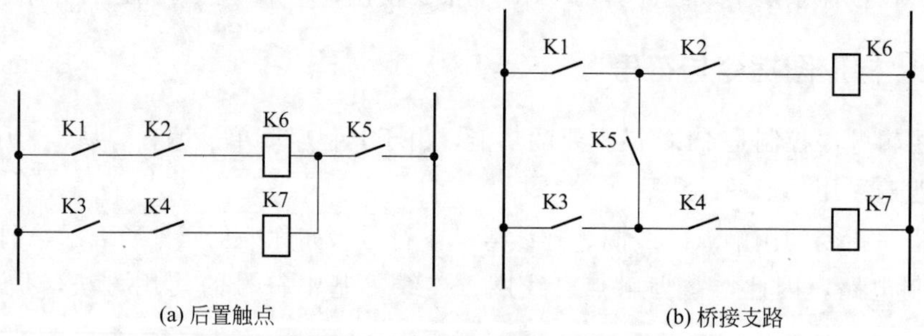

(a) 后置触点　(b) 桥接支路

图 2.3.5　梯形图不能使用的连接

(3) 线圈

线圈用来表示逻辑运算的结果，其本质是对 PLC 存储器的二进制数据位进行的状态设置，线圈接通表示将指定数据位状态设置为"1"；线圈断开表示将数据位的状态设置为"0"。梯形图线圈与实际继电器线圈的区别如下。

① 通常可以重复编程。由于 PLC 存储器的数据位可多次设置，而梯形图则严格按照从上至下、从左至右的次序执行，因此，如果需要，梯形图中的线圈实际上也可多次编程（称为重复线圈）。使用重复线圈的梯形图程序，在语法检查时可能会产生错误提示，但它通常不会影响程序的正常运行，重复线圈的最终结果将取决于最后一次输出的状态。

例如，对于图 2.3.6 所示的梯形图程序，内部继电器 M0.1 被重复编程，虽然其最终状态取决于输入 I0.2，但是，在执行第 3 行指令前，M0.1 的状态可利用输入 I0.1 控制，只要 I0.1 为"1"，Q0.0 仍可输出"1"。

② 状态与编程位置有关。如果梯形图程序中不使用重复线圈，在线圈输出指令以前的程

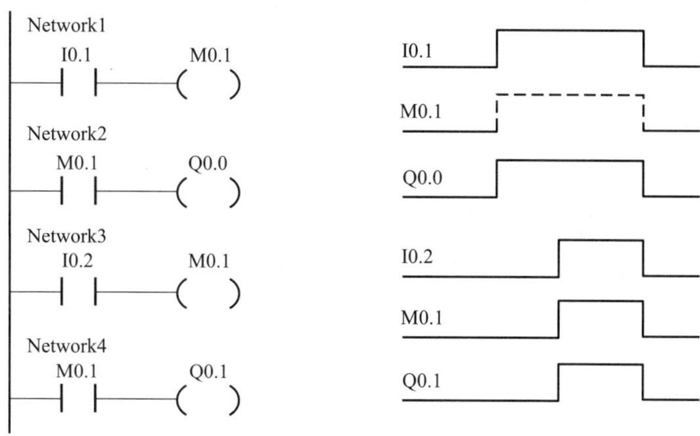

图 2.3.6　重复线圈编程

序中，PLC 输出、内部继电器等编程元件的触点状态，就是上一 PLC 循环执行完成后的编程元件线圈状态，而在线圈输出指令执行以后的程序中，PLC 输出、内部继电器等编程元件的触点状态，将成为本循环输出指令执行后的编程元件线圈状态。因此，当同样的控制程序编制在梯形图的不同位置，其执行结果可能不同。

例如，对于图 2.3.7(a) 所示的梯形图程序，虽然，输出 Q0.0、Q0.1 同样都是由内部继电器 M0.1 进行控制，但其实际状态输出却存在如图 2.3.7(b) 所示的区别，原因如下。

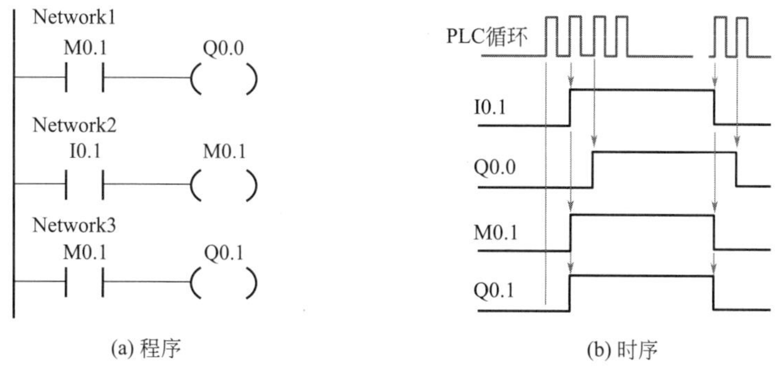

(a) 程序　　(b) 时序

图 2.3.7　编程位置与输出状态

在输入 I0.1 为 0 时，程序的执行结果是 M0.1 及 Q0.0、Q0.1 均为“0”。当输入 I0.1 为“1”时，PLC 第一次执行循环时，指令第 1 行（Network1）的 M0.1 为上一循环的执行结果“0”，故输出 Q0.0 仍为“0”；但是，在执行第 2 行指令（Network2）后，M0.1 将成为“1”，因此，执行第 3 行指令（Network3）将使输出 Q0.1 为“1”；这样，在执行 I0.1 为“1”的第 1 个循环时，输出 Q0.0、Q0.1 将具有不同的状态。同样，当输入 I0.1 为“0”时，PLC 第一次执行循环时，指令第 1 行（Network1）的 M0.1 为上一循环的执行结果“1”，故输出 Q0.0 仍为“1”；但是，在执行第 2 行指令（Network2）后，M0.1 将成为“0”，因此，执行第 3 行指令（Network3）将使输出 Q0.1 为“0”，从而使得 PLC 在执行 I0.1 为“0”的第 1 个循环时，输出 Q0.0、Q0.1 也具有不同的状态。

(4) 特殊符号

特殊符号用来实现继电器电路无法实现的功能，它们在不同 PLC 上的表示方法有所不同，以 SIEMENS 公司生产的 PLC 为例，特殊符号的功能简要说明如下。

① 结果取反。加 NOT 标记的常开触点（以下简称 NOT 触点）的作用是执行逻辑运算结果存储器的“取反”操作。

例如，对于图 2.3.8 所示的“同或”程序，当 I0.0 和 I0.1 的状态相同时，逻辑运算结果为“1”，但经过 NOT 触点取反后，逻辑运算结果将为“0”，故 M0.1 的输出状态为“0”；反之，如 I0.0 和 I0.1 的状态不同，逻辑运算结果为“0”，但经过 NOT 触点取反后，逻辑运算结果将为“1”，故 M0.1 的输出状态为“1”等。

② 中间线圈。中间线圈是用来保存逻辑运算中间结果的存储单元，中间线圈之后还可添加其他触点、线圈；中间线圈只能是内部继电器，不能为 PLC 输出。

例如，对于图 2.3.9 所示的程序，中间线圈 M0.0 可用来保存 I0.1、I0.2 的“同或”运算结果，当 I0.1 和 I0.2 的状态相同时，中间线圈 M0.0 的状态为“1”；而当 I0.1 和 I0.2 的状态不同时，中间线圈 M0.0 的状态将为“0”。中间线圈 M0.0 可像其他线圈一样，在程序中使用其常开、常闭触点。

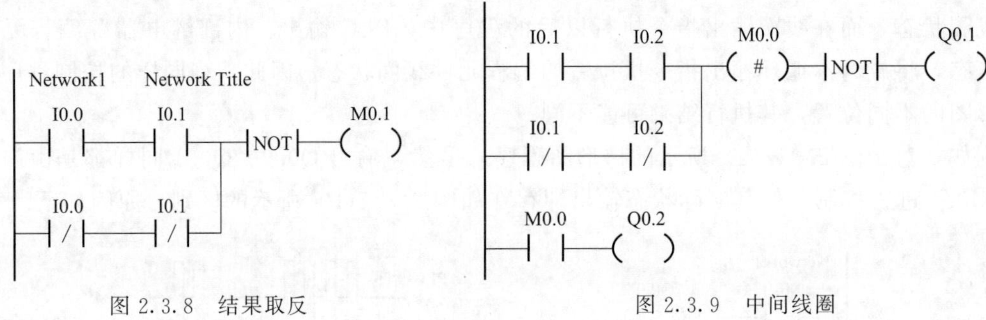

图 2.3.8 结果取反

图 2.3.9 中间线圈

③ 取反线圈。取反线圈的作用是将逻辑运算结果取反后，保存到指定的线圈上，其性质相当于线圈前增加一个 NOT 触点。

④ 边沿检测触点。边沿检测触点可在逻辑运算结果发生变化的时刻，产生一个持续时间为 1 个 PLC 循环的脉冲信号。逻辑运算结果由“0”变为“1”的变化，可通过上升沿触点 P 产生；逻辑运算结果由“1”变为“0”的变化，可通过下降沿触点 N 产生；如果直接在输入触点之后增加上升沿触点 P 或下降沿触点 N，便可获得 PLC 输入的上升沿或下降沿。边沿检测触点的使用方法如图 2.3.10 所示。

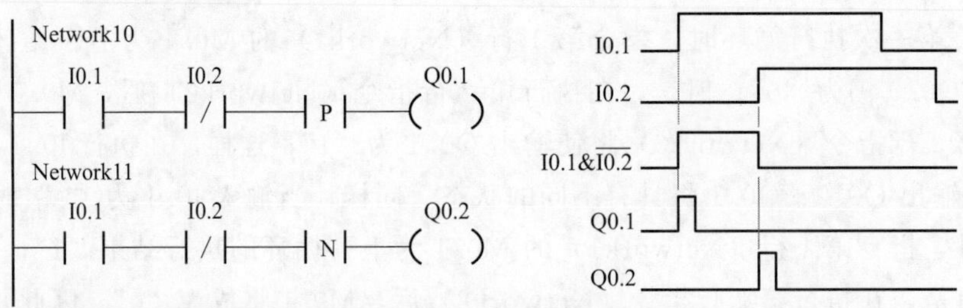

图 2.3.10 边沿检测触点

2.3.3 基本梯形图程序

尽管 PLC 的控制要求多种多样，但大多数动作都可通过基本逻辑功能的组合实现，因此，熟练掌握基本逻辑功能程序的编制方法，是提高编程效率与程序可靠性的有效措施。PLC 常用的基本逻辑功能程序（以下简称基本程序）如下。

(1) 恒 0 和恒 1 信号生成

PLC 程序设计时，经常需要使用状态固定为“0”或“1”的信号，以便对无需逻辑处理的电源指示灯等输出或功能指令的条件进行直接赋值。

状态固定为“0”及“1”的内部继电器等输出线圈，可通过图 2.3.11 所示的梯形图程序段生成。在图 2.3.11(a）上，输出 M0.0 为信号 M0.2 和 $\overline{\text{M0.2}}$ 的“与”运算的结果，状态恒为 0；图 2.3.11(b）中，M0.1 为信号 M0.2 和 $\overline{\text{M0.2}}$ 的“或”运算的结果，状态恒为 1。

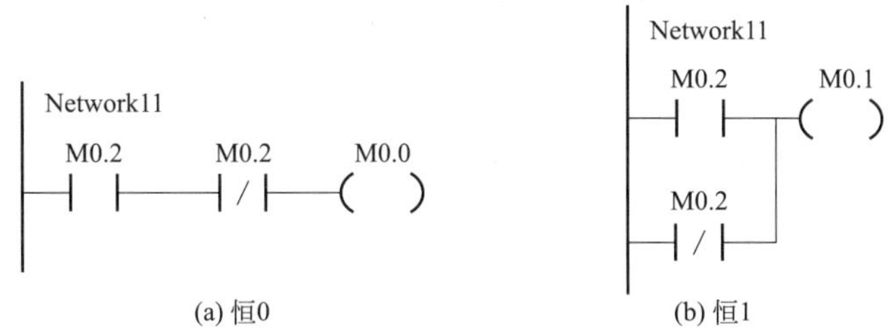

(a) 恒0　(b) 恒1

图 2.3.11　恒 0 和恒 1 信号的生成

(2) 状态保持程序

线圈的状态保持功能可通过梯形图程序的自锁电路、置位/复位指令、RS 触发器等方式实现，并可根据需要选择“断开优先”和“启动优先”两种。

断开优先的状态保持程序如图 2.3.12 所示，图中的 I0.1 为启动信号，I0.2 为断开信号。

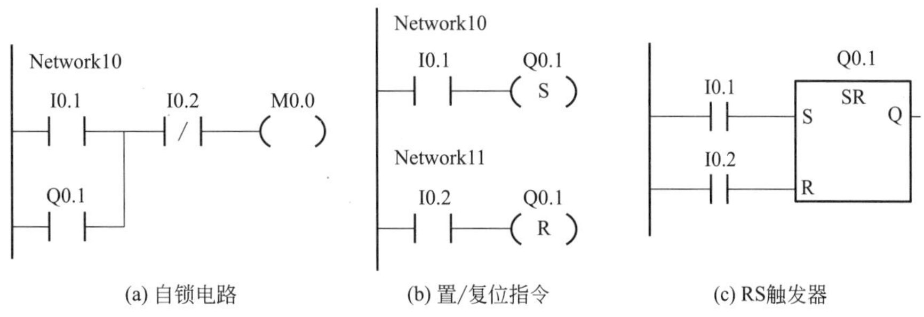

(a) 自锁电路　(b) 置/复位指令　(c) RS触发器

图 2.3.12　断开优先状态保持程序

在图 2.3.12 的程序中，当断开信号 I0.2 为“0”时，3 种方式均可通过启动信号 I0.1 的“1”状态，使输出 Q0.1 成为“1”并保持。但是，如果断开信号 I0.2 为“1”，则不论启动信号 I0.1 是否为“1”，Q0.1 总是输出“0”，故称断开优先或复位优先。

启动优先的状态保持程序如图 2.3.13 所示。

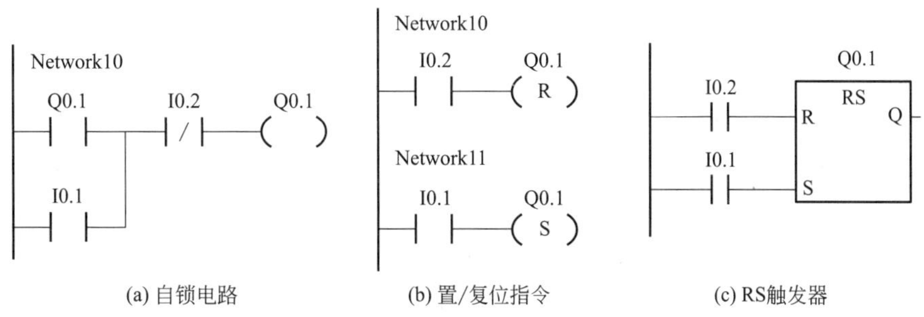

(a) 自锁电路　(b) 置/复位指令　(c) RS触发器

图 2.3.13　启动优先状态保持程序

图 2.3.13 的程序在断开信号 I0.2 为“0”时，同样可通过启动信号 I0.1 的“1”状态，使输出 Q0.1 为“1”并保持。而且只要启动信号为“1”，不论断开信号 I0.2 的状态是否为“0”，Q0.1 总是可以输出“1”状态，故称启动优先或置位优先。

(3) 边沿检测程序

边沿检测程序可在指定信号状态发生变化时，产生一个宽度为 1 个 PLC 循环周期的脉冲信号，其功能与 PLC 的边沿检测触点相同，程序如图 2.3.14 所示。

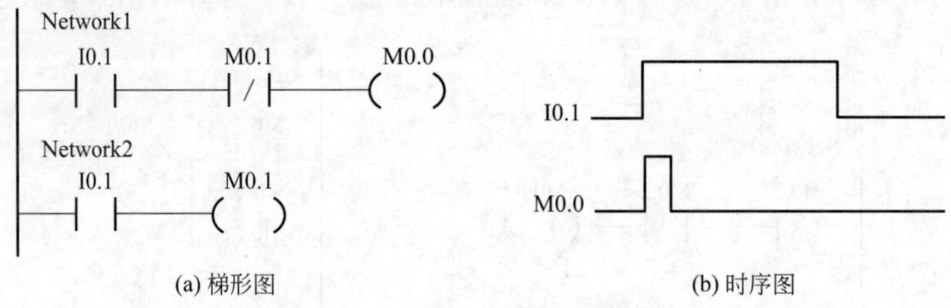

图 2.3.14　边沿信号生成程序

在图 2.3.14 所示的程序中，当 I0.1 由“0”变为“1”时，PLC 执行首次循环，由于 M0.1 的状态为上一循环的执行结果“0”，执行指令 Network1 可使 M0.0 输出“1”；接着，由指令 Network2 使 M0.1 成为“1”，因此，首次循环的执行结果为 M0.0、M0.1 同时为“1”。但是，在后续的循环中，只要 I0.1 保持“1”，M0.1 也将保持“1”，M0.0 将始终为“0”。这样便可在 I0.1 为“1”的瞬间，在 M0.0 上得到一个宽度为 1 个 PLC 循环的上升沿脉冲。

如果将程序中的 I0.1 常开触点改为常闭触点，便可在输入 I0.1 由“1”变为“0”时，在 M0.0 上得到一个宽度为 1 个 PLC 循环的上下降沿脉冲。

(4)“异或”“同或”程序

“异或”“同或”是两种标准逻辑操作。所谓“异或”就是在两个信号具有不同状态时，输出“1”信号，所谓“同或”就是在两个信号状态相同时，输出“1”信号。实现“异或”“同或”操作的程序如图 2.3.15 所示。

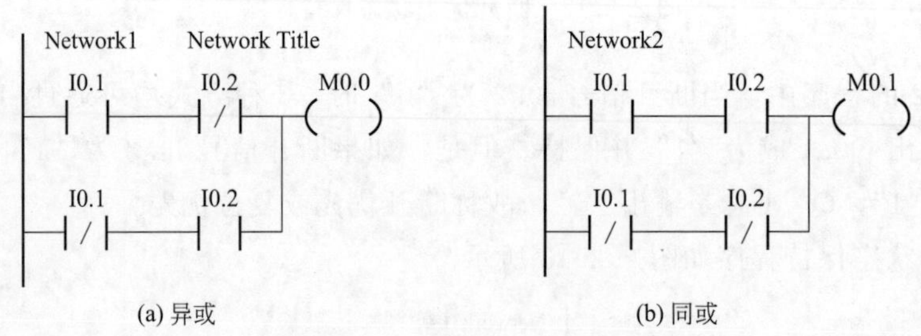

图 2.3.15　异或、同或程序

(5) 状态检测程序

状态检测程序可实现类似输入采样的功能，它可通过采样信号的“1”状态来获取指定信号的当前状态，并将保存到指定编程元件的操作。实现这一功能的梯形图程序如图 2.3.16(a) 所示，程序中的 M0.1 为采样信号，I0.1 为被测信号，Q0.1 为状态保存元件；程序的第 1 行控制条件用来检测 I0.1 状态，第 2 行控制条件用来保持被测状态；程序的执行时序如图 2.3.16(b) 所示。

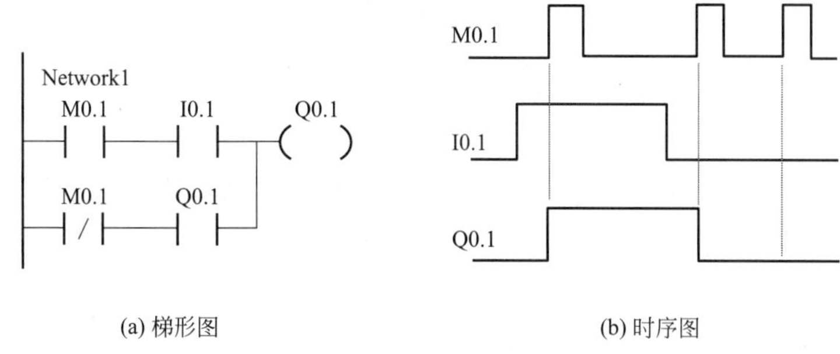

(a) 梯形图　　(b) 时序图

图 2.3.16　状态检测程序

在图 2.3.16(a) 的程序中，如果采样信号 M0.1 的状态为“1”，第 2 行的控制条件将被断开；这时，如被测信号 I0.1 的状态为“1”，程序可通过第 1 行控制条件，使状态保存元件 Q0.1 的状态成为“1”。Q0.1 一旦为“1”，即使 M0.1 变为“0”，Q0.1 也可通过第 2 行控制条件保持“1”状态。

同样，如果在 M0.1 为“1”时，被测信号 I0.1 的状态为“0”，其第 1 行控制条件的执行结果将为“0”，第 2 行控制条件被断开，因此，Q0.1 的状态将为“0”。Q0.1 一旦为“0”，第 2 行的控制条件也将断开，此时，即使 M0.1 成为“0”，Q0.1 也将保持“0”状态。

通过以上程序，便可在 Q0.1 上得到采样信号 M0.1 为“1”时的被测信号状态，并将这一状态一直保持到采样信号 M0.1 再次为“1”状态的时刻。

2.3.4　程序设计示例

(1) 控制要求

PLC 梯形图程序设计并没有规定的方法和绝对的衡量标准，只要能够满足控制要求，并且动作可靠、程序清晰、易于阅读理解，便是好程序，至于程序形式、指令与编程元件的数量能简则简，但如果因此而增加了阅读理解的难度，也没有必要勉强。因此，灵活应用基本程序，组合出满足不同控制要求的各种程序，不仅设计容易、可靠性高，而且可为程序检查、阅读理解带来极大的方便。

以下将以机电设备常用的交替通断控制为例，介绍利用基本程序实现同样控制要求的几种梯形图程序设计方法，以供参考。

所谓交替通断控制是利用同一信号的重复输入，使执行元件的输出状态进行通、断交替变化的控制。例如，利用一个按钮的重复操作，控制电磁阀通断、指示灯开关；或者，产生一个脉冲频率为输入信号 1/2 的脉冲信号（二分频控制）等。

交替通断的控制要求与应用示例如图 2.3.17 所示。图中，假设交替通断的控制信号为 PLC 按钮输入 I0.1，执行元件为 PLC 的指示灯输出 Q0.1，其控制要求为：如果输出 Q0.1 的

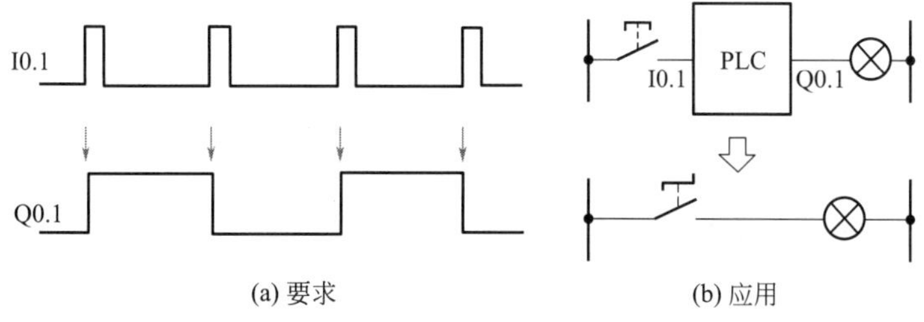

(a) 要求　　(b) 应用

图 2.3.17　交替通断控制要求与应用

当前状态为“0”，输入 I0.1 为“1”时，Q0.1 的状态应成为“1”并保持；反之，如果输出 Q0.1 的当前状态为“1”，输入 I0.1 为“1”时，Q0.1 的状态应成为“0”并保持；这样，便可利用按钮等无状态保持功能的控制器件来控制执行元件的开关动作，从而起到开关控制同样的作用。

利用前述梯形图基本程序实现交替通断控制的一般方法有以下几种。

(2) 利用状态保持功能实现

利用状态保持功能实现的交替通断控制程序如图 2.3.18(a) 所示，程序由边沿检测、状态保持 2 个 PLC 基本程序以及启动、停止信号生成程序段组合而成，其执行时序如图 2.3.18(b) 所示，工作原理如下。

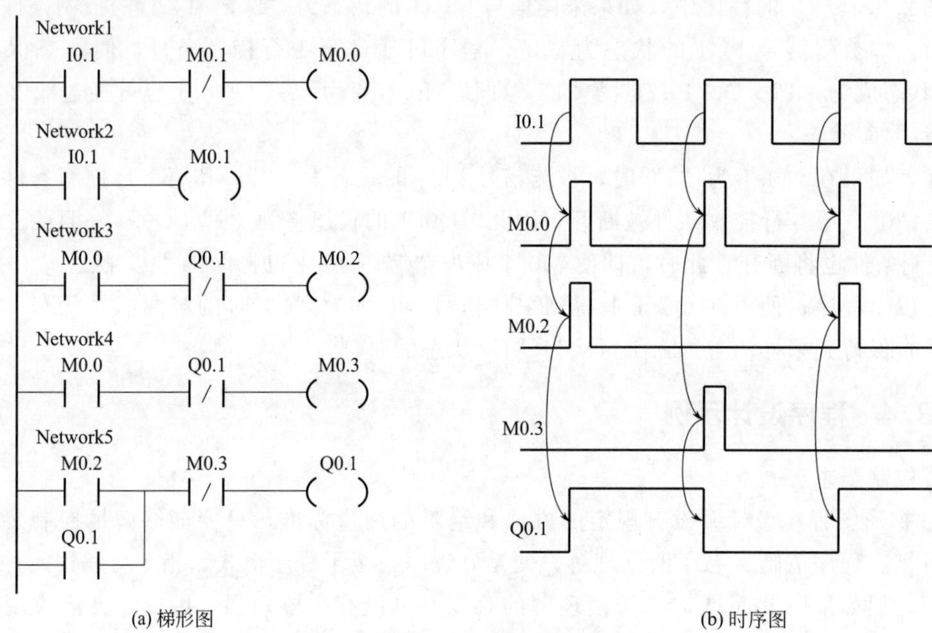

图 2.3.18 交替通断控制程序 1

Network1/2：边沿检测基本程序，利用这一程序段，可在内部继电器 M0.0 上获得输入 I0.1 的上升沿脉冲，M0.0 用来产生状态保持程序的启动、停止信号。

Network3/4：启动、停止信号生成程序段，用来产生状态保持程序的启动、停止信号。如果输出 Q0.1 的当前状态为“0”，边沿信号 M0.0 被转换为状态保持程序的启动信号 M0.2；如果 Q0.1 的当前状态为“1”，边沿信号 M0.0 被转换为状态保持程序的停止信号 M0.3。

Network5：状态保持基本程序，如 Q0.1 的当前状态为“0”，则可通过启动信号 M0.2，将 Q0.1 置为“1”；如果 Q0.1 的当前状态为“1”，则可通过停止信号 M0.3，将 Q0.1 置为“0”。由于边沿信号 M0.0 只保持 1 个 PLC 循环，因此，在以后的 PLC 循环中，将不会再产生启动信号 M0.2、停止信号 M0.3，而 Q0.1 的状态也将保持不变。

以上程序的动作清晰、理解容易，但需要所有 4 个内部继电器和 5 个程序段，结构较为松散，因此，实际程序中也经常采用后述的程序。

(3) 利用状态检测功能实现

利用状态检测功能实现的交替通断控制程序如图 2.3.19(a) 所示，程序由边沿检测、状态检测 2 个基本程序组合而成，其执行时序如图 2.3.19(b) 所示，工作原理如下。

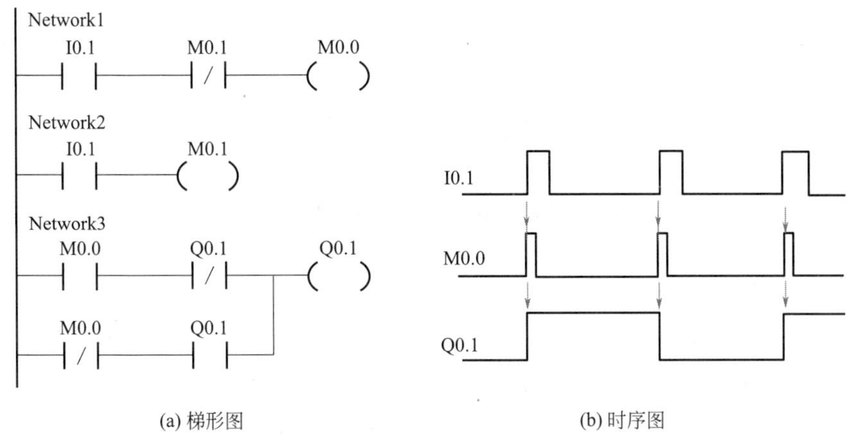

(a) 梯形图　　(b) 时序图

图 2.3.19　交替通断控制程序 2

Network1/2：边沿检测基本程序，利用这一程序段，可在内部继电器 M0.0 上获得输入 I0.1 的上升沿脉冲，M0.0 用来作为状态检测基本程序的采样脉冲信号。

Network3：状态检测基本程序，这一程序段直接以取反后的 Q0.1 当前状态（上一循环的执行结果）作为被测信号，因此，程序段执行后，Q0.1 可改变状态。同样，由于采样信号 M0.0 仅在 I0.1 的上升沿产生，在第二次及以后的 PLC 循环中，M0.0 始终为“0”，因此，Q0.1 可保持首次循环所改变的状态不变。

以上程序只需要使用 2 个内部继电器和 3 个程序段，程序较图 2.3.18 简洁，但阅读状态检测基本程序必须对 PLC 的循环扫描工作原理有清晰的了解。

(4) 利用 2 次状态检测功能实现

利用 2 次状态检测功能实现的交替通断控制程序如图 2.3.20(a) 所示，程序由 2 个状态检测基本程序组合而成，其执行时序如图 2.3.20(b) 所示，工作原理如下。

Network1：状态检测基本程序 1，程序段以输入 I0.1 作为采样信号，以取反后的状态检测程序 2 的输出 M0.1 作为被测信号，因此，其输出 Q0.1 可保存 I0.1 状态为“1”时的 M0.1 取反信号。

Network2：状态检测基本程序 2，程序段以取反后的输入 I0.1 作为采样信号，以状态检测程序 1 的输出 Q0.1 作为被测信号，因此，其输出 M0.1 可保存 I0.1 状态为“0”时的 Q0.1 信号。

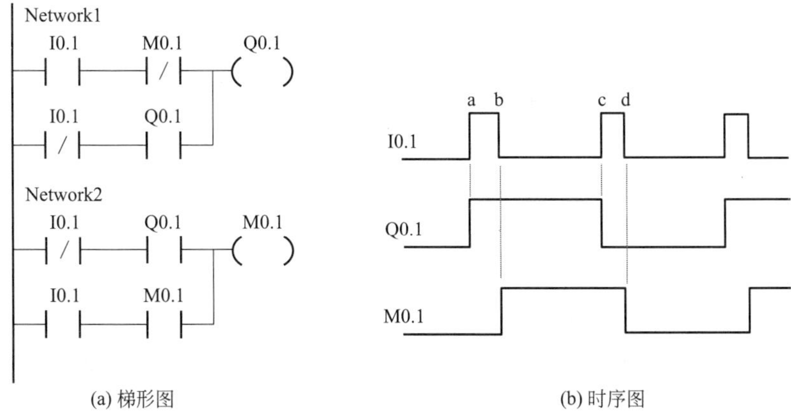

(a) 梯形图　　(b) 时序图

图 2.3.20　交替通断控制程序 3

以上 2 个状态检测基本程序的工作过程如下。

假设起始状态为 I0.1=0、Q0.1=0、M0.1=0，此时，对于状态检测程序 1，虽被测信号 M0.1 取反后的状态为“1”，但由于采样信号 I0.1 的状态为“0”，因此，Q0.1 仍将保持起始状态“0”不变；而在状态检测程序 2 上，由于采样信号为 I0.1 取反后的状态“1”，因此，输出 M0.1 将成为被测信号 Q0.1 的状态“0”。

当输入 I0.1 为“1”时，状态检测程序 1 的采样信号 I0.1 为“1”，输出信号 Q0.1 将变为被测信号 M0.1 取反后的状态为“1”；而对于状态检测程序 2，由于采样信号为 I0.1 取反后的状态“0”，因此，M0.1 将保持状态“0”不变。

此时，如果 I0.1 由“1”恢复为“0”，对于状态检测程序 1，由于采样信号 I0.1 的状态为“0”，因此，Q0.1 仍将保持当前状态“1”不变；而在状态检测程序 2 上，由于采样信号为 I0.1 取反后的状态“1”，因此，输出 M0.1 将成为被测信号 Q0.1 的状态“1”。M0.1 一旦成为“1”，状态检测程序 1 的被测信号也将变为“0”，从而为 Q0.1 的状态翻转做好了准备。

接着，如果 I0.1 再次由“0”变为“1”，状态检测程序 1 的采样信号 I0.1 为“1”，输出信号 Q0.1 将变为被测信号 M0.1 取反后的状态为“0”；而对于状态检测程序 2，由于采样信号为 I0.1 取反后的状态“0”，因此，M0.1 将保持状态“1”不变。

此时，如果 I0.1 再次由“1”恢复为“0”，对于状态检测程序 1，由于采样信号 I0.1 的状态为“0”，因此，Q0.1 仍将保持当前状态“0”不变；而在状态检测程序 2 上，由于采样信号为 I0.1 取反后的状态“1”，因此，输出 M0.1 将成为被测信号 Q0.1 的状态“0”。M0.1 一旦成为“0”，状态检测程序 1 的被测信号又将变为“1”，从而为 Q0.1 状态的再次翻转做好了准备。

通过以上过程的不断重复，实现了交替通断控制的要求。图 2.3.20 所示的程序充分利用了 PLC 的循环扫描特点，程序只占用 1 个内部继电器和 2 个程序段，设计非常简洁，因此，它是目前有经验的 PLC 设计人员广为使用的典型程序。

2.4 梯形图转换与优化

2.4.1 电路转换为梯形图

利用不同编程语言编制的 PLC 程序，可以通过操作系统或编程软件自动转换，无需进行其他考虑，但是，对于梯形图程序与传统继电器控制电路之间的转换，应注意两者在工作原理、方式上的区别，部分梯形图程序不能完全套用继电器电路，反之亦然。

继电器电路可使用，但梯形图程序不能实现的情况主要有下文的几种，这样的电路需要经过适当处理，才能成为梯形图程序。为了便于比较与说明，在下述的内容中，对于继电器电路，触点、线圈仍以通常的 K*n* 表示；但是，在梯形图上，继电器 K*n* 的触点将以输入 I0.*n* 代替，线圈以输出 Q0.*n* 代替。

(1) 桥接支路

为了节省触点，继电器电路可采用图 2.4.1(a) 所示的“桥接”支路，利用 K5 触点的桥接，使触点 K3、K1 能够对线圈 K6、K7 进行交叉控制，这样的支路在梯形图程序中不能实现。这是因为：

① 梯形图的编程格式不允许，采用梯形图编程时，程序中的触点一般不能进行垂直方向

布置；

② 违背 PLC 程序的执行规则，因为梯形图程序的指令执行严格按从上至下的顺序进行，因此，除非使用重复线圈，否则，在同一 PLC 循环内，不能利用线圈输出指令以后的程序来对已经执行完成的输出线圈附加其他条件。

因此，梯形图程序设计时，每一输出线圈原则上都应有独立的逻辑控制条件。梯形图程序的触点使用次数不受任何限制，因此，对于图 2.4.1(a) 所示的“桥接”支路，在梯形图程序中可转化为图 2.4.1(b) 所示的形式编程。

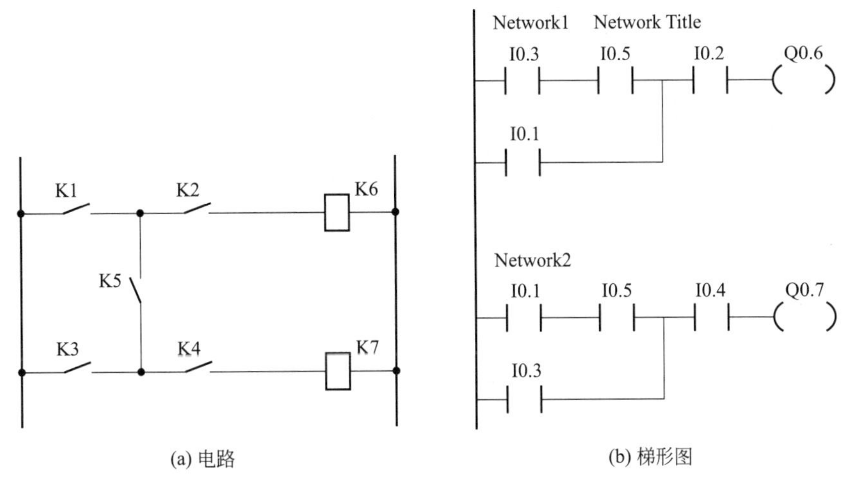

(a) 电路　　(b) 梯形图

图 2.4.1　桥接支路的转换

(2) 后置触点

同样出于节省触点的目的，继电器电路经常使用图 2.4.2(a) 所示的后置触点 K5，来同时控制线圈 K6、K7，但是，在梯形图程序中，PLC 的输出线圈必须是程序段的最终输出（中间线圈只能是内部继电器）。因此，使用后置触点的继电器电路转换为梯形图程序时，需要以图 2.4.2(b) 所示的形式编程。

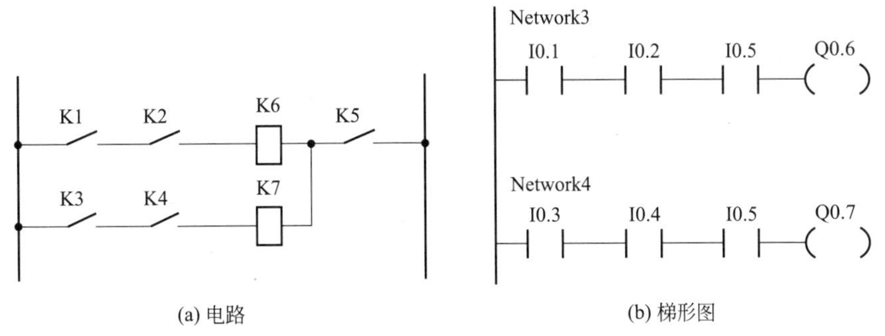

(a) 电路　　(b) 梯形图

图 2.4.2　后置触点的转换

(3) 中间输出

继电器电路可利用图 2.4.3(a) 的中间输出节省触点，这样的电路可以转换为梯形图，但执行指令时需要使用堆栈，它将无谓地增加程序容量和执行时间。因此，在梯形图程序中宜转换为图 2.4.3(b) 的形式，通过改变触点次序取消堆栈操作；或者，将其分解为图 2.4.3(c) 所示的 2 个独立程序段，以简化程序。

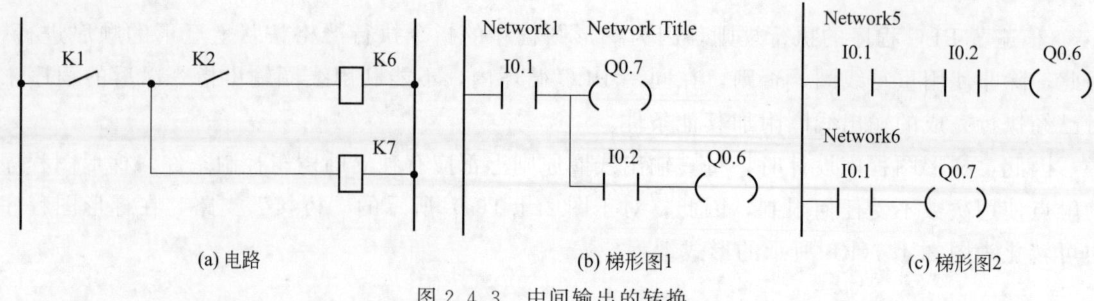

图 2.4.3　中间输出的转换

(4) 并联输出

图 2.4.4(a) 是继电器接点控制电路常用的并联输出支路，鉴于中间输出同样的原因，转换梯形图时宜改为图 2.4.4(b) 所示的形式。

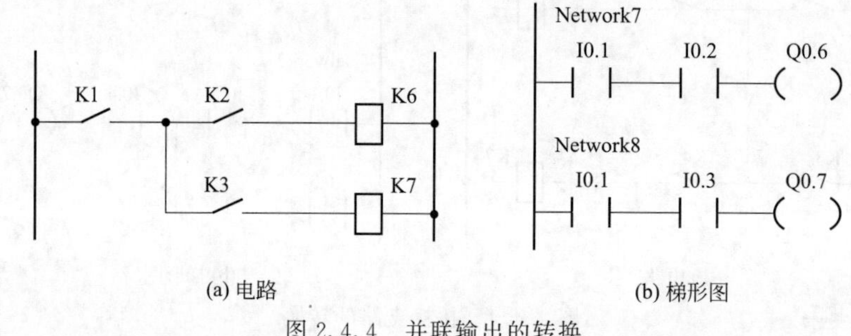

图 2.4.4　并联输出的转换

2.4.2 梯形图转换为电路

简单的梯形图程序也可以转换为继电器电路，但某些特殊的梯形图程序不能通过继电器电路实现，常见的情况有以下几种。

(1) 边沿检测程序

梯形图程序可充分利用 PLC 的循环扫描功能，实现图 2.4.5(a) 所示的边沿检测功能。但是，这样的程序如果直接转换为图 2.4.5(b) 所示的继电器电路，由于实际继电器的常闭触点断开通常先于常开触点的闭合，因此，继电器 K3 不能被短时接通，转换后的电路将变得无任何实际意义。

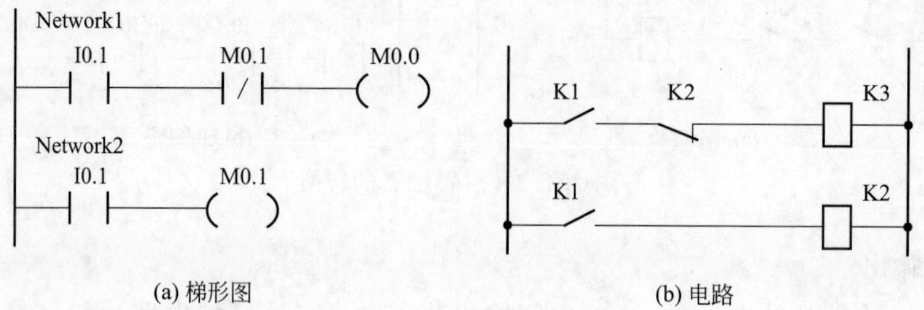

图 2.4.5　边沿检测程序转换

(2) 时序控制程序

PLC 的梯形图程序严格按从上至下、从左向右的顺序执行，同样的程序段编制在程序不同的位置，可能得到完全不同的结果。

例如，对于图 2.4.6(a) 的程序，如果 M0.1 的输出指令位于 M0.0 的输出指令之后，可在 M0.0 上得到 I0.1 的上升沿脉冲；但是，对于图 2.4.6(b) 所示的程序，如果 M0.1 的输出位于 M0.0 的输出之前，M0.0 的输出将始终为“0”。

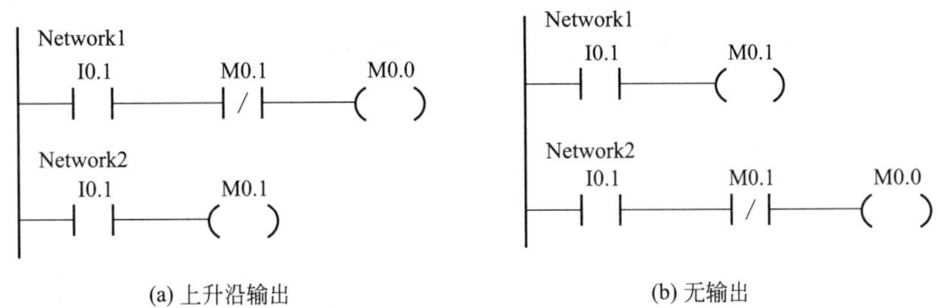

图 2.4.6　产生不同结果的梯形图

但是，继电器电路的工作是同步的，如果线圈通电，无论触点位于电路的哪一位置，它们都将被同时接通或断开，因此，即便改变电路的前后次序，也无法得到不同的结果。

例如，对于图 2.4.7(a) 和图 2.4.7(b) 所示的电路，当触点 K1 接通时，所得到的结果总是为线圈 K2 接通、K3 断开。

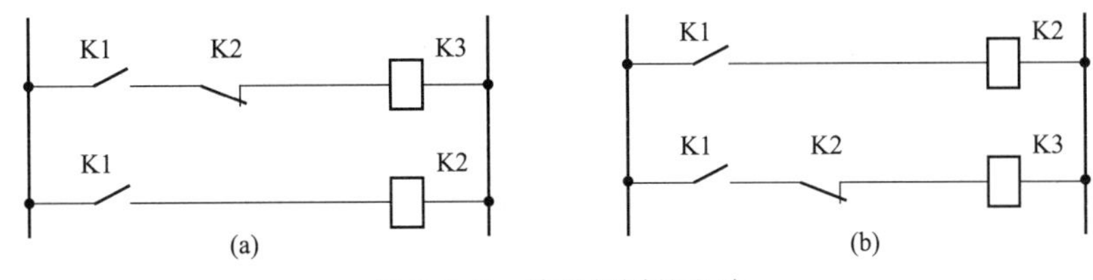

图 2.4.7　效果相同的电路

(3) 竞争电路

PLC 的循环扫描的工作方式决定了梯形图程序在同一循环内不会产生“竞争”现象，例如图 2.4.8(a) 所示的梯形图程序，如果 M0.0 为边沿信号，程序便可用于交替通断控制（参见图 2.3.18）。

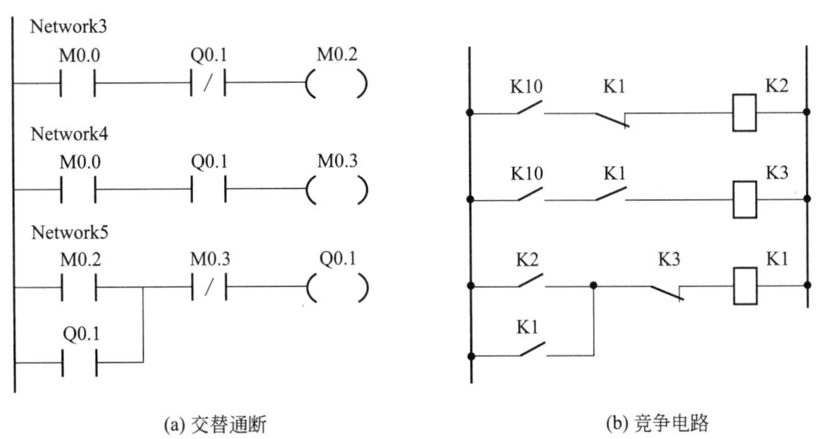

图 2.4.8　竞争电路的梯形图

但是，继电器电路为同步工作，如将图 2.4.8(a) 所示的梯形图程序转换为图 2.4.8(b)

所示的继电器电路，当触点K10接通时，将出现“K2接通→K1接通→K2断开→K3接通→K1断开→K3断开→K2接通……”的循环，使继电器K1、K2、K3处于连续不断的通断状态，引起“竞争”，导致电路不能工作。

(4) 重复线圈

重复线圈可用来保存逻辑运算的中间状态，起到内部继电器同样的作用；使用重复线圈编程时，PLC一般会发生语法错误提示，但并不影响程序的运行。

例如，对于图2.4.9(a) 所示的程序，在不同的输入状态下可得到图2.4.9(b) 所示的不同的结果。

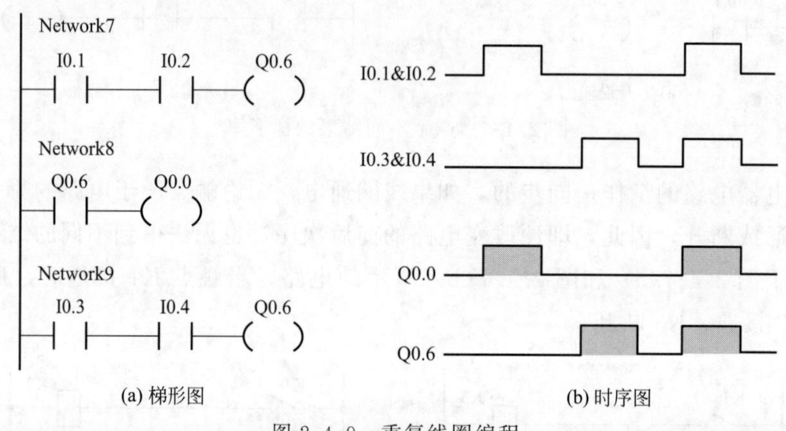

图2.4.9 重复线圈编程

① I0.1、I0.2同时为“1”，I0.3和I0.4中任意一个为“0”。在这种情况下，执行Network7指令，Q0.6的输出将为“1”，因而Q0.0将输出“1”；但在执行Network9指令后，Q0.6将成为“0”；因此，程序最终的输出结果为Q0.0=1、Q0.6=0。

② I0.1和I0.2中任意一个为“0”，I0.3、I0.4同时为“1”。在这种情况下，执行Network7指令，Q0.6的输出将为“0”，因而Q0.0将输出“0”；但在执行Network9指令后，Q0.6将成为“1”；因此，程序最终的输出结果为Q0.0=0、Q0.6=1。

③ I0.1、I0.2、I0.3、I0.4同时为“1”。在这种情况下，执行Network7指令，Q0.6的输出将为“1”，因而Q0.0将输出“1”；执行Network9指令后，Q0.6也为“1”；因此，程序最终的输出结果为Q0.0=1、Q0.6=1。

继电器的线圈不允许重复接线，因此，使用重复线圈的梯形图程序不能转换为继电器控制电路。

2.4.3 梯形图程序优化

不同梯形图程序的存储容量及指令执行时间各不相同，因此，在不影响程序执行结果的前提下，有时需要对程序进行适当调整与优化，以减少存储容量、缩短执行时间。常用的PLC梯形图程序优化方法如下。

(1) 并联支路优化

并联支路应根据先“与”后“或”的逻辑运算规则，将具有串联触点的支路放在只有独立触点的支路上方，这样，就可避免堆栈操作，减少存储容量、缩短执行时间。

例如，对于图2.4.10(a) 所示的程序，PLC处理程序时，首先需要读入I0.1的状态，并将其压入堆栈；接着读入 Q0.1 的状态、进行 Q0.1&$\overline{\text{I0.2}}$ 的运算；然后再取出堆栈，进行 I0.1 和 Q0.1&$\overline{\text{I0.2}}$ 的逻辑“或”运算，再将结果输出到 Q0.1 上。

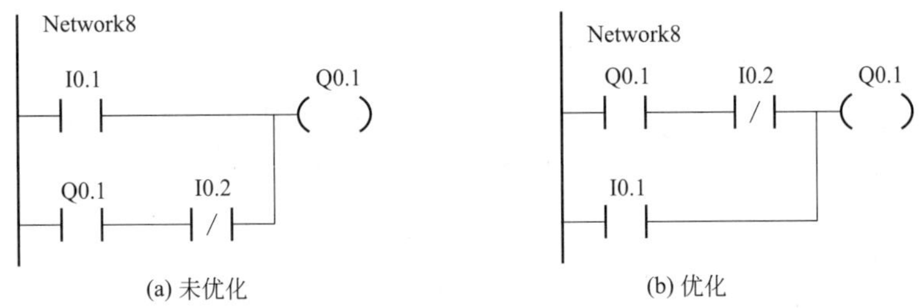

(a) 未优化　(b) 优化

图 2.4.10　并联支路优化

当程序按图 2.4.10(b) 优化后，PLC 处理程序时，首先读入 Q0.1 的状态、接着进行 Q0.1&$\overline{\text{I0.2}}$ 的运算；然后，以现行运算结果和 I0.1 进行“或”运算，再将结果输出到 Q0.1 上。因此，程序优化后可减少存储容量、缩短执行时间。

(2) 串联支路优化

串联支路应根据“从左向右”处理次序，将有带有并联触点的环节放在最前面，以避免堆栈操作，减少存储容量，缩短执行时间。

例如，对于图 2.4.11(a) 所示的程序，PLC 处理程序时，首先需要读入 I0.1 的状态，并将其压入堆栈中；接着读入 I0.2 的状态、进行 I0.2 和 $\overline{\text{I0.3}}$ 的逻辑“或”运算；然后，再取出堆栈状态，进行 I0.1&(I0.2+$\overline{\text{I0.3}}$) 的逻辑“与”运算，再将结果输出到 Q0.1 上。

当程序按图 2.4.11(b) 优化后，PLC 处理程序时，可直接读入 I0.2 的状态、进行 I0.2 和 $\overline{\text{I0.3}}$ 的“或”运算；然后，以现行运算结果和 I0.1 进行逻辑“与”运算，再将结果输出到 Q0.1 上。同样，程序优化后可减少存储容量、缩短执行时间。

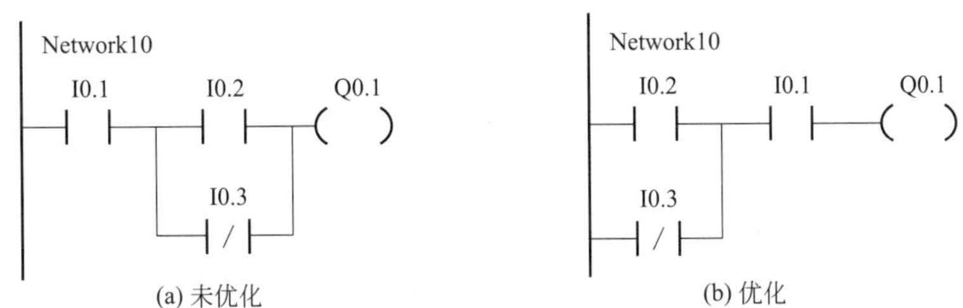

(a) 未优化　(b) 优化

图 2.4.11　串联支路优化

(3) 使用内部继电器优化

对于需要多次使用某些逻辑运算结果，可通过内部继电器简化程序，方便程序修改。例如，图 2.4.12(a) 所示的程序可以按照图 2.4.12(b) 进行优化。

在图 2.4.12(a) 所示的程序上，Q0.1、Q0.2、Q0.3 具有共同的控制条件 I0.1&I0.2&I0.3 ($\overline{\text{I0.1\&I0.2\&I0.3}}$)，程序长度 15 步。如将控制条件 I0.1&I0.2&I0.3 用图 2.4.12(b) 所示的内部继电器 M0.1 缓存，便可将程序长度减少至 13 步。

图 2.4.12(b) 所示程序的另一优点是修改方便。例如，当输入 I0.1 需要更改为 M1.0 时，图 2.4.12(a) 所示的程序必须同时修改 Network8、9、10；但在图 2.4.12(b) 所示的程序中，则只需将 Network8 的 I0.1 改为 M1.0，这样不仅修改简单，且可避免遗漏。

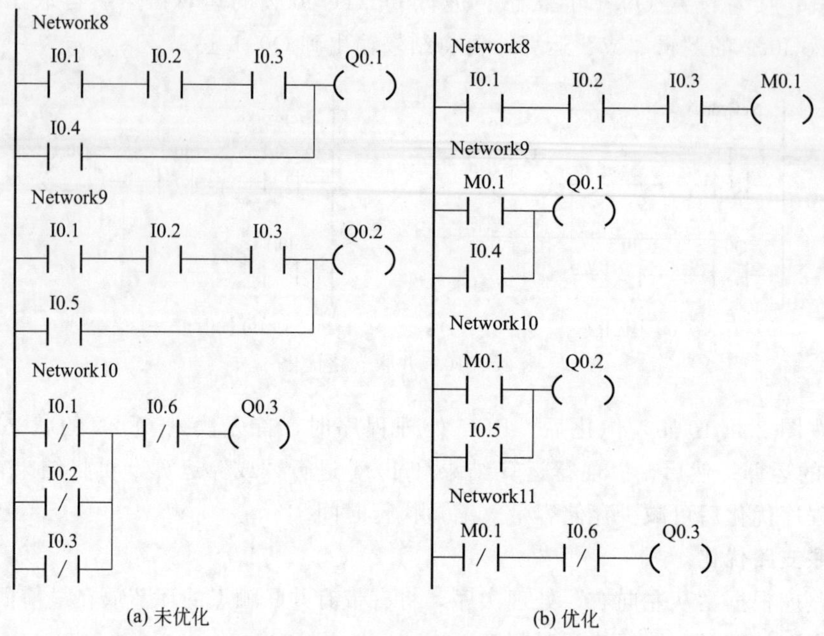

图 2.4.12 利用内部继电器的优化

(4) 中间输出的优化

对于多输出线圈控制的程序，应按逻辑运算规则，保证逻辑处理的依次进行。例如，图 2.4.13(a) 所示的程序需要堆栈操作，优化为图 2.4.13(b) 所示的程序后，便可直接处理。

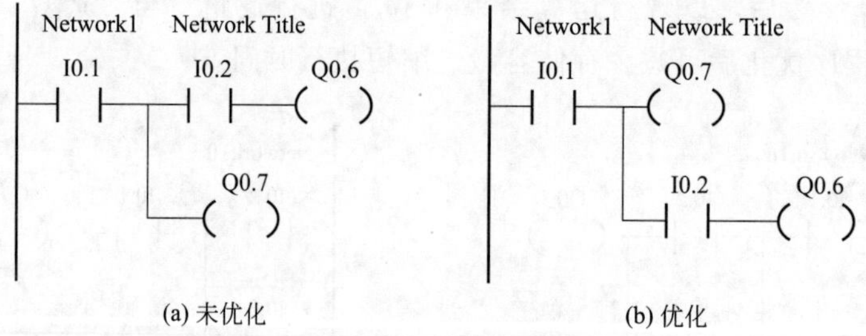

图 2.4.13 输出位置调整

第3章 FANUC PMC 硬件与配置

3.1 数控系统功能及组成

3.1.1 控制路径与机械组

(1) 功能配置

简约型 FANUC Series 0i-MODEL F（简称 FS 0iF）及 FANUC Series 0i-MODEL F Plus（简称 FS 0iF Plus）是 FANUC 公司当前的主导产品，它们与前期的 FS 0iC、FS 0iD 等简约型系统相比，主要是增强和完善了高速高精度加工和多轴、多路径（多轨迹）控制功能，使之能较好地适应现代高速高精度复合加工数控机床、FMC 的发展需求，满足除五轴加工以外的几乎所有数控机床的控制要求。

FS 0iF/0iF Plus 的高速高精度加工性能主要体现在提高 CPU 处理速度和插补精度、缩短位置采样时间、增强和完善前瞻（advance internal preview）控制、平滑公差控制功能、采用智能型轮廓控制及间隙补偿等软件功能方面，系统比前期的 FS 0iC、FS 0iD 具有更高的轨迹控制精度和更快的运动速度。

FS 0iF/0iF Plus 多轴、多路径控制性能主要体现控制轴数、路径数的增加上，它将原 FS 0i TT 的双主轴、双刀架控制功能（相当于 2 路径控制）拓展到了其他规格上，系统最大可控制 2 路径 12 轴加工，并增加了 2 路径 6 轴装卸、3 机械组控制、3 路径 PMC 控制等新功能，从而使之能较好地适应现代复合加工机床、FMC 的控制要求。

FS 0iF/0iF Plus 不同规格产品的功能配置如表 3.1.1 所示。

表 3.1.1 FS 0iF/0iF Plus 主要功能一览表

功能配置		用户选配 Type1	标准配置 Type3	标准配置 Type5
高速高精度加工	CNC 基本功能软件包	●	●	●
	高速高精度加工软件包	●	●	—
多路径控制	最大控制路径数	2	1	1
	最大进给轴数	12	7	7
	最大主轴数	4	2	2
	最大装卸路径数	2	—	—
	最大机械组数	3	1	1
	PMC 最大路径数	3	1	1

注：“●”表示标准配置；“—”表示不能使用。

多路径加工、多路径装卸、多机械组、多路径 PMC 控制是 FS 0iF/0iF Plus 的新增功能，可用于如图 3.1.1 所示的双主轴、双刀架、自动上下料数控车床等现代化、高效、自动化加工设备的控制，其基本概念简要说明如下。

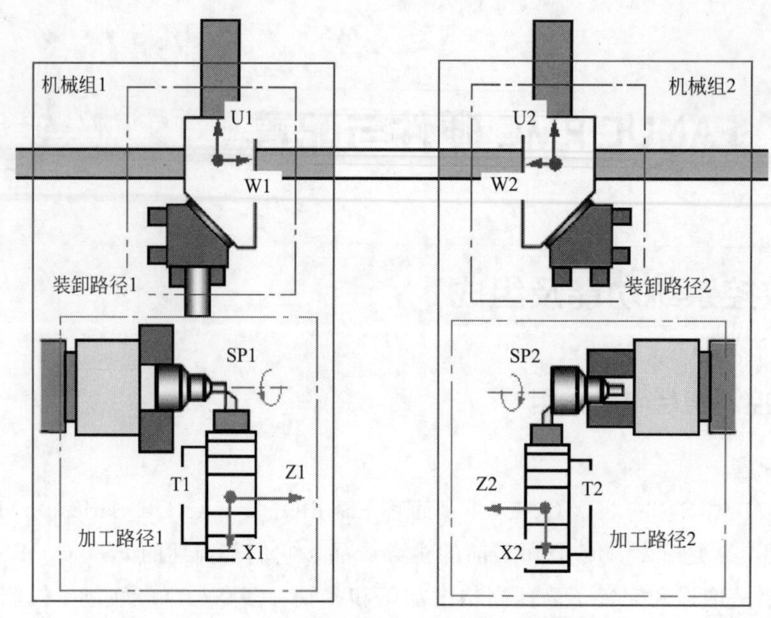

图 3.1.1　多路径、多机械组功能应用

(2) 多路径加工

在 FANUC 系统上，数控装置的多轨迹同时控制功能称为多路径加工控制（multi-path machining control），通常直接称为多路径控制（multi-path control），为了与 FANUC 说明书统一，本书后述的内容中，也将使用“多路径控制”这一名称。

多路径（加工）控制实际上是一种利用现代微处理器的高速处理，同时进行多种轨迹的插补运算，使数控系统能够同时运行多个加工程序的“群控”功能。利用多路径控制功能，数控系统不仅可满足现代数控机床的多主轴同时加工要求，而且还实现多台数控机床的集中、统一控制，使多主轴同时加工、复合加工等现代化数控机床乃至 FMC、FMS 的控制成为可能。

金属切削加工机床的加工控制需要有进给轴和主轴，因此，FANUC 数控系统的每一控制路径（controlled path，简称路径）都需要配置若干由 CNC 控制位置速度的插补进给轴（以下简称 CNC 轴）和主轴，同时，还需要具有完整的主轴控制、自动换刀、坐标系设置、刀具补偿等加工控制功能，并能够独立运行自身的 CNC 加工程序。

例如，在图 3.1.1 所示的双主轴、双刀架、自动上下料数控车床上，加工路径 1 包括了主轴 SP1、刀架 T1 及进给轴 X1、Z1；加工路径 2 包括了主轴 SP2、刀架 T2 及进给轴 X2、Z2；路径 1、路径 2 可通过各自的车削加工程序进行独立控制，两个加工程序可在 CNC 上同时运行；如需要，还可通过特殊指令，协调不同路径的加工程序执行。

FS 0iF/0iF Plus 系统目前最多可用于两个路径加工控制，一个加工路径最多可配置 9 个进给轴和 3 个主轴，并实现 4 轴联动控制；但两个路径的控制轴总数不能超过 12 轴，主轴总数不能超过 4 轴。

(3) 多路径装卸

装卸控制（loader control）是 FS 0iF/0iF Plus 的新增功能，它可代替传统的利用 CNC 辅助功能指令（如 B、E 指令）及 PMC 程序控制的辅助运动轴（简称 PMC 轴），用于数控机床非加工辅助设备的伺服驱动轴位置控制，例如，图 3.1.1 中的上下料机械手的 U1/W1、U2/W2 轴控制等。由于数控机床的辅助运动轴多用于 FMC（柔性加工单元）的工件自动交换

（装卸）控制，故称为装卸控制（loader control）功能。

用于工件装卸控制的辅助运动轴，简称装卸轴（loading axis），它同样是采用伺服电机驱动的坐标轴，但是，它们不需要进行轮廓切削加工（多轴插补运算），因此，装卸轴的数量与 CNC 的控制轴数无关。

FANUC 数控系统的装卸轴采用了类似国产普及型数控系统的控制方式，其实质与传统的 PMC 轴类似，但是，装卸轴的运动可直接利用专门的 CNC 程序进行控制（称为装卸程序），而且可使用与加工程序相同的 G 代码编程，因此，与传统的 PMC 轴相比，其使用更简单、编程更方便、控制更容易。

增加装卸控制功能的主要目的是以 CNC 程序代替 PMC 程序，控制数控机床辅助设备的伺服驱动轴，因此，装卸程序只能使用简单的快速定位（G00）、直线运动（G01）及坐标系设定（G52～G59）等定位指令，而不能使用圆弧、螺旋线插补及主轴控制、自动换刀、刀具补偿等用于数控加工的指令。

如果数控机床具有多个独立的装卸装置，不同装卸装置的 CNC 控制程序同样可独立编制、独立运行，这样的功能称为多路径转卸控制。FS 0iF/0iF Plus 系统目前最多可用于两个路径装卸控制，每一装卸路径最多可配置 3 个伺服驱动轴（不能使用主轴，不占用 CNC 控制轴数）。

(4) 多机械组与多路径 PMC 控制

在多路径控制系统上，有时需要将若干个加工路径、装卸路径组成一个相对独立的整体，由数控系统对其进行成组、统一的控制，这样的组称为机械组（machine group）。数控系统的不同机械组一般需要由不同的 PMC 程序进行控制，因此，多机械组控制系统需要配置多路径控制 PMC。

例如，在图 3.1.1 所示的双主轴、双刀架、自动上下料数控车床上，加工路径 1 和装卸路径 1 用于主轴 SP1 的工件加工与装卸，两者需要作为一个整体进行控制，故可将其组合为机械组 1；同样，加工路径 2 和装卸路径 2 用于主轴 SP2 的工件加工与装卸，两者也需要作为一个整体进行控制，故可将其组合为机械组 2。

在具有多机械组控制功能的数控系统上，同一机械组的所有路径将被视为一个整体，因此，它们将使用共同的急停（E. Stop）、复位（Reset）等控制信号，并使用同一 PMC 程序处理 CNC 的辅助功能及内部信号；在各路径的程序自动运行时，只要其中的任一路径出现故障，其他路径都将停止运行。

FS 0iF/0iF Plus 系统目前最多可用于 3 个机械组控制，并通过 3 路径 PMC 控制 3 个 PMC 程序的同时运行。

3.1.2 系统组成与结构

(1) 系统组成

FS 0iF/0iF Plus 数控系统的一般组成如图 3.1.2 所示。

从传统的角度看，FS 0iF/0iF Plus 系统同样由数控装置/操作面板/显示器组成的 CNC 基本单元（CNC/LCD/MDI 单元）、机床输入/输出连接单元（I/O 单元或模块）、机床操作面板、输入/输出接口（RS232C 及存储卡、USB 接口）等基本部件以及伺服/主轴驱动器、伺服主轴电机等驱动部件所组成。

从网络控制的角度看，FS 0iF/0iF Plus 系统已具有如下较为完整的内部网络控制系统和

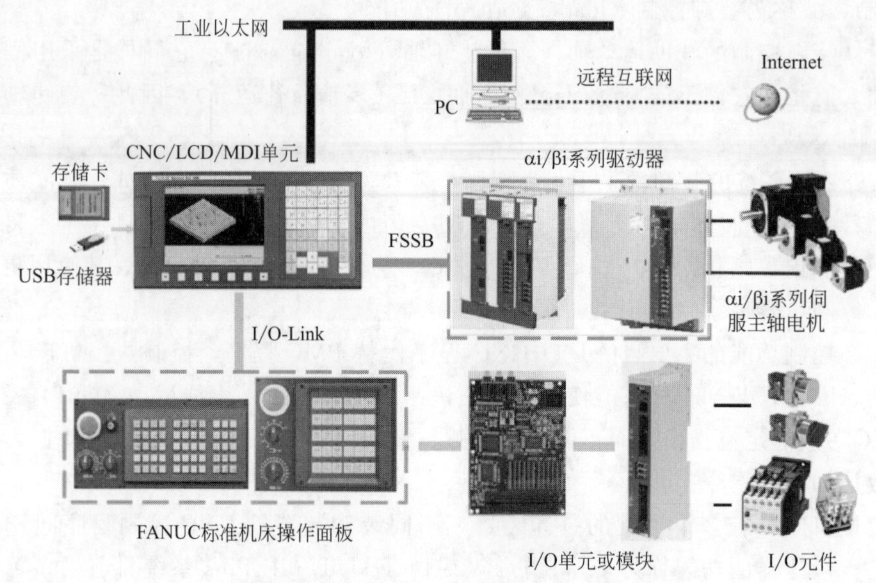

图 3.1.2　FS 0iF/0iF Plus 系统组成

上级网络连接功能，内部网络采用专用通信协议，对外不开放。

① 内部网络控制系统。FS 0iF/0iF Plus 数控系统内部具有 FANUC 公司自行研发的串行伺服总线网（FANUC serial servo bus，FSSB）及机床输入/输出连接网（简称 I/O-Link）两个网络控制系统；带集成 PMC 的 CNC/LCD/MDI 单元是两个网络的控制主站（master），数控系统的其他控制部件为网络从站（slave）❶。

FS 0iF/0iF Plus 系统的 FSSB 网络为数控装置（CNC）的伺服控制网络，它可以连接 FANUC αi、βi 系列伺服驱动器、外置光栅尺或编码器测量检测接口等与 CNC 进给轴、主轴控制有关的 FSSB 网络设备，实现 CNC 对进给轴、主轴速度与位置的网络控制。

FS 0iF/0iF Plus 系统的 I/O-Link（或 I/O-Link i）网络为 CNC 集成 PMC 的 I/O 控制网络，它可以连接 PMC 的各种 I/O 单元，集成有 I/O-Link 总线接口的 FANUC 机床操作面板等 PMC 输入/输出设备，实现集成 PMC 对 I/O 设备的网络控制。

FS 0iF/0iF Plus 系统的 I/O-Link（或 I/O-Link i）网络不仅可用于 DI/DO 设备的连接，而且也可连接集成有 I/O-Link 总线接口的 βi 系列伺服驱动器，以 PMC 轴控制的方式，对数控机床的刀架、刀库、分度工作台等辅助装置的速度、位置进行 PMC 控制。

② 上级网络连接功能。FS 0iF/0iF Plus 系统可通过选配 FL-net、PROFINET、DeviceNet 或 PROFIBUS-DP、EtherNet/IP、CC-Link 等各种工业现场总线网络接口模块，与其他数控设备、工业机器人、PLC 控制设备等进行网络连接，构成各种自动化加工单元。此外，还可以作为工业以太网（Industrial Ethernet）的从站，连接到工厂自动化网络系统中，构成 FMS 系统；并通过 Internet（国际互联网）、WAN（wide area network，广域网）等多种网络，进行 TCP/IP、OPC 通信，实现 CNC 的远程控制及远程诊断、维修服务。

(2) 内部结构

FS 0iF/0iF Plus 系统的数控装置（CNC）内部结构如图 3.1.3 所示，它主要由电源/中央

❶ 主站、从站是网络控制标准术语。在网络系统中，用于网络数据通信控制的装置称为主站（master station，简称 master）；接受主站控制的装置称为从站（slave station，简称 slave），从站在 FANUC 中文说明书中有时被译作“从属设备”。

处理器/轴卡集成型主板、扩展存储器接口、可选择的扩展选件接口 3 部分组成。

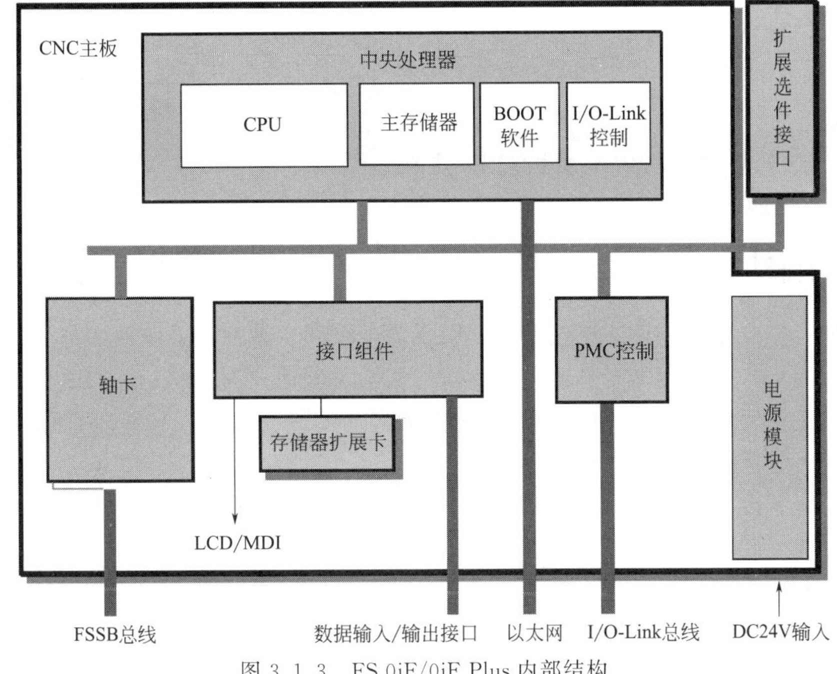

图 3.1.3　FS 0iF/0iF Plus 内部结构

FS 0iF/0iF Plus 系统的 CNC 主板根据系统控制路径数、轴数有不同的规格，主板带有 2 槽扩展选件接口，扩展选件接口可用来安装快速以太网卡、PROFIBUS-DP、DeviceNet、FL-net 等网络接口，增强 CNC 的网络控制功能。

FS 0iF/0iF Plus 系统的 CNC 主板集成度比前期的产品更高，它将原 FS 0iC、FS 0iD 等系统的电源模块、坐标轴控制模块（简称轴卡）与 CNC 主板集成一体，使 CNC 主板成为带电源模块、中央处理器、接口组件、PMC 控制组件、坐标轴控制模块以及存储器扩展模块（FROM/SRAM）接口的独立整体，用户只需要选配 CNC 扩展存储器模块，其维修、更换更加方便。

FS 0iF/0iF Plus 系统的 CNC 主板各组件的主要作用如下。

① 中央处理器。中央处理器是 CNC 主板的核心组件，它包括 CPU、系统存储器（主存储器）、I/O-Link 通信控制器及 BOOT 系统（引导系统）、FOCAS 系统（FANUC Open CNC API Specification，开放式 CNC 应用程序）等基本软硬件，CNC 可直接通过以太网和安装有 Windows、UNIX、VMS、Linux 等操作系统的计算机进行通信，或者，利用 FANUC LADDER-Ⅲ、SERVO GUIDE 等梯形图编程、伺服调试软件，进行 PMC 程序编辑、监控与伺服调试操作。

② 轴卡。轴卡是 CNC 进给轴、主轴的闭环位置速度组件。轴卡安装有进给轴、主轴控制电路和 FSSB 总线接口，可通过 FSSB 总线连接 FANUC αi、βi 系列伺服驱动器、外置光栅尺或编码器测量检测接口等设备，对 CNC 进给轴、主轴进行闭环位置、速度控制。不同规格的 FS 0iF/0iF Plus 系统，轴卡的控制轴数有所不同。

③ PMC 控制组件。PMC 控制组件安装有 CNC 集成 PMC 和 I/O-Link 总线接口，可通过 I/O-Link 总线，连接各种带 I/O-Link 总线接口的 I/O 单元、FANUC 机床操作面板、βi I/O-Link 伺服驱动器等 PMC 输入/输出设备。不同规格的 FS 0iF/0iF Plus 系统，PMC 控制组件

的性能、控制路径数有所不同。

④ 接口组件。接口组件上安装有CNC的LCD/MDI接口、CNC存储器扩展模块接口、外部数据输入/输出接口等数据通信接口，用来连接集成型或外置式MDI操作面板、手持式操作单元等CNC基本部件及PCMCIA存储器卡、USB存储器、RS232C串行通信设备等外部存储、通信设备。

⑤ 电源模块。电源模块用来产生CNC主板需要的DC24V、12V、5V等控制电源，FS 0iF/0iF Plus系统的输入电源为DC24V。

3.1.3 驱动器与电机

金属切削数控机床的驱动系统包括了伺服驱动系统和主轴驱动系统两大部分，前者用于刀具运动轨迹的控制，后者用于刀具或工件旋转的切削主运动控制。驱动器与电机是数控系统的执行机构，它是将CNC插补脉冲转换为机床实际运动的重要部件，其性能直接决定了机床的速度、精度等关键技术指标。

FS 0iF/0iF Plus系统的驱动器及电机有高性能αi、普通型βi两大系列产品，并可根据需要选配外置光栅尺或编码器测量检测接口，组成全闭环位置控制系统。

(1) αi系列驱动

αi系列驱动器是FANUC公司的高性能标准驱动产品，驱动器采用的是经典“交-直-交”变流、PWM逆变技术，驱动器先后推出了αi、αiS等多个系列的产品，性能不断改进与提高；目前，高配置的简约型FS 0iF/0iF Plus系列数控系统及高性能FS 30iB系列数控系统均使用最新的αiB系列产品。

FANUC αi系列驱动的外观及主要用途如图3.1.4所示。驱动器采用的是标准模块式结构，驱动器由1个电源模块和若干个伺服驱动模块、主轴驱动模块组成，并可根据要求选择三相AC200V标准电压输入和三相AC400V高电压输入（HV型）两种等级。

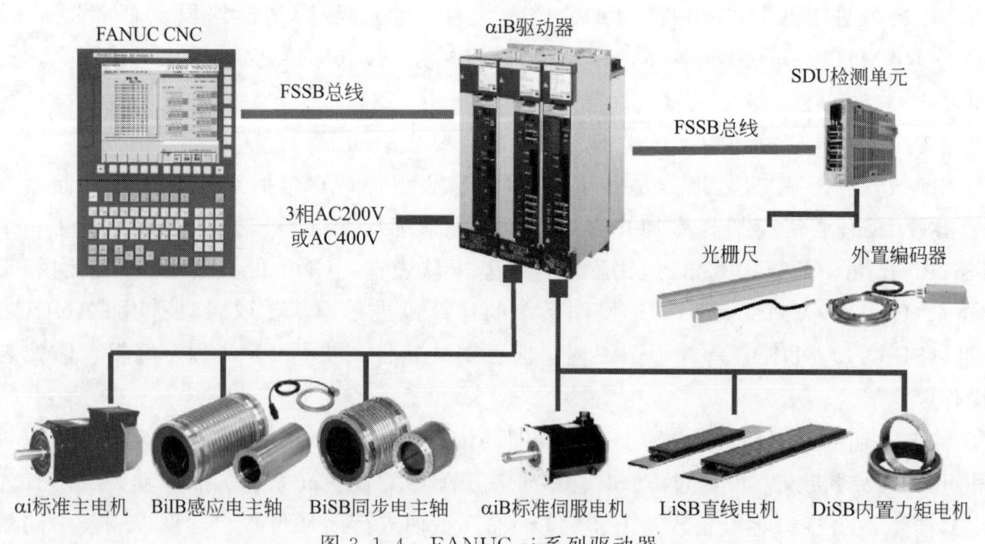

图3.1.4　FANUC αi系列驱动器

αi系列驱动器的电源模块用来产生全部伺服、主轴共用的直流母线电压，模块最大输出功率可达220kW；伺服驱动模块用于伺服进给电机的PWM逆变控制，小功率的伺服电机可选配2轴、3轴集成模块；主轴驱动模块金属切削机床主电机的PWM逆变控制，一般只提供单轴模块。

αi 系列驱动器不仅可用于用于 FANUC 高速小惯量 αiS 系列、中惯量 αiF 及最新 αiB 系列等标准伺服电机和 αi 系列标准主轴电机的驱动，而且还可用于 FANUC LiSB 系列直线电机 (linear motor)、DiSB 系列内置力矩电机（built-in torque motor）等最新直线轴、回转轴直接驱动电机和 BiIB 系列感应电主轴（built-in spindle motor)、BiSB 系列同步电主轴等最新主轴直接驱动电机。

(2) βi 系列驱动

βi 系列伺服是 FANUC 公司为普通数控机床开发的高性价比产品，驱动系统的加减速能力、高低速性能等方面都不及高性能的 αi 系列，也不能用于直线电机、内置力矩电机、电主轴等最新直接驱动电机的驱动。因此，产品主要用于低配置简约型 FS 0iF/0iF Plus 系列数控系统的进给轴、主轴驱动，或者，作为高性能 FS 30iB 系列数控系统的辅助控制轴（如装卸轴等）驱动。

βi 系列驱动同样采用经典“交-直-交”变流、PWM 逆变技术，驱动器先后推出了标准型 βi、βiS 等多个系列的产品，产品规格不断增加，性能也在逐步改进与提高，目前使用的最新产品为 βiSB 系列。βi 系列驱动同样可根据要求选择三相 AC200V 标准电压输入和三相 AC400V 高电压输入（HV 型）两种等级。

FANUC βi 系列驱动主要有 βiSV 伺服驱动、βiSVSP 伺服/主轴一体型驱动及 βiSV I/O-Link 伺服驱动 3 类产品，目前尚无独立型的 βi 系列主轴驱动产品。虽然，βi 系列驱动也能配套 αi 系列伺服、主轴电机，但是，出于性价比的考虑，在绝大多数情况下都配套 βi 系列伺服、主轴电机，在要求不高时，也可以使用 βiSc 系列低价位、经济型电机。

βi 系列驱动的主要用途如图 3.1.5 所示。

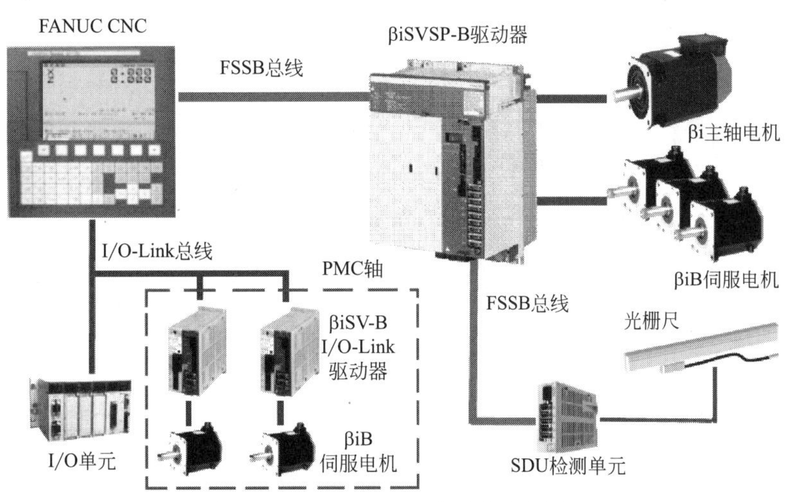

图 3.1.5 FANUC βi 系列驱动器用途

在以上产品中，βiSV 伺服驱动、βiSVSP 伺服/主轴一体型驱动可用于数控进给轴、主轴驱动。其中，图 3.1.6(a) 所示的 βiSV 伺服驱动多用于无主轴的数控成型加工机床，或者，使用通用变频主轴的普及型数控机床；伺服驱动有单轴、2 轴、3 轴驱动 3 种结构，驱动器的电源和驱动模块制成一体，驱动器可独立安装。图 3.1.6(b) 所示的 βiSVSP 伺服/主轴一体型驱动有 2 轴伺服加主轴和 3 轴伺服加主轴两种结构，驱动器的电源、伺服驱动、主轴驱动制成一体，可整体安装。

图3.1.6(c）所示的βiSV I/O-Link伺服驱动属于通用型伺服的范畴，驱动器具有闭环位置控制功能，但可利用I/O-Link总线进行通信控制，因此，只能作为PMC控制的辅助轴（PMC轴）使用。

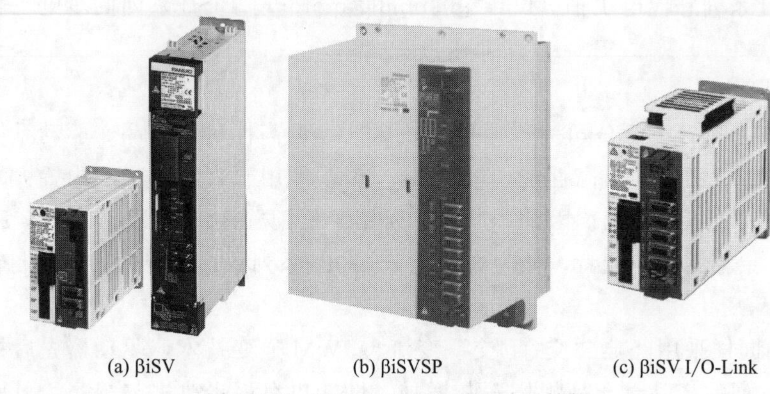

(a) βiSV (b) βiSVSP (c) βiSV I/O-Link

图3.1.6 FANUC βi系列驱动器结构

图3.1.7 分离型检测单元

(3) SDU检测单元

FANUC分离型检测单元（separate detector unit，简称SDU）如图3.1.7所示。分离型检测单元用于全闭环系统、直线电机驱动系统的光栅尺及内置力矩电机、电主轴的编码器连接，它可将来自光栅尺、编码器的标准位置检测信号，转换为FANUC的串行总线通信信号，直接与FSSB总线连接。

光栅尺、编码器的标准输出信号一般有TTL方波脉冲和1Vpp正余弦模拟量两种，需要配置不同的分离型检测单元。

TTL方波输入的分离型检测单元分为基本单元和扩展单元两种规格。基本单元最大可连接4轴测量信号，超过4轴时需要增加扩展单元；每一扩展单元最大可连接4轴测量信号。

1Vpp正余弦输入的分离型检测单元无基本单元和扩展单元之分，每一测量单元最大可连接4轴测量输入，如果超过4轴，可直接增加一个检测单元。

3.2 机床操作面板配置

3.2.1 机床面板设计与选用

(1) 机床操作面板分类

机床操作面板（以下简称机床面板）用于机床手动、自动操作及工作状态指示，它是数控机床必不可少的基本操作部件。机床面板以按钮、开关、指示灯等开关量输入/输出（DI/DO）器件为主，需要通过PMC程序对其进行控制。

机床面板原则上应由机床生产厂家根据机床的实际控制要求自行设计、制作，由机床生产厂家设计、制作的机床面板称为用户面板。

用户面板可较好地满足不同机床的个性化要求，但是，它只能使用通用型的按钮、开关、指示灯等标准器件，并以传统的电线、电缆与 PMC 的 I/O 单元（模块）连接。由于机床面板所需要的操作器件数量较多，因此，使用用户面板时，需要消耗较多的线材，面板制作、安装连接工作量大、生产制造成本高，而且故障检查维修不便，工作可靠性较差。

为了方便用户使用，数控系统生产厂家一般都可提供统一设计的机床面板供用户选配，这样的面板称为标准面板。标准面板不仅外形美观、结构紧凑，而且还可集成 PMC 网络总线接口，直接与 PMC 网络总线连接，因此，标准面板的安装连接非常简单、检查维修容易、工作可靠性高。

高配置的数控系统也可直接使用工业平板电脑（industrial panel PC）作为人机界面，利用平板电脑的触摸屏、图标，不仅可实现机床操作所需要的全部功能，而且还可以制作各种个性化的用户画面、视频，其功能强大、显示清晰、图形美观。

(2) 用户面板连接

用户面板由机床生产厂家设计、制作，其形式多样，为了便于生产制造，多品种、小批量生产的数控机床大多采用按钮、开关、指示灯等标准器件组装。由于 FANUC 的 I/O-Link 总线通信需要使用专用的接口模块和通信软件，因此，用户面板的操作器件只能如图 3.2.1 所示，利用连接电缆，通过 PMC 的 I/O 单元（模块）与 CNC 的 I/O-Link 总线连接。

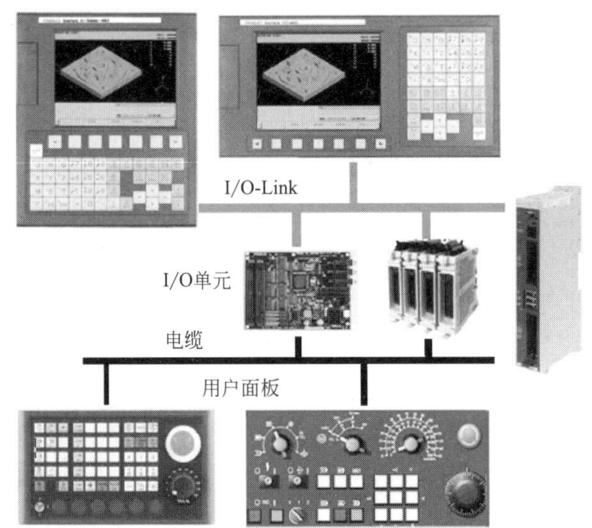

图 3.2.1　用户面板连接

(3) FANUC 标准面板规格

FANUC 标准面板有机床主操作面板（简称主面板）、附加操作面板（简称子面板）及手持式操作单元（简称手持单元）3 大类、多种规格可供用户选择。

FANUC 主面板集成有 I/O-Link 总线接口，可作为 PMC 的 I/O 单元，直接与 PMC 的 I/O-Link 总线连接。子面板无 I/O-Link 总线接口，但它可与主面板直接连接，成为主面板 I/O 单元的输入/输出设备。

FANUC 手持单元有手轮盒、手持面板和示教器 3 种。手轮盒的连接方式与子面板类似，它可作为主面板、I/O 单元的输入/输出设备，连接到 PMC 的 I/O-Link 总线上；手持面板需要通过专门的 I/O 模块与 I/O-Link 总线连接。示教器（Pendant）带有微处理器和 LCD 显示器、键盘等器件，可作为数控系统的移动式操作单元，用于大型、复杂数控机床或 FMC 的现场操作；示教器需要通过专门的接口单元与 CNC 连接。

FS 0iF/0iF Plus 系统的标准机床操作面板与 FS 30i 系列数控系统通用，并可部分兼容 FS 0iC、FS 0iD 系统产品，面板规格、性能如表 3.2.1 所示。

表 3.2.1 FANUC 标准面板规格表

名称	基本性能	附加连接
主面板 A	MDI 和主面板 B 组合，55 个带 LED 按键，集成 I/O-Link 接口	3 手轮、32/8 点通用 DI/DO
主面板 B	55 个带 LED 按键，集成 I/O-Link 接口	3 手轮、32/8 点通用 DI/DO
安全主面板 B	55 个带 LED 按键，集成 I/O-Link 接口	3 手轮、32/8 点通用 DI/DO、I/O-Link i 冗余控制
小型主面板 B	30 个带 LED 按键，集成 I/O-Link 接口；进给及主轴倍率开关、急停按钮	3 手轮、24/16 点通用 DI/DO
标准主面板（安全型）	55 个带 LED 按键，进给及主轴倍率开关，存储器保护、急停按钮，集成 I/O-Link 接口	3 手轮、I/O-Link i 冗余控制、电源通断按钮
子面板 A	进给及主轴倍率开关，存储器保护、急停按钮	电源通断按钮
子面板 D	进给及主轴倍率开关，存储器保护、急停按钮	电源通断按钮
子面板 B	进给倍率开关，存储器保护、急停按钮	RS232 接口
子面板 B1	进给及主轴倍率开关，存储器保护、急停按钮	—
子面板 C	进给倍率开关，存储器保护、急停按钮，手轮	电源通断按钮、RS232 接口
子面板 C1	进给及主轴倍率开关，存储器保护、急停按钮，手轮	电源通断按钮
手轮盒 E/F/G/H	手轮，3/4/5/6 轴选择，手轮倍率，手轮 ON/OFF 开关	—
手持面板	20 个带 LED 按键，2 行 16 字液晶显示，4 个 LED 指示灯，进给倍率、单元 ON/OFF 开关，急停按钮	配套手持面板 I/O 接口模块
示教器	61 按键、5in 彩色 LCD 显示，单元 ON/OFF 开关，急停按钮	配套示教器接口

(4) 工业平板电脑

高配置的 FS 0iF Plus 数控系统可选配图 3.2.2 所示的 FANUC PANEL i 系列工业平板电脑（industrial panel PC）作为操作界面。

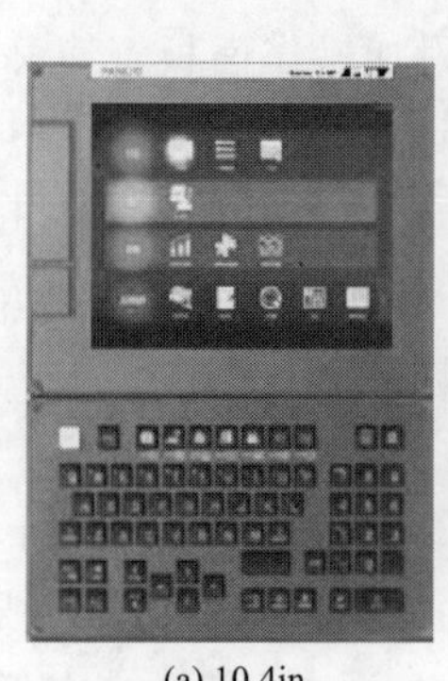
(a) 10.4in

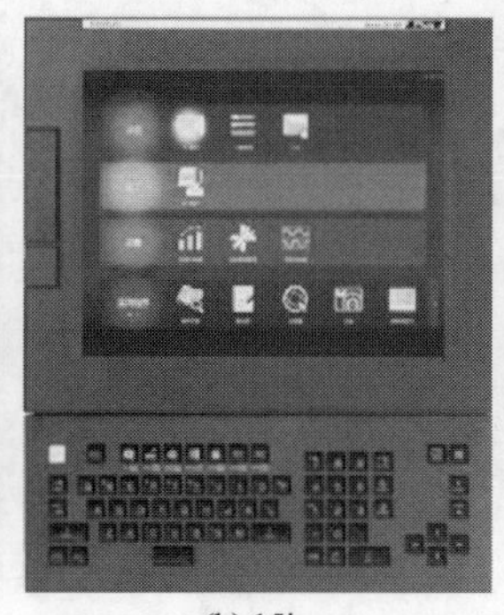
(b) 15in

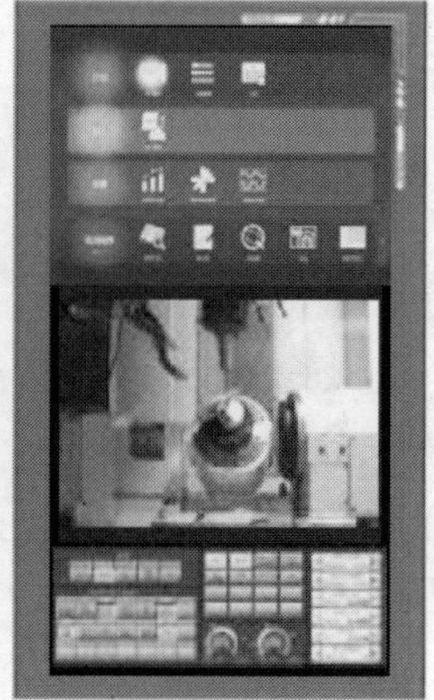
(c) 21.5in

图 3.2.2 工业平板界面

FANUC PANEL i 系列工业平板电脑有 PANEL i、PANEL iH、PANEL iH Pro 等规格。PANEL i 系列工业平板电脑采用 Intel Core i5 处理器、电容式触摸屏、1920×1080 像素 FULL HD（full high definition，全高清）显示，并利用 FANUC HSSB（high speed serial bus，高速串行总线）与 CNC 连接。

PANEL i 系列工业平板电脑有 10.4in、15in、21.5in 3 种规格，并安装了 FANUC 研发的 iHMI 操作界面，不但可实现机床操作所需要的全部功能，而且还可以用于 CNC 远程控制、诊断与维修。

3.2.2　标准面板功能与结构

FANUC 数控系统可配套提供的标准机床操作面板有主面板、子面板、手持操作单元 3 类，面板功能与结构分别如下。

(1) 主面板

FANUC 标准主面板设计有数控系统基本操作所必需的操作方式选择、轴选择、程序运行控制、主轴控制等按键和指示灯，主面板集成有 I/O-Link 总线接口，可直接通过 I/O-Link 总线与 CNC 连接。

FS 0iF/0iF Plus 的主面板有按键式、组合式两类，面板外形及功能如下。

① 按键式。按键式主面板只有操作按键，无进给速度、主轴转速倍率调节开关及急停、系统电源通断等强电控制按钮。按键式主面板规格有图 3.2.3 所示的 3 种，每种又可分车削类机床用（T 型）和镗铣类机床用（M 型）两种结构；按键可根据需要，选择英文字母标记或符号标记。

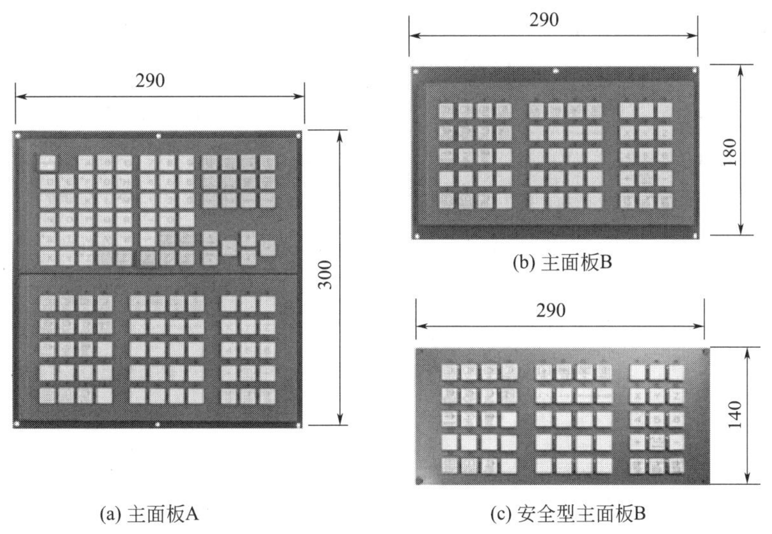

图 3.2.3　按键式主面板（单位：mm）

主面板 A：主面板 A 如图 3.2.3(a) 所示，这是一种 CNC 分离 MDI 单元和主面板 B（见下述）的集成组件，宽度与 10.4in LCD/CNC 单元相同。主面板 A 设计有 55 个用于机床操作的带 LED 按键及 3 个手轮、32/8 点通用 DI/DO 连接接口，可直接连接后述的子面板、简易型手持式操作单元或其他 I/O 信号。

主面板 B：通用型按键式主面板，外形如图 3.2.3(b) 所示。主面板 B 设计有 55 个用于机床操作的带 LED 按键和 3 个手轮、32/8 点通用 DI/DO 连接接口，可直接连接后述的子面板、简易型手持式操作单元或其他 I/O 信号。

安全型主面板 B：由主面板 B 改进的新产品，面板用于新型 I/O-Link i 总线的 2 通道安全冗余控制，产品符合 ISO 23125、EN 12417 安全标准。安全型主面板 B 的外形如图 3.2.3(c) 所示，其他功能与主面板 B 相同。

② 组合式。FANUC 组合式主面板由按键、倍率开关、按钮等操作器件组合而成，常用的有图 3.2.4 所示的小型主面板 B、标准主面板两种结构；每种结构同样可分车削类机床用（T 型）和镗铣类机床用（M 型）两种规格；按键可根据需要，选择英文字母标记或符号标记。

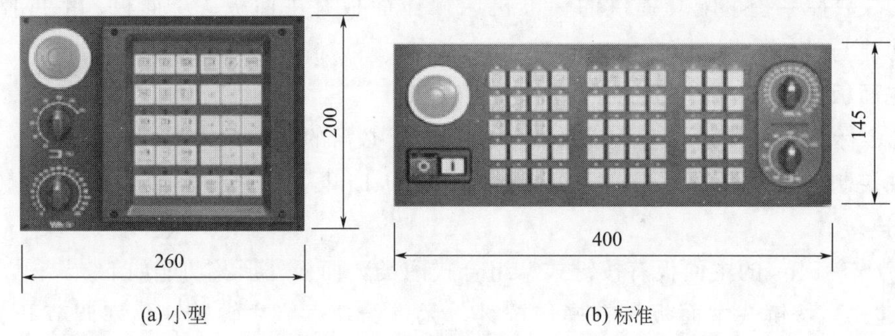

图 3.2.4　组合式主面板（单位：mm）

小型主面板 B：小型主面板 B 安装有 30 个带 LED 按键、进给速度调节开关、主轴转速倍率调节开关、急停按钮，其外形如图 3.2.4(a) 所示，宽度与 8.4in 垂直布置的 LCD/CNC/MDI 一体型单元相同。小型主面板 B 带有 3 个手轮、24/16 点通用 DI/DO 连接接口，可连接简易型手持式操作单元或其他 I/O 信号。

标准主面板：标准主面板是 FANUC 新推出的安全型产品，面板设计有 55 个带 LED 按键、进给速度和主轴转速倍率调节开关、系统急停和电源通/断按钮，面板可用于新型 I/O-Link i 总线的 2 通道安全冗余控制，产品符合 ISO 23125、EN 12417 安全标准。标准主面板的外形如图 3.2.4(b) 所示，宽度（400mm）与水平布置的 LCD/CNC/MDI 一体型标准单元及 MDI 分离型 15in LCD/CNC 单元相同。

(2) 子面板

子面板是按键式主面板的附加部件，子面板安装有进给速度和主轴转速倍率调节开关，系统急停、电源通断、存储器保护等按钮，手轮或 RS232C 接口等机床附加操作组件，以补充按键式主面板的功能。

子面板可直接与主面板连接，其中的存储器保护、倍率开关、手轮信号可直接由主面板的 I/O-Link 总线与 CNC 连接；急停、电源通断按钮由连接器统一汇总后，引入电气控制柜。子面板与主面板的互联插头、I/O 地址均已统一设计与分配；主面板附加子面板后，通常不能再连接其他 DI/DO 信号。

FANUC 子面板有无手轮和带手轮两种基本类型及 A、B/B1、C/C1、D 等多种结构可供用户选择。

① 无手轮型。FANUC 无手轮型子面板主要有图 3.2.5 所示的 A、B、B1、D 四种结构。无手轮子面板与按键式主面板结合使用，可达到组合式标准主面板同样的功能。

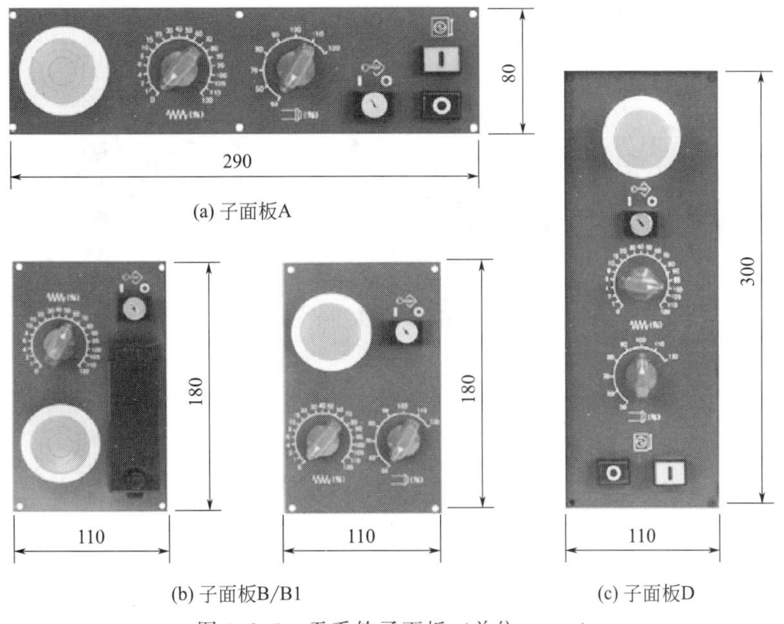

(a) 子面板A

(b) 子面板B/B1

(c) 子面板D

图 3.2.5　无手轮子面板（单位：mm）

子面板 A、D 只是安装方式的区别，功能完全相同，面板安装有进给速度和主轴倍率调节开关、存储器保护、系统急停、电源通/断按钮。子面板 B 和 B1 的外形尺寸完全相同，但功能有所区别；子面板 B 无主轴倍率开关，但带 RS232C 接口；子面板 B1 带主轴倍率开关，但无 RS232C 接口；两者都无电源通断按钮。

② 带手轮型。FANUC 带手轮型子面板主要有图 3.2.6 所示的 C、C1 两种结构，带手轮子面板与按键式主面板结合使用，可在组合式标准主面板的基础上增加手轮功能。

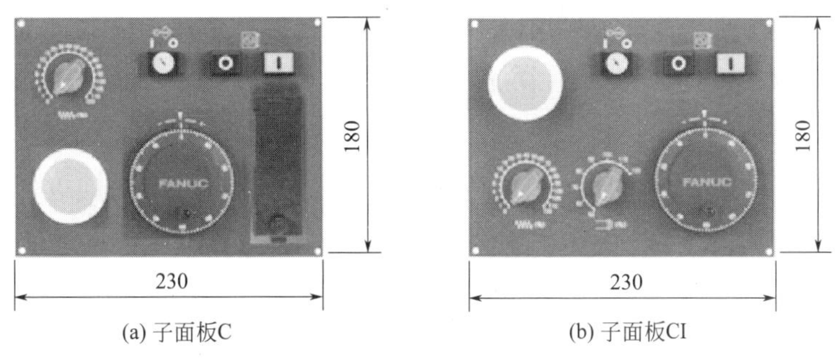

(a) 子面板C

(b) 子面板CI

图 3.2.6　带手轮子面板（单位：mm）

子面板 C 和 C1 的外形尺寸完全相同，但功能有所区别；子面板 C 是在子面板 B 的基础上，增加了手轮和系统电源通断按钮；子面板 C1 则是在子面板 B1 的基础上，增加了手轮和电源通断按钮。

(3) 手持操作单元

FANUC 常用的手持单元有图 3.2.7 所示的手轮盒、手持面板和 i 系列示教器 3 种。

图 3.2.7(a) 所示的手轮盒安装有手轮轴选择、手轮倍率调节开关、手轮 ON/OFF 按钮及手轮；手轮盒可作为主面板、I/O 单元的输入/输出设备，连接到 PMC 的 I/O-Link 总线上。手轮盒多用于中小型数控机床的对刀、工件测量等操作。

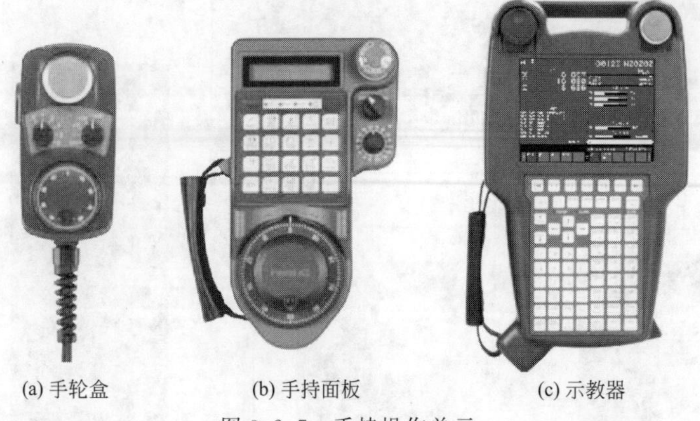
(a) 手轮盒　(b) 手持面板　(c) 示教器

图 3.2.7　手持操作单元

图 3.2.7(b) 所示的手持面板是一种微型机床操作面板，面板安装有手轮、急停按钮、单元 ON/OFF 开关、进给倍率调节开关和简易机床操作面板；简易操作面板带有 16 字×2 行的液晶显示器、4 个 LED 指示灯以及操作方式选择、轴方向选择、主轴启停及倍率调节、循环启动/停止等 20 个常用按键；面板需要通过专门的接口模块与 I/O-Link 总线连接。手持面板既可用于中小型数控机床的对刀、工件测量等操作，也能用于大型数控机床的现场操作。

图 3.2.7(c) 所示的 i 系列示教器（iPendant）的外形及功能与 FANUC 工业机器人的示教器基本相同。示教器带有微处理器和 5in LCD 显示器、61 键操作面板及急停按钮、单元 ON/OFF 开关等操作器件，需要通过专门的示教器连接接口与 CNC 连接。示教器可作为数控系统的移动式操作单元，用于大型、复杂数控机床或 FMC 的现场操作。

3.2.3　标准单元面板配置

为了保证机床操作台的美观，机床操作面板需要和 CNC 组成一个统一的整体，因此，标准面板需要根据 CNC 结构选配。FS 0iF、FS 0iF Plus 标准配置系统为 LCD/CNC/MDI 一体型结构，其基本尺寸及 FANUC 标准机床操作面板的选配方法如下。

(1) FS 0iF 标准单元

FS 0iF 系统的标准配置为 8.4in LCD/CNC/MDI 一体型单元（以下简称 8.4in 标准单元）有图 3.2.8 所示的 MDI 水平布置和垂直布置两种结构，水平布置的一体型单元为 400mm(宽)×200mm(高)；垂直布置的一体型单元为 260mm(宽)×300mm(高)。

8.4in 标准单元的 FANUC 标准面板配置的常用方式如图 3.2.9 所示。

① 水平布置。MDI 水平布置的 8.4in 标准单元的面板配置方式通常有图 3.2.9(a) 所示的组合式和标准型两种。

组合式面板可采用“按键式主面板 B+子面板 B（或 B1）”的配置方式，组合后的机床操作面板具有 55 个带 LED 按键、进给速度和主轴转速倍率调节开关、存储器保护及急停按钮等完整的系统操作器件。主面板 B 的 55 个带 LED 按键中，FANUC 公司已预留了 20 个功能可由机床生产厂家规定的用户自定义带 LED 按键，可用于机床冷却、润滑、自动换刀等辅助装置的操作。子面板 B（或 B1）的倍率调节开关、存储器保护和急停按钮，可通过标准电缆与主面板 B 直接连接，用户无需另行接线。组合式面板无系统电源通断控制按钮，因此，系统电源通断的操作器件需要由机床生产厂家设计。

标准型面板为使用 FS 0iF 新型标准安全主面板的配置方式，标准主面板不仅具有上述组合式面板的全部功能，而且还带有数控系统电源通断按钮和新型 I/O-Link i 总线的 2 通道安全冗余控制功能，产品符合 ISO 23125、EN 12417 安全标准。

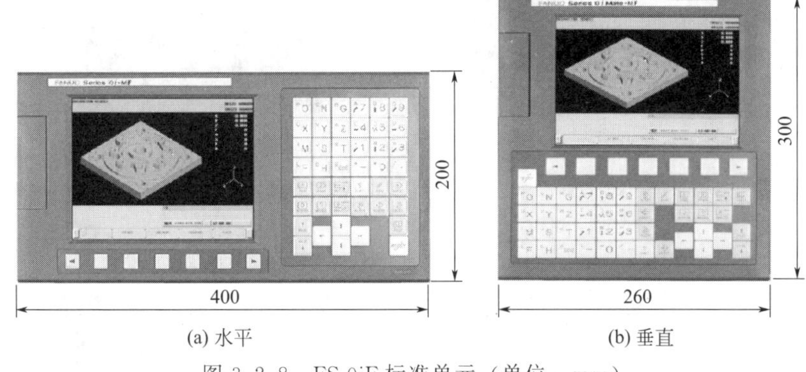

(a) 水平　　(b) 垂直

图 3.2.8　FS 0iF 标准单元（单位：mm）

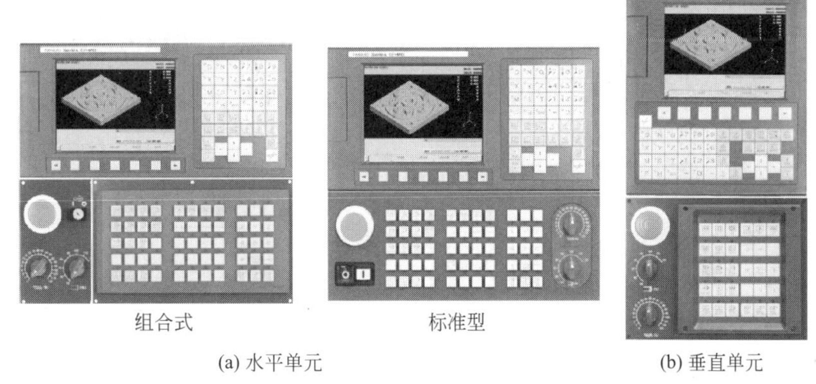

(a) 水平单元　　(b) 垂直单元

图 3.2.9　FS 0iF 一体型单元面板配置

② 垂直布置。MDI 垂直布置的 8.4in 标准单元的通常使用组合式小型主面板，进行图 3.2.9(b) 所示的配置。小型主面板 B 所有带 LED 按键的功能均已定义，系统电源通断及机床冷却、润滑、自动换刀等操作器件，需要机床生产厂家补充用户面板，用户面板可通过主面板的 24/16 点通用 DI/DO 连接。

(2) FS 0iF Plus 标准单元

FS 0iF Plus 系统的标准配置为 10.4in LCD/CNC/MDI 一体型单元（以下简称 10.4in 标准单元），标准单元有图 3.2.10 所示的 MDI 水平布置和垂直布置两种结构。

FS 0iF Plus 为 FANUC 最新产品，一般采用新系列 I/O-Link i 总线 2 通道安全冗余控制的安全型操作面板，标准面板的常用配置方式如下。

① 水平布置。MDI 水平布置的 10.4in 标准单元的外形尺寸为 400mm(宽)×220mm(高)，常用的面板配置方式有图 3.2.11 所示的两种。

图 3.2.11(a) 为使用安全型标准主面板的配置方式，主面板有 55 个带 LED 按键、进给速度和主轴倍率调节开关、系统电源通断和急停按钮、2 通道安全信号连接端，产品符合 ISO 23125、EN 12417 安全标准。在主面板的 55 个带 LED 按键中，FANUC 已预留了 20 个功能可由机床生产厂家规定的用户自定义带 LED 按键，可用于机床冷却、润滑、自动换刀等辅助

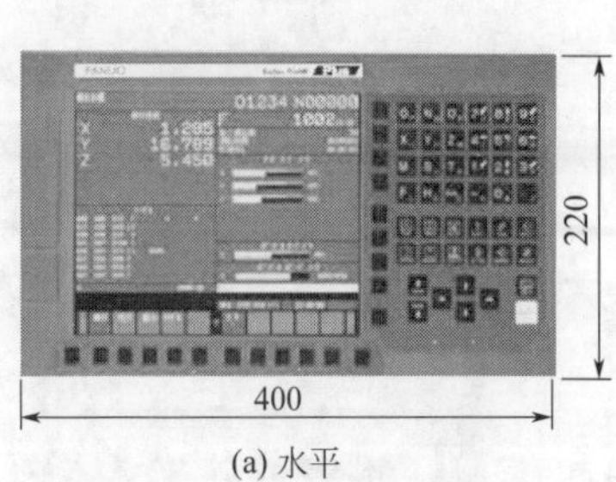

(a) 水平

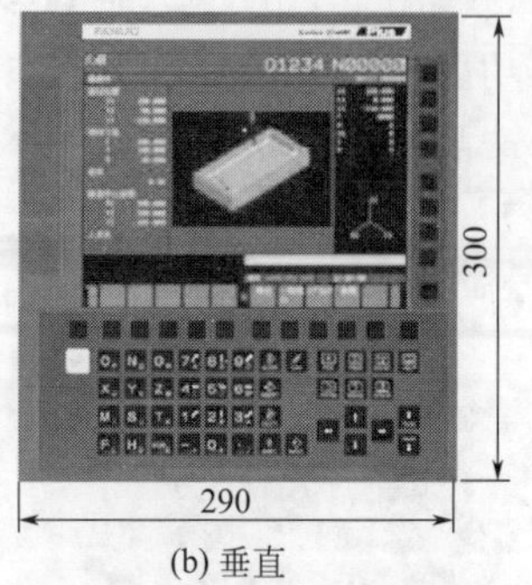

(b) 垂直

图 3.2.10　FS 0iF Plus 标准单元（单位：mm）

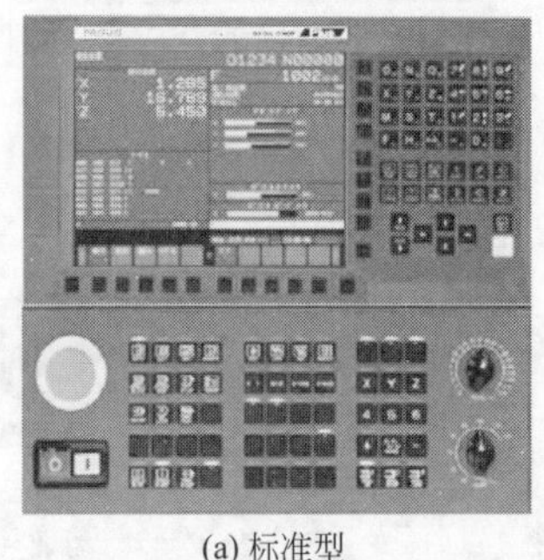

(a) 标准型

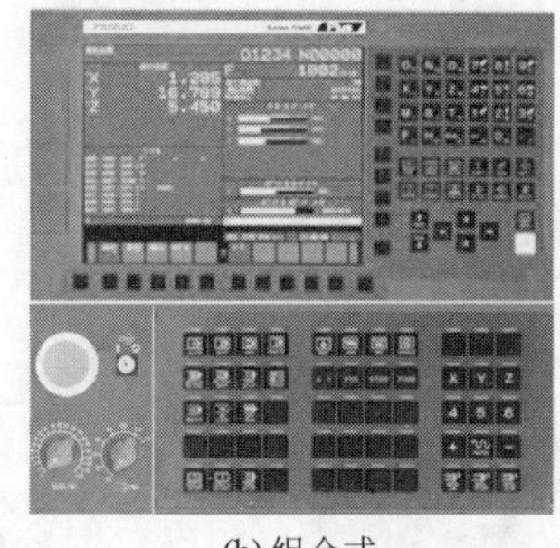

(b) 组合式

图 3.2.11　FS 0iF Plus 水平单元配置

装置的操作。

如果需要，FS 0iF Plus 标准单元也可使用图 3.2.11(b) 所示的主面板 B 和子面板 B（或 B1）的组合，子面板可通过标准电缆与主面板连接。组合式面板无系统电源通断控制按钮，因此，系统电源通断的操作器件需要由机床生产厂家设计。

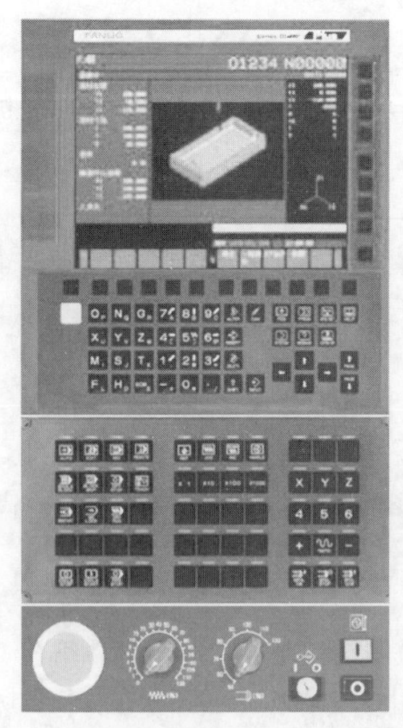

图 3.2.12　FS 0iF Plus 垂直单元配置

② 垂直布置。MDI 垂直布置的 10.4in 标准单元的外形尺寸为 290mm(宽)×300mm(高)，因此，通常用安全型主面板 B 和子面板 A，进行图 3.2.12 所示的配置。

安全型主面板 B 有 55 个带 LED 按键、2 通道安全信号连接端；子面板 A 安装有进给速度和主轴倍率调节开关、存储器保护、系统急停、电源通/断按钮；机床的冷却、润滑、自动换刀等辅助装的置操作，可使用主面板 B 的 20 个用户自定义带 LED 按键。

3.2.4　分离型 CNC 面板配置

FS 0iF 系统的标准配置为 8.4in LCD/CNC/MDI 一体型单元，如需要 10.4in 或 15in LCD 显示，需要选配 LCD/CNC 单元与分离型 MDI 的结构；FS 0iF Plus 系统的标准配置为 10.4in LCD/CNC/MDI 一体型单元，如需要 15in LCD 显示，需要选配 LCD/CNC 单元与分离型 MDI 的结构。常用的 MDI 分离型单元的面板选配方法如下。

(1) 10.4in 分离型单元

FS 0iF 系统的 10.4in LCD/CNC 单元及分离型 MDI 的外形与尺寸如图 3.2.13 所示。分离型 MDI 有水平和垂直布置两种基本型式、3 种结构，水平布置 MDI 为 230mm×220mm；早期的垂直布置 MDI 外形为 290mm×220mm，或使用前述图 3.2.3(a) 所示的 MDI/机床面板一体式主面板 A；新的垂直布置 MDI 外形为 290mm×160mm。

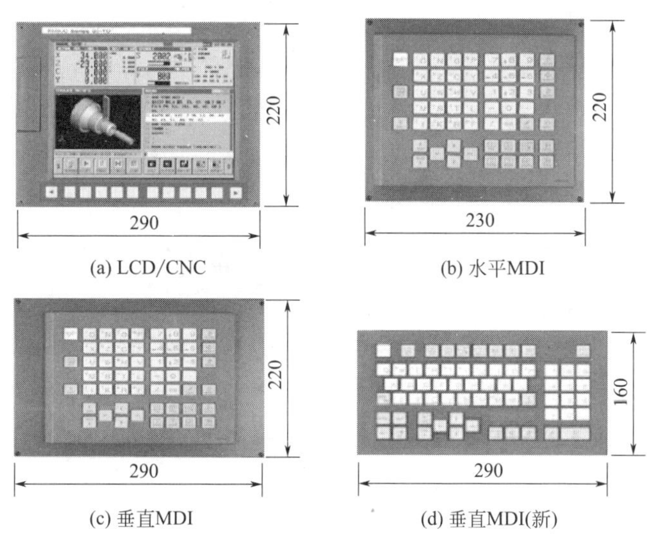

图 3.2.13　10.4in LCD/CNC 与分离型 MDI（单位：mm）

MDI 分离型 10.4in CNC 的标准面板配置一般有图 3.2.14 所示的两种方案。

图 3.2.14(a) 为 MDI 水平布置的标准面板配置，系统可选配主面板 B（或安全型主面板 B)、子面板 C（或 C1）的组合。主面板 B 有 55 个带 LED 按键，子面板 C（或 C1）有进给速度和主轴倍率调节开关，存储器保护、急停和系统电源通断按钮，手轮等操作器件；主面板 B 预留的 20 个带 LED 按键可用于机床冷却、润滑、自动换刀等辅助装置的操作，因此，系统一般不再需要增加其他用户面板。

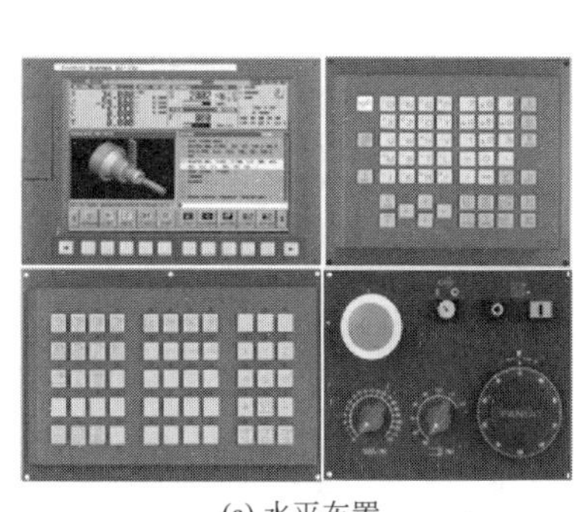

(a) 水平布置

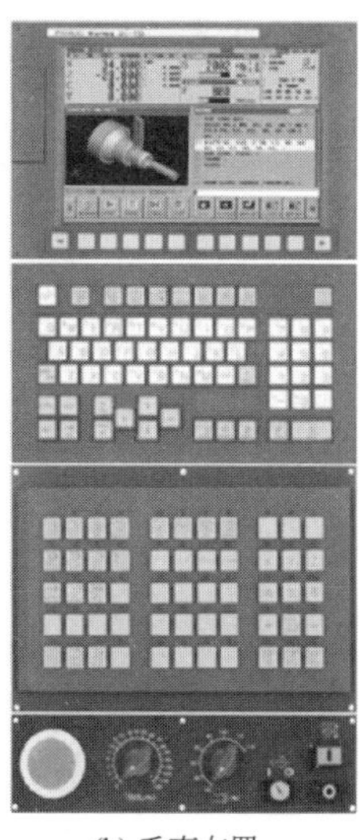

(b) 垂直布置

图 3.2.14　10.4in 分离型面板配置

图 3.2.14(b) 为 MDI 垂直布置的标准面板配置，系统可选配主面板 B（或安全型主面板 B)、子面板 A 的组合；为了降低操作面板高度，FS 0iF/0iF Plus 系统推荐使用 290mm×160mm 的垂直布置 MDI。图 3.2.14(b) 所示的组合机床操作面板，除了缺少手轮外，其他功能均与上述水平布置面板相同，因此，系统同样可以不再增加其他用户面板。

(2) 15in 分离型单元

15in LCD/CNC 单元（FS 0iF/0iF Plus）及分离型 MDI 外形尺寸如图 3.2.15 所示。

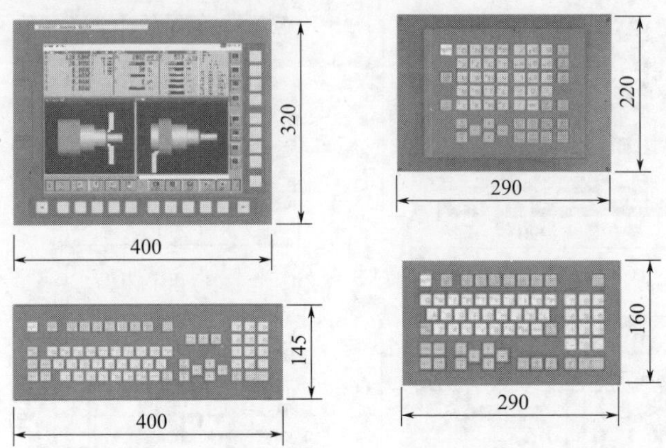

图 3.2.15　15in LCD/CNC 与分离型 MDI（单位：mm）

MDI 分离型 15in LCD/CNC 单元通常采用垂直布置，标准面板一般有图 3.2.16 所示的两种配置方案。

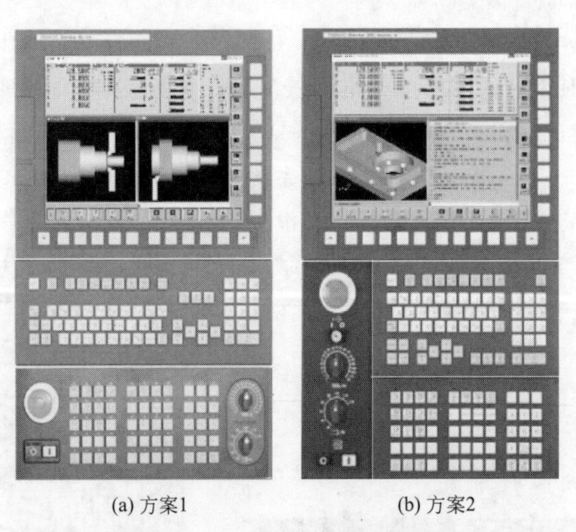

(a) 方案1　　(b) 方案2

图 3.2.16　15in 分离型面板配置

图 3.2.16(a) 为 MDI 和安全型标准主面板的组合，MDI 的尺寸为 400mm×145mm；主面板有 55 个带 LED 按键、进给速度和主轴倍率调节开关、系统电源通断和急停按钮，可利用新型 I/O-Link i 总线进行 2 通道安全冗余控制，产品符合 ISO 23125、EN 12417 安全标准。在主面板的 55 个带 LED 按键中，FANUC 已预留了 20 个功能可由机床生产厂家规定的用户自定义带 LED 按键，可用于机床冷却、润滑、自动换刀等辅助装置的操作。

图 3.2.16(b) 为 MDI 和安全型主面板 B、子面板 D 的组合，MDI 的尺寸为 290mm×160mm；组合面板的功能与上述 MDI 和安全型标准主面板的组合相同。主面板 B 有 55 个带

LED 按键，并预留了 20 个用于机床冷却、润滑、自动换刀等辅助装置操作的带 LED 按键；子面板 D 上安装有进给速度和主轴倍率调节开关，存储器保护、急停和系统电源通断按钮。

3.3　I/O-Link 网络配置

3.3.1　I/O-Link 网络连接

(1) I/O-Link 网络组成

在采用网络控制的现代数控系统中，用于网络数据通信控制的装置称为主站（master station，简称 master)；接受主站控制的装置称为从站（slave station，简称 slave)。FANUC 数控系统集成 PMC 采用的是 I/O-Link 网络控制，因此，所有用来连接 PMC 输入/输出的单元或模块均属于 I/O-Link 网络从站。

FS 0iF/0iF Plus 系统 PMC 的 I/O-Link 网络组成如图 3.3.1 所示。数控系统集成 PMC 是 I/O-Link 网络主站；集成有 I/O-Link 总线接口的 FANUC 标准面板（主面板)、手持操作面板接口模块、βiSV I/O-Link 伺服驱动器以及所有用来连接按钮、开关、指示灯以及继电器、接触器的触点、线圈等开关量输入/输出（DI/DO）信号的 I/O 单元或模块，均属于 I/O-Link 网络从站；主站与从站通过 I/O-Link 网络总线连接。

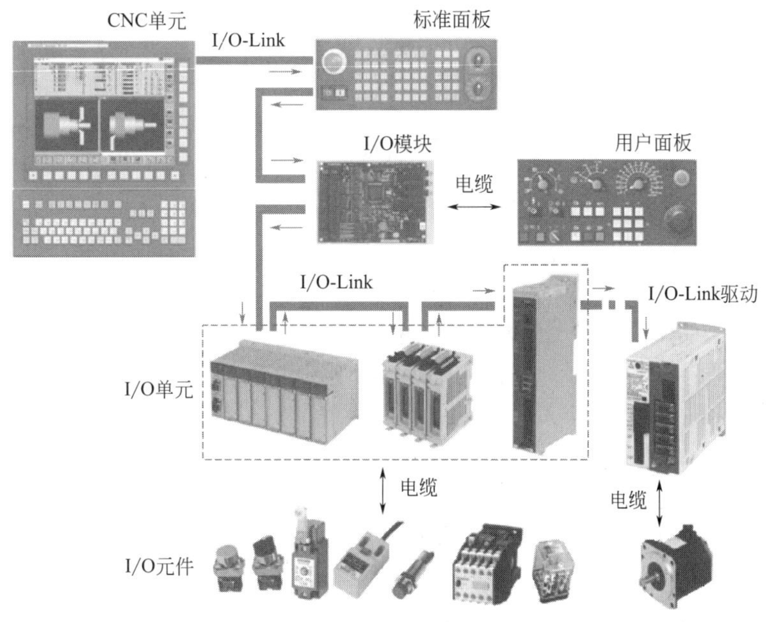

图 3.3.1　I/O-Link 网络组成

机床生产厂家设计、制作的用户面板上的按钮、指示灯、手轮，电气控制柜内的继电器、接触器触点与线圈，安装在机床上的检测开关、电磁阀等所有主令元件、执行元件，都需要通过传统的电线、电缆连接到 PMC 的 I/O 单元或模块上；然后，通过 PMC 的 I/O-Link 总线通信，检测主令元件的状态，控制执行元件的动作。

PMC 的 I/O-Link 从站应根据 I/O 元件的数量、性能要求选配，只要在数控系统 PMC 允许的最大 DI/DO 点范围内，可选择不同形式、不同规格的多个 I/O 从站，然后，按照下述原则连接 PMC 的 I/O-Link 网络系统。

(2) I/O-Link 网络连接

FANUC 数控系统的 PMC I/O-Link 网络连接原则及要求如下。

① I/O-Link 网络采用的是总线型拓扑结构，从站依次串联连接。数控系统（主站）的 I/O-Link 总线输出端，连接到第一个从站的输入端；第一个从站的输出端，连接到第二个从站的输入端；后续的从站依次类推；最后一个从站的总线输出端不需要终端连接器。

图 3.3.2 光缆适配器

② FANUC 标准 I/O-Link 总线为电缆，其连接距离一般应在 15m 之内。当 I/O-Link 从站与主站的连接距离超过 15m 时，原则上应选配图 3.3.2 所示的光缆适配器（optical I/O-Link adapter），将 I/O-Link 总线电缆连接接口转换为光缆连接接口后，利用光缆进行远距离连接。使用光缆连接后，I/O-Link 从站与主站的连接距离可延伸至最大 200m。

③ 从站在 I/O-Link 网络中的安装位置无规定要求，从站的 I/O 地址范围可通过数控系统的 I/O-Link 网络配置设定。

④ FS 0iF/0iF Plus 系统的一个从站能够连接的最大 DI/DO 点数为 256/256 点（16/16 字节输入/输出），PMC 的 I/O-Link 网络最大允许连接 16 个从站，FANUC 标准面板、βiSV I/O-Link 伺服驱动器、分布式 I/O 都视为 1 个 I/O-Link 从站；但是，PMC 实际可控制的 DI/DO 点数，受系统 PMC 功能的限制，FS 0iF/0iF Plus 一般不能超过 1024/1024 点（128/128 字节输入/输出）。

⑤ 手轮属于 PMC 的 DI 点，每一手轮需要占用 8 点 DI；但是，对于实际未使用的手轮连接接口，不需要计算手轮的 DI 点。如果多个 I/O 单元具有手轮接口，系统将默认最靠近 PMC 的 I/O 单元的手轮接口有效。

(3) DI/DO 信号连接

数控系统的集成 PMC 主要控制对象为数控机床，PMC 的输入/输出主要包括机床操作面板的按钮、指示灯、手轮，电气控制柜的继电器、接触器触点及线圈，机床的行程开关、电磁阀线圈等，它们都属于开关量输入/输出（DI/DO）信号。

FS 0iF/0iF Plus 系统的 I/O 单元或模块的通用 DI/DO，均采用 DC24V 输入/输出，除操作面板 I/O 模块 A1 的 56 点矩阵扫描输入、分布式 I/O 扩展模块 C 的 16 点 DO 外，其他的 I/O 单元或模块的信号输入要求及输出驱动能力统一。

① I/O 单元或模块 DI 输入对开关量输入信号的基本要求如下。

输入触点驱动能力：≥DC30V，16mA。

输入触点断开时的漏电流：≤1mA（26.4V）。

输入触点接通时的压降：≤2V。

I/O 单元或模块的 DO 信号输出驱动能力如下。

② 可驱动的最大负载：DC24V，200mA。

DO 输出 ON 时的饱和压降：≤1V。

DO 输出 OFF 时的漏电流：≤0.1mA。

③ 操作面板 I/O 模块 A1 的 56 点矩阵扫描输入对信号输入的要求如下。

输入触点 ON 时的输入电压/电流：≥DC6V，2mA。

输入触点闭合压降（包括防环流二极管）：≤0.9V。

输入触点断开时的漏电流：≤0.2mA。

3.3.2 I/O-Link 从站规格

(1) I/O-Link 从站类别

数控系统集成 PMC 的主要控制对象为数控机床，PMC 的输入/输出主要包括机床操作面板的按钮、指示灯、手轮，电气控制柜的继电器、接触器触点及线圈，机床的行程开关、电磁阀线圈等，它们都属于开关量输入/输出（DI/DO）信号，因此，PMC 的 I/O-Link 网络从站大多数都是 DI/DO 连接设备。

FANUC 数控系统集成 PMC 配套的 I/O 从站主要介绍如下。

① FANUC 主面板。如前所述，FANUC 公司配套提供的标准机床操作面板（主面板）集成有 I/O-Link 总线接口，可直接作为标准 I/O 单元与 PMC 的 I/O-Link 网络总线连接。主面板除了连接本身的按键、LED 指示灯外，还预留有若干连接 FANUC 子面板、手轮的通用 DI/DO 点，如果不选配子面板，这些通用 DI/DO 点可用于用户面板的按钮、指示灯或其他 I/O 信号的连接。

FANUC 手持式简易面板需要液晶显示、系统操作等多种功能，它需要通过专门的 I/O 接口模块与 I/O-Link 总线连接，接口模块不能用来连接其他 I/O 信号，也无需用户进行 PMC 控制程序编制。

② I/O 模块。I/O 模块通常是指无保护外壳、电路板和元器件裸露的 I/O 连接装置。I/O 模块只能在操作台、控制箱、电气柜等具有良好密封的封闭空间内安装。FANUC 数控系统 PMC 的 I/O 模块有操作面板 I/O（模块）、电气柜 I/O（模块）两种。

操作面板 I/O 是专门针对操作台按钮、指示灯、手轮连接而设计的 I/O 模块，模块带有 DI/DO 和手轮连接接口，因此，可用于机床生产厂家设计制作或其他公司生产的机床操作面板（用户面板）的按钮、指示灯、手轮连接，模块通常安装在机床操纵台上。

电气柜 I/O 是用来连接电气控制柜中的继电器、接触器触点与线圈的 I/O 模块，模块只能用于 DI/DO 信号连接，不能连接手轮；如果机床的检测开关、电磁阀等 I/O 器件的控制线直接连接到电气柜，电气柜 I/O 也可用于机床 I/O 的连接。

③ I/O 单元。I/O 单元通常是指带保护外壳、可独立安装的 I/O 连接装置。0i-I/O 单元是 FANUC 公司专门为 FS 0i 系列简约型数控系统研发的标准 I/O 连接设备，单元带有 96/64 点 DI/DO 和手轮连接接口，既可用于操作面板连接，也可用于电气柜、机床 I/O 连接。I/O 单元的 DI/DO 点数多、防护性能好、安装方便，因此，对于机床操作台与电气柜一体的设备，或者两者距离较近的中小型数控机床，在大多数情况下只需要选配 I/O 单元，便可连接操作台、电气柜、机床的所有 I/O 信号。

④ 分布式 I/O。分布式 I/O（distributed I/O）是 PLC 网络控制系统的标准术语，在 FANUC 说明书中有时被译作“分线盘 I/O”“分散 I/O”等。

分布式 I/O 是大型数控机床、自动生产线的 PMC 远距离 I/O 连接设备，它可将远离 CNC 单元、分布于数控机床或 FMC 不同部位的各种检测、执行元件（I/O 信号），利用 I/O 单元进行现场集中连接，然后再通过网络总线连接到 CNC 单元（PMC）上，从而大幅度减少了长距离连接电缆，方便了现场接线和调试维修操作。使用光缆适配器后，分布式 I/O 的最大连接距离可扩展至200m。

分布式I/O模块的结构类似于通用PLC的扩展模块，模块采用无机架独立安装结构，并具有一定的扩展性。分布式I/O模块最大可连接96/64点DI/DO，模块有插接型、紧凑型、端子型3种结构型式；端子型、紧凑型I/O模块支持最新的I/O-Link i总线连接。

分布式I/O模块有基本模块和扩展模块两类。基本模块为分布式I/O模块的必需部件，模块可独立使用。扩展模块用来增加I/O点，可根据要求选配，紧凑型分布式I/O基本模块只能连接1个扩展模块；插接型、端子型最大可连接3个扩展模块；扩展模块可通过扩展电缆连接到基本模块上，作为基本模块的附加部件。分布式I/O模块的规格较少，目前只有基本模块和DI/DO扩展模块、AI/AO扩展模块5种规格。

⑤ I/O单元A。I/O单元A（I/O unit-model A）是FS 15i/16i/18i/21i、FS 30i/31i/32i/35i等高性能数控系统的标准I/O连接设备，它采用了通用PLC同样的模块式结构，单元由带I/O-Link总线接口（I/F模块）的机架及各类I/O模块组成，I/O模块安装在机架插槽上；如需要，基本机架还可连接一个扩展机架。I/O单元A最大可连接256/256点DI/DO。

I/O单元A模块种类、规格较多，它不仅可选择DC24V标准DI/DO模块，而且还有AC100V输入、AC100～230V输出、AC250V/DC30V通用输出以及模拟量输入/输出高速计数输入、温度测量输入等较多功能模块可供选择。

I/O单元A既可用于操作台、电气控制柜、机床的DI/DO连接，也可用于远距离I/O连接，与I/O模块、0iC-I/O单元、分布式I/O模块等I/O连接设备相比，I/O单元A功能更强、可连接的DI/DO点更多、模块种类与规格更全，因此，可用于大型复杂数控机床、FMC等现代数控设备的控制。

⑥ βi伺服驱动器。βiSV I/O-Link伺服驱动器是具有闭环位置控制功能的通用型伺服驱动器，但它采用的总线通信信号控制，使用时可作为PMC的I/O单元，直接与PMC的I/O-Link总线连接，构成PMC控制的辅助运动轴（简称PMC轴）。

βiSV I/O-Link伺服驱动器可像其他网络控制的通用型伺服驱动器一样，利用来自网络总线的通信信号，进行闭环位置、速度控制，因此可用于数控机床分度工作台、刀库回转等辅助部件的伺服驱动与定位控制。

(2) I/O-Link从站规格

FS 0iF/0iF Plus系统可选配的I/O-Link从站规格如表3.3.1所示。

表3.3.1 FS 0iF/0iF Plus系统I/O从站规格表

类别	名称	主要参数
主面板	主面板	FANUC主面板A/B,标准主面板,见表3.2.1
	小型主面板	FANUC小型主面板B,见表3.2.1
	手持面板	FANUC手持式操作面板(配专用接口模块),见表3.2.1
I/O模块	I/O-A1模块	可连接72/56点DI/DO,3个手轮。其中,56点DI为矩阵扫描输入,16点DI为通用输入;56点DO为通用输出
	I/O-B1模块	可连接48/32点通用DI/DO,3个手轮
	I/O-B2模块	可连接48/32点通用DI/DO,不能连接手轮

续表

类别	名称		主要参数
0i-I/O 单元	0i-I/O 单元		可连接 96 /64 点通用 DI/DO，3 个手轮
分布式 I/O 模块	插接型（不支持 I/O-Link i）	基本模块	可连接 24 /16 点通用 DI/DO，3 个扩展模块
		扩展模块 A	可连接 24 /16 点通用 DI/DO，3 个手轮
		扩展模块 B	可连接 24 /16 点通用 DI/DO
		扩展模块 C	可连接 16 点 DC24V/2A 通用 DO 输出
		扩展模块 D	可连接 4 通道、12 位模拟量输入
	紧凑型（支持 I/O-Link i）	基本模块 B1	可连接 48/32 点通用 DI/DO，3 个手轮，1 个扩展模块
		基本模块 B2	可连接 48/32 点通用 DI/DO，1 个扩展模块，不能连接手轮
		扩展模块 E1	可连接 48/32 点通用 DI/DO
	端子型（支持 I/O-Link i）	基本模块	可连接 24 /16 点通用 DI/DO，3 个扩展模块
		扩展模块 A	可连接 24 /16 点通用 DI/DO，3 个手轮
		扩展模块 B	可连接 24 /16 点通用 DI/DO
		扩展模块 C	可连接 16 点 DC24V/2A 通用 DO 输出
		扩展模块 D	可连接 4 通道、DC－10～10V 电压或 DC－20～20mA 电流输入
		扩展模块 E	可连接 4 通道、12 位模拟量输出
I/O 单元 A	基本机架 10A/5A		单排、10/5 扩展模块安装插槽机架（基本单元）
	扩展机架 10B/5B		双排、10/5 扩展模块安装插槽机架（扩展单元）
	总线接口		I/O-Link 总线接口模块（基本单元）
	DI 模块 A1/B1/H1		32 点 DC24V 直接输入
	DI 模块 C/D/K/L		16 点 DC24V 光耦输入
	DI 模块 E/F		32 点 DC24V 光耦输入
	DI 模块 G		16 点 AC110V 交流输入
	DO 模块 A1		32 点 DC5～24V 直接输出
	DO 模块 8C/8D		8 点 DC12～24V 光耦输出
	DO 模块 16C/16D		16 点 DC12～24V 光耦输出
	DO 模块 32C/32D		32 点 DC12～24V 光耦输出
	DO 模块 16H		16 点 DC30V 输出
	DO 模块 5E		5 点 AC100～230V 交流输出
	DO 模块 8E		8 点 AC100～230V 交流输出
	DO 模块 12F		12 点 AC100～230V 交流输出
	DO 模块 8G		8 点 AC250V/DC30V 交/直流通用输出
	DI/DO 模块 40A		24/16 点 DI/DO 直接输入/输出模块
	12 位 AI 模块 4A		4 通道模拟量输入、12 位 A/D 转换
	16 位 AI 模块 4A		4 通道模拟量输入、16 位 A/D 转换
	12 位 AO 模块 2A		2 通道模拟量输出、12 位 D/A 转换
	14 位 AO 模块 2B		2 通道模拟量输出、14 位 D/A 转换
	高速计数模块 01A		1 通道脉冲输入
	温度测量模块 1A		1 通道 Pt、JPt 热电阻输入

续表

类别	名称	主要参数
I/O 单元 A	温度测量模块 4A	4 通道 Pt、JPt 热电阻输入
	温度测量模块 1B	1 通道 J、K 热电偶输入
	温度测量模块 4B	4 通道 J、K 热电偶输入
伺服驱动器	I/O-Link 伺服驱动器	βiSV 系列 I/O-Link 伺服驱动器
光缆适配器	I/O-Link 光缆适配器	I/O-Link 总线光缆转换接口，最大距离 200m
	串行主轴光缆适配器	串行主轴光缆转换接口，最大距离 200m
	I/O-Link 光缆适配器	I/O-Link 光缆高速接口，最大距离 100m

3.3.3 I/O-Link 从站结构

FS 0iF/0iF Plus 数控系统集成 PMC 的 I/O 从站包括 FANUC 主面板、I/O 模块、0i-I/O 单元、分布式 I/O 模块、I/O 单元 A、βiSV I/O-Link 驱动器 6 大类。

(1) FANUC 主面板

FANUC 主面板包括主面板 A、主面板 B、小型主面板 B 及新的安全型主面板 B、标准主面板等，主面板集成有 I/O-Link 总线接口，可作为独立的 I/O 从站直接连接到 PMC 的 I/O-Link 总线；主面板带有手轮及少量通用 DI/DO 连接接口，可用于 FANUC 子面板、用户面板的连接。FANUC 主面板的外形与结构可参见前述。

(2) I/O 模块

① I/O-A1 模块。I/O-A1 模块是专门用于操作面板连接的 I/O 模块，简称操作面板 I/O-A1。操作面板 I/O-A1 可连接 72/56 点输入/输出和 3 个手轮。其中，56 点 DI 为矩阵扫描输入，16 点为通用 DI 输入；56 点输出均为 DC24V 通用 DO，模块外形及尺寸如图 3.3.3 所示。

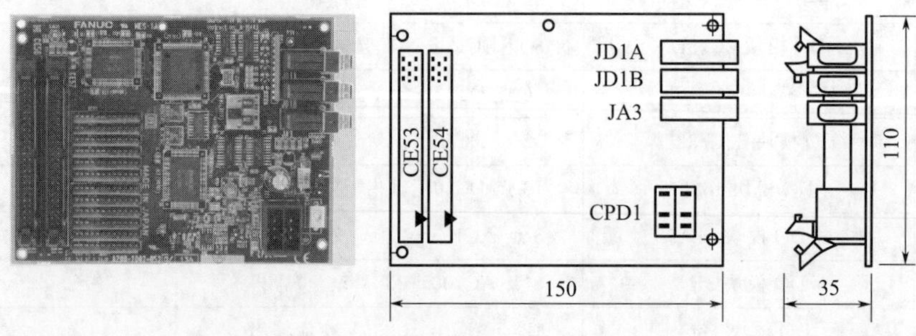

图 3.3.3 操作面板 I/O-A1（单位：mm）

I/O-A1 模块上的连接器 CPD1 用于 DC24V 电源连接；JD1B 为 I/O-Link 总线输入，应连接到 CNC 或上一从站的 I/O-Link 总线输出端；JD1A 为 I/O-Link 总线输出，应连接到下一从站的 I/O-Link 总线输入端；JA3 为手轮连接接口，最多可连接 3 个手轮；CE53、CE54 为 DI/DO 连接器，可连接 72/56 点 DI/DO。

CE53、CE54 上的 16 点通用 DI 和 56 点通用 DO 均有独立的连接端，56 点矩阵扫描输入需要连接 7 点 DI 行输入信号 KCM1～KCM7 和 8 点 DO 列驱动信号 KYD0～KYD，信号的连接要求详见第 4 章。

② I/O-B1 与 I/O-B2 模块。操作面板 I/O-B1 模块、电气柜 I/O-B2 模块的外形及尺寸分别如图 3.3.4 所示，两种模块的区别仅在于手轮接口 JA3 的有无，其他性能及模块外形、连接器编号、安装位置、连接方式等均相同。

图 3.3.4(a) 所示的操作面板 I/O-B1 模块可连接 48/32 点通用 DI/DO 信号和 3 个手轮，模块所有 DI/DO 信号与地址均采用通常的一一对应连接。I/O-B1 模块的连接器安装位置均与操作面板 I/O-A1 模块相同，但 DI/DO 连接器编号改为 CE56、CE57；CE56、CE57 为具有独立连接端的 48/32 点通用 DI/DO 连接。

图 3.3.4(b) 所示的电气柜 I/O-B2 模块无手轮连接器 JA3，不能连接手轮，模块的其他性能均与操作面板 I/O-B1 模块相同。

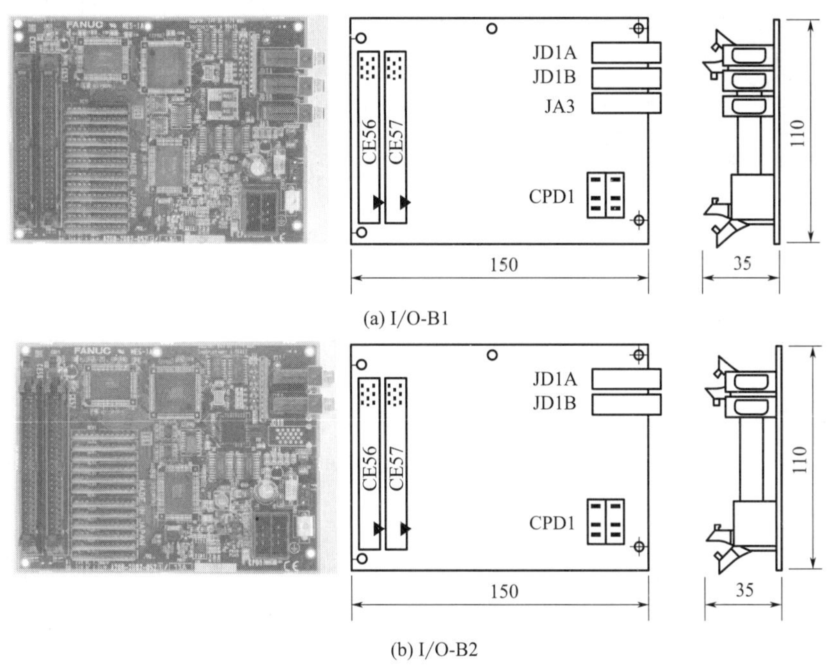

图 3.3.4　操作面板与电气柜 I/O 模块

(3) 0i-I/O 单元

0i-I/O 单元是 FANUC 公司专门为 FS 0i 系列简约型数控系统研发的高性价比紧凑型 I/O 连接设备，该单元不能用于 FS 30i 系列高性能数控系统。

0i-I/O 单元带有 96/64 点 DI/DO 和手轮连接接口，既可用电气柜、机床的 DI/DO 信号连接，也可用于操作台按钮、开关、指示灯、手轮连接。

0i-I/O 单元的结构与外形如图 3.3.5 所示，单元带有外壳及风机，可独立安装使用。单元的连接器 CP1 用于 DC24V 输入连接；CP2 为 DC24V 输出，可作为 DI、DO 信号驱动电源。连接器 JD1B 为 I/O-Link 总线输入，应连接到 CNC 或上一 I/O 从站的 I/O-Link 总线输出端；连接器 JD1A 为 I/O-Link 总线输出，应连接到下一 I/O 从站的 I/O-Link 总线输入端。连接器 JA3 为手轮连接接口，最大可连接 3 个手轮。

0i-I/O 单元的 96/64 点 DI/DO 信号通过连接器 CB104/105、CB106/107 连接，通常情况下，为了便于连接、检查与维修，连接器 CB104/105、CB106/107 一般需要通过标准的 50 芯扁平电缆插头/端子转换器，转换为接线端子。

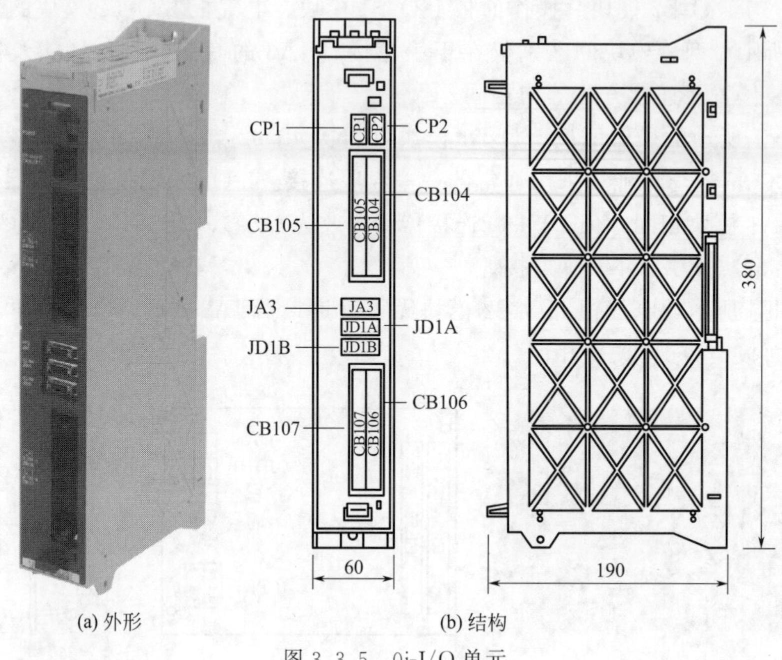

(a) 外形　　(b) 结构

图 3.3.5　0i-I/O 单元

(4) 分布式 I/O 模块

分布式I/O模块采用无机架独立安装结构，每一从站最大可连接的DI/DO点为96/64点。分布式I/O模块有插接型（connector panel type）、紧凑型（connector panel type 2）、端子型（terminal type）3种I/O连接方式；插接型只能连接I/O-Link总线，端子型、紧凑型I/O模块支持最新的I/O-Link i总线连接。

① 插接型。插接型（connector panel type）分布式I/O模块的外形与结构如图3.3.6所示，模块可采用标准导轨安装或底板安装两种安装方式。

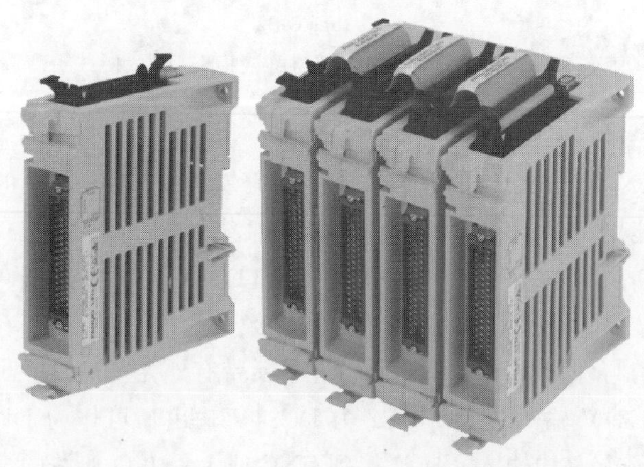

图 3.3.6　插接型分布式 I/O 模块

标准导轨安装方式如图3.3.7(a)所示，模块可直接通过电气柜的DIN标准导轨安装（正装），安装时只需要将带DIN导轨卡槽的底面卡入安装导轨，I/O信号便可直接通过I/O连接器与模块正面连接。

底板安装方式如图3.3.7(b)所示，模块安装需要有专门的安装板，I/O连接器固定在安装板上，I/O 信号与安装板的连接器连接。模块安装时将 I/O 连接器插入安装板的连接器内，并将模块的弹性卡爪卡入安装板的卡孔后固定（反装）；此时，模块的 DIN 导轨卡槽底面将成为朝外的正面。

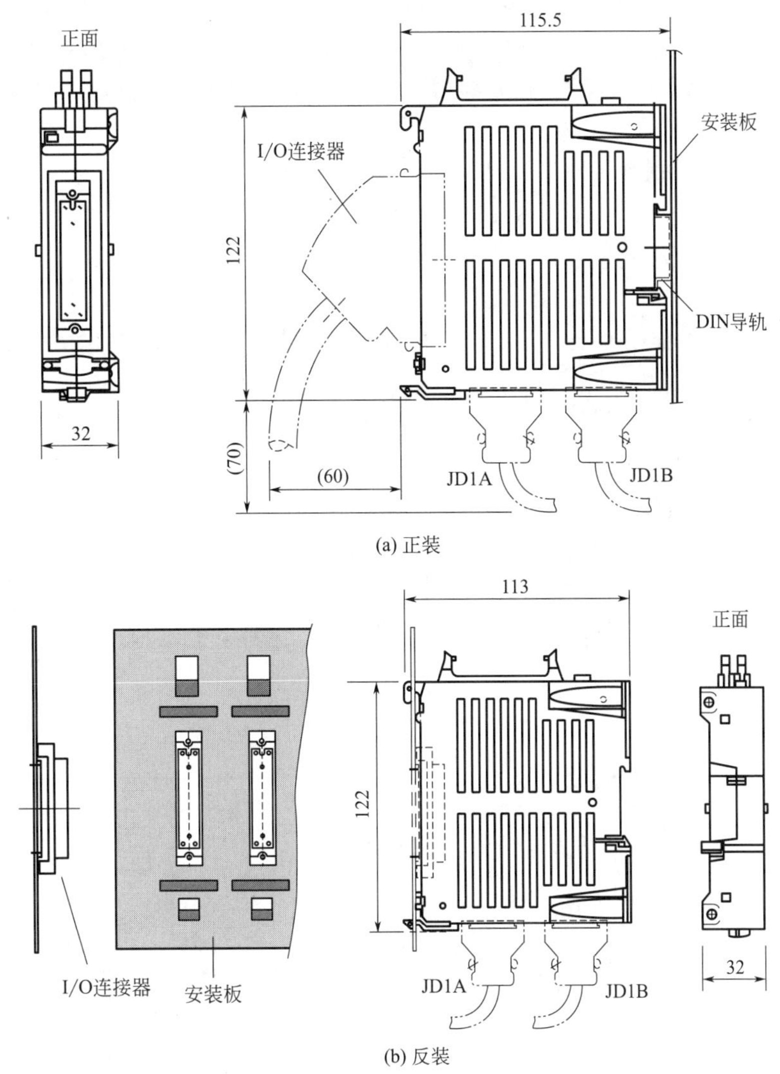

图 3.3.7　插接型分布式 I/O 模块安装

插接型分布式 I/O 模块无单独电源连接端，模块的 DC24V 电源需要从 I/O 连接器的指定连接端输入。为了便于连接、检查与维修，模块的 I/O 连接器一般需要通过标准的 50 芯扁平电缆插头/端子转换器，转换接线端子后连接 I/O 信号。

插接型分布式 I/O 的基本模块带有 I/O-Link 总线连接器，连接器 JD1B 为 I/O-Link 总线输入，应连接到 CNC 或上一 I/O 从站的 I/O-Link 总线输出端；连接器 JD1A 为 I/O-Link 总线输出，应连接到下一 I/O 从站的 I/O-Link 总线输入端。基本模块本身可连接 24/16 点 DI/DO，基本模块最大可连接 3 个扩展模块，但不能连接手轮。

插接型分布式 I/O 模块的可根据需要选择，扩展模块 A 带有手轮连接器 JA3，可连接 24/16 点通用 DI/DO 和 3 个手轮，扩展模块 A 必须安装在第 1 个扩展位置；扩展模块 B 可连接 24/16 点通用 DI/DO，不能连接手轮；扩展模块 C 可连接 16 点 DC24V/2A 输出。扩展模块D可连接4通道DC−10～10V或DC−20～20mA模拟量输入，AI输入分辨率为5mV或20μA，A/D转换误差为±0.5%（电压输入）或±1%（电流输入），扩展模块D需要占用PMC的24/16点DI/DO。

② 紧凑型。紧凑型（connector panel type 2）分布式I/O模块采用无机架独立安装结构，模块结构紧凑，可连接的DI/DO点数多，一个从站仅需要1个基本模块和1个扩展模块，便可连接96/64点DI/DO和3个手轮。紧凑型分布式I/O模块支持最新的I/O-Link i总线连接。

紧凑型分布式I/O模块的外形、结构与安装方式如图3.3.8所示，模块需要采用底板安装方式安装，带I/O连接器（CA161、CA162）的底面安装在带有I/O连接器的安装板上，I/O信号与安装板的连接器连接。

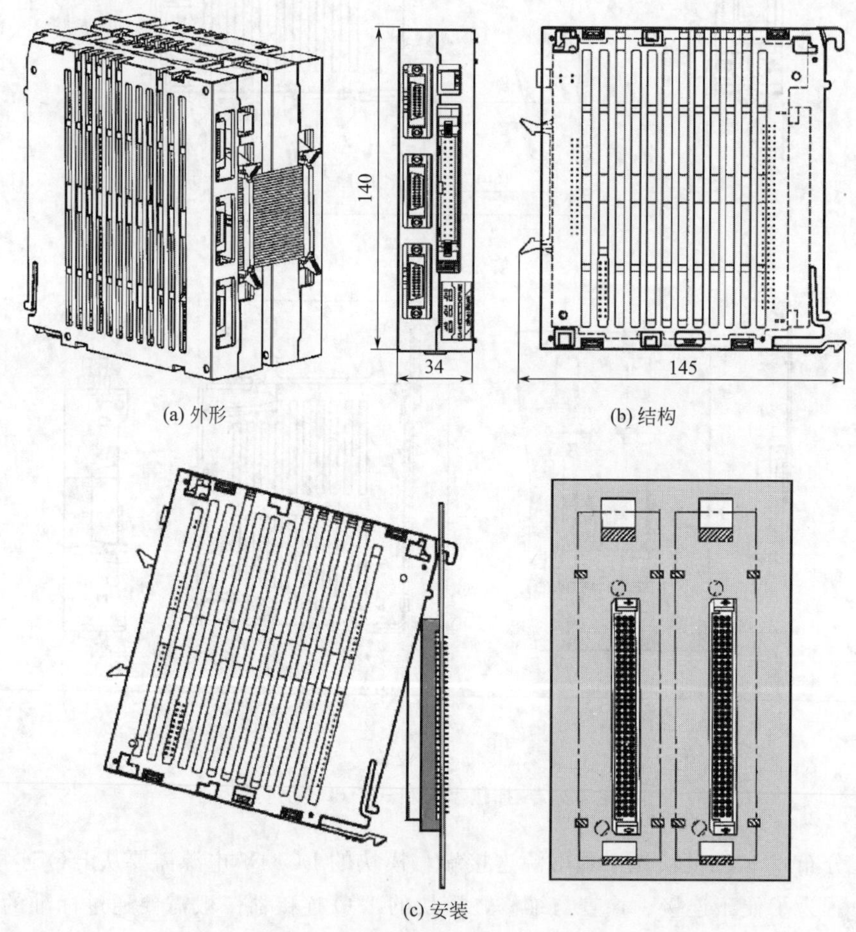

图3.3.8 紧凑型分布式I/O模块

紧凑型分布式I/O的基本模块有带手轮和无手轮两种规格可供选择，两种基本模块均可连接48/32点DI/DO、1个扩展模块，带手轮基本模块可连接3个手轮。紧凑型分布式I/O扩展模块目前只有48/32点DI/DO一个规格。

紧凑型分布式I/O模块同样无单独的电源连接端，模块的DC24V电源需要从I/O连接器的指定连接端输入。

③ 端子型。端子型（terminal type）分布式I/O模块采用无机架独立安装结构，基本模

块可连接 24/16 点 DI/DO 信号和最大 3 个扩展模块，每一从站最大可连接的 DI/DO 点为 96/64 点，模块支持最新的 I/O-Link i 总线连接。

端子型分布式 I/O 模块的外形与结构如图 3.3.9 所示。基本模块设计有专门的 DC24V 电源输入/输出连接器 CP11(IN)/(OUT) 及 I/O-Link 总线输入/输出连接器 JD1B/JD1A，电源及 I/O-Link 总线的连接方法与 0i-I/O 单元相同。I/O 信号可直接通过模块的接线端子连接，无需使用扁平电缆插头/端子转换器。

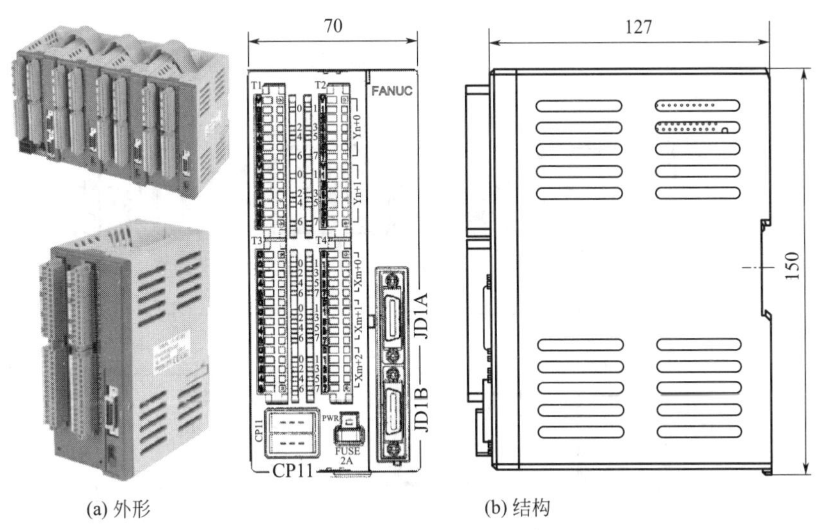

(a) 外形 (b) 结构

图 3.3.9 端子型分布式 I/O 模块

端子型分布式 I/O 的基本模块、扩展模块 A～D 的功能与插接型分布式 I/O 的基本模块、扩展模块 A～D 完全相同；如果需要，端子型分布式 I/O 还可选择模拟量输出扩展模块 E，连接 4 通道 12 位 D/A 转换 DC－10～10V 模拟量输出。

(5) I/O 单元 A

I/O 单元 A（I/O unit-model A）是 FS 15i/16i/18i/21i、FS 30i/31i/32i/35i 等高性能数控系统 PMC 的标准 I/O 连接设备，单元采用标准模块式结构，最大可连接 256/256 点 DI/DO，支持最新的 I/O-Link i 总线连接。

I/O 单元 A 由带 I/O-Link 总线接口模块（I/F 模块）的机架（基本单元）及各类 I/O 模块组成，可连接的 DI/DO 点多，可选择的模块种类与规格齐全，可用于大型复杂数控机床、FMC 等现代数控设备的控制。

I/O 单元 A 的扩展模块插槽数有 5 槽或 10 槽两种规格，机架（基本单元）可选择单排、双排布置两种结构，单元的 I/O-Link 总线接口（I/F 模块）必须安装在机架左侧第 1 槽（第 1 排），其他扩展模块可以任意安装。

I/O 单元 A 的外形与结构如图 3.3.10 所示。

单排布置 I/O 单元的左侧第 1 个模块必须为基本模块（I/F 模块），其他扩展模块可自左向右依次安装。双排布置 I/O 单元的第 1 排左侧第 1 个模块必须为基本模块（I/F 模块），其他扩展模块可自左向右、自上至下依次安装。

I/O 单元 A 的模块种类较多，它不仅可选择 DC24V 标准 DI/DO 模块，且还有 AC100V 输入、AC100～230V 输出、AC250V/DC30V 通用输出以及模拟量输入/输出、高速计数输入、温度测量输入等较多功能模块可供选择，有关内容可参见表 3.3.1。

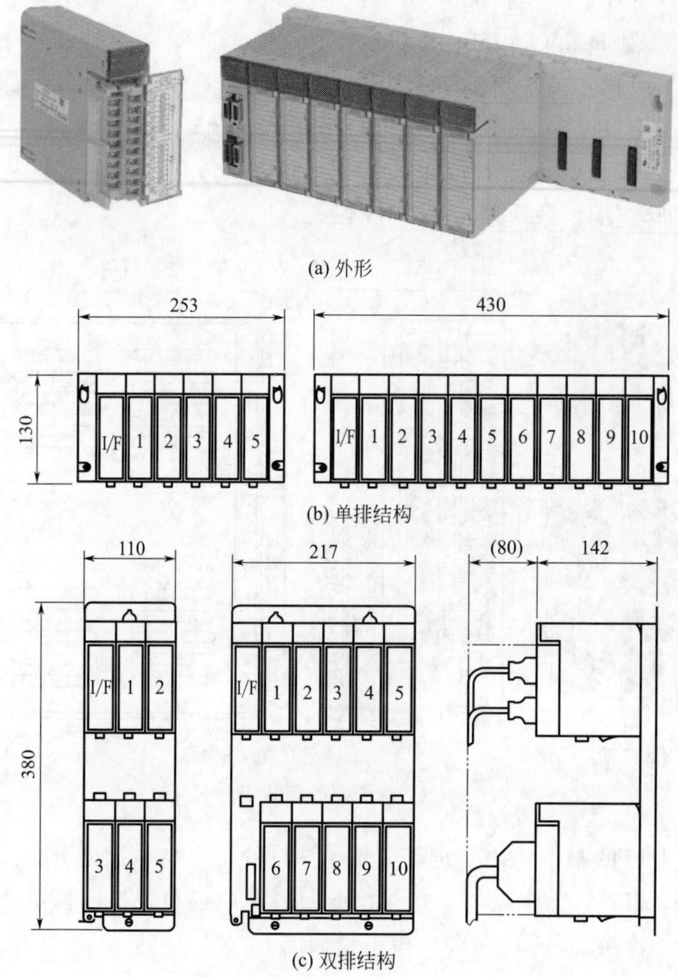

(a) 外形

(b) 单排结构

(c) 双排结构

图 3.3.10　I/O 单元 A 外形与结构

I/O 单元 A 既可用于操作台、电气控制柜、机床的 DI/DO 连接，也可用于远距离 I/O 连接。与 I/O 模块、0iC-I/O 单元、分布式 I/O 模块等 I/O 连接设备相比，I/O 单元 A 的功能更强，可连接的 DI/DO 点更多，模块种类与规格更全。

(6) βiSV I/O-Link 驱动器

βiSV I/O-Link 伺服驱动器采用 I/O-Link 总线通信控制，具有闭环位置控制功能，故可用于使用分度工作台回转、刀架刀库回转、机械手移动等辅助运动轴控制。βiSV I/O-Link 伺服驱动器需要占用 PMC 的 128/128 点 DI/DO；FS 0iF/0iF Plus 最大可连接 8 个 βiSV I/O-Link 驱动器。

βiSV I/O-Link 伺服驱动器的外形与控制信号连接器编号如图 3.3.11 所示；驱动器外形与功率有关，控制信号连接器的编号相同。

伺服驱动器的 CXA19 为 DC24V 控制电源及急停信号连接器，CXA19B 用于 DC24V 电源及急停信号输入，应连接外部输入信号；CXA19A 为 DC24V 电源及急停信号输出，可连接下一驱动器。

伺服驱动器的 JD1B 为 I/O-Link 总线输入，应连接到 CNC 或上一 I/O 从站的 I/O-Link 总线输出端；JD1A 为 I/O-Link 总线输出，应连接到下一 I/O 从站的 I/O-Link 总线输入端。

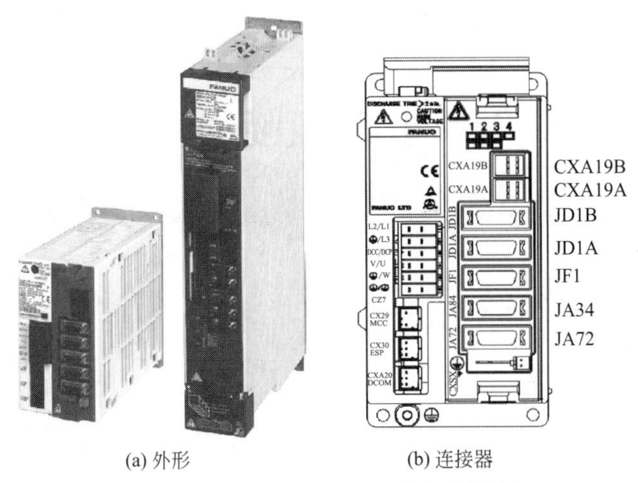

(a) 外形　　(b) 连接器

图 3.3.11　βiSV I/O-Link 伺服驱动器

驱动器的其他连接器用于编码器（JF1）、手轮（JA34）、超程及参考点减速（JA72）等其他信号连接，有关内容详见第 4 章。

需要注意的是，利用连接器 JA34 连接的手轮，一般只能用于来产生驱动器本身的位置指令脉冲，不能作为数控系统的手轮使用。

第 4 章 FANUC PMC I/O 连接

04

4.1 CNC 及主面板连接

4.1.1 CNC 连接总图

(1) CNC 连接器

FS 0iF/0iF Plus 的 CNC 的所有连接器布置在 LCD/CNC/MDI 单元（或 LCD/CNC 单元）的背面，连接器的安装位置与基本单元（CNC 主板）规格有关。FS 0iF/0iF Plus 基本单元有 A、G 两种规格，同编号的连接器功能、连接端作用相同。

FS 0iF/0iF Plus 基本单元 A 的连接器安装如图 4.1.1 所示，连接器的用途如下。

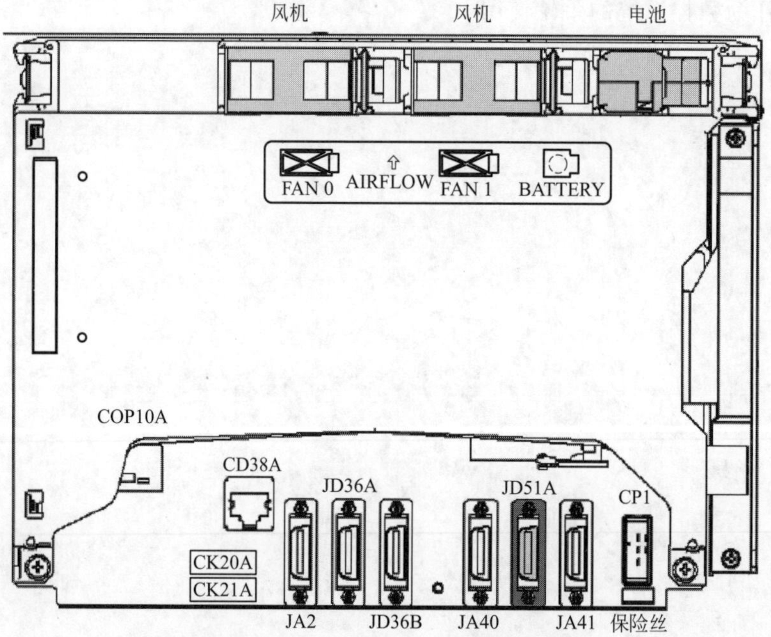

图 4.1.1 FS 0iF/0iF Plus 基本单元 A

COP10A：FSSB 光缆总线接口。

CK20A：水平软功能键接口。

CK21A：垂直布置软功能键接口。

CD38A：内置以太网接口。

JA2：分离型 MDI 单元接口。

JD36A、JD36B：RS232 接口 1、2。

JA40：模拟量输出与高速跳步信号输入接口。

JD51A：PMC I/O-Link 总线接口。

JA41：位置编码器接口。

CP1：CNC 单元 DC24V 电源输入。

FS 0iF/0iF Plus 基本单元 G 的连接器安装如图 4.1.2 所示，基本单元 G 与基本单元 A 的主板结构不同，因此，连接器存在以下区别。

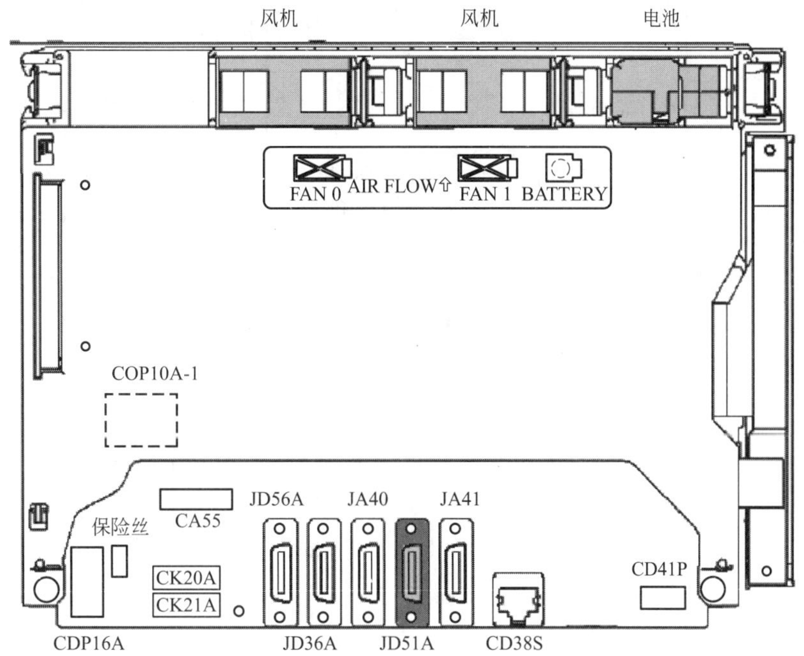

图 4.1.2　FS 0iF/0iF Plus 基本单元 G

① 电源接口的编号改为 CPD16A，安装位置移至单元左下侧。

② 分离型 MDI 单元接口编号改为 CA55，连接器安装位置、结构与基本单元 A 的 JA2 有所不同。

③ 内置以太网连接器的编号改为 CD38S，安装位置移至单元右下侧。

④ 右下方增加了 USB 接口 CD41P。

(2) 连接总图

FS 0iF/0iF Plus 系统的连接总图如图 4.1.3 所示。由于采用了网络控制技术和集成式结构，数控装置与驱动器、I/O 单元或模块间的连接都通过总线进行，数控装置与 LCD、MDI 间的连接已内部完成，因此，系统的连接比较简单。

FS 0iF/0iF Plus 与前期 FS 0iC、FS 0iD 的系统连接区别主要在主轴上，简要说明如下。

① FS 0iC/0iD 主轴连接。在 FS 0iC、FS 0iD 系统上，数控机床的主轴可采用 FANUC αi（或 βi）系列主轴驱动器及电机，通过系统的主轴专用 I/O-Link 总线（非 PMC I/O-Link 总线）进行控制；或者通过选配主轴模拟量输出功能，利用系统的主轴转速模拟量输出，控制通用变频器等其他调速装置调速；前者称为串行主轴（serial spindle）控制，后者称为模拟主轴（analog spindle）控制。

FS 0iC、FS 0iD 系统的主轴连接接口 JA41 同时具有串行主轴和模拟主轴连接功能，但两者的连接方式、主轴控制功能有较大的不同。

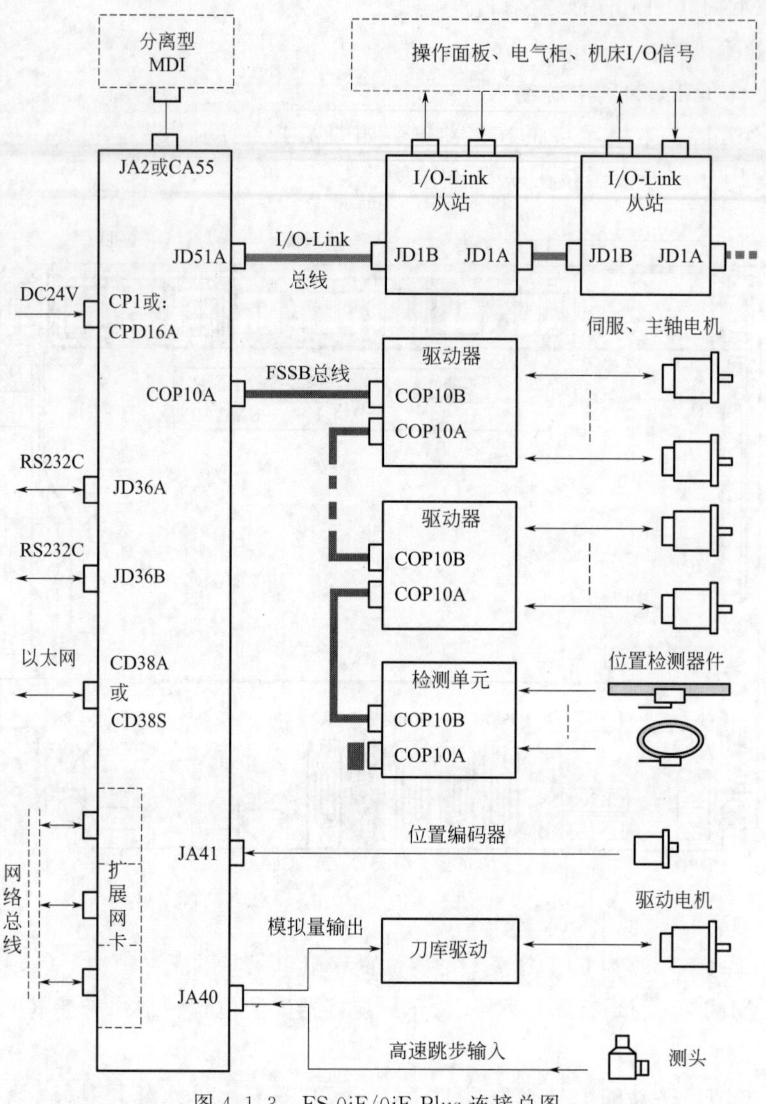

图 4.1.3 FS 0iF/0iF Plus 连接总图

采用串行主轴控制的 αi 或 βi 系列主轴驱动器，只需要连接 CNC 接口 JA41 的主轴专用 I/O-Link 总线信号，主轴的位置检测编码器可直接连接到驱动器上。采用串行主轴控制时，系统不但可控制主轴的转速，而且，还可实现主轴定向准停（spindle orientation）、主轴定位（spindle positioning）及 Cs 轴插补（Cs contouring control）、多主轴控制等全部功能。

采用模拟主轴控制时，需要连接 CNC 接口 JA41 的主轴模拟量输出与位置检测编码器检测信号。主轴模拟量输出为 DC−10～10V 的主轴转速控制电压（S 代码的 D/A 转换输出），它可以作为通用变频器或其他调速装置的速度给定信号，控制主电机转速。模拟主轴具有简单位置控制功能，如果 JA41 连接主轴位置检测编码器，主轴模拟量输出可转换为位置误差电压，控制主轴实现定向准停、主轴定位等简单位置控制，但是不能用于 Cs 轴插补、多主轴控制。

② FS 0iF/0iF Plus 主轴连接。在 FS 0iF/0iF Plus 系统上，FANUC αi（或 βi）系列主轴驱动可直接通过系统的 FSSB 伺服总线，进行伺服驱动完全一样的控制，无需使用 CNC 接口 JA41 的 I/O-Link 总线。但是，JA41 的模拟量输出、编码器连接功能保留，功能可用于数控

机床的刀架、刀库等其他辅助运动部件的速度和简单位置控制，实现与 FS 0iC/0i D 模拟主轴控制同样的功能。

(3) I/O-Link 总线连接

PMC 的 I/O-Link 总线需要与 CNC 的 JD51A 连接，I/O-Link 采用的是总线型拓扑结构，所有的网络从站为依次串联，各段网络总线的连接方式完全相同。

I/O-Link 总线的连接方法如图 4.1.4 所示。CNC 接口 JD51A 为 PMC 主站的 I/O-Link 总线输出，应连接到第一个 I/O-Link 从站的总线输入端 JD1B；第一个 I/O-Link 从站的总线输出端 JD1A，再与第 2 个 I/O-Link 从站的总线输入端 JD1B 连接；依次类推，最后一个 I/O-Link 从站的总线输出端 JD1A 不需要终端连接器。

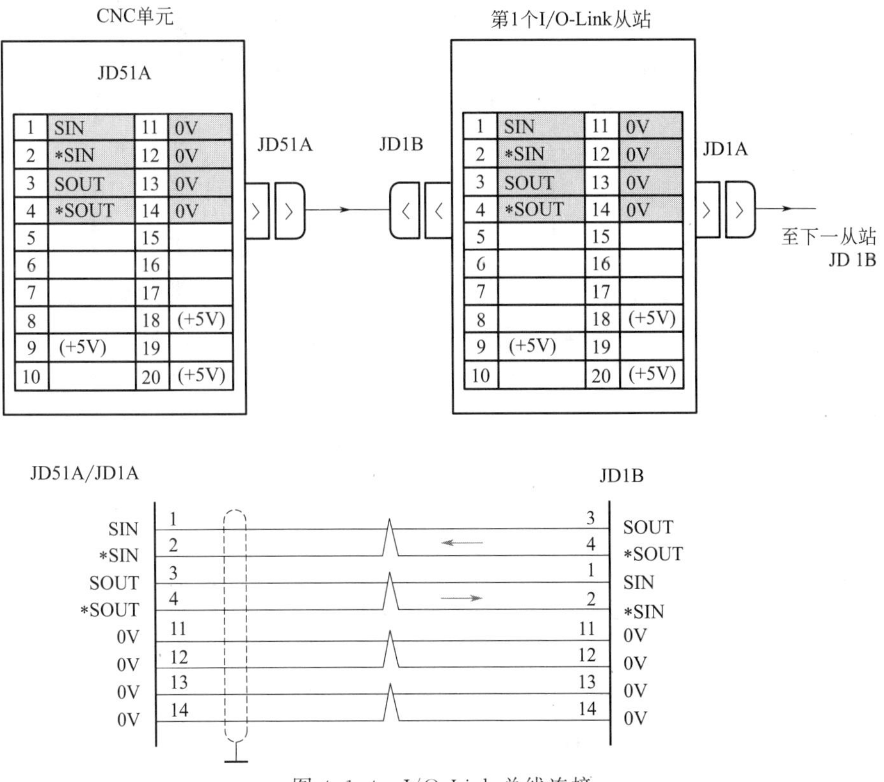

图 4.1.4　I/O-Link 总线连接

为了保证数控系统能够正确检测 I/O-Link 从站连接，所有 I/O-Link 从站的 DC24V 电源均应在系统电源接通前（或同时）接通，在系统电源关闭后（或同时）关闭，否则系统将发生 I/O-Link 总线连接报警。

4.1.2　按键式主面板连接

FS 0iF/0iF Plus 的主面板有按键式、组合式两类（详见第 3 章），组合式主面板的连接要求见后述。

FANUC 按键式主面板有主面板 A、主面板 B、安全型主面板 B 三种规格。主面板 A 是主面板 B 与分离型 MDI 的组合件，其 MDI 单元可通过独立的 MDI 连接电缆与 CNC 的 JA2 连接；安全型主面板 B 只是增加了 I/O-Link i 总线的 2 通道安全冗余控制功能；因此，3 种按键式主面板的 DI/DO 连接方法实际相同。

（1）连接图

按键式主面板集成的 I/O 模块可连接 96/64 点 DI/DO 信号，其中，55 个带 LED 按键需要使用 64/56 点 DI/DO 信号（9 点 DI 和 1 点 DO 不连接实际 I/O 信号），剩余的 32/8 点 DI/DO 可用于 FANUC 子面板、手轮盒或用户面板等其他 DI/DO 信号连接。

按键式主面板的连接器布置和连接要求如图 4.1.5 所示，连接器作用如下。

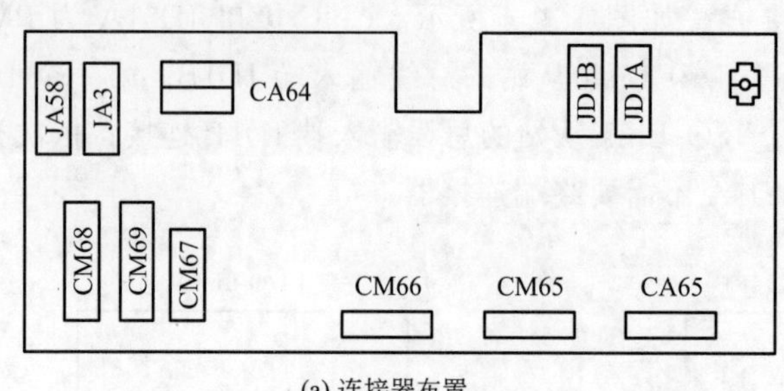

(a) 连接器布置

(b) 连接要求

图 4.1.5　按键式主面板的连接

JD1B、JD1A：I/O-Link 总线输入、输出，连接方法可参见图 4.1.4。

CA64(IN)：DC24V 电源输入。

CA64(OUT)：DC24V/1A 电源输出，可用作 DI 输入或 DO 输出驱动电源。

CA65：电气柜和操作台互连信号连接器，14 个电气柜/操作台信号连接端。

JA3：手轮连接器，可连接 3 个手轮信号。

CM65～CM69：主面板通用 DI/DO 连接器，可连接 32/8 点通用 DI/DO 信号。

JA58：手轮盒连接器，1 个手轮脉冲输入，9/1 点通用 DI/DO。

按键式主面板集成的 I/O 模块需要占用 PMC 的 16/8 字节、128/64 点 DI/DO，无论 DI/DO 是否实际使用，I/O 模块占用的 DI/DO 地址不能再分配给其他从站；I/O 模块的 DI/DO

起始地址 m、n 可通过 PMC 参数设定，DI/DO 地址由系统按表 4.1.1 自动分配。

表 4.1.1　主面板 DI/DO 地址分配表

DI/DO 地址		用途	I/O 点数
DI 地址（字节）	Xm+0～Xm+3	通用 DI	32
	Xm+4～Xm+11	面板按键输入	64
	Xm+12～Xm+14	手轮	24
	Xm+15	系统预留（不能使用）	8
DO 地址（字节）	Yn+0～Yn+7	通用 DO，按键 LED	64

(2) 电气柜互连

按键式主面板的连接器 CA65 设计有 14 个电气柜/操作台信号连接端，可用于电气柜和操作台的信号互连。在按键式主面板上，CA65 的连接端通过图 4.1.6 所示的通用 DI/DO 连接器 CM67～CM69 引出，供用户自由使用。

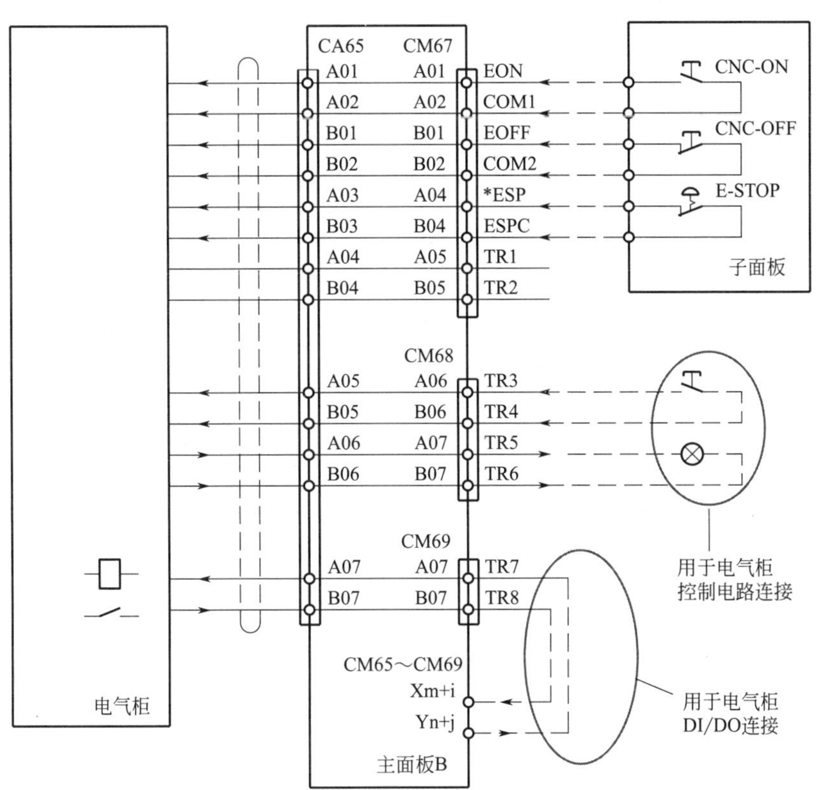

图 4.1.6　电气柜与操作台互连

CA65 的互连端既可将操作台上用于电气柜控制电路的按钮、指示灯（如子面板的急停、系统电源通断按钮等）连接到电气柜，也可将电气柜中的触点、线圈通过 CA65 的连接电缆引入操作台，转接到连接器 CM67～CM69 的通用 DI/DO 上。

(3) 手轮盒及手轮连接

在使用手轮操作功能的机床上，手轮配置一般有选配 FANUC 手轮盒、选配带手轮的子面板 C/C1 或用户自行选配等方式。如果手轮安装在可移动的悬挂式操作盒（手轮盒）上，为方便操作，一般需要安装手轮轴选择、倍率调节开关及手轮生效指示灯，因此需要占用通用

DI/DO 点。悬挂式手轮盒通常利用按键式主面板的连接器 JA58 连接，FANUC 标准手轮盒的连接如图 4.1.7 所示。

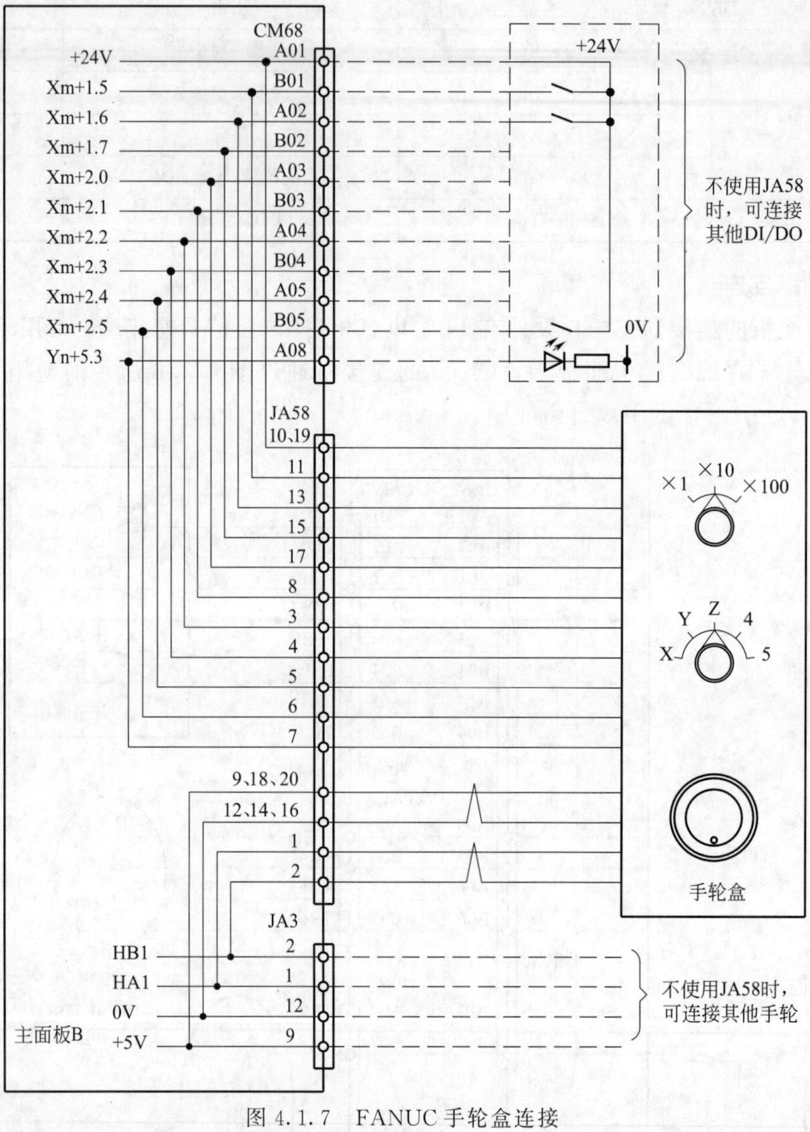

CM68
+24V A01
Xm+1.5 B01
Xm+1.6 A02
Xm+1.7 B02
Xm+2.0 A03
Xm+2.1 B03
Xm+2.2 A04
Xm+2.3 B04
Xm+2.4 A05
Xm+2.5 B05
Yn+5.3 A08
+24V
0V
不使用JA58时，可连接其他DI/DO
JA58
10､19
11
13
15
17
8
3
4
5
6
7
9､18､20
12､14､16
1
2
×1 ×10 ×100
Y Z 4
X 5
手轮盒
JA3
HB1 2
HA1 1
0V 12
+5V 9
主面板B
不使用JA58时，可连接其他手轮

图 4.1.7 FANUC 手轮盒连接

连接器 JA58 只是一个将手轮盒的信号汇总、方便电缆连接的过渡连接器，JA58 上的 9/1 点通用 DI/DO 连接端从连接器 CM68 引出，手轮输入信号从连接器 JA3 引出。因此，连接 FANUC 手轮盒后，CM68 上的 9 点通用 DI（Xm＋1.5～Xm＋2.5）、1 点通用 DO（Yn＋5.3）不能再用于其他输入/输出信号的连接；此外，手轮连接器 JA3 的手轮 1 连接端，也不能再连接其他手轮。

如果手轮直接安装在操作台上，为了减少操作器件，节省通用 DI/DO 点，手轮操作可与手动操作（JOG、INC 操作）共用轴选择、增量倍率调节开关，手轮信号可通过 PMC 程序处理后得到。在这种情况下，只需要通过手轮连接器 JA3，进行图 4.1.8 所示的手轮信号连接。JA3 最大可连接 3 个手轮，手轮 1 连接后，手轮盒连接器 JA58 上的手轮连接端不能再连接其他手轮。

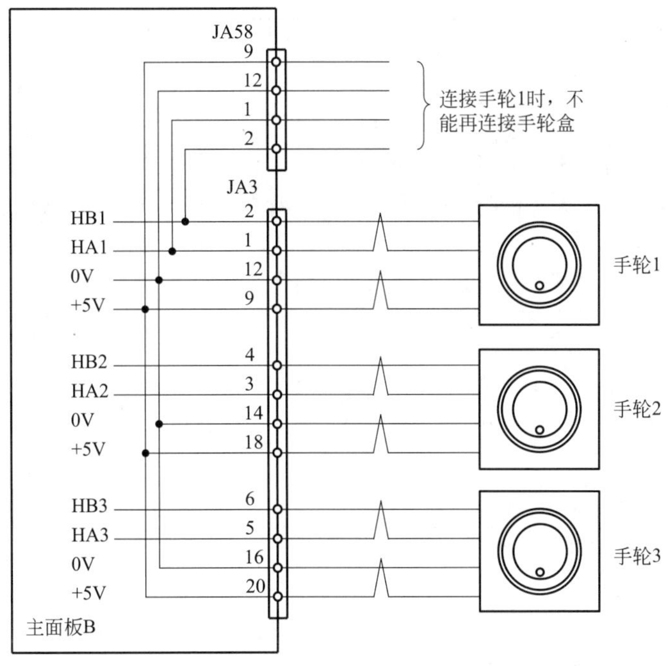

图 4.1.8　手轮信号连接

(4) 通用 DI/DO 连接

按键式主面板的连接器 CM65～CM69 为 PMC 的通用 DI/DO 连接器，最大可连接 32/8 点输入/输出信号；通用 DI 的输入地址为 Xm+0.0～Xm+3.7，通用 DO 的输出地址为 Yn+5.3/5.7、Yn+6.3/6.7、Yn+7.3～Yn+7.6；地址的起始字节号 m、n 可通过 PMC 参数设定。

连接器 CM65～CM69 均为双列连接器，连接要求如表 4.1.2 所示。表中带阴影的连接端在按键式主面板的内部与连接器 CA65 或 JA58 并联，互连信号的连接要求可参见图 4.1.6、图 4.1.7。

表 4.1.2　连接器 CM65～CM69 的连接要求

连接器号	信号连接要求					
CM65	A 列连接端	A01	A02	A03	A04	A05
	连接信号	—	—	Xm+0.1	+24V	Xm+0.2
	B 列连接端	B01	B02	B03	B04	B05
	连接信号	—	Xm+0.5	Xm+0.3	Xm+0.4	Xm+0.0
CM66	A 列连接端	A01	A02	A03	A04	A05
	连接信号	—	—	Xm+0.7	+24V	Xm+1.0
	B 列连接端	B01	B02	B03	B04	B05
	连接信号	—	Xm+1.3	Xm+1.1	Xm+1.2	Xm+0.6
CM67	A 列连接端	A01	A02	A03	A04	A05
	连接信号	EON	COM1	Xm+1.4	*ESP	TR1
	B 列连接端	B01	B02	B03	B04	B05
	连接信号	EOFF	COM2	KEYCOM	ESPC	TR2

续表

连接器号	信号连接要求					
CM68	A 列连接端	A01	A02	A03	A04	A05
	连接信号	+24V	Xm+1.6	Xm+2.0	Xm+2.2	Xm+2.4
	B 列连接端	B01	B02	B03	B04	B05
	连接信号	Xm+1.5	Xm+1.7	Xm+2.1	Xm+2.3	Xm+2.5
	A 列连接端	A06	A07	A08	A09	A10
	连接信号	TR3	TR5	Yn+5.3	Yn+6.3	DOCOM
	B 列连接端	B06	B07	B08	B09	B10
	连接信号	TR4	TR6	Yn+5.7	Yn+6.7	0V
CM69	A 列连接端	A01	A02	A03	A04	A05
	连接信号	+24V	Xm+2.7	Xm+3.1	Xm+3.3	Xm+3.5
	B 列连接端	B01	B02	B03	B04	B05
	连接信号	Xm+2.6	Xm+3.0	Xm+3.2	Xm+3.4	Xm+3.6
	A 列连接端	A06	A07	A08	A09	A10
	连接信号	Xm+3.7	TR7	Yn+7.3	Yn+7.5	DOCOM
	B 列连接端	B06	B07	B08	B09	B10
	连接信号	DICOM	TR8	Yn+7.4	Yn+7.6	0V

按键式主面板连接器 CM68/69 的连接端 A01、CM65/66 连接端 A04 的 DC24V 电源可用于 DI 输入驱动，但不能与外部 DC24V 电源连接。面板的通用 DI/DO 连接方法如下。

① CM65/66/67。CM65、CM66 一共可连接 12 点 DI 信号，每一连接器为 6 点；如果选配 FANUC 子面板，连接器 CM65、CM66 将分别用于子面板的进给速度、主轴倍率调节开关连接，开关的输入编码可参见编程说明。CM67 用于子面板的系统电源通断、急停、存储器保护按钮连接，存储器保护按钮为 PMC 的 DI 信号，系统电源通断、急停为电气柜互连信号，连接要求可参见前述 CA65 的连接说明（见图 4.1.6）。

按键式主面板和 FANUC 子面板的连接如图 4.1.9 所示，如果不使用 FANUC 子面板，连接器 CM65/66/67 上的所有 DI 连接端都可供用户自由使用。

② CM68。CM68 可连接 9 点 DI、4 点 DO 信号和 4 个过渡端。连接器 CM68 的全部 DI 和 1 点 DO 的连接端和手轮盒连接器 JA58 并联（见图 4.1.7），使用 FANUC 手轮盒时，它们不能再连接其他 DI/DO 信号；如果不使用连接器 JA58，CM68 的所有 DI、DO 连接端都可供用户自由使用。

CM68 的 DI 信号连接可参见前述 JA58 说明（见图 4.1.7），过渡端连接要求可参见前述 CA65 说明（见图 4.1.6）；CM68 的 DO 连接要求如图 4.1.10 所示。

FANUC 系统的 DO 信号采用晶体管 PNP 集电极开路型输出，负载驱动的 DC24V 电源一般应由外部提供。为了提高可靠性，感性负载两端应并联过电压抑制二极管，LED 或指示灯应串联降压电阻。

③ CM69。CM69 可连接 10 点 DI 信号和 4 点 DO 信号。CM69 的所有 DI、DO 连接端都可供用户自由使用，信号连接要求如图 4.1.11 所示。

CM69 的 DI 连接要求如图 4.1.11(a) 所示。CM69 的 DI 连接器 CM69 的 DI 连接端 B01、A02（Xm+2.6、Xm+2.7）只能使用 DC24V 源输入连接方式；但是，连接端 B02～A06

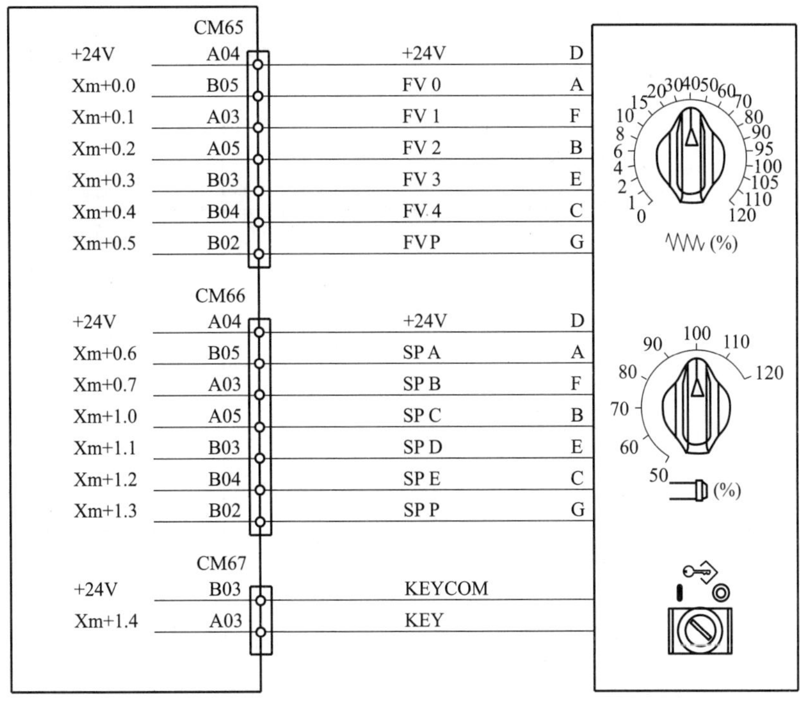

图 4.1.9　FANUC 子面板连接

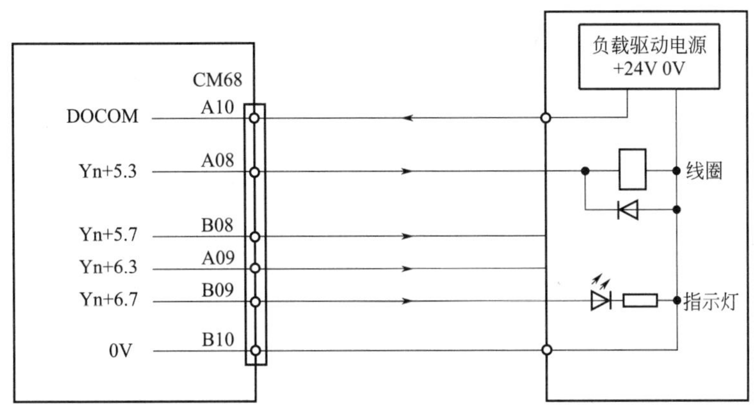

图 4.1.10　CM68 的 DO 信号连接

（Xm＋3.0～Xm＋3.7）为 DC24V 源/汇点通用输入端，连接方法如下。

源输入连接：CM69 连接端 B02～A06（Xm＋3.0～Xm＋3.7）采用源输入连接时，输入公共端 DICOM（B06）应与 CM69 的 0V 输出端 B10 连接，输入触点的另一端（公共线）应与 CM69 的＋24V 输出端 A01 连接，DI 输入驱动电流将从 DI 连接端流入主面板。

汇点输入连接：CM69 连接端 B02～A06（Xm＋3.0～Xm＋3.7）采用汇点输入连接时，输入公共端 DICOM（B06）应与 CM69 的＋24V 输出端 A01 连接，输入触点的另一端（公共线）应与 CM69 的 0V 输出端 B10 连接，输入驱动电流将由主面板的 DI 连接端向外流出。

CM69 的 DO 连接要求如图 4.1.11(b) 所示。DO 信号同样采用晶体管 PNP 集电极开路型输出，负载驱动的 DC24V 电源一般应由外部提供；为了提高可靠性，感性负载两端应并联过电压抑制二极管，LED 或指示灯应串联降压电阻。

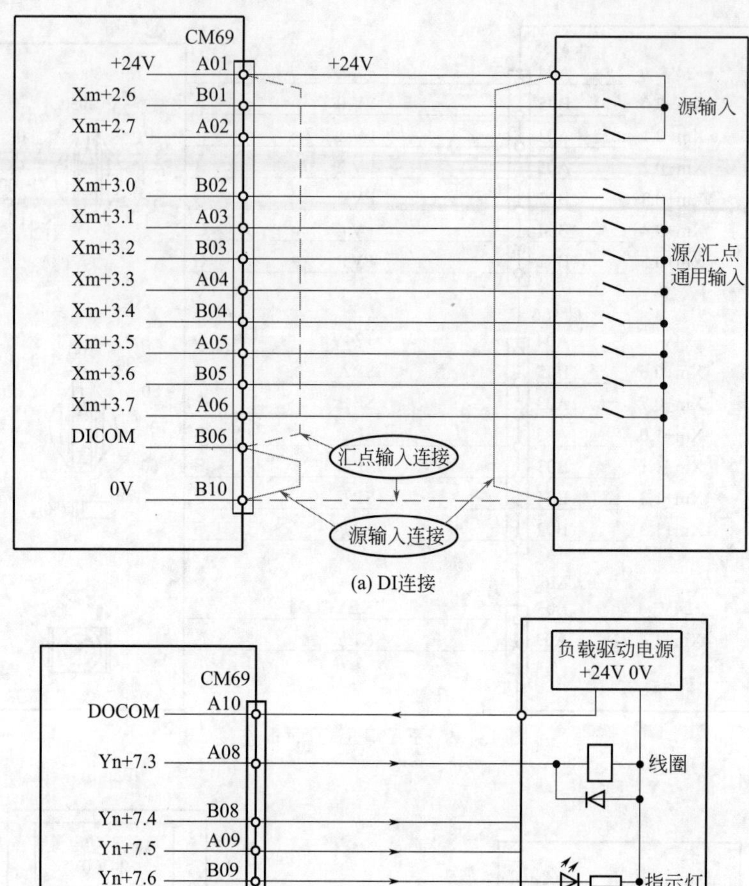

(a) DI连接

(b) DO连接

图 4.1.11　CM69 的 DI/DO 连接

(5) 带 LED 按键连接

按键式主面板上的带 LED 按键与 I/O 模块的连接已在内部完成，面板的 55 个带 LED 按键需要使用 64/56 点 DI/DO，其中的 9/1 点 DI/DO 实际未使用，但也不能连接其他 DI/DO。

按键式主面板的按键布置和 DI/DO 地址分配如图 4.1.12、表 4.1.3 所示。

表 4.1.3　DI/DO 地址分配

键/LED	位							
	7	6	5	4	3	2	1	0
Xm+4/Yn+0	B4	B3	B2	B1	A4	A3	A2	A1
Xm+5/Yn+1	D4	D3	D2	D1	C4	C3	C2	C1
Xm+6/Yn+2	A8	A7	A6	A5	E4	E3	E2	E1
Xm+7/Yn+3	C8	C7	C6	C5	B8	B7	B6	B5
Xm+8/Yn+4	E8	E7	E6	E5	D8	D7	D6	D5
Xm+9/Yn+5		B11	B10	B9		A11	A10	A9
Xm+10/Yn+6		D11	D10	D9		C11	C10	C9
Xm+11/Yn+7						E11	E10	E9

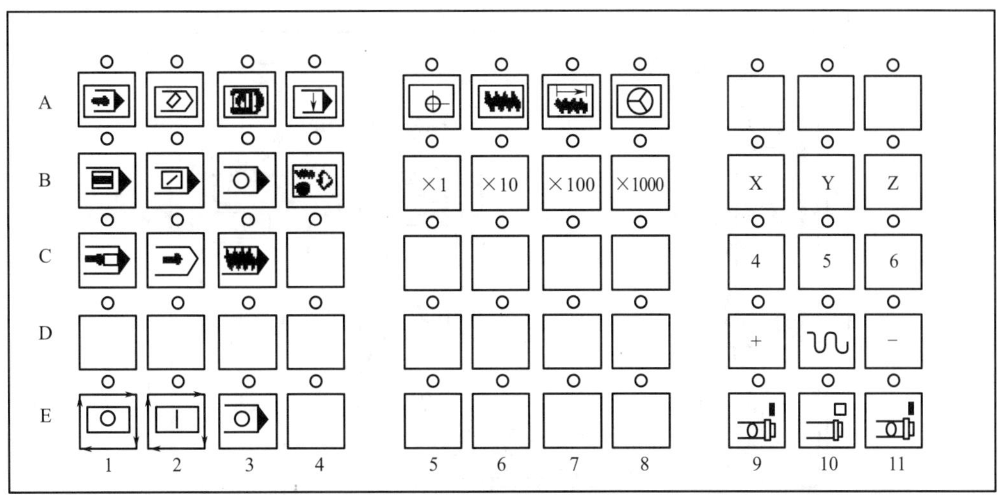

图 4.1.12　按键布置

按键式主面板的带 LED 按键分 5 行、11 列安装，安装位置的行号以字母 A～E 表示、列号以数字 1～11 表示。55 个按键的 DI 地址为 Xm+4.0～Xm+11.7，55 个 LED 的 DO 地址为 Yn+0.0～Yn+7.7；其中，DI 地址 Xm+9.3/9.7、Xm+10.3/10.7、Xm+11.3～Xm+11.7 无实际按键（不能使用）；此外，8 个 DO 地址 Yn+5.3/5.7、Yn+6.3/6.7 及 Yn+7.3～Yn+7.6 已分配给连接器 CM68、CM69 作为通用 DO 信号使用，DO 地址为 Yn+7.7，无实际 LED（不能使用）。

例如，在图 4.1.12 上，*X* 轴选择键[X]的安装位置为 B9，根据表 4.1.3，可得到按键的输入地址为 Xm+9.4，LED 的输出地址为 Yn+5.4。

4.1.3　组合式主面板连接

FS 0iF/0iF Plus 常用的组合式主面板由按键、倍率开关、按钮等操作器件组合而成，常用的有小型主面板、标准主面板两种结构形式。

标准主面板是 FANUC 新推出的安全型产品，面板设计有 55 个带 LED 按键、进给速度和主轴转速倍率调节开关、系统急停和电源通断按钮，面板可用于新型 I/O-Link i 总线的 2 通道安全冗余控制。标准主面板的功能、DI/DO 连接与按键式主面板 B 和子面板的组合基本相同，有关内容可参见前述。

小型主面板为 30 个带 LED 按键、进给速度及主轴倍率开关、急停按钮的组合件。早期的 FANUC 小型主面板占用 1 组（group ♯0）、128/64 点 DI/DO，只能连接 3 个手轮，不能连接其他通用 DI/DO 信号。改进后的小型主面板 B 的外观、操作与小型主面板完全相同，但集成 I/O 模块增加了 24/16 点通用 DI/DO 连接接口，其功能更强，使用更方便；小型主面板 B 需要占用 2 组（group ♯0、♯1）、256/128 点 DI/DO。

小型主面板 B 的 I/O 连接方法如下。

(1) 连接图

小型主面板 B 集成 I/O 模块的连接器布置如图 4.1.13 所示，I/O 模块除连接面板的 30 个带 LED 按键信号外，还可连接 3 个手轮和 24/16 点通用 DI/DO 信号；面板的急停按钮可用单独的连接电缆与电气柜连接。

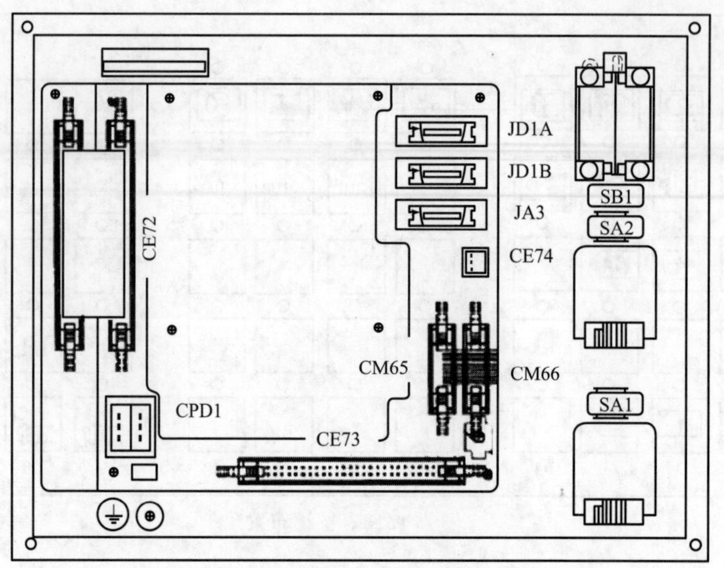

图 4.1.13　小型主面板 B 连接器布置

小型主面板 B 集成 I/O 模块的外部连接如图 4.1.14 所示，连接要求如下。

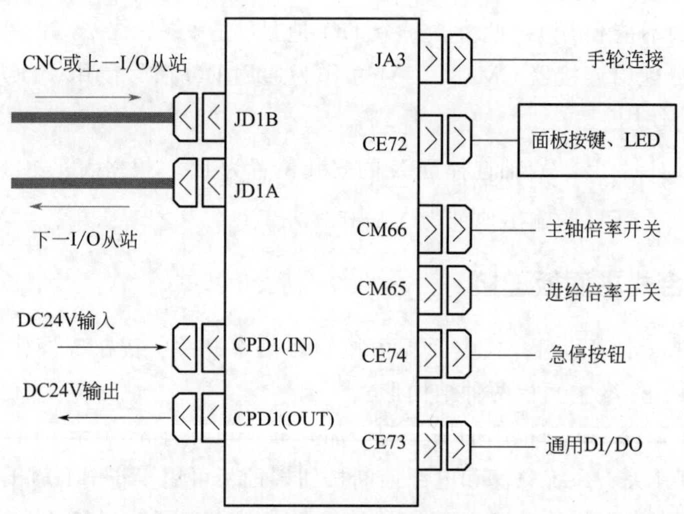

图 4.1.14　小型主面板 B 外部连接

JD1B、JD1A：I/O-Link 总线输入、输出，连接方法可参见图 4.1.4。

CPD1(IN)：DC24V 电源输入。

CPD1(OUT)：DC24V/1A 电源输出，可用作 DI 输入或 DO 输出驱动电源。

JA3：手轮连接器，可连接 3 个手轮信号。JA3 的连接方法与按键式主面板 JA3 完全相同（参见图 4.1.8）。

CE72：面板按键及 LED 连接器，出厂时已连接。

CM65：进给倍率开关连接器，出厂时已连接。

CM66：主轴倍率开关连接器，出厂时已连接。

CE74：急停输入连接器，出厂时已连接；连接器的 1 脚与面板的＋24V 连接，2 脚与连接器 CE73 的 A08 脚并联，急停输入的 DI 输入地址为 Xi＋4.4。如果急停按钮需要连接到电气柜控制电路，可使用急停按钮的预留触点，用单独的连接电缆连接到电气柜。

CE73：通用 DI/DO 连接器，可连接 24/16 点通用 DI/DO 信号。

小型主面板 B 集成的 I/O 模块需要占用 PMC 的 2 组（group ＃0、＃1）32/16 字节、256/128 点 DI/DO，无论 DI/DO 是否实际使用，I/O 模块占用的 DI/DO 地址不能再分配给其他从站；I/O 模块的 DI/DO 起始地址 m、n（group ＃0）及 i、j（group ＃1）可通过 PMC 参数设定，DI/DO 地址由系统按表 4.1.4 自动分配。表中的 DO 报警输入 Xi＋15 是由模块自动生成的输出组 Yj＋0、Yj＋1 的过电流检测信号。

表 4.1.4　小型主面板 B 的 DI/DO 地址分配表

DI/DO 地址			用途	I/O 点数
group ＃0	DI 地址(字节)	Xm＋0	进给速度倍率开关	8
		Xm＋1	主轴转速倍率开关	8
		Xm＋2、Xm＋3	系统预留(不能使用)	16
		Xm＋4～Xm＋8	面板按键	40
		Xm＋9～Xm＋11	系统预留(不能使用)	24
		Xm＋12～Xm＋14	手轮	24
		Xm＋15	系统预留(不能使用)	8
	DO 地址(字节)	Yn＋0～Yn＋4	按键 LED	40
		Yn＋5～Yn＋7	系统预留(不能使用)	24
group ＃1	DI 地址(字节)	Xi＋0	通用 DI	8
		Xi＋1～Xi＋3	系统预留(不能使用)	24
		Xi＋4、Xi＋5	通用 DI	16
		Xi＋6～Xi＋14	系统预留(不能使用)	56
		Xi＋15	DO 报警	8
	DO 地址(字节)	Yj＋0～Yj＋1	通用 DO	16
		Yj＋2～Yj＋7	一般不使用	48

(2) 倍率开关连接

小型主面板 B 的连接器 CM65、CM66 用于进给倍率、主轴倍率开关的连接，其连接要求如图 4.1.15 所示；连接器的所有＋24V 输出端都不能与外部其他 DC24V 电源连接。

连接器 CM65、CM66 使用第 1 组（group ＃0）DI/DO 信号，进给倍率、主轴倍率开关各占 1 字节 DI，剩余的 DI 地址 Xm＋0.6/0.7、Xm＋1.6/1.7，不能再用于其他 DI 信号连接。

PMC 程序设计需要注意：虽然，小型主面板 B 连接器 CM65、CM66 所使用的连接端功能及连接方法与前述的按键型主面板连接器 CM65、CM66 相同，但是，主轴倍率开关的 DI 地址有所不同，小型主面板 B 主轴倍率开关的 DI 地址为 Xm＋1.0～Xm＋1.5，而按键型主面板主轴倍率开关的 DI 地址为 Xm＋0.6～Xm＋1.3。进给倍率、主轴倍率开关的输入编码一般为格雷码，有关内容可参见编程说明。

(3) 通用 DI/DO 连接

小型主面板 B 的通用 DI/DO 使用第 2 组（group ＃1）DI/DO 信号，通用 DI/DO 连接器 CE73 的连接要求如表 4.1.5 所示，表中带阴影的连接端（Xi＋0.0～Xi＋0.7、Xi＋5.0～Xi＋5.7）为 2 组源/汇点通用输入（后文如无特殊说明，表格中阴影部分均为特殊连接端）；连接

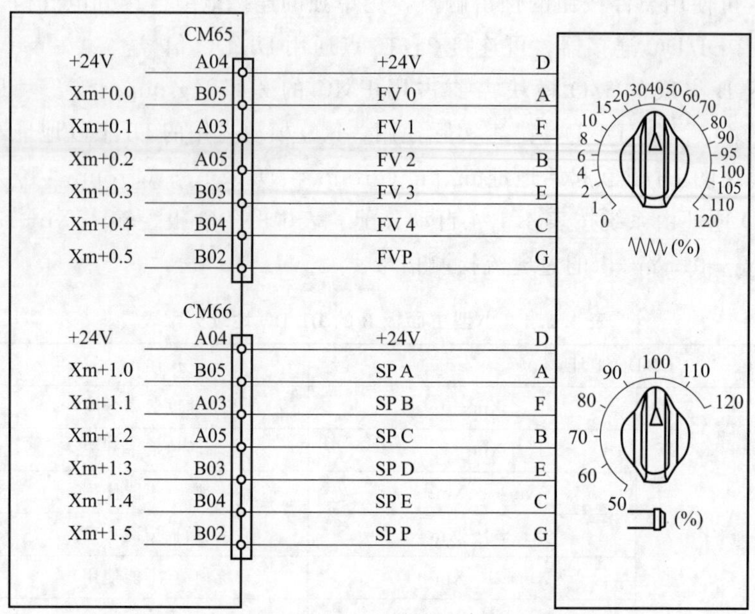

图 4.1.15 小型主面板 B 倍率开关连接

器的所有＋24V 输出端都不能与外部其他 DC24V 电源连接。

表 4.1.5 小型主面板 B 通用 DI/DO 连接要求

序号	A 列	B 列	序号	A 列	B 列
01	0V	＋24V	14	DICOM0	DICOM5
02	Xi＋0.0	Xi＋0.1	15	—	—
03	Xi＋0.2	Xi＋0.3	16	Yj＋0.0	Yj＋0.1
04	Xi＋0.4	Xi＋0.5	17	Yj＋0.2	Yj＋0.3
05	Xi＋0.6	Xi＋0.7	18	Yj＋0.4	Yj＋0.5
06	Xi＋4.0	Xi＋4.1	19	Yj＋0.6	Yj＋0.7
07	Xi＋4.2	Xi＋4.3	20	Yj＋1.0	Yj＋1.1
08	Xi＋4.4	Xi＋4.5	21	Yj＋1.2	Yj＋1.3
09	Xi＋4.6	Xi＋4.7	22	Yj＋1.4	Yj＋1.5
10	Xi＋5.0	Xi＋5.1	23	Yj＋1.6	Yj＋1.7
11	Xi＋5.2	Xi＋5.3	24	DOCOM	DOCOM
12	Xi＋5.4	Xi＋5.5	25	DOCOM	DOCOM
13	Xi＋5.6	Xi＋5.7			

第 1 组 8 点源/汇点通用输入 Xi＋0.0～Xi＋0.7 的输入公共端为 DICOM1（A14），输入连接方法如图 4.1.16 所示。如果输入公共端 DICOM1（A14）与 0V 输出端 A01 连接、输入触点的另一端与＋24V 输出端 B01 连接时，DI 输入驱动电流将从 DI 连接端流入主面板，Xi＋0.0～Xi＋0.7 为源输入连接方式。如果输入公共端 DICOM1（A14）与＋24V 输出端 B01 连接、输入触点的另一端与 0V 输出端 A01 连接时，DI 输入驱动电流将由主面板向 DI 连接端流出，Xi＋0.0～Xi＋0.7 为汇点输入连接方式。

第 2 组 8 点源/汇点通用输入 Xi＋5.0～Xi＋5.7 的输入公共端为 DICOM5（B14），源/汇点输入的连接方法同第 1 组。当输入公共端 DICOM5（B14）与 0V 输出端 A01 连接、输入触点的另一端（公共线）与＋24V 输出端 B01 连接时，Xi＋5.0～Xi＋5.7 为源输入连接方式；当输入公共端 DICOM5（B14）与＋24V 输出端 B01 连接、输入触点的另一端（公共线）与 0V 输出端 A01 连接时，Xi＋5.0～Xi＋5.7 为汇点输入连接方式。

小型主面板 B 的 8 点通用输入 Xi＋4.0～Xi＋4.7 只能使用源输入连接方式，DI 输入公共端在面板内部与 0V 端连接，输入触点的公共线必须与＋24V 输出端 B01 连接。

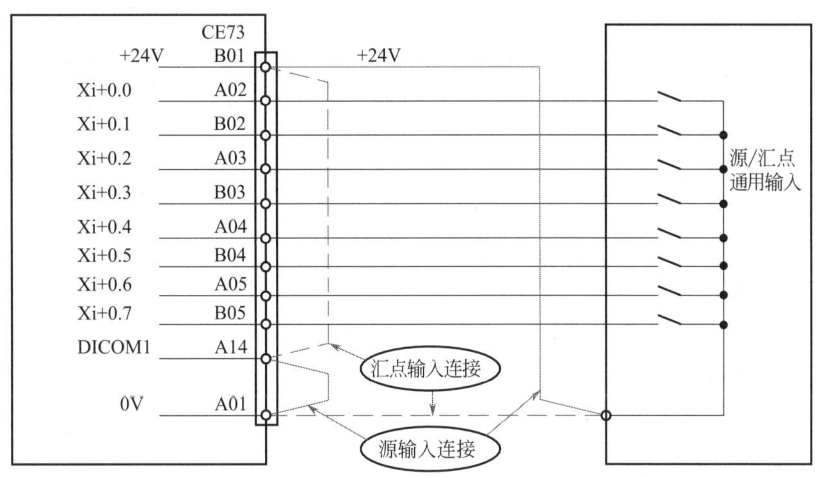

图 4.1.16　小型主面板 B 源/汇点通用输入连接

小型主面板 B 的 16 点通用 DO 信号均为晶体管 PNP 集电极开路型输出，DO 的输出公共端为 DOCOM（A24/B24/A25/B25），输出连接方法与按键式主面板相同（参见图 4.1.11）；负载驱动的 DC24V 电源一般应由外部提供。为了提高可靠性，感性负载两端应并联过电压抑制二极管，LED 或指示灯应串联降压电阻。

(4) 带 LED 按键连接

小型主面板 B 的按键布置和 DI/DO 地址分配如图 4.1.17、表 4.1.6 所示，其中，8 个轴方向键（＋X～－Z）及手动快速键无 LED。

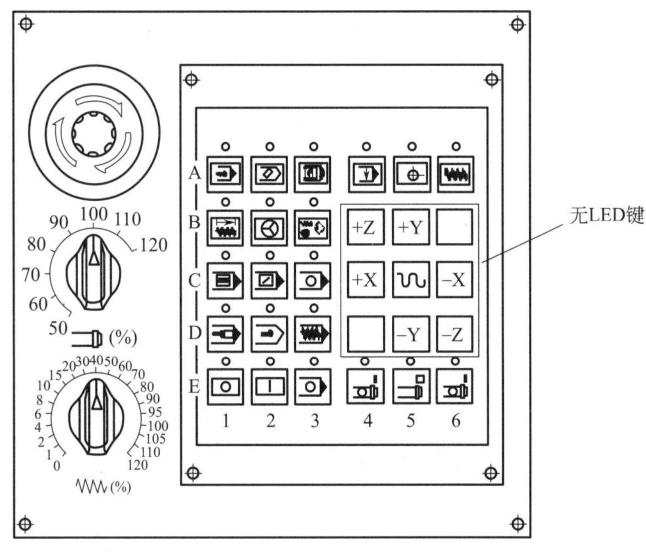

图 4.1.17　小型主面板 B 按键布置

表 4.1.6　小型主面板 B 的 DI/DO 地址分配

按键/LED	位							
	7	6	5	4	3	2	1	0
Xm+4/Yn+0	—	—	A6	A5	A4	A3	A2	A1
Xm+5/Yn+1	—	—	B6	B5	B4	B3	B2	B1
Xm+6/Yn+2	—	—	C6	C5	C4	C3	C2	C1
Xm+7/Yn+3	—	—	D6	D5	D4	D3	D2	D1
Xm+8/Yn+4	—	—	E6	E5	E4	E3	E2	E1

小型主面板 B 的带 LED 按键与 I/O 模块的连接已在内部完成，面板的 30 个按键、21 个 LED 占用第 1 组（group ＃0）的 40/40 点 DI/DO 信号，其中的 10/19 点 DI/DO 实际未使用，但也不能连接其他 DI/DO。

4.2　I/O 模块及单元连接

4.2.1　操作面板 I/O 模块 A1

操作面板 I/O 模块 A1（以下简称 I/O 模块 A1）用于用户（机床生产厂）自制机床操作面板的按钮、开关、指示灯等 I/O 信号连接，模块可连接 72/56 点 DI/DO 和 3 个手轮。

I/O 模块 A1 的 56 点 DI 为矩阵扫描输入需要使用 7 点 DI 作为输入（行输入），8 点 DO 作为控制（列驱动），其余的 16/56 点 DI/DO 可连接独立的输入/输出信号；因此，模块实际需要使用 PMC 的 23 点 DI 和 64 点 DO 进行控制。

(1) 连接图

I/O 模块 A1 的连接器布置和外部连接如图 4.2.1 所示，连接要求如下。

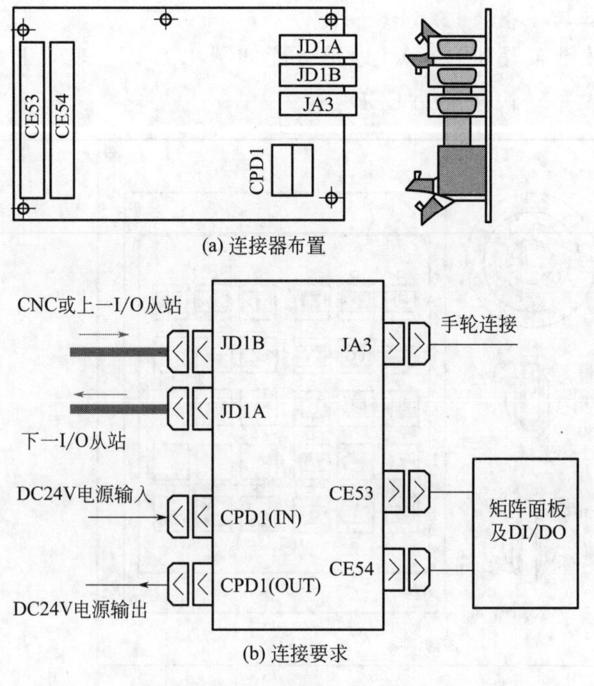

图 4.2.1　I/O 模块 A1 连接要求

JD1B、JD1A：I/O-Link 总线输入、输出，连接方法可参见图 4.1.4。

CPD1(IN)：DC24V 电源输入。

CPD1(OUT)：DC24V/1A 电源输出，可用作 DI 输入或 DO 输出驱动电源。

JA3：手轮连接，可连接 3 个手轮，连接方法与按键式主面板完全相同（参见图 4.1.8）。

CE53、CE54：矩阵面板及通用 DI/DO 连接器，实际占用 PMC 的 23/64 点 DI/DO。

I/O 模块 A1 需要占用 PMC 的 16/8 字节、128/64 点 DI/DO，无论 DI/DO 是否实际使用，I/O 模块占用的 DI/DO 地址不能再分配给其他从站；I/O 模块的 DI/DO 起始地址 m、n 可通过 PMC 参数设定，DI/DO 地址由系统按表 4.2.1 自动分配，表中的 DO 报警输入 Xm+15 是由模块自动生成的输出组 Yn+0～Yn+6 的过电流检测信号。

表 4.2.1　I/O 模块 A1 的 DI/DO 地址分配表

DI/DO 地址		用途	I/O 点数
DI 地址（字节）	Xm+0、Xm+1	通用 DI	16
	Xm+2、Xm+3	系统预留(不能使用)	16
	Xm+4～Xm+10	矩阵扫描输入	56
	Xm+11	系统预留(不能使用)	8
	Xm+12～Xm+14	手轮	24
	Xm+15	DO 报警	8
DO 地址（字节）	Yn+0～Yn+6	通用 DO	56
	Yn+7	系统预留(不能使用)	8

模块连接器 CE53、CE54 的 DI/DO 连接要求如表 4.2.2 所示。

表 4.2.2　I/O 模块 A1 的 DI/DO 连接要求

CE53			CE54		
序号	A 列	B 列	序号	A 列	B 列
01	0V	0V	01	0V	0V
02	—	+24V	02	DICOM1	+24V
03	Xm+0.0	Xm+0.1	03	Xm+1.0	Xm+1.1
04	Xm+0.2	Xm+0.3	04	Xm+1.2	Xm+1.3
05	Xm+0.4	Xm+0.5	05	Xm+1.4	Xm+1.5
06	Xm+0.6	Xm+0.7	06	Xm+1.6	Xm+1.7
07	Yn+0.0	Yn+0.1	07	Yn+3.0	Yn+3.1
08	Yn+0.2	Yn+0.3	08	Yn+3.2	Yn+3.3
09	Yn+0.4	Yn+0.5	09	Yn+3.4	Yn+3.5
10	Yn+0.6	Yn+0.7	10	Yn+3.6	Yn+3.7
11	Yn+1.0	Yn+1.1	11	Yn+4.0	Yn+4.1
12	Yn+1.2	Yn+1.3	12	Yn+4.2	Yn+4.3
13	Yn+1.4	Yn+1.5	13	Yn+4.4	Yn+4.5
14	Yn+1.6	Yn+1.7	14	Yn+4.6	Yn+4.7
15	Yn+2.0	Yn+2.1	15	Yn+5.0	Yn+5.1
16	Yn+2.2	Yn+2.3	16	Yn+5.2	Yn+5.3

续表

CE53			CE54		
序号	A 列	B 列	序号	A 列	B 列
17	Yn+2.4	Yn+2.5	17	Yn+5.4	Yn+5.5
18	Yn+2,6	Yn+2.7	18	Yn+5.6	Yn+5.7
19	KYD0	KYD1	19	Yn+6.0	Yn+6.1
20	KYD2	KYD3	20	Yn+6.2	Yn+6.3
21	KYD4	KYD5	21	Yn+6.4	Yn+6.5
22	KYD6	KYD7	22	Yn+6.6	Yn+6.7
23	KCM1	KCM2	23	KCM5	KCM6
24	KCM3	KCM4	24	KCM7	DCCOM
25	DCCOM	DCCOM	25	DCCOM	DCCOM

(2) 通用 DI/DO 连接

I/O 模块 A1 的 16/56 点通用 DI/DO 的连接要求与主面板通用 DI/DO 相同，模块的所有+24V 输出端都不能与外部其他 DC24V 电源连接。DI/DO 的连接方法如下。

① 输入连接。I/O 模块 A1 连接器 CE53 的 8 点 DI 输入 Xm+0.0～Xm+0.7 只能使用源输入连接方式，DI 输入公共端在模块内部与 0V 端连接，输入触点的另一端（公共线）必须与模块的+24V 输出端（CE53-B02）连接。

I/O 模块 A1 连接器 CE54 的 8 点 DI 输入 Xm+1.0～Xm+1.7 为源/汇点通用输入，输入连接方式可通过输入公共端 DICOM1（CE54-A02）转换。当输入公共端 DICOM1 与 0V 输出端（CE54-A01/B01）连接、输入触点的另一端（公共线）与+24V 输出端（CE54-B02）连接时，Xm+1.0～Xm+1.7 为源输入连接方式；当输入公共端 DICOM1 与+24V 输出端（CE54-B02）连接、输入触点的另一端（公共线）与 0V 输出端（CE54-A01/B01）连接时，Xm+1.0～Xm+1.7 为汇点输入连接方式。

② 输出连接。I/O 模块 A1 连接器 CE53 的 24 点 DO 输出 Yn+0.0～Yn+2.7，以及连接器 CE54 的 32 点 DO 输出 Yn+3.0～Yn+6.7，均为晶体管 PNP 集电极开路型输出；Yn+0.0～Yn+2.7 的 DO 输出公共端为 CE53-A24/B24/A25/B25（DOCOM），Yn+3.0～Yn+6.7 的 DO 输出公共端为 CE54-B24/A25/B25（DOCOM）。模块的输出连接方法与按键式主面板相同（参见图 4.1.11）；负载驱动的 DC24V 电源一般应由外部提供。为了提高可靠性，感性负载两端应并联过电压抑制二极管，LED 或指示灯应串联降压电阻。

(3) 矩阵扫描 DI/DO 连接

矩阵面板的 56 点扫描输入需要连接 8 点 DO 作为列驱动信号 KYD0～KYD7，7 点 DI 作为行输入信号 KCM1～KCM7；DI/DO 信号应连接成图 4.2.2 所示的输入矩阵，输入触点桥接在列驱动输出与行输入线上，所有触点都需要串联“防环流”二极管，防止多个触点同时接通时产生列驱动信号间的环流。

矩阵扫描输入的工作原理如下。

当 PMC 程序驱动后，在第 1 扫描周期中，首先输出第 1 列驱动信号 KYD0（DC24V 采样信号），同时，将第 1 列的 7 个输入信号状态通过行输入 KCM1～KCM7，读入到 PMC 的输入缓冲存储器 Xn+4.0、Xn+5.0、…、Xn+10.0 中保存，缓冲存储器的状态可一直保持到第 1

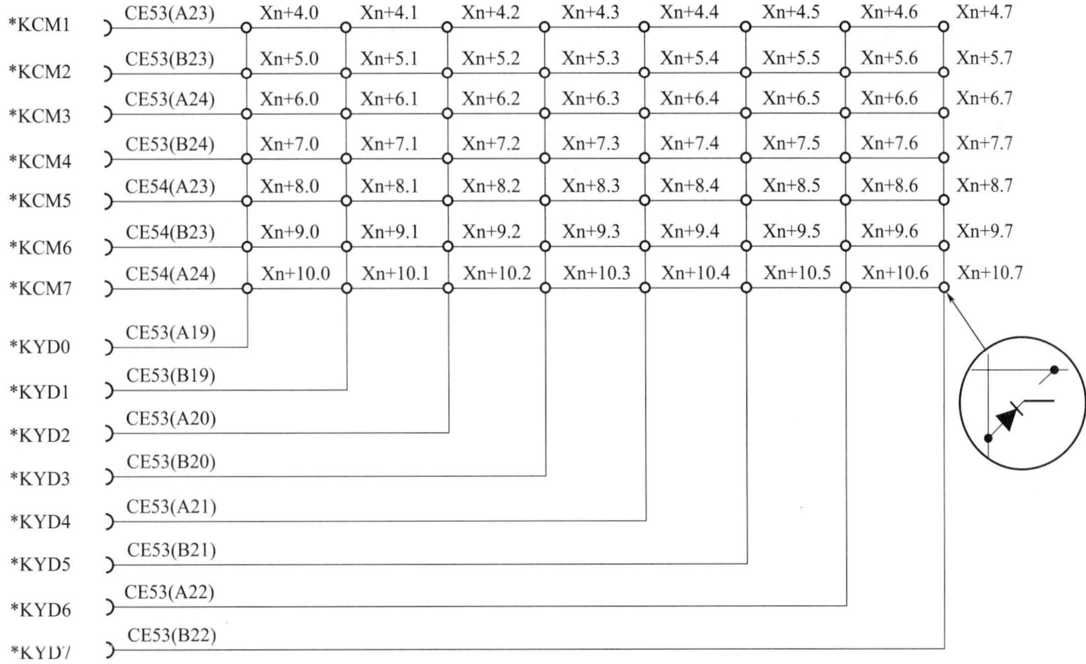

图 4.2.2　矩阵扫描输入连接

列的下一次采样。

当 PMC 进入第 2 扫描周期时，撤销第 1 列驱动信号 KYD0，输出第 2 列驱动信号 KYD1（DC24V 采样信号），同时，将第 2 列的 7 个输入信号状态通过行输入 KCM1～KCM7，读入到 PMC 的输入缓冲存储器 Xn＋4.1、Xn＋5.1、…、Xn＋10.1 中保存，缓冲存储器的状态同样可一直保持到第 2 列的下一次采样。

按同样的方法，在 PMC 接下来的第 3～8 个扫描周期中，依次将第 3～8 列的 7 个输入信号状态通过行输入 KCM1～KCM7，读入到 PMC 的输入缓冲存储器（Xn＋4.2、Xn＋5.2、…、Xn＋10.2）～(Xn＋4.7、Xn＋5.7、…、Xn＋10.7）中保存，完成矩阵面板 56 个输入触点的第 1 输入采样循环。在接下来的 PMC 扫描周期中，无限重复以上采样操作，使 PMC 每隔 8 个 PMC 循环周期，便更新一次矩阵面板 56 个输入触点的状态；因此，只要输入触点的状态保持时间能大于 8 个 PMC 循环周期，便可准确读入触点的状态。

例如，如果在第 1 列驱动信号 KYD0 为“1”时，第 1 行的输入信号 KCM1 为“1”，表明第 1 行、第 1 列的输入触点接通，PMC 输入缓冲器 Xn＋4.0 的状态成为“1”。如果在第 2 列的驱动信号 KYD1 为“1”时，第 1 行的输入信号 KCM1 依然为“1”，则表明第 1 行、第 2 列的输入触点接通，PMC 输入缓冲器 Xn＋4.1 的状态也将成为“1”等。这样便可将 PMC 的 7/8 点 DI/DO 转换为 56 点 DI 输入，从而大幅度节省了 PMC 的 DI/DO 点。

4.2.2　I/O 模块 B1、B2

操作面板 I/O 模块 B1（以下简称 I/O 模块 B1）同样可用于用户（机床生产厂）自制机床操作面板的按钮、开关、指示灯等 I/O 信号连接，模块可连接 48/32 点 DI/DO 和 3 个手轮。I/O 模块 B1 全部 DI/DO 均可连接独立的输入/输出信号。

电气柜 I/O 模块 B2（以下简称 I/O 模块 B2）通常用于电气柜的继电器、接触器触点、线圈或机床侧开关、电磁阀连接；如果机床不使用手轮，模块同样可用于用户操作面板的按钮、指示灯连接。I/O 模块 B2 可连接 48/32 点 DI/DO，但不能连接手轮。

（1）连接图

操作面板 I/O 模块 B1 的连接器布置和外部连接如图 4.2.3 所示，电气柜 I/O 模块 B2 除了无连接器 JA3 外，其余都与操作面板 I/O 模块 B1 完全相同。

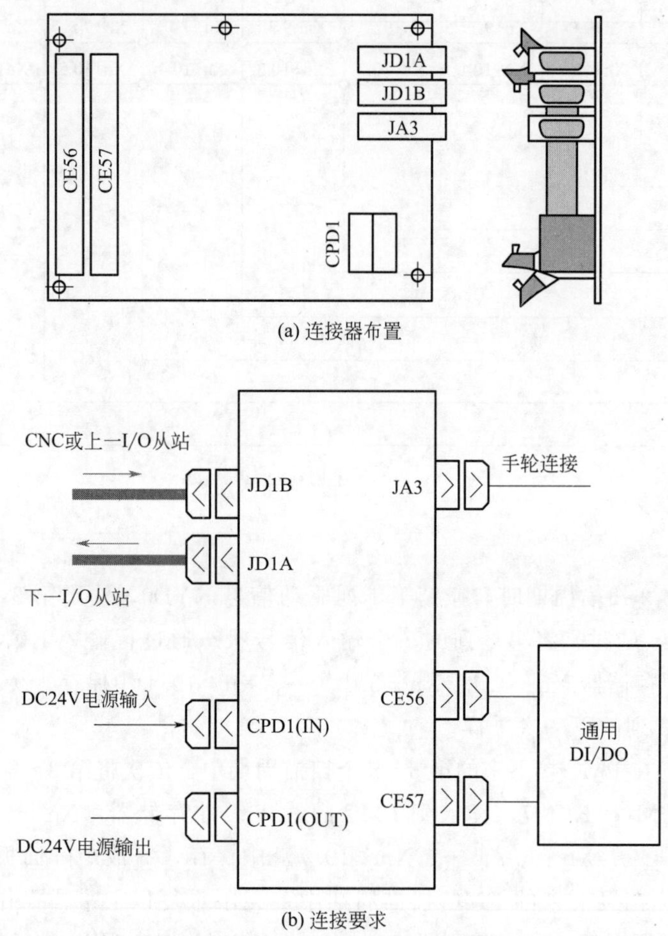

图 4.2.3　I/O 模块 B1 连接要求

I/O 模块 B1（B2）的连接要求如下。

JD1B、JD1A：I/O-Link 总线输入、输出，连接方法可参见图 4.1.4。

CPD1(IN)：DC24V 电源输入。

CPD1(OUT)：DC24V/1A 电源输出，可用作 DI 输入或 DO 输出驱动电源。

JA3：手轮连接器（仅操作面板 I/O 模块 B1），可连接 3 个手轮信号。操作面板 I/O 模块 B1 的 JA3 连接方法与按键式主面板 JA3 完全相同（参见图 4.1.8）。

CE56、CE57：48/32 点通用 DI/DO 连接器。

I/O 模块 B1、B2 需要占用 PMC 的 16/8 字节、128/64 点 DI/DO，无论 DI/DO 是否实际使用，I/O 模块占用的 DI/DO 地址不能再分配给其他从站；I/O 模块的 DI/DO 起始地址 m、n 可通过 PMC 参数设定，DI/DO 地址由系统按表 4.2.3 自动分配，表中的 DO 报警输入 Xm＋15 是由模块自动生成的输出组 Yn＋0～Yn＋7 的过电流检测信号。

表 4.2.3　I/O 模块 B1、B2 的 DI/DO 地址分配表

DI/DO 地址		用途	I/O 点数
DI 地址(字节)	Xm+0～Xm+5	通用 DI	48
	Xm+6～Xm+11	系统预留(不能使用)	48
	Xm+12～Xm+14	手轮	24
	Xm+15	DO 报警	8
DO 地址(字节)	Yn+0～Yn+3	通用 DO	32
	Yn+4～Yn+7	一般不使用	32

I/O 模块 B1、B2 的连接器 CE56、CE57 可连接的 48/32 点通用 DI/DO 信号，DI/DO 连接要求如表 4.2.4 所示。

表 4.2.4　I/O 模块 B1、B2 的 DI/DO 连接要求

CE56			CE57		
序号	A 列	B 列	序号	A 列	B 列
01	0V	+24V	01	0V	+24V
02	Xm+0.0	Xm+0.1	02	Xm+3.0	Xm+3.1
03	Xm+0.2	Xm+0.3	03	Xm+3.2	Xm+3.3
04	Xm+0.4	Xm+0.5	04	Xm+3.4	Xm+3.5
05	Xm+0.6	Xm+0.7	05	Xm+3.6	Xm+3.7
06	Xm+1.0	Xm+1.1	06	Xm+4.0	Xm+4.1
07	Xm+1.2	Xm+1.3	07	Xm+4.2	Xm+4.3
08	Xm+1.4	Xm+1.5	08	Xm+4.4	Xm+4.5
09	Xm+1.6	Xm+1.7	09	Xm+4.6	Xm+4.7
10	Xm+2.0	Xm+2.1	10	Xm+5.0	Xm+5.1
11	Xm+2.2	Xm+2.3	11	Xm+5.2	Xm+5.3
12	Xm+2.4	Xm+2.5	12	Xm+5.4	Xm+5.5
13	Xm+2.6	Xm+2.7	13	Xm+5.6	Xm+5.7
14	DICOM0	—	14	—	DICOM5
15	—	—	15	—	—
16	Yn+0.0	Yn+0.1	16	Yn+2.0	Yn+2.1
17	Yn+0.2	Yn+0.3	17	Yn+2.2	Yn+2.3
18	Yn+0.4	Yn+0.5	18	Yn+2.4	Yn+2.5
19	Yn+0.6	Yn+0.7	19	Yn+2.6	Yn+2.7
20	Yn+1.0	Yn+1.1	20	Yn+3.0	Yn+3.1
21	Yn+1.2	Yn+1.3	21	Yn+3.2	Yn+3.3
22	Yn+1.4	Yn+1.5	22	Yn+3.4	Yn+3.5
23	Yn+1.6	Yn+1.7	23	Yn+3.6	Yn+3.7
24	DCCOM	DCCOM	24	DCCOM	DCCOM
25	DCCOM	DCCOM	25	DCCOM	DCCOM

(2) 通用 DI 连接

I/O 模块 B1、B2 的 48 点通用 DI 包括源输入连接、源/汇点通用输入连接两类，其连接方法分别如下，模块的所有+24V 输出端都不能与外部其他 DC24V 电源连接。

① 源输入连接。I/O 模块 B1、B2 的 32 点 DI 输入 Xm+1.0～Xm+4.7 的输入公共端在模块内部与 0V 端连接，因此，只能使用源输入连接方式。CE56 的 Xm+1.0～Xm+1.7、Xm+2.0～Xm+2.7 输入触点的另一端（公共线）必须与 CE56 的+24V 输出端（CE56-B01）连接；CE57 的 Xm+3.0～Xm+3.7、Xm+4.0～Xm+4.7 输入触点的另一端（公共线）必须与 CE57 的+24V 输出端（CE57-B01）连接。

② 源/汇点通用输入连接。I/O 模块 B1、B2 的 16 点 DI 输入 Xm+0.0～Xm+0.7、Xm+5.0～Xm+5.7 为源/汇点通用输入，输入连接方式可通过输入公共端 DICOM0、DICOM5 转换。

当 CE56 的输入公共端 DICOM0（A14）与 0V 输出端（A01）连接，Xm+0.0～Xm+0.7 输入触点的另一端（公共线）与+24V 输出端（B01）连接时，Xm+0.0～Xm+0.7 为源输入连接方式。当输入公共端 DICOM0（A14）与+24V 输出端（B01）连接，Xm+0.0～Xm+0.7 输入触点的另一端（公共线）与 0V 输出端（A01）连接时，Xm+0.0～Xm+0.7 为汇点输入连接方式。

同样，当 CE57 的输入公共端 DICOM5（B14）与 0V 输出端（A01）连接，Xm+5.0～Xm+5.7 输入触点的另一端（公共线）与+24V 输出端（B01）连接时，Xm+5.0～Xm+5.7 为源输入连接方式。当输入公共端 DICOM5（B14）与+24V 输出端（B01）连接，Xm+5.0～Xm+5.7 输入触点的另一端（公共线）与 0V 输出端（A01）连接时，Xm+5.0～Xm+5.7 为汇点输入连接方式。

(3) 通用 DO 连接

I/O 模块 B1、B2 的 32 点通用 DO 均为晶体管 PNP 集电极开路型输出。CE56 的 16 点 DO 输出 Yn+0.0～Yn+1.7 的 DO 输出公共端为 CE56-A24/B24/A25/B25（DOCOM）；CE57 的 16 点 DO 输出 Yn+2.0～Yn+3.7 的 DO 输出公共端为 CE57-A24/B24/A25/B25（DOCOM），模块的输出连接方法与按键式主面板相同（参见图 4.1.11）。

DO 输出的 DC24V 负载驱动电源一般应由外部提供；为了提高可靠性，感性负载两端应并联过电压抑制二极管，LED 或指示灯应串联降压电阻（参见图 4.1.11）。

4.2.3 0i-I/O 单元

0i-I/O 单元是 FANUC 公司专门为 FS 0i 系列简约型数控系统研发的高性价比紧凑型 I/O 连接设备，单元不能用于 FS 30i 系列高性能数控系统。0i-I/O 单元可连接 96/64 点通用 DI/DO 和 3 个手轮，单元既可用电气柜的继电器、接触器触点、线圈或机床侧开关、电磁阀连接，也可用于操作台按钮、开关、指示灯、手轮连接。

(1) 连接图

0i-I/O 单元的连接器布置和外部连接如图 4.2.4 所示，连接要求如下。

JD1B、JD1A：I/O-Link 总线输入、输出，连接方法可参见图 4.1.4。

CP1(IN)：DC24V 电源输入。

CP1(OUT)：DC24V/1A 电源输出，可用作 DI 输入或 DO 输出驱动电源。

JA3：手轮连接器，可连接 3 个手轮，连接方法与按键式主面板 JA3 完全相同（参见

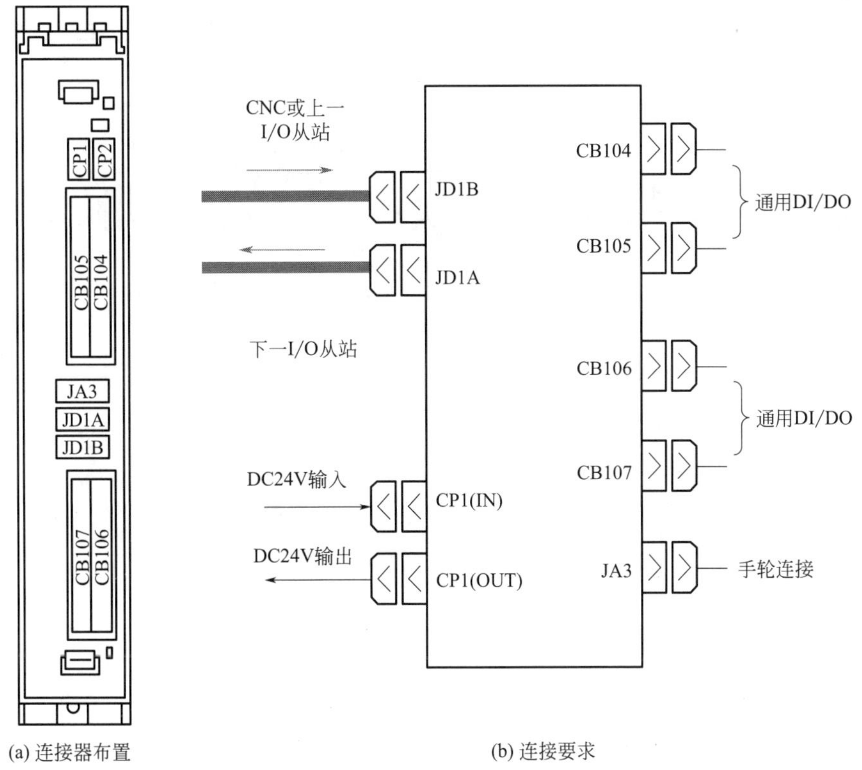

(a) 连接器布置　　(b) 连接要求

图 4.2.4　0i-I/O 单元连接

图 4.1.8)。

CB104～CB107：96/64 点通用 DI/DO 连接器。

0i-I/O 单元最大可连接 96/64 点 DI/DO 和 3 个手轮，单元需要占用 PMC 的 16/8 字节 (128/64 点) DI/DO，无论 DI/DO 是否实际使用，单元所占用的 DI/DO 地址也不能再分配给其他 I/O-Link 从站。单元的 DI/DO 起始地址 m、n 可通过 PMC 参数设定，各连接器的 DI/DO 地址由系统按表 4.2.5 自动分配，表中的 DO 报警输入 Xm+15 信号是由单元自动生成的输出组 Yn+0～Yn+7 过电流检测信号。

表 4.2.5　0i-I/O 单元的 DI/DO 地址分配表

DI/DO 地址		用途	I/O 点数
DI 地址(字节)	Xm+0～Xm+11	通用 DI	96
	Xm+12～Xm+14	手轮	24
	Xm+15	DO 报警	8
DO 地址(字节)	Yn+0～Yn+7	通用 DO	64

CB104～CB107 的连接要求如表 4.2.6 所示，表中带阴影的 DI 连接端为源/汇点通用输入连接端，单元的+24V 输出端均不能与外部的其他 DC24V 电源连接。

表 4.2.6　0i-I/O 单元 DI/DO 连接要求

CB104			CB105			CB106			CB107		
序号	A 列	B 列	序号	A 列	B 列	序号	A 列	B 列	序号	A 列	B 列
01	0V	+24V	01	0V	+24V	01	0V	+24V	01	0V	+24V

续表

CB104			CB105			CB106			CB107		
序号	A 列	B 列	序号	A 列	B 列	序号	A 列	B 列	序号	A 列	B 列
02	Xm+0.0	Xm+0.1	02	Xm+3.0	Xm+3.1	02	Xm+4.0	Xm+4.1	02	Xm+7.0	Xm+7.1
03	Xm+0.2	Xm+0.3	03	Xm+3.2	Xm+3.3	03	Xm+4.2	Xm+4.3	03	Xm+7.2	Xm+7.3
04	Xm+0.4	Xm+0.5	04	Xm+3.4	Xm+3.5	04	Xm+4.4	Xm+4.5	04	Xm+7.4	Xm+7.5
05	Xm+0.6	Xm+0.7	05	Xm+3.6	Xm+3.7	05	Xm+4.6	Xm+4.7	05	Xm+7.6	Xm+7.7
06	Xm+1.0	Xm+1.1	06	Xm+8.0	Xm+8.1	06	Xm+5.0	Xm+5.1	06	Xm+10.0	Xm+10.1
07	Xm+1.2	Xm+1.3	07	Xm+8.2	Xm+8.3	07	Xm+5.2	Xm+5.3	07	Xm+10.2	Xm+10.3
08	Xm+1.4	Xm+1.5	08	Xm+8.4	Xm+8.5	08	Xm+5.4	Xm+5.5	08	Xm+10.4	Xm+10.5
09	Xm+1.6	Xm+1.7	09	Xm+8.6	Xm+8.7	09	Xm+5.6	Xm+5.7	09	Xm+10.6	Xm+10.7
10	Xm+2.0	Xm+2.1	10	Xm+9.0	Xm+9.1	10	Xm+6.0	Xm+6.1	10	Xm+11.0	Xm+11.1
11	Xm+2.2	Xm+2.3	11	Xm+9.2	Xm+9.3	11	Xm+6.2	Xm+6.3	11	Xm+11.2	Xm+11.3
12	Xm+2.4	Xm+2.5	12	Xm+9.4	Xm+9.5	12	Xm+6.4	Xm+6.5	12	Xm+11.4	Xm+11.5
13	Xm+2.6	Xm+2.7	13	Xm+9.6	Xm+9.7	13	Xm+6.6	Xm+6.7	13	Xm+11.6	Xm+11.7
14	—	—	14	—	—	14	DICOM4	—	14	—	—
15	—	—	15	—	—	15	—	—	15	—	—
16	Yn+0.0	Yn+0.1	16	Yn+2.0	Yn+2.1	16	Yn+4.0	Yn+4.1	16	Yn+6.0	Yn+6.1
17	Yn+0.2	Yn+0.3	17	Yn+2.2	Yn+2.3	17	Yn+4.2	Yn+4.3	17	Yn+6.2	Yn+6.3
18	Yn+0.4	Yn+0.5	18	Yn+2.4	Yn+2.5	18	Yn+4.4	Yn+4.5	18	Yn+6.4	Yn+6.5
19	Yn+0.6	Yn+0.7	19	Yn+2.6	Yn+2.7	19	Yn+4.6	Yn+4.7	19	Yn+6.6	Yn+6.7
20	Yn+1.0	Yn+1.1	20	Yn+3.0	Yn+3.1	20	Yn+5.0	Yn+5.1	20	Yn+7.0	Yn+7.1
21	Yn+1.2	Yn+1.3	21	Yn+3.2	Yn+3.3	21	Yn+5.2	Yn+5.3	21	Yn+7.2	Yn+7.3
22	Yn+1.4	Yn+1.5	22	Yn+3.4	Yn+3.5	22	Yn+5.4	Yn+5.5	22	Yn+7.4	Yn+7.5
23	Yn+1.6	Yn+1.7	23	Yn+3.6	Yn+3.7	23	Yn+5.6	Yn+5.7	23	Yn+7.6	Yn+7.7
24	DCCOM	DCCOM	24	DCCOM	DCCOM	24	DCCOM	DCCOM	24	DCCOM	DCCOM
25	DCCOM	DCCOM	25	DCCOM	DCCOM	25	DCCOM	DCCOM	25	DCCOM	DCCOM

(2) DI 连接

① 源输入连接。除连接器 CB106 的输入 Xm＋4.0～Xm＋4.7 外，单元其他输入的 DI 公共端在模块内部与 0V 端连接，因此，只能使用源输入连接方式。

CB104 的 DI 源输入连接如图 4.2.5 所示，输入触点的一端与单元的 DI 输入端连接，输入触点的另一端（公共线）与 CB104 的＋24V 输出端（B01）连接。连接器 CB105～CB107 的源输入连接方法与 CB104 相同，输入触点的公共线应与连接器的＋24V 输出端 B01 连接。

② 源/汇点通用输入连接。0i-I/O 单元连接器 CB106 的 Xm＋4.0～Xm＋4.7 为 8 点源/汇点通用输入连接端，输入连接方式可通过图 4.2.6 所示的公共端 DICOM4（A14）转换。

如果 CB106 的输入公共端 DICOM4（A14）与 0V 输出端（A01）连接，Xm＋4.0～

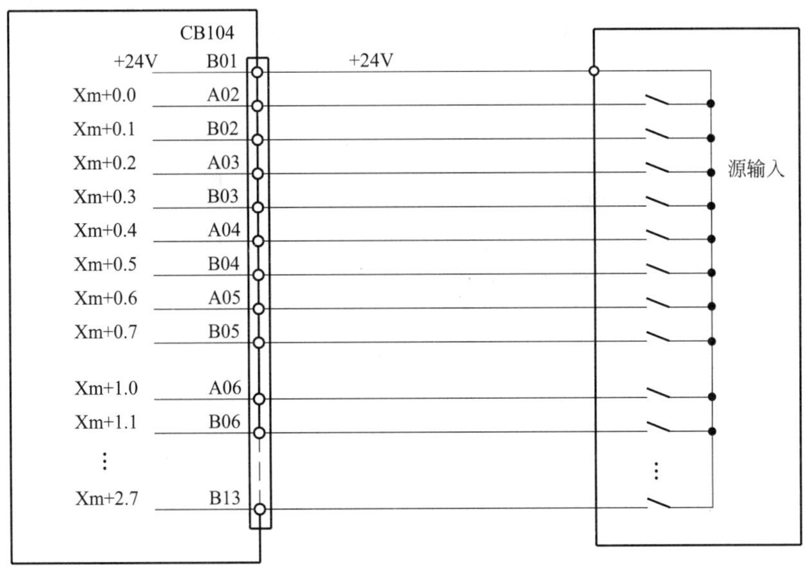

图 4.2.5　0i-I/O 单元源输入连接

Xm＋4.7 输入触点的另一端（公共线）与＋24V 输出端（B01）连接时，Xm＋4.0～Xm＋4.7 为源输入连接方式。如果 CB106 的输入公共端 DICOM4（A14）与＋24V 输出端（B01）连接，Xm＋4.0～Xm＋4.7 输入触点的另一端（公共线）与 0V 输出端（A01）连接时，Xm＋4.0～Xm＋4.7 为汇点输入连接方式。

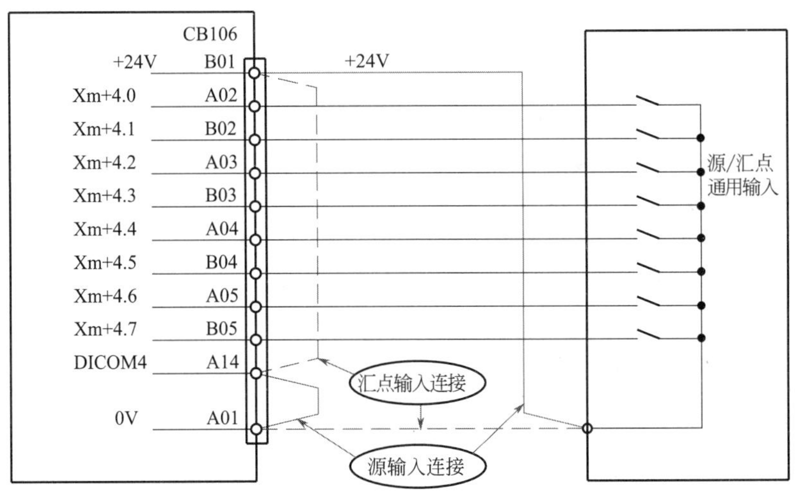

图 4.2.6　0i-I/O 单元源/汇点通用输入连接

(3) DO 连接

0i-I/O 单元的 64 点通用 DO 均为晶体管 PNP 集电极开路型输出，每一连接器为 2 组、16 点输出，DO 输出公共端为 DOCOM（A24/B24/A25/B25）。在单元内部，每组输出都有独立的过电流检测、过热检测与保护回路，只要组内的任何一个 DO 输出过流，同组的其他输出都将全部被关闭；但是，只要过流消失，输出又将自动开启。

CB104 的 DO 输出连接如图 4.2.7 所示，连接器 CB105～CB107 的 DO 输出连接方法与 CB104 相同。输出公共端 DOCOM 的 DC24V 负载驱动电源一般应由外部提供，为了提高可靠性，感性负载两端应并联过电压抑制二极管，LED 或指示灯应串联降压电阻。

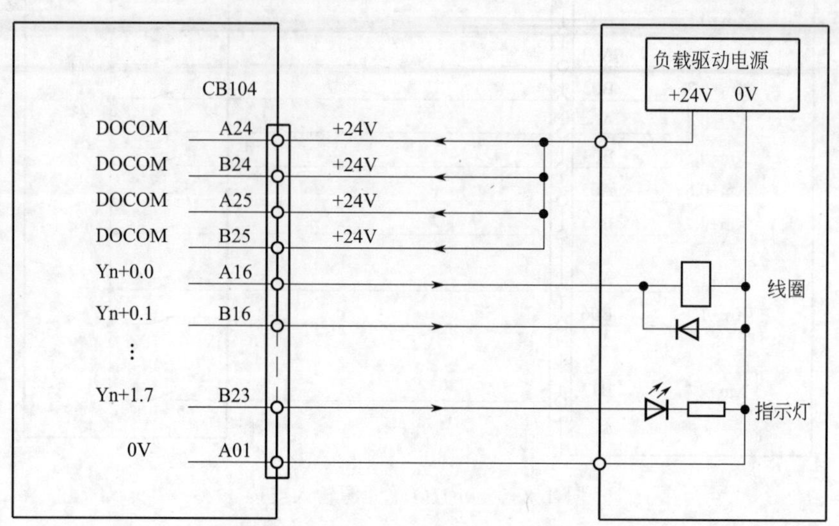

图 4.2.7 0i-I/O 单元 DO 连接

4.3 分布式 I/O 模块连接

4.3.1 插接型 I/O 模块

(1) 模块安装与连接

FANUC 分布式 I/O 模块有插接型、紧凑型、端子型 3 种结构，端子型、紧凑型 I/O 模块支持最新的 I/O-Link i 总线连接。插接型（connector panel type）I/O 模块（以下简称插接型 I/O 模块）最大可连接 96/64 点 DI/DO 和 3 个手轮，模块可采用图 4.3.1 所示正装、反装两种安装方式。

模块正装时 I/O 信号可直接通过模块正面的 I/O 连接器 CB161 连接；模块反装时 I/O 连接器 CB161 需要插入到安装板的 I/O 连接器，然后通过固定于安装板的 I/O 连接器（或印制电路板引出端）连接 I/O 信号。基本模块和扩展模块可通过顶部的连接器 CA137、CA138 及配套的扩展电缆进行互连。

插接型 I/O 模块的外部连接要求如图 4.3.2 所示，扩展模块可根据要求选配，每一基本模块最大可连接 3 个扩展模块。

插接型 I/O 模块增加扩展模块后，最大可连接 96/64 点 DI/DO 和 3 个手轮，但使用插接型 I/O 模块的分布式 I/O-Link 从站需要占用 PMC 的 16/8 字节（128/64 点）DI/DO，无论 DI/DO 是否实际使用，从站所占用的 DI/DO 地址不能再分配给其他 I/O-Link 从站。

插接型 I/O-Link 从站的 DI/DO 起始地址 m、n 可通过 PMC 参数设定，基本模块、扩展模块、手轮的 DI/DO 地址由系统按表 4.3.1 自动分配，表中的 DO 报警输入 Xm＋15 信号是由基本模块自动生成的输出组 Yn＋0～Yn＋7 过电流检测信号。

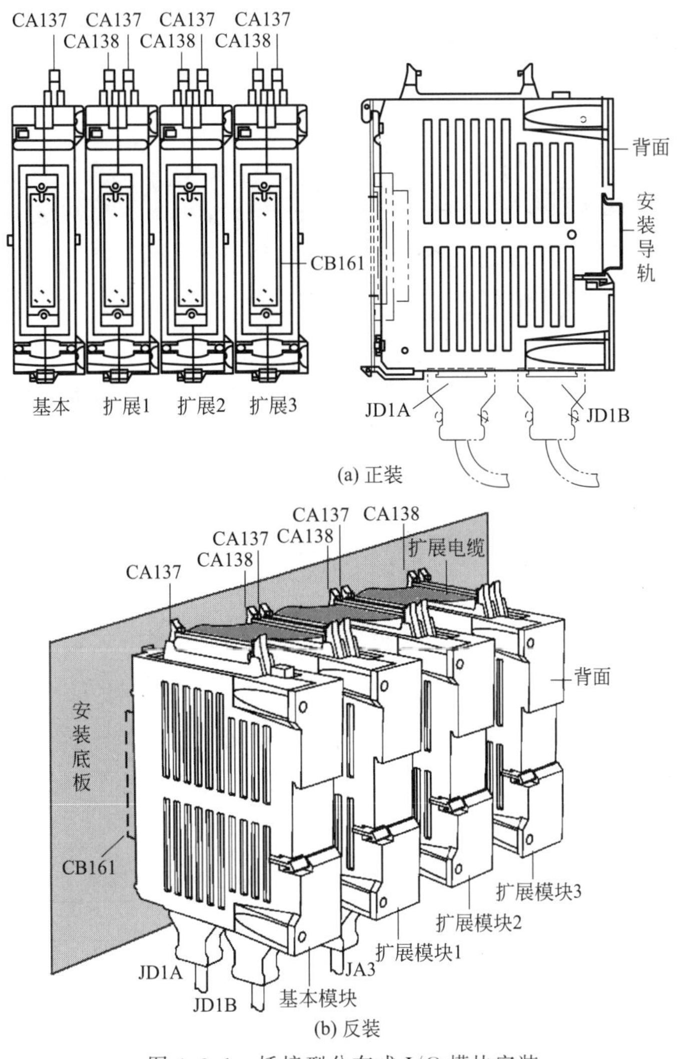

(a) 正装

(b) 反装

图 4.3.1　插接型分布式 I/O 模块安装

表 4.3.1　插接型 I/O 模块 DI/DO 地址表

DI/DO 地址		用途	I/O 点数
DI 地址(字节)	Xm+0～Xm+2	基本模块	24
	Xm+3～Xm+5	扩展模块 1	24
	Xm+6～Xm+8	扩展模块 2	24
	Xm+9～Xm+11	扩展模块 3	24
	Xm+12～Xm+14	手轮	24
	Xm+15	DO 报警	8
DO 地址(字节)	Yn+0、Yn+1	基本模块	8
	Yn+2、Yn+3	扩展模块 1	8
	Yn+4、Yn+5	扩展模块 2	8
	Yn+6、Yn+7	扩展模块 3	8

插接型 I/O 各规格模块的连接方法如下。

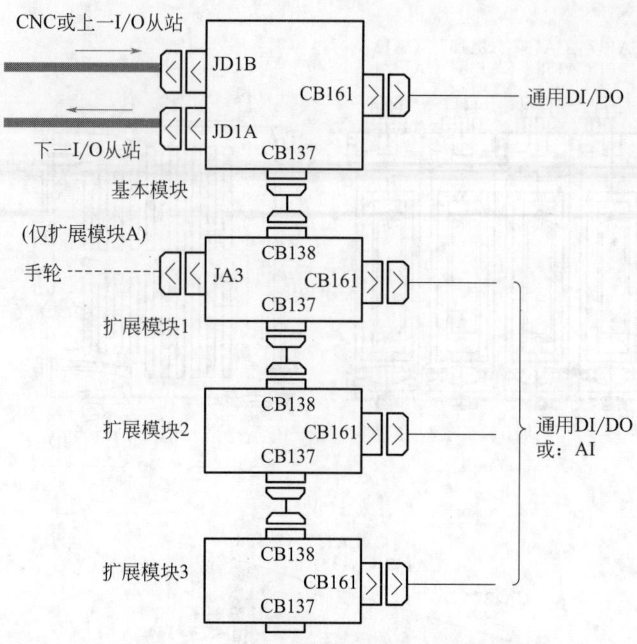

图 4.3.2　插接型分布式 I/O 模块连接

(2) 基本模块连接

插接型 I/O 基本模块带有 I/O-Link 总线输入、输出接口 JD1B/JD1A 和 24/16 点 DI/DO 连接器 CB161，总线输入、输出的连接方法可参见图 4.1.4；DI/DO 连接器 CB161 为 3 列、50 芯 HONDA MR-50 的连接要求如表 4.3.2 所示。

表 4.3.2　插接型 I/O 基本模块的 DI/DO 连接

第 1 列		第 2 列		第 3 列	
连接端	连接信号	连接端	连接信号	连接端	连接信号
01	DOCOM	19	0V	33	DOCOM
02	Yn+1.0	20	0V	34	Yn+0.0
03	Yn+1.1	21	0V	35	Yn+0.1
04	Yn+1.2	22	0V	36	Yn+0.2
05	Yn+1.3	23	0V	37	Yn+0.3
06	Yn+1.4	24	DICOM0	38	Yn+0.4
07	Yn+1.5	25	Xm+1.0	39	Yn+0.5
08	Yn+1.6	26	Xm+1.1	40	Yn+0.6
09	Yn+1.7	27	Xm+1.2	41	Yn+0.7
10	Xm+2.0	28	Xm+1.3	42	Xm+0.0
11	Xm+2.1	29	Xm+1.4	43	Xm+0.1
12	Xm+2.2	30	Xm+1.5	44	Xm+0.2
13	Xm+2.3	31	Xm+1.6	45	Xm+0.3
14	Xm+2.4	32	Xm+1.7	46	Xm+0.4
15	Xm+2.5			47	Xm+0.5
16	Xm+2.6			48	Xm+0.6
17	Xm+2.7			49	Xm+0.7
18	+24V			50	+24V

插接型 I/O 模块的 DC24V 控制电源需要由外部提供，CB161 的＋24V 连接端（CB161-18/50）、0V 连接端（CB161-19/20～23）应连接模块控制电源输入。

基本模块的 Xm＋0.0～Xm＋0.7 为源/汇点通用输入，输入连接方式可通过公共端 DICOM0（CB161-24）转换，当 DICOM0 与 0V 连接端（CB161-23/19～22）连接时，Xm＋0.0～Xm＋0.7 为源输入连接；当 DICOM0 与＋24V 连接端（CB161-18/50）连接时，Xm＋0.0～Xm＋0.7 为汇点输入连接。源/汇点通用输入的连接转换方法可参见 0i-I/O 单元（图 4.2.6）。

基本模块的其他 DI（Xm＋1.0～Xm＋2.7）的 DI 公共端在模块内部已和 0V 连接，输入 Xm＋1.0～Xm＋2.7 只能采用源输入连接方式。

基本模块的 16 点通用 DO 均为晶体管 PNP 集电极开路型输出，公共端为 DOCOM（CB161-01/33），连接方法可参见 0i-I/O 单元（图 4.2.7）；负载驱动电源的＋24V 端应与 DOCOM 连接、0V 端应与模块 0V 端（CB161-23/19～22）连接。为了提高可靠性，感性负载两端应并联过电压抑制二极管，LED 或指示灯应串联降压电阻。

(3) 扩展模块连接

插接型 I/O 扩展模块有带手轮接口的 24/16 点 DI/DO 扩展模块 A、24/16 点 DI/DO 扩展模块 B、16 点 DC24V/2A 输出扩展模块 C、4 通道模拟量输入扩展模块 D 共 4 种规格，模块的连接要求分别如下。

① 扩展模块 A。插接型 I/O 扩展模块 A 可连接 3 个手轮和 24/16 点 DI/DO，其中，手轮连接器 JA3 的连接方法与按键式主面板 JA3 完全相同（参见图 4.1.8）；24/16 点 DI/DO 连接器 CB161 的连接方法与基本模块相同（参见表 4.3.2）。

② 扩展模块 B。插接型 I/O 扩展模块 B 可连接 24/16 点 DI/DO，DI/DO 连接器 CB161 的连接方法与基本模块相同（参见表 4.3.2）。

③ 扩展模块 C。插接型 I/O 扩展模块 C 为 16 点 DC24V/2A 大功率 DO 模块（标准 DO 的驱动能力为 DC24V/0.2A，见第 3 章）。

扩展模块 C 的 DO 连接器（3 列、50 芯 HONDA MR-50）的连接要求如表 4.3.3 所示。

表 4.3.3　插接型 I/O 扩展模块 C 的 DO 连接

第 1 列		第 2 列		第 3 列	
连接端	连接信号	连接端	连接信号	连接端	连接信号
01	DOCOMA	19	0V	33	DOCOMA
02	Yn+1.0	20	0V	34	Yn+0.0
03	Yn+1.1	21	0V	35	Yn+0.1
04	Yn+1.2	22	0V	36	Yn+0.2
05	Yn+1.3	23	0V	37	Yn+0.3
06	Yn+1.4	24	—	38	Yn+0.4
07	Yn+1.5	25～31	—	39	Yn+0.5
08	Yn+1.6	32	—	40	Yn+0.6
09	Yn+1.7			41	Yn+0.7
10～16	—			42～48	—
17	DOCOMA			49	DOCOMA
18	DOCOMA			50	DOCOMA

DC24V/2A 大功率 DO 模块同样为晶体管 PNP 集电极开路型输出，输出公共端为 DOCOMA（CB161-1/17/18、33/49/50），DC24V 负载驱动电源的＋24V 端应与 DOCOM 连接，负载驱动电源的 0V 应与模块 0V 端（CB161-19～23）连接。

④ 扩展模块 D。插接型 I/O 扩展模块 D 为 4 通道 12 位 A/D 转换模块，需要占用从站 24/16 点 DI/DO 地址，模块的连接要求如表 4.3.4 所示。

表 4.3.4　插接型 I/O 扩展模块 D 的 AI 连接

第 1 列		第 2 列		第 3 列	
连接端	连接信号	连接端	连接信号	连接端	连接信号
01	INM1	19	FGND	33	INM3
02	COM1	20	FGND	34	COM3
03	FGND1	21	FGND	35	FGND3
04	INP1	22	FGND	36	INP3
05	JMP1	23	FGND	37	JMP3
06	INM2	24～31	—	38	INM4
07	COM2	32	—	39	COM4
08	FGND2			40	FGND4
09	INP2			41	INP4
10	JMP2			42	JMP4
11～18	—			43～50	—

插接型 I/O 扩展模块 D 的输入连接要求如图 4.3.3 所示。

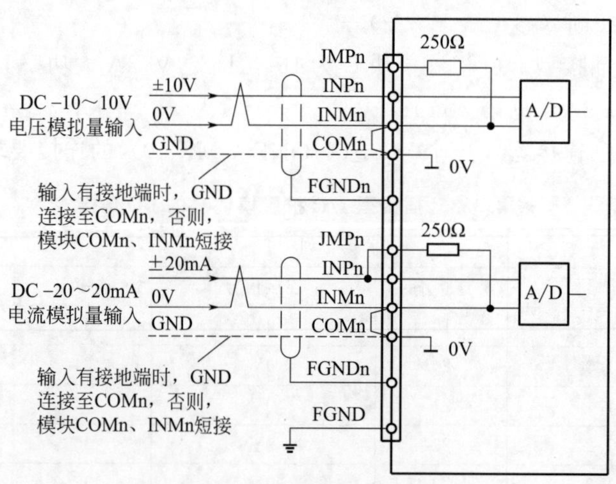

图 4.3.3　模拟量输入模块连接

图中的 n 为通道号（1～4），4 通道的连接方法相同；扩展模块 D 连接电压模拟量输入时，电流输入端 JMPn 应悬空；使用 DC－20～20mA 电流模拟量输入时，输入端 JMPn 应与 INPn 短接。

插接型 I/O 扩展模块 D 的电压模拟量输入范围为 DC－10～10V 电压，最大不能超过 DC±15V；输入分辨率为 5mV，输入电阻为 4.7MΩ，A/D 转换精度为±0.5%。电流模拟量输入范围为 DC－20～20mA 电流，最大不能超过±30mA；输入分辨率为 20μA，输入电阻为 250Ω，A/D 转换精度为±1%。

4.3.2　紧凑型 I/O 模块

(1) 模块安装与连接

紧凑型（connector panel type 2）分布式 I/O 模块（以下简称紧凑型 I/O 模块）是 FANUC 新开发的产品，支持最新 I/O-Link i 总线连接。紧凑型 I/O 模块同样采用插接式结构，但模块结构紧凑，可连接的 DI/DO 点数多，一个 96/64 点 DI/DO 和 3 个手轮的从站仅需要 1 个基本模块和 1 个扩展模块。

紧凑型 I/O 模块的安装和外部连接要求如图 4.3.4 所示。

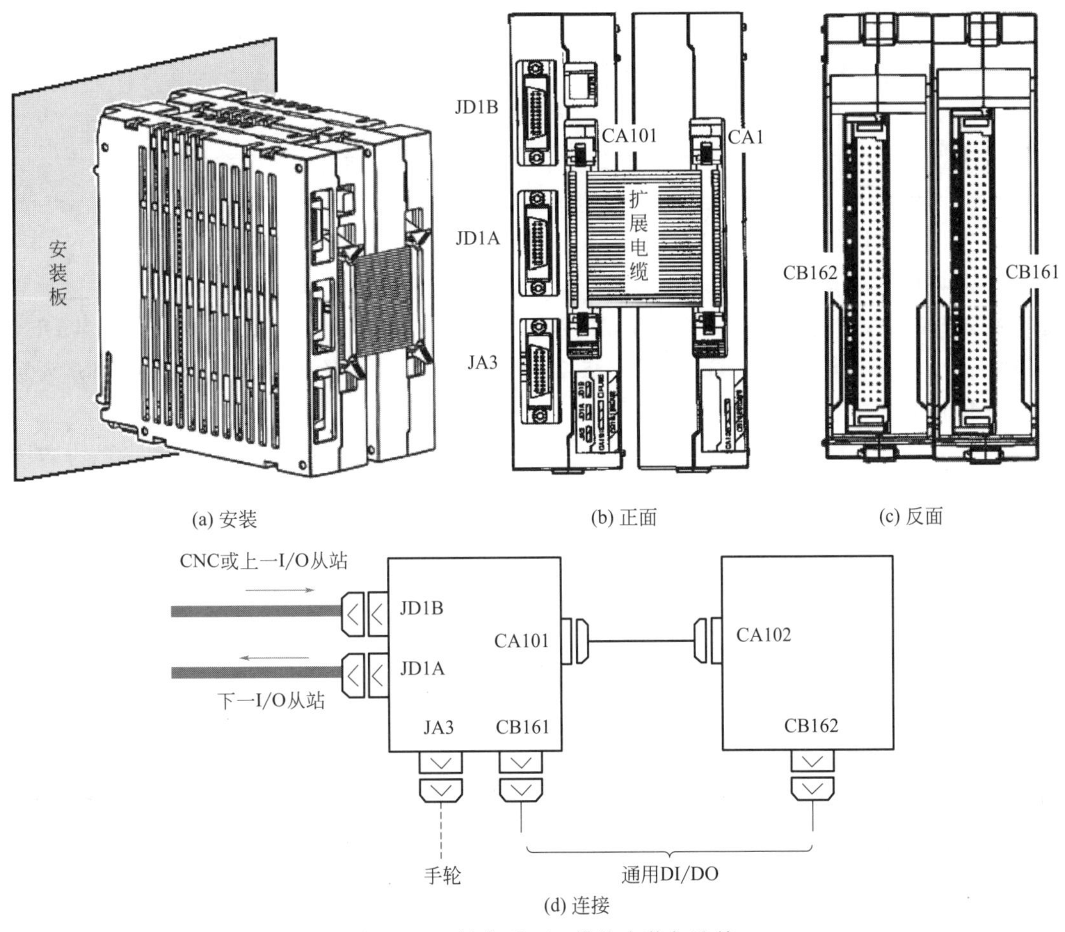

图 4.3.4　紧凑型 I/O 模块安装与连接

模块需要采用底板安装，带 I/O 连接器（CB161、CB162）的底面安装在带有 I/O 连接器的安装板上，I/O 信号与安装板的连接器（或印制电路板引出端）连接。

紧凑型 I/O 基本模块有带手轮和无手轮两种规格可供选择，两种基本模块均可连接 48/32 点 DI/DO、1 个扩展模块，带手轮基本模块可连接 3 个手轮。紧凑型分布式 I/O 扩展模块目前只有 48/32 点 DI/DO 一个规格。

紧凑型 I/O 模块同样无单独的电源连接端，模块的 DC24V 电源需要从 I/O 连接器的指定连接端输入。

紧凑型 I/O 模块增加扩展模块后，最大可连接 96/64 点 DI/DO 和 3 个手轮，但每一使用紧凑型I/O模块的分布式I/O-Link从站都需要占用PMC的16/8字节（128/64点）DI/DO，无论DI/DO是否实际使用，从站所占用的DI/DO地址也不能再分配给其他I/O-Link从站。

紧凑型I/O-Link从站的DI/DO起始地址m、n可通过PMC参数设定，基本模块、扩展模块、手轮的DI/DO地址由系统按表4.3.5自动分配，表中的DO报警输入Xm+15信号是由基本模块自动生成的输出组Yn+0～Yn+7过电流检测信号。

表4.3.5 紧凑型I/O模块从站的DI/DO地址表

DI/DO地址		用途	I/O点数
DI地址(字节)	Xm+0～Xm+5	基本模块	48
	Xm+6～Xm+11	扩展模块	48
	Xm+12～Xm+14	手轮	24
	Xm+15	DO报警	8
DO地址(字节)	Yn+0～Yn+3	基本模块	32
	Yn+4～Yn+7	扩展模块	32

紧凑型I/O模块的连接方法如下。

(2) 基本模块连接

紧凑型I/O基本模块带有I/O-Link总线输入、输出接口JD1B/JD1A和48/32点DI/DO连接器CB161。总线输入、输出的连接方法可参见图4.1.4；手轮连接器JA3的连接方法与按键式主面板JA3完全相同，可参见图4.1.8。

紧凑型I/O基本模块的DI/DO连接器CB161（3列、96芯HONDA MRF-96）的连接要求如表4.3.6所示，图中带阴影的输入为源/汇点通用DI连接端。

表4.3.6 紧凑型I/O基本模块DI/DO连接

序号	A列	B列	C列	序号	A列	B列	C列
1	DOCOM01	DOCOM01	Yn+0.0	17	Xm+4.2	Xm+4.3	Xm+4.4
2	Yn+0.1	Yn+0.2	Yn+0.3	18	Xm+3.7	Xm+4.0	Xm+4.1
3	Yn+0.4	Yn+0.5	Yn+0.6	19	Xm+3.4	Xm+3.5	Xm+3.6
4	Yn+0.7	Yn+1.0	Yn+1.1	20	Xm+3.1	Xm+3.2	Xm+3.3
5	Yn+1.2	Yn+1.3	Yn+1.4	21	Xm+2.6	Xm+2.7	Xm+3.0
6	Yn+1.5	Yn+1.6	Yn+1.7	22	Xm+2.3	Xm+2.4	Xm+2.5
7	DOCOM23	DOCOM23	Yn+2.0	23	Xm+2.0	Xm+2.1	Xm+2.2
8	Yn+2.1	Yn+2.2	Yn+2.3	24	Xm+1.5	Xm+1.6	Xm+1.7
9	Yn+2.4	Yn+2.5	Yn+2.6	25	Xm+1.2	Xm+1.3	Xm+1.4
10	Yn+2.7	Yn+3.0	Yn+3.1	26	Xm+0.7	Xm+1.0	Xm+1.1
11	Yn+3.2	Yn+3.3	Yn+3.4	27	Xm+0.4	Xm+0.5	Xm+0.6
12	Yn+3.5	Yn+3.6	Yn+3.7	28	Xm+0.1	Xm+0.2	Xm+0.3
13	Xm+5.6	Xm+5.7	DICOM3	29	—	DICOM0	Xm+0.0
14	Xm+5.3	Xm+5.4	Xm+5.5	30	0V	0V	0V
15	Xm+5.0	Xm+5.1	Xm+5.0	31	0V	0V	0V
16	Xm+4.5	Xm+4.6	Xm+4.7	32	+24V	+24V	+24V

基本模块的Xm+0.0～Xm+0.7、Xm+3.0～Xm+3.7为源/汇点通用输入，输入连接

方式可分别通过公共端 DICOM0（B29）、DICOM3（C13）转换。当 DICOM0、DICOM3 与 0V 连接端（A30 或 B30、C30、A31、B31、C31）连接时，Xm＋0.0～Xm＋0.7、Xm＋3.0～Xm＋3.7 为源输入连接；当 DICOM0、DICOM3 与＋24V 连接端（A32 或 B32、C32）连接时，Xm＋0.0～Xm＋0.7、Xm＋3.0～Xm＋3.7 为汇点输入连接。源/汇点通用输入的连接转换方法可参见 0i-I/O 单元（图 4.2.6）。

基本模块的其他 32 点 DI（Xm＋1.0～Xm＋2.7、Xm＋4.0～Xm＋5.7）的 DI 公共端在模块内部已和 0V 连接，输入只能采用源输入连接方式。

基本模块的 32 点通用 DO 均为晶体管 PNP 集电极开路型输出，Yn＋0.0～Yn＋0.7、Yn＋1.0～Yn＋1.7 的输出公共端为 DOCOM01（A1、B1）；Yn＋2.0～Yn＋2.7、Yn＋3.0～Yn＋3.7 的输出公共端为 DOCOM23（A7、B7）；DC24V 负载驱动电源的＋24V 端应与 DOCOM01、DOCOM23 连接，负载驱动电源的 0V 应与模块 0V 端（A30 或 B30、C30、A31、B31、C31）连接。DO 连接方法可参见 0i-I/O 单元（图 4.2.7），为了提高可靠性，感性负载两端应并联过电压抑制二极管，LED 或指示灯应串联降压电阻。

(3) 扩展模块连接

紧凑型 I/O 扩展模块可连接 48/32 点 DI/DO，模块的 DI/DO 连接器 CB162（3 列、96 芯 HONDA MRF-96）的连接要求如表 4.3.7 所示，图中带阴影的 DI 连接端为源/汇点通用输入连接端。

表 4.3.7　紧凑型 I/O 扩展模块 DI/DO 连接

序号	A 列	B 列	C 列	序号	A 列	B 列	C 列
1	DOCOM45	DOCOM45	Yn＋4.0	17	Xm＋10.2	Xm＋10.3	Xm＋10.4
2	Yn＋4.1	Yn＋4.2	Yn＋4.3	18	Xm＋9.7	Xm＋10.0	Xm＋10.1
3	Yn＋4.4	Yn＋4.5	Yn＋4.6	19	Xm＋9.4	Xm＋9.5	Xm＋9.6
4	Yn＋4.7	Yn＋5.0	Yn＋5.1	20	Xm＋9.1	Xm＋9.2	Xm＋9.3
5	Yn＋5.2	Yn＋5.3	Yn＋5.4	21	Xm＋8.6	Xm＋8.7	Xm＋9.0
6	Yn＋5.5	Yn＋5.6	Yn＋5.7	22	Xm＋8.3	Xm＋8.4	Xm＋8.5
7	DOCOM67	DOCOM67	Yn＋6.0	23	Xm＋8.0	Xm＋8.1	Xm＋8.2
8	Yn＋6.1	Yn＋6.2	Yn＋6.3	24	Xm＋7.5	Xm＋7.6	Xm＋7.7
9	Yn＋6.4	Yn＋6.5	Yn＋6.6	25	Xm＋7.2	Xm＋7.3	Xm＋7.4
10	Yn＋6.7	Yn＋7.0	Yn＋7.1	26	Xm＋6.7	Xm＋7.0	Xm＋7.1
11	Yn＋7.2	Yn＋7.3	Yn＋7.4	27	Xm＋6.4	Xm＋6.5	Xm＋6.6
12	Yn＋7.5	Yn＋7.6	Yn＋7.7	28	Xm＋6.1	Xm＋6.2	Xm＋6.3
13	Xm＋11.6	Xm＋11.7	DICOM9	29	—	DICOM6	Xm＋6.0
14	Xm＋11.3	Xm＋11.4	Xm＋11.5	30	0V	0V	0V
15	Xm＋11.0	Xm＋11.1	Xm＋11.0	31	0V	0V	0V
16	Xm＋10.5	Xm＋10.6	Xm＋10.7	32	＋24V	＋24V	＋24V

基本模块的 Xm＋6.0～Xm＋6.7、Xm＋9.0～Xm＋9.7 为源/汇点通用输入，输入连接方式可分别通过公共端 DICOM6（B29）、DICOM9（C13）转换。当 DICOM6、DICOM9 与 0V 连接端（A30 或 B30、C30、A31、B31、C31）连接时，Xm＋6.0～Xm＋6.7、Xm＋

9.0～Xm＋9.7为源输入连接；当DICOM6、DICOM9与＋24V连接端（A32或B32、C32）连接时，Xm＋6.0～Xm＋6.7、Xm＋9.0～Xm＋9.7为汇点输入连接。源/汇点通用输入的连接转换方法可参见0i-I/O单元（图4.2.6）。

基本模块的其他32点DI（Xm＋7.0～Xm＋8.7、Xm＋10.0～Xm＋11.7）的DI公共端在模块内部已和0V连接，输入只能采用源输入连接方式。

基本模块的32点通用DO均为晶体管PNP集电极开路型输出，Yn＋4.0～Yn＋4.7、Yn＋5.0～Yn＋5.7的输出公共端为DOCOM45（A1、B1）；Yn＋6.0～Yn＋6.7、Yn＋7.0～Yn＋7.7的输出公共端为DOCOM67（A7、B7）；DC24V负载驱动电源的＋24V端应与DOCOM45、DOCOM67连接，负载驱动电源的0V应与模块0V端（A30或B30、C30、A31、B31、C31）连接。DO连接转换方法可参见0i-I/O单元（图4.2.7），为了提高可靠性，感性负载两端应并联过电压抑制二极管，LED或指示灯应串联降压电阻。

4.3.3 端子型I/O模块

(1) 模块安装与连接

端子型（terminal type）分布式I/O模块（以下简称端子型I/O模块）是FANUC新开发的产品，支持最新的I/O-Link i总线连接。

端子型I/O模块采用无机架独立安装结构，模块可直接利用DIN标准导轨安装，基本模块、扩展模块之间只需要利用连接器CA105、CA106连接扩展电缆；基本模块带有独立的DC24V电源输入、输出连接器（CP11A/CP11B）。端子型I/O模块的I/O信号可直接通过模块的接线端连接。

模块的安装方法和外部连接要求如图4.3.5所示。端子型I/O模块增加扩展模块后，最大可连接96/64点DI/DO和3个手轮，但每一使用端子型I/O模块的分布式I/O-Link从站需要占用PMC的16/8字节（128/64点）DI/DO，无论DI/DO是否实际使用，从站所占用的DI/DO地址不能再分配给其他I/O-Link从站。

端子型I/O从站的DI/DO起始地址m、n可通过PMC参数设定，基本模块、扩展模块、手轮的DI/DO地址由系统按表4.3.8自动分配，表中的DO报警输入Xm＋15信号是由基本模块自动生成的输出组Yn＋0～Yn＋7过电流检测信号。

表4.3.8 端子型I/O模块DI/DO地址表

DI/DO地址		用途	I/O点数
DI地址(字节)	Xm＋0～Xm＋2	基本模块	24
	Xm＋3～Xm＋5	扩展模块1	24
	Xm＋6～Xm＋8	扩展模块2	24
	Xm＋9～Xm＋11	扩展模块3	24
	Xm＋12～Xm＋14	手轮	24
	Xm＋15	DO报警	8
DO地址(字节)	Yn＋0、Yn＋1	基本模块	8
	Yn＋2、Yn＋3	扩展模块1	8
	Yn＋4、Yn＋5	扩展模块2	8
	Yn＋6、Yn＋7	扩展模块3	8

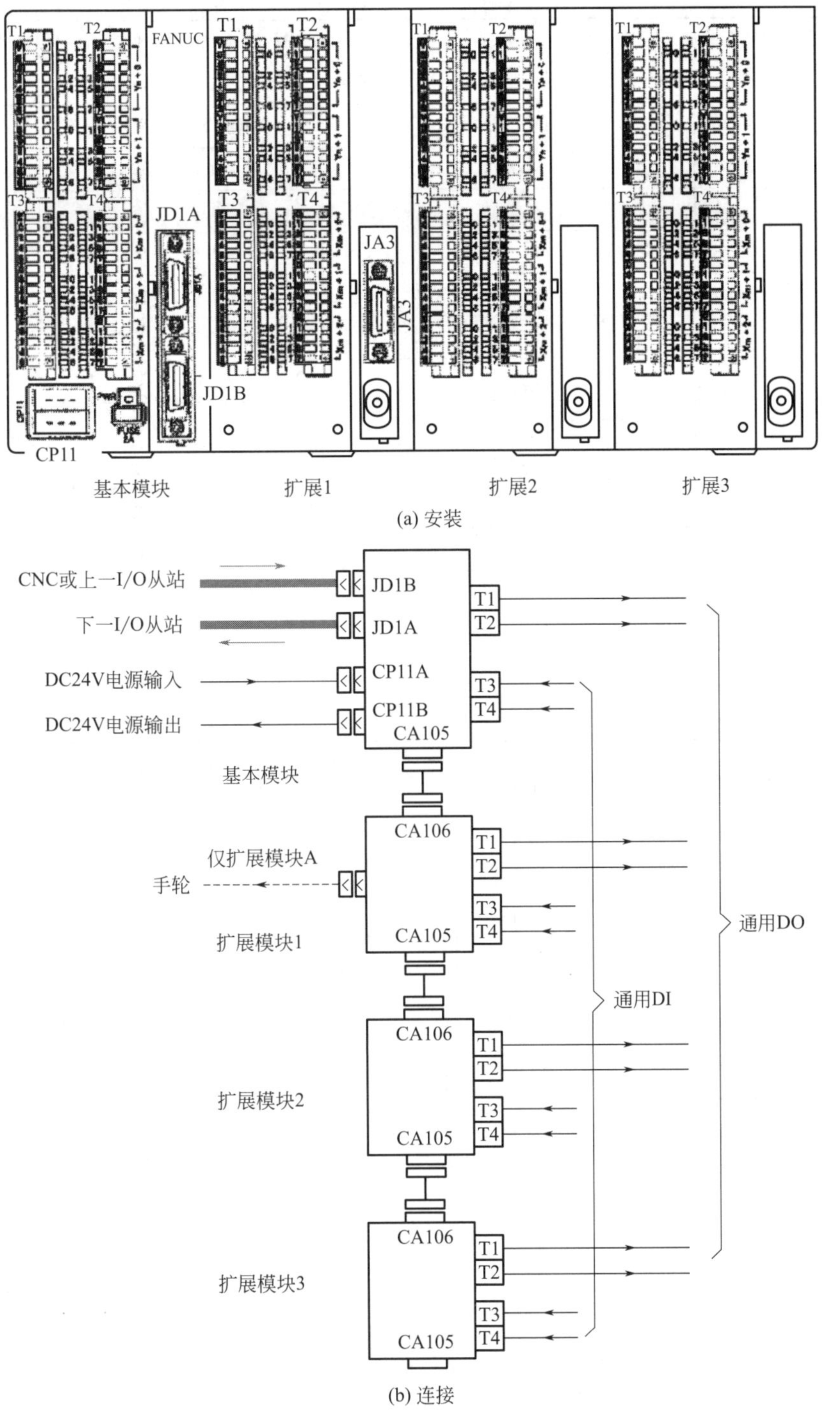

(a) 安装

(b) 连接

图 4.3.5　端子型 I/O 模块安装与连接

(2) 基本模块连接

端子型 I/O 基本模块带有 I/O-Link 总线输入/输出接口 JD1B/JD1A、DC24V 电源输入/输出接口 CP11A/CP11B 及 24/16 点 DI/DO 连接端子；I/O-Link 总线输入、输出的连接方法可参见图 4.1.4。

端子型 I/O 基本模块的 DI/DO 连接端为 2 排、双列，连接要求如表 4.3.9 所示。

表 4.3.9　端子型基本模块 DI/DO 连接

T1(第 1 排、第 1 列)		T2(第 1 排、第 2 列)		T3(第 2 排、第 1 列)		T4(第 2 排、第 2 列)	
标记	连接	标记	连接	标记	连接	标记	连接
V	DOCOM0	V	DOCOM0	C	DICOM	C	DICOM
0	Yn+0.0	1	Yn+0.1	0	Xm+0.0	1	Xm+0.1
G	0V	G	0V	2	Xm+0.2	3	Xm+0.3
2	Yn+0.2	3	Yn+0.3	4	Xm+0.4	5	Xm+0.5
4	Yn+0.4	5	Yn+0.5	6	Xm+0.6	7	Xm+0.7
G	0V	G	0V	C	DICOM	C	DICOM
6	Yn+0.6	7	Yn+0.7	0	Xm+1.0	1	Xm+1.1
V	DOCOM1	V	DOCOM1	2	Xm+1.2	3	Xm+1.3
0	Yn+1.0	1	Yn+1.1	4	Xm+1.4	5	Xm+1.5
G	0V	G	0V	6	Xm+1.6	7	Xm+1.7
2	Yn+1.2	3	Yn+1.3	C	DICOM	C	DICOM
4	Yn+1.4	5	Yn+1.5	0	Xm+2.0	1	Xm+2.1
G	0V	G	0V	2	Xm+2.2	3	Xm+2.3
6	Yn+1.6	7	Yn+1.7	4	Xm+2.4	5	Xm+2.5
				6	Xm+2.6	7	Xm+2.7

端子型 I/O 基本模块的 DC24V 电源输入/输出及 DI 连接方法如图 4.3.6 所示，DO 连接方法见图 4.3.7。

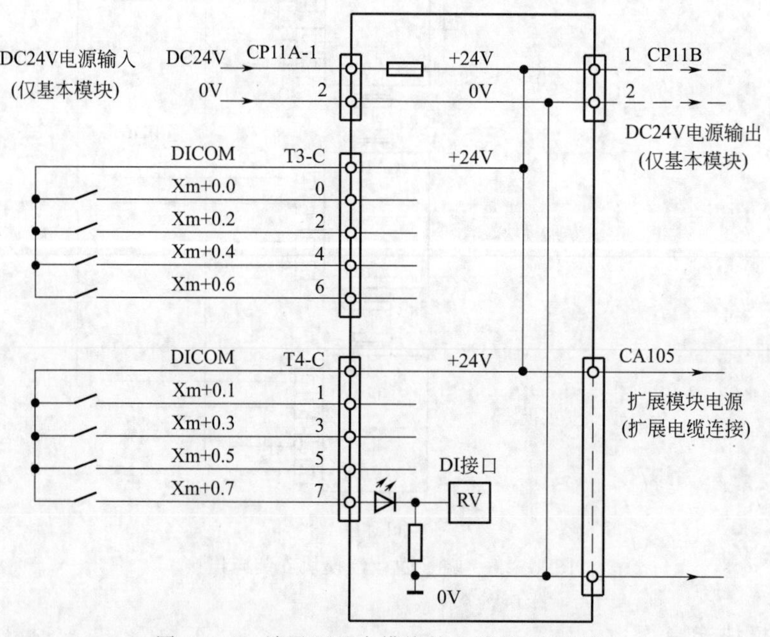

图 4.3.6　端子型基本模块的电源及 DI 连接

端子型 I/O 模块的 DC24V 电源由基本模块的电源输入接口 CP11A 统一提供，扩展模块的 DC24V 电源可通过连接器 CA105/CA106 上的扩展电缆与基本模块连接。如果需要，基本模块的 DC24V 电源也从 CP11B 引出，于其他装置供电，但最大负载电流不能超过 2A；电源

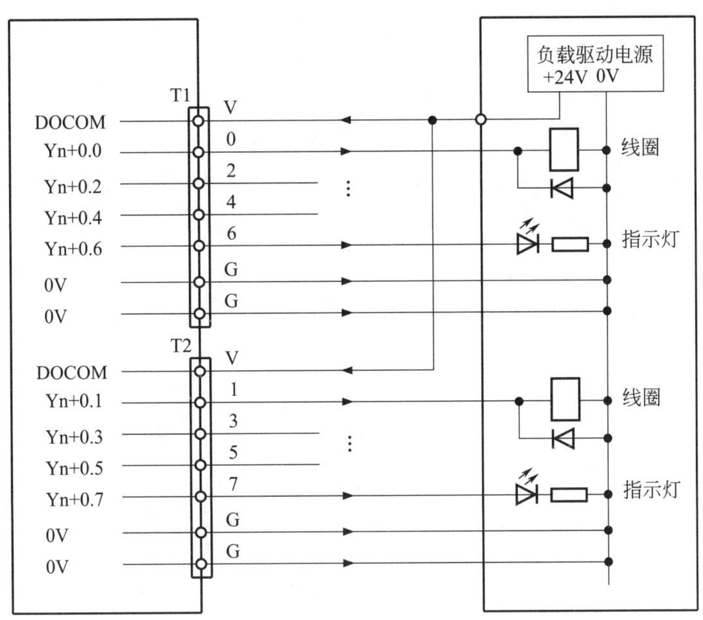

图 4.3.7　端子型基本模块的 DO 连接

输出也不能与其他 DC24 电源的＋24V 连接。

端子型 I/O 模块的 24 点 DI 全部采用源输入连接方式，每一输入点均有独立的连接端和输入状态指示灯。模块端子排 T3、T4 的连接端 DICOM（T3/T4-C）为 DI 输入驱动电源的 DC24V 公共端，DICOM 在模块内部已和 CP11A 的 DC24V 输入连接，不能与其他 DC24 电源的＋24V 连接。

端子型 I/O 模块的 16 点 DO 全部为晶体管 PNP 集电极开路型输出，每一输出都带有状态指示灯。端子型 I/O 模块的输出分 2 组，端子排 T1、T2 的 8 点输出 Yn＋0.0～Yn＋0.7 为第 1 组，输出公共端为 T1-V（DOCOM），0V 连接端为 T1-G（0V）；端子排 T1、T2 的 8 点输出 Yn＋1.0～Yn＋1.7 为第 2 组，输出公共端为 T2-V（DOCOM），0V 连接端为 T2-G（0V）；每组输出都有独立的过电流检测、过热检测与保护回路，只要组内的任何一个 DO 输出过流，同组的其他输出都将全部被关闭；但是，只要过流消失，输出又将自动开启。

端子型 I/O 模块的 DC24V 负载驱动电源一般应由外部提供，负载驱动电源的＋24V 端应与 DOCOM（T1/T2-V）连接、0V 端应与模块 0V 端（T1/T2-G）连接。为了提高可靠性，感性负载两端应并联过电压抑制二极管，LED 或指示灯应串联降压电阻。

(3) 扩展模块连接

端子型 I/O 扩展模块常用的有 24/16 点 DI/DO 扩展模块 A、24/16 点 DI/DO 扩展模块 B、16 点 DC24V/2A 输出扩展模块 C、4 通道模拟量输入扩展模块 D，模拟量输出模块 E 通常较少使用。扩展模块 A～D 的连接要求分别如下。

① 扩展模块 A。端子型 I/O 扩展模块 A 带有手轮连接接口 JA3 和 24/16 点 DI/DO 连接端子，手轮连接器 JA3 的连接方法与按键式主面板 JA3 完全相同，可参见图 4.1.8。24/16 点 DI/DO 连接端为 2 排、双列，连接端标记、连接要求与基本模块完全相同（参见表 4.3.9 及图 4.3.6、图 4.3.7）。

② 扩展模块 B。端子型 I/O 扩展模块 B 只有 24/16 点 DI/DO 连接端子，不能连接手轮；

24/16点DI/DO连接端为2排、双列，连接端标记、连接要求与基本模块完全相同（参见表4.3.9及图4.3.6、图4.3.7）。

③ 扩展模块C。端子型I/O扩展模块C为16点DC24V/2A大功率DO模块（标准DO的驱动能力为DC24V/0.2A，见第3章）。扩展模块C的DO连接端为2排、单列，连接要求如表4.3.10所示。扩展模块C的端子排标记（DO地址）和基本模块稍有不同，但DO连接要求相同（参见图4.3.7）。

表4.3.10　端子型扩展模块C的连接要求

T1(第1排)				T2(第2排)			
上部		下部		上部		下部	
标记	连接	标记	连接	标记	连接	标记	连接
V	DOCOM0	V	DOCOM1	V	DOCOM2	V	DOCOM3
0	Yn+0.0	4	Yn+0.4	0	Yn+1.0	4	Yn+1.4
G	0V	G	0V	G	0V	G	0V
1	Yn+0.1	5	Yn+0.5	1	Yn+1.1	5	Yn+1.5
2	Yn+0.2	6	Yn+0.6	2	Yn+1.2	6	Yn+1.6
G	0V	G	0V	G	0V	G	0V
3	Yn+0.3	7	Yn+0.7	3	Yn+1.3	7	Yn+1.7

④ 扩展模块D。端子型I/O扩展模块D为4通道12位A/D转换模块，需要占用从站24/16点DI/DO地址。模块的输入连接端为2排、单列，AI输入连接要求如表4.3.11、图4.3.8所示。

表4.3.11　端子型扩展模块D的连接

T1(第1排)				T2(第2排)			
上部		下部		上部		下部	
标记	连接	标记	连接	标记	连接	标记	连接
J	JMP0	J	JMP1	J	JMP2	J	JMP3
+	INP0	+	INP1	+	INP2	+	INP3
—	INM0	—	INM1	—	INM2	—	INM3
C	COM0	C	COM1	C	COM2	C	COM3
F	FG0I	F	FG1I	F	FG2I	F	FG3I
F	FG0O	F	FG1O	F	FG2O	F	FG3O

扩展模块D连接电压模拟量输入时，电流输入端JMPn应悬空；使用DC－20～20mA电流模拟量输入时，输入端JMPn应与INPn短接。

端子型I/O扩展模块D的电压模拟量输入范围为DC－10～10V电压，最大不能超过DC±15V；输入分辨率为5mV，输入电阻为4.7MΩ，A/D转换精度为±0.5%。电流模拟量输入范围为DC－20～20mA电流，最大不能超过±30mA；输入分辨率为20μA，输入电阻为250Ω，A/D转换精度为±1%。

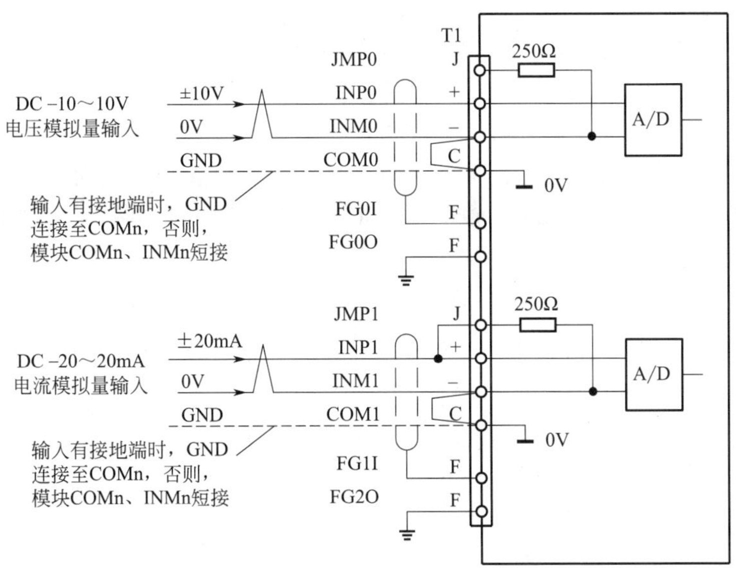

图 4.3.8　端子型扩展模块 D 的 AI 连接

4.4　I/O 单元 A 及 βi 驱动器连接

4.4.1　I/O 单元 A 连接

(1) 单元安装与连接

I/O 单元 A（I/O unit-model A）是 FS 30i/31i/32i/35i 系列高性能数控系统 PMC 的标准 I/O 连接设备，单元采用标准模块式结构，每一单元最大可连接 256/256 点 DI/DO，支持最新的 I/O-Link i 总线连接。

I/O 单元 A 采用图 4.4.1 所示的标准模块式结构。基本单元由带 I/O-Link 总线接口模块（I/F 模块）的基本机架及各类 I/O 模块组成，基本机架的模块安装插槽数有 5 槽或 10 槽两种规格，并可选择单排、双排两种结构形式（参见第 3 章）。

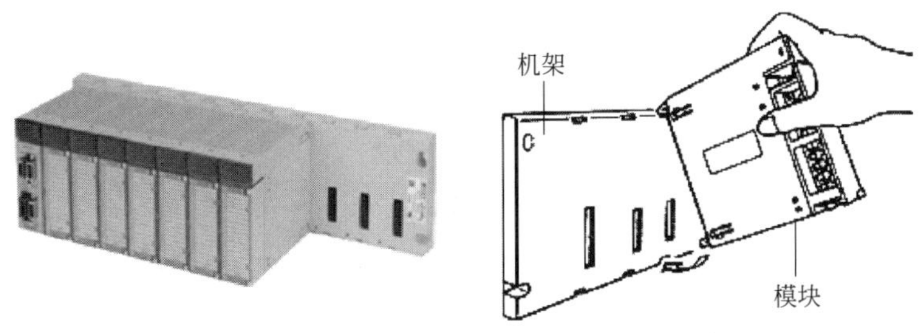

图 4.4.1　I/O 单元 A

如果需要，I/O 单元 A 的基本单元还可连接一个扩展单元。扩展单元由带扩展接口模块（I/F 模块）的扩展机架及各类 I/O 模块组成，基本机架和扩展机架间通过扩展电缆连接。扩展机架的模块安装插槽数同样有 5 槽或 10 槽两种规格，并可选择单排、双排两种结构形式。I/O 单元 A 的接口模块（I/F 模块）必须安装在基本机架、扩展机架的左侧第 1 个插槽上，其他扩展模块可自左向右依次安装。

I/O单元A既可用于操作台、电气控制柜、机床的DI/DO连接，也可用于远距离I/O连接。I/O单元A不仅可使用DC24V标准DI/DO模块，且还有AC100V输入、AC100～230V输出、AC250V/DC30V通用输出及模拟量输入/输出（AI/AO）、高速计数输入、温度测量输入等多种功能模块可供选择（参见第3章表3.3.1）。

I/O单元A的外部连接要求如图4.4.2所示。每一I/O模块的最大I/O点数为32点，单元（基本及控制）最大可连接256/256点DI/DO，扩展机架的数量不能超过1个。

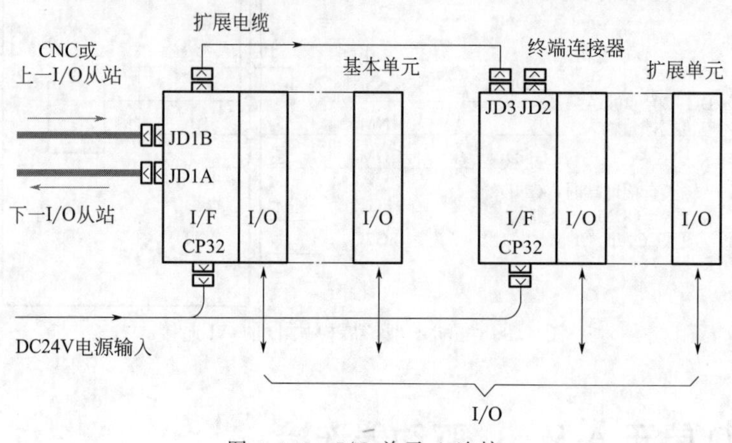

图4.4.2 I/O单元A连接

I/O单元A的DI/DO总计点数及起始地址m、n均可通过PMC参数设定。单元的DI/DO点数一般可直接按照模块的实际DI/DO点数计算，但是，对于点数不足8点的DO模块（如5点100～230V交流输出模块AOA05E）应作8点计算，点数超过8点但不到16点的DO模块（如12点100～230V交流输出模块AOA12F）应作16点计算。

I/O单元A的DI/DO总点数为各模块的DI/DO点之和，常用模块所需要的DI/DO点数如表4.4.1所示。

表4.4.1 I/O单元A的模块DI/DO点数

名　称	主要参数	DI点数	DO点数
基本机架10A/5A	单排、10/5扩展模块安装插槽机架(基本单元)	—	—
扩展机架10B/5B	双排、10/5扩展模块安装插槽机架(扩展单元)	—	—
总线接口	I/O-Link总线接口模块(基本单元)	—	—
DI模块对A1/B1/H1	32点DC24V直接输入	32	0
DI模块C/D/K/L	16点DC24V光耦输入	16	0
DI模块E/F	32点DC24V光耦输入	32	0
DI模块G	16点AC110V交流输入	16	0
DO模块A1	32点DC5～24V直接输出	0	32
DO模块8C/8D	8点DC12～24V光耦输出	0	8
DO模块16C/16D	16点DC12～24V光耦输出	0	16
DO模块32C/32D	32点DC12～24V光耦输出	0	32
DO模块16H	16点DC30V输出	0	16
DO模块5E	5点AC100～230V交流输出	0	8

续表

名　称	主要参数	DI 点数	DO 点数
DO 模块 8E	8 点 AC100～230V 交流输出	0	8
DO 模块 12F	12 点 AC100～230V 交流输出	0	16
DO 模块 8G	8 点 AC250V/DC30V 交/直流通用输出	0	8
DI/DO 模块 40A	24/16 点 DI/DO 直接输入/输出模块	24	16
12 位 AI 模块 4A	4 通道模拟量输入，12 位 A/D 转换	64	0
16 位 AI 模块 4A	4 通道模拟量输入，16 位 A/D 转换	64	0
12 位 AO 模块 2A	2 通道模拟量输出，12 位 D/A 转换	0	32
14 位 AO 模块 2B	2 通道模拟量输出，14 位 D/A 转换	0	32
高速计数模块 01A	1 通道脉冲输入	32	0
温度测量模块 1A	1 通道 Pt、JPt 热电阻输入	8	0
温度测量模块 4A	4 通道 Pt、JPt 热电阻输入	32	0
温度测量模块 1B	1 通道 J、K 热电偶输入	8	0
温度测量模块 4B	4 通道 J、K 热电偶输入	32	0

I/O 单元 A 的 DI/DO 总点数为各模块的 DI/DO 点之和，但是，PMC 的 DI/DO 地址需要按照以下方式分配。

单元 DI、DO 点总数≤32 点：分配 4 字节、32 点 DI、DO 地址。

32 点＜单元 DI、DO 点总数≤64 点：应分配 8 字节、64 点 DI、DO 地址。

72 点＜单元 DI、DO 点总数≤128 点：应分配 16 字节、128 点 DI、DO 地址。

136 点＜单元 DI、DO 点总数≤256 点：应分配 32 字节、256 点 DI、DO 地址。

例如，对于 96/48 点 DI/DO 的 I/O 单元 A，应分配 16 字节、128 点 DI 地址和 8 字节、64 点 DO 地址。

(2) 接口模块连接

基本机架的接口模块（I/F 模块）安装有图 4.4.3 所示的 I/O-Link 总线输入/输出接口 JD1A/JD1B、DC24V 电源输入接口 CP32、扩展电缆接口 JD2。I/F 模块的 I/O-Link 总线输入/输出的连接方法可参见图 4.1.4；I/F 模块的 DC24V 输入电源可用于整个基本单元的模块供电，输入电源的＋24V、0V 端应分别连接到连接器 CP32 的插脚 1、2 上。

图 4.4.3　基本机架 I/F 模块连接

扩展机架的接口模块（I/F 模块）安装有扩展电缆连接器 JD3、电源输入连接器 CP32。扩展单元 I/F 模块的 DC24V 输入电源可用于整个扩展单元的模块供电，输入电源的＋24V、0V 应分别连接到 CP32 的插脚 1、2 上。

基本机架 I/F 模块的扩展接口 JD2 和扩展机架 I/F 模块的扩展接口 JD3 之间，应使用扩展电缆互连，扩展电缆的连接要求如图 4.4.4 所示，连接电缆的最大长度不能超过 2m。不使用扩展机架的基本机架 I/F 模块的扩展接口 JD2，以及扩展机架 I/F 模块的扩展接口 JD2 需要安装终端连接器。

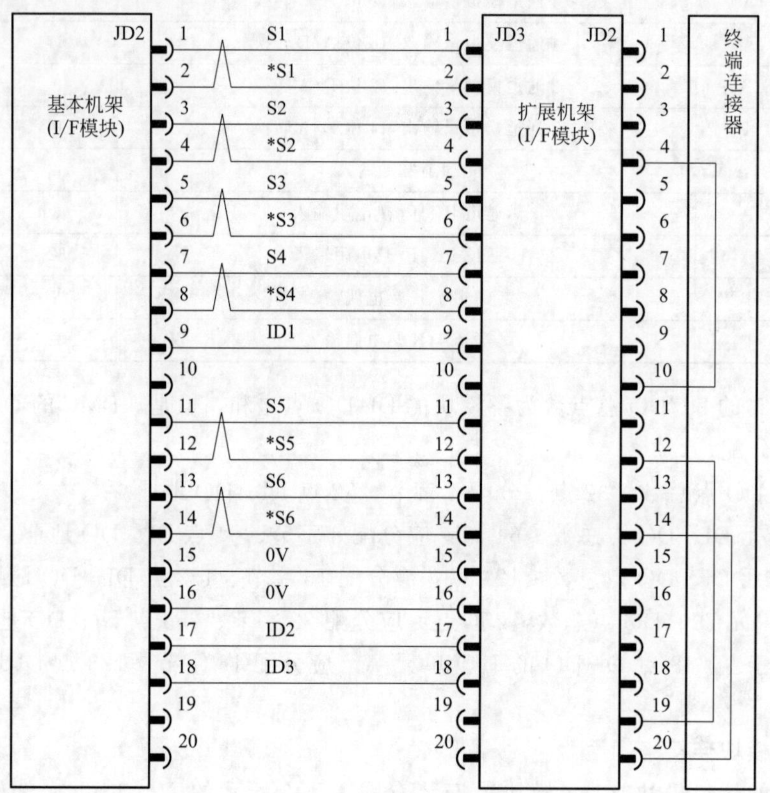

图 4.4.4　扩展电缆连接

(3) I/O 模块连接

I/O 单元 A 的 I/O 模块规格较多，限于篇幅本书不再对其逐一说明。为了便于使用，在端子连接的 I/O 模块盖板上一般都标有图 4.4.5(a) 所示的 I/O 连接示意图，连接时只需要按

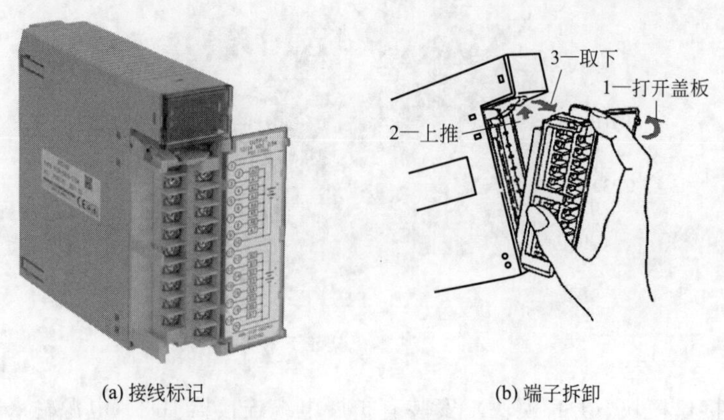

(a) 接线标记　　(b) 端子拆卸

图 4.4.5　I/O 模块连接

照示意图的要求接线。此外，端子连接的 I/O 模块还可以按照图 4.4.5(b) 所示的方法，将接线端连同连接线整体从模块中取下，从而为电气连接、模块更换提供了方便。

4.4.2　βi 驱动器连接

(1) 驱动器连接

利用 I/O-Link 连接的 βi 系列驱动器（简称 βi I/O-Link 驱动器）是一种带有闭环位置控制功能、采用 I/O-Link 网络控制的通用型驱动器，因此，可用于机床刀库、分度台、机械手、工件或刀具输送装置等辅助运动控制。

βi I/O-Link 驱动器采用的是单轴独立结构，基本控制信号通过 I/O-Link 总线传输，驱动器以 I/O-Link 从站的形式连接到 PMC 的 I/O-Link 总线上，由 PMC 进行控制，每一驱动器需要占用 128/128 点 DI/DO。

βi I/O-Link 驱动器的外形、连接器布置如图 4.4.6 所示，驱动器外部连接要求如图 4.4.7

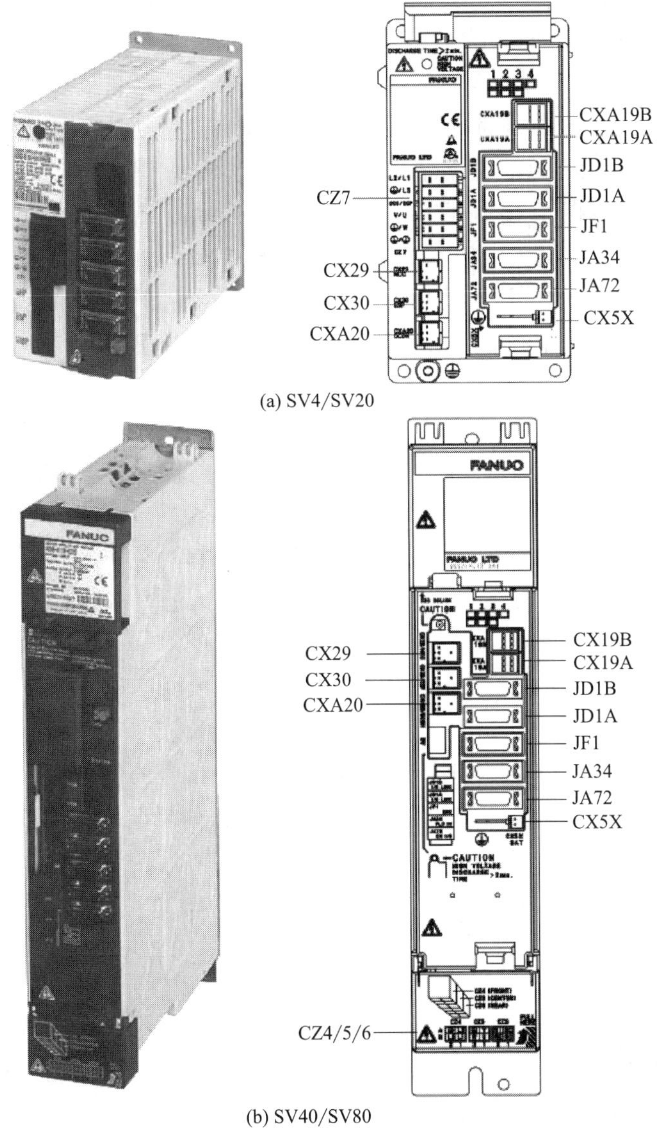

(a) SV4/SV20

(b) SV40/SV80

图 4.4.6　βi I/O-Link 驱动器

所示。驱动器的 JDIA/JD1B 为 I/O-Link 总线输入/输出，连接要求可参见图 4.1.4；其他连接器的作用如下。

① CZ7 或 CZ4：驱动器主电源输入，标准规格为三相 AC200V，HV 高电压型为三相 AC400V。

② CXA19A/CXA19B：驱动器互连总线，用于 DC24V 控制电源、急停、绝对编码器后备电池连接。

③ CX29：主接触器互锁触点输出，触点串联至主接触器线圈控制回路。

④ CX30：外部急停触点输入。

⑤ JF1：伺服电机编码器连接。

⑥ JA34：手轮连接。

⑦ JA72：外部控制信号连接。

⑧ CX5X：绝对编码器后备电池连接。

⑨ CZ7/CXA20 或 CZ6/CXA20：制动电阻和过热检测触点连接。

⑩ CZ7 或 CZ5：伺服电机电枢连接。

βi I/O-Link 驱动器的外部连接要点如下。

① I/O-Link 总线输入/输出的连接方法与其他 I/O 从站相同，使用多个 βi I/O-Link 驱动器时，I/O-Link 总线可像其他 I/O 从站一样串联。

② 当多个驱动器共用主接触器控制主电源通断时，驱动器之间需要连接互连总线 CXA19A、CXA19B；驱动器的主接触器互锁触点输出 CX29，需要按照图 4.4.8 串联。

如每一个 βi I/O-Link 驱动器都使用独立的主接触器控制驱动器主电源通断，则不能连接驱动器的互连总线，各驱动器的 DC24V 控制电源、主接触器互锁触点、急停等都应有独立的控制电路。

(2) 外部控制信号

βi I/O-Link 驱动器是一种通过网络通信控制的通用型驱动器，其闭环位置、速度、转矩控制均在驱动器上实现，驱动器可独立使用，因此，它可像其他形式的通用驱动器一样，通过驱动器连接器 JA72，按图 4.4.9 所示连接以下外部控制信号。

① 正向超程 *+OT：正向禁止，常闭触点输入；输入触点断开时，驱动器的正向运动将被禁止，但反向仍可运动。

② 负向超程 *−OT：负向禁止，常闭触点输入；输入触点断开时，驱动器的反向运动将被禁止，但正向仍可运动。

③ 轴互锁 *RILK（或参考点减速 *DEC）：*RILK 信号的作用与驱动器功能有关，当驱动器使用回参考点功能时，该输入信号用于参考点减速；如果驱动器不使用回参考点功能时，该输入信号用于运动互锁。

+OT、−OT、*RILK/*DEC 信号输入触点的驱动能力应大于 DC30V/16mA，触点在 8mA 工作电流时的闭合压降应小于 2V，在 26.4V 电压下断开时的漏电流应小于 1mA。

④ 高速跳步 HDI：信号 ON 时，将清除驱动器指令脉冲，直接结束本次运动。高速跳步信号 ON 时的电压应为 DC−3.6～13.6V、电流应为 2～11mA（输入），信号 OFF 时的电压应为 DC0～0.55V、电流应为−8mA（输出）。

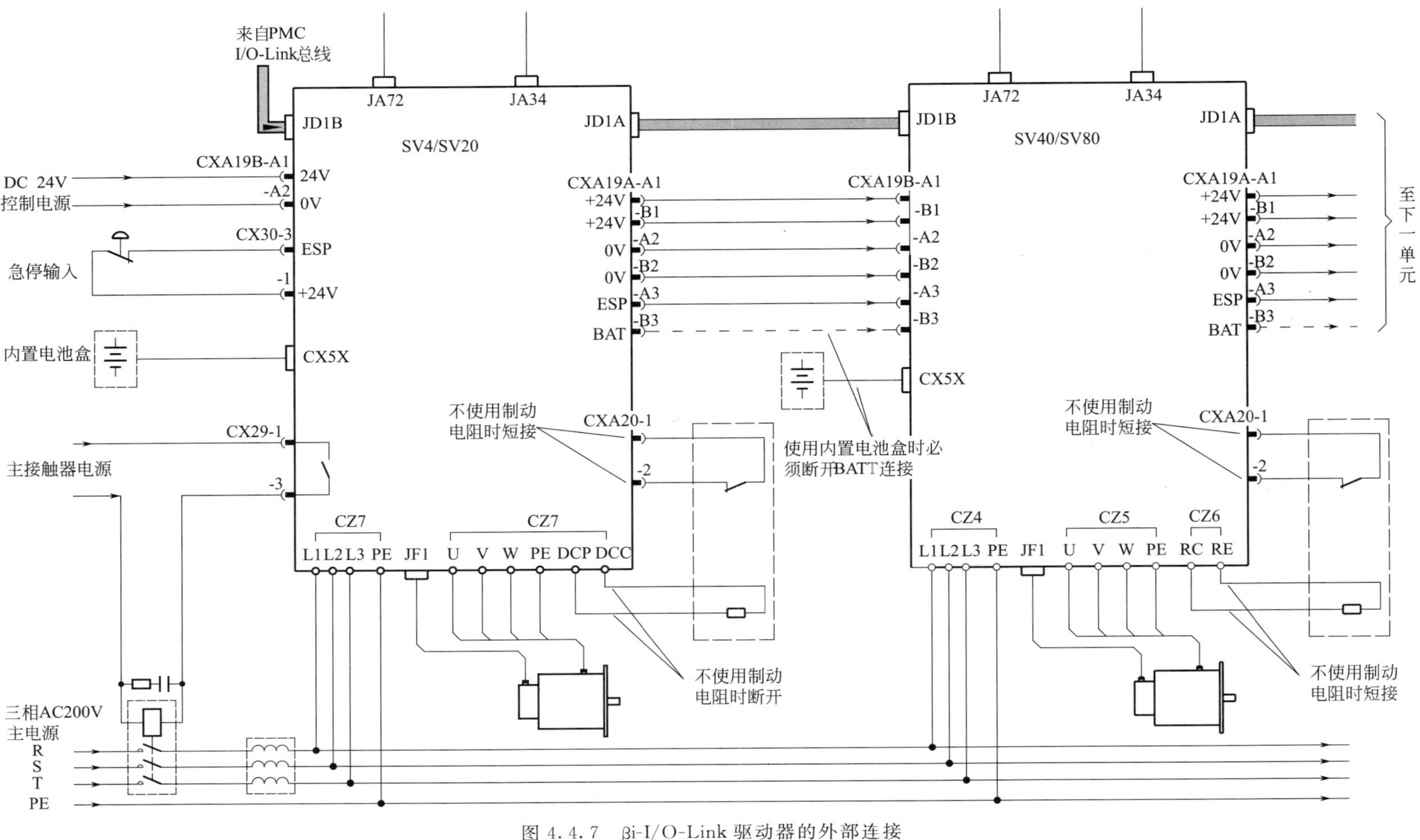

图 4.4.7　βi-I/O-Link 驱动器的外部连接

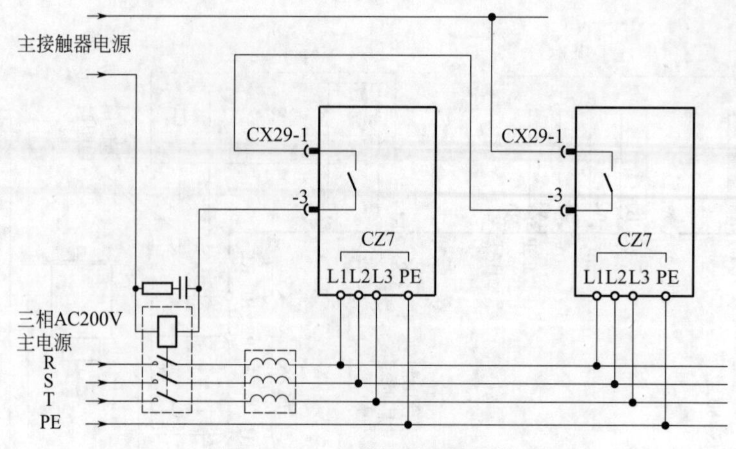

图 4.4.8　主接触器互锁控制

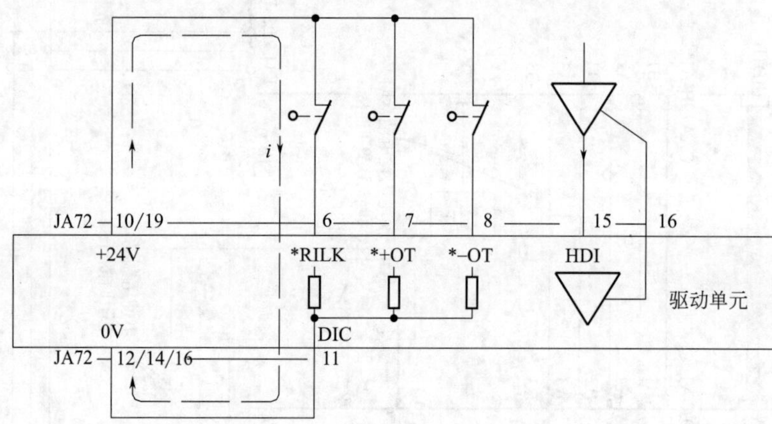

图 4.4.9　外部控制信号连接

（3）手轮连接

βi I/O-Link 驱动器具有手轮进给、手动连续进给（JOG）、回参考点、快速定位、切削进给等功能。

如果驱动器使用手轮进给功能，驱动器需要通过手轮接口 JA34 连接独立的手轮，JA34 的连接要求如图 4.4.10 所示。

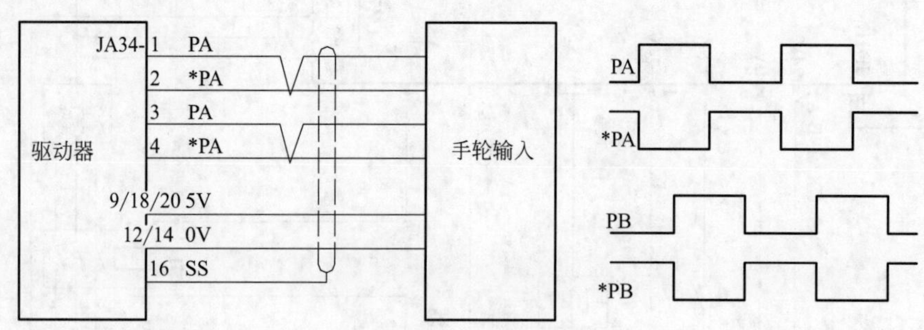

图 4.4.10　手轮连接

βi I/O-Link 驱动器的手轮信号应为 A、B 两相 90°相位差的正、负脉冲信号（PA/＊PA、PB/＊PB），如使用单极性 HA、HB 两相脉冲输出的普通手轮，需要选配 FANUC 系统配套的手轮适配器，将 HA、HB 输出信号转换为 A、B 两相 90°相位差的正、负脉冲信号。

FANUC 手轮适配器的连接要求如图 4.4.11 所示。

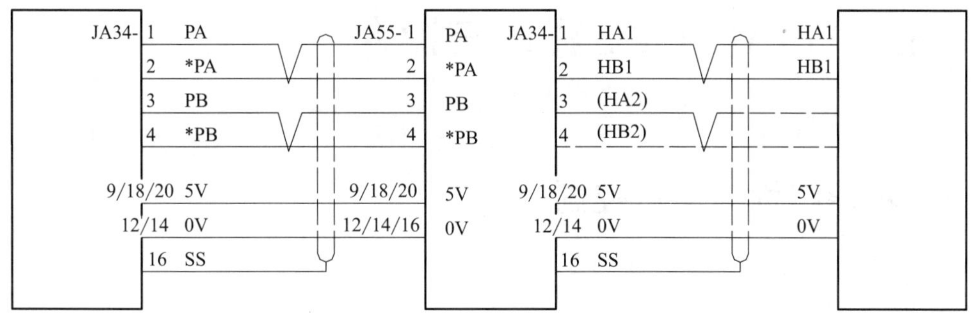

图 4.4.11　手轮适配器连接

第 5 章 FANUC PMC 程序与指令

05

5.1 程序结构与执行控制

5.1.1 PMC 程序结构

PLC 用户程序是编程指令的集合。编程指令的组织、管理和处理方式，称为 PLC 程序结构。PLC 程序结构取决于 PLC 的操作系统设计，不同生产厂家的 PLC 产品有所不同，常用的程序结构有线性结构、模块结构两种。

(1) 线性结构程序

采用线性结构的 PLC 程序简称线性程序，线性程序中的全部指令都集中编制在同一个程序块中；PLC 程序执行时，将严格按照从上至下的次序，执行程序中的所有指令。

线性程序又有普通结构和分时管理两种结构形式。

普通结构的线性程序最为简单，程序中的所有指令依次排列，在 PLC 的同一扫描周期内一次性执行完成，程序的流程控制可通过简单的母线指令、跳转指令实现，程序的执行时间(循环扫描时间) 固定。

分时管理的线性程序如图 5.1.1 所示，程序可分为高速扫描、普通扫描两部分。

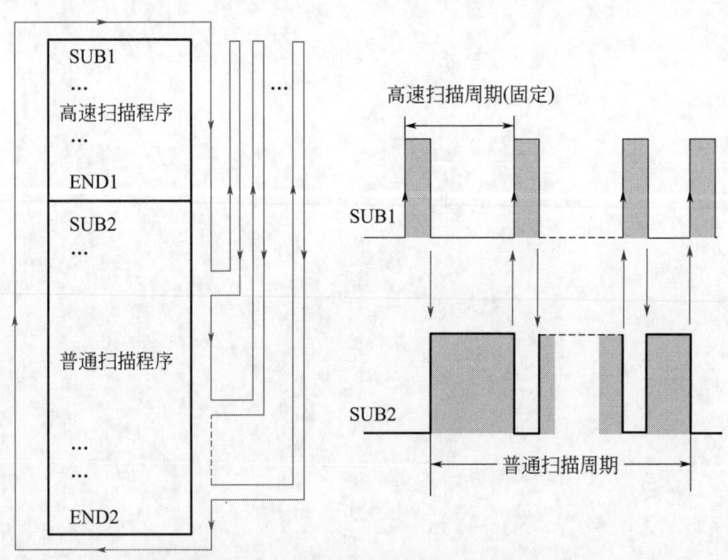

图 5.1.1 分时管理线性程序

需要进行高速扫描处理的程序块，必须位于线性程序最前面，程序块的执行周期（循环扫描时间）固定不变。CPU 执行程序时，无论普通扫描程序块是否执行完成，都必须以规定的高速执行周期间隔，完成一次高速程序的输入采样、程序执行和输出刷新过程，因此，程序块中的输入采样、输出刷新速度大大高于普通扫描程序的输入采样、输出刷新。

普通扫描程序按正常速度处理，一旦在程序处理过程中，到达了高速扫描程序所规定的执行周期，CPU 将立即中断现行普通扫描程序处理，保存处理结果，并转入高速程序块的处理；高速扫描程序处理完成后，CPU 可再次从中断的位置继续执行普通程序块。以上过程在普通扫描程序执行时通常需要重复多次，因此，普通扫描程序的循环扫描时间不仅与本身的程序长度有关，而且还与高速扫描程序的执行周期有关。

线性程序为日本产 PLC 的常用结构，比较适合与梯形图编程，因此多用于控制要求相对简单、程序容量不大、功能相对单一的小型通用 PLC、数控系统集成 PLC 等场合。

(2) 模块结构程序

模块结构的 PLC 程序一般由图 5.1.2 所示的主程序（main program）、子程序（sub program）、中断程序（interrupt program）组成。

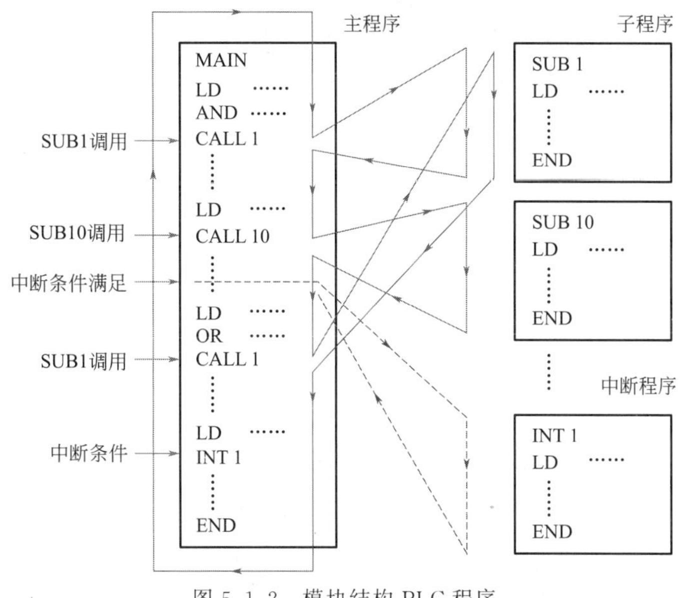

图 5.1.2　模块结构 PLC 程序

主程序（main program）是负责子程序的组织、调用的程序块，通常只有一个。主程序是模块结构 PLC 程序必需的基本程序，PLC 每次循环扫描都必须予以执行；主程序一般需要编制在所有程序块的最前面。

子程序（sub program）是由主程序在固定的位置，根据规定的条件进行调用、执行的程序块。子程序可以有多个，同一子程序也可在主程序不同的位置通过不同的条件由主程序多次调用；如果调用条件不满足，CPU 将直接跳过子程序。子程序的编制位置一般在主程序之后，不同子程序的先后顺序通常不做强制规定，子程序执行完成后可自动返回主程序，继续执行后续的主程序。

中断程序（interrupt program）是由 PLC 操作系统根据特定的条件（中断条件），随机调用、即时执行的特殊程序块。中断程序的调用由中断条件决定，一旦中断条件满足，CPU 将立即停止当前程序（主程序或子程序）的执行，转入中断程序。中断程序通常可根据需要决定 CPU 的下一步动作，例如，发出 PLC 报警、跳转到指定的程序、终止主程序执行等。中断程序一般编制在子程序后，同一中断程序可由不同的中断条件调用，但是同一中断条件只能调用一个中断程序。

用于子程序、中断程序的执行情况在不同 PLC 循环中有可能存在不同，因此，模块化结构程序的 PLC 循环周期并不固定。

模块化程序是欧美公司 PLC 的常用结构，采用模块化程序不但可以简化程序编制、节省存储器容量、避免程序重复编写时产生的错误，而且还可方便参数化编程，因此，在大中型复杂 PLC 控制系统中常用。

(3) FANUC PMC 程序结构

FANUC 数控系统集成 PMC 的程序结构为分时管理线性结构，PMC 程序一般分 1 个高速扫描级、1 个普通扫描级，3 级程序通常不使用。高速扫描程序循环时间可通过 PMC 的参数设定选择 4ms 或 8ms；高速程序处理完成后的剩余时间，用于普通扫描级程序的处理。

PMC 的高速扫描程序通常只用于急停、回参考点减速、程序跳步、程序中断等高速输入信号的处理，程序设计尽可能简短。因为如果高速程序长度过长，程序执行的剩余时间将会很短，普通扫描级程序的中断次数将大大增加，从而使得整个 PMC 程序的循环时间变得很长。

此外，PMC 的高速扫描程序只是相对普通扫描程序而言，程序的执行周期实际上仍需要 4～8ms，如用其来进行计数、脉冲输出控制，实际脉冲频率也只能达到 125Hz，故同样不能用于高速计数、脉冲输出控制。

FANUC 数控系统集成 PMC 的程序按高速扫描程序、普通扫描程序、子程序的次序，由上至下依次排列；高速扫描程序以指令 END1 结束，普通扫描程序以指令 END2 结束，子程序编制在普通扫描程序结束指令 END2 之后；所有程序结束后，需要以 END 指令结束梯形图程序。

在 PMC 程序中，程序结束指令 END1、END2、END 不能省略。如果不使用高速扫描程序，普通扫描程序的起始位置必须编制高速程序结束指令 END1；如果不使用子程序，梯形图程序结束指令 END 直接添加在普通扫描程序结束指令 END2 之后。PMC 的程序执行流程可通过子程序调用、公共线控制指令控制。

5.1.2 子程序调用与程序跳转

(1) 子程序调用

FANUC 数控系统集成 PMC 的程序基本构成如图 5.1.3 所示，高速扫描程序、普通扫描程序、子程序由上至下线性排列。子程序以 SP 指令（SUB47 为 SP 的功能指令编号，下同）起始、SPE 结束，不同的子程序，以子程序号 P 区分，子程序号需要在起始指令 SP 中定义。PMC 程序可使用的子程序数量在不同规格的数控系统上有所不同，标准配置的 FS 0i 系统可使用的子程序数最大不能超过 512，在选配附加功能后，子程序数量可扩展至 5000。

子程序可通过主程序中的子程序调用指令调用，FANUC 数控系统集成 PMC 的子程序调用方式有图 5.1.4 所示的条件调用和无条件调用两种；条件调用指令只能在 CALL 指令的控制条件 ACT 为“1”时才能调用子程序；无条件调用指令 CALLU 可直接执行，无条件调用子程序。

在正常情况下，子程序执行完成后将图 5.1.5(a) 所示，通过子程序结束指令 SPE，返回

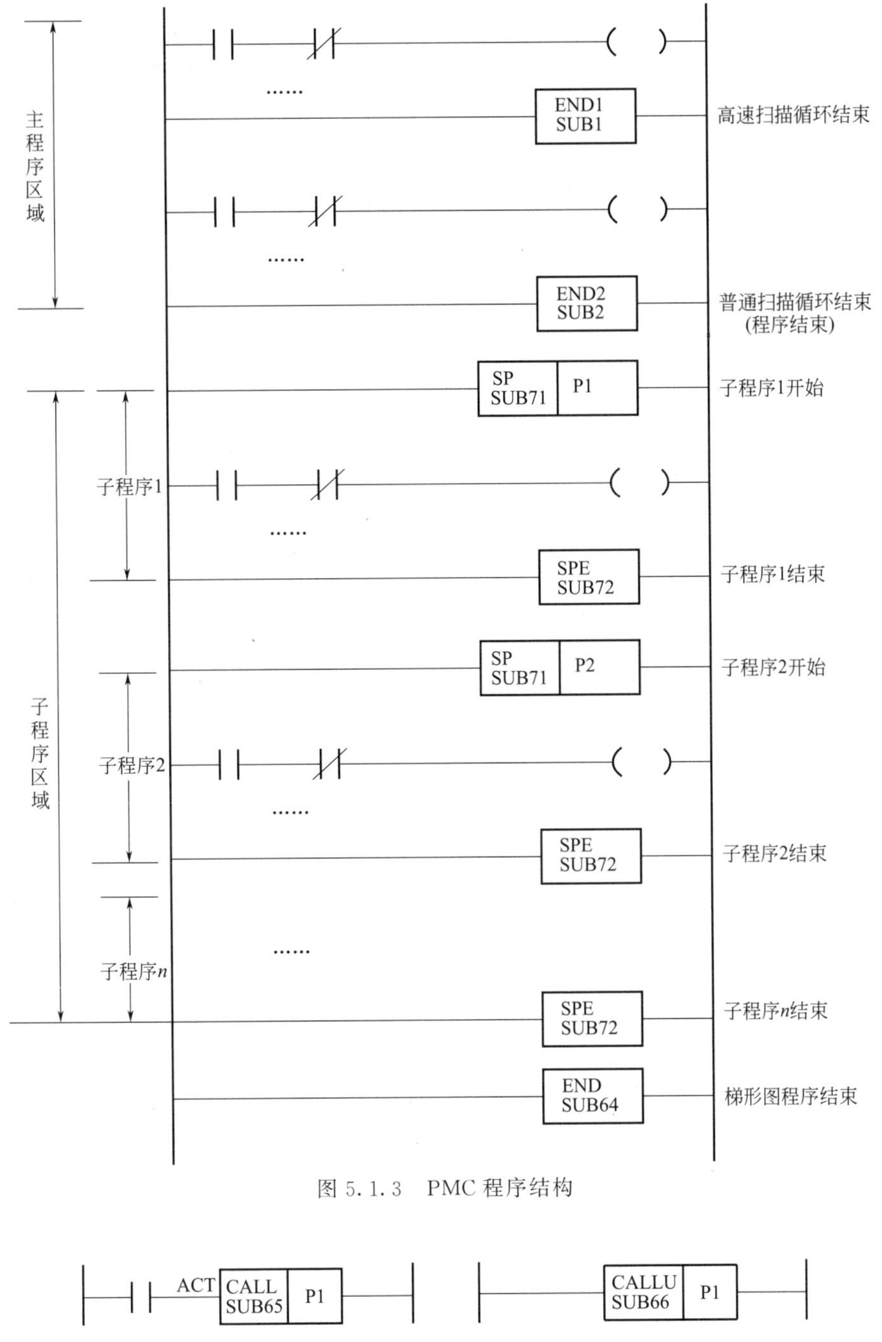

图 5.1.3　PMC 程序结构

ACT CALL SUB65 P1　　　CALLU SUB66 P1

(a) 条件调用　　　(b) 无条件调用

图 5.1.4　子程序调用

到主程序的子程序调用指令 CALL 下一行，并继续执行主程序的后续指令；但也可如图 5.1.5 (b) 所示，通过子程序执行结束处的 JMPC(SUB73) 指令，跳转到主程序的其他位置继续执行主程序；JMPC 的跳转目标应通过标记 LBL*n*(SUB69) 在主程序中定义，在使用 JMPC 指令的子程序上，仍需要编制子程序结束指令 SPE，表明子程序已经结束。

返回指令 JMPC 的返回目标位置标记 LBL*n* 的编号 *n* 不可重复使用，LBL*n* 也可以是标记跳转指令 JPMB（见下述）的跳转目标。LBL*n* 不能位于子程序调用指令（CALL/CALLU）

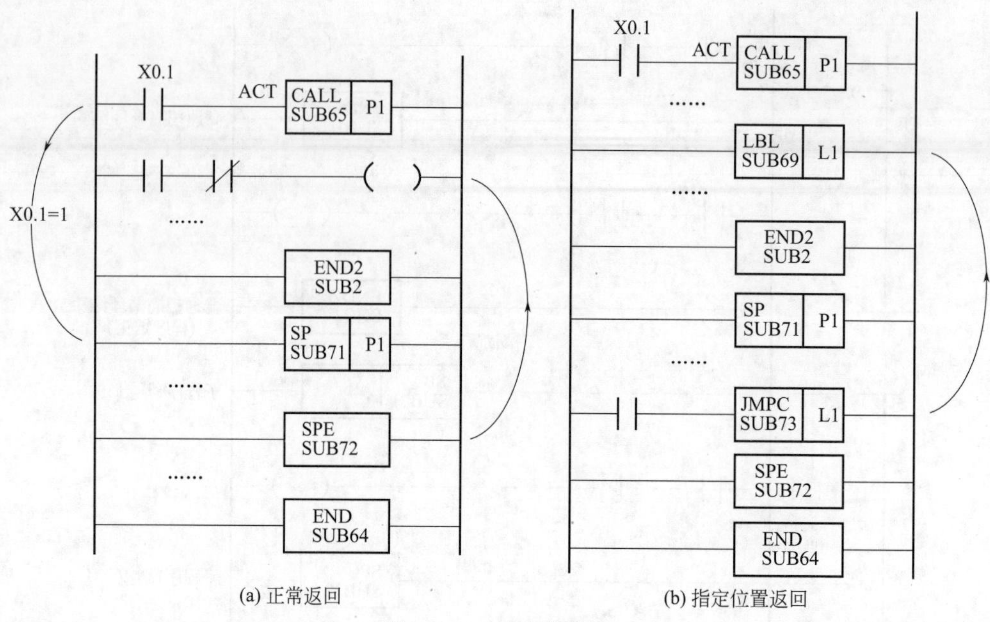

(a) 正常返回　　(b) 指定位置返回

图 5.1.5　子程序返回

之前，否则，PMC 程序将陷入无限调用子程序的死循环，无法执行其他的程序指令；此外，LBL*n* 也不能位于高速扫描程序区或后述的公共线控制区。

JMPC 专门用于子程序到主程序的跨程序跳转，这是它与下述程序跳转指令 JMPB 的根本区别。

(2) 程序跳转

FANUC 数控系统集成 PMC 的程序跳转指令 JMPB（SUB68）可改变程序的执行次序，使 CPU 从指定的目标位置开始继续执行后续的程序；跳转目标位置用指令 LBL（SUB69）标记，不同的目标位置通过专门的编程元件 L 区分，目标位置数（编程元件 L 的总数）一般不能超过 9999 个。

FANUC 数控系统集成 PMC 的程序跳转指令如图 5.1.6 所示，如果程序跳转在指令 JMPB 的控制条件 ACT=1，程序将跳转至标记 LBL 处继续执行（条件跳转）；如 ACT=0，则正常执行后续指令。

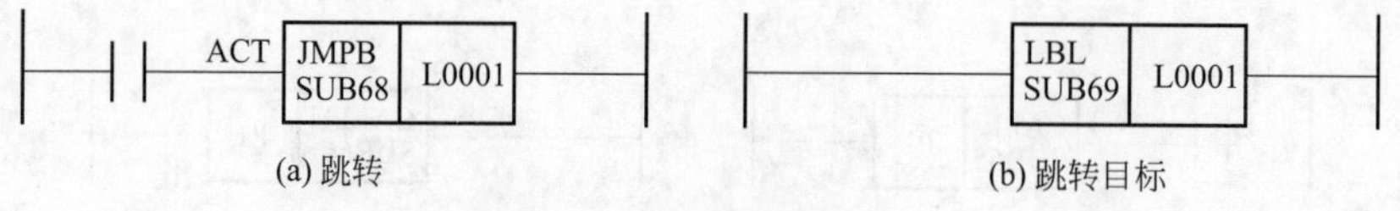

(a) 跳转　　(b) 跳转目标

图 5.1.6　程序跳转指令

程序跳转目标位置编程元件 L 不能重复使用或省略，但是，不同跳转指令的跳转目标位置可以如图 5.1.7(a) 所示，使用相同的目标位置；程序跳转目标位置既可位于跳转指令之后（向下跳转），也可位于跳转指令之前（向上跳转）。如果程序向上跳转时，需要防止程序陷入“死循环”。

程序跳转指令 JMPB 可以使用图 5.1.7(b) 所示的嵌套和交叉，但不能进行跨程序跳转，例如，不能在高速扫描程序和普通扫描程序之间，或主程序与子程序之间，进行程序相互跳转。此外，程序跳转区域不能和公共线控制区交叉。

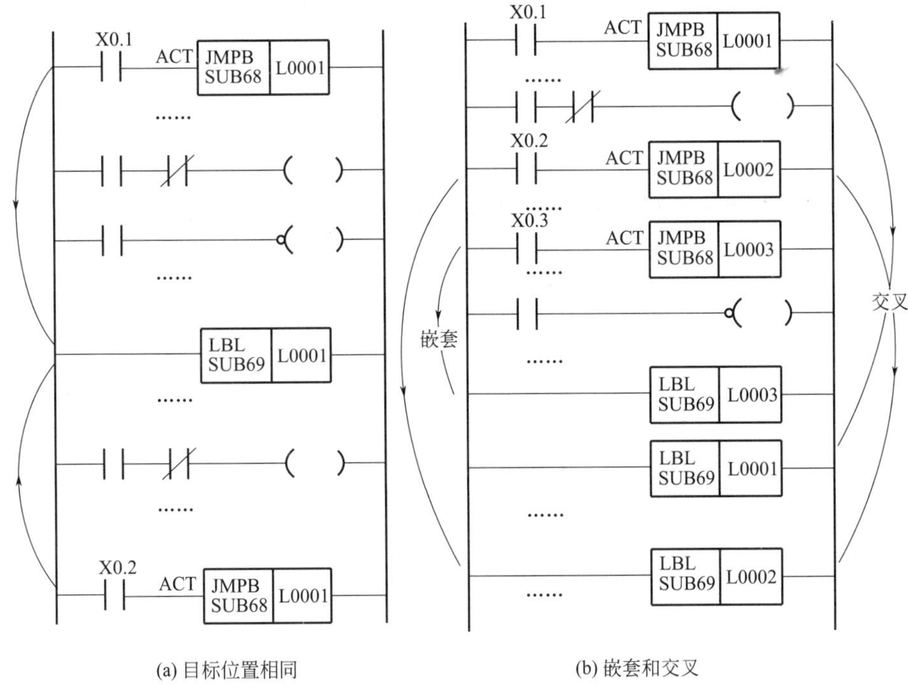

图 5.1.7　程序跳转

5.1.3　公共线控制与程序跳过

(1) 公共线控制

PMC 的条件执行程序也可通过公共线控制指令进行控制，使用公共线控制的 PMC 程序区域，只有在公共线控制条件满足时，才能输出执行结果；如公共线控制条件不满足，公共线控制区的所有输出状态都将为“0”。

FANUC 数控系统集成 PMC 的公共线控制功能的使用方法如图 5.1.8(a) 所示，公共线

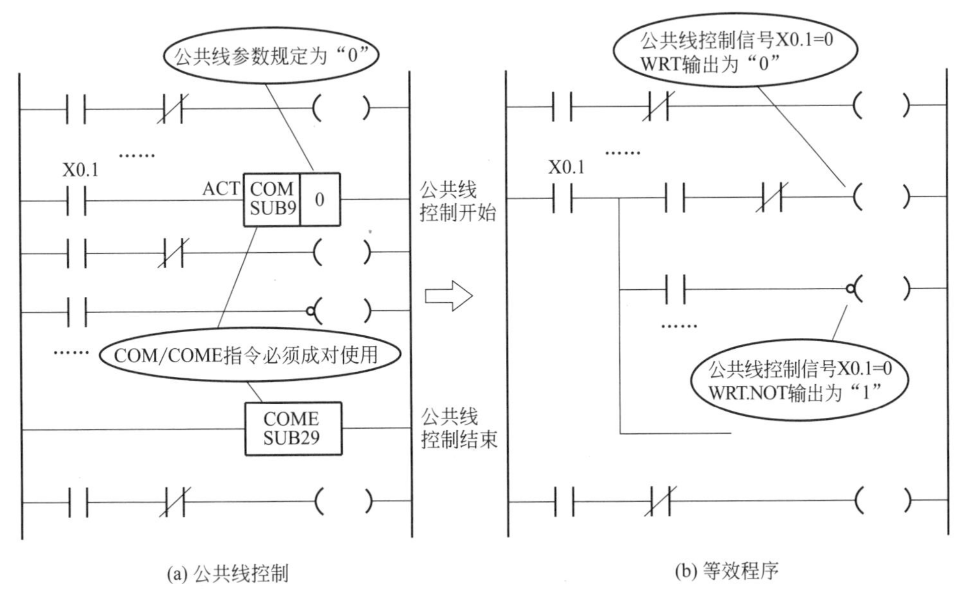

图 5.1.8　公共线控制

控制以指令 COM（SUB9）起始、COME（SUB29）结束；公共线的编号规定为 0；公共线控制区域不能再次使用公共线控制指令，即不能使用“嵌套”。

使用公共线控制时，位于公共线起始指令 COM 和结束指令 COME 之间的 PMC 程序，只有在 COM 指令的控制条件 ACT=1 时才能正常处理；如 ACT=0，该区域的程序同样需要进行处理，但是程序的全部输出都将为 0。

公共线控制实际上相当于对公共线控制区域的所有指令增加了一个图 5.1.8(b) 所示的公共控制触点。因此，使用公共线控制时需要注意，如果公共线控制区域内使用了状态取反输出指令（WRT. NOT），这样的输出线圈将在 COM 指令执行启动信号 ACT=0 时，输出状态为“1”的信号。

(2) 程序跳过

程序跳过是停止执行指定区域程序的功能，FANUC 数控系统集成 PMC 的程序跳过功能的使用方法如图 5.1.9 所示，程序跳过以指令 JMP 作为起始（SUB10）、以指令 JMPE（SUB30）作为结束，跳转编号规定为 0；在程序跳过区域之内，不可以再次使用程序跳过指令，即不能使用“嵌套”。

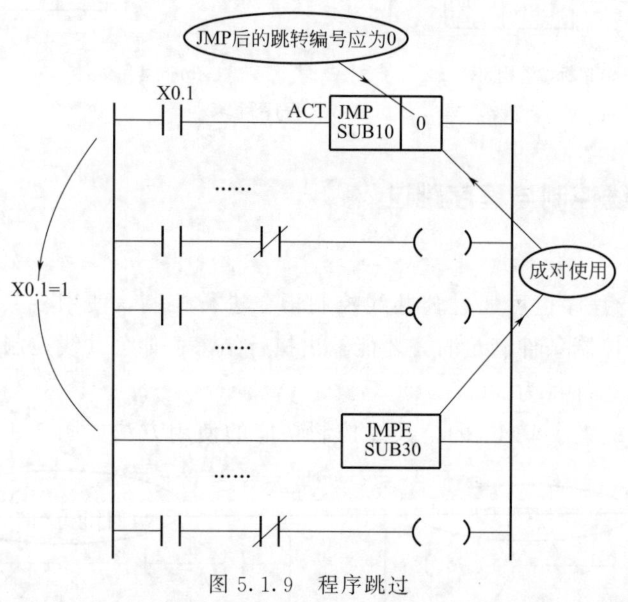

图 5.1.9　程序跳过

位于程序跳过开始指令 JMP 与结束指令 JMPE 之间的 PMC 程序，在指令 JMP 的控制条件 ACT 为“1”时将被跳过，区域内的所有输出状态将保持不变；如 ACT=0，则 CPU 正常处理区域内的程序。

程序跳过与程序跳转、公共线控制的功能有如下区别。

① 程序跳过与公共线控制。程序跳过与公共线控制的区别在于：程序被跳过时，CPU 将不再处理指定区域的 PMC 程序，区域内的所有输出状态将保持不变，程序循环扫描时间将被缩短。采用公共线控制时，无论控制条件是否满足，CPU 同样需要进行程序的处理，程序循环扫描时间不变；如控制条件不满足，区域内的所有输出状态将被置“0”。

程序跳过区域和公共线控制区域可相互“嵌套”，但不能有图 5.1.10 所示的交叉，即：如程序跳过起始指令 JMP 位于图 5.1.10(a) 所示的公共线控制区域之外，结束指令 JMPE 就不能位于公共线控制区域之内；同样，当程序跳过起始指令 JMP 位于图 5.1.10(b) 所示的公共线控制区域之内时，程序跳过结束指令 JMPE 也不能位于公共线控制区域之外。公共线控制的起始指令、结束指令的编程同样如此。

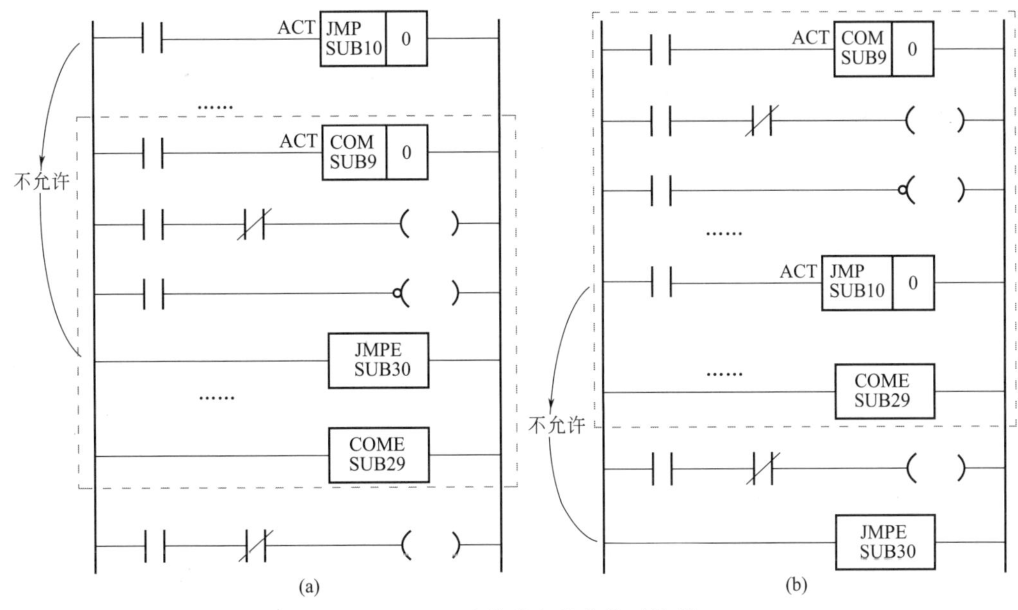

图 5.1.10　公共线和程序跳过控制

② 程序跳过与程序跳转。程序跳过与程序跳转的区别在于：程序跳过不具备转移功能，即：CPU 的程序执行指针只能从程序跳过的开始位置，向后移动到程序跳过的结束位置，PMC 程序执行不会陷入“死循环”。程序跳转具有转移功能，CPU 的程序执行指针将转移到跳转目标位置，继续执行程序，跳转目标位置既可位于跳转指令之后，也可位于跳转指令之前；因此，如果程序设计不当，PMC 程序执行可能陷入“死循环”。

5.2　PMC 编程元件

5.2.1　编程元件与图形符号

(1) 编程元件分类

PMC 程序中所使用的输入、输出、内部继电器、数据寄存器、定时器、计数器等通称编程元件。不同类别的编程元件用英文字母（地址符）进行区分，同类编程元件以存储器的地址编号（字节号、位号）区分。

FANUC 数控系统集成 PMC 常用编程元件如下。

① PMC 输入/输出。FANUC 数控系统集成 PMC 的输入/输出包括机床输入（X）/输出（Y）和 CNC 输入（F）/输出（G）两类。

机床输入/输出（machine input/output）是利用 PMC 的 I/O 单元或模块（包括主面板集成 I/O 模块）连接的实际 DI/DO 信号，除 I/O 单元或模块的空余地址、系统预留地址外，其他的每一编程元件通常都有对应的物理输入/输出装置。绝大多数机床输入/输出的作用都取决于机床生产厂家的电气控制系统设计，因此，同样的 DI/DO 地址在不同机床上有不同的含义；但是，表 5.2.1 所示的机床输入地址为 PMC 特殊的高速处理输入，DI 信号的地址、用途已由

FANUC 规定，用户不能改变。

表 5.2.1　固定地址高速机床输入信号

地　址	信　号　名　称	信号代号	
		FS 0iT	FS 0iM
X004.0	*X* 轴测量位置到达或多级跳步信号 7	XAE/SKIP7	XAE
X004.1	*Z* 轴测量位置到达或多级跳步信号 8	ZAE/SKIP8	—
	Y 轴测量位置到达	—	YAE
X004.2	刀具偏置值写入或多级跳步信号 2	＋MIT1/SKIP2	—
	Z 轴测量位置到达	—	ZAE
X004.3	刀具偏置值写入或多级跳步信号 3	－MIT1/SKIP3	—
X004.4	刀具偏置值写入或多级跳步信号 4	＋MIT2/SKIP4	—
X004.5	刀具偏置值写入或多级跳步信号 5	－MIT2/SKIP5	—
X004.6	PMC 控制轴跳步信号或多级跳步信号 6	ESKIP/SKIP6	ESKIP
X004.7	跳步信号	SKIP	
X008.4	急停信号	* ESP	
X009.0～X009.4	回参考点减速信号	* DEC1～ * DEC5	

CNC 输入/输出（CNC input/output）是数控系统集成 PMC 特有的信号，也是数控系统集成 PMC 与通用 PLC 的最大区别。CNC 输入/输出是用于数控系统操作、运行控制的 PMC 输入/输出信号，其数量众多；CNC 输入/输出信号可通过 PMC 和 CNC 的接口自动传送，无需进行硬件连接。CNC 输入/输出信号有固定的含义，信号的作用、功能都由数控系统生产厂家定义，只要是同型号的数控系统，在所有设备上都有相同的地址和含义。CNC 输入/输出信号除了物理输入/输出装置外，其他性质与机床输入/输出并无区别。

FS 0i 系列数控系统的机床输入/输出与 CNC 输入/输出地址如图 5.2.1 所示。

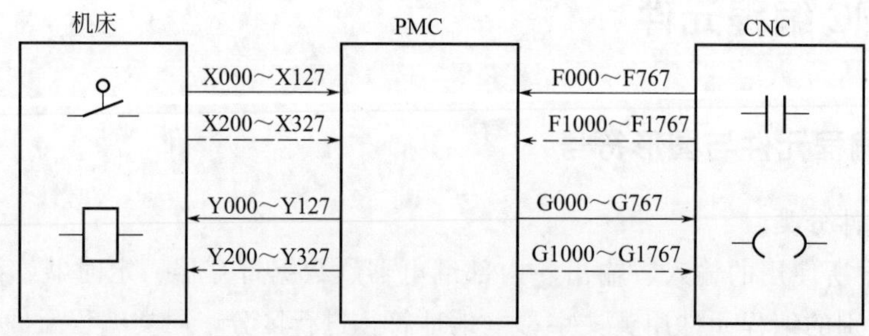

图 5.2.1　FS 0iF/0iF Plus 的输入/输出信号地址

② 内部继电器（R）及扩展继电器（E）。内部继电器（internal relay）用来存储 PMC 程序的中间状态，除了无物理输出外，其他性质与机床输出 Y 完全相同；在多 PMC 控制数控系统上，内部继电器的数量可通过扩展继电器（extra relay）增加，扩展继电器（E）的性质与内部继电器（R）完全相同。

在内部继电器 R 中，有一类特殊内部继电器，称为系统继电器（system relay）。系统继电器的功能已由数控系统生产厂家规定，其状态由 PMC 操作系统自动生成，PMC 用户程序只能使用其状态（触点），但不能对进行赋值（输出）。

FS 0i 系列数控系统常用的系统内部继电器如表 5.2.2 所示。

表 5.2.2 FS 0i 常用系统内部继电器

地 址	名 称	功能与用途
R9091.0	恒0状态	功能指令控制条件设定
R9091.1	恒1状态	功能指令控制条件设定,PMC程序运行检查
R9091.5	固定周期脉冲输出	周期200ms的脉冲信号输出,闪烁指示及其他应用
R9091.6	固定周期脉冲输出	周期1s的脉冲信号输出,闪烁指示及其他应用
R9000.0	比较或算术运算结果	数据比较或算术运算结果输出,执行比较指令时,代表输入数据和基准数据相等;执行算术运算指令时,代表运算结果为"0"
R9000.1	比较或算术运算结果	数据比较或算术运算结果输出,执行比较指令时,代表输入数据小于基准数据;执行算术运算指令时,代表算术运算结果为"负"
R9000.5	算术运算出错标记	算术运算溢出
R9002~R9005	算术运算结果	如除法运算的余数等

③ 保持继电器（K）。保持继电器（keep relay）是带有断电保持功能的内部继电器，包括用户保持继电器、系统保持继电器两类。用户保持继电器可供用户程序自由使用。系统保持继电器用于数控系统的程序编辑、存储器保护、梯形图显示等操作显示控制，其功能已由数控系统生产厂家规定。

保持继电器的状态既可通过PMC程序生成，也可通过PMC的参数设定操作予以直接设定，设定后的状态可一直保持，因此，在用户程序中可作为可变的PMC程序控制条件使用。例如，通过保持型继电器的状态设定，在机床选配某些可选择的辅助控制装置时（如自动排屑器、液压夹具等），增加相应的PMC控制程序等。

④ 信息显示位（A）。信息显示位（message display bit）用于系统文本显示控制，包括信息显示请求位（display request bit）和信息显示状态位（status display bit）两类。信息显示请求位用于LCD文本显示控制；信息显示状态位由数控系统自动生成，可用于当前LCD文本显示状态的指示。

⑤ 数据寄存器（D）。数据寄存器（data register）是用来保存PMC程序数据的存储元件，可根据需要设定断电保持存储区域；由于数据寄存器可通过数据表指令，以表格的形式进行设置、检索，因此在FANUC说明书中又称数据表（data table）。

数据寄存器不但可设定断电保持功能，而且数据格式可由用户自由设定，因此它实际上是一种多用途的编程元件。例如，当数据寄存器设定为二进制格式、无断电保持功能时，它具有内部继电器（R）同样的功能，在程序中可作为内部继电器使用；当数据寄存器设定为二进制格式、断电保持时，它具有保持继电器同样的功能，可作为保持继电器使用等。

⑥ 定时器（T）与计数器（C）。定时器（timer）与计数器（counter）是用于PMC程序定时、计数的常用编程元件，FANUC数控系统集成PMC的定时器、计数器分为可变定时器、计数器和固定定时器、计数器两类。

可变定时器、计数器（variable timer、variable counter）的初始值可直接利用PMC参数设定操作随时进行设定或修改，使用灵活、方便，故可用于时间、计数值需要改变的定时与计数控制，例如，导轨的自动润滑定时控制、工件计数控制等。

固定定时器、计数器（fixed timer、fixed counter）的初始值需要利用PMC指令编程，如果不改变PMC程序，使用者无法改变初始值，其使用安全、可靠，故可用于固定的定时、计数控制，例如，数控机床的电磁元件动作延时、刀位计数控制等。

⑦ 边沿检测（DIFU、DIFD）。边沿检测（edge detection）是用来检测DI信号上升/下降沿的寄存器，DIFU用来检测上升沿（rising edge），DIFD用来检测下降沿（falling edge）。在实际PMC程序中，边沿检测也经常通过PMC的编程实现，有关内容可参见第2章。

⑧ 跳转标记（LBL）、子程序（SP）与步进顺序号（S）。跳转标记、子程序、步进顺序号用于PMC程序的流程控制。步进顺序号（step number）仅用于顺序功能图（sequential function chart）程序，它是顺序功能图程序的程序步（step）标记及执行控制条件；跳转标记（label）用来定义程序跳转指令的目标位置；子程序（subprogram）用来定义子程序调用指令的PMC子程序号。

(2) 梯形图符号

FANUC数控系统集成PMC的基本编程语言为梯形图，编程指令可分为基本指令和功能指令两类。基本指令用于DI/DO、定时器、计数器触点等二进制位信号的状态读入、输出及二进制位逻辑运算操作，指令一般只有一个操作数；在梯形图程序中，可直接用触点、线圈、连线等基本符号表示。功能指令用于定时、计数、比较、译码及多位逻辑运算、算术运算等操作，指令通常有多个操作数；在梯形图程序中，需要用功能指令框表示。

FANUC数控PMC梯形图编程常用的符号如表5.2.3所示。

表5.2.3 梯形图编程常用的符号

名　称	符　号	可使用的地址
常开触点	—| |—	X、Y、F、G、R、D、E、K
常闭触点	—|/|—	X、Y、F、G、R、D、E、K
输出线圈	—(　)—	Y、G、R、D、E、K、A
取反输出	—o(　)—	Y、G、R、D、E、K、A
线圈复位	—(R)—	Y、G、R、D、E、K、A
线圈置位	—(S)—	Y、G、R、D、E、K、A

(3) 编程范围

FANUC数控系统集成PMC常用编程元件的地址格式及编程范围如表5.2.4所示，PMC实际可使用的地址与系统功能、硬件配置（I/O-Link从站）等因素有关，在不同机床上有所不同。

表5.2.4 PMC常用编程元件地址格式及编程范围

信号类别	地址格式	编程范围(字节)
机床输入(机床→PMC)	X□□.□(位)、X□□(字节或字)	X0～X127、X200～X327
机床输出(PMC→机床)	Y□□.□(位)、Y□□(字节或字)	Y0～Y127、Y200～Y327
CNC输入(CNC→PMC)	F□□.□(位)、F□□(字节或字)	F0～F767、F1000～F1767
CNC输出(PMC→CNC)	G□□.□(位)、G□□(字节或字)	G0～G767、G1000～G1767

续表

信号类别	地址格式	编程范围(字节)
内部继电器	R□□.□(位)、R□□(字节或字)	R0～R59999
系统继电器	R□□.□(位)、R□□(字节或字)	R9000～R9499
扩展继电器	E□□.□(位)、E□□(字节或字)	E0～E9999
用户保持继电器	K□□.□(位)、K□□(字节或字)	K0～K299
系统保持继电器	K□□.□(位)、K□□(字节或字)	K900～K999
信息显示请求位	A□□.□(位)	A0～A249
信息显示状态位	A□□.□(位)	A9000～A9249
数据寄存器	D□□.□(位)、D□□(字节或字)	D0～D59999
定时器	T□□	T1～T500
计数器	C□□	C1～C300
步进顺序号	S□□	S1～S2000
子程序号	P□□	P1～P5000
标记	L□□	L1～L9999

以二进制位（bit）存储的开关量信号既可以进行独立的输入、输出及逻辑运算操作，也可以用字节、字的形式，进行 8 位、16 位同时输入、输出及逻辑运算操作。

开关量信号独立处理时，地址号以“字节号（Byte）. 位号（bit）”的形式表示，例如 X0.0、Y1.7、R100.5 等。由于 1 字节存储器的数据长度为 8 位，因此位号（bit）为 8 进制数据，编程范围为□□.0～□□.7，不能使用□□.8、□□.9 等格式。

开关量信号以字节为单位进行处理时，地址号直接以“字节号（Byte）”的形式表示，例如，X0 代表 X0.0～X0.7 的 8 点输入状态，Y1 代表 Y1.0～Y1.7 的 8 点输出状态等。

开关量信号以字为单位进行处理时，地址号以低字节的“字节号（Byte）”的形式表示，例如，X0 代表 X0.0～X0.7、X1.0～X1.7 的 16 点输入状态，Y2 代表 Y2.0～Y2.7、Y3.0～Y3.7 的 16 点输出状态等。

FANUC 数控系统集成 PMC 的字节号以十进制格式表示，因此可以使用 X10、Y8 等格式。

5.2.2 符号地址与注释

符号地址、注释仅是为了帮助 PMC 程序阅读、检查而增加的说明文本，它只能用于显示，不会影响 PMC 程序的任何动作。使用符号地址、注释的 PMC 程序显示如图 5.2.2 所示，符号地址、注释的作用如下。

(1) 符号地址

除了常数外，其他操作数状态都需要通过计算机的存储器保存，因此，PMC 指令中的操作数实际上都需要以存储器地址（memory address）表示。

例如，X0.0 代表的是开关量输入存储区域第 1 字节（Byte0）、第 1 位（bit0）的状态，X0.1 代表的是开关量输入存储区域第 1 字节（Byte0）、第 2 位（bit1）的状态；Y0.0 代表的是开关量输出存储区域第 1 字节（Byte0）、第 1 位（bit0）的状态，Y0.1 代表的是开关量输出

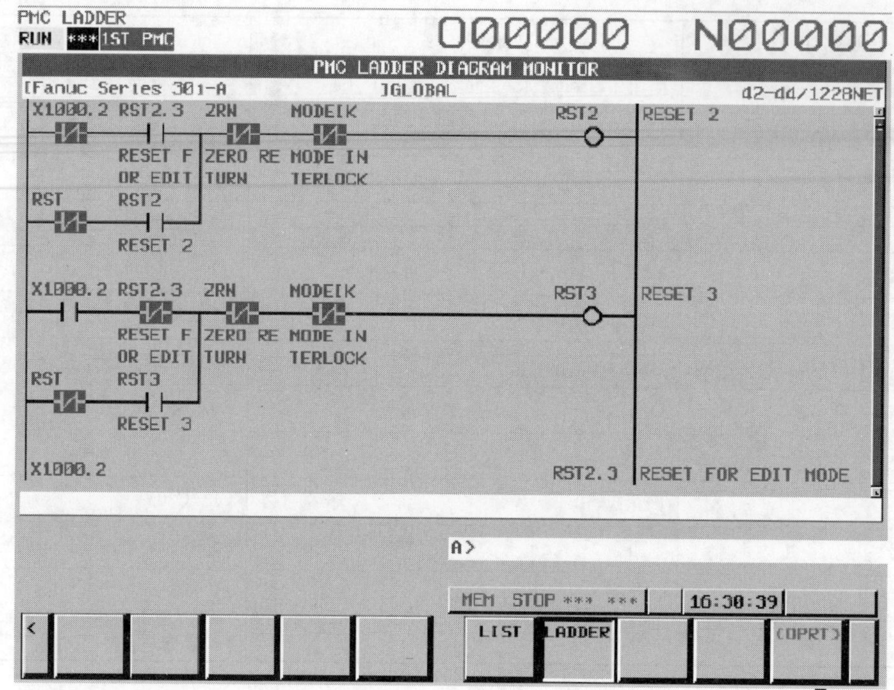

图 5.2.2　符号地址和注释显示

存储区域第 1 字节（Byte0）、第 2 位（bit1）的状态；而 R0.0 则代表内部继电器存储区域第 1 字节（Byte0）、第 1 位（bit0）的状态。

直接以字母、字节、位等存储器实际地址表示的指令操作数，称为绝对地址（absolutely address）操作数。存储器地址只能表示编程元件类别、编号，但不能反映信号的名称和用途等信息，进行 PMC 程序阅读、检查时，必须同时参照电路图、PMC 地址表等技术资料，才能准确了解 PMC 程序的控制要求、动作对象与功能。此外，由于存储器地址只有类别字母、编号上的区别，稍不注意，就会引起输入与编辑的错误。因此，直接以存储器地址表示的 PMC 程序，通常只用于编程元件少、程序容量小、动作相对简单的 PMC 程序。

在编程元件众多、程序容量很大、动作复杂的 PMC 程序中，为了方便程序阅读、检查，减少输入与编辑的出错，一般需要用文字符号来表示、区分不同指令操作数。例如，当内部继电器 R501.0 用于数控系统回参考点（ZRN）操作方式选择时，可直接以英文助记符“ZRN”代替存储器地址 R501.0，表示内部继电器 R501.0 等。这种以助记符代替存储器地址表示的指令操作数，称为符号地址（symbol address）操作数。

在梯形图程序显示时，符号地址可直接取代存储器地址，在图 5.2.2 所示的梯形图编程元件上方显示。

(2) 注释

注释（comment）是对 PMC 程序中所使用的编程元件添加的简要说明文本，注释的字符数可比符号地址更多。在图 5.2.2 所示的梯形图显示时，触点注释可显示在触点下方；线圈注释可显示在线圈右侧；如果输出线圈增加了注释，该线圈所对应的触点将自动显示与线圈同样的注释。例如，当内部继电器 R0501.0 的输出线圈增加了注释“ZERO RETURN”后，程序中的所有 R0501.0 触点下方都将自动显示图 5.2.2 所示的注释。

符号地址与注释需要编制图 5.2.3 所示的符号地址与注释表（symbol & comment data

viewer）。FANUC 数控系统的符号地址长度一般为 16 字，注释长度一般为 30 字符。

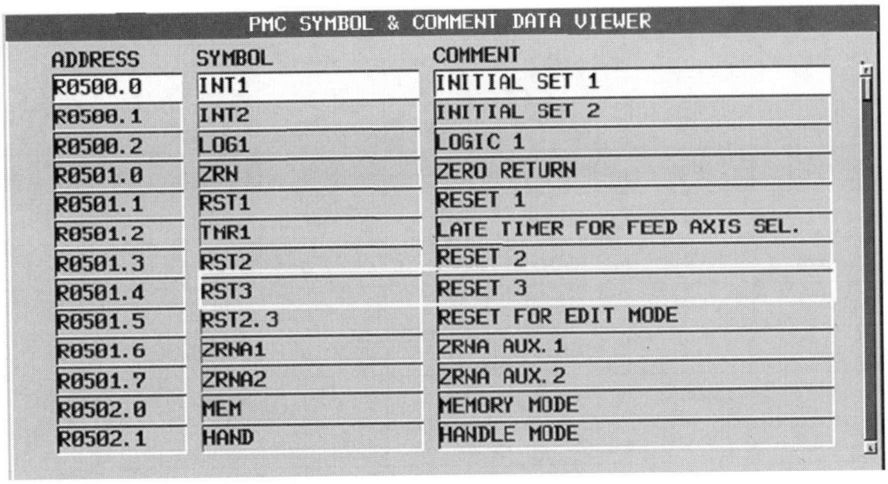

PMC SYMBOL & COMMENT DATA VIEWER

ADDRESS	SYMBOL	COMMENT
R0500.0	INT1	INITIAL SET 1
R0500.1	INT2	INITIAL SET 2
R0500.2	LOG1	LOGIC 1
R0501.0	ZRN	ZERO RETURN
R0501.1	RST1	RESET 1
R0501.2	TMR1	LATE TIMER FOR FEED AXIS SEL.
R0501.3	RST2	RESET 2
R0501.4	RST3	RESET 3
R0501.5	RST2.3	RESET FOR EDIT MODE
R0501.6	ZRNA1	ZRNA AUX.1
R0501.7	ZRNA2	ZRNA AUX.2
R0502.0	MEM	MEMORY MODE
R0502.1	HAND	HANDLE MODE

图 5.2.3　符号地址与注释表

5.2.3　CNC 输入/输出信号

数控系统集成 PMC 程序需要处理大量 CNC 输入/输出信号，这是集成 PMC 和通用 PLC 的最大区别。CNC 输入/输出信号包括来自 CNC 的工作状态信息、辅助动作指令和由 PMC 向 CNC 输出的操作、控制信号等。

CNC 输入/输出信号的数量众多，部分信号只有在 CNC 选择特殊的选择功能时才需要使用，其完整的说明可参见附录 A，数控机床 PMC 程序设计常用的基本信号如下。

(1) CNC 输入信号

CNC 输入信号是由 CNC 向 PMC 传送的内部接口信号，包括来自数控装置的工作状态信息、数控加工程序的辅助功能指令（M、B、E）等，这些信号对 PMC 而言属于输入信号。PMC 程序需要根据 CNC 输入信号，通过相关的处理，向机床侧输出电磁执行元件动作、指示灯通断等控制信号。

在 FANUC 数控系统上，CNC 输入信号（CNC→PMC）的地址为 F，信号的性质与机床输入 X 相同，但它们不需要占用 PMC 的实际 DI 点，也无物理输入设备。

FANUC 数控系统常用的 CNC 输入信号如表 5.2.5 所示，信号的说明可参见附录 A。

表 5.2.5　常用 CNC 输入信号一览表

地 址（字节）	位(bit)							
	7	6	5	4	3	2	1	0
F000	OP	SA	STL	SPL				RWD
F001	MA		TAP	ENB	DEN	BAL	RST	AL
F002	MDRN	CUT		SRNMV	THRD	CSS	RPDO	INCH
F003	MTCHIN	MEDT	MMEM	MRMT	MMDI	MJ	MH	MINC
F004			MREF	MAFL	MSBK	MABSM	MMLK	MBDT1
F005	MBDT9	MBDT8	MBDT7	MBDT6	MBDT5	MBDT4	MBDT3	MBDT2
F007	BF			BF	TF	SF	EFD	MF

续表

地址(字节)	位(bit)							
	7	6	5	4	3	2	1	0
F008			MF3	MF2				EF
F009	DM00	DM01	DM02	DM30				
F010	M07	M06	M05	M04	M03	M02	M01	M00
F011	M15	M14	M13	M12	M11	M10	M09	M08
F012	M23	M22	M21	M20	M19	M18	M17	M16
F013	M31	M30	M29	M28	M27	M26	M25	M24
F014	M207	M206	M205	M204	M203	M202	M201	M200
F015	M215	M214	M213	M212	M211	M210	M209	M208
F016	M307	M306	M305	M304	M303	M302	M301	M300
F017	M315	M314	M313	M312	M311	M310	M309	M308
F022	S07	S06	S05	S04	S03	S02	S01	S00
F023	S15	S14	S13	S12	S11	S10	S09	S08
F024	S23	S22	S21	S20	S19	S18	S17	S16
F025	S31	S30	S29	S28	S27	S26	S25	S24
F026	T07	T06	T05	T04	T03	T02	T01	T00
F027	T15	T14	T13	T12	T11	T10	T09	T08
F028	T23	T22	T21	T20	T19	T18	T17	T16
F029	T31	T30	T29	T28	T27	T26	T25	T24
F030	B07	B06	B05	B04	B03	B02	B01	B00
F031	B15	B14	B13	B12	B11	B10	B09	B08
F032	B23	B22	B21	B20	B19	B18	B17	B16
F033	B31	B30	B29	B28	B27	B26	B25	B24
F034						GR3O	GR2O	GR1O
F035								SPAL
F036	R08O	R07O	R06O	R05O	R04O	R03O	R02O	R01O
F037					R12O	R11O	R10O	R09O
F038					ENB3	ENB2	SUCLP	SCLP
F039								MSPOS
F040	AR7	AR6	AR5	AR4	AR3	AR2	AR1	AR0
F041	AR15	AR14	AR13	AR12	AR11	AR10	AR09	AR08
F045	ORARA	TLMA	LDT2A	LDT1A	SARA	SDTA	SSTA	ALMA
F046	MORA2A	MORA1A	PORA2A	SLVSA	RCFNA	RCHPA	CFINA	CHPA
F047				EXOFA			INCSTA	PC1DTA
F048				CSPENA				
F049	ORARB	TLMB	LDT2B	LDT1B	SARB	SDTB	SSTB	ALMB

续表

地址（字节）	位(bit)							
	7	6	5	4	3	2	1	0
F050	MORA2B	MORA1B	PORA2B	SLVSB	RCFNB	RCHPB	CFINB	CHPB
F051				EXOFB			INCSTB	PC1DTB
F053	EKENB			BGEACT	RPALM	RPBSY	PRGDPL	INHKY
F054	UO007	UO006	UO005	UO004	UO003	UO002	UO001	UO000
F055	UO015	UO014	UO013	UO012	UO011	UO010	UO009	UO008
F056	UO107	UO106	UO105	UO104	UO103	UO102	UO101	UO100
F057	UO115	UO114	UO113	UO112	UO111	UO110	UO009	UO008
F058	UO123	UO122	UO121	UO120	UO119	UO118	UO117	UO116
F059	UO131	UO130	UO129	UO128	UO127	UO126	UO125	UO124
F061							BCLP	BUCLP
F062	PRTSF			S2MES	S1MES			AICC
F065				RTRCTF			RGSPM	RGSPP
F066			PECK2				RTPT	G08MD
F076			ROV2O	ROV1O	RTAP		MP2O	MP1O
F094					ZP4	ZP3	ZP2	ZP1
F096					ZP24	ZP23	ZP22	ZP21
F098					ZP34	ZP33	ZP32	ZP31
F100					ZP44	ZP43	ZP42	ZP41
F102					MV4	MV3	MV2	MV1
F104					INP4	INP3	INP2	INP1
F106					MVD4	MVD3	MVD2	MVD1
F108					MMI4	MMI3	MMI2	MMI1
F110					MDTCH4	MDTCH3	MDTCH2	MDTCH1
F120					ZRF4	ZRF3	ZRF2	ZRF1
F122								HDO0
F124					+OT4	+OT3	+OT2	+OT1
F126					−OT4	−OT3	−OT2	−OT1
F172	PBATL	PBATZ						
F180					CLRCH4	CLRCH3	CLRCH2	CLRCH1
F274				CSFO1				

（2）CNC 输出信号

CNC 输出信号是由 PMC 向 CNC 传送的内部接口信号，包括 CNC 操作方式选择、坐标轴和主轴的运动控制、加工程序的运行控制、坐标轴进给速度和主轴转速调整等，这些信号对 PMC 而言属于输出信号。

在 FANUC 数控系统上，CNC 输出信号（PMC→CNC）地址为 G，信号的性质与机床输出 Y 相同，但它们不需要占用 PMC 的实际 DO 点，也无物理输出设备。

FANUC 数控系统常用的 CNC 输出信号如表 5.2.6 所示，信号的说明可参见附录 A。

表 5.2.6　常用 CNC 输出信号一览表

地址（字节）	位(bit)							
	7	6	5	4	3	2	1	0
G004			MFIN3	MFIN2	FIN			
G005	BFIN(T)	AFL		BFIN(M)	TFIN	SFIN		MFIN
G006		SKIPP		OVC		* ABSM		SRN
G007	RLSOT	EXLM	* FLWU	RLSOT3		ST	STLK	
G008	ERS	RRW	* SP	* ESP	* BSL		* CSL	* IT
G010	* JV7	* JV6	* JV5	* JV4	* JV3	* JV2	* JV1	* JV0
G011	* JV15	* JV14	* JV13	* JV12	* JV11	* JV10	* JV9	* JV8
G012	* FV7	* FV6	* FV5	* FV4	* FV3	* FV2	* FV1	* FV0
G014							ROV2	ROV1
G016	F1D							
G018	HS2D	HS2C	HS2B	HS2A	HS1D	HS1C	HS1B	HS1A
G019	RT		MP2	MP1	HS3D	HS3C	HS3B	HS3A
G023			NOINPS					
G027	CON		* SSTP3	* SSTP2	* SSTP1	SWS3	SWS2	SWS1
G028	PC2SLC	SPSTP	* SCPF	* SUCPF		GR2	GR1	
G029		* SSTP	SOR	SAR				GR21
G030	SOV7	SOV6	SOV5	SOV4	SOV3	SOV2	SOV1	SOV0
G032	R08I	R07I	R06I	R05I	R04I	R03I	R02I	R01I
G033	SIND	SSIN	SGN		R12I	R11I	R10I	R09I
G034	R08I2	R07I2	R06I2	R05I2	R04I2	R03I2	R02I2	R01I2
G035	SIND2	SSIN2	SGN2		R12I2	R11I2	R10I2	R09I2
G038	* BECLP	* BEUCP			SPPHS	SPSYC		
G041	HS2ID	HS2IC	HS2IB	HS2IA	HS1ID	HS1IC	HS1IB	HS1IA
G042	DMMC				HA3ID	HS3IC	HS3IB	HS3IA
G043	ZRN		DNCI			MD4	MD2	MD1
G044							MLK	BDT1
G045	BDT9	BDT8	BDT7	BDT6	BDT5	BDT4	BDT3	BDT2
G046	DRN	KEY4	KEY3	KEY2	KEY1		SBK	
G053	CDZ	SMZ			UINT			TMRON
G054	UI007	UI006	UI005	UI004	UI003	UI002	UI001	UI000
G055	UI015	UI014	UI013	UI012	UI011	UI010	UI009	UI008
G060	* TSB							
G061			RGTSP2	RGTSP1				RGTAP
G062		RTNT					* CRTOF	
G066	EKSET			RTRCT			ENBKY	IGNVRY

续表

地址（字节）	位(bit)							
	7	6	5	4	3	2	1	0
G070	MRDYA	ORCMA	SFRA	SRVA	CTH1A	CTH2A	TLMHA	TLMLA
G071	RCHA	RSLA	INTGA	SOCNA	MCFNA	SPSLA	* ESPA	ARSTA
G072	RCHHGA	MFNHGA	INCMDA	OVRA	DEFMDA	NRROA	ROTAA	INDXA
G073				DSCNA		MPOFA	SLVA	MORCMA
G074	MRDYB	ORCMB	SFRB	SRVB	CTH1B	CTH2B	TLMHB	TLMLB
G075	RCHB	RSLB	INTGB	SOCNB	MCFNB	SPSLB	* ESPB	ARSTB
G076	RCHHGB	MFNHGB	INCMDB	OVRB	OEFMDB	NRROB	ROTAB	INDXB
G077				DSCNB		MPOFB	SLVB	MORCMB
G078	SHA07	SHA06	SHA 05	SHA 04	SHA 03	SHA 02	SHA 01	SHA 00
G079					SHA11	SHA 10	SHA 09	SHA 08
G080	SHB07	SHB06	SHB 05	SHB 04	SHB 03	SHB 02	SHB 01	SHB 00
G081					SHB11	SHB 10	SHB 09	SHB 08
G096	HROV7	* HROV6	* HROV5	* HROV4	* HROV3	* HROV2	* HROV1	* HROV0
G100					+J4	+J3	+J2	+J1
G102					−J4	−J3	−J2	−J1
G104					+EXL4	+EXL3	+EXL2	+EXL1
G105					−EXL4	−EXL3	−EXL2	−EXL1
G106					MI4	MI3	MI2	MI1
G108					MLK4	MLK3	MLK2	MLK1
G114					* +L4	* +L3	* +L2	* +L1
G116					* −L4	* −L3	* −L2	* −L1
G118					* +ED4	* +ED3	* +ED2	* +ED1
G120					* −ED4	* −ED3	* −ED2	* −ED1
G124					DTCH4	DTCH3	DTCH2	DTCH1
G126					SVF4	SVF3	SVF2	SVF1
G130					* IT4	* IT3	* IT2	* IT1
G132					+MIT4	+MIT3	+MIT2	+MIT1
G134					−MIT4	−MIT3	−MIT2	−MIT1

5.3 PMC 功能指令编程

5.3.1 功能指令格式

(1) 指令编程与显示

FANUC 数控系统集成 PMC 的基本逻辑运算、处理的梯形图程序与通用 PLC 并无区别，其编程方法可参见后述的程序实例。

PMC 功能指令是用于定时、计数、比较、多位逻辑运算、算术运算、流程控制等编程指令，这些功能不能通过简单的逻辑“与”“或”“非”运算实现，因此不能用梯形图的触点、线圈、连线表示，它们需要通过 PMC 功能指令实现。

在梯形图程序中上，功能指令一般需要以“功能框”的形式进行编程，功能框的形式在不同公司生产的 PLC 上有所不同。例如，FANUC 数控系统集成 PMC 的二进制译码指令 DECB 功能指令框的基本形式如图 5.3.1 所示。

为了方便程序编辑、阅读，在通常情况下，编程时所使用的功能指令框与实际梯形图监控显示的功能指令框有所不同。例如，二进制译码指令 DECB 编程时，一般使用图 5.3.1(a) 所示的功能指令框，而 CNC 的实际梯形图监控显示为图 5.3.1(b) 所示功能指令框。

功能指令编程时，为了方便、简洁，所有编程元件地址的前 0 一般都予以省略，功能指令所包含的参数用线框进行逐一分隔；但是，在数控系统的 PMC 程序编辑页面及梯形图动态监控上，功能指令的编程元件地址前 0 将被系统自动添加，功能指令所包含的参数在同一框内依次排列。

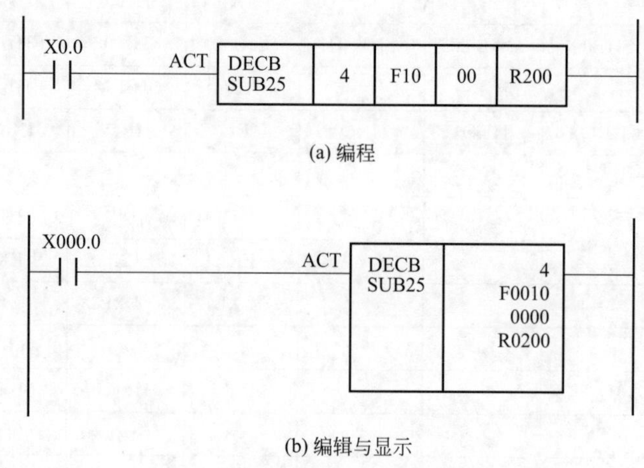

图 5.3.1　功能指令的编程与显示

(2) 指令基本格式

FANUC 数控系统集成 PMC 的功能指令由图 5.3.2 所示的控制条件、指令代码、指令参数、状态输出 4 部分组成，编程要求分别如下。

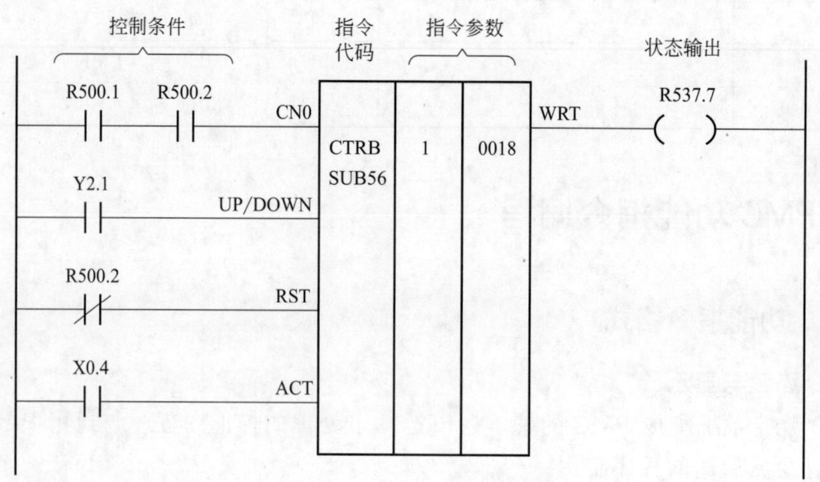

图 5.3.2　功能指令的基本格式

① 控制条件。控制条件是功能指令的输入和执行条件，它因指令功能而异。控制条件以英文助记符表示，例如，ACT 为指令执行的启动（指令生效）输入；RST 为指令复位（状态清除）输入等。在所有控制条件中，指令复位输入 RST 具有最高优先级，如果 RST 输入 ON，即使 ACT 输入 ON，也不能启动和执行功能指令。

不同功能指令对控制条件有规定的要求，在 PMC 编程时不能省略指令规定的控制条件，也不能改变控制条件的数量和先后次序。

② 指令代码。指令代码在程序中以英文助记符的形式表示，例如，TMR 代表定时指令、CTRC 代表回转计数指令等。FANUC 数控系统集成 PMC 的常用功能指令可参见后述的功能指令一览表。

从某种意义上说，功能指令实际是数控系统生产厂家预先设计的参数化 PMC 子程序，执行功能指令，相当于调用了某一参数化 PMC 子程序，因此，在 FANUC 数控系统上，功能指令还可以用 SUB 号进行表示。功能指令的 SUB 号与指令代码一一对应，例如，可变计数器的指令代码为 CTR、对应的 SUB 号为 SUB5，固定计数器的指令代码为 CTRB，对应的 SUB 号为 SUB56 等。

③ 指令参数。指令参数（简称参数）是功能指令执行所需要的操作数，参数的数量、意义因功能指令而异，多字节、多字操作的功能指令需要定义多个参数，而程序结束 END、空操作 NOP 等简单功能指令则不需要参数。

不同功能指令对参数格式、次序都有规定的要求，PMC 编程时不能省略和改变参数的位置。

④ 状态输出。状态输出是功能指令的执行结果，其内容与指令的功能有关。例如，定时指令的输出相当于延时接通的线圈等；数据传送、程序结束等功能指令无执行状态信息，也就无状态输出；而算术运算、数据比较等指令的结果无法以二进制逻辑状态表示，其执行状态需要通过前述的系统内部继电器 R9000～R9005 表示（参见表 5.2.2）。

如果功能指令的状态输出为二进制逻辑状态，可直接用输出线圈编程，输出线圈的地址可由编程者自由定义，在通常情况下，以内部继电器 R 居多。

(3) 数据存储格式

功能指令的参数可以为常数，也可以是存储器数据。存储器用于数据存储时，其长度可为 1 字节、1 字（2 字节）、双字（4 字节）。

FANUC 数控系统集成 PMC 的数据存储器的起始字节原则上应为偶数，起始字节用来存储多字节数据的低字节。例如，当字节操作指令指定 D200 时，它代表 D200 的 8 位二进制数据 D200.0～D200.7；当字操作指令指定 D200 时，则代表 D200、D201 所存储的 16 位二进制数据 D200.0～D200.7 和 D201.0～D201.7；当双字操作指令指定 D200 时，则代表 D200～D203 所存储的 4 字节数据等。

FANUC 数控系统集成 PMC 常用的数据格式有 BCD、二进制（十六进制）两种，数据存储格式分别如下。

① BCD 格式。十进制正整数可采用 BCD 格式存储，存储格式如图 5.3.3 所示。

数据以 BCD 格式存储时，数据寄存器的起始字节用来保存十位、个位，高字节用来保存千位、百位，依次类推。1 字节数据寄存器的数据存储范围为 0～99，1 字长数据寄存器的数据存储范围为 0～9999，双字长数据寄存器的数据存储范围为 0～99999999。

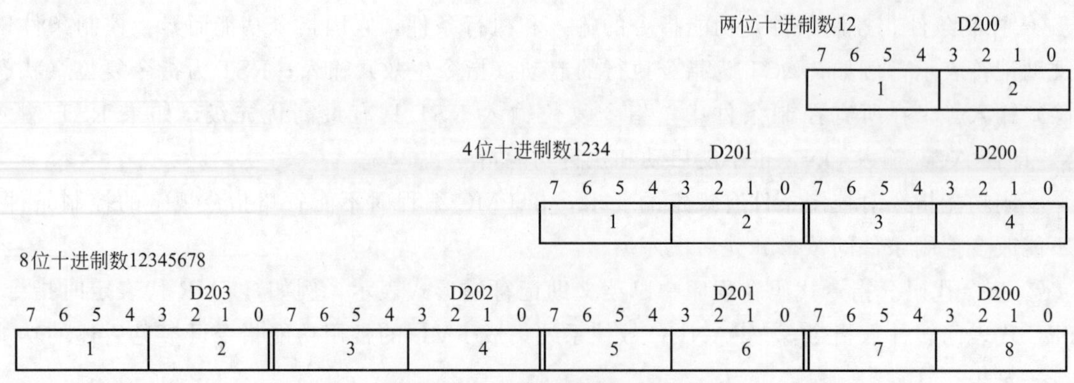

图 5.3.3 十进制数据存储格式

② 二进制格式。二进制格式的数据寄存器可存储带符号整数，数据存储格式如图 5.3.4 所示。

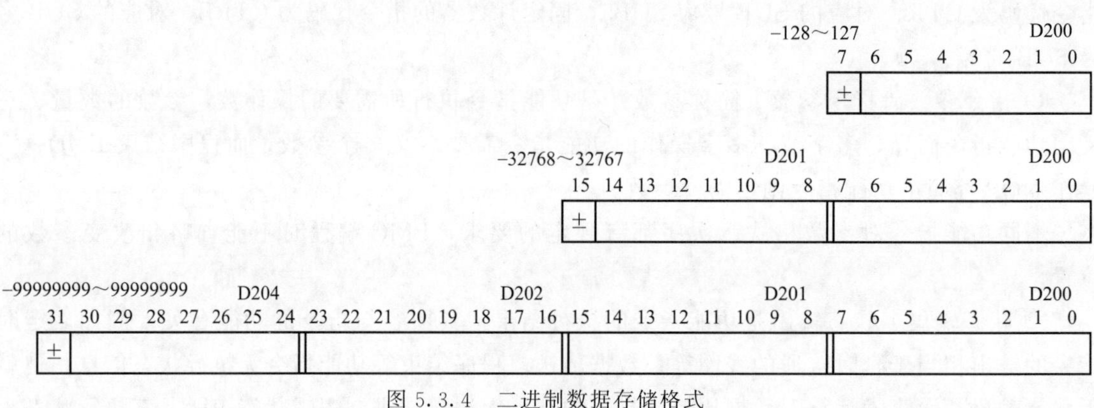

图 5.3.4 二进制数据存储格式

数据以二进制格式存储时，存储器的起始字节为数据低 8 位（$2^7 \sim 2^0$），高字节为高 8 位（$2^{15} \sim 2^8$），依次类推，最高位为符号位。1 字节数据寄存器的数据存储范围为－128～127；1 字长数据寄存器的数据存储范围为－32768～32767；为了进行 BCD 与二进制转换，双字长数据寄存器的二进制数据范围一般为－99999999～＋99999999。

5.3.2 功能指令总表

FANUC 数控系统集成 PMC 可以使用的功能指令与数控系统生产时间、规格及 PMC 功能配置有关，常用的功能指令如表 5.3.1 所示。

表 5.3.1 PMC 常用的功能指令表

类 别	指令代码	指令代号	指 令 功 能
定时与计数	TMR	SUB3	可设定定时器
	TMRB	SUB24	固定时间定时器
	TMRC	SUB54	可变定时器
	TMRBF	SUB77	延时断开定时器
	CTR	SUB5	可设定计数器
	CTRB	SUB56	固定计数器
	CTRC	SUB55	可变计数器

续表

类　别	指令代码	指令代号	指 令 功 能
回转控制	ROT	SUB6	十进制回转控制器
	ROTB	SUB26	二进制回转控制器
数据比较、译码、转换、传送和判别	COIN	SUB16	十进制数据一致判断
	COMP	SUB15	十进制数据比较
	COMPB	SUB32	二进制数据比较
	PARI	SUB11	奇偶判别(奇偶校验)
	DEC	SUB4	十进制数据译码
	DECB	SUB25	二进制数据连续译码
	DCNV	SUB14	二/十进制数据转换
	DCNVB	SUB31	扩展的二/十进制数据转换
	COD	SUB7	十进制数据表转换
	CODB	SUB27	二进制数据表转换
	NUME	SUB23	十进制常数传送
	NUMEB	SUB40	二进制常数传送
	MOVB	SUB43	字节传送
	MOVW	SUB44	字传送
	MOVD	SUB47	双字传送
	MOVN	SUB45	任意字节传送
	EQB	SUB200	1 字节二进制数据判别(等于)
	EQW	SUB201	2 字节二进制数据判别(等于)
	EQD	SUB202	4 字节二进制数据判别(等于)
	NEB	SUB203	1 字节二进制数据判别(不等于)
	NEW	SUB204	2 字节二进制数据判别(不等于)
	NED	SUB205	4 字节二进制数据判别(不等于)
	GTB	SUB206	1 字节二进制数据判别(大于)
	GTW	SUB207	2 字节二进制数据判别(大于)
	GTD	SUB208	4 字节二进制数据判别(大于)
	LTB	SUB209	1 字节二进制数据判别(小于)
	LTW	SUB210	2 字节二进制数据判别(小于)
	LTD	SUB211	4 字节二进制数据判别(小于)
	GEB	SUB212	1 字节二进制数据判别(大于等于)
	GEW	SUB213	2 字节二进制数据判别(大于等于)
	GED	SUB214	4 字节二进制数据判别(大于等于)
	LEB	SUB215	1 字节二进制数据判别(小于等于)
	LEW	SUB216	2 字节二进制数据判别(小于等于)
	LED	SUB217	4 字节二进制数据判别(小于等于)
	RNGB	SUB218	1 字节二进制数据判别(范围)
	RNGW	SUB219	2 字节二进制数据判别(范围)
	RNGD	SUB220	4 字节二进制数据判别(范围)

续表

类　别	指令代码	指令代号	指 令 功 能
逻辑运算扩展	DIFU	SUB57	上升沿检测
	DIFD	SUB58	下降沿检测
	MOVE	SUB8	字节“与”
	MOVOR	SUB28	字节“或”
	AND	SUB60	逻辑与
	OR	SUB61	逻辑或
	EOR	SUB59	异或
	NOT	SUB62	逻辑非
	NOP	SUB70	空操作
算术运算	ADD	SUB19	十进制加法
	SUB	SUB20	十进制减法
	MUL	SUB21	十进制乘法
	DIV	SUB22	十进制除法
	ADDB	SUB36	二进制加法
	SUBB	SUB37	二进制减法
	MULB	SUB38	二进制乘法
	DIVB	SUB39	二进制除法
	SFT	SUB33	移位
程序控制	END1	SUB1	第 1 级程序结束
	END2	SUB2	第 2 级程序结束
	END3	SUB48	第 3 级程序结束
	END	SUB64	梯形图程序结束
	CALL	SUB65	条件调用子程序
	CALLU	SUB66	无条件调用子程序
	SP	SUB71	子程序开始
	SPE	SUB72	子程序结束
	JMPC	SUB73	子程序标记返回
	COM	SUB9	公共线控制开始
	COME	SUB29	公共线控制结束
	JMP	SUB10	程序跳过
	JMPE	SUB30	程序跳过结束
	JMPB	SUB68	标记跳转
	LBL	SUB69	跳转标记
数据表操作	DSCH	SUB17	十进制数据检索
	DSCHB	SUB34	二进制数据检索
	XMOV	SUB18	十进制数据传送
	XMOVB	SUB35	二进制数据传送

续表

类　别	指令代码	指令代号	指 令 功 能
数据交换	DISPB	SUB41	文本信息显示
	EXIN	SUB42	文本信息输入
	MMCWR	SUB98	MMC 数据读取
	MMCWW	SUB99	MMC 数据写出
	WINDR	SUB51	CNC 窗口数据读取
	WINDW	SUB52	CNC 窗口数据写出
	AXCTL	SUB53	PMC 轴控制(已由装卸轴控制功能替代)

5.4　定时、计数及回转控制指令

5.4.1　定时器指令编程

FANUC 数控系统集成 PMC 常用的定时指令有 TMR、TMRB、TMRC 三种，指令的功能、编程格式和要求分别如下。

(1) TMR 指令

TMR 是 PMC 程序最常用的可变定时器指令，定时器具有延时接通功能，定时器的延迟时间可通过 PMC 参数设定操作设定和改变。

TMR 指令的编程格式如图 5.4.1 所示。

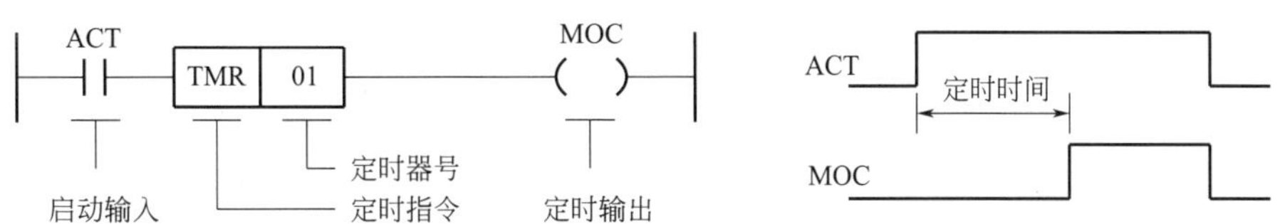

图 5.4.1　TMR 指令的编程格式

指令中的 ACT 为定时器启动输入，ACT 为“1”时启动定时；指令中的 MOC 为延时接通输出，如 ACT 为“1”的状态保持时间大于定时器的延迟时间设定值，MOC 的输出将为“1”；如 ACT 为“0”，则 MOC 立即为“0”。

MOC 可为机床输出 Y、CNC 输出 G、内部继电器 R、数据寄存器 D 等输出元件，在 PMC 程序中，这一输出元件的触点可直接作为定时器的延时触点使用。

TMR 指令可使用的定时器编号与 PMC 的功能有关，标准配置 FS 0i 系列数控系统的定时器编号范围一般为 1～40；选配 PMC 附加功能后，可扩展至 1～500。

TMR 指令的延迟时间设定单位为 ms，定时器的定时精度、定时范围与定时器号有关，T1～T8 的定时精度为 48ms，定时范围为 48ms～1572.8s；T9～T500 的定时精度为 8ms，定时范围为 8ms～262.136s。如果 PMC 参数设定的时间不是定时精度的整数倍，系统将自动忽略余数取整。

例如，对于定时精度为 48ms 的定时器 T1，如在 PMC 参数上输入 500（ms），系统将自动修改为 480（ms）；同样，对于定时精度为 8ms 的定时器 T10，如在 PMC 参数上输入 500（ms），系统将自动修改为 496（ms）等。

可变定时器 TMR 的延时可通过 CNC 的 PMC 参数设定操作，在定时器（TIMER）设定页面上设定，有关内容详见本书后述。

(2) TMRB/TMRBF 指令

TMRB/TMRBF 为固定定时器指令，指令 TMRB 具有延时接通功能，指令 TMRBF 具有延时断开功能；定时器的定时时间需要在指令中直接设定。

TMRB/TMRBF 指令的编程格式如图 5.4.2 所示，指令中的 ACT、MOC 含义与可变定时器指令 TMR 相同。

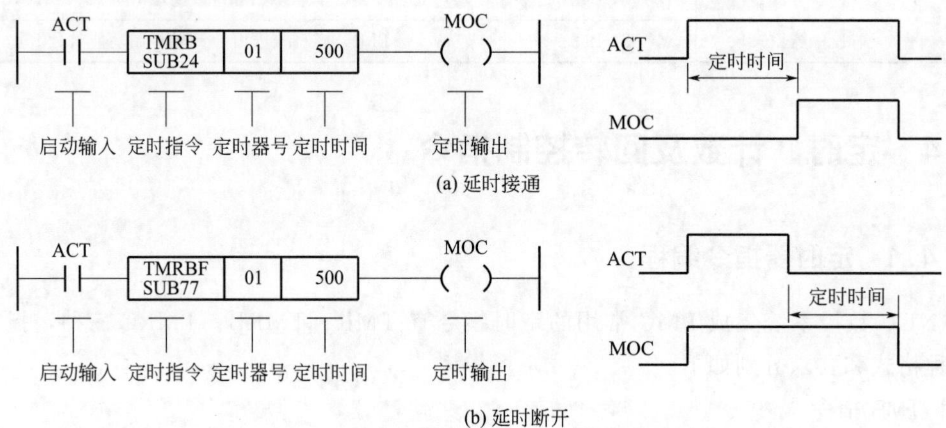

图 5.4.2　TMRB/TMRBF 指令的编程格式

TMRB/TMRBF 指令可使用的定时器编号与 PMC 功能有关，标准配置 FS 0i 系列数控系统的定时器编号范围一般为 1～100，选配 PMC 附加功能后，可扩展至 1～1500。

固定定时器指令 TMRB/TMRBF 的延迟时间需要在指令中设定，定时单位为 1ms，定时精度为 8ms，定时范围为 8ms～32760s。当定时时间不是定时精度的整数倍时，余数同样将被系统自动忽略。

(3) TMRC 指令

TMRC 定时器为早期 FANUC 数控系统最常用的可变定时器指令，TMRC 定时器同样具有延时接通功能。

TMRC 定时器指令的编程格式如图 5.4.3 所示。

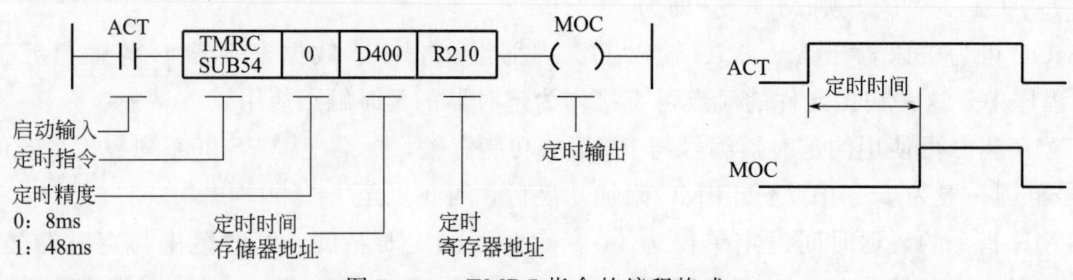

图 5.4.3　TMRC 指令的编程格式

TMRC 定时器指令中的 ACT 为定时器启动信号，作用与 TMR 指令相同；MOC 为定时器延时接通输出。TMRC 定时器的定时时间利用存储器地址指定，指令无定时器编号；如果存储器有足够的空间，TMRC 定时器的数量不受限制。

TMRC 定时器指令的参数定义方法如下。

定时精度：以精度号的形式定义，设定范围为 0～7；不同精度号所对应的实际定时精度与定时范围如表 5.4.1 所示。

表 5.4.1　TMRC 指令定时精度与定时范围

指令参数	定时精度	定时范围	指令参数	定时精度	定时范围
0	8ms	8ms～262.1s	4	1min	1min～546h
1	48ms	48ms～26.2min	5	1ms	1ms～32.7s
2	1s	1s～546min	6	10ms	10ms～327.7s
3	10s	10s～91h	7	100ms	100ms～54.6min

定时时间：以存储器起始地址的形式设定，定时时间需要连续 2 字节存储器（内部继电器 R 或数据寄存器 D），存储器数值设定范围为 0～65535。

定时寄存器：用于系统定时控制的存储器起始地址，每一定时器需要连续 4 字节的控制存储器（通常为内部继电器 R），用作定时寄存器的存储器不能再在 PMC 程序中使用。

定时器 TMRC 和 TMR 在功能上的主要区别如下。

① 定时器数量不同。TMR 定时器的数量受 PMC 功能的限制，例如，标准配置的 FS 0i 系列数控系统一般不能超过 40 个；TMRC 定时器的数量不受限制，但每一定时器需要 6 字节存储器（2 字节时间设定、4 字节定时控制寄存器）。

② 延迟时间设定方法不同。TMR 定时器号和 PMC 参数一一对应，定时时间可通过 PMC 参数设定操作，在定时器（TIMER）设定页面直接设定，参数含义明确，操作相对简单。

TMRC 定时器的数量不受限制，延迟时间设定方式可变，使用灵活方便。例如，如果定时时间存储器为常数，TMRC 便具有固定定时器 TMRB 同样的功能；如定时时间存储器为断电保持型数据寄存器 D，定时时间可通过数据寄存器 D 的操作设定、断电保持，TMRC 便具有可变定时器 TMR 同样的功能；如果定时时间存储器为内部继电器 R 或非断电保持型数据寄存器 D，则可通过 PMC 程序，在不同的控制条件下，为定时器设定不同的定时时间值。

③ 定时精度选择方法和不同。TMR 定时器的定时精度需要以定时器编号区分和选择，TMRC 定时器的定时精度可通过指令参数选择，并且其精度等级更多。

(4) 应用示例

定时器指令可广泛用于各种需要延时控制的场合，例如，用于数控机床导轨自动润滑的润滑泵，一般需要间隔规定的时间自动启动，并在压力到达规定值后停止。

图 5.4.4(a) 是实现导轨自动润滑控制的简单程序，程序的动作如图 5.4.4(b) 所示。

图中的 X0.0 为机床启动信号，X0.1 为润滑油位检测信号，X1.0 为润滑压力到达信号；Y0.1 为润滑泵启动信号。当机床启动后（X0.0=1），如润滑油位正常（X0.1=1），定时器 T01 将被启动。当 T01 到达 PMC 参数设定的延时，润滑泵启动信号 Y0.1=1，润滑泵将启动工作，油路压力逐步上升。

当润滑泵工作后（Y0.1=1），如果润滑压力到达规定的值，润滑压力到达信号 X1.0 将为“1”，并使得内部继电器 R200.0=1。R200.0 一旦为“1”，定时器 T01 的启动信号将被断开，状态输出 Y0.1 将成为“0”，润滑泵停止工作，但内部继电器 R200.0 仍可通过自锁触点保持。此后，随着导轨润滑压力的逐步降低，润滑压力到达信号 X1.0 将成为“0”，并使内部继电器 R200.0=0，定时器 T01 将被再次启动，重复以上循环。

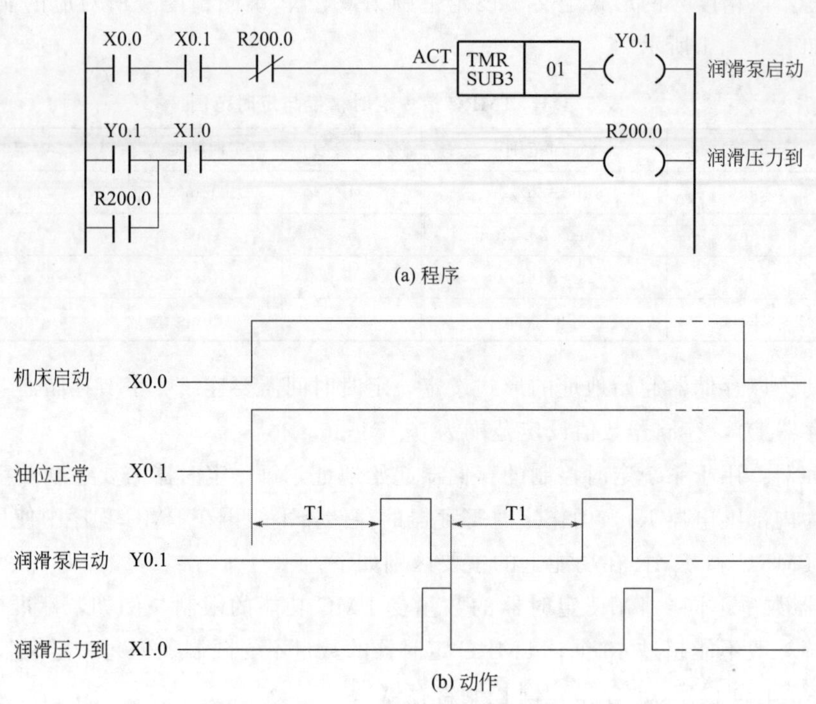

图 5.4.4 自动润滑控制程序

5.4.2 计数器指令编程

FANUC 数控系统集成 PMC 常用的计数器指令有 CTR、CTRB、CTRC 三种，指令的功能、编程格式和要求分别如下。

(1) CTR 指令

CTR 为 PMC 程序最为常用的可变计数器指令，指令具有循环计数功能。CTR 指令的循环计数的最大值称为计数目标值或预置值（preset value），计数目标值及计数器的现行计数值（current accumulate value）均可通过 PMC 参数设定操作进行直接设定与检查，或者通过 PMC 程序指令进行读写。

CTR 指令的编程格式如图 5.4.5 所示，指令的控制条件如下。

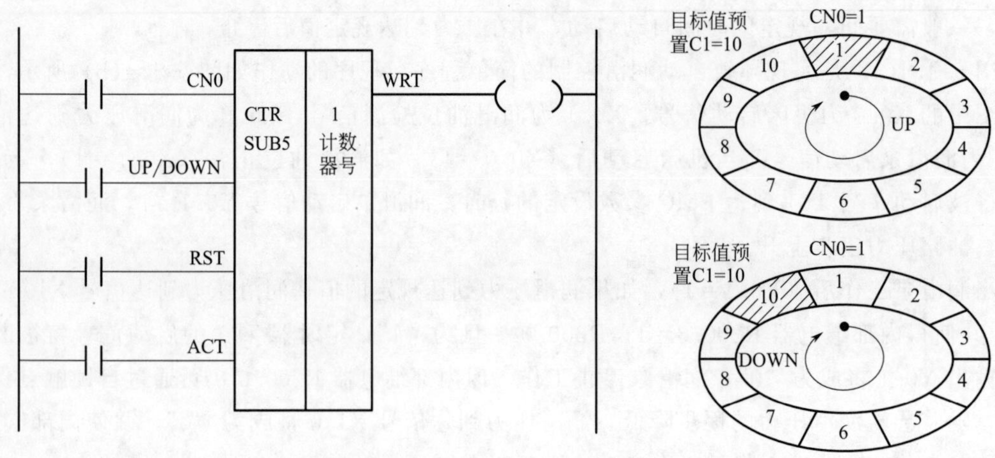

图 5.4.5 CTR 指令的编程格式

CN0：计数开始值选择。CN0＝0，计数开始值为 0，输入 1 个计数脉冲后，计数值成为“1”；CN0＝1，计数开始值为“1”，输入 1 个计数脉冲后，计数值成为“2”。

UP/DOWN：计数方向控制。UP/DOWN＝0 为正向计数（加计数），每输入 1 个计数脉冲，现行计数值都将加 1，现行计数值到达 PMC 参数设定的目标值后，如果再输入 1 个计数脉冲，现行计数值将成为 CN0 选定的计数开始值。UP/DOWN＝1 为反向计数（减计数），每输入 1 个计数脉冲，现行计数值将减 1，现行计数值到达 CN0 选定的计数开始值后，如果再输入 1 个计数脉冲，现行计数值将成为 PMC 参数设定的目标值。

RST：计数器复位。RST＝1 时，计数器复位，现行计数值成为 CN0 选定的计数开始值；状态输出成为 0。

ACT：计数脉冲输入，上升沿有效。

WRT：计数器状态输出。正向计数（加计数）时，如果现行计数值到达 PMC 参数设定的目标值，WRT 输出 1；反向计数（减计数）时，如果现行计数值到达 CN0 选定的计数开始值，WRT 输出 1。

计数器号：计数器号与 PMC 功能有关，标准配置的 FS 0i 系列数控系统的编程范围通常为 1～20，选配 PMC 附加功能后，可扩展至 1～300。

CTR 计数器的目标值及现行计数值保存在 PMC 的断电保持型计数存储器 C 中，每一计数器需要连续 4 字节计数存储器；其中，第 1、2 字节用来存储计数器目标值，第 3、4 字节用来存储现行计数值。计数存储器 C 的值不但可通过 PMC 参数设定操作设定，而且也可通过 PMC 程序进行读、写操作。

CTR 计数器计数存储器 C 的地址按计数器编号依次分配，起始地址为 C0，计数器 Cn 对应的计数存储器地址为 C[4×(n－1)]～C[4×(n－1)＋3]。例如，CTR 计数器 C1 的计数存储器地址为 C000～C003，其中 C000/C001 存储计数器目标值，C002/C003 存储现行计数值；同样，CTR 计数器 C2 的计数存储器地址为 C004～C007，C20 的计数存储器地址为 C076～C079 等。

(2) CTRB 指令

CTRB 为固定计数器指令，指令同样具有循环计数功能，但是，计数器的计数目标值（亦称预置值 PRESET）需要在计数器指令上设定；计数目标值、现行计数值同样可通过 PMC 程序指令读取。

CTRB 指令的编程格式如图 5.4.6 所示。CTRB 指令除了需要增加目标值参数外，其他的控制条件、状态输出均与可变计数器指令 CTR 相同；计数目标值的设定范围为 1～65535。

标准配置的 FS 0i 系列数控系统可使用的 CTRB 固定计数器通常为 20 个，选配 PMC 附加功能后，可扩展至 300 个。

CTRB 计数器的目标值（预置值）直接在指令中以常数的形式设定，目标值设定范围为 0～65535。CTRB 现行计数值同样保存在 PMC 的断电保持型计数存储器 C 中，但每一计数器只需要连续 2 字节存储器保存现行计数值。

CTRB 计数器的计数存储器地址 C 同样按计数器编号依次分配，但起始地址为 C5000；因此，CTRB 计数器 Cn 所对应的计数存储器地址为 C[5000＋2×(n－1)]、C[5000＋2×(n－1)＋1]。例如，CTRB 计数器 C1 的现行计数值存储器地址为 C5000/C5001，C2 的现行计数值存储器地址为 C5003/C5004，C20 的现行计数值存储器地址为 C5038/C5039 等。

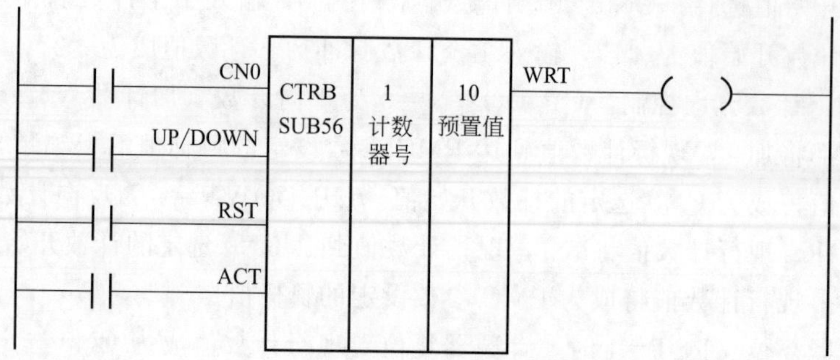

图 5.4.6　CTRB 指令的编程格式

(3) CTRC 指令

CTRC 计数器为早期 FANUC 数控系统最常用的可变计数器指令，CTRC 计数器同样具有循环计数功能，指令的编程格式如图 5.4.7 所示。

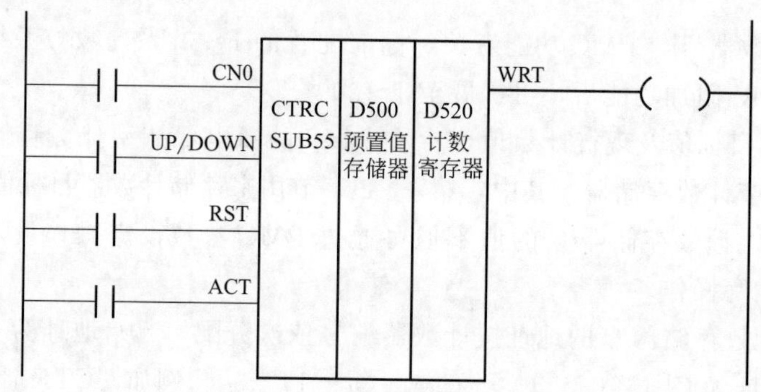

图 5.4.7　CTRC 指令的编程格式

CTRC 指令的控制条件、状态输出均与 CTR 指令相同。CTRC 计数器无计数器编号，如果存储器有足够的空间，CTRC 计数器的数量不受限制。

CTRC 计数器的计数目标值（预置值）需要通过指令参数，直接以存储器地址（数据存储器 D 或内部继电器 R）的形式定义，每一计数器需要连续 2 字节存储器，目标值的设定范围为 0～65535。

CTRC 计数器的现行计数值保存在计数寄存器中（通常为断电保持型数据寄存器 D），计数寄存器的地址需要在指令中定义；每一 CTRC 计数器需要连续 4 字节存储器，其中的第 1、2 字节为计数器的现行计数值，第 3、4 字节用于系统控制，用作计数寄存器的存储器不能再在 PMC 程序中使用。

CTRC 计数器的数量不受限制，使用灵活方便，它既可作为固定计数器使用，也可作为可变计数器使用。例如，如果计数目标值存储器为常数，计数寄存器为断电保持型数据寄存器 D，CTRC 便具有固定计数器 CTRB 同样的功能；如果目标值存储器、计数寄存器均为断电保持型数据寄存器 D，计数目标值、现行计数值便可通过数据寄存器 D 的设定操作设定、断电保持，CTRC 便具有可变计数器 CTR 同样的功能；如果目标值存储器、计数寄存器为内部继电器 R 或非断电保持型数据寄存器 D，则可通过 PMC 程序，在不同的控制条件下，为计数器设定不同的目标值、现行计数值。

(4) 应用示例

计数器指令可广泛用于各种需要计数控制的场合，例如，用于数控机床的工件计数、回转分度计数等。

图 5.4.8(a) 是实现 8 位回转分度计数的简单程序，程序的功能如图 5.4.8(b) 所示。

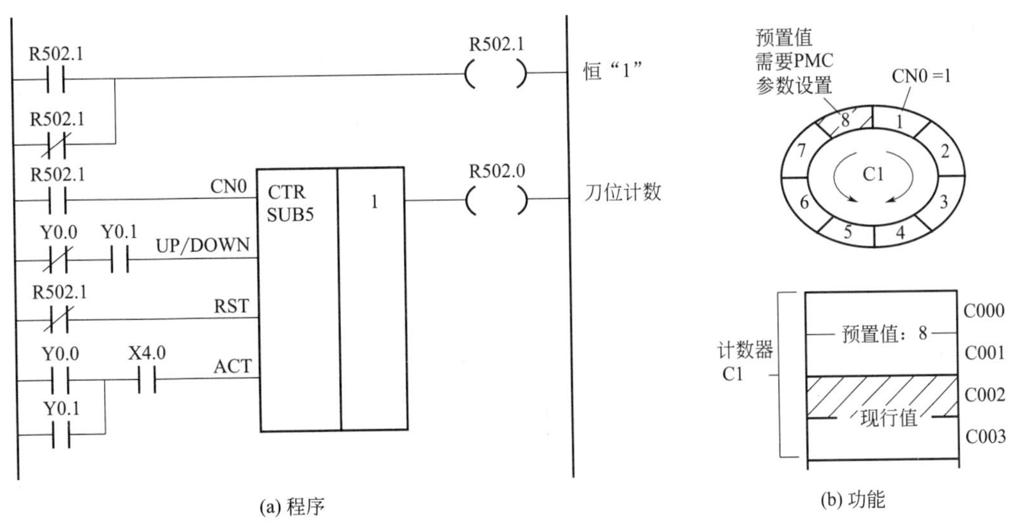

(a) 程序　　(b) 功能

图 5.4.8　8 位回转分度计数程序

程序中的内部继电器 R502.1 为恒“1”信号，其状态始终为“1”。CTR 计数器的控制条件定义如下。

CN0：由恒“1”信号 R502.1 控制，状态固定为“1”，计数器 C1 的计数开始值为“1”。

UP/DOWN：由回转分度驱动电机转向输出信号 Y0.0、Y0.1 控制，Y0.0 为驱动电机正转输出信号，Y0.1 为驱动电机反转输出信号；因此，当驱动电机正转时（Y0.0=1、Y0.1=0），UP/DOWN 为“0”，计数器正向计数（加计数），当驱动电机反转时（Y0.0=0、Y0.1=1），UP/DOWN 为“1”，计数器反向计数（减计数）。

RST：由恒“1”信号 R502.1 取反后控制，状态固定为“0”，计数器 C1 的复位输入无效。

ACT：由回转分度计数开关输入信号 X4.0 控制，当驱动电机正转（Y0.0=1）或反转（Y0.1=1）时，输入 X4.0 的上升沿作为计数器的计数脉冲输入。

程序中的计数器编号为 C1，因此，其计数存储器地址为 C000～C003。计数存储器 C000/C001 为计数目标值，C002/C003 为现行计数值；它们均可通过 PMC 参数设定操作，或由 PMC 程序指令进行设定、读取。由于程序中的计数目标值、现行计数值实际只需要 1 字节存储器，因此，PMC 程序需要设定、读取计数目标值、现行计数值时，也可用字节操作指令，只进行低字节存储器 C000（目标值）、C002（现行计数值）的设定、读取。

5.4.3　回转控制指令编程

回转控制指令是 FANUC 公司根据加工中心刀库、数控车床刀架及工作台分度等数控机床常见回转控制要求而设计的专用指令，指令可根据目标位置和当前位置，自动判别转向、计算需要回转的位置数，从而为自动换刀等控制程序的设计提供方便。

FANUC 数控系统集成 PMC 的回转控制指令有十进制回转控制 ROT、二进制回转控制 ROTB 两种，指令的编程与应用可参见本书后述的数控机床编程实例，指令的功能、编程格式和要求分别如下。

(1) ROT 指令

在早期的 FANUC 数控系统上，CNC 加工程序中的 M、T、B 等辅助机能代码，均以十进制 BCD 编码的格式输出，因此可直接通过十进制回转控制 ROT 判别转向，计算需要回转的位置数（剩余位置）。

十进制回转控制指令 ROT 的编程格式如图 5.4.9 所示，指令的编程要求如下。

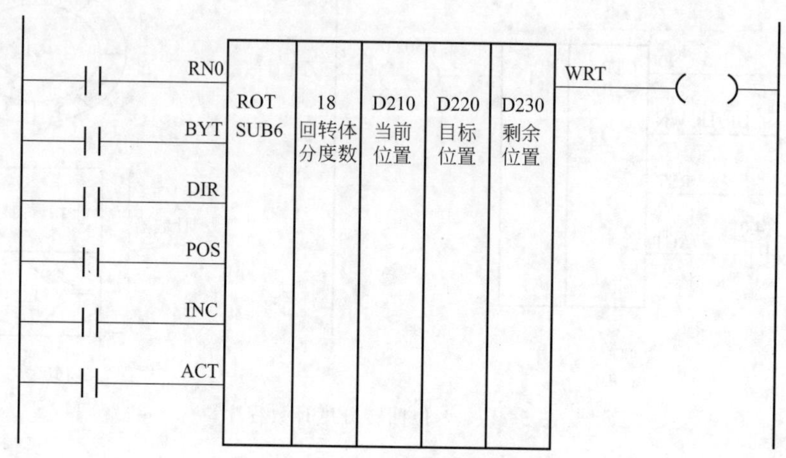

图 5.4.9　ROT 指令的编程格式

① 控制条件。ROT 指令需要定义如下控制条件。

RN0：回转计数的开始值选择。RN0 的输入状态为“0”时，计数开始值为 0；输入状态为“1”时，计数开始值为 1。

BYT：回转控制指令的指令参数长度选择。BYT 的输入状态为“0”，指令参数为 1 字节、2 位 BCD 码，参数范围为 1～99；BYT 的输入状态为“1”，指令参数为 2 字节、4 位 BCD 码，参数范围为 1～9999。

DIR：回转捷径选择功能设定。DIR 的输入状态为“0”，回转捷径选择功能无效，指令输出 WRT 的状态始终为“0”。DIR 的输入状态为“1”，捷径选择功能有效，指令输出 WRT 的状态为“0”，代表正向回转；WRT 的状态为“1”，代表反向回转。

POS：定位目标位置选择。POS 的输入状态为“0”，以指令参数所指定的目标位置作为回转定位的位置，计算需要回转的位置数（剩余位置参数）；POS 的输入状态为“1”，以指令参数所指定的目标位置的前一位置作为回转定位的位置，计算需要回转的位置数（剩余位置参数）。例如，当指令参数指定的当前位置为 2、目标位置为 5 时，如 POS=1，计算得到的剩余位置参数为“3”；如 POS=0，计算得到的剩余位置参数为“2”等。

INC：剩余位置输出选择。INC 的输入状态为“0”，不输出剩余位置，指令中的剩余参数将直接输出回转定位的目标位置（绝对位置）；INC 的输入状态为“1”，剩余位置参数将输出从当前位置到定位目标位置需要转过的位置数（增量位置）。

ACT：ROT 指令启动信号。ACT 使用上升沿信号控制，指令的输出状态为 ACT 为“1”时的第一 PMC 循环周期计算结果，此后，即使 ACT 信号保持为“1”，指令的剩余位置输出、转向也不会再改变。ACT 使用普通触点信号控制，指令的输出状态将在分度回转运动时，随着当前位置输入的变化而不断改变。

② 指令参数。ROT 指令需要定义如下参数，所有的指令参数都需要以十进制格式存储（BCD 码），二进制数据必须转换成十进制（BCD 码）。

回转体分度数：以十进制常数格式定义的回转体分度位置总数，例如，对于 2°分度的分度工作台，应定义为 180；对于 18 位刀架、刀库，应定义为 18 等。

当前位置：定义存储回转体当前分度位置的存储器地址，当前位置必须为十进制（BCD）格式的绝对位置值。

当前位置可以是来自机床的位置编码输入信号（地址 X），或者使用由计数器指令计算得到的存储现行计数值的计数存储器地址 C，或者存储有回转体当前位置的内部继电器 R、数据存储器 D 的地址。如果当前位置存储器的数据格式为二进制，且分度位置数大于 10，则必须将二进制格式的数据转换为十进制（BCD）格式才能在指令中使用。

目标位置：定义保存定位目标位置的存储器地址，目标位置必须为十进制（BCD）格式的绝对位置值。

③ 执行结果输出。ROT 指令的执行完成后可输出如下结果。

剩余位置：根据控制条件 INC 的状态，在指定的存储器中输出目标位置值（INC＝0）或需要转过的分度位置数（INC＝1），剩余位置数据为十进制（BCD）数据。

WRT：转向输出。捷径选择功能有效时，WRT 可自动输出回转距离最短的回转方向，WRT＝0 为正转，WRT＝1 为反转。如捷径选择功能无效，WRT 输出始终为 0（正转）。

(2) ROTB 指令

二进制回转控制指令 ROTB 的功能与十进制回转控制指令 ROT 相同，但是，所有指令参数都必须为二进制格式的数据。由于 FANUC i 系列数控系统的 M、T、B 等辅助机能代码输出均为二进制格式，因此使用 ROTB 指令编程更为方便。

二进制回转控制指令 ROTB 的控制条件、参数及指令的作用和功能均与十进制回转控制指令 ROT 类似，指令的编程格式如图 5.4.10 所示。

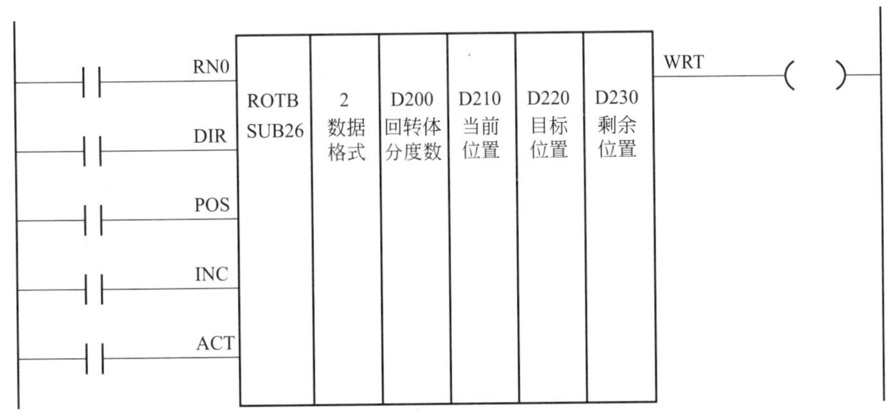

图 5.4.10　ROTB 指令的编程格式

ROTB 指令和 ROT 指令在使用上主要区别如下。

① 二进制回转控制指令 ROTB 无指令参数长度控制条件 BYT，指令参数长度需要通过指令参数“数据格式”进行定义，数据格式参数的定义方式如下。

1：1 字节二进制数，数值范围 0～255。

2：2 字节二进制数，数值范围 0～65535。

4：4 字节二进制数，数值范围 0～4294967295。

② 十进制回转控制指令 ROT 的回转体分度数参数，需要以十进制常数的形式定义，因

此，如果需要改变回转体分度数，需要修改 PMC 程序；二进制回转控制指令 ROTB 的回转体分度数为存储器地址，如果使用断电保持型数据寄存器 D 存储这一参数，便可利用 PMC 参数设定操作，直接修改回转体分度数，而无需更改 PMC 程序。

③ 二进制回转控制指令 ROTB 的参数为二进制格式，利用同样长度的存储器，可以定义的数据范围比十进制格式的参数更大。例如，对于 180 个位置（2°分度）的分度工作台的回转控制，使用十进制回转控制指令，需要 2 字节存储器保存数据；而使用二进制格式则只需要 1 字节存储器。

④ FANUC i 系列数控系统的 M、T、B 等辅助机能代码输出为二进制格式，可直接使用二进制回转控制指令控制，无需进行二进制/十进制数据格式转换。

5.5 数据比较、译码与转换、传送指令

5.5.1 数据比较指令编程

FANUC 数控系统集成 PMC 的数据比较指令有一致判别 COIN、十进制比较 COMP、二进制比较 COMPB、奇偶判别 PARI 及算术比较、数据范围判别等，指令的功能、编程格式和要求分别如下。

(1) COIN 指令

COIN 指令用于十进制格式数据（BCD 码）的一致判断，当输入数据和基准数据一致时，指令的执行结果输出为“1”，否则为“0”。

COIN 指令的编程格式如图 5.5.1 所示，指令的控制条件、参数定义方法如下。

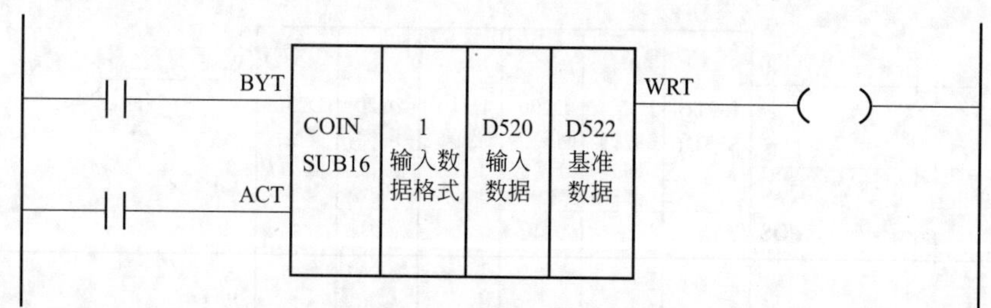

图 5.5.1　COIN 指令的编程格式

BYT：数据长度选择。BYT＝0 为 1 字节、2 位 BCD 码比较；BYT＝1 为 2 字节、4 位 BCD 码比较。

ACT：指令执行启动信号。ACT＝1 时，启动数据比较，执行结果输出更新；ACT＝0，数据比较停止，执行结果输出保持不变。

输入数据格式：设定 0 时，输入数据为十进制常数；设定 1 时，输入数据为存储器地址。

输入数据：按规定格式输入的需要进行比较（一致判别）的数据。

基准数据：存储数据比较基准数据的存储器地址，存储器的数据格式应与输入数据格式一致。

WRT：执行结果输出，如输入数据和基准数据一致，WRT 输出“1”，否则 WRT 为“0”。

(2) COMP指令

COMP指令用于1字节或2字节十进制数据（BCD码）的大小比较，如果输入数据小于基准数据，指令的执行结果输出为“1”，否则输出为“0”。

COMP指令的编程格式如图5.5.2所示。

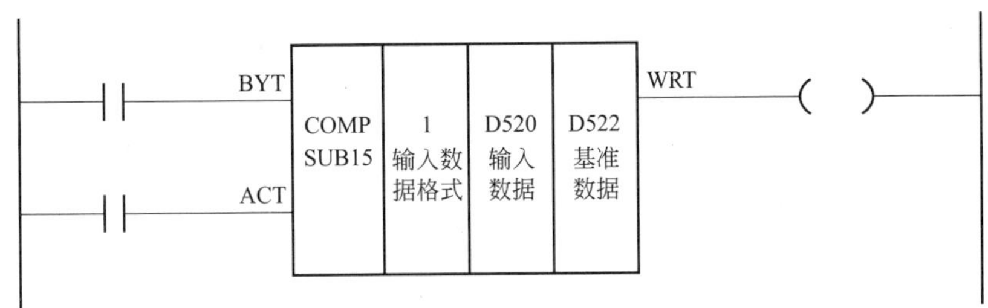

图5.5.2　COMP指令的编程格式

COMP指令的控制条件、指令参数的定义方法与COIN指令相同，当输入数据格式设定“0”时，输入数据应为十进制常数；输入数据格式设定“1”时，输入数据应为存储器地址。同样，基准数据应以存储器地址的形式定义，数据格式应与输入数据格式一致。

COMP指令在输入数据小于基准数据时输出“1”，如果需要进行大于比较，只进行输入数据与比较数据的互换，便可实现数据大于比较功能。

(3) COMPB指令

COMPB指令可用于二进制数据的大小比较与一致判断，指令的输入数据、基准数据参数的定义方法同COIN指令；指令的执行结果保存在PMC系统内部继电器R9000中，指令的编程格式如图5.5.3所示。

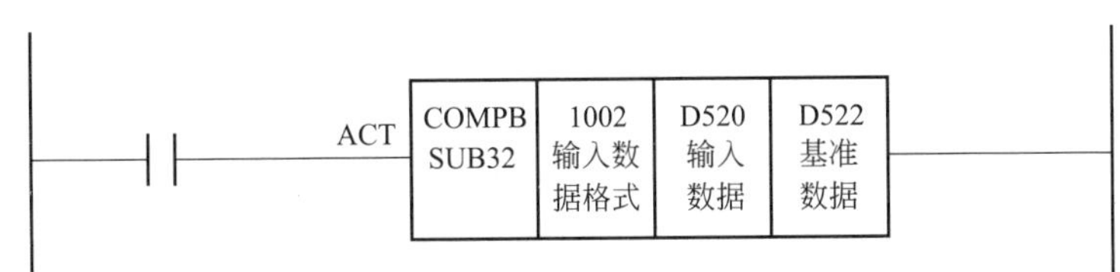

图5.5.3　COMPB指令的编程格式

COMPB指令的输入数据格式参数用来定义输入数据的格式和长度，参数以4位十进制常数的形式定义，前2位用于数据格式定义，“00”为常数，“10”为存储器地址；参数后2位用来定义输入数据长度，“01”为1字节，“02”为2字节，“04”为4字节。

例如，当输入数据为1字节常数时，输入数据格式参数应为“0001”；如输入数据为2字节存储器地址，则输入数据格式参数应为“1002”。

COMPB指令的数据比较结果存储在PMC系统内部继电器R9000上，当输入数据等于基准数据时，R9000.0=1；当输入数据小于基准数据时，R9000.1=1。

(4) PARI指令

PARI指令用于数据的奇偶性判别，多用于数据通信控制。FANUC数控系统集成PMC的数据奇偶判别按字节进行，奇偶出错时可在WRT上输出错误信号。

PARI指令的编程格式如图5.5.4所示，指令的控制条件如下。

O.E：奇偶判别方式选择。O.E的输入状态为“0”时，指令执行偶校验，当被校验数据状态为“1”的二进制位之和为偶数时，数据正确，指令执行结果输出为“0”。O.E的输入状

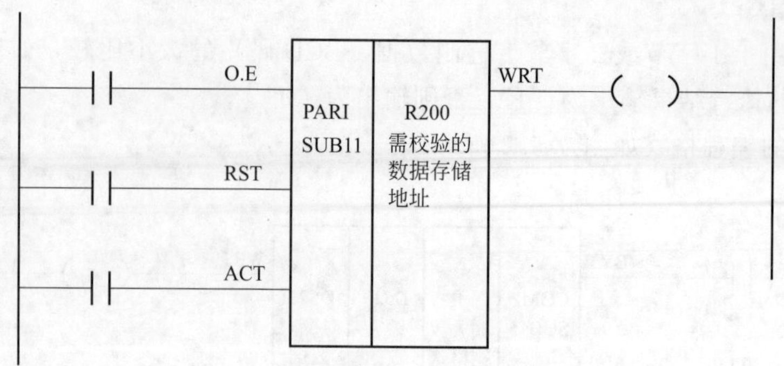

图 5.5.4 PARI 指令的编程格式

态为“1”时，指令执行奇校验，当被校验数据状态为“1”的二进制位之和为奇数时，数据正确，指令执行结果输出为“0”。

RST：复位输入。RST=1，执行结果输出 WRT 的状态复位。

ACT：指令执行启动输入。ACT=1，执行指令，WRT 状态更新；ACT=0，停止执行指令，WRT 状态保持不变。

(5) 算术比较指令

算术比较指令用于 1、2、4 字节二进制数据的等于（EQ）、不等于（NE）、大于（GT）、小于（LT）、大于等于（GE）、小于等于（LE）等算术比较运算操作；不同数据长度的数据比较需要使用不同的指令。算术比较指令代码、代号及功能、执行结果如表 5.5.1 所示。

表 5.5.1 算术比较指令表

指令代码	指令代号	指令功能	指令执行结果
EQB/EQW/EQD	SUB200/201/202	1/2/4 字节等于判别	输入数据＝基准数据，WRT=1
NEB/NEW/NED	SUB203/204/205	1/2/4 字节不等于判别	输入数据 ≠ 基准数据，WRT=1
GTB/GTW/GTD	SUB206/207/208	1/2/4 字节大于判别	输入数据 ＞ 基准数据，WRT=1
LTB/LTW/LTD	SUB209/210/211	1/2/4 字节小于判别	输入数据 ＜ 基准数据，WRT=1
GEB/GEW/GED	SUB212/213/214	1/2/4 字节大于等于判别	输入数据 ≥ 基准数据，WRT=1
LEB/LEW/LED	SUB215/216/217	1/2/4 字节小于等于判别	输入数据 ≤ 基准数据，WRT=1

算术比较指令的编程格式与要求如图 5.5.5 所示。

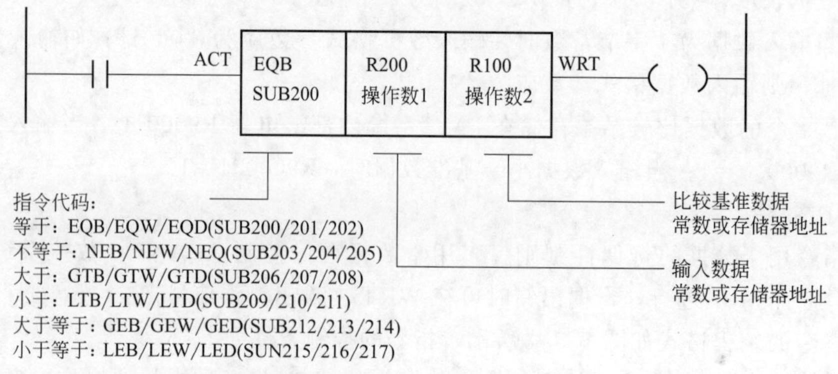

图 5.5.5 算术比较指令的编程格式

指令中的操作数 1 为输入数据，操作数 2 为基准数据；输入数据、基准数据均可为常数或存储器地址。1、2、4 字节指令的操作数范围分别为－128～127、－32768～32767、－2147483648～2147483647。

算术比较指令在 ACT 的输入状态为“1”时启动执行，更新输出 WRT 的状态；在 ACT 的输入状态为“0”时，指令停止执行，输出 WRT 的状态保持不变。

(6) 数据范围判别指令

数据范围判别指令 RNGB（SUB218）、RNGW（SUB219）、RNGD（SUB220）可用于 1、2、4 字节数据的范围判别，指令功能如下。

数据下限≤输入数据≤数据上限：执行结果输出 WRT＝1。

输入数据＜数据下限或输入数据＞数据上限：执行结果输出 WRT＝0。

数据范围判别指令 RNGB、RNGW、RNGD 的编程格式如图 5.5.6 所示。

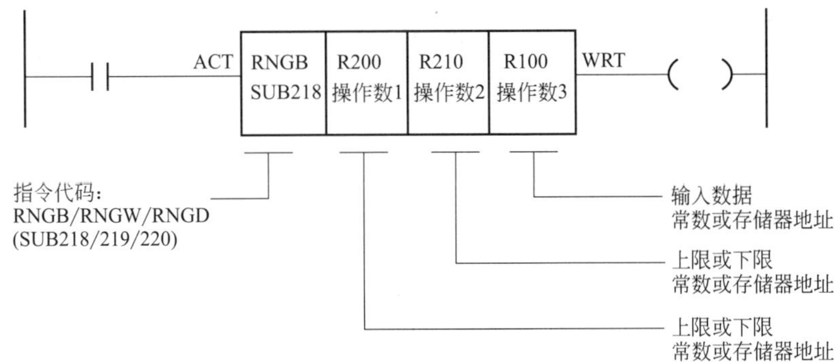

图 5.5.6　范围判别指令的编程格式

在指令操作数 1、操作数 2 为数据范围的下限和上限，其中的较大者为上限，较小者为下限；操作数 3 为输入数据；上/下限数据、基准数据均可为常数或存储器地址，1、2、4 字节指令的操作数范围分别为－128～127、－32768～32767、－2147483648～2147483647。

数据范围判别指令 RNGB、RNGW、RNGD 在 ACT 的输入状态为“1”时启动执行，更新输出 WRT 的状态；在 ACT 的输入状态为“0”时，指令停止执行，输出 WRT 的状态保持不变。

5.5.2　数据译码与转换指令编程

数据译码指令功能与数据一致判断指令类似，指令可以在输入数据与译码值一致时，输出状态“1”信号；数据转换指令可用于数据的二/十进制格式转换及数据表转换。数据译码与转换指令的功能、编程格式和要求分别如下。

(1) 十进制译码指令 DEC

DEC 指令用于 1 字节、2 位 BCD 编码的十进制数据译码，它可在输入数据符合译码参数要求时，得到状态为“1”的执行结果输出。

DEC 指令的编程格式如图 5.5.7 所示。

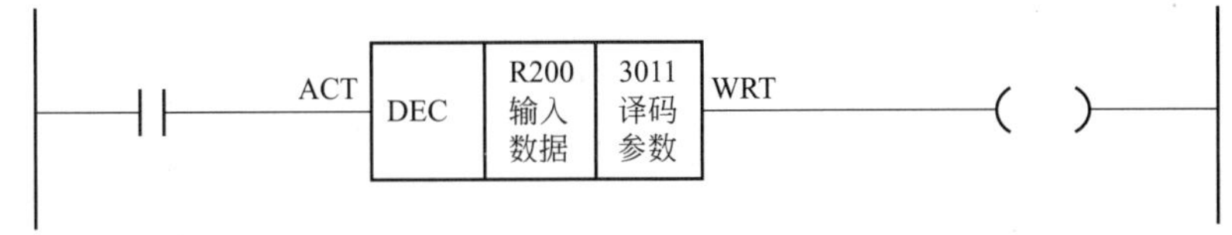

图 5.5.7　DEC 指令的编程格式

DEC指令中的输入数据为需要进行译码的输入数据存储器地址；译码参数用来定义需要译码的数值和数据位（译码要求）。指令在ACT输入状态为“1”时启动执行，如果输入数据与译码参数的要求一致，输出WRT为“1”，否则WRT为“0”。

对于数值小于10的数据，十进制数的BCD码和二进制数据的状态实际上并无区别，因此，如果输入数据小于10时，指令DEC也可用于二进制格式输入数据的译码。DEC指令用于数控系统辅助功能M、B、T译码时，输入数据一般为CNC输入信号F，例如，对于10以内的T代码译码，输入数据可定义为T代码的第1字节输入F30。但是，数值超过10的二进制数据不能直接使用DEC指令译码。

DEC指令的译码参数以4位十进制常数的形式定义，译码参数的前2位用来定义需要译码的数值（0～99）；译码参数的后2位定义需要译码的数据位，“01”代表个位，“10”代表十位，“11”代表个位和十位同时译码。

例如，当译码参数定义为3011时，如果输入数据存储器的数值为30，指令的执行结果输出WRT=1；对于0～99范围内的其他输入数据，指令的执行结果输出WRT始终为“0”。如果译码参数定义为3001，则指令仅进行数据个位的译码，只要输入数据的个位为0，指令的执行结果输出WRT将为“1”；因此，当输入数据为0、10、20、…、90时，都可以得到WRT=1的执行结果。如果译码参数定义为3010，则指令仅进行数据十位的译码，只要输入数据的十位为3，指令的执行结果输出WRT将为“1”；因此，当输入数据为30～39时，都可以得到WRT=1的执行结果。

DEC指令是FANUC早期数控系统集成PMC的常用指令，多用于以十进制格式（BCD）输出的M、T、B等辅助功能译码。由于每一条DEC指令只能进行1个数值的译码，对于2位辅助功能代码（如M功能），如需要将00～99的所有代码都译成二进制状态位，就需要100条DEC指令，因此，在后期的FANUC数控系统上一般都使用下述改进后的二进制译码指令DECB。

（2）二进制译码指令DECB

二进制译码指令DECB具有1、2或4字节二进制数据的连续译码功能，每一指令可译出8个连续数据。由于FANUC i系列数控系统的M、T、B等辅助机能代码输出均为二进制格式，因此，使用DECB指令进行辅助功能译码不仅编程方便，而且还可以大幅度减少译码指令的数量。

DECB指令的编程格式如图5.5.8所示，指令的执行结果保存在指令参数定义的结果寄存器中，因此不能连接执行状态输出编程元件。

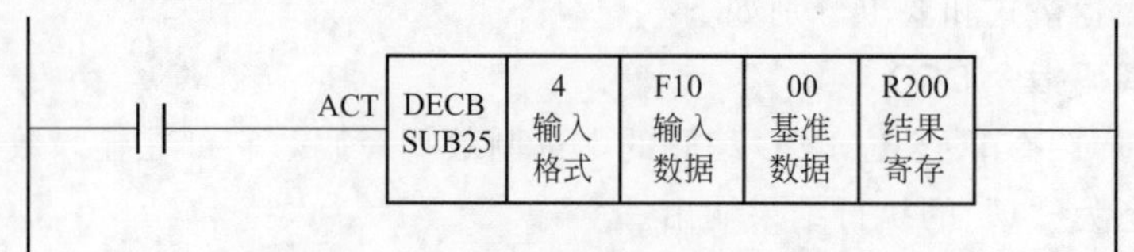

图5.5.8　DECB指令的编程格式

DECB指令参数的作用及定义方法如下。

输入格式：输入数据长度，以常数形式定义；1、2、4分别代表输入数据为1、2、4字节二进制正整数。

输入数据：需要译码的二进制正整数输入，输入数据需要以存储器地址或起始地址形式指定。DECB 指令用于数控系统辅助功能 M、B、T 译码时，输入数据一般为 CNC 输入信号 F，例如，4 字节 M 代码输入信号 F10～F13 的起始地址 F10，4 字节 B 代码输入信号 F30～F33 的起始地址 F30 等。

基准数据：需要译码的起始数值，以常数形式定义。DECB 可进行 8 个连续正整数的译码，因此当起始数值定义为 0 时，便可进行 8 个连续数据 0～7 的译码；起始数值定义为 8 时，便可进行 8 个连续数据 8～15（十六进制 8～F）的译码。

结果寄存：保存指令执行结果的编程元件，如内部继电器 R、数据寄存器 D 等。结果寄存器应为 1 字节存储器地址，8 个连续数据的比较结果依次保存在存储器的 8 个二进制位上；当输入数据与基准数据起始值一致时，结果寄存器的 bit0 为“1”；当输入数据为“基准数据起始值+1”时，结果寄存器的 bit1 为“1”。

例如，对于图 5.5.8 所示的程序，输入数据存储器 F10 为来自 CNC 的 4 字节二进制编码辅助功能 M 的输入起始地址，基准数据的起始数值定义为 00，因此，执行 DECB 指令，可一次性完成 M00～M07 的译码，并将执行结果依次保存到内部继电器 R200.0～R200.7 上；当 CNC 输出 M00 时 R200.0=1，CNC 输出 M01 时 R200.1=1。

(3) 二/十进制数据转换指令 DCNV

二/十进制数据转换指令 DCNV 可将二进制格式的数转换为 BCD 编码的十进制数据，或进行相反操作，指令的编程格式如图 5.5.9 所示。

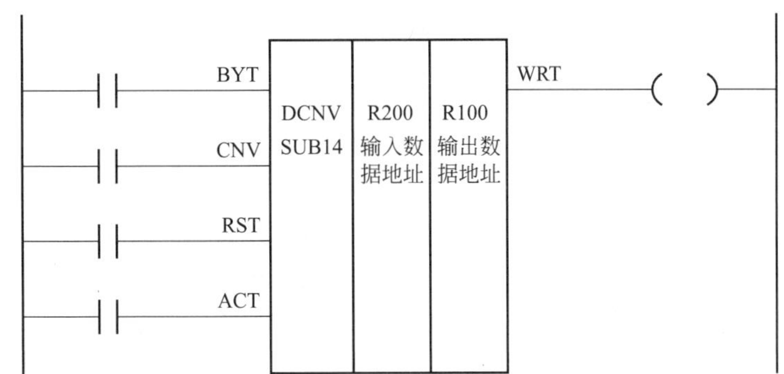

图 5.5.9 DCNV 指令的编程格式

DCNV 指令的控制条件、参数如下。

BYT：数据长度选择。BYT=0 为 1 字节数据转换，BYT=1 为 2 字节数据转换。

CNV：数据转换方式。CNV=0 为二进制数据转换为十进制数据，CNV=1 为十进制数据转换为二进制数据。

RST：复位输入。RST=1 时可将指令执行结果（转换出错输出）WRT 复位。

ACT：指令执行启动输入。ACT=1 时启动数据转换。

输入数据地址：需要进行转换的数据，以存储器地址或起始地址的形式定义。

输出数据地址：保存转换结果的数据存储器地址。

WRT：数据转换出错输出。输入数据格式错误或转换结果溢出时，WRT 输出“1”。

(4) 扩展二/十进制数据转换指令 DCNVB

扩展二/十进制数据转换指令 DCNVB 的功能与 DCNV 指令基本相同，但是指令可用于 4 字节数据的转换，并可以添加符号。

DCNVB 指令的编程格式与要求如图 5.5.10 所示，指令的控制条件中的 CNV、RST、

ACT及执行结果输出WRT的作用与指令DCNV相同。

DCNVB指令的控制条件SIN用来定义十进制数据符号，如十进制数据转换为二进制数据时，SIN=1代表输入的十进制数据为负数，SIN=0代表输入的十进制数据为正数。二进制数据转换为十进制数据时，应定义SIN=0；二进制数据的符号在系统内部继电器R9000.1上输出，R9000.1=1代表输入数据为负数。

DCNVB指令的数据长度利用指令参数“数据格式”以常数的形式定义，1、2、4分别代表数据长度为1、2、4字节。

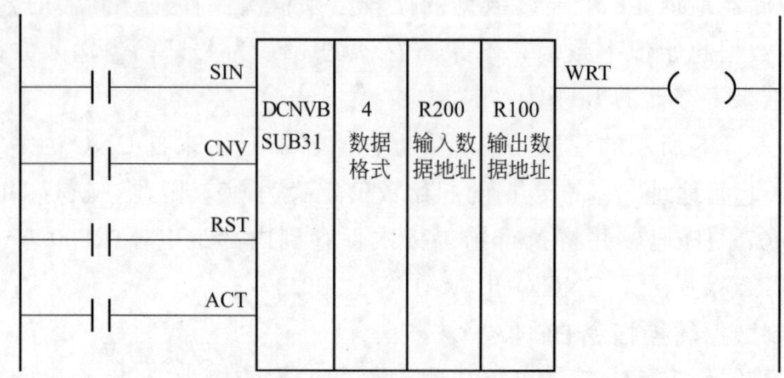

图5.5.10　DCNVB指令的编程格式

5.5.3　数据表转换与数据传送指令编程

(1) 十进制数据表转换指令COD

十进制数据表转换指令COD可将2位十进制正整数转换为2或4位任意数值的十进制正整数，指令可以转换的数据总数不能超过100个，转换结果的数值范围为0～9999。

COD指令的数据转换通过图5.5.11所示的“查表”方式进行，需要转换的数据（2位十进制正整数）以表格地址的形式输入，转换结果需要以转换数据表的形式事先在指令中定义；这样，当输入数据（表格地址）确定时，CPU便可从数据表中读取指定的数据，并将其输出到指定的存储器中，完成数据转换。

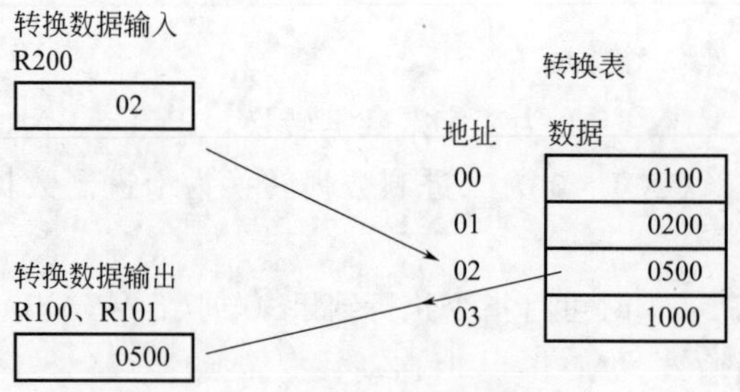

图5.5.11　COD指令的数据转换

COD指令的编程格式如图5.5.12所示，指令的控制条件、参数定义如下。

BYT：转换结果数据长度定义。BYT=0为2位十进制正整数00～99；BYT=1为4位十进制正整数0000～9999。

RST：复位输入。RST=1时，指令执行结果输出WRT复位。

ACT：指令执行启动输入。ACT=1时，执行指令，转换数据。

WRT：指令执行状态输出。如数据转换出错，WRT 输出为“1”。

数据表长度：数据表所含的数据个数，以常数的形式定义；参数的输入范围为 1～100。

转换数据输入地址：需要进行转换的输入数据，以存储器地址形式定义，输入数据应为 1 字节十进制正整数 00～99。

转换数据输出地址：用来保存转换结果数据的存储器地址或起始地址。

数据表：按次序排列的转换结果数据（数据表），数据最大不能超过 100 个。

图 5.5.12　COD 指令的编程格式

COD 指令可用于有级变速主轴的 S 代码与主轴转速的转换，进给速度及主轴倍率开关输入信号与倍率转换，数控机床自动换刀控制时的刀具号和刀座号的转换等场合。

例如，对于只需要进行 10 种主轴转速的主轴驱动系统，在 CNC 加工程序中可用简单的 S 代码指令 S0～S9，来输入、选择主轴的转速。对于这一控制要求，PMC 程序可将来自 CNC 的 S 代码输入信号 S0～S9，作为 COD 指令的输入数据，并在 COD 指令的数据表中定义 S0～S9 所对应的 10 级实际主轴转速值；这样，PMC 程序便可根据 CNC 的 S0～S9 代码输入，在 COD 指令定义的转换数据输出存储器中得到主轴的实际转速值；这一实际转速经过 D/A 转换（数/模转换），便可产生主轴驱动器（如变频器）所需要的主轴转速给定模拟量，用来控制主轴转速。

(2) 二进制数据表转换指令 CODB

二进制数据表转换指令 CODB 用于二进制正整数的数据表转换，指令功能与十进制数据表转换指令 COD 类似，但指令可以转换的数据总数可达 256 个，转换结果的数值范围为 0～4294967295。由于 FANUC i 系列数控系统的 S、T、B 等辅助机能代码输出，进给速度与主轴转速倍率输入均为二进制格式的输入/输出信号，因此，使用 CODB 指令进行 S、T、B 代码及倍率开关输入信号转换更加简单方便。

CODB 指令的编程格式如图 5.5.13 所示，指令的控制条件 RST、ACT 及指令执行结果输出 WRT 的含义与 COD 指令相同，指令参数的定义方法如下。

数据格式：转换结果数据长度，以十进制常数的形式定义，设定值 1、2、4 分别代表数据

图 5.5.13　CODB 指令的编程格式

表中的数据长度为 1、2、4 字节二进制格式正整数，对应的数值范围为 0～255（1 字节）、0～65535（2 字节）、0～4294967295（4 字节）。

数据表长度：数据表所含的数据个数，以常数的形式定义；参数的输入范围为 1～256。

转换数据输入地址：需要进行转换的输入数据，以存储器地址形式定义，输入数据应为 1 字节二进制正整数 0～255。

转换数据输出地址：用来保存转换结果数据的存储器地址或起始地址。

数据表：按次序排列的转换结果数据（数据表），数据最大不能超过 256 个。

(3) 十进制常数传送指令 NUME

十进制常数传送指令 NUME 在 FANUC 技术资料中称常数定义指令，执行指令可 1 字节或 2 字节的十进制常数传送到指定的存储器中。

NUME 指令的编程格式与要求如图 5.5.14 所示。

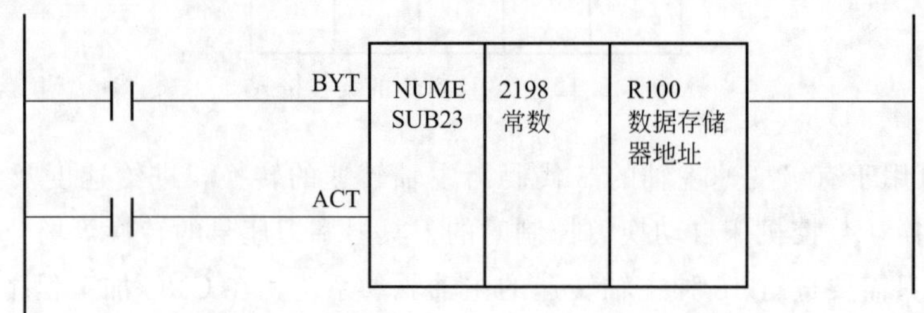

图 5.5.14　NUME 指令的编程格式

NUME 指令的控制条件 BYT 用来定义常数的格式（字长），BYT=0 为 1 字节、2 位十进制常数 00～99；BYT=1 为 2 字节、4 位十进制常数 0000～9999。控制条件 ACT 为指令执行启动信号，指令参数数据存储器地址用来定义保存常数的存储器地址。NUME 指令无执行状态输出 WRT。

(4) 二进制常数传送指令 NUMEB

二进制常数传送指令 NUMEB 可将 1、2、4 字节的十进制常数转换为二进制格式，并传送到指定的存储器中，指令的编程格式如图 5.5.15 所示。

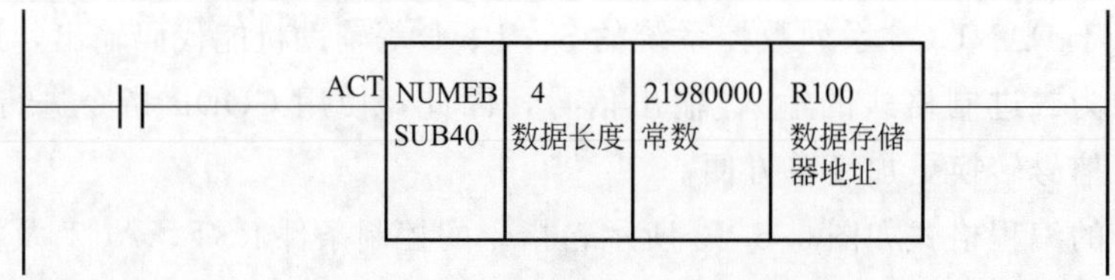

图 5.5.15　NUMEB 指令的编程格式

NUMEB 指令需要传送的常数以十进制形式定义，指令执行后可自动转换为二进制格式数据，并保存到指定的存储器上。需要传送的数据长度可通过指令参数进行定义，设定值 1、2、4 分别代表 1、2、4 字节，由于传送结果以二进制格式存储，因此可以传送的常数范围为 0～255（1 字节）、0～65535（2 字节）、0～4294967295（4 字节）。

(5) 存储器传送指令 MOVB/MOVW/MOVD

存储器传送指令 MOVB、MOVW、MOVD 分别用于 1 字节、1 字、双字存储器数据传送，它可将源存储器所存储的数据不作任何改变地传送到目标存储器中。

MOVB、MOVW、MOVD 指令的编程格式如图 5.5.16 所示。

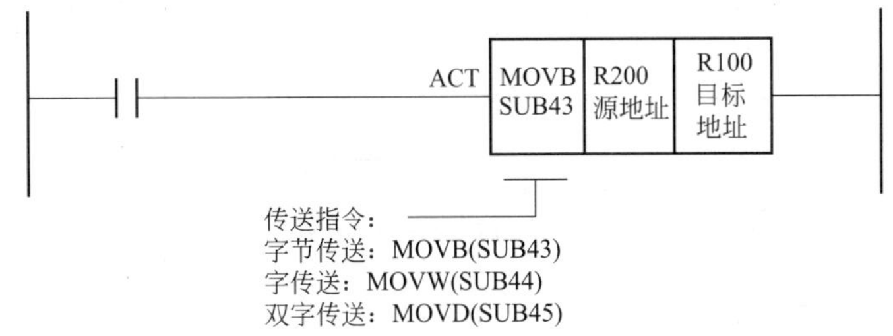

图 5.5.16　MOVB/MOVW/MOVD 指令的编程格式

(6) 多字节存储器传送指令 MOVN

多字节存储器传送指令 MOVN 可一次性将不超过 200 字节的连续数据，从一个存储器区域传送到另一个存储区域。

MOVN 指令的编程格式与要求如图 5.5.17 所示。指令中的数据长度参数用来定义需要传送的数据存储器字节数，参数的设定范围为 1～200。

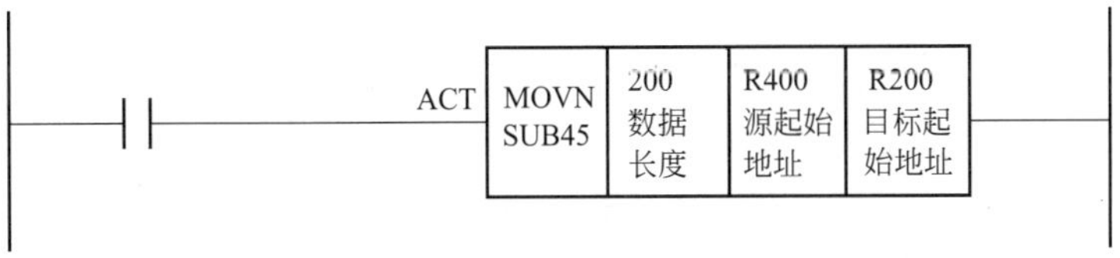

ACT　MOVN SUB45　200 数据长度　R400 源起始地址　R200 目标起始地址

图 5.5.17　MOVN 指令的编程格式

5.6　逻辑扩展和算术运算指令

5.6.1　边沿检测与多位逻辑运算

(1) 边沿检测指令

边沿检测指令 DIFU 和 DIFD 可用于信号的上升或下降沿检测，指令的编程格式和功能如下。

① DIFU 指令。DIFU 指令用于上升沿检测，检测信号的宽度为 1 个 PLC 循环周期。指令的编程格式如图 5.6.1 所示。

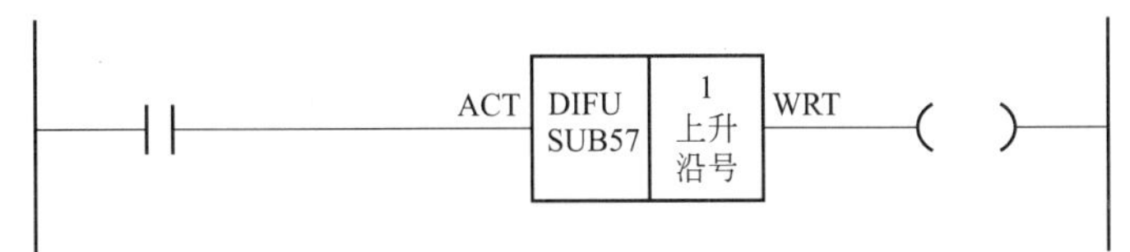

图 5.6.1　DIFU 指令的编程格式

指令中的 ACT 为输入信号，WRT 为上升沿输出，指令参数中的上升沿号是以常数定义的边沿编号，不同输入触点的边沿检测应使用不同的编号，标准配置的 FANUC 0i 系统的上升/下降沿号的设定范围为 1～256，选配附加功能后，可扩展至 3000。

② DIFD 指令。DIFD 指令用于下降沿检测，指令作用和参数定义方法同 DIFU，指令的

编程格式如图 5.6.2 所示。

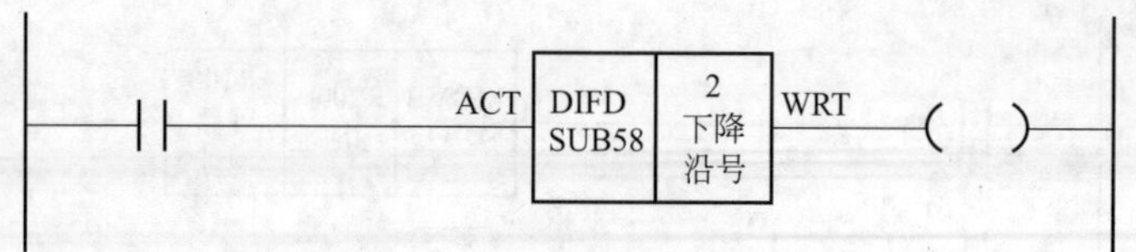

图 5.6.2 DIFD 指令的编程格式

(2) 字节、字、双字逻辑运算指令

① MOVE 指令。MOVE 指令用于字节“与”运算，指令同时具有传送的功能，其编程格式如图 5.6.3 所示。

图 5.6.3 MOVE 指令的编程格式

MOVE 指令可将输入数据地址所定义的 1 字节存储器数据的高 4 位和低 4 位，分别和指令参数所定义的高 4 位、低 4 位操作数进行逐位“与”运算，并将逻辑运算结果输出到结果数据存储器中。例如，对于图 5.6.3 所示的指令，如 R400＝11100101，通过操作数“1001”“1111”的 4 位“与”运算，结果存储器 R200 的状态将为 10000101。

② MOVOR 指令。MOVOR 指令用于字节“或”运算，编程格式与要求如图 5.6.4 所示。

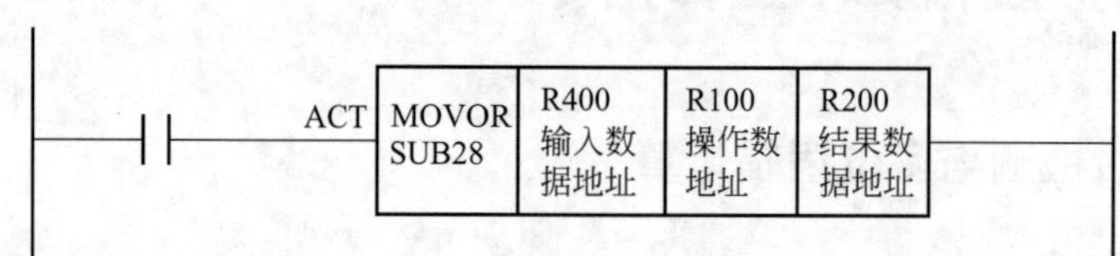

图 5.6.4 MOVOR 指令的编程格式

MOVOR 指令可将输入数据地址所定义的 1 字节数据和操作数地址所定义的 1 字节数据，逐位进行逻辑“或”运算，并将逻辑运算结果输出到结果数据存储器中。例如，对于图 5.6.4 中的指令，如 R400＝11100101、R100＝10011111，通过位“或”运算处理，结果存储器 R200 中的状态将为“11111111”。

③ AND 指令。AND 指令可用于字节、字、双字数据的“与”运算，指令的编程格式与要求如图 5.6.5 所示。

图 5.6.5 AND 指令的编程格式

AND 指令可将输入数据地址所定义的存储器数据和指令参数所定义的操作数，进行逐位逻辑“与”运算，并将逻辑运算的结果输出到结果存储器中。

AND 指令的“操作数格式”参数以 4 位十进制常数的形式定义。参数的前 2 位用来指定操作数的类型，“00”为常数，“10”为存储器地址；参数的后 2 位用来定义操作数长度，“01”“02”“04”分别代表 1、2、4 字节。

④ OR 指令。OR 指令用于字节、字、双字的“或”运算，指令可将输入数据地址所定义的存储器数据和指令参数所定义的操作数，进行逐位逻辑“或”运算，并将逻辑运算的结果输出到结果存储器中。

OR 指令的编程格式与要求如图 5.6.6 所示，它和 AND 指令只是逻辑处理方法的区别，指令参数的作用及定义方法与 AND 相同。

ACT
OR
SUB61
1002
操作数
格式
R400
输入数
据地址
R100
操作数
R200
结果数
据地址

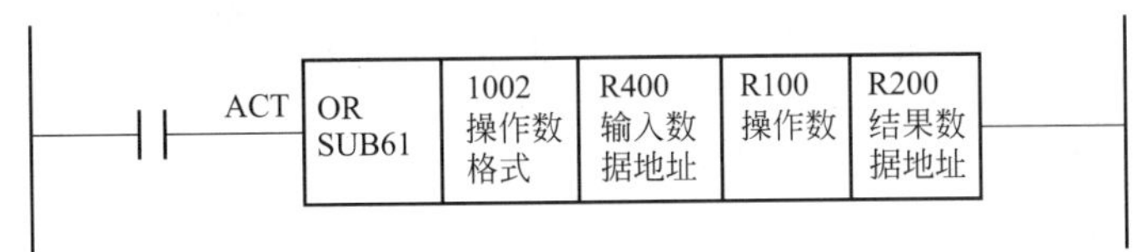

图 5.6.6　OR 指令的编程格式

⑤ EOR 指令。EOR 指令用于字节、字、双字的“异或”运算，指令可将输入数据地址所定义的存储器数据和指令参数所定义的操作数，进行逐位逻辑“异或”运算，并将逻辑运算的结果输出到结果存储器中。

EOR 指令的编程格式与要求如图 5.6.7 所示，它和 AND 指令同样只是逻辑处理方法的区别，指令参数的作用及定义方法与 AND 相同。

ACT
EOR
SUB59
1002
操作数
格式
R400
输入数
据地址
R100
操作数
内容
R200
结果数
据地址

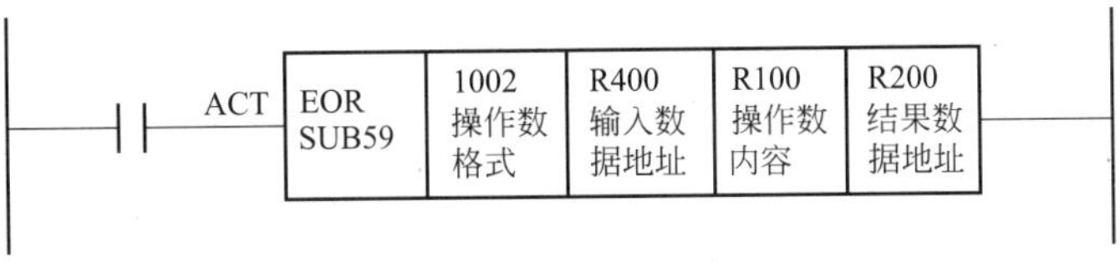

图 5.6.7　EOR 指令的编程格式

⑥ NOT 指令。NOT 指令用于字节、字、双字的“非”运算，指令可将输入数据地址所定义的存储器数据逐位“取反”后，输出到结果存储器中。

NOT 指令的编程格式与要求如图 5.6.8 所示。指令的数据格式参数的前 2 位规定为“00”；后 2 位用来定义输入数据长度，“01”“02”“04”分别代表 1、2、4 字节。

ACT
NOT
SUB62
0002
数据
格式
R400
输入数
据地址
R200
结果数
据地址

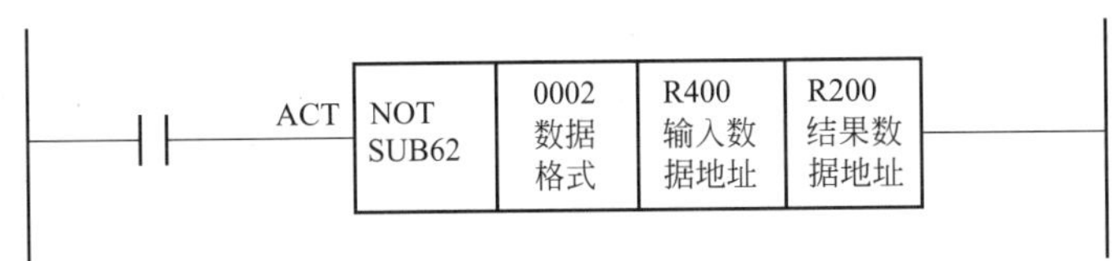

图 5.6.8　NOT 指令的编程格式

5.6.2　算术运算及移位指令

FS 0i 系列数控系统集成 PMC 的算术运算指令包括十进制四则运算、二进制四则运算和移位运算 3 类，指令的编程格式与要求如下。

(1) 十进制四则运算

十进制四则运算指令可用于 2 或 4 位数十进制数的加（ADD）、减（SUB）、乘（MUL）、除（DIV）运算，指令的编程格式如图 5.6.9 所示。十进制四则运算指令的指令代码、代号及功能、执行结果如表 5.6.1 所示。

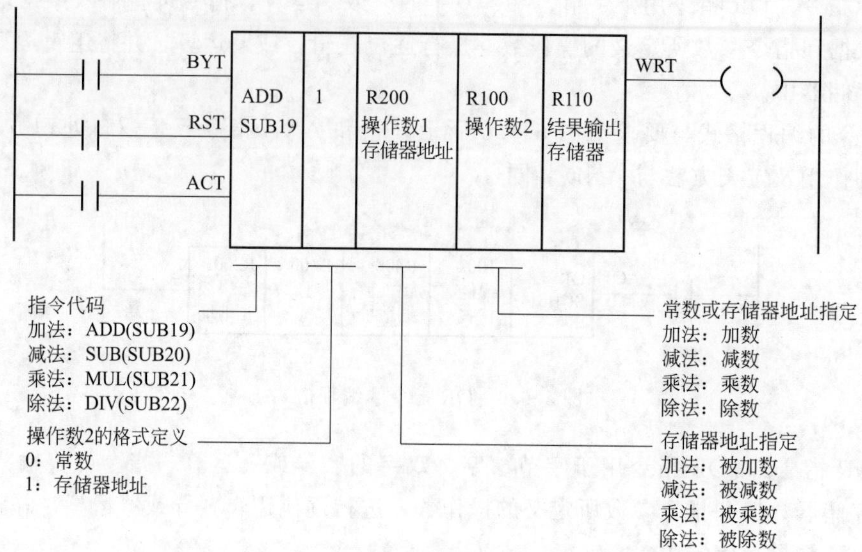

图 5.6.9　十进制四则运算指令的编程格式

表 5.6.1　十进制四则运算指令表

指令代码	指令代号	指令功能	指令执行结果
ADD	SUB19	加法运算	操作数 1＋操作数 2
SUB	SUB20	减法运算	操作数 1－操作数 2
MUL	SUB21	乘法运算	操作数 1×操作数 2
DIV	SUB22	除法运算	操作数 1÷操作数 2

十进制四则运算指令的控制条件 BYT 用来定义操作数 2 的长度，BYT＝0 为 1 字节、2 位十进制数 00～99；BYT＝1 为 2 字节、4 位十进制数 0000～9999。

控制条件中的 RST 为复位输入，ACT 为指令执行启动信号；指令的执行状态输出 WRT 在指令执行出错时输出“1”。

十进制四则运算的状态还可通过系统内部继电器 R9000～R9005 检查，R9000.0＝1 代表结果为“0”，R9000.1＝1 代表结果为负；执行除法运算时，指令中的结果存储器用来存储商，除法的余数保存在内部特殊继电器 R9002～R9005 中。

(2) 二进制四则运算

二进制四则运算指令可用于 1、2、4 字节二进制数的加（ADDB）、减（SUBB）、乘（MULB）、除（DIVB）运算，指令的编程格式如图 5.6.10 所示。

二进制四则运算指令操作数 2 的长度、类型可由指令的操作数格式参数统一定义；操作数格式的前 2 位用来定义操作数 2 的类型，“00”为常数，“10”为存储器地址；操作数格式的后 2 位用来定义操作数 2 的长度，“01”“02”“04”为 1、2、4 字节二进制数。

二进制四则运算指令的结果同样可通过系统内部继电器 R9000～R9005 检查，R9000.0＝1 代表结果为“0”；R9000.1＝1 代表结果为负；执行除法运算时，指令中的结果存储器用来

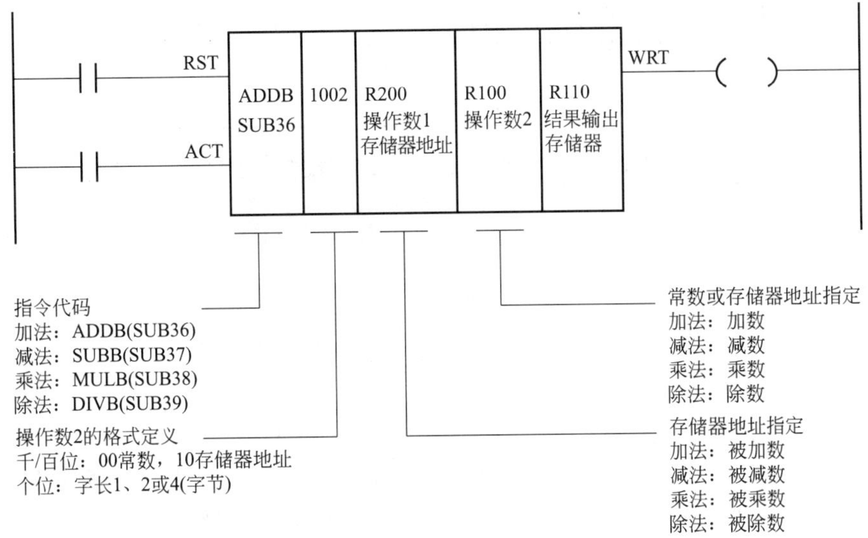

图 5.6.10 二进制四则运算指令的编程格式

存储商，除法的余数保存在内部特殊继电器 R9002～R9005 中。

(3) **移位指令 SFT**

二进制移位指令 SFT 可将指定存储器中的内容向左或向右移动 1 位，这一操作可代替二进制格式数据的乘 2 或除 2 运算，指令的编程格式与要求如图 5.6.11 所示。

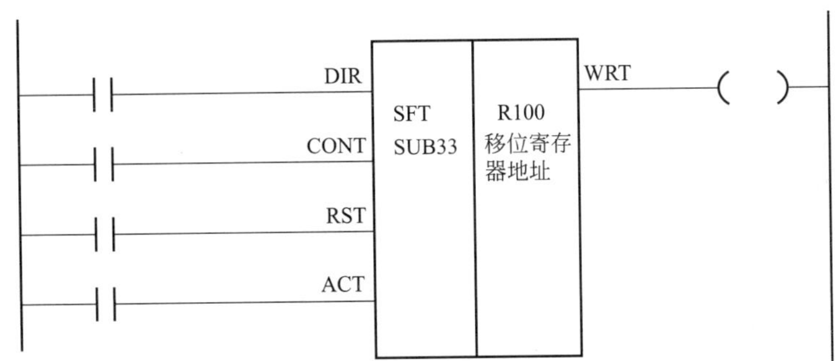

图 5.6.11 SFT 指令的编程格式

SFT 指令控制条件的定义方法如下。

RST：复位输入，RST=1 时可将指令执行结果输出 WRT 复位。

ACT：指令执行启动信号（边沿信号），ACT 的上升沿启动移位操作。

DIR：移位方向定义。DIR=0 为左移，DIR=1 为右移。

CONT：移位方式定义。CONT=0 为正常移位，CONT=1 为保留“1”的移位方式，两者区别如下。

正常移位的动作如图 5.6.12 所示，移位时原数据可向左或向右移 1 位，被移出的位将作为指令的执行结果在 WRT 上输出，被移走后的最后 1 位状态补 0。

例如，数据 1100001101011010 左移 1 位后的数值将为 1000011010110100，指令的执行结果 WRT 将输出被移出的最高位（bit15）状态“1”，原数据最低位 bit0 的状态补“0”。同样的数据如果右移 1 位，原数据的数值将成为 0110000110101101，指令的执行结果 WRT 将输出被移出的最低位（bit0）状态“0”，原数据最高位 bit15 的状态补“0”。

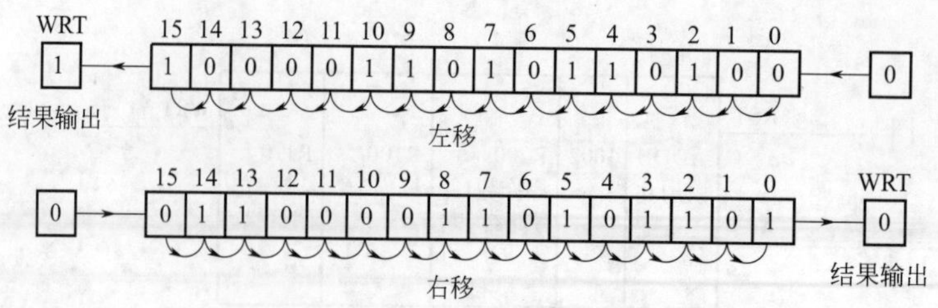

图 5.6.12 CONT=0 时的正常移位

保留“1”的移位方式，也可将原数据向左或向右移动1位，但是对于原来状态为“1”的位，不论移入的数据是“0”或“1”，其状态均将保留“1”。采用保留“1”的移位方式时，被移出的位同样将作为指令的执行结果在WRT上输出；如果被移走后的最后1位状态为“0”，该位也将补“0”，如果被移走后的最后1位状态为“1”，该位将保留“1”。

例如，如果对数据1100001101011010进行保留“1”的左移操作，原数据的bit15、14、9、8、6、4、3、1的状态将保留“1”，因此，执行指令后，原数据将成为1100011111111110；指令的执行结果WRT将输出被移出的最高位（bit15）状态“1”，原数据最低位bit0的状态补“0”。同样的数据如果进行保留“1”的右移操作，执行指令后，原数据将成为1110001111111111；指令的执行结果WRT将输出被移出的最低位（bit0）状态“0”，原数据最高位bit15的状态保留“1”。

5.7 数据表操作指令编程

5.7.1 数据检索指令

(1) 数据的存储

PMC的数据寄存器可用来存储PMC程序所需要的用户数据，用户数据一般以表格的形式保存，故又称数据表。

组号	存储器地址	数据
1	D000	1000 0001
(二进制格式)	D001	1001 1101
	…	…
	D019	1000 0001
2	D020	12
(2位十进制格式)	D021	34
	…	…
	D099	88
3	D100	1234
(4位十进制格式)	D102	5678
	…	…
	D198	8899
4	D200	1234 5678
(8位十进制格式)	D204	1025 7432
	…	…
	D396	9999 5678
5	D400	…
	…	…
	…	…

图 5.7.1 PMC数据表的格式

用户数据可使用图5.7.1所示的二进制（十六进制）或2、4、8位十进制（1、2、4字节BCD码）格式，进行分组保存。数据的格式需要通过CNC的数据表控制参数进行定义，数据表控制参数需要通过PMC参数设定操作，在数据表控制参数（G.CONT）设定页面上设定，而不能通过PMC程序改变，有关内容可参见本书后述。

数据表操作指令多用于加工中心的随机换刀控制，指令的使用方法可参见编程实例。

(2) 数据的直接读写

数据表中的存储内容（数据）既可通过CNC的操作进行设定，也可利用PMC程序读写。通过PMC程序进行的数据读写时，可采用直接读写和表格检索、传送两种方式。

采用直接读写方式时，对于以二进制格式存储的数据，在 PMC 程序中可通过图 5.7.2(a) 所示的梯形图，以触点的形式来读取其状态，或以线圈的形式写入其状态；对于以字节、字或双字形式存储的十进制或十六进制数据，则可通过图 5.7.2(b) 所示的数据传送指令，对其进行读写操作。

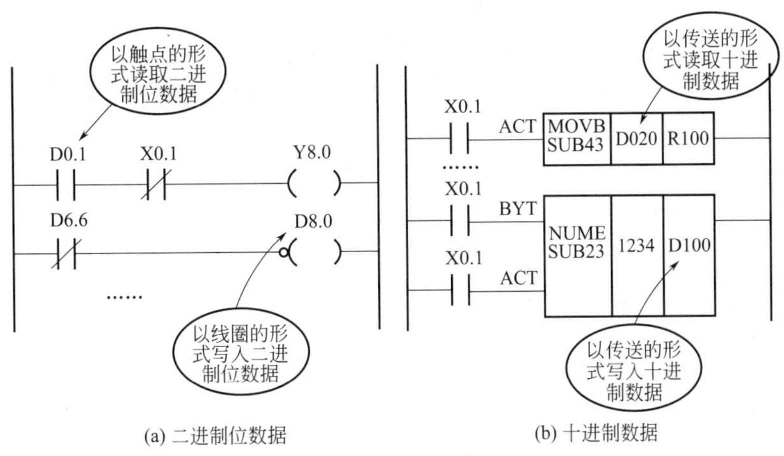

(a) 二进制位数据　　(b) 十进制数据

图 5.7.2　数据存储器的数据直接读写

(3) 数据检索

数据表中的存储内容（数据）也可用数据表的形式进行检索和读写。进行数据表操作时，存储器中的每一组数据都被视作一个数据表，每组数据的存储器起始地址称为表头地址。数据表中的数据按序号排列，表头的数据存储器序号为 0；例如，对于有 $n+1$ 个数据的数据表，其数据序号将为 0～n。

利用 PMC 的数据检索功能指令，可搜索数据表中是否存在某一数据，同时可输出这一数据在数据表中所存放的位置，指令的功能如图 5.7.3 所示。

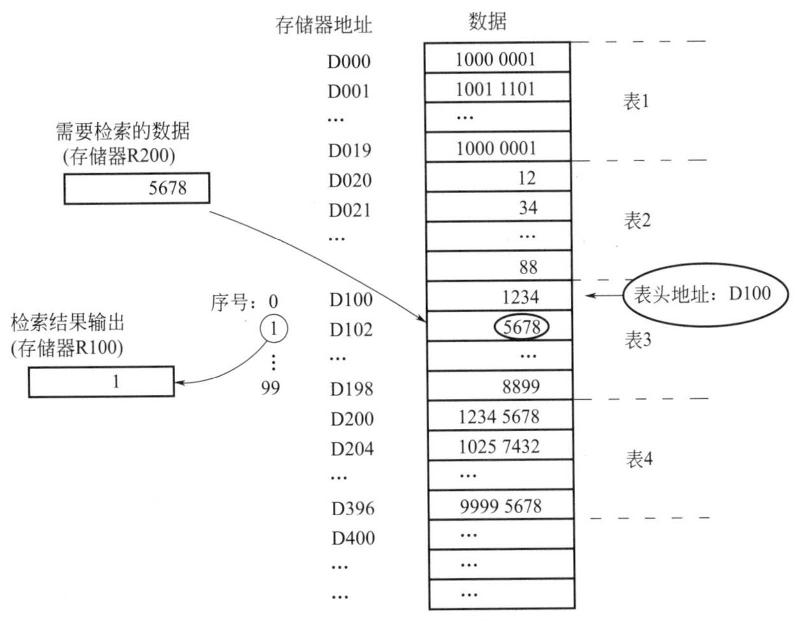

图 5.7.3　数据检索指令的功能

在数据检索时，首先需要在检索指令中的定义“表头地址”参数，以便确定数据存储器的起始地址；例如，对于图 5.7.3 中数据表 3，其表头地址为 D100。此外，还在检索指令中定义“数据表长度”参数，以便确定数据的检索范围；例如，对于图 5.7.3 中数据表 3 的检索，数据表长度参数应定义为 100。

需要检索的数据存储在检索数据存储器中（图 5.7.3 中为 R200），检索开始后，PMC 将数据表内的数据依次与需要检索的数据（图 5.7.3 中为 5678）比较。如果发现有相同内容，则将该数据的序号（图 5.7.3 中为 1）输出到检索结果输出存储器中（图 5.7.3 中为 R100）；如果数据不存在，则通过 WRT=1 输出错误信号。

PMC 的十进制数据可通过 DSCH（SUB17）指令检索，二进制数据可通过 B（SUB34）指令检索，指令的编程格式如下。

(4) 十进制数据检索

十进制数据检索指令 DSCH（SUB17）用于十进制数据检索，指令参数需要以十进制格式定义，指令的编程格式如图 5.7.4 所示。

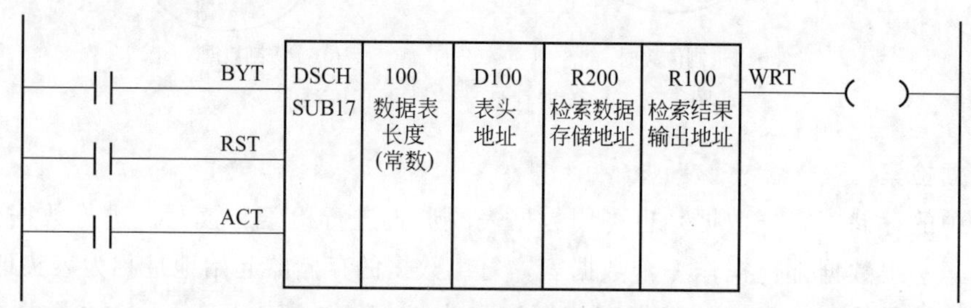

图 5.7.4　DSCH 指令的编程格式

十进制数据检索指令 DSCH（SUB17）的控制条件、指令参数如下。

BYT：数据长度选择。BYT=0 检索数据为 1 字节、2 位十进制数据，BYT=1 为 2 字节、4 位十进制数据。

RST：复位输入。RST=1 时清除错误输出 WRT。

ACT：数据检索指令执行启动输入。

WRT：指令执行结果（错误）输出，如检索数据在数据表中不存在，WRT 为 1；指令正常执行完成时，WRT 为 0。

数据表长度：以十进制常数形式定义的数据表长度。

表头地址：指定数据表的数据存储器起始地址。

检索数据存储地址：定义需要检索的数据在 PMC 中的存储器地址。

检索结果输出地址：如检索数据在数据表中存在，则在该存储器将输出指定数据的序号，同时指令的执行结果输出 WRT 为 0；如检索数据在数据表中不存在，则执行结果输出 WRT 为 1。

(5) 二进制数据检索

二进制数据检索指令 DSCHB（SUB34）的功能与十进制检索指令 DSCH 类似，指令的编程格式与要求如图 5.7.5 所示。

二进制数据检索指令的检索数据长度需要通过指令参数“数据格式”定义，参数设定 1、2、4 分别代表检索数据长度为 1、2、4 字节。

DSCHB 指令和 DSCH 的编程要求有如下不同。

① DSCHB 指令中的全部数据均以二进制形式存储。例如，当数据格式定义为 1、2、4 字

节时，数据表的长度、序号和数值的范围分别为 1～255、1～65535 和 1～99999999。

② 数据表长度以存储器地址的形式定义，如果需要，可通过 PMC 程序，根据不同条件随时改变数据表长度。

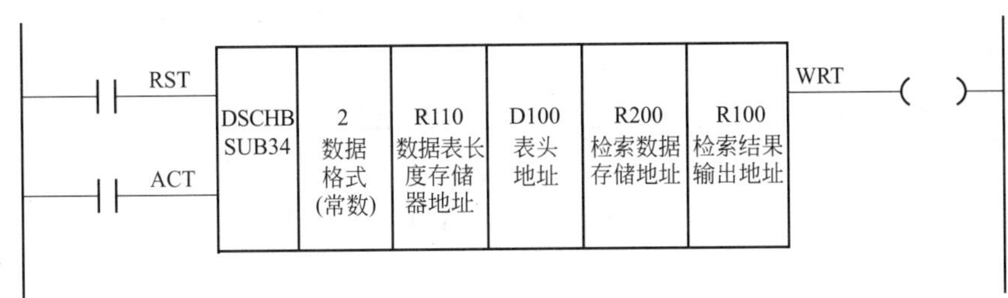

图 5.7.5 DSCHB 指令的编程格式

5.7.2 数据表传送指令

数据表传送指令可将指定存储器中的数据写入到数据表，或将数据表中的内容读入到指定存储器中。数据表数据传送指令有十进制传送 XMOV（SUB18）和二进制传送 XMOVB（SUB35）两种，指令的作用与功能分别如下。

(1) 十进制数据传送

十进制数据传送指令 XMOV 用于十进制数据传送，指令参数需要以十进制格式定义，指令的编程格式与要求如图 5.7.6 所示。

图 5.7.6 XMOV 指令的编程格式

指令的控制条件、指令参数如下。

BYT：数据长度选择。BYT=0 为 1 字节、2 位十进制数据，BYT=1 为 2 字节、4 位十进制数据。

RW：数据表读写操作选择。RW=0，从数据表读取数据；RW=1，向数据表写入数据。

RST：复位输入。RST=1 时，清除错误输出 WRT。

ACT：数据传送指令执行启动信号。

WRT：指令执行结果（错误）输出。如输出参数定义错误或指令执行错误，WRT 为 1；指令正常执行完成时，WRT 为 0。

数据表长度：以十进制常数形式定义的数据表长度。

表头地址：定义需要进行传送操作的数据存储器起始地址。

数据存储地址：执行数据读取操作时，该存储器用于存储读出的数据；执行数据写入操作时，该存储器用于存储需要写入的数据。

序号存储地址：数据表中需要进行读写操作的数据应以“序号”的形式指定，数据序号以存储器地址的方式给定。

(2) 二进制数据传送

二进制数据传送指令 XMOVB（SUB35）的作用和 XMOV 类似，指令的编程格式与要求如图 5.7.7 所示。

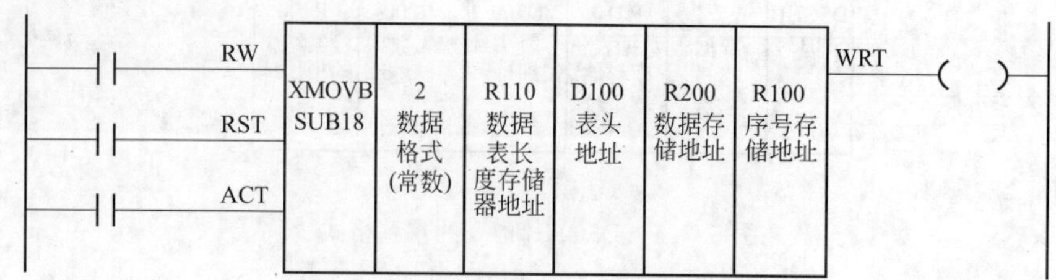

图 5.7.7　XMOVB 指令的编程格式

二进制数据表传送指令的数据长度需要通过指令参数“数据格式”定义，参数设定 1、2、4 分别代表数据长度为 1、2、4 字节。

指令 XMOVB 和 XMOV 的编程要求有如下区别。

① XMOVB 指令中的数据均以二进制格式存储，当数据格式定义为 1、2、4 字节时，其数据表的长度、序号和数值的范围分别为 1～255、1～65535 和 1～99999999。

② 数据表长度以存储器地址的形式定义，如果需要，可通过 PMC 程序，根据不同条件随时改变数据表长度。

5.8　其他功能指令编程

5.8.1　PMC 文本显示指令

(1) 功能说明

通过 PMC 程序，FANUC 系统可在 CNC 的 LCD 上显示 PMC 程序指定的文本信息。文本信息可作为机床的操作提示或报警，提示操作者进行正确的操作与维修。

为了在 CNC 的 LCD 上显示 PMC 的文本信息，需要事先通过 CNC 的信息编辑操作，在图 5.8.1 所示的 PMC 文本编辑页面上输入文本信息；然后，在 PMC 程序中，通过 DISP 指令生效 LCD 的 PMC 文本显示功能。

PMC 文本显示功能生效后，只要 PMC 的文本显示请求信号（A0.0～A249.7）为“1”，所编辑的文本便可在 CNC 的 LCD 上显示。如果需要，PMC 文本也可在文本显示功能生效后，通过 CNC 的外部数据输入指令 EXIN（SUB42），直接从 PMC 程序发送到 CNC。

例如，对于图 5.8.1 的 PMC 文本，当 PMC 程序通过 DISP 指令生效 PMC 文本显示功能后，如果文本显示请求信号 A00.0 为“1”，LCD 便可显示“2000 MACHINE EMERGENCY STOP”报警信息；如显示请求信号 A00.1 为“1”，LCD 将显示“2001 COOLANT MOTOR OVERLOAD”报警。

PMC 文本显示的容量与 PMC 功能有关，标准配置的 FS 0i 系统最大可显示 250 字节、2000 条信息；每条显示信息文本通常由 4 位报警号和最大 255 个字符的报警文本组成。

LCD 的现行文本显示状态可通过文本显示状态指示位 A9000.0～A9249.7 检查，状态指

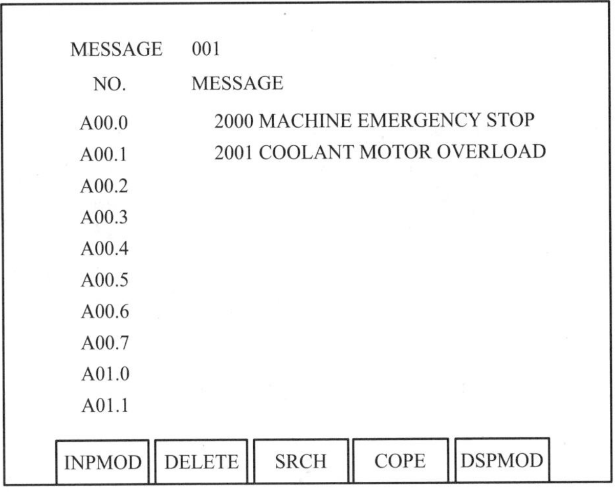

图 5.8.1　PMC 文本信息编辑页面

示位 A9000.0～A9249.7 分别用来指示文本显示请求信号 A0.0～A249.7 的显示状态，例如，当 A00.0 为“1”、LCD 显示文本“2000 MACHINE EMERGENCY STOP”时，对应的状态位 A9000.0 便成为“1”；如果 A00.0 为“0”，LCD 上的显示文本将被清除，状态指示位 A9000.0 也将成为“0”。

(2) 文本显示指令 DISPB

文本显示指令 DISPB（SUB41）用来生效 LCD 的 PMC 文本显示功能，系统只有在 PMC 文本显示功能生效时，PMC 程序才可以通过文本显示请求信号 A000.0～A249.7，在 LCD 上显示 PMC 文本。

文本显示指令 DISPB 的编程格式与要求如图 5.8.2 所示。

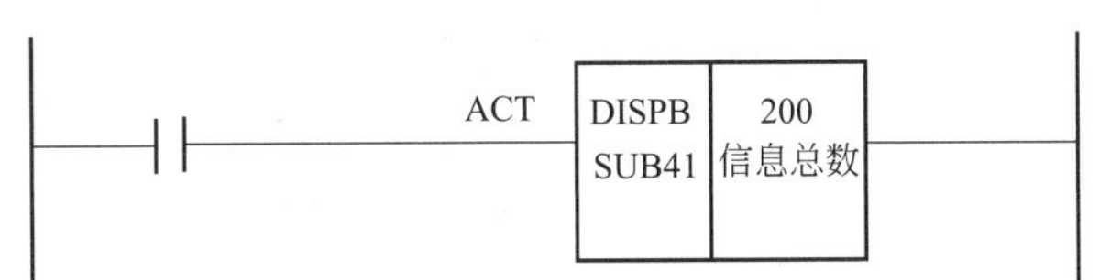

图 5.8.2　DISPB 指令的编程格式

如果 DISPB 指令的控制条件 ACT=1，LCD 可显示 PMC 文本；如 ACT=0，即使文本显示请求信号为 1，也不能在 LCD 上显示 PMC 文本。

指令参数“信息总数”用来定义 PMC 文本的数量，最大允许设定 2000。

(3) PMC 文本手动编辑

FANUC 数控系统的 PMC 文本可通过 PMC 信息编辑页面进行手动输入与编辑，操作方法通常如下。

① 利用 MDI 操作面板上的功能键【SYSTEM】，选择系统显示页面。

② 利用软功能键〖PMCCNF〗，选择 PMC 的配置操作。

③ 通过软功能扩展键，显示并选定软功能键〖MSSAGE〗，CNC 将显示图 5.8.1 所示的文本信息编辑页面。

④ 利用 MDI/LCD 操作面板输入文本，并用〖INPUT〗确认。

PMC 文本编辑时，可通过软功能键〖INPUT〗、〖DELETE〗、〖INSERT〗、〖ALTER〗、

〖COPY〗等，进行输入、删除、插入、替换、复制操作，此外，还可通过软功能键〖DSP-MOD〗选择文本的语言，有关内容详见后述的章节。

(4) PMC 文本程序输入

PMC 文本也可通过 CNC 输出信号 G0000～G0002，由 PMC 程序指令 EXIN（SUB42）直接向 CNC 发送，指令的编程格式与要求如图 5.8.3 所示。

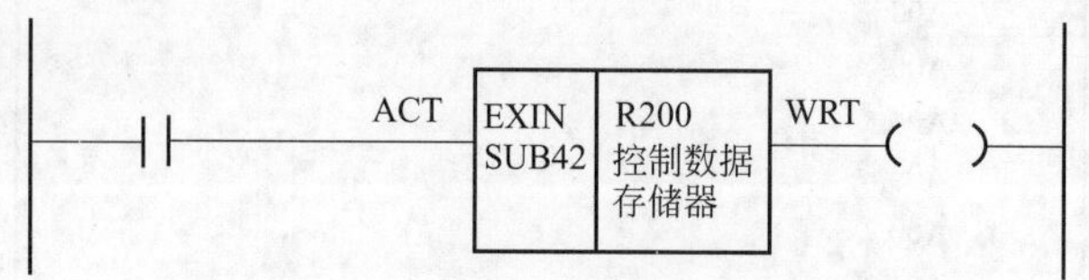

图 5.8.3　EXIN 指令的编程格式

EXIN 指令需要定义 4 字节控制数据，控制数据以存储器起始地址的形式，在指令参数中定义，控制数据的定义要求如下。

起始字节（如 R200）：CNC 输出信号地址选择，通过信号 G000～G002 发送时，应设定为“1”。

第 2 字节（如 R201）：低 8 位数据 ED0～ED7。

第 3 字节（如 R202）：高 8 位数据 ED8～ED15。

第 4 字节（如 R203）：数据格式指定 ESTB、EA6～EA0。

数据格式指定参数（如 R203）用来指定 PMC 所发送的文本格式，例如，当 ESTB＝1、EA6～EA0＝1000000 时，数据 ED0～ED11 为二进制格式的机床报警号 0～999，ED12～ED15 无效；当 ESTB＝1、EA6～EA0＝1000011 时，数据 ED0～ED15 为文本的 ASCII 编码。

当 PMC 所发送的文本为机床报警号 0～999 时，LCD 显示时需要自动加 1000；所发送的文本为机床操作信息号 0～99 时，LCD 显示时需要自动加 2000；而操作者信息号 100～999 则不予显示。因此，机床报警号 0～999 在 LCD 上的实际显示为 1000～1999；机床操作者信息号 0～99 在 LCD 上的实际显示为 2000～2099；机床操作者信息号 100～999 时，LCD 只显示文本。

EXIN 指令在执行启动信号 ACT＝1 时启动执行，指令的执行结果输出 WRT 为“1”，代表数据传送操作结束，利用 WRT＝1 信号，可撤销指令的执行启动信号 ACT。

5.8.2　CNC 数据读写指令

(1) 功能与指令

在 FANUC 数控系统集成 PMC 上，PMC 不仅可通过 CNC 输入/输出信号选择 CNC 的操作方式、控制手动操作和加工程序自动运行、处理辅助功能代码、监控 CNC 的工作状态，而且也可以通过 PMC 程序进行 CNC 数据的输入和输出（数据读写）操作。

FANUC 数控系统集成 PMC 的 CNC 数据读写包括 CNC 系统信息的读入、CNC 参数读写、刀具数据读写等，这一功能在 FANUC 说明中称为窗口功能（window function），PMC 程序读入 CNC 数据的操作，称为窗口数据读入；PMC 程序写出 CNC 数据的操作，称为窗口数据写出。

PMC 的窗口数据读入有两种处理方式，一是在一个 PMC 循环内完成全部数据的读入操作，这一处理方式称为高速响应；二是通过多个 PMC 循环逐步完成数据的读入操作，这一处理方式称为低速响应。窗口数据读入的处理方式与 CNC 数据类型有关，它可通过数据读入指令的功能代码定义（见后述）；窗口数据写出操作的执行时间较长，需要多个 PMC 循环才能完成，因此，所有的窗口数据写出指令都为低速响应指令。

FANUC 数控系统集成 PMC 的窗口数据读入指令 WINDR（SUB51）及窗口数据写出指令 WINDW（SUB52）的编程格式与要求如图 5.8.4 所示。

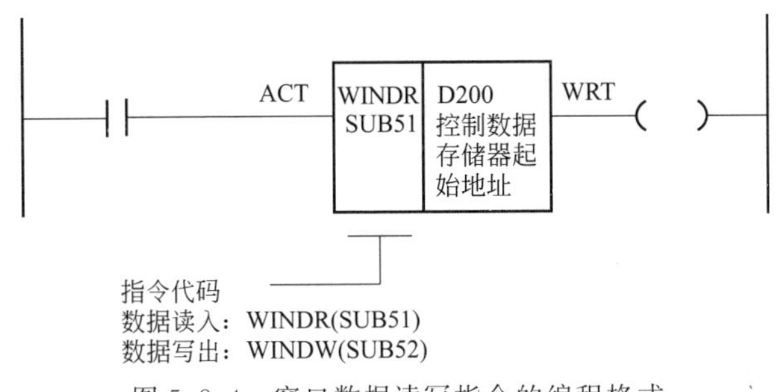

图 5.8.4　窗口数据读写指令的编程格式

指令中的 ACT 为指令执行启动信号，上升沿有效；WRT 为本次读写操作完成输出，WRT＝1，表明本次数据读写操作完成。

数据读写指令执行启动信号 ACT 的控制要求与数据读写处理的速度有关。高速数据读入指令可在 1 个 PMC 循环内执行完成，因此，只要指令执行结果输出信号 WRT 为“1”，便可复位 ACT 信号，直接结束指令；低速数据读写指令需要多个 PMC 循环完成，指令执行结果输出信号 WRT 为“1”，仅代表本次数据读写操作完成，因此，需要通过 WRT 信号将 ACT 信号复位（置“0”）后，再次将 ACT 置“1”，重新启动数据读写指令，直到数据读写结束。

窗口数据读写指令需要连续 22 字、44 字节的控制数据，控制数据需要以存储器起始地址的形式，在指令参数中定义（如 D200 等）。为了避免指令执行错误，控制数据存储器一般应使用保持型数据存储器 D。

如果数据读写指令执行出错，PMC 的系统内部继电器 R9000.0 将为“1”，错误原因将被保存到控制数据存储器的第 2 字上。

(2) 控制数据

控制数据用来定义 PMC 窗口读写的指令参数、保存指令的执行结果。数据读入时，控制数据包括指令代码、数据号、数据属性等指令参数；指令执行完成后，将在指定的控制数据中保存数据值、长度及指令执行状态信息。数据写出时，控制数据包括指令代码、数据号、数据属性、数值、数据长度等指令参数，指令执行完成后，将在指定的控制数据中保存指令的执行状态信息。

控制数据需要以存储器地址的形式，在窗口读写指令参数中定义；数据的设定要求与需要读写的数据类型有关，数据的最大长度为 22 字、44 字节，数据的基本存储格式如下。

CTL＋0：功能代码（function code），用来定义指令功能（读或写）和数据类型。

CTL＋2：完成代码（completion code），用来保存指令的执行结果信息。

CTL＋4：数据长度（data length），用来定义需要读写的数据长度。

CTL＋6：数据编号（data number），用来定义需要读写的数据编号。

CTL＋8：数据属性（data attribute），用来定义需要读写的数据属性。

CTL＋10～CTL＋20：数据区域（data area），用来定义需要写出的数据。

功能代码用来定义指令功能（读或写）和数据类型，FANUC 0i系列数控常用的功能代码如表5.8.1所示。

表5.8.1 窗口读写数据的功能指令分类

功能分类	功能代码	功能名称	处理方式	指令性质
CNC系统信息读入	0	CNC系统信息读入	高速响应	只读
	23	CNC报警类型读入	高速响应	只读
	33	CNC诊断数据读入	低速响应	只读
	76	CNC状态行信息读入	高速响应	只读
	151	日期、时间读入	高速响应	只读
	156	CNC诊断数据高速读入	高速响应	只读
程序执行状态信息读写	24	4位现行程序号读入	高速响应	只读
	25	现行程序段号(顺序号)读入	高速响应	只读
	26	刀具进给速度读入	高速响应	只读
	27	绝对位置读入	高速响应	只读
	28	机械位置读入	高速响应	只读
	29	跳步切削位置读入	高速响应	只读
	32	模态代码读入	高速响应	只读
	50	实际主轴转速读入	高速响应	只读
	74	相对位置读入	高速响应	只读
	75	剩余行程读入	高速响应	只读
	90	8位现行程序号读入	高速响应	只读
	157	缓冲存储器的程序段读入	高速响应	只读
	150	程序检查刀号输入	低速响应	写
CNC参数读写	13	刀具偏置值读入	高速响应	只读
	14	刀具偏置值写出	低速响应	写
	15	工件坐标系偏置读入	高速响应	只读
	16	工件坐标系偏置写出	低速响应	写
	17	CNC参数读入	低速响应	只读
	18	CNC参数写出	低速响应	写
	19	CNC设定数据读入	低速响应	只读
	20	CNC设定数据写出	低速响应	写
	21	用户宏程序变量读入	低速响应	只读
	22	用户宏程序变量写出	低速响应	写
	59	宏编译变量读入	低速响应	只读
	60	宏编译变量写出	低速响应	写
	154	CNC参数高速读入	高速响应	只读
	155	CNC设定数据高速读入	高速响应	只读
	194	I/O-Link程序号写出	低速响应	写

续表

功能分类	功能代码	功　能　名　称	处理方式	指令性质
驱动器参数读写	30	位置跟随误差读入	高速响应	只读
	31	加减速误差读入	高速响应	只读
	34	驱动器实际输出电流读入	高速响应	只读
	138	串行主轴电机、主轴实际转速读入	高速响应	只读
	152	驱动器转矩极限写出	低速响应	写
	153	串行主轴实际负载读入	高速响应	只读
	211	驱动器转矩预测值读入	高速响应	只读
	226	串行主轴转矩计算值读入	高速响应	只读
	232	串行主轴转矩测量值读入	高速响应	只读
刀具寿命管理数据读写	38～49、160、200/201、227/228	刀具寿命管理组号、组数量、刀具数量、当前寿命、长度/半径补偿号等数据读入	高速响应	只读
	163～173、229～231	指定组、指定刀号刀具的寿命设定值写出	低速响应	写

(3) 指令示例

FANUC 数控系统集成 PMC 的 CNC 数据读入指令 WINDR，可将指定的 CNC 数据读入到 PMC 程序中；数据写出指令 WINDW 可将指定的数据写出到 CNC 中；数据读写指令执行完成后，可通过控制数据检查指令的执行结果。

例如，需要通过 PMC 程序读写 CNC 参数时，数据读入指令 WINDR 的指令代码可以为 17（低速响应）或 154（高速响应），数据写出指令 WINDW 的指令代码应为 18。参数读写控制数据定义如表 5.8.2 所示。

表 5.8.2　CNC 参数读写控制数据定义

地址	含义	控制数据定义	
		WINDR(CNC 参数读入)	WINDW(CNC 参数写出)
CTL+0	功能代码	17(低速响应)或 154(高速响应)	18(低速响应)
CTL+2	完成代码	PMC 自动生成(见下述)	
CTL+4	数据长度	根据参数编号，由 PMC 自动生成	1×n：n 个 1 字节 CNC 位参数或字节参数 2×n：n 个 2 字节 CNC 字参数 4×n：n 个 4 字节 CNC 双字长参数
CTL+6	数据编号	CNC 参数号	
CTL+8	数据属性	0：非轴参数。1～n：指定轴的轴参数。−1：全部轴的轴参数	
CTL+10	数据区域	不需要	参数值

CNC 数据读写指令执行完成后，PMC 将在控制数据的完成代码（CTL+2）上输出以下指令执行结果。

bit0："1" 指令正常执行完成。

bit1："1" 功能代码定义错误。

bit2："1" 数据长度定义错误。

bit3："1" 数据编号定义错误。

bit4：“1”数据属性定义错误。

bit5：“1”数据区域的数据定义错误。

bit6：不使用。

bit7：指定的 CNC 参数被写保护。

由于 CNC 数据众多，限于篇幅，本书不再对其进行一一说明，有关内容可参见 FANUC 技术资料。此外，早期 FANUC 数控系统的 PMC 轴控制功能在 FS 0iF/0iF Plus 系统上，已由装卸控制（loader control）功能代替，本书也不再对其进行说明。

第 6 章　操作面板程序设计

06

6.1　主面板程序设计要求

6.1.1　DI/DO 信号及地址

(1) 主面板按键与指示灯

机床操作面板是用来控制机床运行、指示 CNC 和机床工作状态的部件，其主要功能为选择 CNC 操作方式、控制加工程序运行、进行坐标轴的手动移动、调整坐标轴进给速度和主轴转速、手动控制机床辅助部件动作等。

FANUC 数控系统的标准机床操作面板配置方案有多种，有关内容可参见第 3 章，不同的机床操作面板的外形、结构虽然有所不同，但基本功能一致，因此 PMC 程序设计的基本要求和方法相同。

图 6.1.1 是 FS 0iF/0iF Plus 系列数控系统最常用的 LCD/CNC/MDI 一体型单元的机床操作标准面板配置方案，机床操作面板由 FANUC 主面板 B 和子面板（B1、A 等）组成。主面板 B 集成有 PMC 的 I/O-Link 总线接口，可与 PMC 直接连接，主面板 B 的子面板和手轮盒连接接口可连接子面板的倍率开关和手轮。

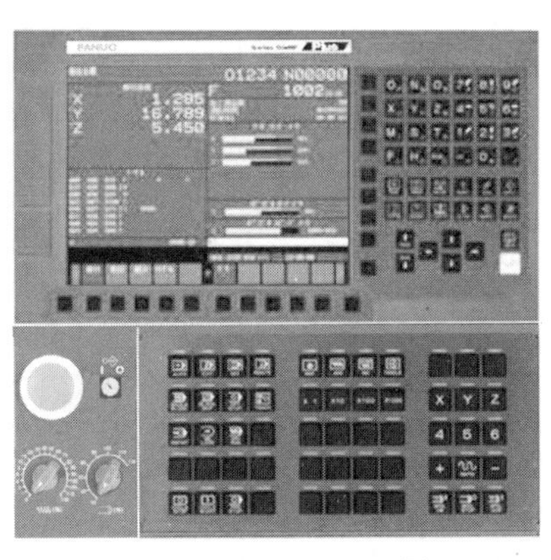
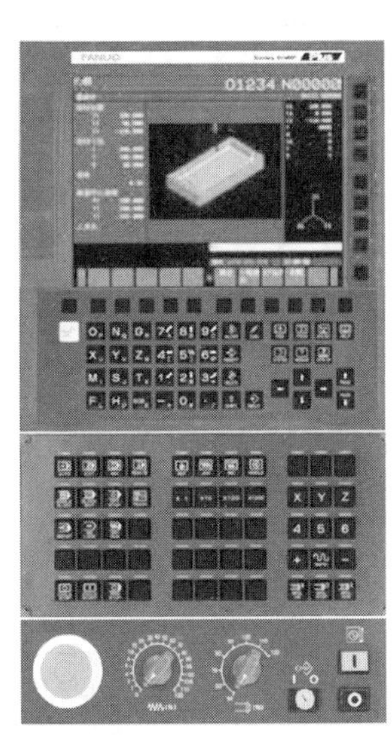

图 6.1.1　典型配置

FANUC 主面板 B 安装有 5×11 对按键、LED 指示灯，需要 PMC 的 55/55 点 DI/DO 信号进行控制。主面板 B 的 DI/DO 起始地址 m、n（字节号），可通过系统的 PMC 配置（PMC CNF）操作设定，有关内容可参见后述章节。起始地址 m、n 设定后，主面板 B 的按键、指示灯地址将按图 6.1.2、表 6.1.1 自动分配。

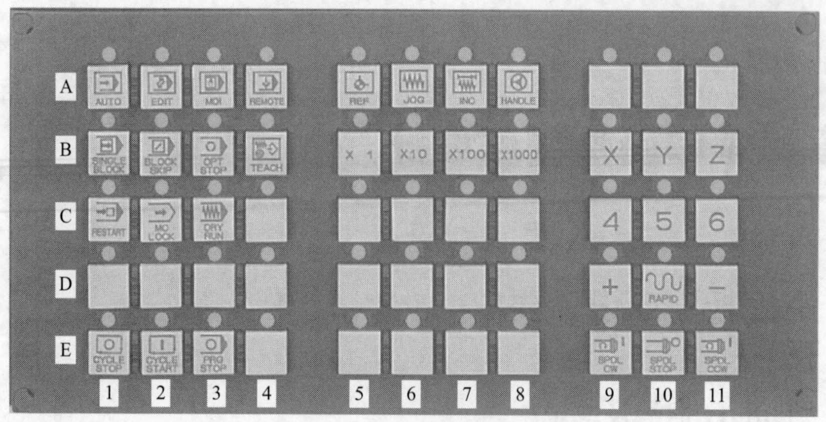

(a) 面板位置

键/LED	位							
	7	6	5	4	3	2	1	0
Xm+4/Yn+0	B4	B3	B2	B1	A4	A3	A2	A1
Xm+5/Yn+1	D4	D3	D2	D1	C4	C3	C2	C1
Xm+6/Yn+2	A8	A7	A6	A5	E4	E3	E2	E1
Xm+7/Yn+3	C8	C7	C6	C5	B8	B7	B6	B5
Xm+8/Yn+4	E8	E7	E6	E5	D8	D7	D6	D5
Xm+9/Yn+5		B11	B10	B9		A11	A10	A9
Xm+10/Yn+6		D11	D10	D9		C11	C10	C9
Xm+11/Yn+7						E11	E10	E9

(b) 地址分配

图 6.1.2 主面板 B 按键与指示灯地址

表 6.1.1 主面板 B 按键、指示灯地址分配表

位置	按键/LED 名称	DI/DO 信号代号	按键地址	LED 地址
A1	CNC 操作方式:自动	AUTO	Xm+4.0	Yn+0.0
A2	CNC 操作方式:程序编辑	EDIT	Xm+4.1	Yn+0.1
A3	CNC 操作方式:手动数据输入	MDI	Xm+4.2	Yn+0.2
A4	CNC 操作方式:远程自动	DNC	Xm+4.3	Yn+0.3
A5	CNC 操作方式:自动回参考点	REF	Xm+6.4	Yn+2.4
A6	CNC 操作方式选择:手动	JOG	Xm+6.5	Yn+2.5
A7	CNC 操作方式:增量进给	INC	Xm+6.6	Yn+2.6
A8	CNC 操作方式:手轮	HND	Xm+6.7	Yn+2.7
A9	用户自定义	—	Xm+9.0	Yn+5.0
A10	用户自定义	—	Xm+9.1	Yn+5.2
A11	用户自定义	—	Xm+9.2	Yn+5.2
B1	程序运行控制:单程序段	SBK	Xm+4.4	Yn+0.4
B2	程序运行控制:跳过选择程序段	BDT	Xm+4.5	Yn+0.5
B3	程序运行控制:选择暂停	OPT	Xm+4.6	Yn+0.6
B4	CNC 操作方式:示教	TCH	Xm+4.7	Yn+0.7
B5	增量进给倍率:×1	×1	Xm+7.0	Yn+3.0
B6	增量进给倍率:×10	×10	Xm+7.1	Yn+3.1

续表

位置	按键/LED 名称	DI/DO 信号代号	按键地址	LED 地址
B7	增量进给倍率：×100	×100	Xm+7.2	Yn+3.2
B8	增量进给倍率：×1000	×1000	Xm+7.3	Yn+3.3
B9	轴选择：X	X	Xm+9.4	Yn+5.4
B10	轴选择：Y	Y	Xm+9.5	Yn+5.5
B11	轴选择：Z	Z	Xm+9.6	Yn+5.6
C1	程序运行控制：重新启动	SRN	Xm+5.0	Yn+1.0
C2	程序运行控制：机床锁住	MLK	Xm+5.1	Yn+1.1
C3	程序运行控制：试运行	DRN	Xm+5.2	Yn+1.2
C4	用户自定义	—	Xm+5.3	Yn+1.3
C5	用户自定义	—	Xm+7.4	Yn+3.4
C6	用户自定义	—	Xm+7.5	Yn+3.5
C7	用户自定义	—	Xm+7.6	Yn+3.6
C8	用户自定义	—	Xm+7.7	Yn+3.7
C9	轴选择：4	4	Xm+10.0	Yn+6,0
C10	轴选择：5	5	Xm+10.1	Yn+6,1
C11	轴选择：6	6	Xm+10.2	Yn+6,2
D1	用户自定义	—	Xm+5.4	Yn+1.4
D2	用户自定义	—	Xm+5.5	Yn+1.5
D3	用户自定义	—	Xm+5.6	Yn+1.6
D4	用户自定义	—	Xm+5.7	Yn+1.7
D5	用户自定义	—	Xm+8.0	Yn+4.0
D6	用户自定义	—	Xm+8.1	Yn+4.1
D7	用户自定义	—	Xm+8.2	Yn+4.2
D8	用户自定义	—	Xm+8.3	Yn+4.3
D9	轴方向：+	+	Xm+10.4	Yn+6,4
D10	手动快速	RT	Xm+10.5	Yn+6,5
D11	轴方向：−	−	Xm+10.6	Yn+6,6
E1	程序运行控制：循环停止	FHL	Xm+6.0	Yn+2.0
E2	程序运行控制：循环启动	CST	Xm+6.1	Yn+2.1
E3	程序运行控制：程序停止	PSP	Xm+6.2	Yn+2.2
E4	用户自定义	—	Xm+6.3	Yn+2.3
E5	用户自定义	—	Xm+8.4	Yn+4.4
E6	用户自定义	—	Xm+8.5	Yn+4.5
E7	用户自定义	—	Xm+8.6	Yn+4.6
E8	用户自定义	—	Xm+8.7	Yn+4.7
E9	主轴正转	SRVA	Xm+11.0	Yn+7.0
E10	主轴停止	SSTP	Xm+11.1	Yn+7.1
E11	主轴反转	SFRA	Xm+11.2	Yn+7.2

例如，当主面板的 DI 起始地址设定为 m=20、DO 起始地址设定为 n=8 时，A1（A 行、第 1 列）位置的【AUTO】键的 DI 输入地址将为 X24.0（Xm+4.0），LED 指示灯的 DO 地址将为 Y8.0（Yn+0.0）；而 B9（B 行、第 9 列）的【X】键的 DI 输入地址则为 X29.4(Xm+9.4)，LED 指示灯的 DO 地址为 Y13.4（Yn+5.4）。

(2) 子面板倍率开关

FANUC 子面板 B1 上的系统 ON/OFF、急停按钮用于数控系统的电源通断及急停控制，按钮触点连接到主面板连接器 CM67 后，可利用主面板上的操作台/电气柜互连连接器 CA65 及连接电缆，引至电气柜的强电控制回路，无需进行 PMC 程序的设计。

子面板上的进给速度倍率调节开关、主轴转速倍率调节开关及存储器保护开关通过主面板连接器 CM65/CM66/CM67，与主面板的通用 DI/DO 连接。当主面板的 DI 起始地址设定为 m=20 时，进给速度倍率开关的 DI 输入地址为 Xm+0.0～Xm+0.5，主轴转速倍率开关的 DI 输入地址为 Xm+0.6～Xm+1.3，存储器保护开关的 DI 输入地址为 Xm+1.4。

FANUC 子面板的进给速度倍率见图 6.1.3(a) 所示的 21 挡波段开关，倍率调节范围为 0%～120%；主轴倍率为图 6.1.3(b) 所示的 8 挡波段开关，倍率调节范围为 50%～120%。

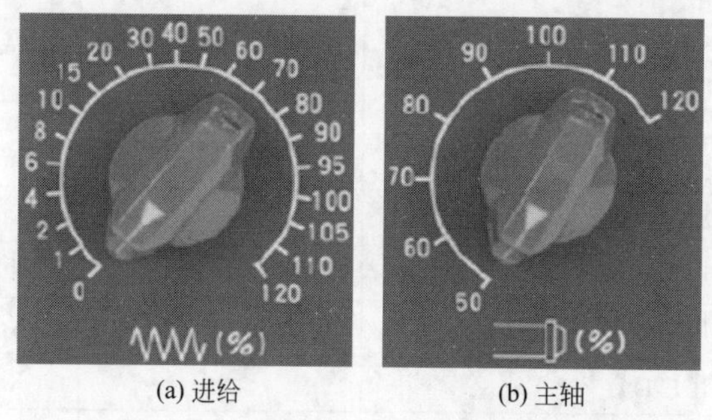

(a) 进给　(b) 主轴

图 6.1.3　FANUC 子面板倍率开关

FANUC 子面板进给速度倍率调节开关的输入为 5 位格雷编码附加 1 位奇偶校验信号，编码信号的输入地址及编码如表 6.1.2 所示。

表 6.1.2　进给速度倍率调节开关输入地址及编码

开关		格雷码信号输入					
位置	倍率	Xm+0.5	Xm+0.4	Xm+0.3	Xm+0.2	Xm+0.1	Xm+0.0
1	0%	0	0	0	0	0	0
2	1%	1	0	0	0	0	1
3	2%	0	0	0	0	1	1
4	4%	1	0	0	0	1	0
5	6%	0	0	0	1	1	0
6	8%	1	0	0	1	1	1
7	10%	0	0	0	1	0	1
8	15%	1	0	0	1	0	0
9	20%	0	0	1	1	0	0
10	30%	1	0	1	1	0	1
11	40%	0	0	1	1	1	1

续表

开关		格雷码信号输入					
位置	倍率	Xm+0.5	Xm+0.4	Xm+0.3	Xm+0.2	Xm+0.1	Xm+0.0
12	50%	1	0	1	1	1	0
13	60%	0	0	1	0	1	0
14	70%	1	0	1	0	1	1
15	80%	0	0	1	0	0	1
16	90%	1	0	1	0	0	0
17	95%	0	1	1	0	0	0
18	100%	1	1	1	0	0	1
19	105%	0	1	1	0	1	1
20	110%	1	1	1	0	1	0
21	120%	0	1	1	1	1	0

FANUC 子面板主轴转速倍率调节开关的输入为 3 位格雷编码附加 1 位奇偶校验信号，编码信号的输入地址及编码如表 6.1.3 所示。

表 6.1.3　主轴转速倍率调节开关输入地址及编码

开关		格雷码信号输入					
位置	倍率	Xm+1.3	Xm+1.2	Xm+1.1	Xm+1.0	Xm+0.7	Xm+0.6
1	50%	0	0	0	0	0	0
2	60%	0	1	0	0	0	1
3	70%	0	0	0	0	1	1
4	80%	0	1	0	0	1	0
5	90%	0	0	0	1	1	0
6	100%	0	1	0	1	1	1
7	110%	0	0	0	1	0	1
8	120%	0	1	0	1	0	0

(3) 手轮盒输入

FANUC 标准悬挂式手轮盒如图 6.1.4 所示，在使用 FANUC 标准手轮盒的数控系统上，手轮盒可以直接连接到主面板的手轮盒连接接口 JA58 上，手轮盒的轴选择、倍率调节开关及手轮生效指示灯可直接连接到主面板的通用 DI/DO 上。

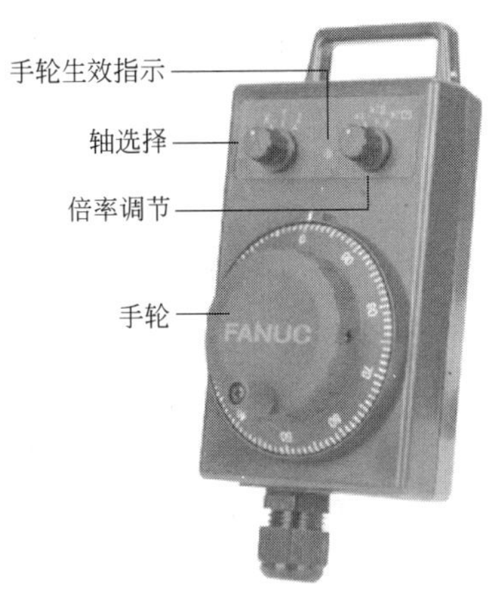

图 6.1.4　FANUC 手轮盒

FANUC 标准悬挂式手轮盒需要使用 9 点通用输入 DI 和 1 点通用输出 DO。当主面板的 DI 起始地址设定为 m=20 时，轴选择、倍率调节开关的 DI 输入地址为 Xm+1.5～Xm+2.5，手轮生效指示灯 DO 的输出地址为 Yn+5.3。

悬挂式手轮盒的手轮开关、指示灯的 DI/DO 信号及参考地址如表6.1.4所示。

表6.1.4 FANUC手轮盒DI/DO信号及参考地址

操作部件	信号名称	信号代号	DI/DO参考地址
倍率调节开关	手轮倍率×1	×1	Xm+1.5
	手轮倍率×10	×10	Xm+1.6
	手轮倍率×100	×100	Xm+1.7
轴选择选择	X轴选择	HX	Xm+2.0
	Y轴选择	HY	Xm+2.1
	Z轴选择	HZ	Xm+2.2
	第4轴选择	H4	Xm+2.3
	第5轴选择	H5	Xm+2.4
	第6轴选择	H6	Xm+2.5
手轮生效指示	手轮有效	HND	Yn+5.3

6.1.2 PMC程序设计要求

(1) 主面板程序设计

FANUC主面板主要用于数控系统的操作方式选择、坐标轴的手动操作及加工程序的自动运行控制，PMC程序设计的主要内容如下。

① 主面板上用于数控系统自动、程序编辑、手动等操作方式选择的【AUTO】、【EDIT】、【JOG】等操作键输入，需要通过PMC程序的设计，转换成数控系统要求的操作方式选择编码信号MD1、MD2、MD4，并在CNC输出信号G43.0～G43.7上输出。

② 主面板上用于数控系统手动增量进给操作的倍率选择键【×1】、【×10】、【×100】、【×1000】输入，需要通过PMC程序的设计，在选择手动增量操作时，转换成数控系统要求的手动增量进给倍率编码信号MP1、MP2，并在CNC输出信号G19.4、G19.5上输出。FANUC数控系统的手动增量进给倍率和手轮倍率使用共同的编码信号MP1、MP2，在选择FANUC手轮盒时，MP1、MP2应通过手轮盒的手轮倍率开关控制（见后述）。

③ 主面板上的用于加工程序自动运行控制的单程序段【SINGLE BLOCK】、试运行【DRY RUN】、循环启动【CYCLE START】、循环停止【CYCLE STOP】等操作键，需要通过PMC程序的设计，转换成数控系统要求的SBK、BDT、DRN、ST、*SP等加工程序自动运行控制信号，并在规定的CNC输出信号G上输出。

④ 主面板上的用于手动操作的坐标轴选择键【X】、【Y】、【Z】、【4】，运动方向选择键【+】、【−】及手动快速键【RAPID】，需要通过PMC程序的设计，转换成数控系统要求的坐标轴手动操作坐标轴方向键+X、+Y、+Z、+4、−X、−Y、−Z、−4等，并在CNC输出信号G100.0～G100.7（正向运动）、G102.0～G102.7（负向运动）、G19.7（手动快速）上输出。

⑤ 主面板上的主轴正转、反转、停止键（【SPND CCW】、【SPND CW】、【SPND STOP】），需要通过PMC程序的设计，转换成数控系统要求的主轴转向、启停控制信号，并在CNC输出信号G33.6（转向）、G29.6（启停）上输出。

⑥ 主面板上的LED指示灯用于CNC实际工作状态的指示，例如，数控系统当前的操作

方式、手动进给轴及方向、加工程序自动运行情况等。LED 指示灯一般通过 CNC 输入信号 F 进行控制。

(2) 子面板及手轮盒程序设计

FANUC 子面板主要用于数控系统的手动进给（JOG）速度选择、切削进给速度倍率调节、快进速度调节、主轴转速倍率调节；FANUC 手轮盒用于手轮操作的轴选择、手轮倍率调节、手轮操作指示。PMC 程序设计的主要内容如下。

① 数控系统要求的坐标轴运动速度控制信号有手动进给（JOG）速度倍率调节、切削进给速度倍率调节、快进速度调节 3 类，但是 FANUC 子面板通常只有 1 个进给速度倍率调节开关，因此，需要通过 PMC 程序，利用进给倍率开关的输入信号，同时生成数控系统要求的手动进给速度倍率信号 * JV0～ * JV15、切削进给速度倍率调节信号 * FV0～ * FV7 及快进速度调节信号 ROV1、ROV2 或 HROV7、 * HROV0～ * HROV6，并分别在 CNC 输出信号 G10.0～G11.7（手动进给速度倍率）、G12.0～G12.7（切削进给速度倍率）、G14.0、G14.1 或 G96.0～G96.7（快进速度调节）上输出。

② FANUC 子面板上的主轴转速倍率调节开关输入，需要通过 PMC 程序，转换为数控系统要求的主轴转速倍率调节信号 SOV0～SOV7，并在 CNC 输出信号 G30.0～G30.7 上输出。

③ FANUC 手轮盒上的手轮轴选择开关输入，需要通过 PMC 程序，转换为数控系统要求的手轮轴选择编码信号 HSnA～HSnD，并在 CNC 输出信号 G18.0～G18.3（第 1 手轮）或 G18.4～G18.7（第 2 手轮）、G19.0～G19.3（第 3 手轮）上输出。

④ FANUC 数控系统的手轮倍率和手动增量进给倍率使用共同的编码信号 MP1、MP2，因此，选择手轮操作时，手轮盒上的手轮倍率开关输入，需要通过 PMC 程序，转换为数控系统要求的手轮/手动增量进给倍率信号，并在 CNC 输出信号 G19.4、G19.5 上输出。

⑤ FANUC 手轮盒上的手轮生效指示灯用于手轮操作指示，指示灯一般应通过 CNC 的手轮操作方式状态指示信号 MH，由 CNC 输入信号 F3.1 控制。

(3) CNC 输出/输入信号

FANUC 主面板、子面板主要用于 PMC 的 CNC 输出信号控制，常用信号的地址、名称及代号如表 6.1.5 所示。

表 6.1.5　机床操作面板控制常用的 CNC 输出信号表

地址	信号名称	信号代号	信号功能
G005.6	辅助功能锁住	AFL	辅助功能锁住
G006.0	程序重新启动	SRN	程序重新启动
G007.2	循环启动	ST	循环启动
G008.3	程序段启动互锁	* BSL	程序段启动互锁
G008.4	急停	* ESP	急停
G008.5	进给保持	* SP	进给保持
G010.0～G011.7	手动进给速度倍率	* JV0～ * JV15	手动进给速度倍率调节
G012	切削进给速度倍率	* FV0～ * FV7	切削进给速度倍率调节
G014.0/G014.1	快进速度调节	ROV1/ROV2	快进速度调节
G018.0～G018.3	第 1 手轮进给轴选择	HS1A～HS1D	第 1 手轮进给轴选择
G018.4～G018.7	第 2 手轮进给轴选择	HS2A～HS2D	第 2 手轮进给轴选择

续表

地址	信号名称	信号代号	信号功能
G019.0～G019.3	第 3 手轮进给轴选择	HS3A～HS3D	第 3 手轮进给轴选择
G019.4/G019.5	手轮或增量进给倍率选择	MP1/MP2	手轮或增量进给倍率
G019.7	手动快进	RT	手动快进
G029.6	主轴停止	* SSTP	主轴停止
G043.0～G043.2	CNC 操作方式选择	MD1/MD2/MD4	CNC 操作方式选择
G043.5	DNC 运行选择	DNCI	DNC 运行选择
G043.7	手动回参考点选择	ZRN	手动回参考点选择
G044.0	跳过任选程序段 1	BDT1	跳过任选程序段 1
G045.0～G045.7	跳过任选程序段 2～9	BDT2～BDT9	跳过任选程序段 2～9
G044.1	机床锁住	MLK	机床锁住
G046.1	单程序段	SBK	单程序段
G046.3～G046.6	存储器保护	KEY1～KEY4	存储器保护
G046.7	空运行	DRN	空运行
G070.4	主轴正转(串行主轴)	SRVA	主轴正转(串行主轴)
G070.5	主轴反转(串行主轴)	SFRA	主轴反转(串行主轴)
G071.1	主轴急停(串行主轴)	* ESPA	急停(串行主轴)
G096.0～G096.6	快速进给倍率	* HROV0～ * HROV6	快速进给倍率
G096.7	快速进给倍率选择	HROV	快速进给倍率选择
G100	手动进给轴及方向	＋J1～＋J4	手动进给轴及方向选择
G102	手动进给轴及方向	－J1～－J4	手动进给轴及方向选择
G108	独立的机床锁住	MLK1～MLK4	独立的机床锁住
G199.0	手轮 2 选择	IOLBH2	手轮 2 生效
G199.1	手轮 3 选择	IOLBH3	手轮 3 生效

FANUC 主面板的 LED 指示灯主要用于 CNC 的工作状态指示，指示灯控制信号大多数都来自 CNC 输入信号，主面板 LED 指示灯常用的 CNC 输入信号地址、名称、代号及功能如表 6.1.6 所示。

表 6.1.6　机床操作面板控制常用的 CNC 输入信号表

地 址	信号名称	信号代号	信号功能
F000.4	进给保持信号	SPL	程序自动运行进给保持
F000.5	循环启动信号	STL	程序自动运行启动
F000.7	自动运行信号	OP	程序自动运行中
F002.1	快速进给信号	RPDO	坐标轴快速进给
F002.4	程序重新启动信号	SRNMV	程序自动程序启动
F002.7	空运行状态输出信号	MDRN	程序空运行
F003.0	增量进给状态输出信号	MINC	CNC 当前操作方式为 INC
F003.1	手轮进给状态输出信号	MH	CNC 当前操作方式为 HND
F003.2	JOG 进给状态输出信号	MJ	CNC 当前操作方式为 JOG

续表

地址	信号名称	信号代号	信号功能
F003.3	MDI 状态输出信号	MMDI	CNC 当前操作方式为 MDI
F003.4	DNC 状态输出信号	MRMT	CNC 当前操作方式为 DNC
F003.5	MEM 状态输出信号	MMEM	CNC 当前操作方式为 AUTO
F003.6	EDIT 状态输出信号	MEDT	CNC 当前操作方式为 EDIT
F003.7	示教状态输出信号	MTCHIN	CNC 当前操作方式为 TCH
F004.0	跳过程序段 1 输出信号	MBDT1	跳过程序段 1 有效
F005.0～F005.7	跳过程序段 2～9 输出信号	MBDT2～MBDT9	跳过程序段 2～9 有效
F004.1	机床锁住状态输出信号	MMLK	机床锁住生效
F004.3	单程序段状态输出信号	MSBK	单程序段生效
F004.4	辅助功能锁住状态输出信号	MAFL	辅助功能锁住有效
F004.5	手动返回参考点状态输出信号	MREF	CNC 当前操作方式为 REF

6.2 主面板操作方式选择程序

6.2.1 程序设计要求

(1) 操作键与地址

FANUC 主面板 B 上的 CNC 操作方式选择键有图 6.2.1 所示的 9 个，假设 CNC 上的 PMC 配置参数所设定的输入起始地址为 m=20，输出起始地址为 n=8，根据表 6.1.1，可得到 PMC 程序设计需要使用的操作键、LED 指示灯的 DI/DO 地址如表 6.2.1 所示，表中的 DNC 代表 DNC 运行方式选择键【REMOTE】，HND 代表手轮操作方式选择键【HANDLE】，TCH 代表示教操作方式选择键【TEACH】。

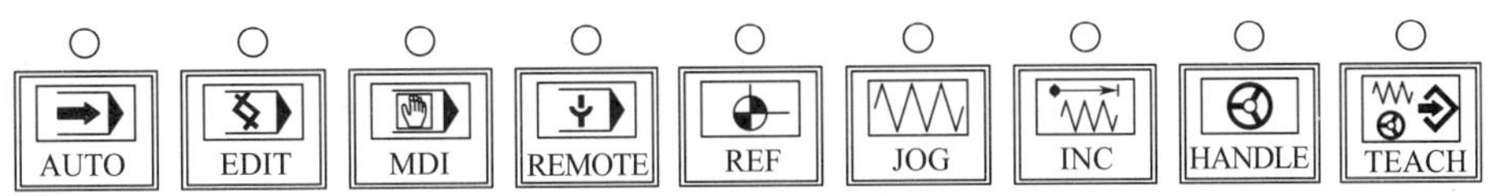

图 6.2.1　主面板操作方式选择按键

表 6.2.1　操作方式按键/指示灯的 DI/DO 地址表

按键/指示灯代号	AUTO	EDIT	MDI	DNC	REF	JOG	INC	HND	TCH
按键/指示灯位置	A1	A2	A3	A4	A5	A6	A7	A8	B4
按键输入地址	X24.0	X24.1	X24.2	X24.3	X26.4	X26.5	X26.6	X26.7	X24.7
指示灯输出地址	Y8.0	Y8.1	Y8.2	Y8.3	Y10.4	Y10.5	Y10.6	Y10.7	Y8.7

FS 0i 系列数控系统的操作方式选择信号需要以 3 位二进制编码信号 MD1/MD2/MD4 及附加的 DNCI、ZRN 信号的形式输出，CNC 输出信号的地址及输出要求如表 6.2.2 所示。

表 6.2.2　CNC 操作方式选择信号输出地址及要求

PMC→CNC 接口信号	MD4	MD2	MD1	DNCI	ZRN
PMC 输出地址	G043.2	G043.1	G043.0	G043.5	G043.7

续表

操作方式	手动数据输入(MDI)	0	0	0	0	0
	自动运行(AUTO)	0	0	1	0	0
	DNC 运行(DNC/REMOTE)	0	0	1	1	0
	程序编辑(EDIT)	0	1	1	0	0
	手轮进给(HND)	1	0	0	0	0
	增量进给(INC)	1	0	0	0	0
	手动连续进给(JOG)	1	0	1	0	0
	手动回参考点(REF/ZRN)	1	0	1	0	1
	手动示教(TJOG)	1	1	0	0	0
	手轮示教(THND)	1	1	1	0	0

(2) 程序设计方法

CNC 操作方式选择 PMC 程序设计的基本方法如下。

① FS 0i 系列数控系统的加工程序自动运行通常有存储器程序自动运行（简称 MEM 运行）、存储卡程序自动运行（简称 DNC 运行）两种，两者的 CNC 操作方式信号 MD1/MD2/MD4 编码相同，不同操作方式需要利用 DNC 运行选择信号 DNCI（G043.5）区分。

CNC 的存储器程序自动运行（MEM 运行）一般是数控机床最常用的程序自动运行方式，根据传统的习惯，通常将其设定为程序自动运行（AUTO）的默认方式。因此，可在 PMC 程序中进行如下处理。

当按主面板的【AUTO】键时，首先通过 MD1/MD2/MD4 编码，选定 MEM 运行（G043.5=0）；此时，如接着按 DNC 运行键【REMOTE】，PMC 程序可将 CNC 输出信号 DNCI（G043.5）置“1”，将程序自动运行方式切换至 DNC 运行；如在 DNCI（G043.5）为“1”的情况下，再次按【REMOTE】键，则将 DNCI（G043.5）重新置为“0”，返回到存储器自动运行方式 MEM。

② FS 0i 系列数控系统的手动操作通常有手动连续进给（简称 JOG）、手动回参考点（ZRN）两种，两者的 CNC 操作方式信号 MD1/MD2/MD4 编码相同，不同操作方式需要利用自动回参考点选择信号 ZRN（G043.7）区分。

手动连续进给（JOG）一般是数控机床最常用的手动操作方式，根据传统的习惯，通常将其设定为手动操作的默认方式，因此可在 PMC 程序中进行如下处理。

当按主面板的【JOG】键时，首先通过 MD1/MD2/MD4 编码，选定 JOG 操作（G043.7=0）；此时，如接着按手动回参考点键【REF】，PMC 程序可将 CNC 输出信号 ZRN（G043.7）置“1”，将手动方式切换至 ZRN 运行；如在 ZRN（G043.7）为“1”的情况下，再次按【REF】键，则将 ZRN（G043.7）重新置为“0”，返回到手动连续进给操作 JOG。

③ FS 0i 系列数控系统的手轮操作方式 HND 和手动增量进给操作方式 INC 的 MD1/MD2/MD4 信号编码相同，但手轮、手动增量进给功能可利用独立的 CNC 参数生效或取消。在同时使用手轮、手动增量进给功能的机床上，手轮操作需要有专门的手轮轴选择信号 HS1A～HS1D（G018.0～G018.3），因此，可通过【HANDLE】键来控制 HS1A～HS1D 信号的输出，区分 INC 和 HND 操作，即当 CNC 输出信号 HS1A～HS1D 有效时为手轮操作 HND，信号无效时为手动增量进给操作 INC。

④ 手轮示教 THND 和手动示教 TJOG 是一种通过手轮操作或手动连续进给操作，指定移动指令目标位置的特殊编程方式，通常用于工业机器人，数控机床一般较少使用。

FS 0i 系列数控系统的手轮示教操作 THND 和手动连续进给示教 TJOG 需要有不同的 MD1/MD2/MD4 信号编码，但是，主面板只有 1 个操作方式选择键【TEACH】。由于手动连续进给示教 TJOG 一般是最常用的示教操作方式，通常将其设定为示教操作的默认方式。因此，可在 PMC 程序中进行如下处理。

按下操作键【TEACH】，首先输出 TJOG 方式的 MD1/MD2/MD4 编码信号、选定手动连续进给示教；此时，如接着按【HANDLE】键，则输出 THND 方式的 MD1/MD2/MD4 编码信号，选定手轮示教操作；当手轮示教 THND 操作生效时，如果再次按【HANDLE】键，则返回到手动连续进给方式 TJOG。

根据以上设计思路，在 PMC 程序设计时，便可将表 6.2.2 所示的 CNC 操作方式选择信号 MD1/MD2/MD4，简化为表 6.2.3 所示的 CNC 操作方式选择程序设计要求。

表 6.2.3　操作方式选择 PMC 程序设计要求

操作方式选择信号	MD4	MD2	MD1	附加操作
	G043.2	G043.1	G043.0	
自动运行(AUTO)	0	0	1	按【DNC】键转换到 DNC 方式
程序编辑(EDIT)	0	1	1	—
手动数据输入(MDI)	0	0	0	—
增量进给(INC)	1	0	0	按【HND】键转换到 HND 方式
手动连续进给(JOG)	1	0	1	按【REF】键转换到 REF 方式
手动示教(TJOG)	1	1	0	按【HND】键转换到 THND 方式

6.2.2　操作方式选择基本程序

FS 0i 系列数控系统的 CNC 操作方式选择信号 MD1/MD2/MD4 一般直接利用逻辑梯形图程序实现，其程序设计示例如下。

(1) 不使用示教操作功能

当数控系统不使用示教操作方式 TJOG 和 THND 时，可根据表 6.2.1 所示主面板的 CNC 操作方式选择键的 DI 地址以及表 6.2.3 所示的 MD1/MD2/MD4 信号输出要求，CNC 输出信号 MD1/MD2/MD4 可利用图 6.2.2 所示的 PMC 程序进行控制。

在图 6.2.2 所示的 PMC 程序中，不管 MD1/MD2/MD4 信号原状态如何，只要按下主面板上的【AUTO】键（X24.0＝1），CNC 输出信号 G043.0（MD1）将为“1”，而 G043.1（MD2）、G043.2（MD4）则为“0”，即 MD4/MD2/MD1 信号的状态为“001”，对应的 CNC 操作方式为程序自动运行（AUTO）。

同样，如按下主面板上的【EDIT】键（X24.1＝1），CNC 输出信号 G043.0（MD1）、G043.1（MD2）被同时置“1”，而 G043.2（MD4）则为“0”，即 MD4/MD2/MD1 的状态为“011”，对应的 CNC 操作方式为程序编辑（EDIT）。

程序中的 R100.0 用于手轮轴选择信号控制，当按下主面板上的【HND】键选择手轮操作

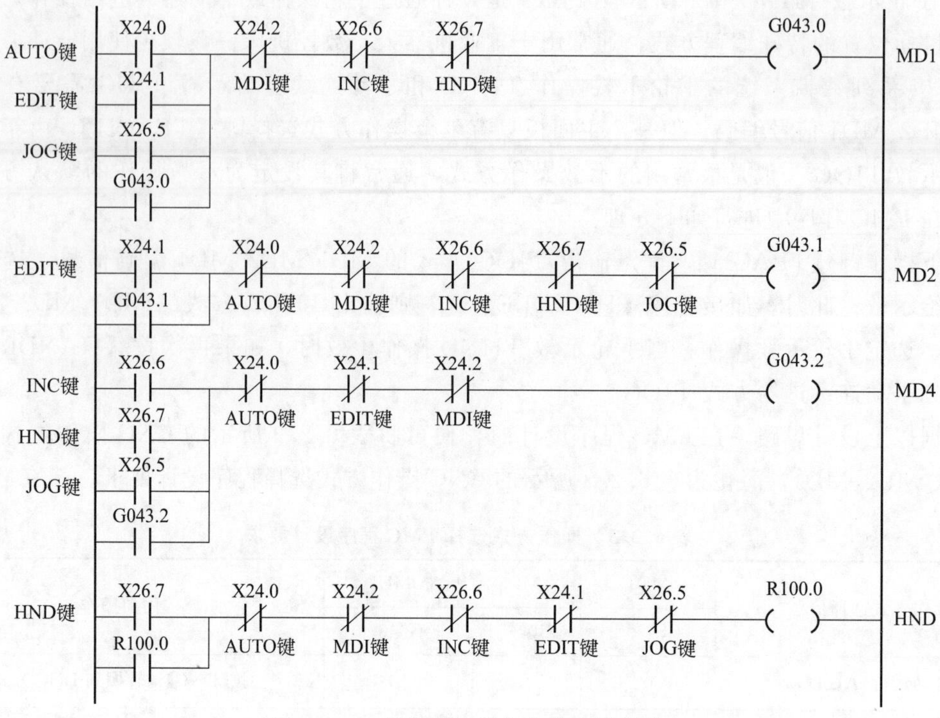

图 6.2.2 无示教的操作方式选择程序

方式时，一方面可将 MD4/MD2/MD1 信号的状态设置为“100”，选定 INC/HND 操作方式，同时又可通过 R100.0，生效手轮轴选择信号 HS1A～HS1D。而在按下主面板上的【INC】键时，MD4/MD2/MD1 信号的状态同样被置为“100”，但 R100.0 为“0”，故可禁止 HS1A～HS1D 信号，取消手轮操作功能。

(2) 使用示教功能

在使用示教编程操作功能的 PMC 程序设计示例如图 6.2.3 所示。

在使用示教编程操作功能的数控系统上，需要增加 CNC 操作方式 TJOG、THND，图 6.2.3 所示的 PMC 程序在图 6.2.2 程序的基础上增加了以下功能。

① TCH 操作方式选择。CNC 输出信号 MD4/MD2/MD1 信号控制程序段增加了【TEACH】键（X24.7），程序可在按下主面板【TEACH】键时，将 MD4/MD2/MD1 信号的状态设置为“110”，选择 CNC 的手动示教操作方式 TJOG。

②【HND】键控制。主面板的手轮方式选择键【HND】（X26.7），在 PMC 程序中被转换成了 R101.0 和 R101.1 两个控制信号。

对于常规的手轮操作，CNC 的示教操作方式无效，信号 F003.7 为“0”，R101.1 总是为“0”；而 R101.0 将替代常规的手轮操作方式选择键【HND】，控制操作方式选择信号 MD4/MD2/MD1 及手轮轴选择控制信号 R100.0 的状态。

如果 CNC 的示教操作方式有效，F003.7 信号为“1”，R101.0 为“0”；此时，可通过 R101.1 切换 MD1（G043.0）的状态。R101.1 采用了交替通断控制的典型程序，因此，当 CNC 的示教操作方式被选择、F003.7 为“1”时，可通过【HND】键的重复操作，使 MD4/MD2/MD1 信号的状态在“110”与“111”间切换，进行 CNC 示教操作的手动连续示教 TJOG 和手轮示教 THND 的操作切换。

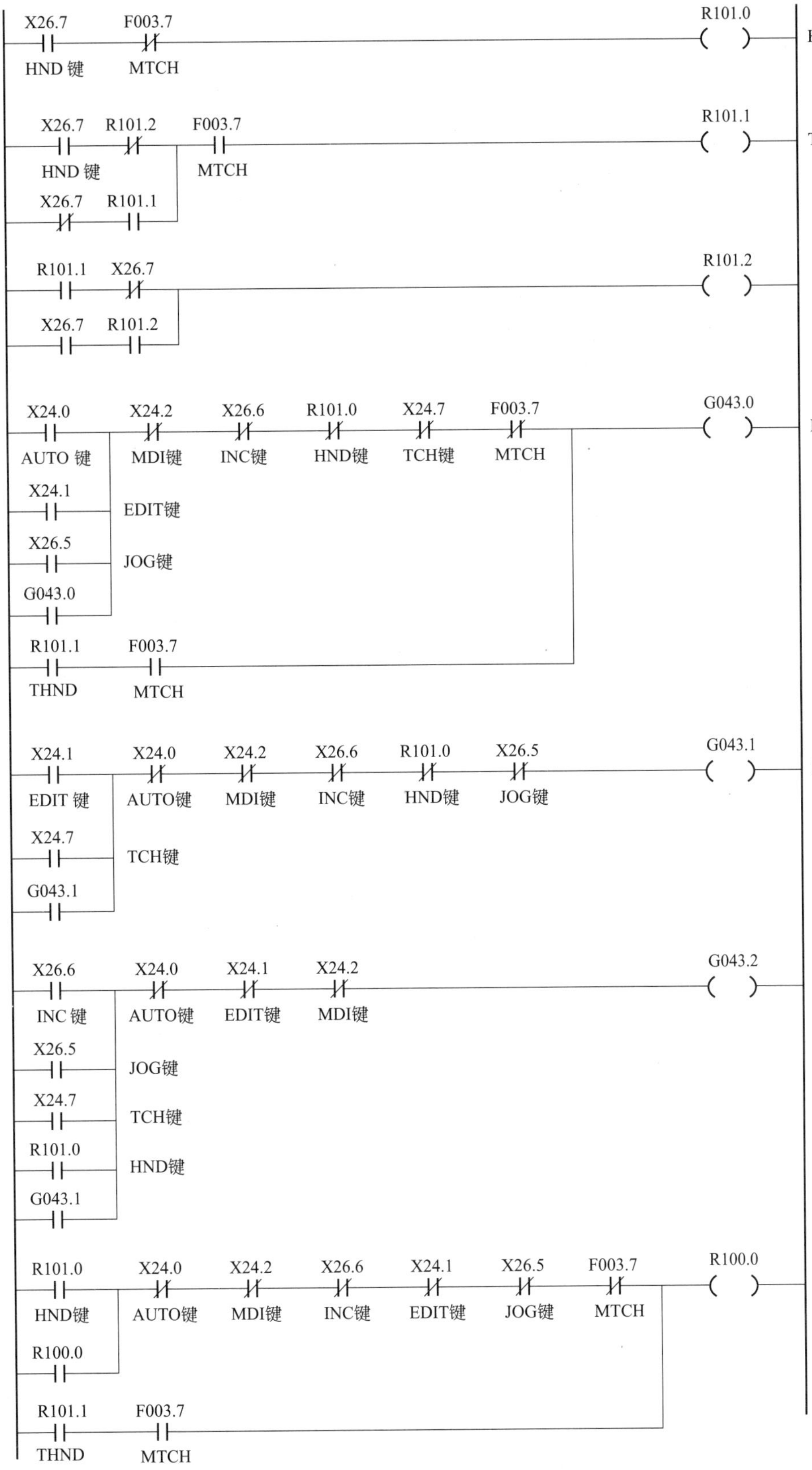

图 6.2.3　使用示教的操作方式选择程序

6.2.3 方式切换与指示灯控制

(1) DNC、REF 方式切换

FS 0i 系列数控系统主面板的存储卡程序自动运行操作方式 DNC、手动回参考点操作方式 ZRN 的选择程序如图 6.2.4 所示。

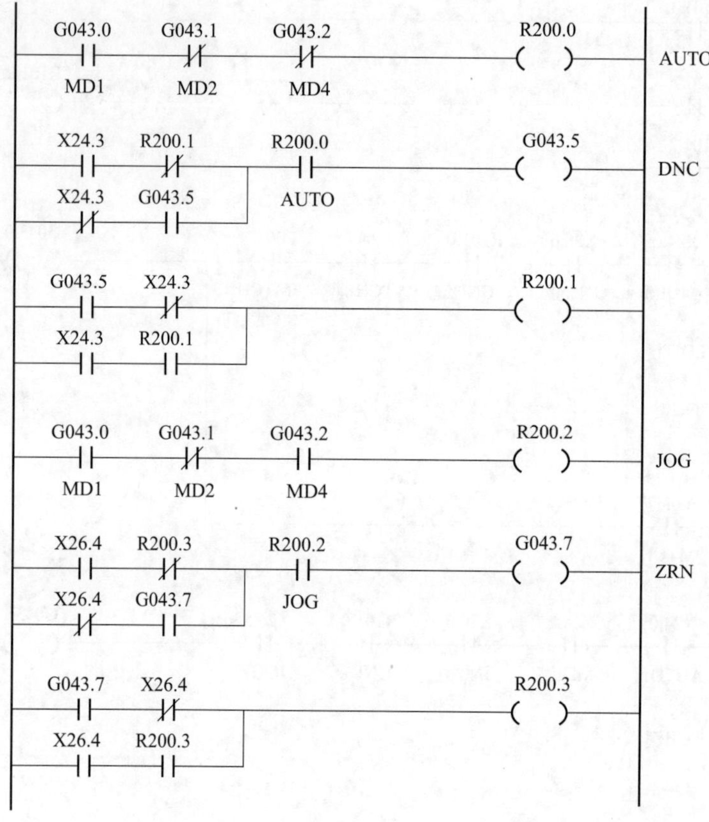

图 6.2.4 DNC 及 ZRN 操作方式选择程序

如前所述，CNC 的 DNC 操作方式需要先按【AUTO】键，选定自动运行方式 AUTO 后，利用主面板的【REMOTE】键，进行存储器程序自动运行 MEM 和存储卡程序自动运行 DNC 的切换。CNC 的手动回参考点操作，则需要先按【JOG】键，选定手动操作方式 JOG 后，利用主面板的【REF】键，进行手动连续进给 JOG 和手动回参考点 ZRN 的切换。

在图 6.2.4 所示的程序中，DNC 操作方式选择信号 G043.5 和 ZRN 操作方式选择信号 G043.7，可分别在 CNC 的自动运行方式 AUTO、手动操作方式 JOG 选定后，用主面板的【REMOTE】键（X24.3）、【REF】键（X26.4）进行切换；G043.5、G043.7 均使用了交替通断控制典型程序。

例如，当操作方式 AUTO 被选定时，MD4/MD2/MD1 信号的状态为“001”，R200.0＝1，此时利用主面板【REMOTE】键（X24.3）的操作，便可控制 DNC 选择信号 G043.5 的交替通断，进行 AUTO（MEM）和 DNC 方式的切换。如 AUTO 方式未选定，则 R200.0 为“0”，DNC 选择信号 G043.5 始终为“0”，【REMOTE】键的操作无效。

手动操作方式 JOG 和手动回参考点方式 ZRN 的切换控制方法与 AUTO/DNC 切换相同，当 MD4/MD2/MD1 信号的状态为“101”时，程序中的 R200.2＝1，此时利用主面板【REF】

键（X26.4）的操作，便可控制 ZRN 选择信号 G043.7 的交替通断，进行 JOG 和 ZRN 方式的切换。

(2) LED 指示灯控制

CNC 的操作方式一旦被选定，如 CNC 工作正常，便可进入所选的操作方式，同时，CNC 可将当前生效的 CNC 操作方式通过 CNC 输入信号 F003.0～F003.7、F004.5 通知 PMC。

CNC 当前操作方式的信号地址如表 6.2.4 所示。

表 6.2.4　CNC 现行操作方式输出信号

操作方式	EDIT	AUTO	DNC	MDI	JOG	MPG	INC	REF	TCH
信号名称	MEDIT	MMEM	MRMT	MMDI	MJ	MH	MINC	MREF	MTCHIN
信号地址	F003.6	F003.5	F003.4	F003.3	F003.2	F003.1	F003.0	F004.5	F003.7

根据以上状态输出信号，主面板各操作键所对应的 LED 指示灯可通过图 6.2.5 所示的 PMC 程序进行控制。

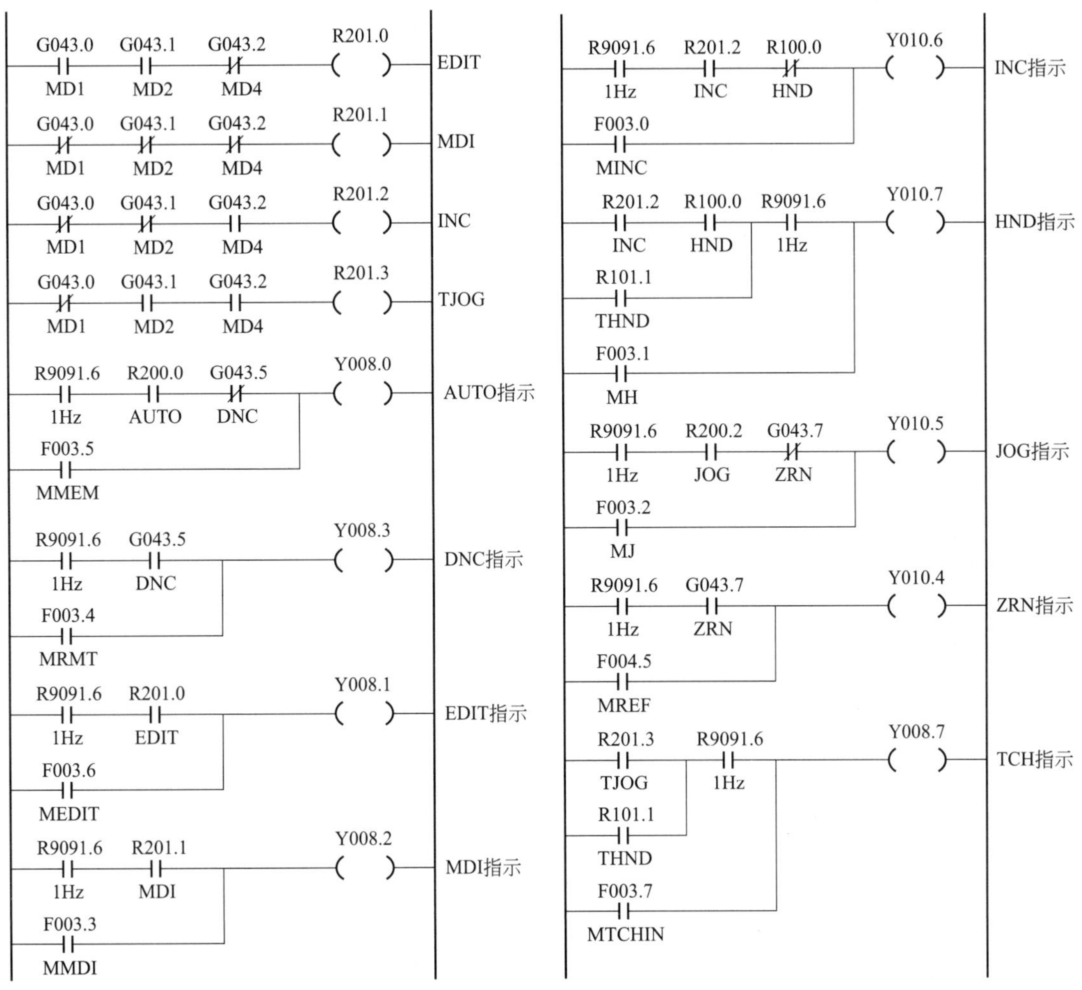

图 6.2.5　LED 指示灯控制程序

为了区分主面板操作与 CNC 实际状态，图 6.2.5 所示的 PMC 程序对 LED 指示灯的输出控制进行了如下处理。

闪烁：当 LED 指示灯以 1Hz 频率闪烁时，表示主面板已通过相应的操作键选择 CNC 的操作方式，即操作方式选择信号 MD4/MD2/MD1 已输出，但是 CNC 的当前操作方式与主面板选择的操作方式不符，即 CNC 存在故障，不能正常工作。

亮：当 LED 指示灯点亮时，代表 CNC 已按主面板的操作，选择对应的 CNC 操作方式，CNC 工作正常。

程序中的 1Hz 闪烁控制直接使用了 PMC 的系统内部继电器信号 R9091.6，PMC 正常工作时，R9091.6 始终输出 1Hz 脉冲信号。

例如，当 CNC 输出信号 MD4/MD2/MD1（G043.2/G043.1/G043.0）的状态为“001”时，CNC 的操作方式应为 AUTO，利用前述图 6.2.5 所示的 PMC 程序，R200.0 将为“1”；如 CNC 的当前操作方式不为 AUTO，CNC 输入信号 F003.5（MMEM）将为“0”；此时，图 6.2.5 所示的 PMC 程序中的 LED 指示灯输出 Y8.0 将以 1Hz 频率闪烁，如 CNC 的当前操作方式为 AUTO，则 CNC 输入信号 F003.5（MMEM）为“1”，Y8.0 输出“1”，LED 指示灯保持亮。

6.3 主面板手动操作程序

6.3.1 CNC 手动操作内容

FANUC 数控系统的手动操作包括手动连续进给（JOG）、手动回参考点（ZRN）、手动增量进给（INC）、手轮进给（HND）4 种。在配套 FANUC 主面板的数控系统上，手动操作的基本内容及方法如下。

（1）JOG、ZRN 操作

手动连续进给（JOG）是利用操作面板键控制坐标轴手动移动的操作，运动轴、运动方向可通过相关操作键选择，按下按键时坐标轴运动，松开按键后坐标轴停止。手动回参考点（ZRN）是利用操作面板键控制坐标轴向指定方向运动、到达参考点后自动定位停止的操作，回参考点运动轴可通过相关操作键选择，运动方向可通过 CNC 参数的设定规定。

在使用 FANUC 主面板时，数控系统的坐标轴手动连续进给 JOG、手动回参考点 ZRN 的操作步骤如表 6.3.1 所示。

表 6.3.1 JOG/ZRN 的操作步骤

面板操作	操作说明	备注
REF　JOG　INC　HANDLE	按【JOG】或【REF】键，选择手动连续或手动回参考点方式	操作方式必须在按方向键前选定
0 1 2 4 6 8 10 20 30 40 50 60 70 80 90 95 100 105 110 120 (%)	1. 通过倍率开关选择手动进给速度 2. 手动或回参考点运动速度可在运动过程中随时调节	运动速度以倍率的形式调节，倍率 100% 的速度，可通过 CNC 参数设定

续表

面板操作	操作说明	备注
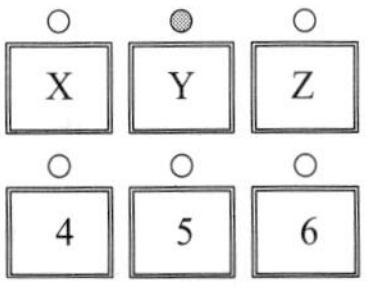 X Y Z 4 5 6	1. 利用轴选择键选定手动或回参考点坐标轴轴 2. 所选轴的指示灯亮	
 + RAPID －	1. 按方向键，所轴即向指定方向运动 2. 同时按【RAPID】键，坐标轴以手动快进速度运动	回参考点方向、手动快进速度由 CNC 参数设定

(2) INC、HND 操作

手动增量进给（INC）是利用操作面板键控制坐标轴定量移动的操作，运动轴、运动方向、移动量均可通过相关操作键选择。手轮进给（HND）是利用手轮的双向旋转控制运动方向、移动距离的操作，手轮的每格移动量可通过手轮倍率开关选择。

在使用 FANUC 主面板时，INC、HND 的操作步骤如表 6.3.2 所示。

表 6.3.2　INC/HND 的操作步骤

面板操作	操作说明	备注
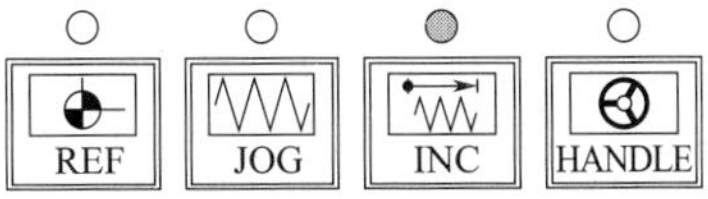 REF JOG INC HANDLE	按【INC】或【HND】键，选择手动增量进给或手轮操作方式	操作方式必须在按方向键前选定
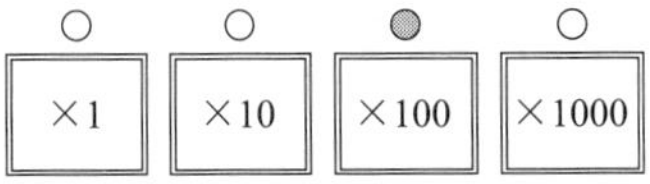 ×1 ×10 ×100 ×1000 或： ×1 ×10 ×100 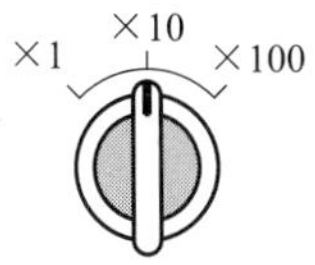	按增量进给距离选择键，选定增量移动距离或利用手轮倍率选择键，选择手轮倍率	增量移动距离是按一次方向键的移动距离；手轮倍率手轮旋转 1 格的移动距离 不使用手轮倍率开关时，增量移动距离可替代手轮倍率
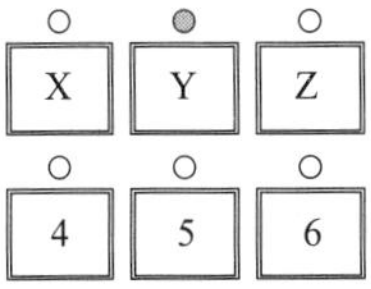 X Y Z 4 5 6 或： X Y Z 4 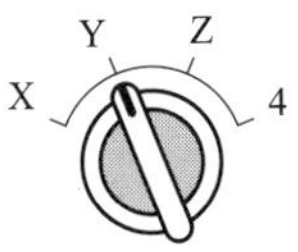	利用轴选择键选定 INC 运动轴或利用手轮轴选择开关选择手轮运动轴	不使用手轮轴选择开关时，坐标轴选择键可替代手轮轴选择开关
 + RAPID － 或： FANUC 	1. INC 操作时，按方向键、所选轴即在指定方向运动指定距离 2. HND 操作时，旋转手轮，便可选择移动方向和距离	

6.3.2 坐标轴运动控制要求

(1) 坐标轴运动基本条件

数控系统工作正常、CNC 参数设定正确、PMC 的 CNC 输出控制信号符合 CNC 要求，是数控系统坐标轴运动必需的基本条件。

PMC 程序控制坐标轴运动时，来自 CNC 的工作状态输入信号需要满足以下条件，在 PMC 程序中，这些信号应作为 CNC 手动操作、自动运行控制的基本逻辑条件。

① 驱动器、CNC 位置控制软硬件工作正常，伺服准备好信号 F0000.6（SA）为“1”。

② CNC 的软硬件工作正常，CNC 准备好信号 F0001.7（MA）为“1”。

③ CNC 无报警，报警信号 F0001.0（AL）为“0”。

④ CNC 后备电池正常，电池报警信号 F0001.2（BAL）为“0”。

⑤ 驱动器的绝对编码器电池正常，电池报警信号 F0172.6（PBALZ）、电池电压过低信号 F0172.7（PBATL）均为“0”。

⑥ 坐标轴运动时，PMC 程序还可通过坐标轴运动中 F0102.0～F0102.4（MV1～MV5）、运动方向 F0106.0～F0106.4（MVD1～MVD5）检查坐标轴运动情况。

为了保证 CNC 坐标轴的正常运动，PMC 程序中的 CNC 输出信号通常需要满足以下条件，部分信号可通过 CNC 参数设定取消。

① 外部急停信号 * ESP 为“1”，机床输入信号 X0008.4、CNC 输出 G0008.4 均为“1”。

② 坐标轴运动互锁信号 G0008.0（* IT）及 G0130.0～G0130.4（* IT1～* IT4）均为“1”。

③ CNC 复位信号 G0008.6（RRW）和 G0008.7（ERS）均为“0”。

④ 机床锁住信号 G0044.1（MLK）及 G0108.0～G0108.4（MLK1～MLK4）为“0”。

⑤ 坐标轴超程信号 G0114.0～G0114.4（* +L1～* +L4）及 G0116.0～G0116.4（* −L1～* −L4）均为“1”。

⑥ 指定方向的运动允许，信号 G0132.0～G0132.4（+MIT1～+MIT4）及 G0134.0～G0134.4（−MIT1～−MIT4）应为 0。

(2) 手动连续进给（JOG）要求

手动连续进给（JOG）是通过手动方向键控制坐标轴连续运动的方式，当对应的轴方向键被按下时，坐标轴以手动连续进给速度移动，松开后停止。坐标轴的手动连续进给的动作如图 6.3.1 所示，运动控制要求如下。

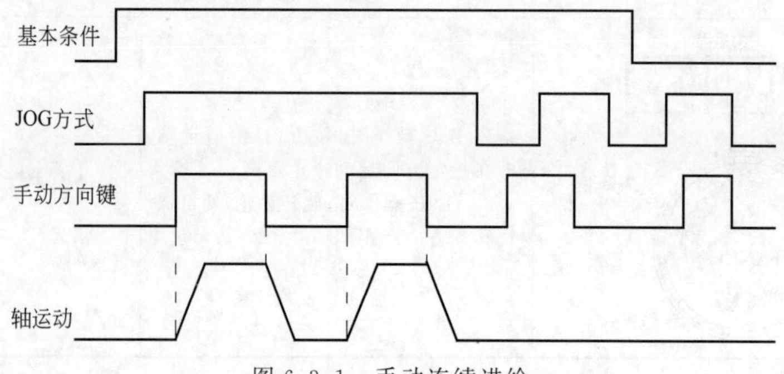

图 6.3.1 手动连续进给

① CNC 处于正常工作状态，PMC 的 CNC 输入/输出信号满足前述的坐标轴移动条件。

② CNC 操作方式选择 JOG。

③ CNC 的手动进给速度参数设定不为 0，速度倍率信号 G0010.0～G0011.7 不为全“1”或全“0”。

④ 坐标轴及运动方向选择信号 G0100.0～G0100.3、G0102.0～G0102.3 正确。

⑤ 坐标轴手动连续进给时，如果 PMC 的手动快速信号 G0019.7 输出为“1”，坐标轴可按 CNC 参数设定的速度快速移动。

(3) 手动增量进给要求

手动增量进给（INC）是一种短距离、定量运动的手动进给方式，当操作面板选定了运动距离后，对应的轴方向键一旦被按下，就可在指定方向上运动指定的距离。坐标轴手动增量进给的动作过程见图 6.3.2 所示，运动控制要求如下。

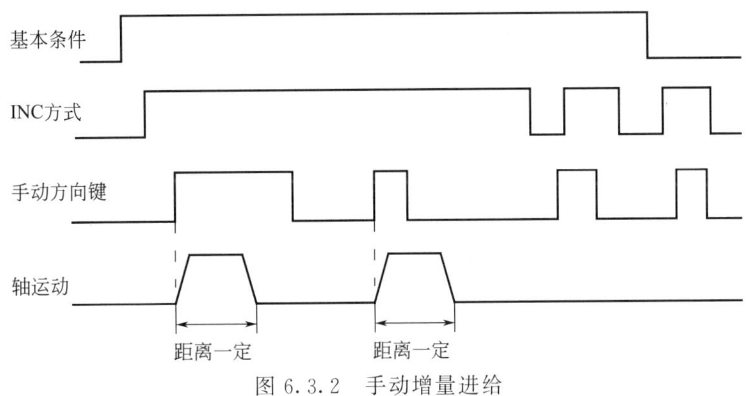

图 6.3.2　手动增量进给

① CNC 处于正常工作状态，PMC 的 CNC 输入/输出信号满足前述的坐标轴移动条件。

② 操作方式选择 INC 方式。

③ CNC 的手动进给速度参数设定不为 0，速度倍率信号 G0010.0～G0011.7 不为全“1”或全“0”。

④ 手动增量进给距离选择信号 G0019.4、G0019.5 正确。

⑤ 坐标轴及运动方向选择信号 G0100.0～G0100.3、G0102.0～G0102.3 正确。

(4) 手轮进给

手轮进给是利用手轮控制运动方向与运动距离的进给方式，手轮每脉冲对应的运动距离可以通过操作面板选择。坐标轴的手轮进给动作过程见图 6.3.3 所示，运动控制要求如下。

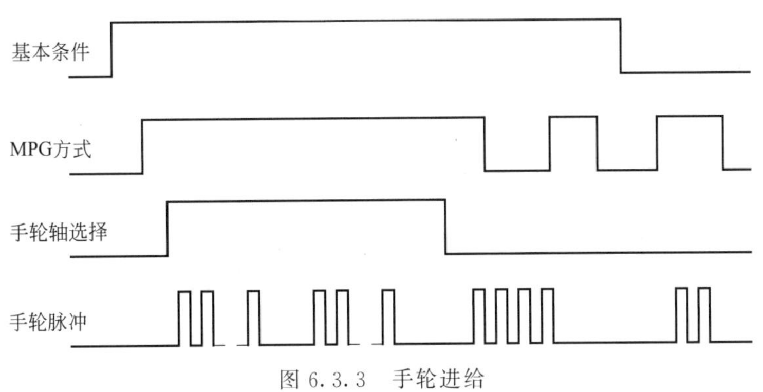

图 6.3.3　手轮进给

① CNC 处于正常工作状态，PMC 的 CNC 输入/输出信号满足前述的坐标轴移动条件。

② CNC 的手轮功能参数已正确设定，手轮数量不为“0”，手轮输入地址设定正确。

③ 操作方式选择 MPG 方式。

④ 手动进给速度参数设定不为 0，速度倍率输入 G0010.0～G0011.7 不为全“1”或全“0”。

⑤ 手轮每格移动量选择信号 G0019.4、G0019.5 正确。

(5) 手动回参考点

参考点是为了确定机床坐标系原点而设置的基准点，通过回参考点操作，可使坐标轴运动到参考点并精确定位，CNC 便能以参考点为基准，确定机床坐标的原点。

FANUC 数控系统的回参考点方法有减速开关加编码器零脉冲回参考点、无减速开关编码器零脉冲回参考点、机械碰撞式回参考点、光栅绝对零点回参考点等多种，以减速开关加编码器零脉冲回参考点为常用。

减速开关回参考点是数控机床传统的回参考点方式，手动回参考点动作如图 6.3.4 所示，运动控制要求如下。

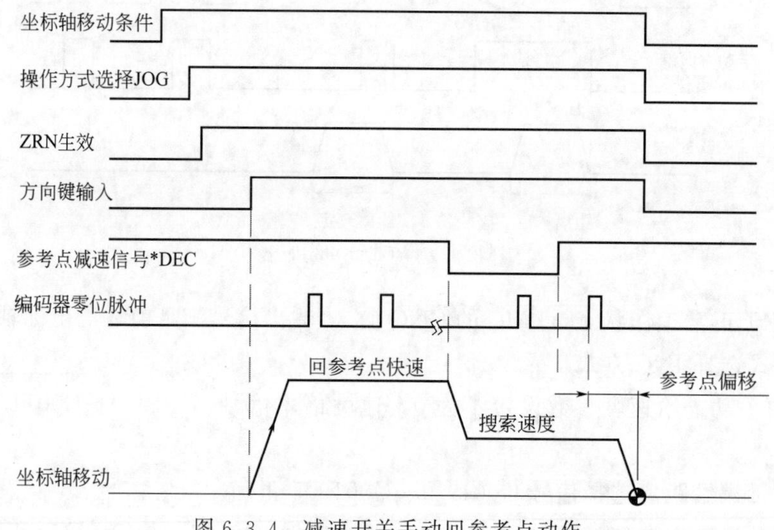

图 6.3.4　减速开关手动回参考点动作

① CNC 处于正常工作状态，PMC 的 CNC 输入/输出信号满足前述的坐标轴移动条件。

② 操作方式选择 JOG。

③ 回参考点方式选择信号 G0043.7（ZRN）＝“1”。

④ 手动进给速度参数设定不为 0，速度倍率输入 G0010.0～G0011.7 不为全“1”或全“0”。

⑤ 坐标轴及运动方向选择信号 G0100.0～G0100.3、G0102.0～G0102.3 正确。

以上移动条件满足时，指定坐标轴首先以 CNC 参数设定的回参考点快速移动速度，向 CNC 参数规定的方向快速移动；当参考点减速挡块被压上，减速信号 * DECn 生效后，坐标轴减速至 CNC 参数设定的参考点搜索速度，向参考点慢速移动。坐标轴越过参考点减速挡块，* DECn 信号恢复后，继续以参考点搜索速度运动，直到位置检测装置第 1 个零脉冲到达；然后，开始按 CNC 参数设定的偏移方式，进行参考点偏移计数，到达参考点偏移位置时，坐标轴停止运动，结束回参考点运动。

6.3.3　面板控制程序设计要求

数控系统的面板控制 PMC 程序用来生成机床手动操作所需要的 CNC 输出信号，程序的输入信号来自机床操作面板，手动操作状态需要在机床操作面板的 LED 指示灯上显示。

当数控系统选配 FANUC 主面板、手轮盒时，FANUC 0i 系列数控系统的手动操作输入/输出信号地址分别如下。

(1) 主面板、手轮盒输入/输出信号

在配套 FANUC 主面板的数控系统上，假设系统 PMC 配置参数所设定的主面板 DI 起始地址为 m=20，DO 起始地址为 n=8，根据表 6.1.1、表 6.1.4，可得到主面板、手轮盒的手动操作键、开关及 LED 指示灯的 DI/DO 地址如表 6.3.3 所示。

表 6.3.3　CNC 手动操作键/指示灯 DI/DO 地址表

操作按键与指示灯		DI/DO 地址(m=20、n=8)		手动操作方式①			
名　称	安装位置	操作键输入	指示灯输出	JOG	ZRN	INC	HND
X	B9	X29.4	Y13.4	●	●	●	×
Y	B10	X29.5	Y13.5	●	●	●	×
Z	B11	X29.6	Y13.6	●	●	●	×
4	C9	X30.0	Y14.0	●	●	●	×
5	C10	X30.1	Y14.1	●	●	●	×
6	C11	X30.2	Y14.2	●	●	●	×
+	D9	X30.4	Y14.4	●	●	●	×
RT	D10	X30.5	Y14.5	●	●	●	×
—	D11	X30.6	Y14.6	●	●	●	×
×1	B5	X27.0	Y11.0	×	×	●	×
×10	B6	X27.1	Y11.1	×	×	●	×
×100	B7	X27.2	Y11.2	×	×	●	×
×1000	B8	X27.3	Y11.3	×	×	●	×
HX	手轮盒②	X22.0	—	×	×	×	●
HY	手轮盒	X22.1	—	×	×	×	●
HZ	手轮盒	X22.2	—	×	×	×	●
H4	手轮盒	X22.3	—	×	×	×	●
H5	手轮盒	X22.4	—	×	×	×	●
H6	手轮盒	X22.5	—	×	×	×	●
×1	手轮盒	X21.5	—	×	×	×	●
×10	手轮盒	X21.6	—	×	×	×	●
×100	手轮盒	X21.7	—	×	×	×	●
HND	手轮盒	—	Y13.3	×	×	×	●

①"●"为指定 CNC 手动操作需要，"×"为指定 CNC 手动操作不需要。

② 手轮盒 DI/DO 可通过手轮盒的连接改变。

(2) CNC输出信号

FANUC数控系统需要通过PMC手动操作程序生成、输出的CNC手动操作控制信号如表6.3.4所示。

表6.3.4 CNC手动操作控制信号地址表

CNC输出信号		CNC输出	手动操作方式①			
代号	名称		JOG	REF	INC	HND
+X～+5	+X～+5手动	G100.0～G100.4	●	●	●	×
−X～−5	−X～−5手动	G102.0～G102.4	●	●	●	×
RT	手动快速	G019.7	●	●	●	×
MP1/MP2	INC/HND倍率A/B	G019.4/G019.5	×	×	●	●
HS1A～HS1D	手轮轴选择A～D(第1手轮)	G018.0～G018.3	×	×	×	●
HS2A～HS2D	手轮轴选择A～D(第2手轮)	G018.4～G018.7	×	×	×	●
HS3A～HS3D	手轮轴选择A～D(第3手轮)	G019.0～G019.3	×	×	×	●

① "●"为指定CNC手动操作需要；"×"为指定CNC手动操作不需要。

表6.3.4中，手动增量进给方式INC的增量移动距离、手轮进给方式HND的手轮倍率使用相同的CNC输出信号MP1、MP2控制；信号MP1/MP2以及手轮进给的坐标轴选择信号HS1A～HS1D或HS2A～HS2D、HS3A～HS3D，在PMC程序中需要以二进制编码的形式输出。信号的编码要求分别如表6.3.5、表6.3.6所示。

表6.3.5 MP1/MP2信号输出编码要求

信号	PMC地址	信号编码与倍率			
MP1	G019.4	0	1	0	1
MP2	G019.5	0	0	1	1
INC增量距离		1	10	100	1000
手轮倍率		1	10	100	—

表6.3.6 手轮轴选择信号编码表

CNC输出信号及编码				手轮轴
G18.3/G18.7/G19.3	G18.2/G18.6/G19.2	G18.1/G18.5/G19.1	G18.0/G18.4/G19.0	
0	0	0	0	无
0	0	0	1	*X*轴
0	0	1	0	*Y*轴
0	0	1	1	*Z*轴
0	1	0	0	4轴
0	1	0	1	5轴

6.3.4 PMC程序示例

(1) 运动方向控制程序

根据表6.3.1、表6.3.2的手动操作步骤，数控系统使用FANUC主面板时，手动操作方式JOG、ZRN、INC需要用主面板的坐标轴选择键【X】、【Y】、【Z】、【4】选择手动操作坐标轴，用方向键【+】、【−】选择运动方向。因此，对于 4 轴控制的数控系统，可通过图 6.3.5 所示的 PMC 程序，来选择 CNC 的 JOG、ZRN、INC 操作的坐标轴和运动方向。

在图 6.3.5 所示的 PMC 程序中，JOG、ZRN、INC 操作所选的坐标轴直接利用坐标轴选

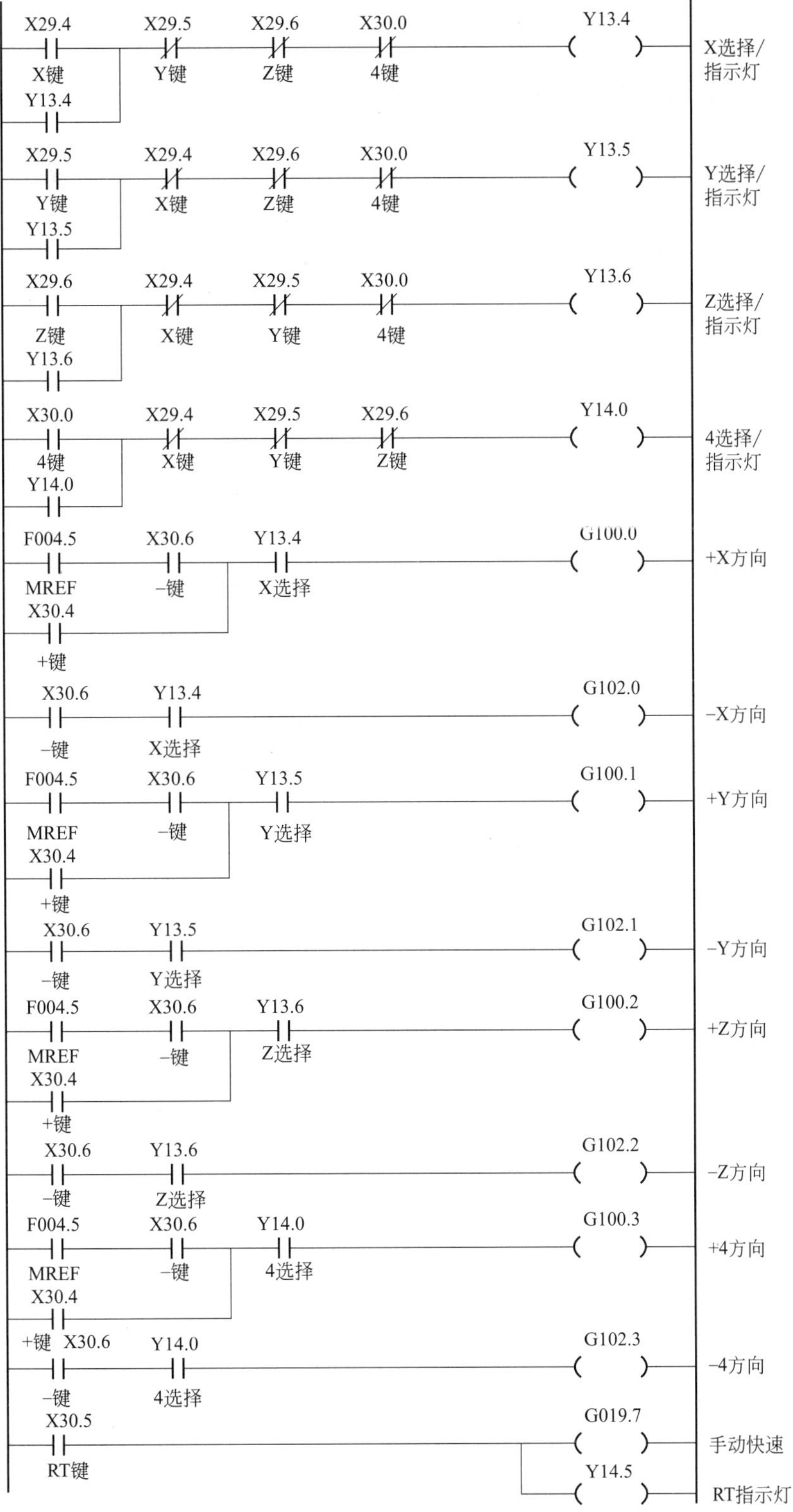

图 6.3.5　运动方向控制程序

择按键的 LED 指示灯输出信号 Y13.4～Y13.6、Y14.0 进行存储，以简化 PMC 程序设计，减少内部继电器，方便程序阅读。

此外，由于数控机床的手动回参考点操作（ZRN）只能进行单方向运动（如正向），其运动方向由 CNC 参数设定，为了方便操作，图 6.3.5 所示的 PMC 程序增加了回参考点操作方式 ZRN 的方向键【－】的自动转换功能，即当 CNC 操作方式为 ZRN 时，无论按操作面板上的方向键【＋】或【－】，PMC 均可输出坐标轴正向运动信号＋X 或＋Y、＋Z、＋4，以保证回参考点运动的方向不变。

FANUC 数控系统的手动连续进给操作 JOG，可通过手动快速键【RT】和方向键的同时操作，实现手动快速操作。在图 6.3.5 所示的 PMC 程序中，控制手动快速的 CNC 输出信号 RT（G019.7）、按键【RT】的 LED 指示灯输出 Y14.5，可直接通过操作键【RT】的输入信号 X30.5 控制。

（2）手轮轴选择程序

利用主面板手轮接口连接 FANUC 手轮盒时，CNC 的手轮轴选择信号 HS1A～HS1D 可通过图 6.3.6 所示的 PMC 程序输出；图中的 R100.0 为手轮操作方式选择信号，它由前述的 CNC 操作方式选择程序生成（参见图 6.2.3）。对于使用多手轮的数控系统，第 2、3 手轮的轴选择信号 HS2A～HS2D、HS3A～HS3D，可通过同样的程序生成；如果系统仅使用 1 个手轮，第 2、3 手轮可直接利用 CNC 的功能参数设定予以禁止，无需进行 HS2A～HS2D 和 HS3A～HS3D 信号的编程。

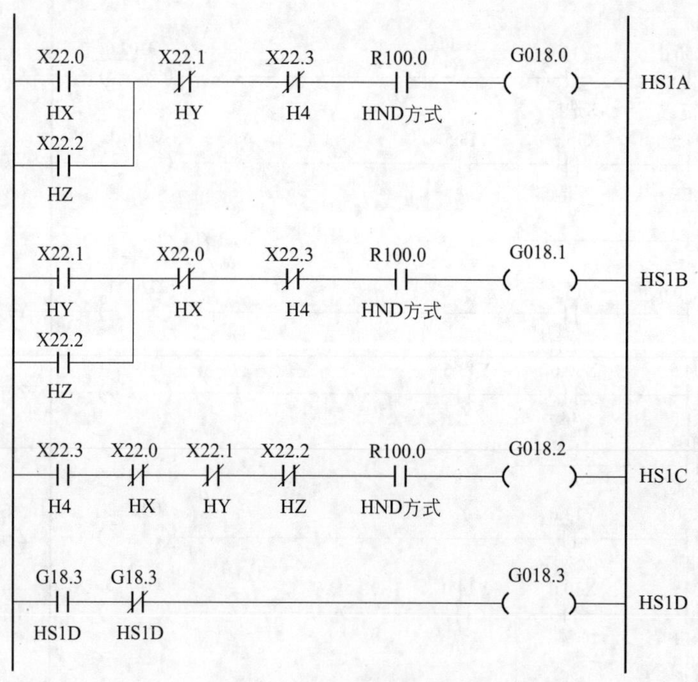

图 6.3.6 手轮轴选择程序

FANUC 数控系统的 HS1A～HS1D 信号处理非常简单，PMC 程序只需要在 CNC 操作方式选定 HND（R100.0＝1）时，将手轮盒的轴选择开关输入信号 HX、HY、HZ、H4 转换为二进制编码 HS1A～HS1D 信号。如果数控系统只控制 4 轴，可将手轮轴选择的 HS1D 信号置为“0”。

(3) INC、HND 倍率调节程序

FANUC 数控系统的手动增量进给距离和手轮倍率（每格移动量）使用共同的 CNC 输出控制信号 MP1/MP2。

在使用 FANUC 主面板和手轮盒的数控系统上，手动增量进给距离一般通过主面板上的按键【×1】、【×10】、【×100】、【×1000】选择，最大增量距离可以选择“移动单位×1000”。在使用 FANUC 手轮盒的数控系统上，手轮倍率可直接通过手轮盒的倍率开关选择，但是手轮的倍率（每格移动量）一般不超过“移动单位×100”。

根据以上要求设计的 PMC 程序如图 6.3.7 所示。

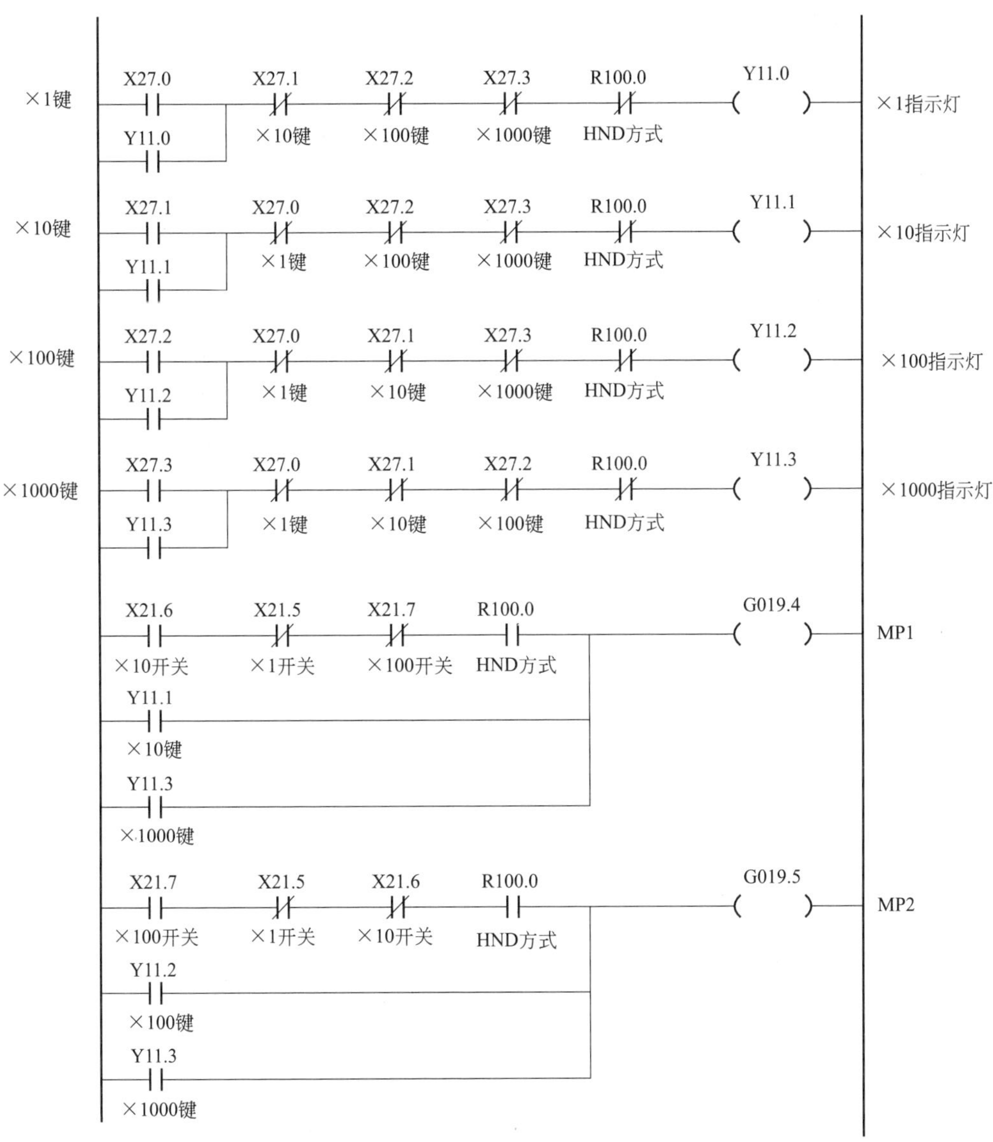

图 6.3.7　MP1/MP2 信号处理程序

在图 6.3.7 所示的 PMC 程序中，INC、HND 倍率控制信号 MP1（G019.4）在 INC 增量距离选择键【×10】、【×1000】输入“1”，或者，手轮盒倍率开关选择【×10】时，输出“1”信号；如果 INC 增量距离或手轮倍率开关选择【×1】、【×100】，MP1（G019.4）的输出状态为“0”。INC、HND 倍率控制信号 MP2（G019.5）则在 INC 增量距离选择键【×100】、【×1000】输入“1”，或者，手轮倍率开关选择【×100】时，输出“1”信号；如果 INC 增量距离或手轮倍率开关选择【×1】、【×10】，则输出“0”信号。这样便可实现表 6.3.5 所示的 CNC 输出信号 G019.4、G019.5 的控制要求。

按键【×1】、【×10】、【×100】、【×1000】上的 LED 指示灯输出 Y11.0～Y11.3，同样可用来存储 INC 增量距离选择的状态，以简化程序设计、减少内部继电器和方便阅读。

6.4 主面板自动运行控制

6.4.1 程序自动运行与控制

FANUC 主面板的程序自动运行控制键包括 CNC 加工程序运行方式选择、程序自动运行启动、停止键，操作键的功能通常定义如下。

(1) 程序自动运行方式选择

FANUC 主面板用于 CNC 的加工程序运行方式选择键、LED 指示灯如图 6.4.1 所示，其作用及功能通常定义如下。

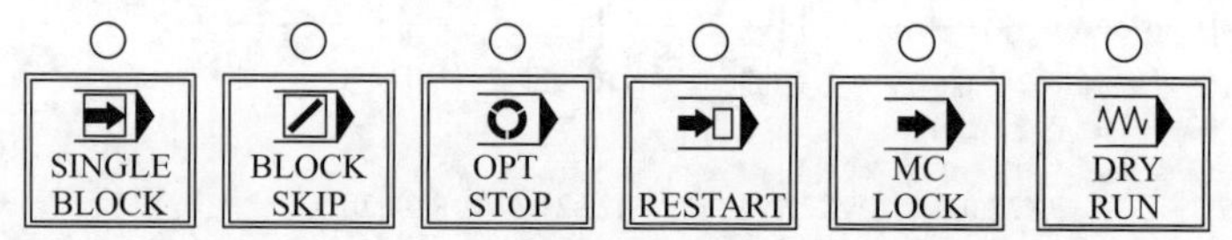

图 6.4.1 程序运行方式选择键与 LED 指示灯

【SINGLE BLOCK】：单程序段运行，功能生效时，CNC 将单段执行加工程序。FANUC 数控系统的单程序段功能，可直接通过 CNC 输出信号 SBK（G046.1）控制，SBK 信号为“1”时，CNC 单段执行加工程序；SBK 信号为“0”时，CNC 连续执行加工程序。

【BLOCK SKIP】：跳过选择程序段，功能生效时，CNC 将跳过以“/”或“/n”起始的选择程序段。FANUC 数控系统的跳过选择程序段功能，可直接通过 CNC 输出信号 BDT（G044.0）或 BDT2～BDT9（G045.0～G045.7）控制，BDT 信号为“1”，以“/”“/1”起始的程序段将被跳过；BDT2～BDT9 信号为“1”，以“/2”～“/9”起始的程序段将被跳过。

【OPT STOP】：选择暂停，功能生效时，CNC 的辅助机能 M01 与 M00 具有同样的程序暂停功能，指令 M00 可使得加工程序的自动运行进入暂停状态。

FS 0i 系列数控系统无专门用于程序暂停控制的 CNC 输出信号，因此，作为参考可在【OPT STOP】操作键输入时，利用 CNC 的 M01 代码输出，生效 CNC 的程序段启动禁止信号 *BSL（G008.3），禁止启动下一程序段，使得程序进入暂停状态。

【MC LOCK】：机床锁住。机床锁住功能一般用于坐标轴行程、刀具运动轨迹的检查，功能生效后，CNC 自动执行加工程序时，仅改变 CNC 的显示值，但不产生坐标轴的实际运动。FANUC 数控系统的机床锁住功能，可直接通过 CNC 输出信号 MLK（G044.1）控制，MLK 信号为“1”，所有坐标轴将不产生实际运动。

FS 0i 系列数控系统的不同坐标轴还可通过独立的锁住信号 MLK1～MLK4（G108.0～G108.4）禁止指定轴的运动，在这种情况下，MLK 信号（G044.1）的输入应为“0”，需要锁住的坐标轴可通过 MLK1～MLK4（G108.0～G108.4）信号置“1”选择。

【RESTART】：程序重新启动。程序重新启动功能一般用于程序自动运行停止后的指定位置启动，例如，当加工时由于刀具破损等原因，出现加工程序执行中断时，就需要进行刀具更换等操作；刀具更换结束后，为避免重复加工，加工程序一般需要从中断的程序段重新启动。

程序自动运行的中间位置启动，需要该程序段启动所需要的全部信息，例如，CNC 的模态 G 代码及 M、B 等辅助功能代码等，因此，数控系统必须对重新启动程序段前的所有程序段进行模拟运行，生成重新启动程序段的全部启动信息。

FANUC 数控系统的程序重新启动功能，可直接通过 CNC 输出信号 SRN（G006.0）控制，SRN 信号为“1”时，系统的程序重新启动功能有效；SRN 信号为“0”时，程序重新启动功能无效。

【DRY RUN】：试运行。试运行（亦称空运行）功能多用于加工程序调试与检查，功能生效时，数控系统将以手动连续进给速度（JOG 速度），代替加工程序中的进给速度 F，以便手动控制刀具的运动，加快加工程序的执行过程。FANUC 数控系统的程序试运行功能，可直接通过 CNC 输出信号 DRN（G046.7）控制，DRN 信号为“1”时，试运行功能有效；DRN 信号为“0”时，试运行功能无效。

（2）循环启动与停止

循环启动与停止功能用于自动（AUTO）操作方式的 CNC 加工程序的启动、停止控制，FANUC 主面板用于循环启动与停止控制的操作键、LED 指示灯如图 6.4.2 所示，其作用及功能如下。

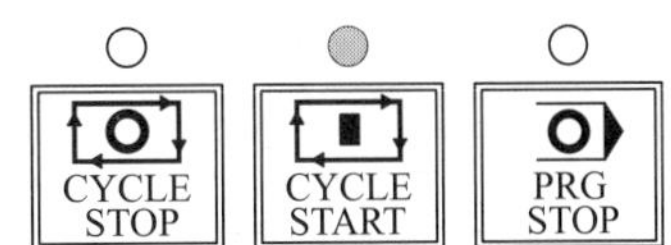

图 6.4.2　程序循环运行启停键与 LED 指示灯

【CYCLE STOP】：循环停止。循环停止习惯上称进给保持（feed hold，简称 F. HOLD），功能生效时，CNC 将停止执行加工程序，进入程序暂停状态。

在通常情况下，循环停止一旦生效，所有的坐标轴将立即减速停止；但是，对于可能因加工中断引起设备、刀具、工件损坏的螺纹切削、攻螺纹等加工，原则上需要在当前加工循环完成后，才能进入循环停止状态。循环停止的自动运行程序，可通过循环启动操作重新启动，继续执行后续指令。

【CYCLE START】：循环启动。功能生效时，可启动加工程序的自动运行，或者重新启动被循环停止、程序暂停的加工程序。

【PRG STOP】：程序停止。由于理解的差异，操作键在不同的数控系统上可能有不同的功能。作为常规做法，一般是将【PRG STOP】键定义成与程序暂停指令 M00 相同的功能，使得 CNC 在当前的加工程序段执行完成后进入暂停状态，从而区别立即停止程序运行的操作键【CYCLE STOP】。

6.4.2　PMC 程序设计要求

FANUC 的加工程序自动运行方式选择、程序运行控制，需要通过机床操作面板的操作，利用规定的 CNC 输出信号实现。在使用 FANUC 主面板的数控系统上，用于程序运行方式选择、程序自动运行的操作键、指示灯地址，以及需要利用 PMC 程序设计产生的 CNC 输出信号、CNC程序自动运行状态输入信号分别介绍如下。

(1) 主面板输入/输出信号

FANUC主面板用于CNC加工程序自动运行方式选择及循环启动/停止控制的操作键、LED指示灯如图6.4.1、图6.4.2所示，如果主面板的DI起始地址设定为m=20，DO起始地址为n=8，操作键、LED指示灯的DI/DO地址如表6.4.1所示。

表6.4.1 主面板程序自动运行控制信号地址

功能	操作键	代号	安装位置	按键地址	指示灯地址
单程序段	【SINGLE BLOCK】	SBK	B1	X24.4	Y8.4
跳过选择段	【BLOCK SKIP】	BDT	B2	X24.5	Y8.5
选择暂停	【OPT STOP】	OPT	B3	X24.6	Y8.6
重新启动	【RESTART】	SRN	C1	X25.0	Y9.0
机床锁住	【MC LOCK】	MLK	C2	X25.1	Y9.1
试运行	【DRY RUN】	DRN	C3	X25.2	Y9.2
循环停止	【CYCLE STOP】	FHL	E1	X26.0	Y10.0
循环启动	【CYCLE START】	CST	E2	X26.1	Y10.1
程序停止	【PRG STOP】	PSP	E3	X26.2	Y10.2

(2) CNC输出信号

FANUC数控系统需要通过PMC的自动运行控制程序生成、输出的CNC程序运行控制信号如表6.4.2所示。

表6.4.2 程序运行控制CNC输出信号

信号名称	信号代号	输出地址	功能说明
单程序段	SBK	G046.1	SBK为“1”,单段执行程序
跳过选择段	BDT	G044.0	BDT为“1”,跳过“/”起始的程序段
	BDT2～BDT9	G045.0～G045.7	BDT2～BDT9为“1”,跳过“/2”～“/9”起始的程序段
选择暂停	*BSL	G008.3	无专门的选择暂停控制信号;PMC程序设计时可利用CNC的M01代码输入信号,生效*BSL,禁止启动下一程序段,实现选择暂停
机床锁住	MLK	G044.1	MLK为“1”,所有坐标轴禁止运动,程序执行时只改变CNC的位置显示值
重新启动	SRN	G006.0	SRN为“1”,执行程序重新启动操作
试运行	DRN	G046.7	DRN为“1”,执行程序试运行操作
循环停止	*SP	G008.5	*SP为“0”,停止加工程序自动运行,所有坐标轴立即减速停止
循环启动	ST	G007.2	ST为“1”,启动或重新启动CNC加工程序自动运行
程序停止	*BSL	G008.3	无专门的程序停止控制信号,PMC程序设计时,可通过*BSL信号禁止启动下一程序段,实现程序停止功能

(3) CNC输入信号

FANUC数控系统当前生效的程序自动方式、程序自动运行状态，可通过CNC输入信号在PMC程序中使用，状态输入信号一般用于主面板LED指示灯控制，CNC输入信号名称、地址与功能如表6.4.3所示。

表 6.4.3　CNC 程序运行状态输入信号

信号名称	信号代号	输入地址	功能说明
单程序段有效	MSBK	F004.3	CNC 加工程序为单程序段执行方式
跳过选择段有效	MBDT	F004.0	CNC 加工程序为跳过“/”程序段执行方式
	MBDT2～MBDT9	F005.0～F005.9	CNC 加工程序为跳过“/2”～“/9”程序段执行方式
选择暂停有效	DM01	F009.6	选择暂停 M01 代码输入时，可通过 * BSL 禁止下一程序段启动，程序暂停状态可通过循环停止信号确认
	SPL	F000.4	
机床锁住有效	MMLK	F004.1	CNC 加工程序为机床锁住执行方式
重新启动有效	SRNMV	F002.4	CNC 加工程序重新启动中
试运行有效	MDRN	F002.7	CNC 加工程序为试运行执行方式
循环停止	SPL	F000.4	程序停止
循环启动	STL	F000.5	循环启动
程序停止	DM00	F009.6	可在程序暂停 M00 代码输入时，通过 BSL 禁止下一程序段启动，程序停止状态可通过循环停止信号确认
	SPL	F000.4	

6.4.3 PMC 程序示例

(1) 程序运行方式选择

FANUC 数控系统的加工程序执行方式选择 PMC 程序的设计示例如图 6.4.3 所示。

数控系统的单程序段、程序重新启动、机床锁住、试运行等 CNC 加工程序执行方式，可直接通过对应的 CNC 输出信号控制，PMC 程序设计时，只需要将主面板的操作键转换为对应的 CNC 输出信号。因此，在 PMC 程序中，只需要利用主面板的操作键对相应的 CNC 输出信号进行交替通断控制，便可生效或撤销对应的加工程序运行方式。

FANUC 数控系统的跳过选择程序段可选择 9 种不同的跳过方式 BDT、BDT2～BDT9，各有相应的 CNC 输出信号。但是在实际系统中，跳过选择程序段 BDT2～BDT9 功能一般较少使用，而且标准主面板仅设计了 1 个跳过选择程序段功能选择键【OPT STOP】，因此，图 6.4.3 所示的 PMC 程序仅进行了跳过选择程序段 BDT（BDT1）的处理。对于需要使用 BDT2～BDT9 功能的数控系统，可在前述表 6.1.1 的主面板用户自定义键中，定义 2～9 个用于跳过选择程序段 BDT2～BDT9 控制的操作键，然后，按 BDT（BDT1）同样的方法，利用交替通断控制程序控制 CNC 输出信号 BDT2～BDT9。

FANUC 数控系统的选择暂停无明确的 CNC 输出信号，因此，在图 6.4.3 所示的 PMC 程序中，主面板的【OPT STOP】键（X24.6）用来控制内部继电器 R210.5 的交替通断。R210.5 可通过后述的 PMC 程序，在 CNC 的 M01 代码输入信号 DM01 为“1”时，生效程序段启动禁止信号 * BSL，实现选择暂停功能。

(2) 循环启动/停止控制

FANUC 数控系统 CNC 加工程序自动运行的循环启停与程序停止，可通过 PMC 的 CNC 输出信号循环启动 ST（G007.2）、进给保持 * SP（G008.5）及程序段启动互锁 * BSL（G008.3）进行控制。其中，* SP、* BSL 信号为常闭型输入，如 CNC 输出信号的状态为“0”，加工程序将进入进给保持、禁止下一程序段启动的状态；ST 信号可在 * SP、* BSL 状态为“1”时，利用下降沿启动加工程序的自动运行。

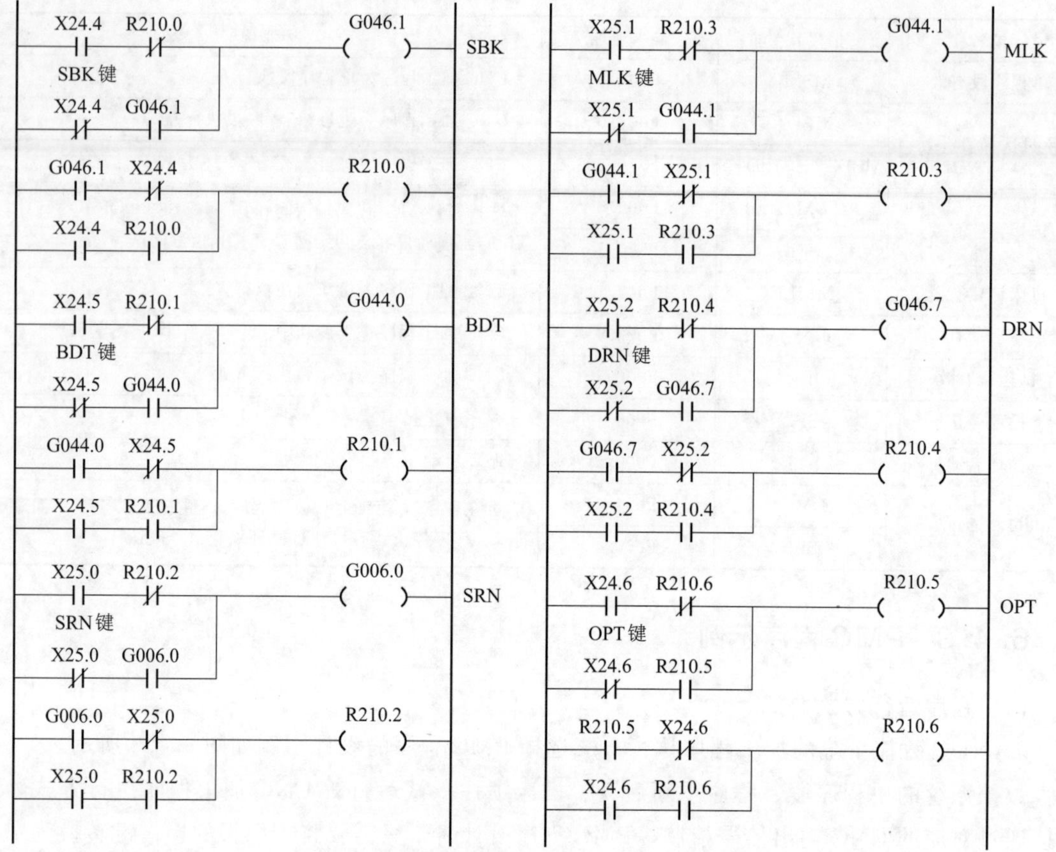

图 6.4.3　加工程序运行方式选择 PMC 程序

利用 FANUC 主面板的操作键【CYCLE STOP】、【CYCLE START】、【PRG STOP】，控制 CNC 加工程序循环启动、循环停止及程序停止的 PMC 程序示例如图 6.4.4 所示。

图 6.4.4 程序中的程序段启动互锁信号 * BSL（G008.3），可利用主面板的【PRG STOP】键 X26.2 或 CNC 的 M00 代码输出 F009.7＝1 控制；此外，如主面板上的选择暂停【OPT STOP】键生效，还可通过 CNC 的 M01 代码输出信号 F009.6 生效程序段启动互锁功能。

程序启动互锁生效时，PMC 程序中的内部继电器 R000.0 的状态将为"1"，* BSL 为"0"，下一程序段的启动将被禁止。程序中的 R000.0 具有自保持功能，输出状态需要利用主面板的循环启动按【CYCLE START】键（X26.1）清除、恢复加工程序连续执行功能。

PMC 程序中的加工程序循环启动信号 ST（G007.2）、进给保持信号 * SP（G008.5）可在程序自动运行条件 R000.1 为"1"时，通过主面板的循环启动键【CYCLE START】、循环停止键【CYCLE STOP】进行控制；如数控系统的加工程序自动运行启动条件不满足，例如，数控系统、数控机床发生报警的情况下，可通过其他的 PMC 程序，将内部继电器 R000.1 的状态设置为"0"，禁止循环启动信号 ST（G007.2）输出"1"，并使得循环停止信号 * SP（G008.5）保持为"0"。数控系统的加工程序自动运行启动条件众多，在此不再一一说明。

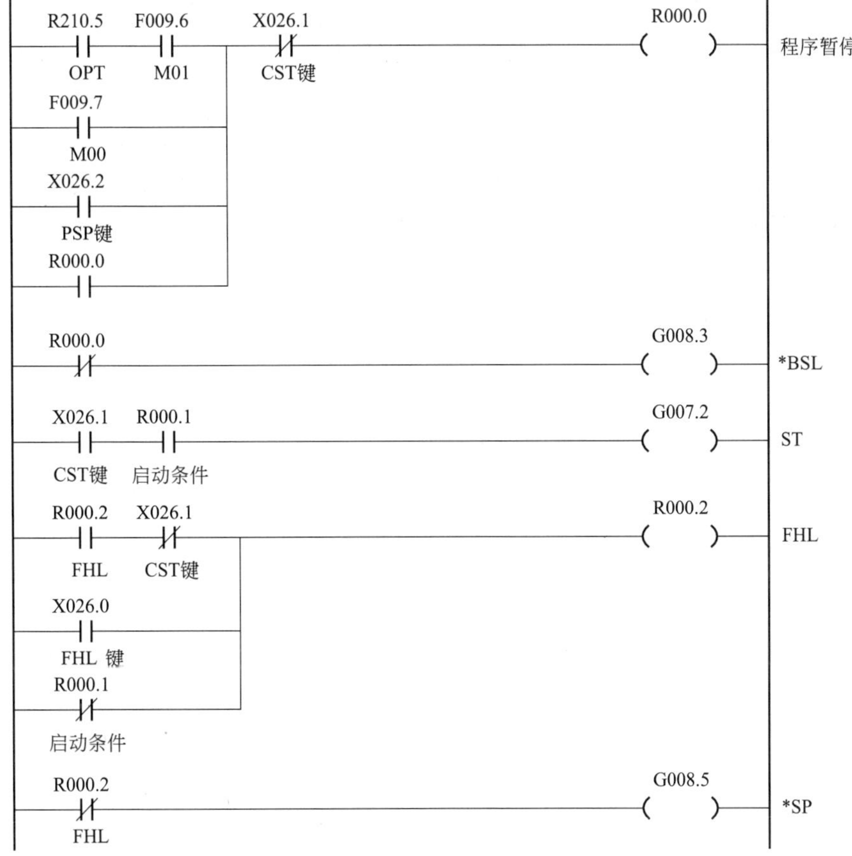

图 6.4.4　加工程序循环启停控制 PMC 程序

(3) LED 指示灯输出

FANUC 主面板的 CNC 加工程序自动运行方式选择、程序运行控制操作键的 LED 指示灯输出控制 PMC 程序如图 6.4.5 所示。

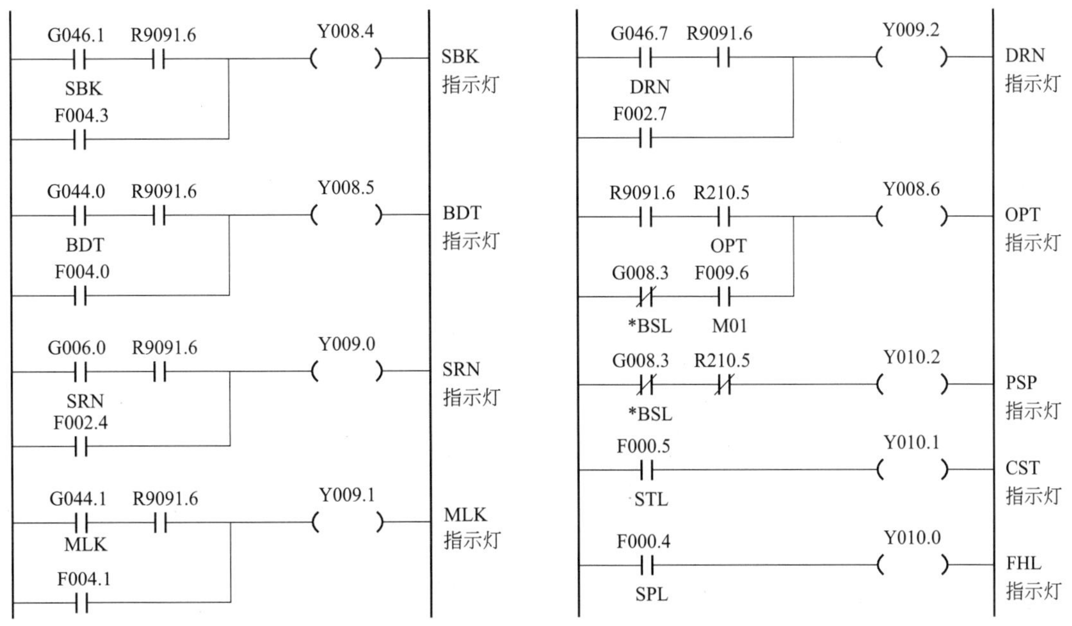

图 6.4.5　指示灯控制 PMC 程序

主面板的程序自动运行方式 LED 指示灯主要通过来自 CNC 的现行状态输入信号控制。其中，单程序段 SBK、跳过选择程序段 BDT、程序重新启动 SRN、机床锁住 MLK、试运行 DRN、选择暂停 OPT 指示灯设计了 1Hz 闪烁和常亮两种输出状态，如果主面板的按键已操作，但 CNC 程序执行方式未生效时，指示灯为 1Hz 闪烁；如 CNC 程序执行方式已生效，则指示灯成为常亮状态。PMC 程序中的 1Hz 闪烁控制直接使用了 PMC 的系统内部继电器信号 R9091.6，PMC 正常工作时，R9091.6 始终输出 1Hz 脉冲信号。

主面板的程序运行的循环启动、循环停止状态指示灯通过来自 CNC 的现行程序执行状态输入信号 STL、SPL 控制；程序停止状态指示灯 PSP 在程序段启动互锁（G008.3=0）有效、非 M01 选择暂停（R210.5=0）时亮。

6.5 FANUC 子面板程序设计

6.5.1 PMC 程序设计要求

(1) 倍率调节开关

在选配 FANUC 子面板的数控系统上，子面板上的急停、系统电源通断控制按钮一般用于电气柜强电控制回路，无需进行 PMC 程序设计；子面板的进给速度、主轴转速倍率开关及存储器保护开关连接在主面板的通用 DI/DO 连接器 CM65/CM66/CM67 上，需要 PMC 程序进行控制。

FANUC 子面板的存储器保护开关的处理非常简单，PMC 程序设计时，只需要利用开关输入信号（Xm+1.4）直接控制 CNC 输出信号 G046.3（KEY1），便可实现存储器保护功能，本节将不再对此另行说明。

FANUC 子面板的进给速度倍率调节开关如图 6.5.1(a) 所示，开关为 21 位格雷编码输出，倍率调节范围为 0%～120%，倍率调节信号的 DI 地址及编码可参见本章 6.1 节表 6.1.2。由于子面板无专门的手动进给速度倍率调节与快进速度调节开关，因此，此开关需要同时具备进给速度倍率调节、手动进给速度倍率调节及快进速度调节 3 方面功能。

FANUC 子面板的主轴转速倍率调节开关如图 6.5.1(b) 所示，开关为 5 位格雷编码输出波段开关，倍率调节范围为 50%～120%，倍率调节信号的 DI 地址及编码可参见本章 6.1 节表 6.1.3。

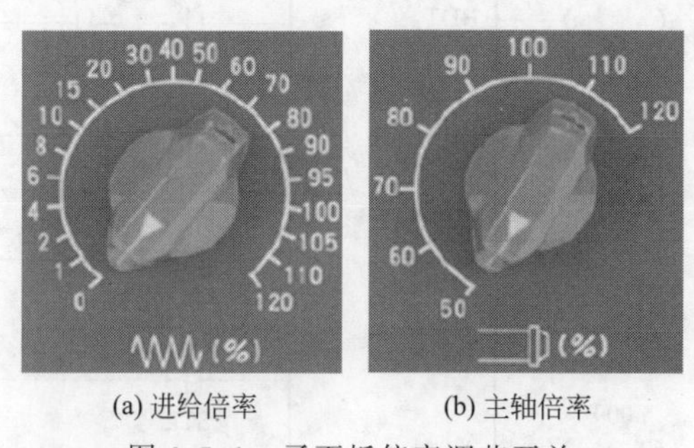

(a) 进给倍率　　(b) 主轴倍率

图 6.5.1　子面板倍率调节开关

FANUC 0i 系列数控系统的切削进给速度（简称进给速度）倍率、手动进给速度倍率、快进速度调节及主轴转速倍率信号需要由 PMC 程序分别控制，CNC 倍率调节的信号及编程要求如表 6.5.1 所示。

表 6.5.1　CNC 倍率调节信号及编程要求

信号名称	信号代号	信号地址	信号要求
手动进给速度倍率	＊JV0～＊JV15	G010.0～G011.7	16 位二进制编码信号，默认为常闭型输入；倍率单位 0.01%，调节范围为 0%～655.34%；所有位输入全为“0”或全为“1”时，倍率为 0
切削进给速度倍率	＊FV0～＊FV8	G012.0～G012.7	8 位二进制编码信号，默认为常闭型输入；倍率单位 1%，调节范围 0%～254%；所有位输入全为“0”或全为“1”时，倍率为 0
快进速度倍率	HROV7	G096.7	快进速度倍率调节方式选择，“0”为 ROV1、ROV2 有效；“1”为＊HROV0～＊HROV6 有效
	ROV1/ROV2	G014.0/G014.1	4 级快进速度调节二进制编码输入（常用），调节值为 F0、25%、50%、100%
	＊HROV0～＊HROV6	G096.0～G096.6	7 位二进制编码信号（不常用），默认为常闭型输入；倍率单位 1%；所有位输入全为“0”或全为“1”时，倍率为 0
主轴转速倍率	SOV0～SOV7	G030.0～G030.7	8 位二进制编码信号，默认为常开型输入，倍率单位 1%，调节范围 0%～254%；所有位输入全为“0”或全为“1”时，倍率为 0

(2) 倍率调节要求

FANUC 0i 系列数控系统的倍率调节要求具体如下。

① 手动进给速度倍率调节。在 FANUC 数控系统上，手动进给速度倍率为 100%时的基本速度可 CNC 参数进行设定；实际手动进给速度可通过手动进给速度倍率调节开关，利用 PMC 程序中的 CNC 输出信号＊JV0～＊JV15 调节。

CNC 要求的手动进给速度倍率调节信号＊JV0～＊JV15 应为 16 位二进制编码输入，倍率单位为 0.01%；系统出厂时默认为常闭型输入。16 位二进制数据的实际数值范围为 0～65535，但是，数控系统规定＊JV0～＊JV15 所有位输入全为“0”（数值 0）或全为“1”（数值 65535）时，速度倍率为 0，因此手动进给速度倍率的实际调节范围为 0%～655.34%。

手动进给速度倍率 JV%和 PMC 控制信号的关系如下：

$$JV\% = 0.01 \times \sum_{0}^{15} 2^{i} \times (JVi)\ \%$$

式中，JVi 为二进制位信号＊JVi 取反后的状态。

② 进给速度倍率调节。在 FANUC 数控系统上，倍率为 100%的基本进给速度可在 CNC 加工程序中通过 F 指令编程；实际进给速度可通过进给速度倍率调节开关，利用 PMC 程序中的 CNC 输出信号＊FV0～＊FV7 调节。

CNC 要求的进给速度倍率调节信号＊FV0～＊FV7 应为 8 位二进制编码输入，倍率单位为 1%；系统出厂时默认为常闭型输入。8 位二进制数据的实际数值范围为 0～255，但是，数控系统规定＊FV0～＊FV7 所有位输入全为“0”（数值 0）或全为“1”（数值 255）时，速度倍率为 0，因此进给速度倍率的实际调节范围为 0%～254%。

进给速度倍率 FV%和 PMC 控制信号的关系如下：

$$FV\% = \sum_{0}^{7} 2^{i} \times (FVi)\ \%$$

式中，FVi 为二进制位信号 * FVi 取反后的状态。

③ 快进速度调节。在 FANUC 数控系统上，坐标轴的快进速度可通过 CNC 参数进行设定，实际快进速度可通过快进速度倍率调节开关，利用 PMC 程序中的 CNC 输出信号调节。现行 FS 0i 系列数控系统的快进速度调节方式可通过 CNC 输出信号 HROV7（G096.7）选择如下两种调节方式。

HROV7＝0：快进速度通过 CNC 输出信号 ROV1、ROV2（G014.0、G014.1），进行传统的 4 级速度调节；4 级速度的倍率分别为 F0、25％、50％、100％，F0 速度可直接通过 CNC 的参数予以设定。

HROV7＝1：快进速度可通过 CNC 输出信号 * HROV0～ * HROV6（G096.0～G096.6），以 1％为单位进行多级快进速度调节。7 位二进制数据的实际数值范围为 0～127，但是，数控系统规定 * HROV0～ * HROV6 数值大于 100 时的所有值都限制为 100，因此快进速度倍率的实际调节范围为 0％～100％。快进速度倍率 ROV％和 PMC 控制信号的关系如下：

$$ROV\% = \sum_{0}^{6} 2^{i} \times (ROVi)\ \%$$

式中，ROVi 为二进制位信号 * HROVi 取反后的状态。

④ 主轴转速倍率。在 FANUC 数控系统上，倍率为 100％的主轴基本转速可在 CNC 加工程序中通过 S 指令编程；实际主轴转速可通过主轴转速倍率调节开关，利用 PMC 程序中的 CNC 输出信号 SOV0～SOV7 调节。

CNC 要求的主轴转速倍率调节信号 SOV0～SOV7 应为 8 位二进制编码输入，倍率单位为 1％；系统出厂时默认为常开型输入。8 位二进制数据的实际数值范围为 0～255，但是，数控系统规定 SOV0～SOV7 所有位输入全为“0”（数值 0）或全为“1”（数值 255）时，倍率为 0，因此主轴转速倍率的实际调节范围为 0％～254％。

主轴转速倍率 SOV％和 PMC 控制信号的关系如下：

$$SOV\% = \sum_{0}^{7} 2^{i} \times (SOVi)\ \%$$

由于调节信号为常开型输入，故式中的 SOVi 就是实际输入信号的状态。

6.5.2 倍率信号的转换

(1) 代码转换指令与应用

FANUC 子面板上的倍率调节开关的输入信号为格雷编码，并且开关的挡位数、倍率值也与 CNC 的要求不符，因此在 PMC 程序设计时，必须进行代码转换。由于 FANUC 数控系统集成 PMC 无格雷码转换为二进制编码的功能指令，因此在 PMC 程序设计时，需要通过二进制数据表转换指令 CODB 来实现格雷码输入与二进制输出间的转换。

CODB 指令的格式与功能如图 6.5.2 所示，指令可通过查表的方式，将任意二进制输入数据转换为任意二进制格式数据输出，有关指令的详细说明可参见第 5 章。

通过 CODB 指令实现格雷码输入与二进制输出数据转换的基本方法如下。

① 将格雷码输入信号视为二进制编码数据，并作为数据表地址存储到 CODB 指令参数

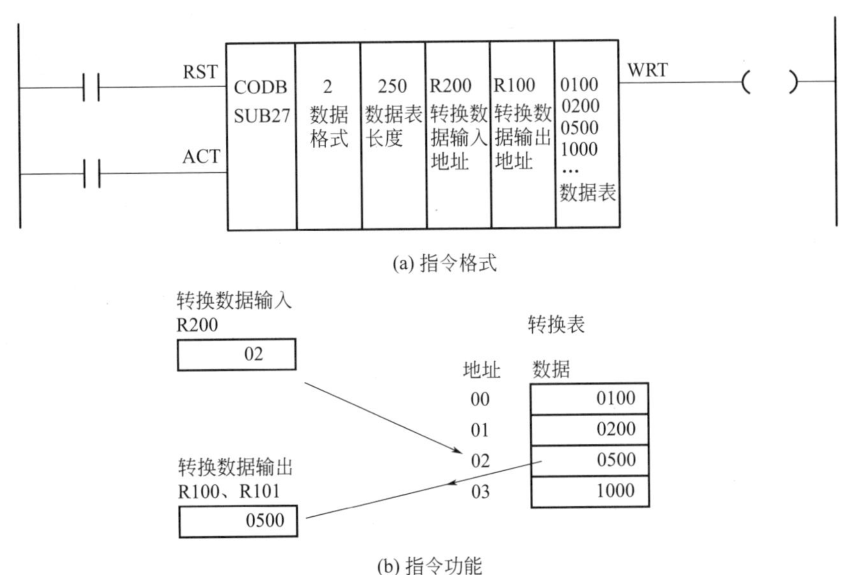

图 6.5.2　CODB 指令的格式与功能

“转换数据输入地址”指定的存储器中。例如，由前述表 6.1.2 可知，子面板进给速度倍率开关 1%位置的格雷码输入为“00001”，对应的二进制数据为“01”（以十六进制格式表示，下同），即可指定数据表地址“01”；倍率开关 2%位置的格雷码输入为“00011”，对应的二进制数据为“03”，即可指定数据表地址“03”；倍率开关 40%位置的格雷码输入为“01111”，对应的二进制数据为“0F”，则可指定数据表地址“0F”。

② 将倍率开关所标注的倍率值，设定到该位置输入地址所对应的数据表数据中，对于单位为 0.01%的数据，应将倍率值乘以 100。例如，进给倍率开关 1%位置的输入地址“01”，用来转换成单位为 0.01%的手动进给倍率调节信号时，可将数据表地址 01 中的数据值设定为 100（1.00%）；同样，倍率开关 2%位置的输入地址为“03”，可将数据表地址 03 中的数据值设定为 200；倍率开关 40%位置的输入地址为“0F”，则将数据表地址 0F（15）中的数据值设定为 4000。

③ 从指令参数“转换数据输出地址”指定的存储器中读取转换结果，这一数据即为倍率开关所标注的倍率所对应的二进制格式数据。

④ 如果 CNC 要求的倍率调节信号为常闭型输入，则可将转换结果利用二进制取反运算指令 NOT（SUB62）取反后，在规定的 CNC 输出信号上输出。

(2) 数据表定义

二进制数据表转换指令 CODB 的数据表用来建立输入数据和转换结果数据的对应关系，输入数据以数据表地址的形式输入，转换结果数据就是该地址所对应的数据表数据。数据表的地址和数据必须依次连续排列、一一对应，即使是实际不需要转换的输入地址，也需要在数据表中设定 1 个任意的数值（通常设定为 0）。

例如，假设 FANUC 主面板的输入起始地址 m=20 时，需要将子面板的进给倍率调节开关输入信号 X20.0～X20.4 转换为 CNC 的手动进给速度倍率调节信号 *JV0～*JV15、进给速度倍率调节信号 *FV0～*FV7 及快进速度倍率调节信号 *HROV0～*HROV6，CODB 指令的数据表应按如表 6.5.2 所示的进给速度倍率信号转换表设定。

表 6.5.2 进给速度倍率信号转换表

进给倍率开关输入						倍率开关		数据表数据设定	
二进制值	X20.4	X20.3	X20.2	X20.1	X20.0	位置	倍率	JV*i*	FV*i*、HROV*i*
0	0	0	0	0	0	1	0%	0	0
1	0	0	0	0	1	2	1%	100	1
2	0	0	0	1	0	4	4%	400	4
3	0	0	0	1	1	3	2%	200	2
4	0	0	1	0	0	8	15%	1500	15
5	0	0	1	0	1	7	10%	1000	10
6	0	0	1	1	0	5	6%	600	6
7	0	0	1	1	1	6	8%	800	8
8	0	1	0	0	0	16	90%	9000	90
9	0	1	0	0	1	15	80%	8000	80
10	0	1	0	1	0	13	60%	6000	60
11	0	1	0	1	1	14	70%	7000	70
12	0	1	1	0	0	9	20%	2000	20
13	0	1	1	0	1	10	30%	3000	30
14	0	1	1	1	0	12	50%	5000	50
15	0	1	1	1	1	11	40%	4000	40
16～23	无实际输入					无	0	0	0
24	1	1	0	0	0	17	95%	9500	95
25	1	1	0	0	1	18	100%	10000	100
26	1	1	0	1	0	20	110%	11000	110
27	1	1	0	1	1	19	105%	10500	105
28、29	无实际输入					无	0	0	0
30	1	1	1	1	0	21	120%	12000	120

在表 6.5.2 中，进给倍率调节开关的输入信号，已按格雷码对应的二进制数值由小至大的次序重新排列；与实际倍率控制无关的奇偶校验输入信号 X20.5 已予以忽略；按调节开关实际位置输入的完整格雷码信号，可参见前述的表 6.1.2。

进给倍率调节开关的输入信号中，无数值 16～23、28、29 所对应的格雷码输入，但是，数据表中的地址、数据必须连续，因此，地址 16～23、28、29 的数据表数据可设定为 0（表 6.5.2 中阴影部分）。

CNC 的手动进给速度倍率调节信号 *JV0～*JV15 所对应的倍率单位为 0.01%，因此进行 JV15～JV0 数据转换时，数据表中的设定数据应乘以 100。但是，CNC 的进给倍率调节信号 *FV0～*FV7 及快进速度倍率调节信号 *HROV0～*HROV6 的单位为 1%，因此进行 FV0～FV7、HROV0～HROV6 数据转换时，数据表中的设定数据只需要直接设定倍率值。

6.5.3 PMC 程序示例

(1) 进给倍率转换

在一般情况下，FANUC 子面板的进给倍率开关可同时用于手动进给速度倍率、切削进给速度倍率及快速进给速度倍率的调节，因此，PMC 程序需要将倍率开关的输入信号转换为 CNC 所需要的倍率调节信号 ＊JV0～＊JV15、＊FV0～＊FV7 及 ROV7、＊ROV0～＊ROV6。实现这一转换的 PMC 程序示例如图 6.5.3 所示，说明如下。

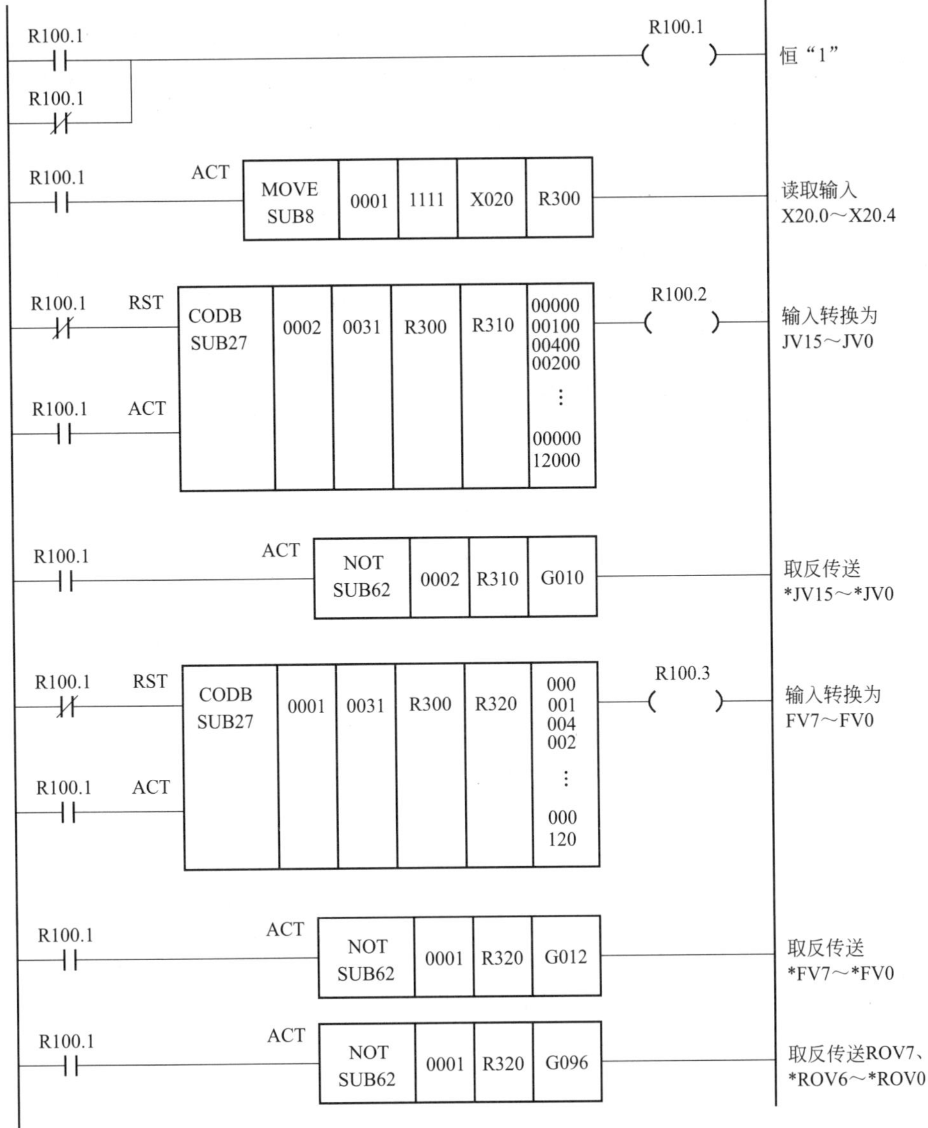

图 6.5.3　进给倍率信号转换程序

① 程序第 1 段是在内部继电器 R100.1 上生成状态恒为“1”信号的典型程序，有关内容可参见第 2 章。R100.1 用于二进制数据表转换指令 CODB 的复位（RST）与执行启动（ACT）控制，由于 CNC 的速度倍率调节功能需要始终保持有效，因此，CODB 的复位 RST 条件固定为“0”（无效），执行启动条件 ACT 固定为“1”（始终有效）。

② 程序第 2 段用来读取进给倍率开关的有效输入信号。假设 FANUC 主面板的输入起始地址 m=20，进给倍率开关格雷码输入信号的 DI 地址即为 X20.0～X20.5（参见表 6.1.2），其中，X20.5 为与实际倍率控制无关的奇偶校验输入，可以忽略；因此，程序通过字节逻辑运算指令 MOVE（SUB8），使输入字节 X20 的高 4 位和低 4 位输入，分别和“0001”“1111”进

行逐位逻辑“与”运算，并将指令的执行结果保存到内部继电器 R300 上；指令执行后，R300 的高 3 位（R300.5～R300.7）状态将始终为“0”，低 5 位（R300.0～R300.4）状态则与输入 X20.0～X20.4 一致。

③ 程序第 3 段用于手动进给速度倍率调节信号 JV0～JV15 的编码转换。二进制数据表转换指令 CODB 的转换数据输入为 R300，数据表中的数据长度为 2 字节，数据总数为 31 个，数值按表 6.5.2 中的 JVi 列依次设定，转换结果保存在 2 字节内部继电器 R311/R310 上。

④ 程序第 4 段用于 *JV0～*JV15 信号输出，由于数控系统出厂默认的手动进给速度倍率调节信号 *JV0～*JV15 为常闭型输入，因此，程序利用了字逻辑“非”运算指令 NOT (SUB62)，将 CODB 指令的转换结果 R311/R310（JV15～JV0）逐位取反后，作为 CNC 的 *JV15～*JV0 信号，在 CNC 输出地址 G011/G010 中输出。

⑤ 程序第 5、6 段用于进给速度倍率调节信号 *FV0～*FV7 的数据转换及输出，作用与第 3、4 段相同，但 CODB 指令的转换数据长度为 1 字节，数值应按照表 6.5.2 的 FVi 列设定。数据转换结果存储器为 R320（1 字节），CNC 输出地址为 G012（*FV0～*FV7）。

⑥ 程序第 7 段用于快进速度倍率调节信号 ROV7、*ROV0～*ROV6 的输出。由于 FANUC 数控系统快进速度倍率调节信号 *ROV0～*ROV6 的格式与进给速度倍率调节信号 *FV0～*FV7 相同，并且系统能够将超过 100% 的输入倍率自动限制为 100%，因此 *ROV0～*ROV6 可直接使用 FV0～FV7 的转换结果 R320。

由于 FV0～FV7 的数据表数据设定值范围为 1～120，对应的二进制数据为 00000001～01111000，即转换结果存储器 R320 的最高位 R320.7 总是为 0；如果 R320 逐位取反，R320.7 的状态总是为“1”，这样就直接满足了快进速度倍率的 ROV7、*ROV0～*ROV6 调节要求，因此，PMC 程序可直接将 FV0～FV7 的转换结果取反后，作为快进速度倍率调节信号，在 CNC 输出地址 G096 上输出。

(2) 主轴倍率转换

FANUC 子面板的主轴倍率调节开关同样为格雷码输入，假设主面板的输入起始地址 m=20，主轴倍率调节开关的格雷码输入 DI 地址为 X20.6～X21.3（参见表 6.1.3）。由于子面板的主轴倍率调节开关只有 8 挡，因此，DI 输入中的 X21.3 实际不使用，X21.2 为奇偶校验位，X21.0 始终为 0，只有 X20.6、X20.7、X21.0 输入为有效信号。

主轴倍率调节开关标注的倍率调节范围为 50%～120%，如果将表 6.1.3 中的有效格雷码输入信号 X20.6、X20.7、X21.0 按二进制值由小至大重新排序，便可得到表 6.5.3 所示的主轴转速倍率信号 SOV0～SOV7 的数据表转换数据。

表 6.5.3 主轴转速倍率信号转换表

主轴倍率开关有效输入				倍率开关		数据表数据设定
二进制值	X21.0	X20.7	X20.6	位置	倍率	
0	0	0	0	1	50%	50
1	0	0	1	2	60%	60
2	0	1	0	4	80%	80
3	0	1	1	3	70%	70
4	1	0	0	8	120%	120

续表

主轴倍率开关有效输入				倍率开关		数据表数据设定
二进制值	X21.0	X20.7	X20.6	位置	倍率	
5	1	0	1	7	110%	110
6	1	1	0	5	90%	90
7	1	1	1	6	100%	100

子面板的主轴转速倍率开关同样可通过二进制数据转换指令 CODB，转换为 CNC 的主轴倍率调节信号 SOV0～SOV7，实现这一功能的 PMC 程序示例如图 6.5.4 所示。

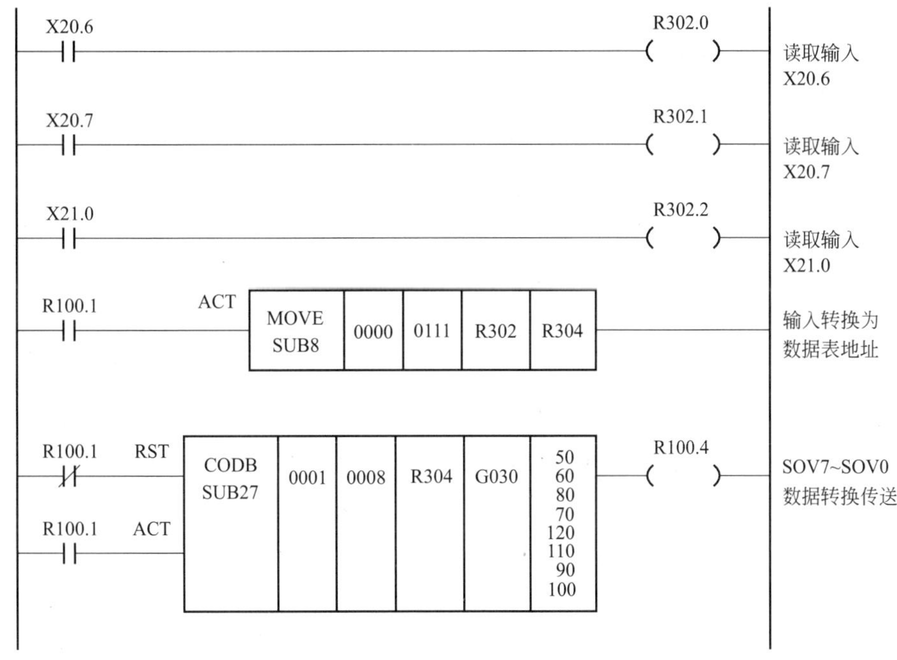

图 6.5.4　主轴转速倍率信号转换程序

由于二进制数据转换指令 CODB 的输入数据必须以字节（或字、双字）格式输入，因此，在 PMC 程序中，首先需要将子面板主轴转速倍率开关的有效输入信号 X20.6、X20.7、X21.0，读入到指定内部继电器（图中为 R302）的低 3 位上；然后，再通过字节逻辑运算指令 MOVE（SUB8），使 R302 的高 4 位和低 4 位分别和“0000”“0111”进行逐位逻辑“与”运算，并将指令的执行结果保存到内部继电器 R304 上；指令执行后，R304 的高 5 位（R304.3～R304.7）状态将始终为“0”，低 3 位（R304.0～R304.2）状态则与输入 X20.6、X20.7、X21.0 一致。

程序中的 CODB 指令用于格雷码输入与二进制输出的转换，由于 CNC 的主轴转速倍率调节信号 SOV0～SOV7 为常开型输入，因此，CODB 指令的执行结果可直接作为主轴转速倍率调节信号输出，即指令的转换数据输出存储器可定义为 SOV0～SOV7 的 CNC 输出地址 G030，无需使用中间寄存器及进行取反处理。

FANUC 数控系统的主轴转速倍率单位为 1%，子面板主轴倍率开关的调节位置为 8 挡、实际调节范围为 50%～120%，因此，CODB 指令的数据表数据长度为 1 字节，数据总数为 8，数据表的数据应按表 6.5.3 设定。

6.6 用户面板程序设计

6.6.1 用户面板示例

(1) 面板设计

FANUC 数控系统配套的主面板集成有 I/O 模块，主面板及附加的子面板都可通过 I/O-Link 总线与系统直接连接，面板外形美观、使用方便，元器件质量好、可靠性高，但价格相对较贵。因此，对于大批量产品，机床生产厂家也经常使用自行设计制造的机床操作面板，或者使用国内厂家仿照 FANUC 布局设计的机床操作面板；这些由数控系统用户（机床生产厂家）自行制作或采购的机床操作面板简称“用户面板”。

用户面板无集成 I/O 模块，不能通过 I/O-Link 总线与系统直接连接，使用时必须选配 FANUC 操作面板 I/O 模块、电气柜 I/O 模块或 0i-I/O 单元等 PMC 输入/输出模块或单元；面板上的按钮、开关及指示灯需要利用连接电缆、连接线与 PMC 输入/输出模块或单元的 DI/DO 点一一连接，按钮、开关及指示灯的 DI/DO 地址可由用户自行定义。

比较典型的用户自行设计悬挂式手轮盒、主面板的示例如图 6.6.1 所示。

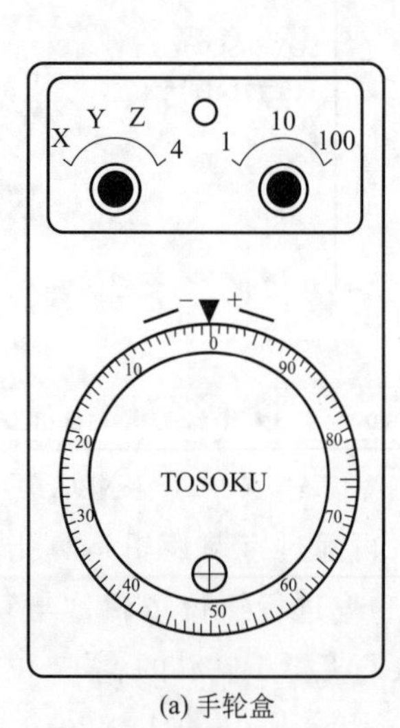

(a) 手轮盒

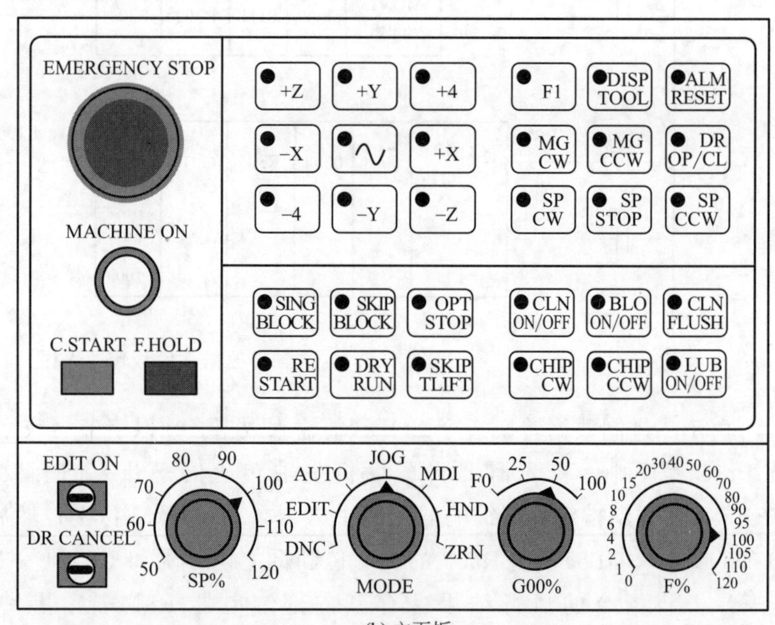

(b) 主面板

图 6.6.1 用户手轮盒与主面板示例

图 6.6.1(a) 所示的用户手轮盒完全仿照 FANUC 标准手轮盒设计，手轮盒的操作开关、指示灯功能与 FANUC 手轮盒无区别；图 6.6.1(b) 所示的用户主面板为薄膜键盘、按钮、波段开关的组合件，操作器件主要包括如下几类。

① 强电回路控制操作器件。用户主面板上的急停（EMERGENCY STOP）、机床启动（MACHINE ON）按钮用于强电控制回路，无需进行 PMC 程序设计。

② 机床专用操作器件。用户主面板薄膜键盘上的刀具显示（DISP TOOL）、刀具寿命管理跳过（SKIP TLIFT）、报警清除（ALM RESET）、刀库正转（MG CW）、刀库反转（MG

CCW)、防护门打开/关闭(DR OP/CL)、冷却打开/关闭(CLN ON/OFF)、压缩空气打开/关闭(BLO ON/OFF)、排屑器正转(CHIP CW)、排屑器反转(CHIP CCW)、手动润滑打开/关闭(LUB ON/OFF)等操作按键与指示灯为机床专用的PMC的输入/输出信号，用于自动换刀装置、防护门、自动排屑、冷却润滑等辅助部件控制，需要编制专门的PMC程序。

③ CNC操作控制器件。用户主面板的其他按钮、开关、指示灯用来替代FANUC主面板的操作键与LED指示灯，用于CNC操作方式选择、手动操作、程序自动运行控制、进给速度与主轴转速倍率调节等，其功能见下述。

(2) CNC操作控制器件

图6.6.1所示的用户手轮盒操作开关、指示灯与FANUC手轮盒无区别；用户主面板与FANUC主面板与子面板组合件的主要区别如下。

① CNC操作方式选择。用户主面板的CNC操作方式选择，采用了传统的8位二进制编码波段开关(MODE)进行操作，取消了实际不使用的手动增量进给(INC)、示教(TEACH)等操作方式；波段开关的输出为3位二进制编码信号。

② 坐标轴手动操作。用户主面板的机床手动操作采用了独立的【+X】、【−X】、【+Y】、【−Y】、【+Z】、【−Z】、【+4】、【−4】手动操作键，坐标轴和运动方向可一次操作选定；同时，取消了手动增量进给操作的倍率选择键【×1】、【×10】、【×100】、【×1000】。

③ 手动进给速度倍率与切削进给倍率调节。用户主面板的手动进给速度倍率与切削进给倍率调节采用了传统的21位二进制编码波段开关(F%)调节，波段开关的输出为5位二进制编码信号，倍率调节范围与FANUC主面板相同(0%~120%)。

④ 快速进给倍率调节。用户主面板的快速倍率调节采用独立的4位二进制编码波段开关(G00%)，波段开关的输出为2位二进制编码信号，可进行传统的4级快进速度(F0、25%、50%、100%)调节。

⑤ 主轴倍率调节。用户主面板的主轴倍率调节开关(SP%)采用了传统的8位二进制编码波段开关(S%)，波段开关的输出为3位二进制编码信号，倍率调节范围与FANUC主面板相同(50%~120%)。

⑥ 程序自动运行控制。用户主面板根据机床的实际需要，有选择地设置了单程序段【SINGLE BLOCK】、跳过选择程序段【SKIP BLOCK】、程序段选择停止【OPT STOP】、程序重新启动【RESTART】、试运行【DRY RUN】，以及循环启动【C. START】、进给保持【F. HOLD】等基本按键与指示灯；取消了实际不常用的机床锁住【MC LOCK】、程序停止【PRG STOP】操作键。

(3) PMC地址

用户主面板、手轮盒可通过PMC带手轮连接接口的I/O模块或单元与CNC连接，如0i-I/O单元、操作面板I/O模块等。为了便于说明，假设机床采用96/64点0i-I/O单元连接，用户主面板、手轮盒上与CNC操作控制相关的PMC输入/输出信号的DI/DO地址设定如表6.6.1所示，用户面板便可按照下述的方法，设计应用于CNC操作控制的PMC程序。

表6.6.1 用户面板DI/DO地址表

操作器件	代号	功能	按键地址	指示灯地址
坐标轴手动进给	【+Z】	手动 Z 轴正向	X0.1	Y0.1
	【+Y】	手动 Y 轴正向	X0.2	Y0.2

续表

操作器件	代号	功能	按键地址	指示灯地址
坐标轴手动进给	【+4】	手动 4 轴正向	X0.3	Y0.3
	【-X】	手动 X 轴负向	X0.7	Y0.7
	【RT】	手动快速	X1.1	Y1.1
	【+X】	手动 X 轴正向	X1.2	Y1.2
	【-4】	手动 4 轴负向	X1.6	Y1.6
	【-Y】	手动 Y 轴负向	X1.7	Y1.7
	【-Z】	手动 Z 轴负向	X2.0	Y6.0
加工程序运行控制	【C. START】	循环启动	X0.0	Y0.0
	【F. HOLD】	进给保持	X1.0	Y1.0
	【SING BLOCK】	单程序段	X2.4	Y6.4
	【SKIP BLOCK】	跳过选择段	X2.5	Y6.5
	【OPT STOP】	选择暂停	X2.6	Y6.6
	【RESTART】	重新启动	X7.2	Y7.2
	【DRY RUN】	试运行	X7.3	Y7.3
存储器保护	【EDIT ON】	程序编辑允许	X10.3	—
操作方式选择	MODE	CNC 操作方式选择	X10.5～X10.7	—
倍率调节	SP%	主轴转速倍率	X10.0～X10.2	—
	G00%	快速倍率	X11.6、X11.7	—
	F%	进给倍率	X11.0～X11.4	—
手轮盒	HX	X 轴手轮选择	X6.0	—
	HY	Y 轴手轮选择	X6.1	—
	HZ	Z 轴手轮选择	X6.2	—
	H4	4 轴手轮选择	X6.3	—
	×1	手轮倍率×1	X6.4	—
	×10	手轮倍率×10	X6.5	—
	×100	手轮倍率×100	X6.6	—
	HND	手轮有效	—	Y3.6

6.6.2 面板基本程序设计

(1) 操作方式选择程序

CNC 操作方式选择的 PMC 程序需要将用户主面板的波段开关输入信号，转换为 CNC 所要求的操作方式选择信号，信号要求及说明可参见 6.2 节。

用户主面板的操作方式选择为 8 位波段开关，开关输入与 CNC 操作方式选择信号输出的对应关系如表 6.6.2 所示。

表 6.6.2 CNC操作方式选择输入与输出关系表

操作方式选择开关		输入信号			输出信号					
		MC	MB	MA	MD4	MD2	MD1	DNCI	ZRN	HND灯
位置	方式	X10.7	X10.6	X10.5	G043.2	G043.1	G043.0	G043.5	G043.7	Y003.6
1	DNC	0	0	1	0	0	1	1	0	0
2	EDIT	0	1	0	0	1	1	0	0	0
3	AUTO	0	1	1	0	0	1	0	0	0
4	JOG	1	0	0	1	0	1	0	0	0
5	MDI	1	0	1	0	0	0	0	0	0
6	HND	1	1	0	1	0	0	0	0	1
7	ZRN	1	1	1	1	0	1	0	1	0

由于用户主面板的DI输入与CNC需要的操作方式选择输出无明确的对应关系，因此，需要利用图6.6.2所示的PMC程序进行转换。程序分为输入译码、输出转换和手轮盒指示灯输出3部分，说明如下。

① 输入译码。输入译码程序的作用是将用户主面板操作方式选择开关的3位二进制编码输入信号X10.5～X10.7，转换成CNC操作方式对应的内部继电器信号R010.0～R010.6；为了便于程序阅读、检查，输入译码程序直接利用逻辑梯形图程序实现。波段开关的输入状态可保持，R010.0～R010.6无需使用自保持程序。

② 输出转换。输出转换程序的作用是将内部继电器R010.0～R010.6的状态，转换为CNC操作方式选择所要求的编码信号；这一转换同样直接利用逻辑梯形图程序实现，程序直观明了，阅读检查方便。

例如，当面板选定操作方式DNC时，R010.0的状态为“1”，R010.1～R010.6全部为“0”，因此程序中的CNC输出G043.0、G043.5为“1”，G043.1、G043.2、G043.5为“0”，CNC的操作方式将为DNC。

③ 手轮盒指示灯输出。手轮盒上的指示灯Y003.6用于手轮操作指示。指示灯在用户主面板选择HND操作（R010.5＝1），但CNC的手轮操作未生效时，可通过系统内部继电器R9091.6的1Hz脉冲信号进行闪烁提示；如CNC的手轮操作已生效，则可通过CNC的手轮操作状态输入信号F003.1（MH）使指示灯保持亮。

(2) 手动进给控制程序

用户面板的CNC手动操作PMC控制程序如图6.6.3所示。

由于用户主面板的手动操作有独立的手动操作键，因此，PMC程序可直接将操作键的输入作为CNC的坐标轴手动操作信号及指示灯信号输出，而无需进行FANUC主面板的坐标轴选择键、方向键处理。

例如，用户主面板的X轴正向手动操作通过【＋X】键实现，按键输入地址为X1.2，这一信号可直接用于CNC输出信号G100.0（＋X手动）及指示灯（Y1.2）的控制等。程序中的数控系统所有坐标轴回参考点方向都假设为正向；为了便于操作，当CNC的手动回参考点操作方式生效时（MREF＝1），即使操作【－X】键，也同样输出CNC的＋X手动信号G100.0。

程序中的手轮轴选择、手轮倍率调节等信号的处理方法均与FANUC主面板相同，有关

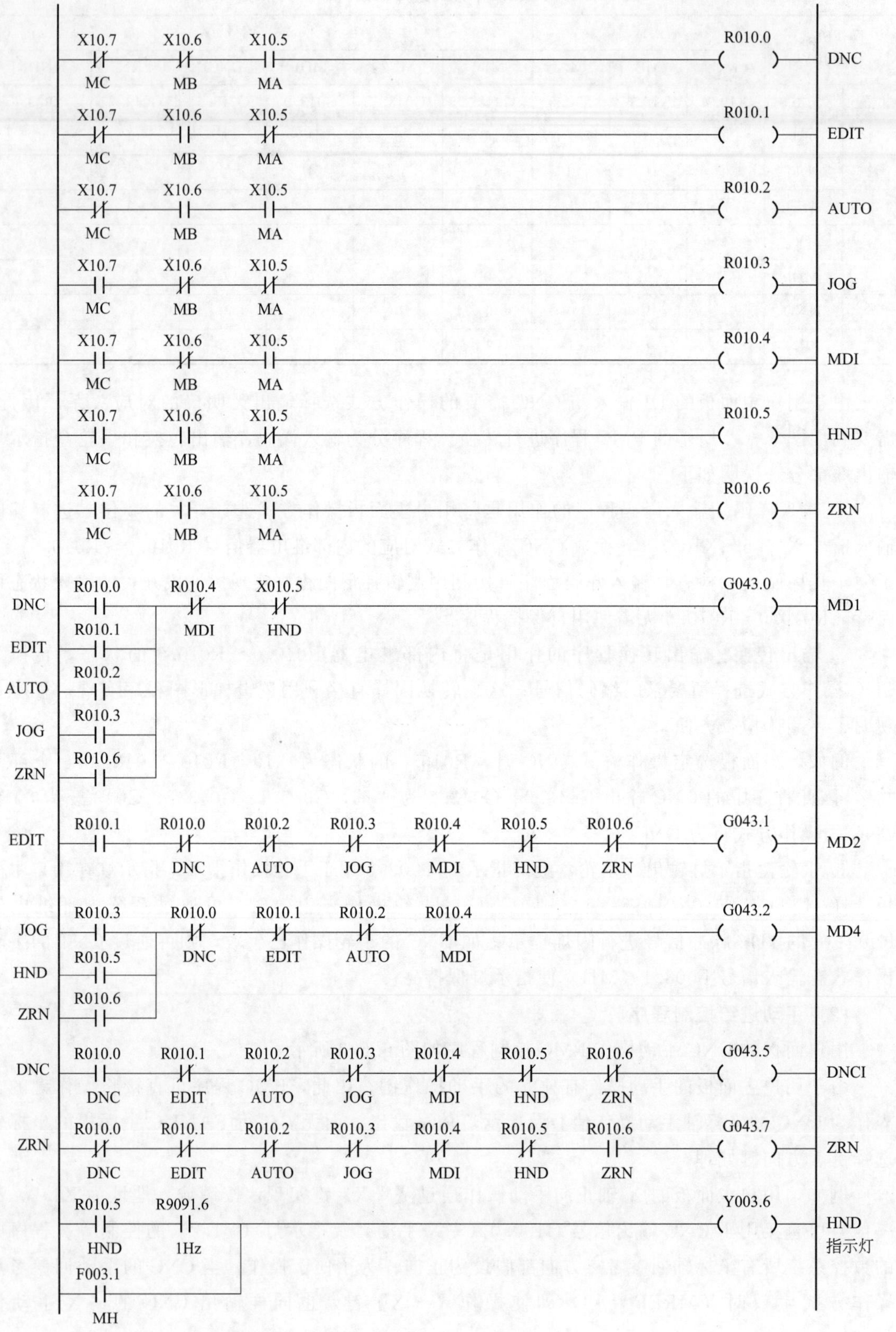

X10.7 X10.6 X10.5 R010.0
MC MB MA DNC

X10.7 X10.6 X10.5 R010.1
MC MB MA EDIT

X10.7 X10.6 X10.5 R010.2
MC MB MA AUTO

X10.7 X10.6 X10.5 R010.3
MC MB MA JOG

X10.7 X10.6 X10.5 R010.4
MC MB MA MDI

X10.7 X10.6 X10.5 R010.5
MC MB MA HND

X10.7 X10.6 X10.5 R010.6
MC MB MA ZRN

DNC R010.0 R010.4 X010.5 G043.0
MDI HND MD1
EDIT R010.1
AUTO R010.2
JOG R010.3
ZRN R010.6

EDIT R010.1 R010.0 R010.2 R010.3 R010.4 R010.5 R010.6 G043.1
DNC AUTO JOG MDI HND ZRN MD2

JOG R010.3 R010.0 R010.1 R010.2 R010.4 G043.2
DNC EDIT AUTO MDI MD4
HND R010.5
ZRN R010.6

DNC R010.0 R010.1 R010.2 R010.3 R010.4 R010.5 R010.6 G043.5
DNC EDIT AUTO JOG MDI HND ZRN DNCI

ZRN R010.0 R010.1 R010.2 R010.3 R010.4 R010.5 R010.6 G043.7
DNC EDIT AUTO JOG MDI HND ZRN ZRN

R010.5 R9091.6 Y003.6
HND 1Hz HND
F003.1 指示灯
MH

图 6.6.2 操作方式选择程序

内容可参见 FANUC 主面板程序说明。

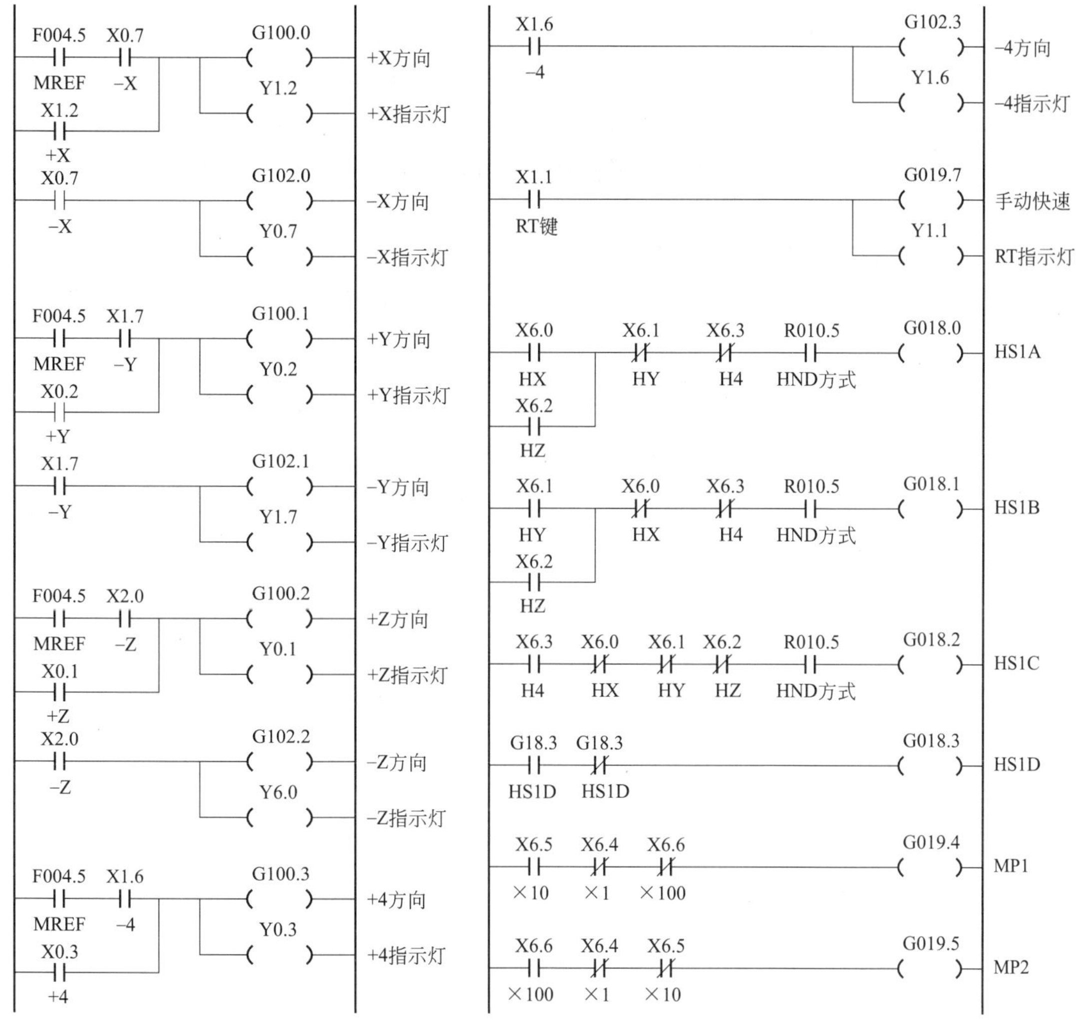

图 6.6.3　手动进给控制程序

(3) 程序自动运行控制

用户主面板有选择地设置了单程序段【SINGLE BLOCK】、跳过选择程序段【SKIP BLOCK】、程序段选择停止【OPT STOP】、程序重新启动【RESTART】及试运行【DRY RUN】等 5 个程序自动运行方式选择键，以及循环启动【C. START】、进给保持【F. HOLD】2 个程序自动运行启动、停止控制按钮；这些按键、按钮、指示灯除 DI/DO 地址与 FANUC 主面板不同外，其他方面无任何区别，因此可直接参照 FANUC 主面板的 PMC 程序进行同样的处理，在此不再一一说明。

6.6.3　倍率调节程序设计

图 6.6.1 所示用户面板的进给速度倍率、快速进给倍率、主轴转速倍率调节开关均使用传统的二进制编码开关，倍率调节程序与 FANUC 子面板有所不同，设计方法如下。

(1) 进给倍率调节

用户主面板的进给倍率调节开关 F% 为 21 位波段开关，输出为 5 位二进制编码；进给倍率调节开关同样用于手动进给速度倍率、切削进给速度倍率的调节。

进给倍率调节开关的 PMC 程序设计方法与 FANUC 子面板相同，开关输入信号可通过二进制数据表转换指令 CODB，转换为 CNC 需要的 16 位二进制手动进给速度调节信号 JV1～JV15、8 位二进制切削进给速度调节信号 FV0～FV7。由于用户面板使用的是 5 位二进制编码开关，输入信号符合二进制数据表转换指令 CODB 的转换数据输入地址的编码与次序要求，因此，PMC 程序编制时，数据表中的转换数据也可如表 6.6.3 所示按顺序排列。

表 6.6.3　进给倍率开关的程序设计要求

进给倍率开关输入						倍率开关		数据表数据设定	
二进制值	X11.4	JV*i*	FV*i*	X11.1	X11.0	位置	倍率	JV*i*	FV*i*
0	0	0	0	0	0	1	0%	000	0
1	0	0	0	0	1	2	1%	100	1
2	0	0	0	1	0	3	2%	200	2
3	0	0	0	1	1	4	4%	400	4
4	0	0	1	0	0	5	6%	600	6
5	0	0	1	0	1	6	8%	800	8
6	0	0	1	1	0	7	10%	1000	10
7	0	0	1	1	1	8	15%	1500	15
8	0	1	0	0	0	9	20%	2000	20
9	0	1	0	0	1	10	30%	3000	30
10	0	1	0	1	0	11	40%	4000	40
11	0	1	0	1	1	12	50%	5000	50
12	0	1	1	0	0	13	60%	6000	60
13	0	1	1	0	1	14	70%	7000	70
14	0	1	1	1	0	15	80%	8000	80
15	0	1	1	1	1	16	90%	9000	90
16	1	0	0	0	0	17	95%	9500	95
17	1	0	0	0	1	18	100%	10000	100
18	1	0	0	1	0	19	105%	10500	105
19	1	0	0	1	1	20	110%	11000	110
20	1	0	1	0	0	21	120%	12000	120

用户主面板的快速进给倍率采用传统的 4 级倍率调节，2 位二进制编码输入信号可直接用于 CNC 快进速度倍率调节信号 ROV2/ROV1（G014.1/G014.0）的控制。

根据以上要求设计的用户主面板进给倍率调节程序如图 6.6.4 所示，程序说明可参见 FANUC 子面板。

（2）主轴转速倍率调节

用户主面板的主轴转速倍率调节开关 SP%采用的是 8 位二进制编码开关，同样可通过二进制数据表转换指令 CODB，转换为 CNC 需要的 8 位二进制主轴转速倍率调节信号 SOV0～SOV7。

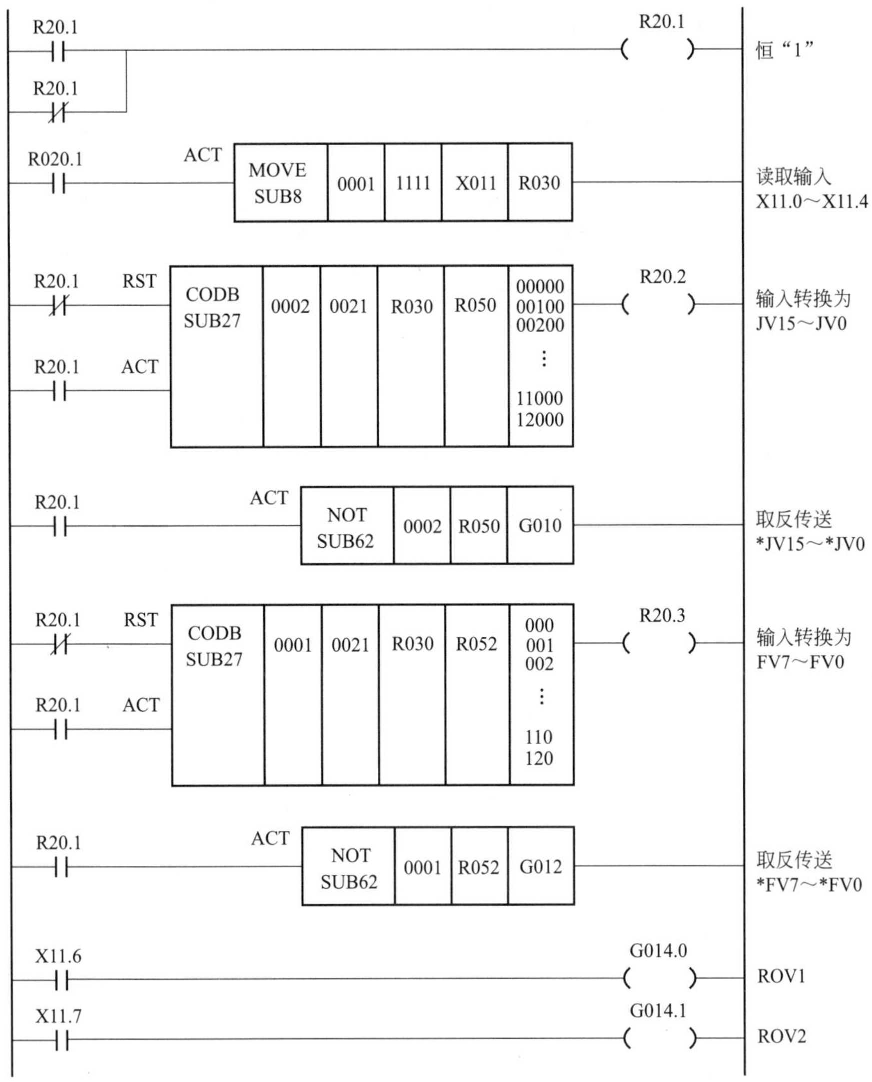

图 6.6.4　进给倍率控制程序

用户主面板主轴转速倍率调节程序的 CODB 指令数据转换表如表 6.6.4 所示，数据表中的转换数据同样可按顺序依次排列。

表 6.6.4　主轴转速倍率信号 CODB 指令转换表

倍率开关输入				倍率开关		转换表数据
二进制值	X10.2	X10.1	X10.0	位置	倍率	
0	0	0	0	1	50%	50
1	0	0	1	2	60%	60
2	0	1	0	3	70%	70
3	0	1	1	4	80%	80
4	1	0	0	5	90%	90
5	1	0	1	6	100%	100
6	1	1	0	7	110%	110
7	1	1	1	8	120%	120

根据以上要求设计的主轴转速倍率控制程序如图 6.6.5 所示，程序说明可参见 FANUC 子面板。

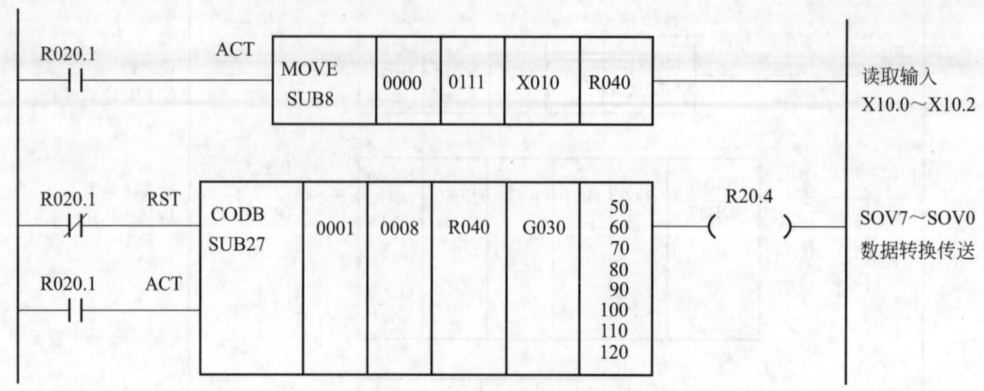

图 6.6.5　主轴转速倍率控制程序

6.6.4　倍率升降控制程序设计

(1) 程序设计要求

在实际数控机床上，CNC 的进给速度倍率、快速进给倍率、主轴转速倍率也经常使用倍率升降按键进行调节。例如，早期的 FS 0 系列数控系统的主面板或部分用户面板，主轴转速倍率调节使用的是图 6.6.6 所示的倍率升降按键。

使用倍率升降按键调节时，PMC 程序的设计要求如下。

① 倍率调节范围。采用倍率升降按键调节的主轴转速倍率一般分 15 级，级间增量为 5%，倍率范围为 50%～120%。

② 按键功能。图 6.6.6 所示的主轴转速倍率升降按键的功能如下。

图 6.6.6　主轴转速倍率升降按键

【SPDL DEC】：倍率降低键。每按一次【SPDL DEC】键，主轴转速倍率降低 5%；但当倍率降低到 50%后，即使继续操作按键，主轴转速倍率也将保持 50%不变。

【SPDL 100%】：100%倍率选择键。按【SPDL 100%】键，主轴转速倍率恢复 100%。

【SPDL INC】：倍率上升键。每按一次【SPDL INC】键，主轴转速可增加 5%；但当倍率增加到 120%后，即使继续操作按键，主轴转速倍率也将保持 120%不变。

实现主轴转速倍率升降控制的 PMC 程序方法很多，以下介绍利用移位指令实现主轴倍率升降控制的程序设计方法。

(2) 倍率升降状态记忆

由于倍率升降按键不具备波段开关的输入状态保持特性，因此，PMC 程序设计时需要通过移位、计数等功能指令，记忆倍率升降键调节状态，然后，将状态信号所对应的倍率值转换成 CNC 的主轴倍率调节信号 G030。

利用移位指令 SFT 记忆倍率升降键调节状态的 PMC 程序示例如图 6.6.7 所示。

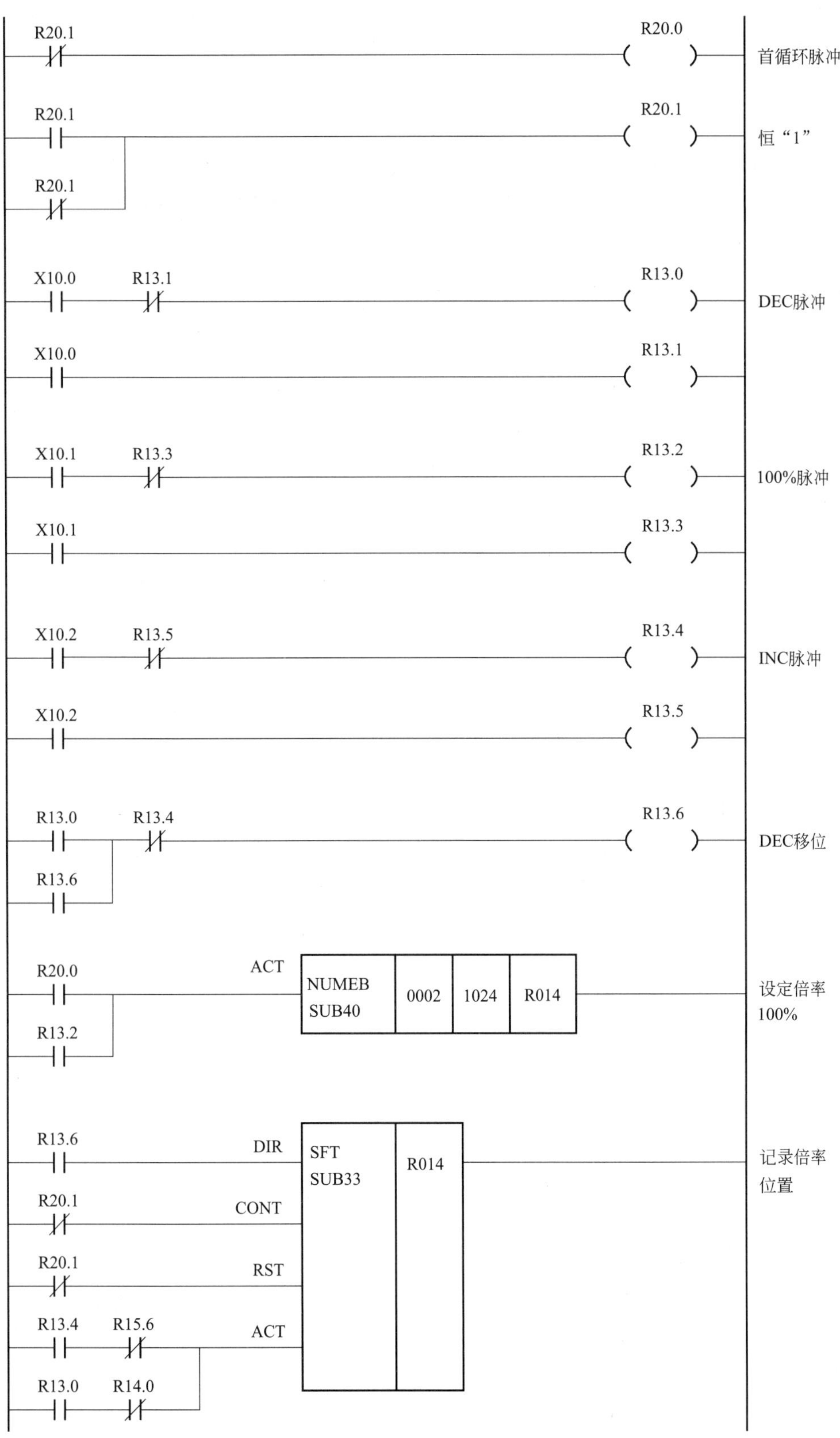

图 6.6.7　升降键调节状态记忆程序

程序中的 X10.0、X10.1、X10.2 分别为主轴倍率升降调节键【SPDL DEC】、【SPDL 100%】、【SPDL INC】的 DI 输入地址，执行图 6.6.7 所示的 PMC 程序后，可在 2 字节内部继电器 R14.0～R15.6 上生成表 6.6.5 所示的倍率升降键状态信号。

表 6.6.5　倍率调节状态信号表

状态记录	主轴倍率	状态记录	主轴倍率	状态记录	主轴倍率
R14.0	50%	R14.5	75%	R15.2	100%
R14.1	55%	R14.6	80%	R15.3	105%
R14.2	60%	R14.7	85%	R15.4	110%
R14.3	65%	R15.0	90%	R15.5	115%
R14.4	70%	R15.1	95%	R15.6	120%

程序中的 R20.0 用于主轴转速初始倍率（100%）设定。R20.0 为 PMC 程序启动时的首循环脉冲信号，它只有在 PMC 程序启动时的第 1 个 PMC 扫描循环才输出“1”信号。

程序中的 R13.0、R13.2、R13.4 为【SPDL DEC】、【SPDL 100%】、【SPDL INC】的上升沿信号，用于移位指令的启动；R13.6 用于移位方向控制，按【SPDL DEC】键时，R13.6＝1，指令 SFT 向右移位；按【SPDL INC】键时，R13.6＝0，指令 SFT 向左移位。

程序中的二进制数据传送指令 NUMEB 用于 100%倍率设定，指令可通过开机时的首循环脉冲 R20.0 或按键【SPDL 100%】的上升沿启动，指令执行后，2 字节内部继电器 R15/R14 的状态将被设定为 1024（0000010000000000），对应的增减键调节状态信号为 R15.2＝1（100%倍率），其他位均为“0”。

移位指令 SFT 中的控制条件 DIR 用于移位方向控制，DIR＝0 为左移，DIR＝1 为右移；控制条件 CONT 为移位方式选择，CONT＝0 为正常移位，RST 为复位输入，ACT 为移位启动输入。

在图 6.6.7 所示的程序中，如按【SPDL INC】键，可使得 R13.6＝0、DIR＝0，因此，R13.4 的脉冲输入可使现行增减键调节状态信号左移；例如，在起始状态下按倍率增加键【SPDL INC】，内部继电器 R14.0～R15.6 的状态可由初始位置 R15.2，逐一左移至 R15.3、R15.4 等。如按【SPDL DEC】键，则可使得 R13.6＝1、DIR＝1，R13.0 的脉冲输入将使现行增减键调节状态信号右移；例如，在起始状态下按倍率减少键【SPDL DEC】，内部继电器 R14.0～R15.6 的状态可由初始位置 R15.2，逐一右移至 R15.1、R15.0、R14.7 等。

如果倍率到达 120%，状态位 R15.6 将为“1”，此时，左移启动输入 R13.4 被禁止，继续按倍率增加键【SPDL INC】，状态信号将保持为 R15.6。同样，如果倍率到达 50%，状态位 R14.0 将为“1”，此时，右移启动输入 R13.0 被禁止，继续按倍率减少键【SPDL DEC】，状态信号将保持为 R14.0。

(3) 倍率调节信号输出

在以上程序的基础上，便可通过图 6.6.8 所示的程序，利用二进制数据传送指令 NUMEB，依次将倍率升降状态信号所对应的倍率值，转换为二进制格式的数据，并输出到 CNC 的主轴倍率调节信号 G030 上。

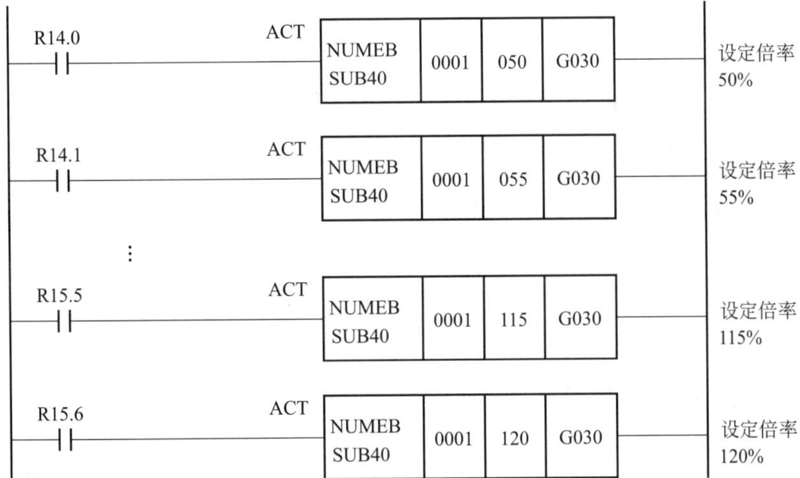

图 6.6.8　倍率调节信号输出程序

第7章 数控机床换刀程序设计

07

7.1 CNC辅助功能与控制

7.1.1 CNC辅助功能及处理

(1) CNC辅助功能

数控系统的核心功能是通过插补运算控制坐标轴的位置与速度，进而达到控制运动轨迹的目的，因此，除坐标轴位置与速度控制外的其他功能，统称辅助功能。

数控系统的辅助功能一般以M、S、T、B、E代码的形式在CNC加工程序中编程；CNC在执行加工程序时，可将辅助功能代码转换为二进制信号，输入到集成PMC上，然后通过PMC或其他控制装置，控制相应的机电部件动作。

M代码是数控系统最基本的辅助功能，可用于主轴、冷却、润滑、排屑、自动换刀、其他辅助部件及程序暂停、选择暂停、程序结束等控制，称为第1辅助功能；B、E代码是对第1辅助功能的补充，可用于分度台等运动部件的控制，故称为第2、第3辅助功能。

S代码是用来指定主轴转速的辅助功能，简称主轴功能。为了便于和模拟量输入驱动器连接，S代码除了可向PMC输出二进制代码信号外，还可通过数控系统的附加功能，直接转换为DC0～10V模拟电压信号。

T代码是用来指定刀具号的辅助功能，简称刀具功能。在车削加工用的数控系统上，T代码也可附加刀具偏置号选择功能，在这种情况下，T代码分为两部分，其中，用来指定刀具号的数据可以二进制信号的形式，输入到集成PMC上；用来选择刀具偏置号的数据，可由数控系统直接处理。

数控机床的自动换刀需要通过CNC加工程序中的辅助功能指令控制，在通常情况下，需要更换的刀具号利用T代码指定；换刀动作可利用M代码（通常为M06）或直接由T代码启动。

(2) M代码定义

第1辅助功能M代码是所有数控系统必备的基本功能，它需要以字母M加2位（或4、8位）十进制正整数的形式在CNC加工程序中编程。

绝大多数M代码的功能可由机床生产厂家自由定义，所执行的动作需要通过PMC程序进行控制。但是，程序暂停、选择暂停、程序结束等辅助功能与CNC的程序自动运行控制有关，因此可由数控系统直接处理。

为了便于用户编程与使用，ISO 1056标准及CNC生产厂家对部分M代码进行了统一规定，这些M代码虽然也能像其他M代码一样以二进制编码的形式输入到集成PMC上，但机床生产厂家原则上不再将其用作其他用途。

FANUC数控系统规定用途的M代码如表7.1.1所示，部分M代码为大多数数控机床的习惯用法。

表 7.1.1　FANUC 系统规定用途 M 代码表

代码	性质	名称	作用
M00	ISO 规定	程序暂停	程序自动运行停止，状态保持不变
M01	ISO 规定	选择暂停	可通过选择暂停信号，使选择的程序自动运行停止
M02	ISO 规定	主程序结束	在部分 CNC 上，也可作为子程序结束标记
M03	ISO 规定	主轴正转	主轴启动并正转
M04	ISO 规定	主轴反转	主轴启动并反转
M05	ISO 规定	主轴停止	主轴停止旋转
M06	习惯用法	自动换刀	自动换刀
M07	ISO 规定	内冷却开	刀具内冷却打开
M08	ISO 规定	外冷却开	刀具外冷却打开
M09	ISO 规定	冷却关	关闭刀具内冷却和外冷却
M17	SIEMENS 规定	子程序结束	子程序结束，返回主程序
M19	习惯用法	主轴定向	主轴定向准停
M29	FANUC 规定	刚性攻螺纹	镗铣加工机床刚性攻螺纹
M30	ISO 规定	主程序结束	主程序结束，CNC 复位
M41	习惯用法	主轴变速挡 1	主轴传动级交换，低速挡
M42	习惯用法	主轴变速挡 2	主轴传动级交换，次低速
M43	习惯用法	主轴变速挡 3	主轴传动级交换，中速
M44	习惯用法	主轴变速挡 4	主轴传动级交换，次高速
M45	习惯用法	主轴变速挡 5	主轴传动级交换，高速
M98	FANUC 规定	子程序调用	调用子程序
M99	FANUC 规定	子程序结束	子程序结束，返回主程序

(3) 特定 M 代码的处理

表 7.1.1 中的 M 功能代码的用途已由 ISO 标准或生产厂家规定，在 PMC 程序中的处理方式也与其他辅助功能有以下不同。

① 程序暂停 M00、M01。辅助功能 M00、M01 用于加工程序（主程序）运行的暂停控制，CNC 执行 M00、M01 代码时，不仅可输出 32 位二进制代码和修改信号，而且还可直接向 PMC 输出专门的 M 代码信号 DM00(F9.7)、DM01(F9.6)，因此，PMC 程序无需进行 M00、M01 的译码处理。

但是，在 FANUC 数控系统上，加工程序暂停指令 M00、M01 并不能自行停止加工程序的自动运行，而是需要通过 PMC 程序向 CNC 输出程序段启动禁止 * BSL(G8.3)、进给暂停 * SP(G8.5) 等控制信号，才能停止加工程序的执行。

② 程序结束 M02、M30。FANUC 数控系统的辅助功能 M02、M30 用于加工程序（主程序）运行的结束控制，CNC 执行 M02、M30 代码时，同样可输出 32 位二进制代码和修改信号以及专门的 M 代码信号 DM02(F9.5)、DM30(F9.4)。辅助功能代码 M02、M30 可通过 PMC 程序设计与 CNC 参数的设定，选择“返回至程序起始位置并继续执行”“在程序的结束位置停止”“返回至程序起始位置停止” 3 种不同的功能。

如果 PMC 程序按照常规的辅助功能处理方式，通过辅助功能执行完成应答信号 FIN（见后述）处理时，可通过 CNC 参数设定，选择加工程序返回至程序起始位置并继续执行，或者在程序结束位置停止两种处理方式。对于后者，操作者可通过数控系统 MDI 面板上的 CNC 复位键【RESET】，使加工程序返回至程序起始位置，然后利用循环启动键【C. START】，继续执行加工程序。

如果 PMC 程序将 M30、M02 代码信号作为 PMC 的外部复位信号 ERS(G008.7) 返回 CNC 时，CNC 可直接执行复位操作，加工程序自动返回到起始位置；操作者可通过循环启动键【C. START】，继续执行加工程序，PMC 程序无需再进行辅助功能执行完成应答信号 FIN 的处理。

③ 子程序调用与返回 M98、M99。在 FANUC 数控系统上，辅助功能 M98、M99 已被 FANUC 公司定义为子程序调用、返回代码；如果需要，用户还可通过 CNC 参数，自行定义用于用户宏程序调用的 M 代码、T 代码。

用于子程序调用、返回的 M98、M99 代码及用户自定义的用户宏程序调用 M、T 代码，将由数控系统内部处理。CNC 执行这些辅助功能代码时，既不能输出 32 位二进制代码和修改信号，也无需 PMC 程序进行任何处理。

7.1.2 PMC 程序设计要求

FANUC 0i 系列数控系统的辅助功能处理可通过 CNC 参数设定，选择普通或高速两种处理方式，两种处理方式的 PMC 程序设计要求分别如下。

(1) 普通处理

普通处理为 FANUC 数控系统的传统辅助功能处理方式，采用普通方式处理辅助功能时，CNC 每处理一个辅助功能，都将向 PMC 输出辅助功能修改（选通）信号；PMC 在辅助功能控制程序执行完成后，都需要向 CNC 返回辅助功能执行完成应答信号；CNC 接收到 PMC 的执行完成信号后，继续执行后续的加工程序。进行普通辅助功能处理时，PMC 程序所输出的辅助功能执行完成应答信号 FIN(G004.3) 为所有辅助功能公共应答信号。

以第 1 辅助功能 M 代码为例，采用普通方式处理时，PMC 程序应按图 7.1.1 所示的时序要求，设计相应的 M 代码处理程序。

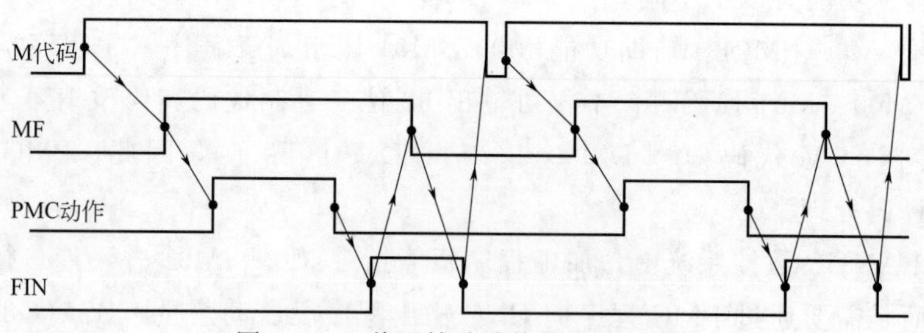

图 7.1.1 普通辅助功能的处理时序

① CNC 执行加工程序中的辅助功能指令，将程序中的 M 代码转换为 4 字节、32 位二进制信号，并其发送到集成 PMC 的 CNC 输入信号 F10.0～F13.7 上；同时，CNC 加工程序运行进入暂停状态，等待 PMC 完成 M 代码的处理。

② CNC 在发送 M 代码信号 F10.0～F13.7 之后，经 CNC 参数设定的延时（通常为 16ms），再利用 PMC 的 CNC 输入信号 F7.0 向集成 PMC 发送 M 代码修改（选通）信号 MF。

③ PMC 在接收到 MF 信号 F7.0 后，可进行 M 代码的译码、逻辑运算等程序处理，将对应的 M 代码转换为机床控制所需要的动作。

④ 机床动作执行完成后，PMC 程序通过 CNC 输出信号 G4.3 向 CNC 发送 M 功能执行完成应答信号 FIN，FIN 信号的状态保持时间通常需要大于 16ms。

⑤ CNC 接收到 PMC 的 FIN 信号后，复位 M 代码修改信号 MF，表明 CNC 已完成 FIN 信号的接收。

⑥ PMC 程序在确认 CNC 输入信号 MF 为“0”后，复位执行完成应答信号 FIN，结束辅助功能处理。

⑦ CNC 在确认执行完成应答信号 FIN 为“0”后，结束辅助功能处理，撤销 32 位二进制 M 代码信号 F10.0～F13.7；但是，辅助功能 S、T、B、E 代码的二进制输出可保持，直至被下一段 S、T、B、E 代码替换。

⑧ CNC 继续执行下一程序段的处理。

例如，利用普通处理方式执行冷却启动、停止指令 M08、M09，控制冷却阀 Y0.1 通断的 PMC 程序示例如图 7.1.2 所示。

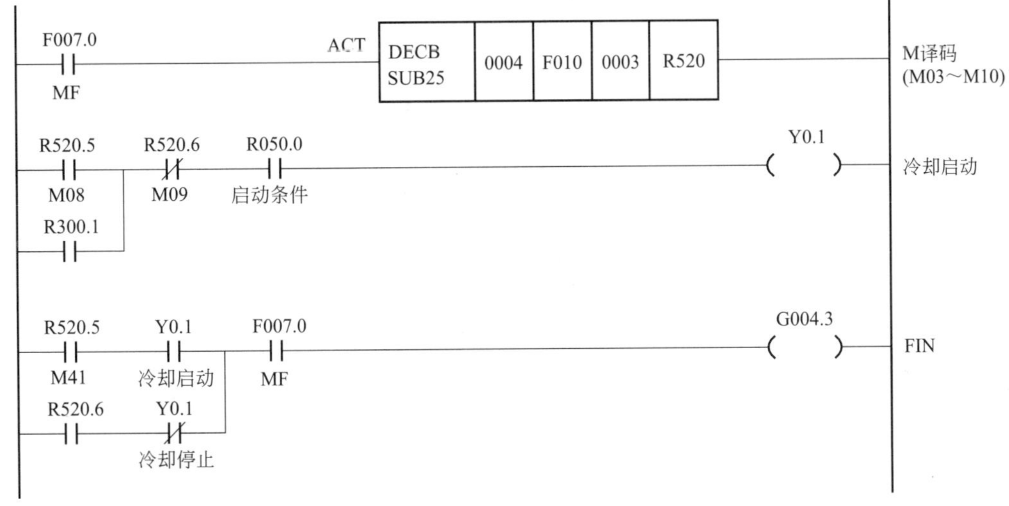

图 7.1.2　冷却控制程序示例

程序中的指令 DECB 为二进制译码指令，指令可在 CNC 输入的 M 代码修改信号 MF（F7.0）为“1”时启动执行，执行指令 DECB 可将来自 CNC 的 4 字节、32 位二进制 M 代码 F10.0～13.7 中以 03 为起始的 8 个 M 代码（M03～M10）依次译出，并分别保存到内部继电器 R520.0～R520.7 上；因此，用于冷却启动、停止控制的 M08、M09 代码，将被分别保存在内部继电器 R520.5、R520.6 上。

程序中的机床输出 Y0.1 为冷却开启信号，如果冷却启动的条件满足（如冷却水的液位正常、机床防护门已关闭、主轴已启动等），输出 Y0.1 可利用冷却启动 M08(R520.5)、停止 M09(R520.6) 代码控制通断。

程序中的 CNC 输出 G4.3 为 M 代码执行完成应答信号 FIN，如 M08 代码输出后，冷却开启输出 Y0.1 为“1”，或者 M09 代码输出后，冷却开启输出 Y0.1 为“0”，程序可将 FIN 信号置“1”。CNC 在接收到 PMC 的 FIN 信号后，将自动复位 M 代码修改信号 MF(F7.0)；PMC 程序在 MF(F7.0) 输入为“0”后，将自动复位执行完成应答信号 FIN，结束辅助功能处理。

(2) 高速处理

CNC 的普通辅助功能处理需要经历 CNC 输出辅助功能代码、发送 MF 信号，PMC 执行辅助功能程序、发送执行完成应答信号 FIN，以及 CNC 接收 FIN 信号、撤销 MF 信号，PMC 撤销 FIN 信号、CNC 撤销 M 代码输出等一系列动作，因此，辅助功能的处理时间较长。

为了提高辅助功能的处理速度，FS 0i 系列数控系统可通过 CNC 参数的设定，使用高速辅助功能处理功能。进行高速辅助功能处理时，CNC 的不同辅助功能需要使用独立的执行完成应答信号，例如，MFIN(G5.0)、EFIN(G5.1)、SFIN(G5.2)、TFIN(G5.3)、BFIN(G5.4 或 G5.7，T 型系统和 M 型系统不同) 等。

同样以第 1 辅助功能 M 代码为例，采用高速方式处理时，PMC 程序可按图 7.1.3 所示处理流程的时序设计相应的 M 代码处理程序，完成 M 代码的高速处理。

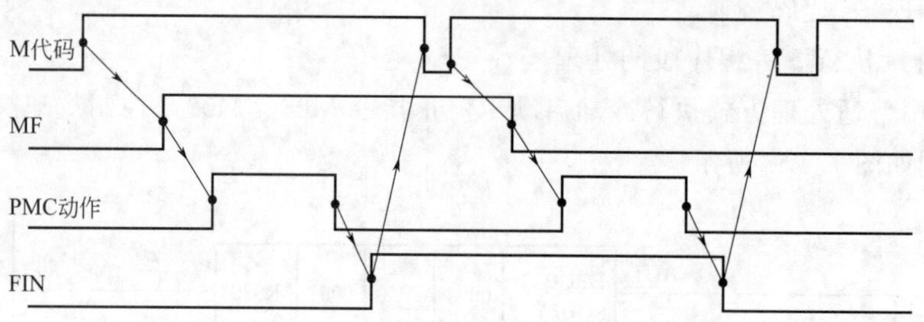

图 7.1.3　高速辅助功能的处理流程

① CNC 执行加工程序中的辅助功能指令，将程序中的 M 代码转换为 4 字节、32 位二进制信号，并其发送到集成 PMC 的 CNC 输入信号 F10.0～F13.7 上；同时，CNC 加工程序运行进入暂停状态，等待 PMC 完成 M 代码的处理。

② CNC 在发送 M 代码信号 F10.0～F13.7 之后，经 CNC 参数设定的延时（通常为 16ms），再利用 PMC 的 CNC 输入信号 F7.0，向集成 PMC 发送 M 代码修改（选通）信号 MF。但是，高速处理辅助功能生效时，M 代码的修改信号 MF 为上升或下降的边沿信号，即 CNC 只改变 MF 的当前状态，这一状态将一直保持到 CNC 执行下一 M 代码时才进行改变。

③ PMC 在接收到 MF 信号 F7.0 的上升或下降沿后，可进行 M 代码的译码、逻辑运算等程序处理，将对应的 M 代码转换为机床控制所需要的动作。

④ 机床动作执行完成后，PMC 程序通过 CNC 输出信号 G4.3 向 CNC 发送 M 功能执行完成应答信号 FIN。但是，高速处理辅助功能的执行完成信号也需要以上升或下降沿的形式在 PMC 程序中输出，输出信号的状态需要保持到下一辅助功能执行完成应答。此外，辅助功能高速处理时，CNC 的不同辅助功能需要使用独立的应答信号，例如，M 代码高速执行完成信号 MFIN 的 CNC 输出地址为 G5.0，T 代码高速执行完成信号 TFIN 的 CNC 输出地址为 G5.3 等。

⑤ CNC 接收到 PMC 输出的辅助功能执行完成应答信号上升或下降沿后，立即结束辅助功能处理，撤销 32 位二进制 M 代码信号 F10.0～F13.7；但是，辅助功能 S、T、B、E 代码的二进制输出同样可保持，直至被下一段 S、T、B、E 代码替换。

⑥ CNC 继续执行下一程序段的处理。

高速辅助功能处理的代码修改信号、PMC 的执行完成应答信号，都以上升或下降沿的形式发送或应答，CNC 与 PMC 无需进行代码修改信号和执行完成应答信号的复位操作，其处理速度更快。

7.1.3 PMC 程序设计要点

数控系统的辅助功能需要通过 PMC 程序转换为机床的实际动作，PMC 程序设计的基本方法与要点如下。

(1) 辅助功能执行与禁止

处理 CNC 辅助功能的 PMC 程序设计基本要点如下。

① FANUC 0i 系列数控系统的不同辅助功能都有独立的 4 字节、32 位二进制代码输出信号及辅助功能修改信号，但 PMC 的辅助功能执行完成应答使用公共的 FIN 信号。辅助功能代码输出、修改信号及 PMC 执行完成应答信号的 CNC 输入/输出地址，可参见第 5 章表 5.2.5 或附录 A。

② CNC 辅助功能使用普通方式处理时，32 位二进制代码输出只有在相应的修改信号为“1”时有效；因此，PMC 程序中的译码、动作控制指令都需要使用修改信号的上升沿或状态“1”启动或互锁。

PMC 的辅助功能执行完成后，通过公共的应答信号 FIN 的“1”状态，通知 CNC 撤销修改信号；在 CNC 撤销修改信号后，PMC 程序还需要将执行完成应答信号 FIN 恢复为“0”，再次通知 CNC 撤销 32 位二进制代码输出（M 代码），进入下一加工程序指令。

按照普通方式处理辅助功能代码的 PMC 程序示例可参见前述图 7.1.2。

③ CNC 辅助功能使用高速方式处理时，32 位二进制代码输出在修改信号出现上升或下降沿时即有效，修改信号的状态可能为“9”，也可能为“1”；因此，PMC 程序需要对译码、动作控制指令的启动或互锁信号进行相应的处理。

PMC 的辅助功能执行完成后，还需要通过不同的应答信号，通知 CNC 撤销 32 位二进制代码输出（M 代码），进入下一加工程序指令；此外，PMC 程序的执行完成应答信号，需要以状态翻转的方式输出，辅助执行完成后的应答信号状态可能为“0”，也可能为“1”。

④ CNC 进行加工程序调试或模拟运行时，PMC 程序可通过辅助功能锁住信号 AFL (G5.6)，禁止 CNC 的辅助功能输出。辅助功能锁住功能生效时，CNC 的工作状态信号 MAFL(F4.4) 将为“1”，PMC 程序可通过这一信号禁止辅助功能处理程序。但是，辅助功能锁住不能禁止与加工程序自动运行控制有关的程序暂停 M00/M01、程序结束 M02/M30 指令，此外，FANUC 系统用于子程序调用、返回的特殊辅助功能 M98、M99，以及用户已定义为自动调用用户宏程序调用的 M、T 代码，也不能通过辅助功能锁住功能禁止。

(2) 辅助功能执行次序调整

在 CNC 加工程序中，M、S、T、B 等辅助功能代码允许与快速定位、插补等其他加工程序指令在同一程序段编程，但是为了保证动作的准确、可靠，用于程序暂停（M00/M01）、结束（M02/M30）、子程序调用及返回（M98/M99）、用户宏程序调用（用户定义 M 或 T 代码）的辅助功能代码，原则上应以单独程序段的形式编程。

当辅助功能指令和坐标轴运动指令同时编程时，CNC 首先进行辅助功能的处理，输出 32 位二进制信号及修改信号，然后再执行坐标轴运动指令；当 CNC 坐标轴运动结束，PMC 程序的辅助功能执行完成时，CNC 结束当前程序段，继续执行后续的加工程序指令。因此，PMC 程序可根据不同的辅助功能，编制如下不同的辅助功能处理程序。

① 如果辅助功能与当前程序段的坐标轴运动无关，PMC 程序可在接收到辅助功能代码及修改信号后直接执行，使辅助部件与坐标轴的运动同步进行，以加快程序执行速度。

② 如果辅助功能需要在当前程序段的坐标轴运动结束后才能执行，在 PMC 程序设计时，可通过 CNC 的坐标轴运动结束信号 DEN(F001.3，又称分配完成信号)，禁止 PMC 的辅助功能处理程序。因为当 CNC 执行含有坐标轴运动程序段时，首先需要将坐标轴运动结束信号 DEN 的状态置为“0”，然后再进行辅助功能、坐标轴运动等其他处理；当前程序段的坐标轴运动完成后，DEN 信号恢复为“1”。因此，对于坐标轴运动结束后才能执行的辅助功能，可将 DEN 信号作为 PMC 辅助功能处理程序的执行启动条件。

(3) 多 M 代码指令的处理

为了便于加工程序的检查、调整，确保机床动作的清晰、可靠，在一个 CNC 加工程序段中，每一类辅助功能代码（M、S、T、B）以编制 1 个为宜。如果数控系统生效了多 M 代码同时编程功能，一个 CNC 加工程序段允许同时编制 3 个以下的 M 代码。进行同时编程的 M 代码不能为程序暂停（M00/M01）、结束（M02/M30）、子程序调用及返回（M98/M99）、用户宏程序调用（用户定义 M 或 T 代码）的辅助功能代码，也不能是主轴正转/反转/停止(M03/M04/M05)、冷却启动/停止（M07/M09 或 M08/M09）、不同主轴传动级交换（M41～M45）、夹具夹紧/松开等动作相互矛盾的辅助功能代码。

当一个程序段中编制有 3 个 M 代码时，CNC 可按照 M 代码在程序段中的编程次序，通过以下不同的 PMC 地址，同时向 PMC 发送二进制 M 代码及修改信号，PMC 程序可根据实际控制要求，对不同的 M 代码进行不同的处理。

第 1 个 M 代码：32 位二进制代码输出信号地址为 F010～F013(M00～M31)；M 代码修改信号地址为 F7.0(MF)。

第 2 个 M 代码：16 位二进制代码输出信号地址为 F014～F015(M200～M215)；M 代码修改信号地址为 F8.4(MF2)。

第 3 个 M 代码：16 位二进制代码输出信号地址为 F016～F017(M300～M315)；M 代码修改信号地址为 F8.5(MF3)。

多 M 代码同时编程时，辅助功能执行完成应答共用 FIN(G004.3) 信号，FIN 信号必须在程序段的全部 M 代码处理完成后才能输出。CNC 在接收到 FIN 信号后，将撤销全部二进制代码输出及修改信号。

7.2 电动刀架控制程序设计

7.2.1 结构原理与控制要求

(1) 结构原理

电动刀架具有结构简单、控制容易、价格低廉等特点，它是国产普及型数控车床使用最为广泛的车床自动换刀装置。

普及型数控车床常用的 4 刀位电动刀架的外观及机械结构如图 7.2.1 所示。

电动刀架由驱动电机 1、蜗杆 3 及蜗轮轴 4、底座 5、刀架体 7、转位套 9、刀位检测盘 13、中心轴 14、齿牙盘 16 等基本部件所组成。方柄车刀可通过刀架体 7 上部的 9 个固定螺钉夹紧，刀架位置可通过刀位检测盘 13 上的霍尔元件检测，中心轴 14 用于刀架体的回转支承，刀架的精确定位利用齿牙盘 16 实现。

驱动电机 1 正转时，可通过联轴器 2、蜗杆 3 使蜗轮轴 4 转动。蜗轮轴 4 的内孔与固定在

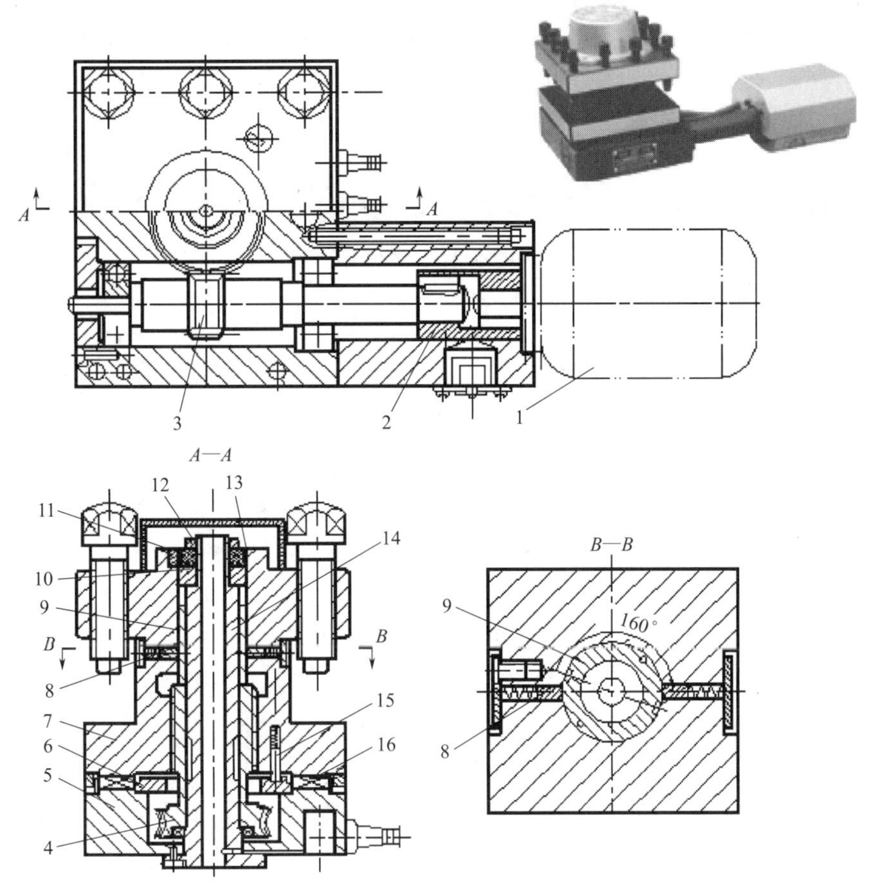

图 7.2.1　电动刀架外观与结构

1—驱动电机；2—联轴器；3—蜗杆；4—蜗轮轴；5—底座；6—粗定位盘；7—刀架体；8—球头销；9—转位套；10—检测盘安装座；11—发信磁体；12—固定螺母；13—刀位检测盘；14—中心轴；15—粗定位销；16—齿牙盘

底座 5 上的中心轴 14 外圆间隙配合，蜗轮轴上部加工有与刀架体 7 结合的内螺纹，顶面与转位套 9 连接。在蜗轮轴 4 正转的开始阶段，转位套 9 和刀架体 7 处于松开状态，刀架体 7 上的齿牙盘 16 处在啮合状态，转位套 9 的回转不能带动刀架体 7 转动；因此，蜗轮轴 4 的转动将通过结合螺纹，使刀架体 7 向上抬起。

当刀架体 7 抬起到齿牙盘 16 脱开位置后，与蜗轮轴 4 连接的转位套 9 将转过 160°左右，此时，转位套 9 上的定位槽正好移动至与球头销 8 对准的位置，因此，球头销 8 将在弹簧力的作用下插入到转位套 9 的定位槽中，从而使得转位套 9 和刀架体 7 啮合，转位套的继续回转将带动刀架体 7 转位。

粗定位盘 6 的上端面加工有倾斜向下的定位槽，当刀架正转时，定位槽的回转方向为粗定位销 15 沿斜面退出方向，因此，刀架体 7 的正转将使粗定位销 15 向上压缩，而不影响刀架体 7 的正转运动。

刀架体 7 转动时，将带动刀位检测的发信磁体 11 转动，当发信磁体转到需要的位置时，数控系统将撤销刀架正转信号，输出刀架反转信号，使得驱动电机 1 反转。

在驱动电机反转的起始阶段，转位套 9 将带动刀架体 7 反向回转，使得粗定位销 15 沿粗定位盘 6 上端面定位槽的倾斜进入定位槽，在定位槽的终点，刀架体 7 的反转运动被禁止，刀架体 7 停止转动，实现粗定位。此时，蜗轮轴 4 的继续回转，将通过结合螺纹使刀架体 7 垂直落下，球头销 8 从转位套 9 的定位槽中退出。随后，随着驱动电机 1 反转的继续，刀架体 7 的齿牙盘将与底座 5 啮合并锁紧，电机被堵转停止，数控系统撤销刀架反转信号，结束换刀动作。

(2) 换刀控制

电动刀架的换刀一般直接通过 CNC 的辅助功能指令 T 控制，PMC 的自动换刀程序设计要求如图 7.2.2 所示。

① 刀架抬起。CNC 执行换刀指令 T 时，如现行刀位与 T 指令要求的位置不符，PMC 应输出刀架正转信号 TL＋，控制刀架驱动电机正转。出于安全的考虑，普及型数控车床的换刀动作通常需要在坐标轴定位完成、DEN 信号为“1”后进行。驱动电机正转启动后，刀架可通过前述的机械结构，使刀架体自动完成向上抬起、齿牙盘脱开动作。

② 刀架转位。当刀架体抬到齿牙盘脱开位置后，驱动电机继续正转，可自动带动刀架体及安装在刀架体上的刀具转位，并带动刀位检测的霍尔元件发信磁体转动。

③ 刀架定位。当刀架体带动霍尔元件发信磁体转到 T 指令要求的刀位时，PMC 应撤销刀架正转信号 TL＋，并输出刀架反转信号 TL－，使刀架电动机反转；为了减少刀架冲击，在正转信号撤销与反转信号输出之间，可适当增加延时。由于刀架体的回转存在惯性，而刀架位置检测信号的发信范围较窄，因此，刀架在正转到反转的过程中，刀位检测信号的状态可能存在“1”→“0”→“1”的变化。

④ 刀架锁紧。驱动电动机反转后，将通过前述的机械结构，使得刀架自动进行粗定位、落下锁紧运动。

简单电动刀架一般无夹紧检测信号，因此，PMC 程序可通过延时控制，撤销刀架反转信号 TL－，并输出 T 代码执行完成应答信号 FIN，结束换刀动作。

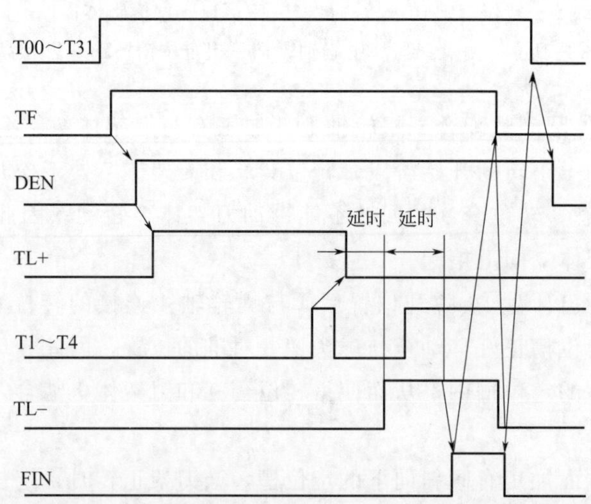

图 7.2.2　电动刀架自动换刀的 PMC 程序设计要求

(3) PMC 信号地址

为了便于说明，假设图 7.2.2 中的刀架控制信号的 PMC 地址如表 7.2.1 所示，表中的刀位信号输入地址、刀架电动机正/反转信号的输出地址在实际机床上可能有所不同（备注为

“参考地址”）。

表 7.2.1　电动刀架控制信号一览表

代号	名称	信号类别	PMC 地址	备注
DEN	分配结束	CNC 输入	F001.3	“1”坐标轴运动结束
T00～T31	T 代码	CNC 输入	F026～F029	32 位二进制 T 代码
TF	T 修改	CNC 输入	F007.3	“1”T 代码输出有效
T1	实际刀号 1	机床输入	X4.0	参考地址
T2	实际刀号 2	机床输入	X4.1	参考地址
T3	实际刀号 3	机床输入	X4.2	参考地址
T4	实际刀号 4	机床输入	X4.3	参考地址
FIN	辅助功能执行完成	CNC 输出	G004.3	M/S/T/B 执行完成
TL＋	刀架正转	机床输出	Y0.0	参考地址
TL－	刀架反转	机床输出	Y0.1	参考地址

此外，由于不同厂家所生产的电动刀架的刀位检测器件（霍尔元件）输出形式可能有所不同，控制系统设计时，应尽可能使用源/汇点输入 DI 点连接刀位检测信号。

7.2.2　PMC 程序设计

电动刀架的 PMC 控制程序一般可分为刀号出错检查、刀号一致判别、刀架回转和完成应答，程序设计示例如下。

(1) 刀号出错检查

刀号出错检查程序用于 CNC 加工程序中的编程刀号（T 代码）检查，如加工程序中的 T 代码超出了刀架实际允许的刀号范围，PMC 程序应直接结束 T 代码的执行，并发出相应的出错报警。刀号出错检查程序如图 7.2.3 所示。

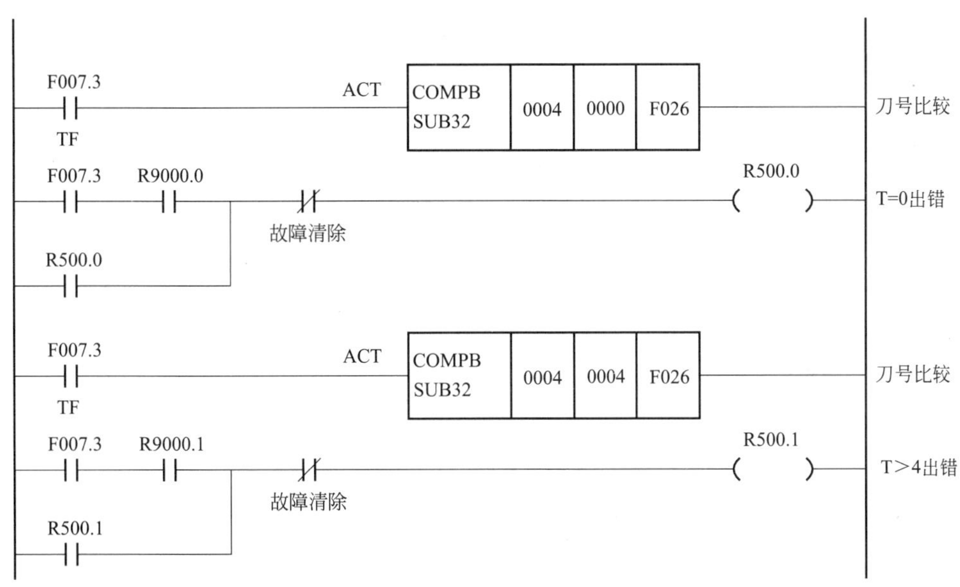

图 7.2.3　刀号出错检查程序

由于 FS 0i 系列 CNC 的 T 代码输出为 32 位二进制编码信号 T01～T31(F026～F029)，因

此，刀号出错检查程序使用了4字节二进制比较指令COMPB(SUB32)；比较指令在CNC的T代码选通信号TF输出为“1”时执行。

程序中的第1条比较指令用于刀号为0检查，如CNC加工程序中的T代码为T00，则F026～F029的二进制输出值为“0”，执行指令后，PMC的系统内部继电器R9000.0的状态将为“1”，故R500.0=1并保持。

程序中的第2条比较指令用于刀号大于4检查，对于4刀位的电动刀架，如CNC加工程序中所编制的T代码大于T04，则F026～F029的二进制输出值大于0004，执行指令后，PMC的系统内部继电器R9000.1的状态将为“1”，故R500.1=1并保持。

R500.0或R500.1一旦为“1”，一方面可通过相关的PMC报警处理程序，产生机床报警或操作者出错信息，停止机床的运行；另一方面，可通过后述的T代码应答程序，直接输出辅助机能执行完成信号FIN(G004.3)，结束T指令的执行过程。

(2) 刀号一致判别

刀号一致判别程序用于CNC加工程序中的编程刀号和刀架实际刀号的一致检查，如两者相同，可直接结束换刀；否则，应产生换刀启动信号，使刀架回转换刀。刀号一致判别程序如图7.2.4所示。

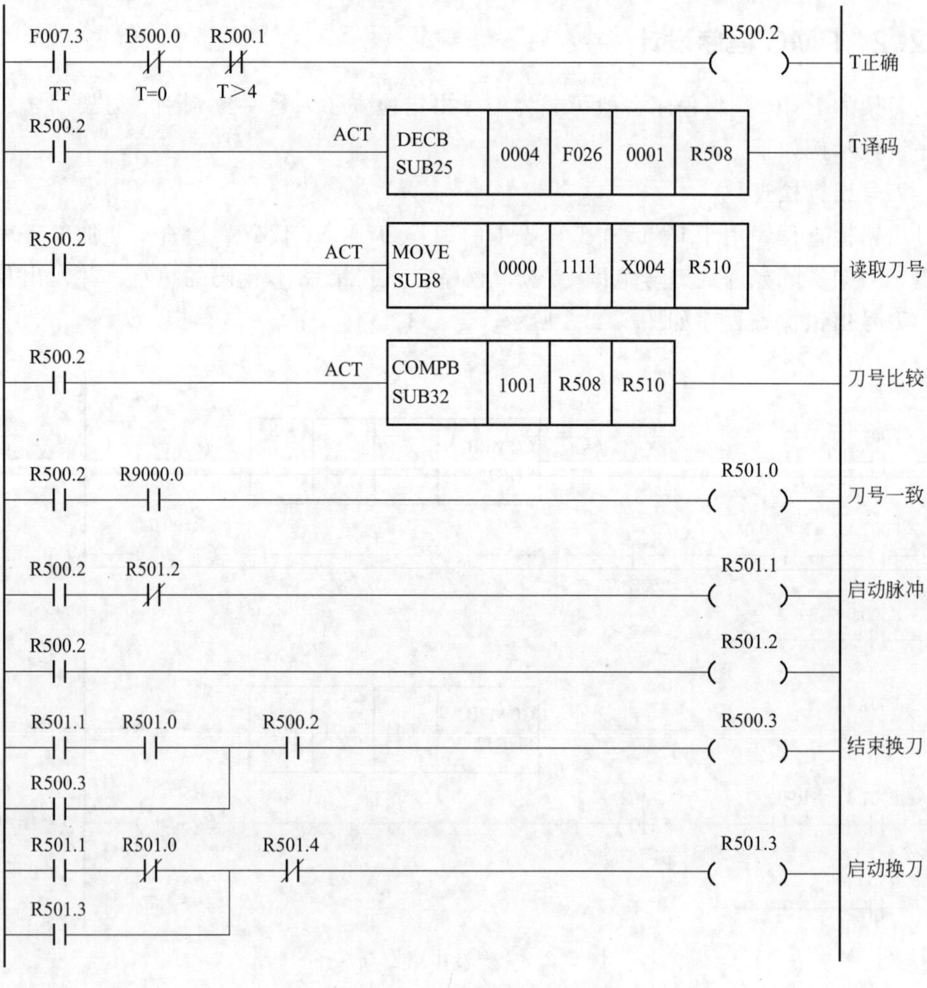

图7.2.4 刀号一致判别程序

当 CNC 加工程序中的 T 代码编程正确（0＜T≤4）时，在 CNC 的 TF 信号有效期间，程序中的 R500.2 将保持状态“1”，图示的 PMC 程序将进行以下处理。

① T 译码。为了进行编程刀号和实际刀号的比较，应保证实际刀位检测信号的格式和 CNC 的 T 代码一致。

电动刀架的刀位检测通常利用 4 个霍尔元件直接检测刀位，即刀位 T01、T02、T03、T04 的输入状态依次为 X4.0＝1、X4.1＝1、X4.2＝1、X4.3＝1。但是，CNC 的 T 代码输出（F026～F029）为 32 位二进制编码信号，T01、T02、T03、T04 指令的 F026 低字节 T 代码输出依次为 0001、0010、0011、0100。因此，需要通过 PMC 程序，使两者统一格式，以便比较和处理。

代码变换的方法有多种，作为简捷的方法之一，可直接利用二进制译码功能指令 DECB（SUB25），将来自 CNC 的 32 位 T 代码信号 F026～F029 一次性转换成独立的内部继电器状态信号。

DECB 指令的输入数据可定义为 CNC 的 32 位 T 代码输入 F026～F029，基准数据可定义为 1，结果寄存器为 R508；因此，执行 DECB 指令可将 F026～F029 的二进制输入 1～8 转换为结果寄存器 R508.0～R508.7 的二进制位状态，实际有效的 T 指令代码 T01～T04 将被依次保存在内部继电器 R508.0～R508.3 上，并且在 T 指令正确时（0＜T≤4），R508.4～R508.7 的状态始终为 0，由此，便可在 R508 上得到与实际刀位检测信号格式一致的指令刀号。

② 实际刀号读取。程序中的 MOVE(SUB8）指令用于实际刀号输入的读取。执行 MOVE 指令，可将含有刀位检测信号的输入字节 X4 与指令参数“00001111”进行“与”运算，在内部继电器 R510 得到输入 X4 的低 4 位信号 X4.0～X4.3，高 4 位则始终为 0。

③ 刀号一致判别。程序中的二进制比较指令 COMPB(SUB32）用于刀号一致判别。当 T 代码译码结果 R508 和实际刀位检测输入 R510 的状态一致时，指令执行后，系统内部继电器 R9000.0 将为“1”，R501.0 为“1”。

④ 换刀启动。CNC 输出 TF 信号时，如果 T 代码编程正确（0＜T≤4），R500.2＝1，便可在 R501.1 上产生换刀启动脉冲。如刀架实际刀号和指令刀号相同（R501.0＝1），换刀启动脉冲可直接产生换刀结束信号 R500.3；R500.3 可通过后述的换刀完成应答程序，输出辅助机能执行完成信号 FIN(G004.3)，结束 T 指令；如刀架实际刀号和指令刀号不一致（R501.0＝0），换刀启动脉冲将转换为启动换刀信号 R501.3，启动刀架正转。

由于在整个换刀过程中，R500.2(TF）信号保持为“1”，程序中的刀号一致判别指令 COMPB 始终处于执行状态，因此，在刀架由正转到反转的过程中，比较结果 R501.0 的状态可能存在“1”→“0”→“1”的变化。为避免由此引起的换刀动作出错，换刀结束信号 R500.3 和启动信号 R501.3 都需要使用 R500.2 的上升沿脉冲 R501.1 生成。

(3) 刀架回转和完成应答

刀架回转和辅助功能执行完成应答的 PMC 程序如图 7.2.5 所示。

刀架回转可通过刀架启动信号 R501.3 启动，如坐标轴运动结束，DEN(F001.3)＝1，且已经满足刀架回转的其他条件，R500.4＝1，R501.3 将使刀架电动机正转信号 Y0.0 输出“1”，启动刀架驱动电机正转，刀架抬起、回转。

当刀架回转到 T 指令指定的刀位，前述的刀号一致判别信号 R501.0 将为“1”，程序中的回转到位信号 R501.4 将为“1”并保持；R501.4＝1 后，将撤销前述程序中的启动换刀信号 R501.3，刀架正转输出 Y0.0 随之为“0”，刀架正转停止。

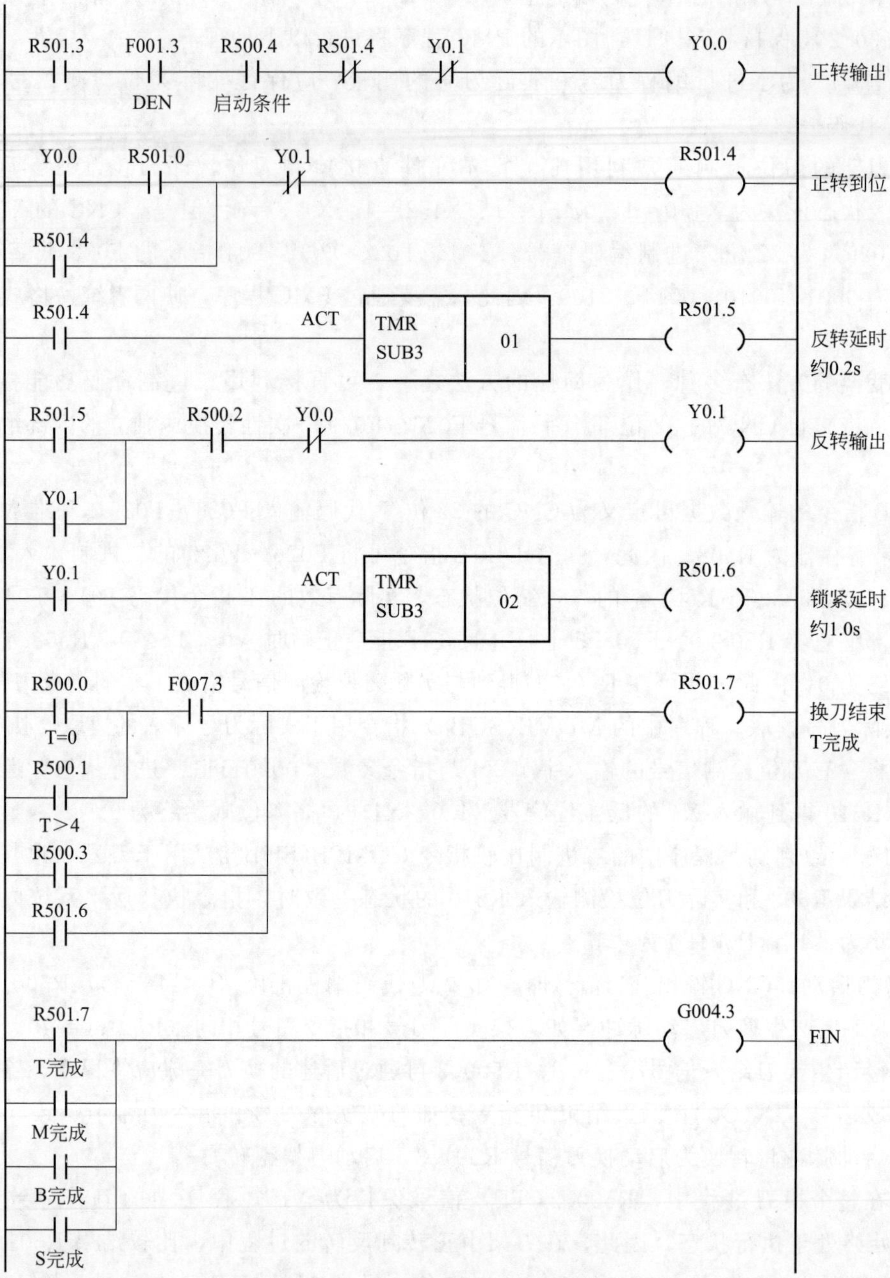

R501.3　F001.3　R500.4　R501.4　Y0.1　Y0.0
DEN　启动条件　正转输出

Y0.0　R501.0　Y0.1　R501.4
R501.4　正转到位

R501.4　ACT　TMR SUB3　01　R501.5
反转延时约0.2s

R501.5　R500.2　Y0.0　Y0.1
Y0.1　反转输出

Y0.1　ACT　TMR SUB3　02　R501.6
锁紧延时约1.0s

R500.0　F007.3　R501.7
T=0
R500.1
T>4
R500.3
R501.6
换刀结束 T完成

R501.7　G004.3
T完成
M完成
B完成
S完成
FIN

图 7.2.5　换刀控制和结束应答程序

信号 R501.4 经过定时器 T1 的延时后，可输出反转信号 R501.5，使刀架电动机反转输出信号 Y0.1 为“1”，刀架进行反转锁紧动作。Y0.1=1 后，定时器 T2 将被启动，正转到位信号 R501.4 被复位，反转启动信号 R501.5 被取消。

刀架电动机的反转锁紧时间通过定时器 T2 的延时控制，T2 延时到达后，R501.6 将输出“1”，使程序中的换刀结束信号 R501.7 为“1”；R501.7 可直接产生 T 代码执行完成应答信号 FIN(G004.3)，结束 CNC 的 T 代码执行过程。

CNC 接收 FIN 信号后，将撤销 TF 信号，使前述程序中的 R500.2 为“0”，因此，刀架电动机的反转输出信号 Y0.1 也将被置“0”，同时，使 R501.6、R501.7、G004.3(FIN) 成为

"0"，换刀动作结束。

PMC 程序中的 T 代码执行完成应答信号 R501.7，可在以下 3 种情况下输出"1"。

① CNC 加工程序中的编程刀号出错、R500.0 或 R500.1 为"1"时，PMC 将直接输出 FIN(G004.3) 信号，结束 T 代码。

② 刀架实际刀位和 CNC 程序中的 T 代码指令刀号一致。此时，前述图 7.2.4 程序中的 R500.3 为"1"，PMC 同样可直接输出 FIN(G004.3) 信号，结束 T 代码执行过程。

③ 正常换刀过程结束。正常的换刀过程结束时，可利用前述的反转锁紧的延时到达信号 R501.6 进行应答。

由于普通辅助机能处理的执行完成应答信号 FIN(G004.3) 为所有辅助功能共用，因此，其 FIN 信号输出需要同时考虑辅助机能 M、S、B 的应答要求。

7.3　液压刀架控制程序设计

7.3.1　结构原理与控制要求

(1) 刀架结构

液压刀架结构紧凑、控制容易、分度精度较高、换刀速度较快，它是中小规格普通型全功能数控车床常用的自动换刀装置。目前，国内生产的数控车床所使用的液压刀架，一般为专业生产厂家生产的通用型产品，刀架可安装的刀具数量一般为 8～12 把，可双向回转、捷径选刀。

8 刀位通用型液压刀架的外观与结构如图 7.3.1 所示。

液压刀架一般采用共轭凸轮分度、液压松夹、齿牙盘定位结构。刀塔松夹油缸 20 位于刀架前侧，缸体直接加工在箱体 7 上；刀塔分度驱动机构位于侧面；刀塔松夹和分度均通过液压油缸实现。

用来安装车削刀具的刀塔 1 安装在芯轴 17 上；刀塔内侧安装上齿盘 2，上齿盘 2 和安装在缸盖 21 上的下齿盘 3 啮合时，可实现刀塔的准确定位。

芯轴 17 的前侧（左侧）通过隔套 19、锁紧螺母 18 和松夹油缸（活塞）20 连接，芯轴 17 可在活塞 20 的驱动下，带动刀塔 1 进行抬起（松开）和落下（夹紧）运动。刀塔 1 需要分度回转时，活塞 20 的右腔进油，推动活塞向左移动，刀塔 1 抬起，齿盘 2 和 3 脱开；刀塔 1 便可在齿轮 12 和 13 的驱动下进行回转选刀。当活塞 20 的左腔进油时，活塞 20 将向右移动，刀塔 1 落下，齿盘 2 和 3 啮合，刀塔准确定位。

芯轴 17 的后侧（右侧）安装有驱动刀塔分度的齿轮 13 及轴套 16、轴承、轴承隔套、锁紧螺母、松夹开关、发信盘等部件。芯轴 17 可在齿轮 13 的驱动下回转，带动刀塔分度回转选刀。

芯轴 17 上的齿轮 13 与安装在滚轮轴 11 的齿轮 12 啮合。滚轮轴 11 的前侧（左侧）安装有驱动轴回转的滚轮盘 10；轴前后轴承分别安装在箱体 7、后盖 8 上。

滚轮盘 10 的回转由安装在凸轮轴 6 上的共轭凸轮 5 驱动，凸轮轴 6 连接回转油缸 9。当油缸 9 回转时，凸轮轴将带动共轭凸轮 5 连续回转；共轭凸轮 5 回转时，将驱动滚轮盘 10、齿轮轴 11 间隙回转，并通过齿轮 12、13 驱动刀塔实现间隙回转分度运动。

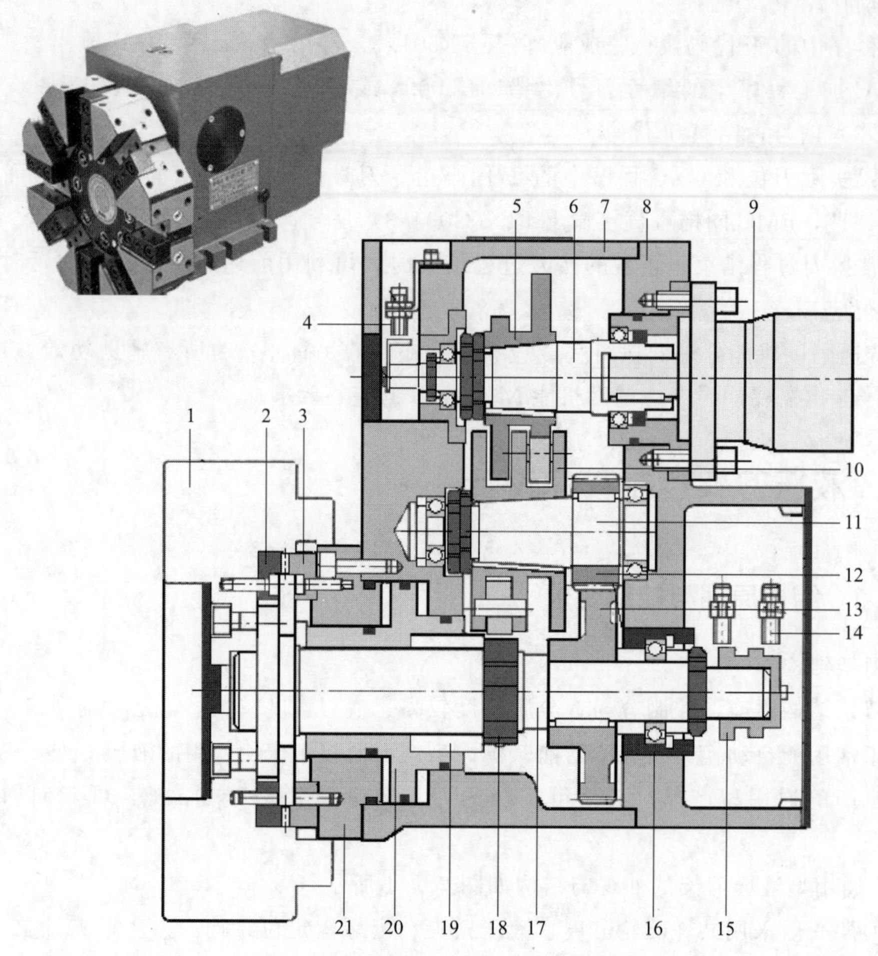

图 7.3.1　液压刀架外观与结构

1—刀塔；2—上齿盘；3—下齿盘；4—计数开关；5—共轭凸轮；6,11,17—轴；7—箱体；
8—后盖；9—回转油缸；10—滚轮盘；12,13—齿轮；14—松夹开关；15—发信盘；
16—轴套；18—螺母；19—隔套；20—松夹油缸（活塞）；21—缸盖

(2) 分度原理

共轭凸轮分度是一种用于偶数分度的机械间隙运动机构，这一机构可通过 1 对共轭凸轮和滚轮盘，产生分度回转、定位静止两个运动，实现刀塔分度回转和粗定位。

以 8 位置分度为例，滚轮盘、共轭凸轮的结构如图 7.3.2 所示。

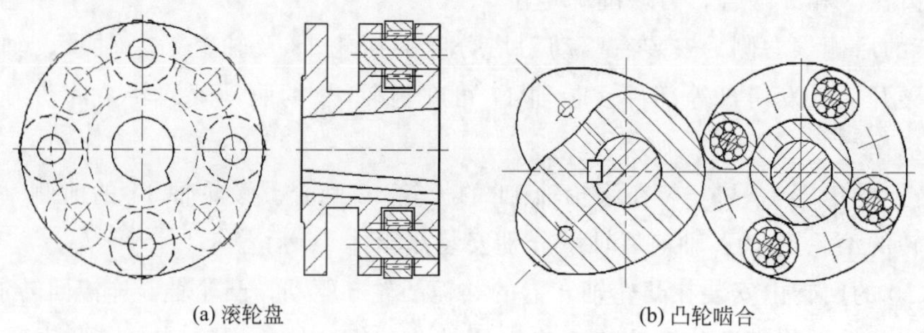

图 7.3.2　滚轮盘、共轭凸轮结构

图 7.3.2(a) 所示的滚轮盘为分度机构的输出，用来驱动刀塔等负载的分度回转与定位。滚轮盘上均匀布置有与分度位置数相等的滚柱；滚柱分上、下两层错位均布，上下层滚柱可分别与共轭凸轮的上下凸轮交替啮合，以驱动滚轮盘实现间隙分度运动；共轭凸轮每转动一周(360°)，滚轮盘可转过一个分度角。因此，只要改变滚轮盘尺寸和滚柱安装数量，便可改变分度位置数；但是，由于滚柱需要在滚轮盘的上下层均布，所以这种分度机构只能用于偶数位置的分度。

共轭凸轮分度机构的分度定位原理如图 7.3.3 所示。驱动滚轮盘回转的共轭凸轮由上下两个形状完全一致、对称布置的凸轮组成，两凸轮的夹角为 90°。当共轭凸轮回转时，上下凸轮可交替与滚轮盘的上下层啮合，实现平稳的加减速和间隙分度定位运动；共轭凸轮正反转时，滚轮盘具有完全相同的分度运动轨迹。

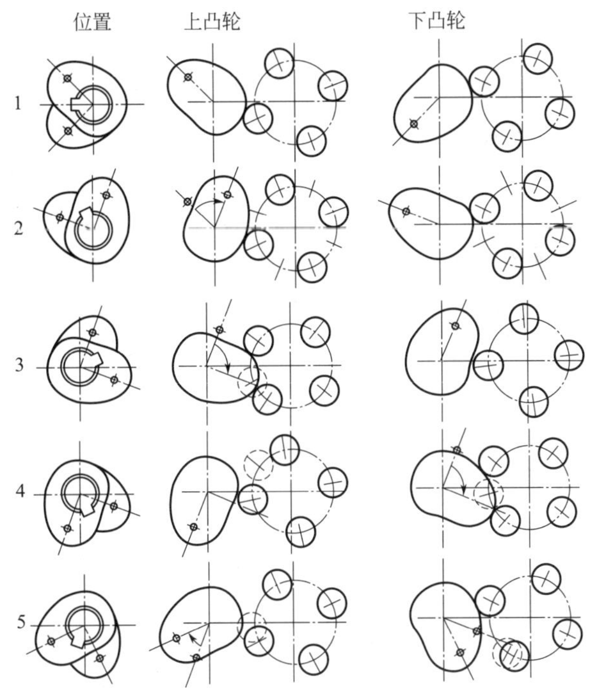

图 7.3.3　共轭凸轮分度定位原理

假设位置 1 为共轭凸轮的起始位置，当凸轮顺时针回转到位置 2 时，由于上、下凸轮的半径均保持不变，滚轮盘不产生回转，刀塔处于粗定位的静止状态。

当凸轮从位置 2 继续顺时针回转时，上凸轮将拨动滚轮盘的上层滚柱，使滚轮盘逆时针旋转到位置 3。在位置 2 到位置 3 的区域内，下凸轮的半径保持不变，不起驱动作用。

凸轮到达位置 3 继续顺时针回转时，下凸轮开始拨动滚轮盘的下层滚柱，带动滚轮盘继续逆时针旋转到位置 4。在位置 3 到位置 4 的区域内，上凸轮不起驱动作用。

凸轮到达位置 4 继续顺时针回转时，上凸轮将再次拨动滚轮盘的上层滚柱，带动滚轮盘继续逆时针旋转到位置 5。在位置 4 到位置 5 的区域内，下凸轮不起驱动作用。

凸轮到达位置 5 后，从位置 5 直到位置 2 的整个区域，上下凸轮的半径均保持不变，滚轮盘不再回转，刀塔将处于静止的粗定位状态。

以上共轭凸轮分度机构保证了滚轮盘的每一个位置都有加减速、回转分度、到位停顿动作，即使回转油缸的停止位置存在少量偏差，也不会改变刀塔的定位位置。此外，还可通过共轭凸轮曲线的合理设计，使滚轮盘自动实现平稳加减速；滚轮盘的连续运动区间比传统的槽轮分度机构更大，多刀位连续分度无明显的中间停顿，分度回转和加减速平稳，粗定位准确。

(3) 控制要求

液压刀架的换刀过程如下。

① 刀塔抬起。刀塔抬起是通过液压松夹油缸实现的，刀塔抬起后定位齿牙盘脱开，松开检测开关发信，此时，刀塔可在液压回转油缸的驱动下进行双向回转选刀。

② 回转选刀。刀塔的回转选刀通过液压回转油缸驱动的共轭凸轮分度机构实现，凸轮每回转 360°，刀塔可转过一个刀位；刀塔加减速、回转分度、到位停顿动作由分度机构自动实现。

③ 刀塔夹紧。刀塔夹紧是通过液压松夹油缸实现的，刀塔回转到位后，共轭凸轮分度机构位于回转停顿位置，刀塔可通过松夹油缸实现落下、夹紧动作，使准确定位齿牙盘啮合并夹紧，刀塔被精确定位。

液压刀架的刀位检测一般通过安装在共轭凸轮驱动轴上的计数开关实现，刀塔每转一个刀位，开关将输出 1 个计数脉冲信号。

根据液压刀架的结构特点和 FANUC 数控系统的辅助机能指令执行要求，可得到刀架的 PMC 程序设计要求如图 7.3.4 所示；图中的信号及功能如表 7.3.1 所示，刀位计数、刀塔松开/夹紧检测开关的 PMC 输入地址，以及刀塔正转/反转、刀塔松开/夹紧电磁阀的 PMC 输出地址可根据数控系统的实际情况改变。

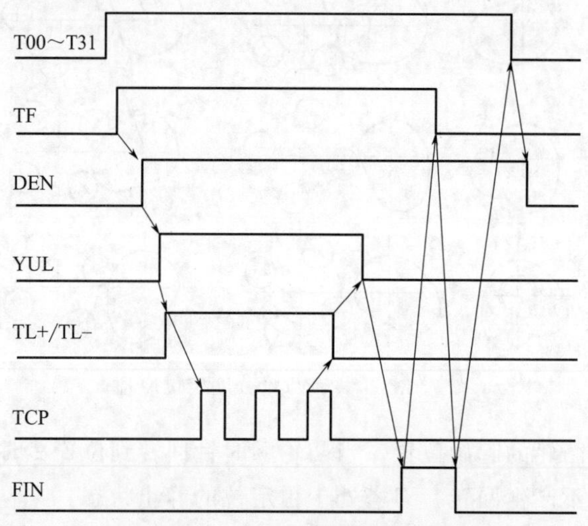

图 7.3.4　液压刀架程序设计要求

表 7.3.1　液压刀架控制信号一览表

代号	名称	信号类别	PMC 地址	备注
DEN	分配结束	CNC 输入	F001.3	“1”坐标轴运动结束
T00～T31	T 代码	CNC 输入	F026～F029	32 位二进制 T 代码
TF	T 修改	CNC 输入	F007.3	“1”T 代码输出有效
TCP	刀位计数	机床输入	X4.0	参考地址
TLK	刀塔夹紧	机床输入	X4.1	参考地址
TUL	刀塔松开	机床输入	X4.2	参考地址

续表

代号	名称	信号类别	PMC地址	备注
FIN	辅助功能执行完成	CNC输出	G004.3	M/S/T/B执行完成
TL+	刀塔正转	机床输出	Y0.0	参考地址
TL−	刀塔反转	机床输出	Y0.1	参考地址
YUL	刀塔松夹	机床输出	Y0.2	参考地址，1：松开。0：夹紧

7.3.2 PMC程序设计

液压刀架和前述的电动刀架在PMC程序设计上的最大区别在于两者的刀位检测信号的输入形式不同，电动刀架的刀位检测使用的是绝对位置检测方式，每一刀位都有对应的检测信号输入；而液压刀架则采用计数开关计数的增量检测方式，因此，需要利用PMC程序来确定其实际刀号。此外，由于液压刀架的刀塔可进行双向回转、捷径换刀，因此，在PMC程序设计时，需要有刀位计算、捷径选择功能。

液压刀架的PMC控制程序一般由刀位计数、刀号出错检查、刀号一致判别、捷径选择、刀架回转控制、完成应答组成，程序示例如下。

(1) 刀位计数

FANUC数控系统的刀位计数可利用PMC的回转计数功能指令CTR(SUB5) 实现。以8刀位液压刀架为例，刀位计数的PMC程序如图7.3.5所示。

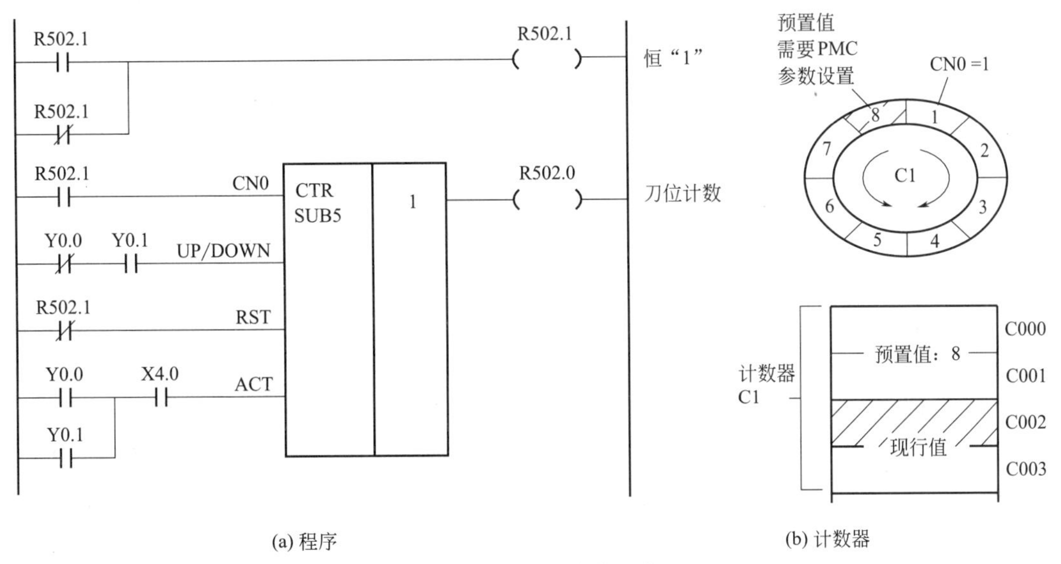

(a) 程序　　(b) 计数器

图7.3.5 刀位计数程序

回转计数指令CTR可用于回转体的双向循环计数，指令的回转体分度数、现行位置参数可直接通过系统的PMC计数器参数设定操作设定。为了便于PMC程序设计，指令CTR用于刀位计数时，回转体分度数（计数器预置值）应设定为刀架的最大刀号8；计数器初始值控制条件CN0应为“1”，即起始位置的计数值为1。

指令CTR的计数参数保存在连续4字节计数存储器上，计数存储器地址按计数器编号依次排列，例如，计数器C1的计数存储器地址为C000～C003，计数器C2的计数存储器为

C004～C007 等。计数存储器的第 1、2 字节为计数器的预置值；第 3、4 字节为计数器的现行计数值。计数存储器具有断电保持功能，机床首次调试或数控系统参数全清后，需要利用数控系统的 PMC 计数器参数设定操作，进行计数预置值、现行计数值的设定；系统正常使用时，现行计数值可自动改变并保存。

在 PMC 程序中，计数器预置值、现行计数值可通过对应的计数存储器读取。例如：计数器 C1 的现行计数值，可从计数存储器 C002 读取；计数器 C2 的现行计数值，可从计数存储器 C006 读取等。有关回转计数指令 CTR 的编程格式与要求详见第 5 章。

图 7.3.5 所示 PMC 程序中的 R502.1 为恒“1”信号，用于 CTR 指令控制条件 CN0 的“1”状态及控制条件 RST 的“0”状态设定。

CTR 指令的控制条件 UP/DOWN 用于计数方向控制。刀塔正转时，回转油缸的正转输出 Y0.0＝1，反转输出 Y0.1＝0，UP/DOWN 的状态为“0”，ACT 的每一计数输入可使现行计数值加 1；刀塔反转时，回转油缸的正转输出 Y0.0＝0，反转输出 Y0.1＝1，UP/DOWN 的状态为“1”，ACT 的每一计数输入可使现行计数值减 1。

CTR 指令的 ACT 为计数启动输入，上升沿可启动计数。刀塔正转（Y0.0＝1）或反转（Y0.1＝1）时，计数开关 X4.0 的每一输入都可使计数器 C1 的现行计数值加 1 或减 1。计数器加计数时，如现行计数值到达计数预置值（最大刀号 8），将自动回到计数初始值（最小刀号 1），继续计数；计数器减计数时，如现行计数值到达计数初始值（最小刀号 1），将自动回到计数预置值（最大刀号 8），继续计数。

CTR 指令的结果输出 WRT(R502.0）在正向计数（加计数）到达计数器预置值，或者反向计数（减计数）到达初始值时输出“1”时，信号在 PMC 程序中不使用。

(2) 刀号出错检查和一致判别

8 刀位液压刀架的刀号出错检查、刀号一致判别的 PMC 程序如图 7.3.6 所示，程序的设计方法与前述电动刀架基本相同。

指令中的内部继电器 R500.0 为指令刀号 T＝0 的编程出错信号，R500.1 为指令刀号 T＞8 的编程出错信号；R500.0、R500.1 的状态可通过系统内部继电器 R9000 的二进制比较指令 COMPB 执行结果状态位生成。

刀号出错信号 R500.0、R500.1 为“1”时，将通过后述的 T 代码应答程序，直接输出辅助机能执行完成信号 FIN(G004.3)，结束 T 指令。刀号正确时，内部继电器 R500.2 的状态将与 CNC 的 T 代码修改信号 TF 相同，R500.2 可用来启动自动换刀动作。

程序中的第 3 条二进制比较指令 COMPB 用于刀号一致判断。由于刀架刀号的范围为 T1～T8，因此只需要进行 1 字节数据的比较。比较指令 COMPB 的输入数据为 CNC 输入的 32 位二进制 T 代码的最低字节 F026；基准数据为计数指令 CTR 生成的计数器 C1 的现行计数值，现行计数值的计数存储器地址为 C2。由于 CNC 的 T 代码、计数存储器 C2 的现行计数值均为二进制格式数据，两者可以直接比较。

只要 T 代码修改信号 TF(R500.2) 为“1”，刀号一致判断的比较指令 COMPB 始终处于启动状态。如果 CNC 的 T 代码、计数存储器 C2 的现行计数值相等，表明刀架回转到位，内部继电器 R501.0 为“1”。R501.0 为“1”时，将通过后述的 T 代码应答程序，输出辅助机能执行完成信号 FIN(G004.3)，结束 T 指令。

程序中的 R501.1 为换刀启动脉冲；R500.3 为加工程序指令 T 与现行刀号一致，直接结束换刀信号；R501.3 为自动换刀启动信号，信号的作用与前述电动刀架控制程序相同。

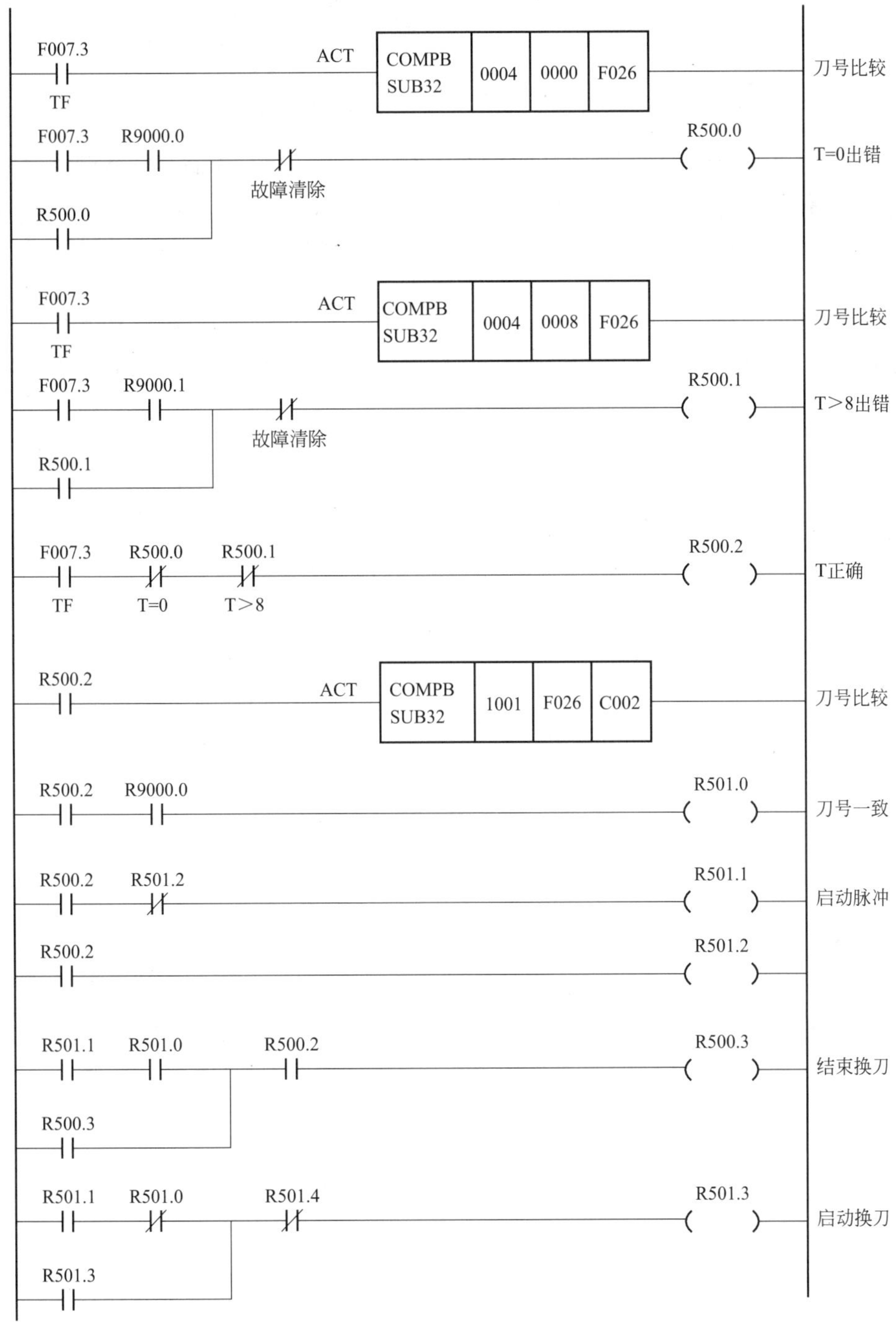

图 7.3.6　刀号出错和一致判别程序

(3) 捷径选择

液压刀架的刀塔可双向回转，为了提高换刀速度，PMC 程序一般需要有判别回转方向的捷径选择程序。

FANUC 数控系统的捷径选择可直接利用 PMC 的回转控制功能指令 ROTB(SUB26) 实现，实现 8 刀位刀架捷径选择的 PMC 程序如图 7.3.7 所示；ROTB 指令中的控制条件和参数定义如下。

RN0＝1：回转计数的计数初始值（最小刀号），利用恒“1”信号 R502.1 控制，计数初始值固定为 1。

DIR＝1：捷径选择功能设定，利用恒“1”信号 R502.1 控制，功能始终有效；转向信号可通过指令结果寄存器 R502.0 输出，R502.2＝0 为正转，R502.2＝1 为反转。

POS＝0：计算基准选择，利用恒“0”信号（R502.1 取反）控制，始终以目标位置为基准，计算刀塔需要回转的刀位数，判断捷径。

INC＝1：结果存储器输出选择，利用恒“1”信号 R502.1 控制，结果存储器 R512 的输出为需要回转的刀位数。

ACT：指令执行启动信号，为了防止刀塔回转过程中，因实际刀位检测信号的变化，导致指令执行结果的错误，程序中使用了换刀启动脉冲 R501.1 控制，在换刀开始后，不再执行 ROTB 指令。

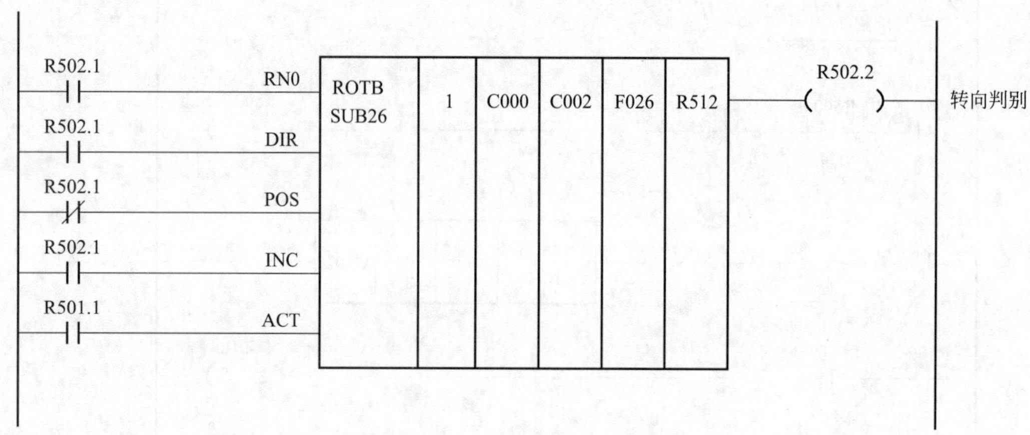

图 7.3.7　捷径选择程序

ROTB 指令中的参数定义如下。

指令数据长度：1 字节，由于刀架实际位置为 T1～T8，只需要进行 CNC 指令刀号、实际刀号的最低字节运算。

最大分度位置：计数存储器 C000 的存储值。由于计数器 C1 在图 7.3.5 所示的刀位计数程序中已定义为实际刀位计数器，因此，最大回转分度位置（最大刀号）需要设定在计数器 C1 的计数存储器 C000 中。

回转体当前位置：计数存储器 C002 的存储值。计数器 C1 用于刀位计数时，计数存储器 C002 的值就是刀架的现行位置值。

回转目标位置：CNC 的 32 位二进制 T 代码输入信号的最低字节 F026，由于数控系统实际有效的 T 代码为 T1～T8，高 3 字节始终为 0，无需进行处理。

结果存储器：1 字节内部继电器 R512。控制条件 INC＝1 时，R512 可输出刀架需要回转的刀位数，如果刀架回转采用的是带位置控制功能的伺服电机驱动（如 βi I/O-Link 伺服等），ROTB 指令的计算结果可直接用于伺服位置控制，但在不具备位置控制功能的液压驱动刀架上，PMC 程序一般不需要使用结果存储器。

转向输出：刀塔捷径回转方向输出，R502.2＝0 为正转，R502.2＝1 为反转。

(4) 刀架回转控制和完成应答

液压刀架自动换刀的回转控制和换刀完成应答 PMC 程序如图 7.3.8 所示。程序可在 CNC

指令刀号正确（R500.2＝1）、现行刀号和指令刀号不一致（R501.1＝0）、CNC 的坐标轴定位已完成（F003.1＝1）、刀塔换刀的其他条件已满足（R500.4＝1）时，通过图 7.3.6 中的刀架启动信号 R501.3 启动执行。

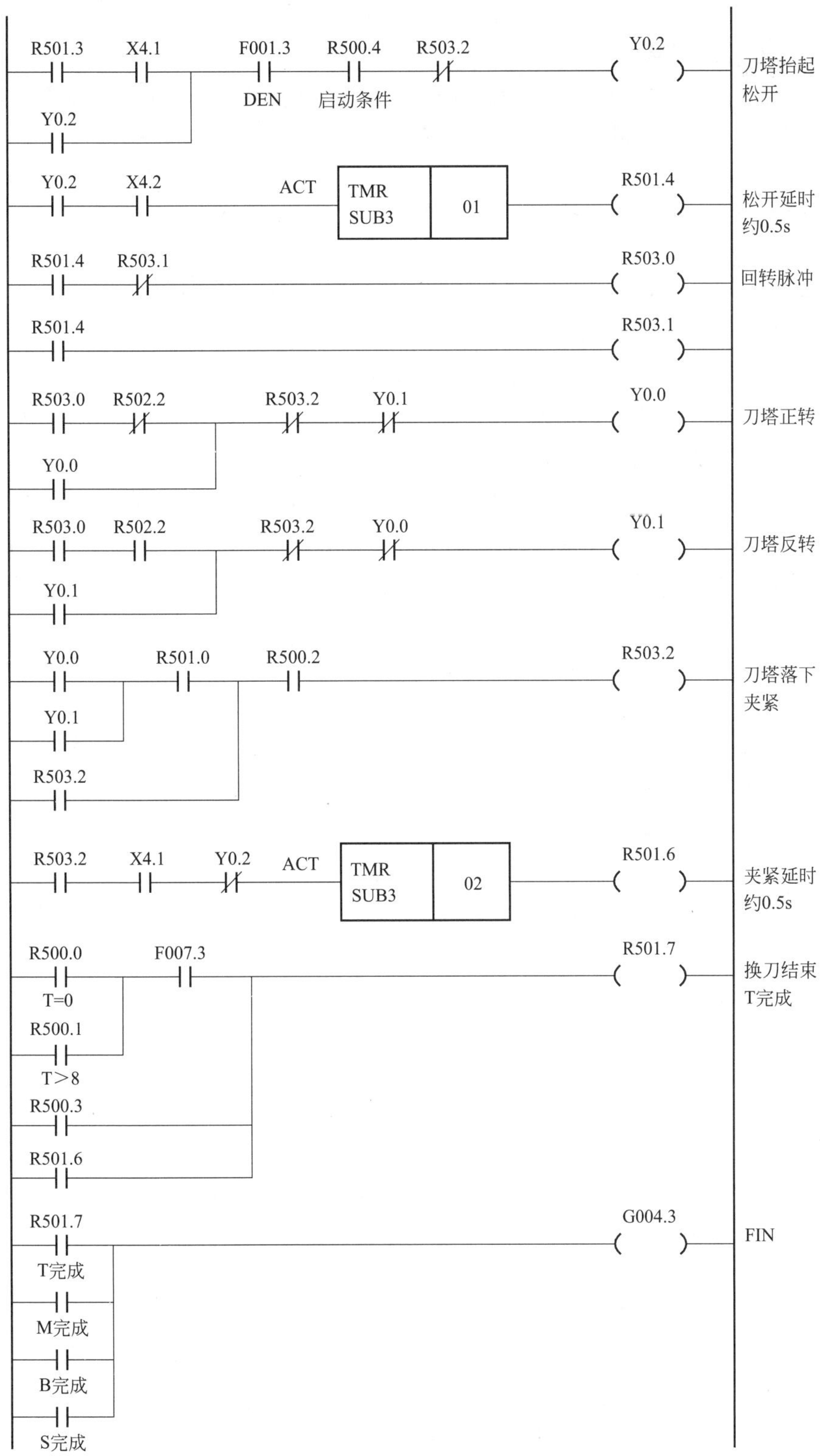

图 7.3.8　换刀控制和换刀完成应答程序

当刀架启动信号 R501.3 为“1”时，如刀塔位于夹紧状态（X4.1=1），换刀条件满足，则刀塔松开电磁阀 Y0.2 输出“1”，刀塔抬起，齿牙盘松开。

刀塔松开到位后，检测开关 X4.2 的输入为“1”，但考虑到松开检测开关的发信位置很难准确调整，为确保刀塔的可靠松开，松开信号 X4.2 需要经过定时器 T1 的延时（一般为 0.5s 左右），才能启动刀塔回转。

刀塔松开延时到达，定时器 T1 的输出 R501.4 为“1”；R501.4 的上升沿 R503.0 可根据捷径选择程序的转向输出 R502.2 的状态，产生刀塔正转（Y0.0）或反转（Y0.1）信号。R501.4 将复位换刀启动信号 R501.3，以避免换刀结束、刀塔夹紧（X4.1=1）时再次启动刀塔松开的电磁阀 Y0.1。但是，对于本次换刀，刀塔松开电磁阀 Y0.1 可通过自锁触点保持“1”，直到刀塔落下松开动作。

刀塔回转启动后（Y0.0 或 Y0.1 为“1”），如果刀塔到达指令 T 指定的位置，图 7.3.6 所示刀位一致判别程序中的 R501.0 将为“1”，程序中的夹紧信号 R503.2 将为“1”，刀塔落下、夹紧；R503.2=1 时，将复位刀塔松开电磁阀输出 Y0.2 以及刀塔正转 Y0.0（或反转 Y0.1）输出，使刀塔回转停止并夹紧。

刀塔夹紧到位后，检测开关 X4.1 输入为“1”，同样，为了保证可靠夹紧，这一信号需要通过定时器 T2 的延时（0.5s 左右），才能产生换刀完成信号。夹紧延时一旦到达后，定时器 T2 的输出 R501.6 为“1”；R501.6 可通过随后的 R501.7，输出 T 代码执行完成应答信号 FIN(G004.3)，结束辅助指令执行过程。

CNC 接收到 FIN(G004.3) 信号后，将自动撤销 TF 信号（F007.3），图 7.3.6 中的 R500.2 成为“0”，使得程序中的刀塔夹紧信号 R503.2、夹紧到位信号 R501.6、T 代码执行完成应答信号 FIN(G004.3) 恢复为“0”，结束整个换刀动作。

换刀完成应答程序与电动刀架相同，如果 CNC 加工程序中的刀号编程错误（R500.0 或 R500.1 为 1）、现行刀号和编程刀号一致（R500.3 为 1），PMC 将直接输出 FIN(G004.3) 信号，结束 T 代码。

7.4 刀库移动换刀程序设计

7.4.1 自动换刀控制

(1) 结构特点

刀具自动交换是加工中心的基本功能，为了实现自动换刀，加工中心需要有安放刀具的刀库及进行主轴和刀库刀具自动交换的机构。

图 7.4.1 所示的移动式斗笠刀库是中小规格加工中心最常用的自动换刀装置，由于刀库的形状类似斗笠，俗称斗笠刀库。移动式斗笠刀库已成为加工中心的标准部件，由专业厂家作为标准产品生产。

移动式斗笠刀库的自动换刀利用刀库和主轴的移动实现，无需换刀机械手；刀库移动可采用气动或液压控制，刀库回转一般采用槽轮分度定位机构；换刀前后刀具在刀库中的安装位置保持不变。移动式斗笠刀库既可用于立式加工中心，也可用于卧式加工中心，自动换刀装置结构简单、控制容易、动作可靠，因此在中小型加工中心上的应用十分广泛。

移动式斗笠刀库换刀时，需要先将主轴上的刀具取回刀库，然后通过刀库回转选择刀具，

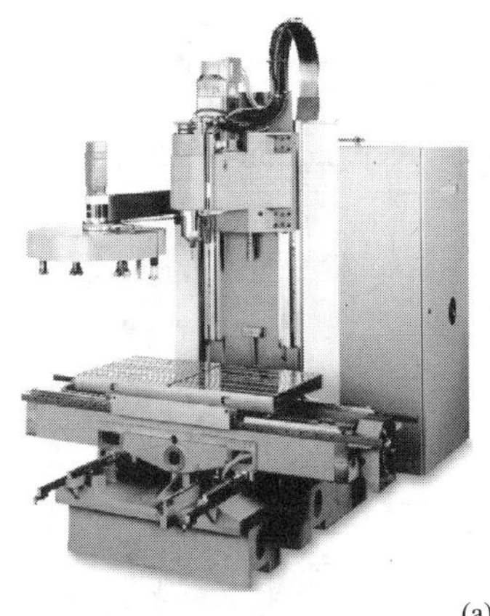

(a) 立式

(b) 卧式

图 7.4.1　采用移动式斗笠刀库的加工中心

再将新刀具装入主轴，这一过程通常需要 5s 以上，换刀速度较慢。此外，斗笠式刀库必须与主轴平行安装，换刀时刀库与刀具都需要移动，刀具数量、长度、重量等均受到一定限制；在配置全封闭防护罩的机床上，刀库的刀具装卸、更换也不方便，因此多用于 20 把刀以下的对换刀速度要求不高的普通中小规格加工中心。

(2) 换刀动作

立式加工中心的移动式斗笠式刀库自动换刀过程如图 7.4.2 所示，换刀动作如下。

① 换刀准备。机床正常加工时，刀库处于左侧上方的初始位置（后上位）；执行自动换刀指令前，首先需要进行主轴的定向准停，使主轴刀具的键槽和刀库刀爪的定位键方向一致；同时，主轴箱（Z 轴）需要移动到图 7.4.2(a) 所示的换刀位置，使主轴和刀库的刀具处于水平等高位置，为刀库前移做好准备。

② 刀库前移抓刀。换刀开始后，刀库前移电磁阀接通，刀库移动到图 7.4.2(b) 所示的主轴下方（前上位），使刀库刀爪插入主轴刀具的 V 形槽中，完成抓刀动作。

③ 刀具松开。刀库完成抓刀后，用于刀柄清洁的主轴吹气和刀具松开电磁阀接通，松开主轴刀具。

④ 刀库下移卸刀。主轴刀具松开后，刀库下移电磁阀接通，刀库下移到图 7.4.2(c) 所示的前下位，将主轴上的刀具从主轴锥孔中取出，完成卸刀动作。

⑤ 回转选刀。刀库下移到位后，驱动刀库回转的电动机启动，并通过槽轮分度机构，驱动刀库回转分度，将需要更换的新刀具回转到主轴下方的换刀位上。斗笠刀库可双向回转、捷径选刀，刀库能利用槽轮机构自动定位。

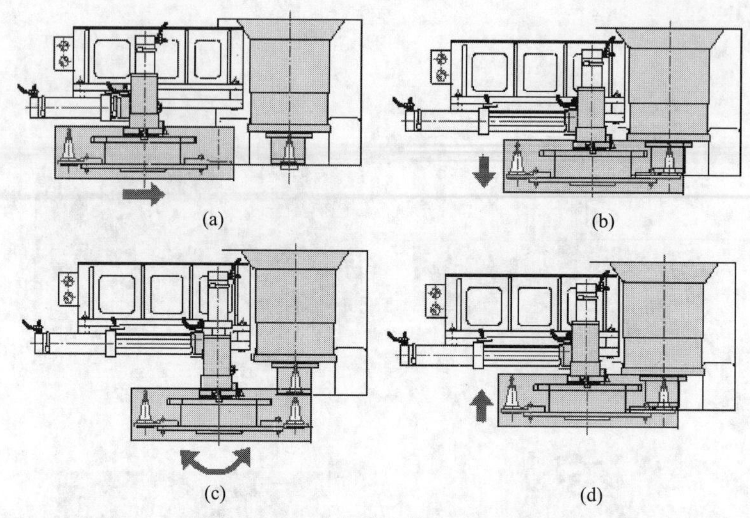

图 7.4.2　斗笠式刀库的换刀过程

⑥ 刀库上移装刀。选刀完成后，刀库上移电磁阀接通，刀库重新上升到图 7.4.2(d) 所示的前上位，将新刀具装入到主轴的锥孔内，完成装刀动作。

⑦ 刀具夹紧。刀库装刀完成后，主轴吹气和刀具松刀电磁阀断开，主轴上的刀具通过蝶形弹簧进行自动夹紧。

⑧ 刀库后移。刀具夹紧后，刀库后移电磁阀接通，刀库返回到图 7.4.2(a) 所示的初始位置，结束换刀动作。随后，主轴箱（*Z* 轴）便可向下运动，进行下一工序的加工。

上述整个换刀过程中，主轴箱（*Z* 轴）无需移动，所有换刀运动都可通过刀库移动实现，因此，自动换刀的全过程都由 PMC 程序控制。在部分机床上，以上换刀动作中的刀库上下移动运动直接通过主轴箱（*Z* 轴）的上下移动实现，在这种情况下，自动换刀需要由 PMC 程序和 CNC 加工程序（通常为用户宏程序）进行联合控制，有关内容可参见后述。

卧式加工中心的斗笠刀库通常安装在立柱上方，可直接通过机床 *Y* 轴（主轴箱）的上下移动，完成抓刀、取刀动作，刀库只需要进行前后移动和回转选刀，因此，换刀动作比立式加工中心更简单，PMC 的自动换刀控制程序只需要在立式加工中心的基础上简化，本书不再对其进行专门说明。

7.4.2　PMC 程序设计要求

(1) 气动系统

移动式斗笠刀库的运动一般采用气动或液压系统控制，图 7.4.3 为典型的气动控制系统原理图，换刀时的电磁元件动作如表 7.4.1 所示。

表 7.4.1　斗笠刀库换刀的电磁元件动作表

序号	换刀动作	电磁阀动作						检测开关动作					
		Y1	Y2	Y3	Y4	Y5	Y6	S1	S2	S3	S4	S5	S6
1	初始位置	−	−	−	+	−	+	+	−	+	−	+	−
2	刀库前移	−	−	+	−	−	+	+	−	−	+	+	−
3	刀具松开、吹气	+	+	+	−	−	+	−	+	−	+	+	−

续表

序号	换刀动作	电磁阀动作						检测开关动作					
		Y1	Y2	Y3	Y4	Y5	Y6	S1	S2	S3	S4	S5	S6
4	刀库下移	+	+	+	−	+	−	−	+	−	+	−	+
5	回转选刀	+	+	+	−	+	−	−	+	−	+	−	+
6	刀库上移	+	+	+	−	−	+	−	+	−	+	+	−
7	刀具夹紧	−	−	+	−	−	+	+	−	−	+	+	−
8	刀库后移	−	−	−	+	−	+	+	−	+	−	+	−

注："＋"表示电磁阀接通或开关发信；"－"表示电磁阀断开或开关不发信。

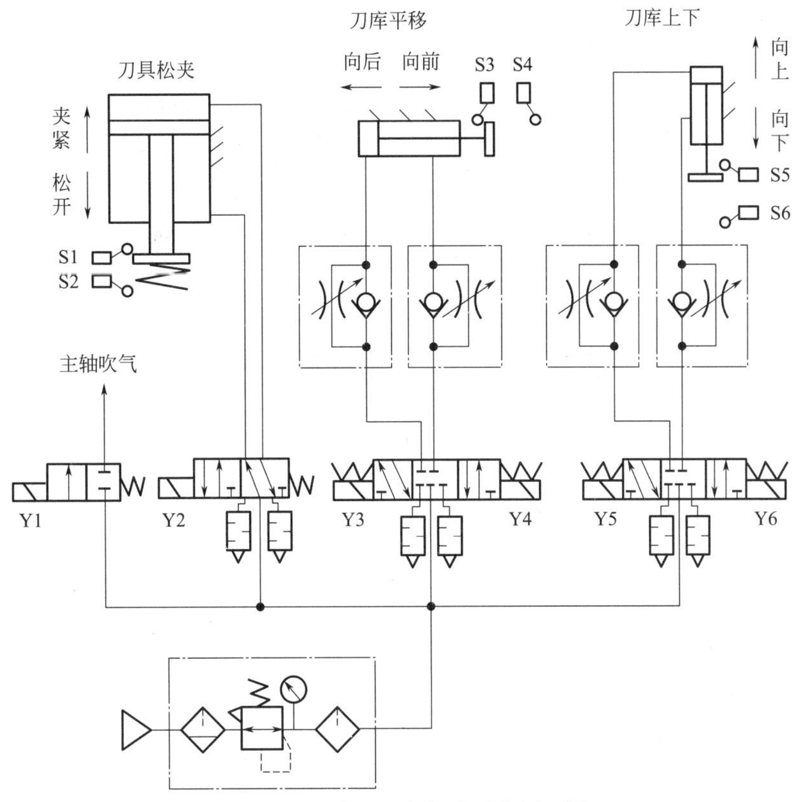

图 7.4.3　斗笠刀库气动系统原理图

(2) 换刀控制

加工中心和数控车床的自动换刀控制指令有所不同。在加工中心上，CNC 加工程序中的 T 代码只用来指定刀具号，完成机械手换刀时的刀具预选动作；自动换刀动作需要通过辅助功能指令（通常为 M06）启动，因此，PMC 程序需要进行 T 代码和 M 代码处理。

移动式斗笠刀库换刀的控制要求如图 7.4.4 所示。斗笠刀库换刀不会改变刀具在刀库中的安装位置，CNC 加工程序中的 T 代码只用来指定刀具号，不需要进行刀具预选动作；因此，CNC 加工程序的 T、M 代码可在同一程序段中编程，如"T01 M06;"等；T、M 代码执行完成后，PMC 程序可通过公共的辅助机能执行完成应答信号 FIN 结束指令。

FANUC 数控系统 T 代码、M 代码的 CNC 输入/输出地址，以及为了便于说明在后述 PMC 程序中假设的表 7.4.1 中的电磁元件动作的机床输入/输出地址如表 7.4.2 所示。

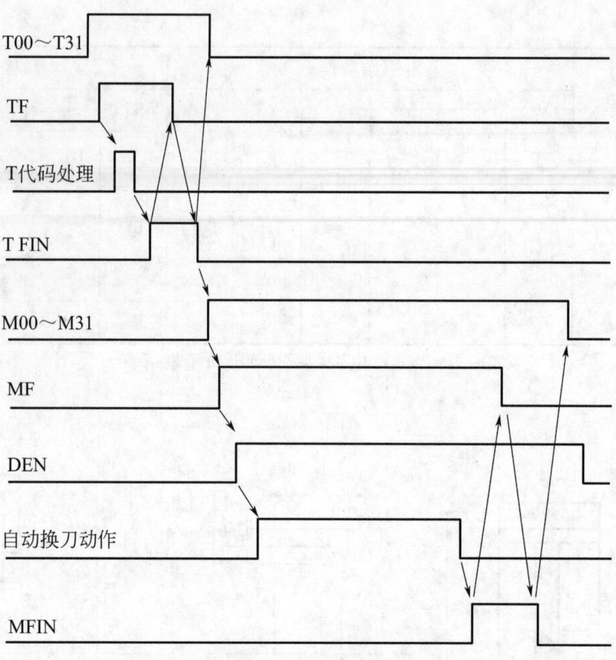

图 7.4.4 斗笠刀库换刀控制要求

表 7.4.2 斗笠式刀库控制信号地址一览表

代号	名称	信号类别	PMC 地址	备注
DEN	分配结束	CNC 输入	F001.3	"1"坐标轴运动结束
MF	M 修改	CNC 输入	F007.0	"1"M 代码输出有效
TF	T 修改	CNC 输入	F007.3	"1"T 代码输出有效
M00～M31	M 代码	CNC 输入	F010～F013	32 位二进制 M 代码
T00～T31	T 代码	CNC 输入	F026～F029	32 位二进制 T 代码
S1	刀具夹紧	机床输入	X4.0	参考地址,1:夹紧。0:松开
S2	刀具松开	机床输入	X4.1	参考地址,1:松开。0:夹紧
S3	刀库后位	机床输入	X4.2	参考地址,1:后位
S4	刀库前位	机床输入	X4.3	参考地址,1:前位
S5	刀库上位	机床输入	X4.4	参考地址,1:上位
S6	刀库下位	机床输入	X4.5	参考地址,1:下位
S7	刀位计数	机床输入	X4.6	参考地址,上升沿计数
FIN	M 代码执行完成	CNC 输出	G004.3	M 代码执行完成
T FIN	T 代码执行完成	CNC 输出	G005.3	T 代码执行完成
Y1	主轴吹气	机床输出	Y0.0	参考地址,1:吹气
Y2	刀具松开	机床输出	Y0.1	参考地址,1:松开。0:夹紧
Y3	刀库前移	机床输出	Y0.2	参考地址,1:前移
Y4	刀库后移	机床输出	Y0.3	参考地址,1:后移
Y5	刀库下移	机床输出	Y0.4	参考地址,1:下移
Y6	刀库上移	机床输出	Y0.5	参考地址,1:上移
KM1	刀库正转	机床输出	Y0.6	参考地址,1:正转
KM2	刀库反转	机床输出	Y0.7	参考地址,1:反转

7.4.3　T 代码处理程序

移动式斗笠刀库 T 代码处理的相关 PMC 程序一般包括刀座计数、刀号出错检查、T 代码执行完成应答等。以 18 刀位的斗笠刀库为例，典型的 PMC 程序如下。

(1) 刀座计数

斗笠刀库的刀具号直接以刀座号的形式指定，刀座号通常以计数开关的计数方式识别。因此，在 PMC 程序中，刀座号同样可利用回转计数指令 CTR（SUB5）计数。18 刀位斗笠刀库的刀座计数 PMC 程序如图 7.4.5 所示。

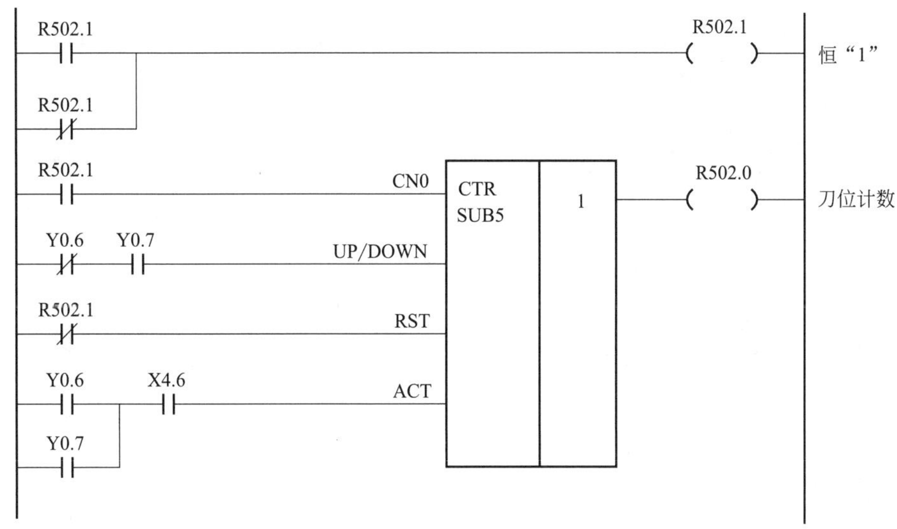

图 7.4.5　刀座计数程序

刀座计数程序的设计方法与液压刀架刀位计数程序相同，有关说明可参见前述。对于 18 刀位的斗笠刀库，回转计数指令 CTR 中的回转体分度数（计数器 C1 的预置值）应为刀库的最大刀座号 18；计数器预置值及现行刀座号需要利用 CNC 的 PMC 计数器参数设定操作，事先在计数器 C1 的计数存储器 C000 和 C002 上设定。

(2) T 代码处理

斗笠刀库的 T 代码处理主体程序同样需要有刀号出错检查、T 代码执行完成应答两部分，18 刀位斗笠刀库的 T 代码处理程序如图 7.4.6 所示。

① 刀号出错检查。在使用移动式斗笠刀库换刀的加工中心上，CNC 加工程序中的刀具号 T 和刀库刀座号一致，即 T 代码指令的范围不能超过刀库的刀座输入；因此，对于 18 刀位的刀库，需要进行指令刀号 T=0、T>18 的出错检查。编程刀号出错时，程序中的刀号出错信号 R500.1=1；编程刀号正确时，程序可通过 R500.2 启动数据传送指令 MOVB(SUB43)，将指令刀号保存至内部继电器 R510 上，以便用于自动换刀的捷径选择和到位判别。

② T 代码执行完成应答。PMC 的 T 代码处理结束后，R500.2 或 R500.0、R500.1 中必然有 1 个为“1”状态；无论出现何种结果，PMC 均可输出 T 代码执行完成信号 T FIN (G005.3)，结束 CNC 的 T 代码处理。T 代码处理完成后，程序中的刀号出错信号 R500.0、R500.1 以及指令刀号存储器 R510 的内容可保持不变。

程序中的 R500.7 为 T 代码执行中信号，R500.7 可用于自动换刀启动互锁，避免出现 T 代码尚未处理完成，而自动换刀动作已经开始的情况。

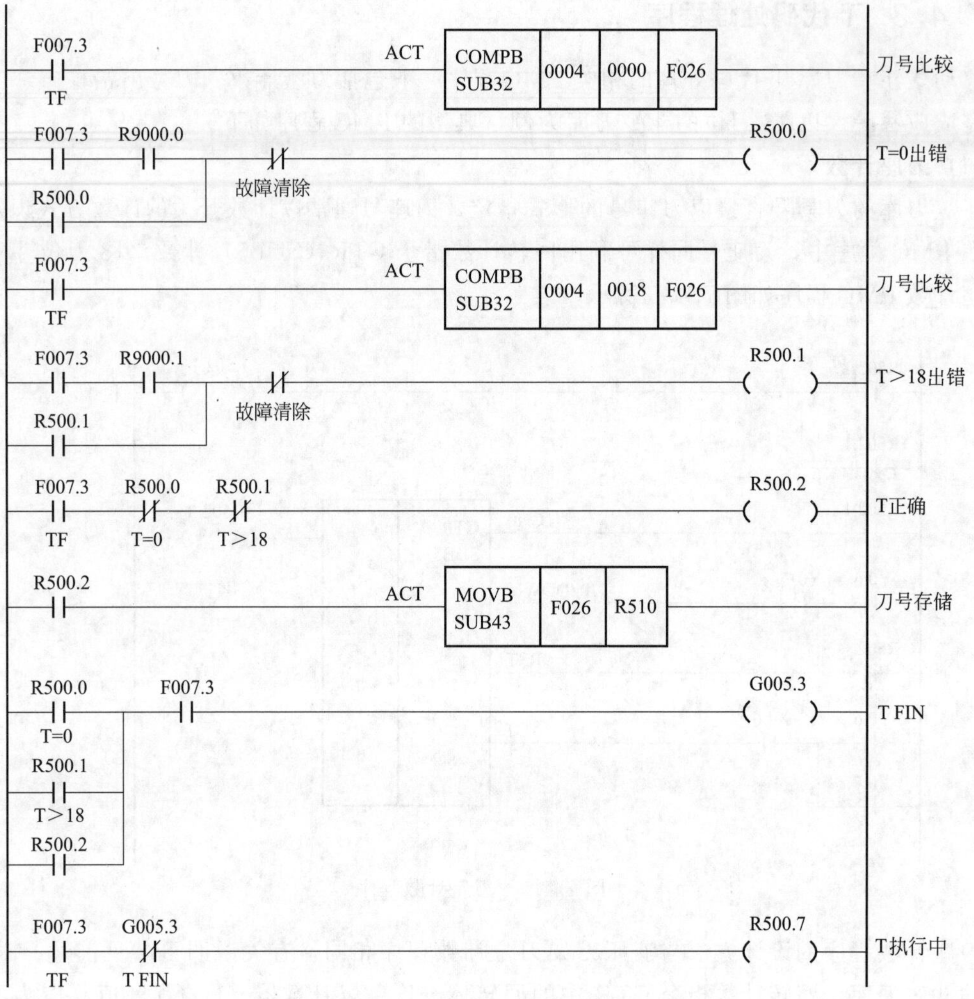

F007.3 TF — ACT COMPB SUB32 0004 0000 F026 — 刀号比较

F007.3 R9000.0 / R500.0 — 故障清除 — R500.0 — T=0出错

F007.3 TF — ACT COMPB SUB32 0004 0018 F026 — 刀号比较

F007.3 R9000.1 / R500.1 — 故障清除 — R500.1 — T>18出错

F007.3 TF, R500.0 T=0, R500.1 T>18 — R500.2 — T正确

R500.2 — ACT MOVB SUB43 F026 R510 — 刀号存储

R500.0 T=0 / R500.1 T>18 / R500.2 — F007.3 — G005.3 — T FIN

F007.3 TF, G005.3 T FIN — R500.7 — T执行中

图 7.4.6　T 代码处理程序

7.4.4　换刀控制程序

加工中心的自动换刀一般由辅助机能指令 M06 进行控制。刀库移动式直接换刀加工中心的 M06 代码处理 PMC 程序，通常可分为 M06 译码和换刀启动、卸刀、回转选刀、装刀和完成应答，其典型程序如下。

(1) M06 译码和换刀启动

M06 译码和换刀启动程序包括 M 代码译码、到位判别、自动换刀（ATC）启动等部分，PMC 程序示例如图 7.4.7 所示。

程序中的 DECB(SUB25) 为 4 字节二进制译码指令，指令由 CNC 的 M 代码修改信号 MF (F007.0) 启动；指令执行后，来自 CNC 的 32 位二进制 M 代码 F010～F013 中的 M03～M10，将被依次转换为结果寄存器 R520.0～R520.7 的二进制位信号。因此，当 CNC 执行自动换刀指令 M06 时，内部继电器 R520.3 的状态将成为“1”。

M06 指令生效后，如 PMC 程序的 T 代码处理已完成（R500.7＝0），M06 启动信号 R521.0 将为“1”，使刀库到位判别指令 COMPB(SUB32) 处于执行状态。因此，只要 R510 存储的 CNC 指令刀号和刀位计数器 C1 中的现行刀座号（计数存储器 C002 的值）一

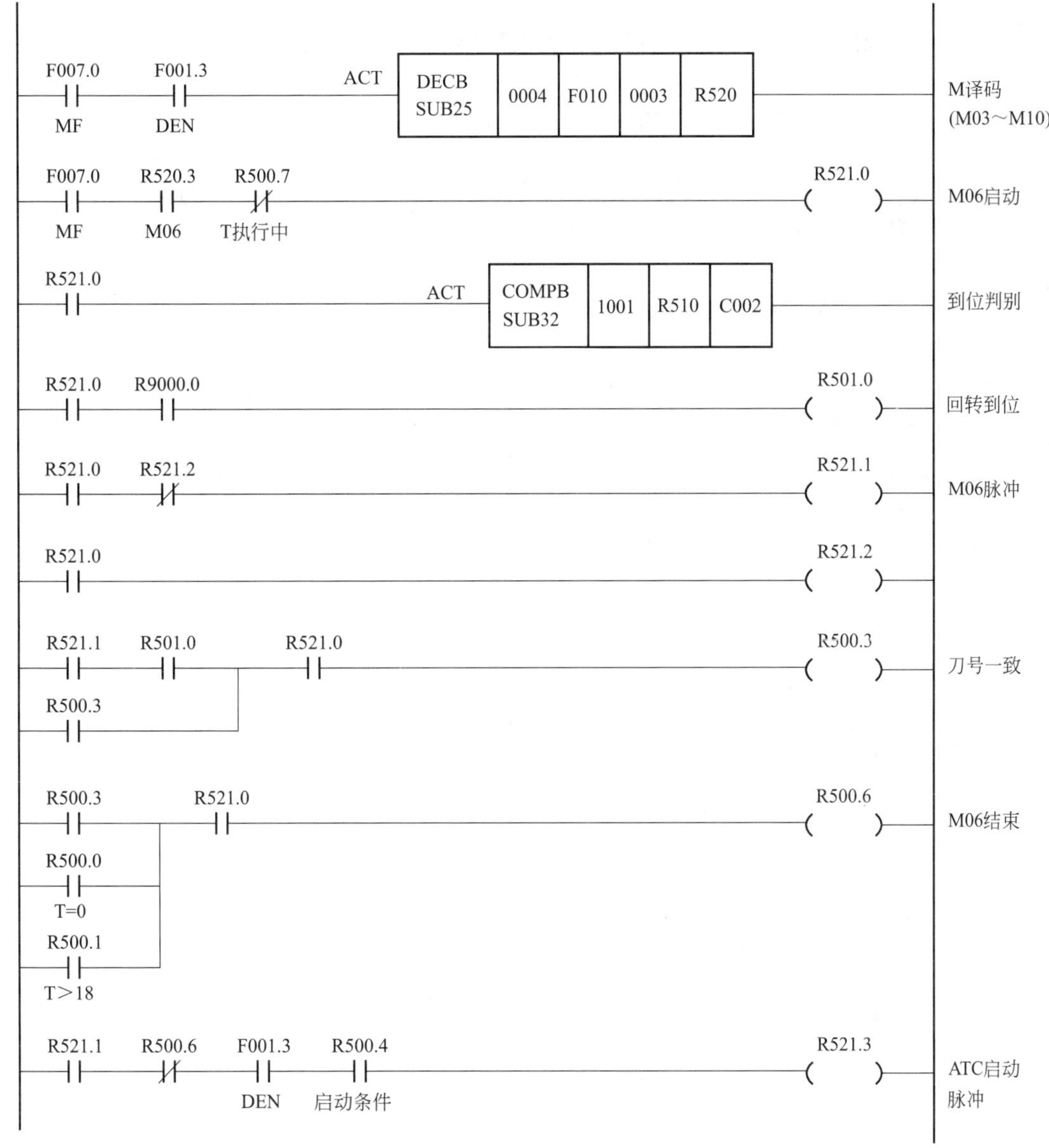

图 7.4.7　M06 译码和换刀启动程序

致，刀库回转到位信号 R501.0 便可为“1”。如果在 M06 启动时，CNC 的指令刀号和刀库现行刀号相同，则 M06 启动信号 R521.0 的上升沿脉冲 R521.1 可直接生成刀号一致信号 R500.3。

对于编程刀号出错 R500.0=1 或 R500.1=1、编程刀号和现行实际刀号一致 R500.3=1 的情况，程序中的 R500.6 将成为“1”状态，R500.6 可通过后述的 M 代码完成应答程序，输出 M 代码执行完成信号 FIN(G004.3)，直接结束 M06 执行过程。CNC 接收 FIN 信号后，可自动撤销 MF(F007.0)，使 R521.0、R500.6 状态复位为“0”。

如 R500.6=0，且坐标轴的运动已到位 DEN(F001.3)=1，自动换刀的其他启动条件（如主轴已完成定向准停、*Z* 轴已到达换刀位置等）已满足（R500.4=1），M06 启动信号 R521.0 的上升沿脉冲 R521.1 将被转换为自动换刀（ATC）启动脉冲 R521.3，并启动后述的刀库自动换刀动作。

（2）卸刀

移动式斗笠刀库换刀时，首先要通过刀库前移抓刀、主轴上的刀具松开及刀库下移等动作，取下主轴上的刀具，这一过程称为“卸刀”。

实现卸刀动作的 PMC 程序示例如图 7.4.8 所示。

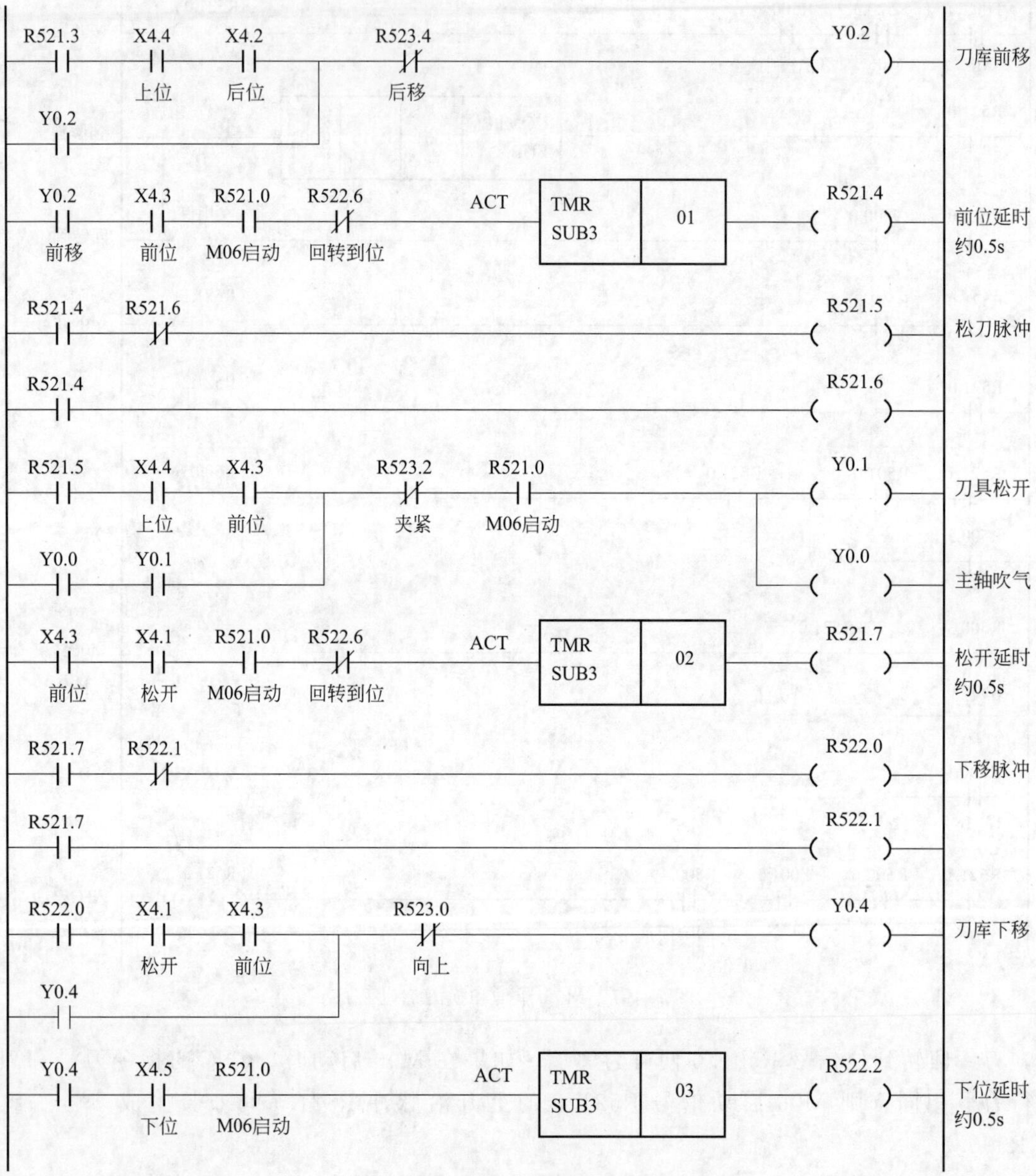

```
R521.3 ─┤├─ X4.4(上位) ─┤├─ X4.2(后位) ─┤├─┬─ R523.4(后移) ─┤/├─ ( Y0.2 ) 刀库前移
Y0.2 ─┤├─────────────────────────────────┘
Y0.2(前移) ─┤├─ X4.3(前位) ─┤├─ R521.0(M06启动) ─┤├─ R522.6(回转到位) ─┤/├─ ACT [TMR SUB3 | 01] ─ ( R521.4 ) 前位延时约0.5s
R521.4 ─┤├─ R521.6 ─┤/├─ ( R521.5 ) 松刀脉冲
R521.4 ─┤├─ ( R521.6 )
R521.5 ─┤├─ X4.4(上位) ─┤├─ X4.3(前位) ─┤├─┬─ R523.2(夹紧) ─┤/├─ R521.0(M06启动) ─┤├─┬─ ( Y0.1 ) 刀具松开
Y0.0 ─┤├─ Y0.1 ─┤├──────────────────────────┘                                        └─ ( Y0.0 ) 主轴吹气
X4.3(前位) ─┤├─ X4.1(松开) ─┤├─ R521.0(M06启动) ─┤├─ R522.6(回转到位) ─┤/├─ ACT [TMR SUB3 | 02] ─ ( R521.7 ) 松开延时约0.5s
R521.7 ─┤├─ R522.1 ─┤/├─ ( R522.0 ) 下移脉冲
R521.7 ─┤├─ ( R522.1 )
R522.0 ─┤├─ X4.1(松开) ─┤├─ X4.3(前位) ─┤├─┬─ R523.0(向上) ─┤/├─ ( Y0.4 ) 刀库下移
Y0.4 ─┤├─────────────────────────────────┘
Y0.4 ─┤├─ X4.5(下位) ─┤├─ R521.0(M06启动) ─┤├─ ACT [TMR SUB3 | 03] ─ ( R522.2 ) 下位延时约0.5s
```

图 7.4.8 卸刀程序

M06 启动脉冲 R521.1 为“1”时，如 CNC 编程刀号正确、刀库现行刀号和 CNC 编程刀号不一致，前述程序中的自动换刀（ATC）启动脉冲 R521.3 将为“1”。此时，如刀库处于正常工作的初始位置（后上位），刀库前移电磁阀输出 Y0.2 将被接通；R521.3 将同时撤销后述程序中的刀库后移电磁阀 Y0.3 输出。

刀库前移电磁阀输出 Y0.2＝1 时，刀库将在气缸的推动下前移至主轴下方的换刀位置，完成抓刀动作；为了防止换刀过程中的刀库抖动，前移电磁阀输出 Y0.2 需要一直保持“1”

状态，直到装刀完成，主轴上的刀具重新夹紧，才能通过刀库后移脉冲 R523.4 撤销。

刀库到达前位，前位检测开关 X4.3 发信后，经 T1 的短时延时（约 0.5s），可产生松刀脉冲 R521.5，使主轴上的刀具松开，吹气电磁阀输出 Y0.1、Y0.0 同时为“1”并保持，以松开主轴上的刀具，避免污物进入主轴锥孔。由于刀库选刀、装刀动作完成后，刀库将重新回到前位、上位，为了避免再次产生松刀脉冲，定时器启动输入需要用刀库回转完成信号 R522.6 予以禁止。

刀具松开、主轴吹气电磁阀输出 Y0.1、Y0.0 需要一直保持到选刀完成、新刀具装入主轴（刀库上移运动完成），才能通过刀库夹紧脉冲 R523.2 撤销。如机床不进行自动换刀，M06 启动信号 R521.0 为“0”，刀具松开、主轴吹气电磁阀输出 Y0.1、Y0.0 被禁止，主轴上的刀具始终处于夹紧状态。

刀具松开检测开关 X4.1 发信后，经 T2 的短时延时（约 0.5s），可产生刀库下移脉冲 R522.0，使得刀库下移电磁阀输出 Y0.4 为“1”并保持，R522.0 将同时撤销后述程序中的刀库上移电磁阀 Y0.5 输出，使得刀库下移，将主轴中的刀具取出。刀库下移电磁阀输出 Y0.4 需要一直保持到刀库回转选刀完成，才能通过刀库上移脉冲 R523.0 撤销。同样，由于刀库选刀完成、刀库返回到上位时，将再次出现刀库上位、刀具松开状态，为了避免再次产生刀库下移脉冲，定时器 T02 的启动输入也需要用刀库回转完成信号 R522.6 予以禁止。

刀库到达下位，检测开关 X4.5 发信后，经 T3 的短时延时（约 0.5s），R522.2 将为“1”，R522.2 用来产生后述程序中的刀库回转选刀启动脉冲。

(3) 刀库回转选刀

刀库回转选刀程序由如图 7.4.9 所示的捷径选择和刀库回转两部分组成。刀库的回转选刀启动脉冲 R522.3 由卸刀完成、刀库到达下位的延时输出 R522.2 生成。

FANUC 数控系统的刀库回转捷径选择可直接通过回转控制功能指令 ROTB(SUB26) 实现，指令中的控制条件和参数定义如下。

RN0=1：回转计数的计数初始值（最小刀号），利用恒“1”信号 R502.1 控制，计数初始值固定为 1。

DIR=1：捷径选择功能设定，利用恒“1”信号 R502.1 控制，功能始终有效；转向信号可通过指令结果寄存器 R522.5 输出，R522.5=0 为正转，R522.5=1 为反转。

POS=0：计算基准选择，利用恒“0”信号（R502.1 取反）控制，始终以目标位置为基准，计算刀塔需要回转的刀位数、判断捷径。

INC=1：结果存储器输出选择，利用恒“1”信号 R502.1 控制，结果存储器 R512 的输出为需要回转的刀位数。

ACT：指令执行启动信号，为了防止刀塔回转过程中，因实际刀位检测信号的变化，导致指令执行结果的错误，程序中使用了回转启动脉冲 R522.3 控制，在刀库回转启动后，不再执行 ROTB 指令。

ROTB 指令中的参数定义如下。

指令数据长度：1 字节，由于刀库实际位置为 T1～T18，只需要进行 CNC 指令刀号、实际刀号的最低字节运算。

最大分度位置：计数存储器 C000 的存储值。由于计数器 C1 在图 7.4.5 所示的刀座计数程序中已定义为刀库实际刀座计数器，因此，最大回转分度位置（最大刀号 18）需要设定在计数器 C1 的计数存储器 C000 中。

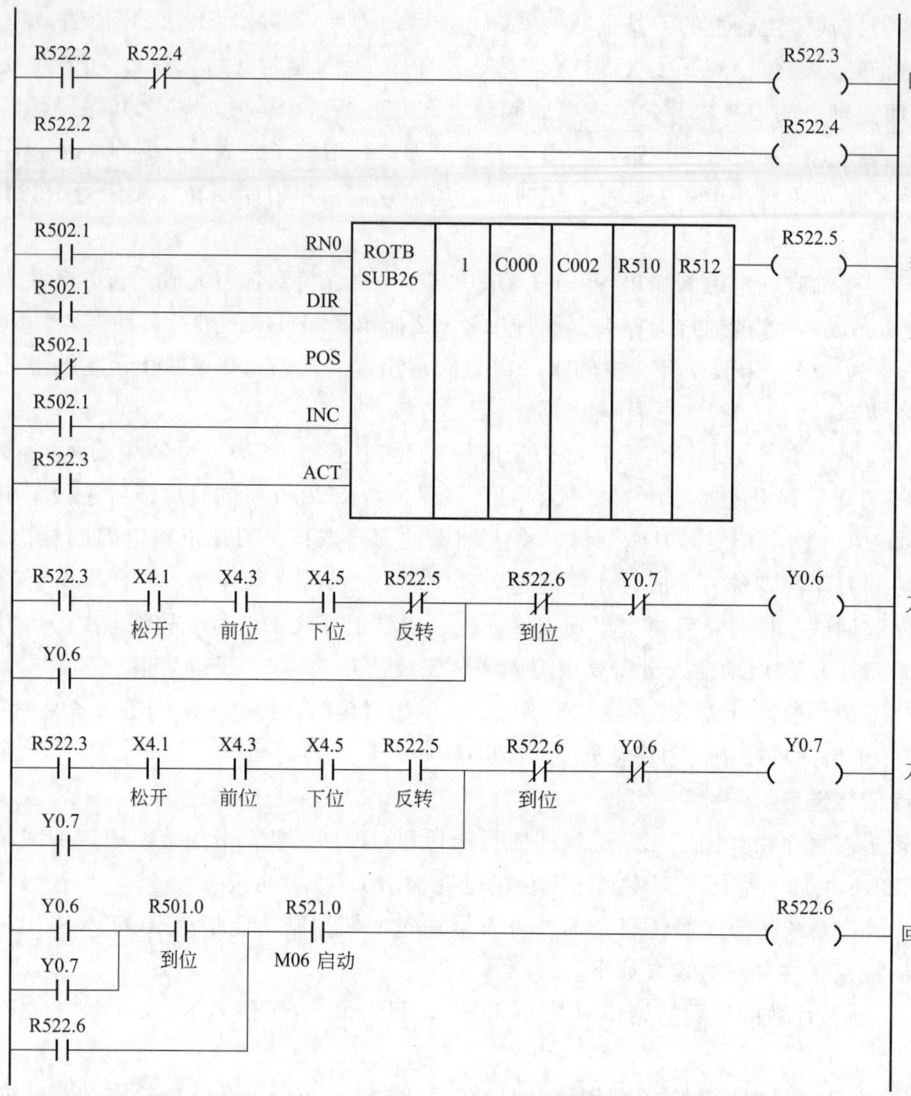

R522.2 R522.4 R522.3 回转脉冲
R522.2 R522.4
R502.1 RN0 R502.1 DIR R502.1 POS R502.1 INC R522.3 ACT ROTB SUB26 1 C000 C002 R510 R512 R522.5 转向判别
R522.3 X4.1 松开 X4.3 前位 X4.5 下位 R522.5 反转 Y0.6 R522.6 到位 Y0.7 Y0.6 刀库正转
R522.3 X4.1 松开 X4.3 前位 X4.5 下位 R522.5 反转 Y0.7 R522.6 到位 Y0.6 Y0.7 刀库反转
Y0.6 Y0.7 R501.0 到位 R522.6 R521.0 M06 启动 R522.6 回转到位

图 7.4.9　回转选刀程序

回转体当前位置：计数存储器 C002 的存储值。计数器 C1 用于刀座计数时，计数存储器 C002 的值就是刀库刀座的现行位置值。

回转目标位置：定义为指令刀号存储器 R510，R510 由前述的 T 代码处理程序生成。

结果存储器：1 字节内部继电器 R512。控制条件 INC=1 时，R512 可输出刀库需要回转的刀位数，如果刀库回转采用的是带位置控制功能的伺服电机驱动（如 βi I/O-Link 伺服等），ROTB 指令的计算结果可直接用于伺服位置控制，但在不具备位置控制功能的普通斗笠刀库上，PMC 程序一般不需要使用结果存储器。

转向输出：刀库捷径回转方向输出，R522.5=0 为正转，R522.5=1 为反转。

根据 ROTB 指令的转向输出信号 R522.5 的不同状态，程序中的刀库正转输出 Y0.6 或反转输出 Y0.7 将接通，刀库进行捷径回转选刀。由于前述 M06 译码和换刀启动程序（图 7.4.7）中的到位判别指令在 M06 启动后始终有效，因此，只要刀库回转到达 CNC 程序指定的位置（R510），回转到位信号 R501.0 将为“1”；R501.0 可使程序中的回转到位信号 R522.6=1 并保持。回转到位信号 R522.6 为“1”后，可撤销刀库的正转或反转输出（Y0.6

或 Y0.7)，同时将启动后述的装刀程序。

(4) 装刀和完成应答

装刀和完成应答程序如图 7.4.10 所示。刀库回转到位信号 R522.6 为“1”时，程序可生成刀库向上脉冲 R523.0。

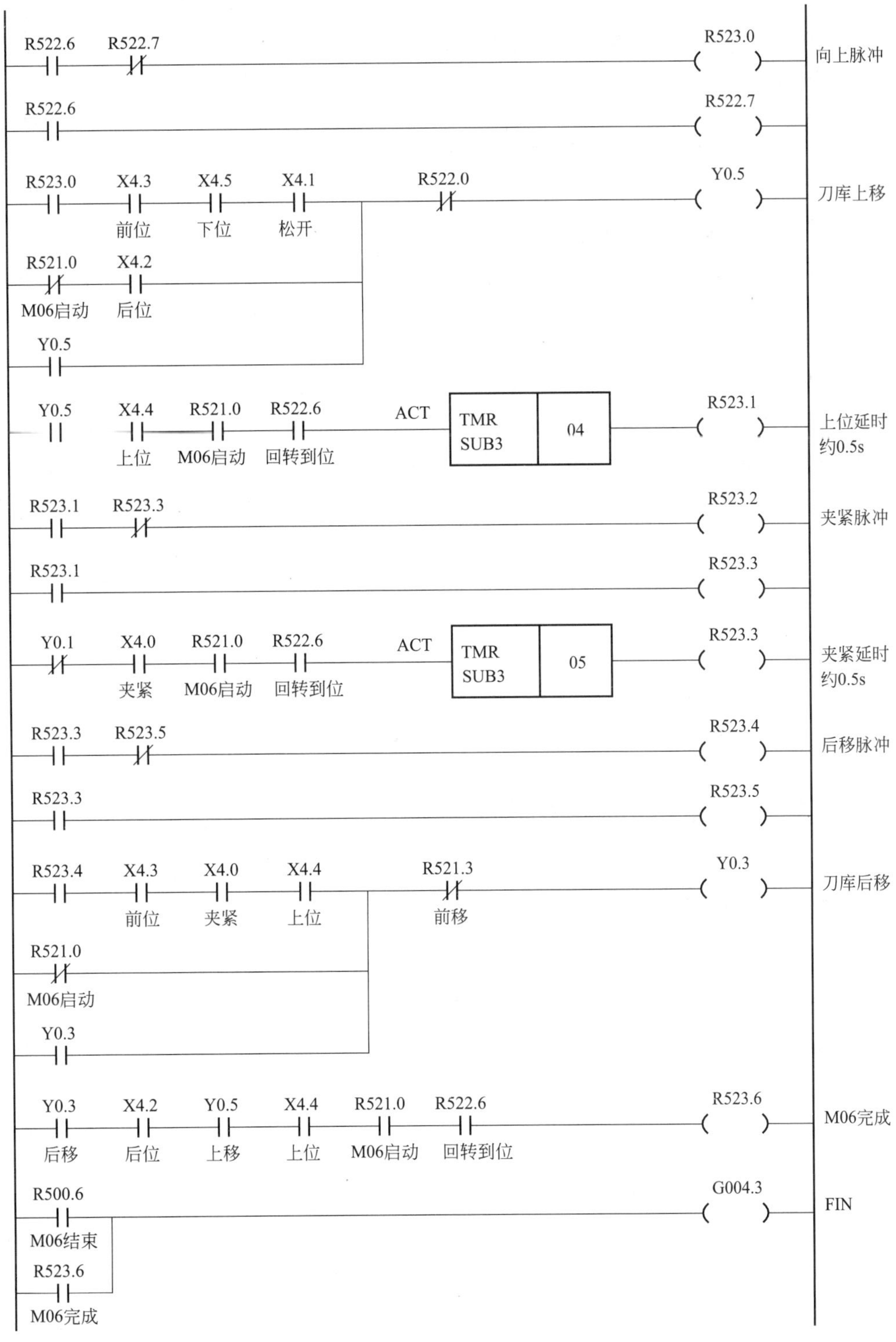

图 7.4.10　装刀和完成应答程序

R523.0 为“1”时，将接通刀库上移电磁阀输出 Y0.5，同时将撤销前述卸刀程序中的下移电磁阀输出 Y0.4，使刀库上移、将新刀具装入机床主轴。由于机床在不进行换刀时，刀库应通过上移电磁阀保持在上位，因此，上移电磁阀输出 Y0.5 只能通过前述程序中的下移启动脉冲 R522.0 断开；如果机床不在自动换刀工作状态，自动换刀启动信号 M06ST(R521.0) 将始终为“0”，此时，只要刀库处于后位（检测信号 X4.2=1），上移电磁阀输出 Y0.5 将始终保持接通状态。

刀库上移到位、检测开关 X4.4 发信后，经 T4 的短时延时（约 0.5s），将产生主轴刀具夹紧脉冲 R523.2。R523.2=1 时，将撤销前述卸刀程序中的刀具松开、主轴吹气电磁阀输出 Y0.1、Y0.0，重新夹紧主轴上的新刀具。由于从换刀开始直至刀库下移的动作过程中，刀库始终位于上位，因此，用来产生主轴刀具夹紧脉冲 R523.2 的上移到位延时信号 R523.1，必须使用回转到位信号 R522.6 互锁。

刀库夹紧到位、检测开关 X4.0 发信后，经 T5 的短时延时（约 0.5s），将产生刀库后移脉冲 R523.4。R523.4=1 时，将接通刀库后移电磁阀输出 Y0.3，同时撤销前述卸刀程序中的前移电磁阀输出 Y0.2，使刀库后移，退出换刀位置。同样，由于机床不执行自动换刀动作时，刀库需要保持在后位，因此，后移电磁阀输出 Y0.3 只能通过前移脉冲 R521.3=1 断开；如果机床不在自动换刀工作状态，自动换刀启动信号 M06ST(R521.0) 始终为“0”，此时，后移电磁阀将通过 R521.0=0 始终保持接通。此外，由于在刀库前移的动作过程中，刀具始终处于夹紧状态，因此，用来产生刀库后移脉冲 R523.4 的夹紧到位延时信号 R523.3，同样必须使用回转到位信号 R522.6 互锁。

当刀库后移到位后，将通过后移阀输出 Y0.3、刀库后位信号 X4.2、上移阀输出 Y0.5、刀库上位信号 X4.4 及回转到位信号 R522.6，产生 M06 完成信号 R523.6。R523.6=1 后，可输出辅助机能执行完成应答信号 FIN(G004.3)，结束 CNC 的 M06 指令执行过程。CNC 在接收到 FIN 信号后，将自动撤销 MF(F007.0) 的输出，使 R521.0 和 R522.6 复位；R521.0 和 R522.6 为“0”后，将应答信号 FIN 重新置“0”，M06 指令执行结束。

7.5 主轴移动换刀程序设计

7.5.1 自动换刀与控制

(1) 结构特点

加工中心的主轴移动换刀是通过机床的主轴运动实现刀具装卸的换刀方式。数控机床主轴移动利用坐标轴运动实现，其移动速度、定位精度比气动、液压系统更高，运动稳定性更好，承载能力更强。

加工中心的主轴移动换刀方式有完全主轴移动换刀和主轴、刀库混合移动换刀两种，两者的基本特点如下。

① 完全主轴移动换刀。完全主轴移动换刀的加工中心如图 7.5.1 所示。这种机床的刀库固定安装在机床上，自动换刀时的抓刀、卸刀、装刀等动作通过机床的 X/Z 或 Y/Z 轴运动实现，刀库只需要进行回转选刀运动。

完全主轴移动换刀的加工中心，刀库不需要进行上下、左右运动，刀具容量、重量、规格可以比刀库移动式换刀更大，换刀速度更快，刀具的装卸也更方便；但是，机床主轴相对于固

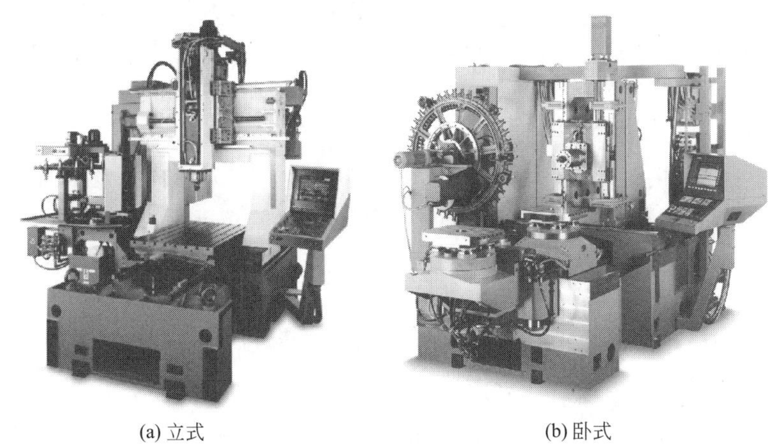

(a) 立式　　(b) 卧式

图 7.5.1　主轴移动式换刀加工中心

定安装的刀库（机床床身）至少需要有两个方向的运动，因此，机床必须为立柱移动或主轴箱移动结构。

完全主轴移动换刀的加工中心的自动换刀运动，主要通过 CNC 程序（通常为用户宏程序）实现，刀库回转选刀和主轴刀具松夹通过特定的辅助功能（通常为 M 代码）实现，因此，PMC 只需要进行常规的辅助功能处理，控制程序非常简单，本书不再进行专门介绍。

② 主轴、刀库混合移动换刀。主轴、刀库混合移动换刀多用于工作台移动结构的中小型加工中心，工作台移动的加工中心主轴相对于固定安装的刀库（机床床身）只能进行 1 个方向的移动，为了实现主轴移动换刀，刀库需要有左右或前后的辅助运动，自动换刀时需要进行主轴、刀库的混合运动。

例如，对于采用斗笠刀库的工作台移动立式加工中心，主轴与刀库混合移动的自动换刀动作如图 7.5.2 所示；由于机床主轴无法进行相对于刀库（床身）的左右运动，因此刀库需要进行左右辅助运动。自动换刀的动作过程如下。

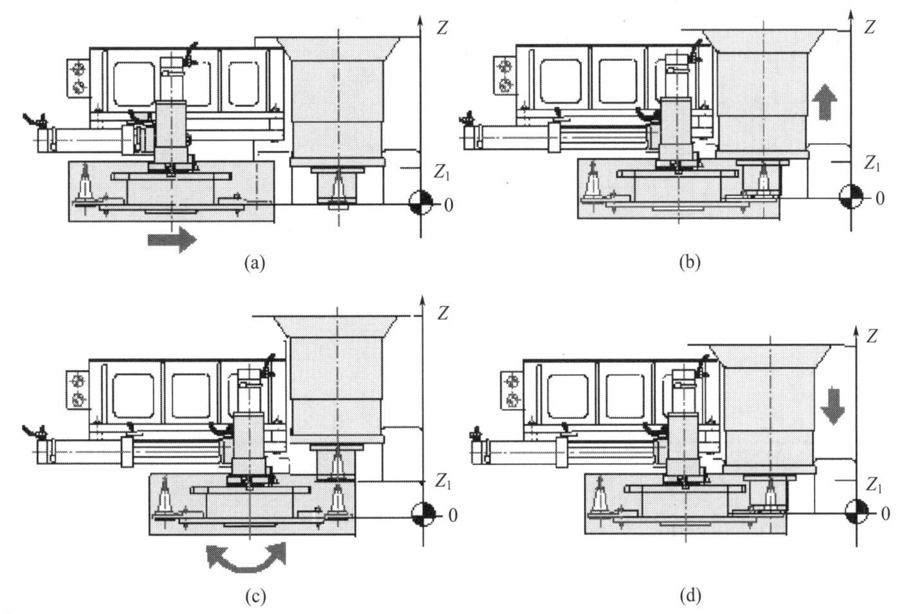

图 7.5.2　斗笠刀库混合移动换刀

① 换刀准备。机床正常加工时，刀库应处于后位；在机床执行自动换刀指令前，同样需要完成主轴的定向准停、使主轴刀具的键槽和刀库刀爪上的定位键一致；同时，主轴箱（Z 轴）需要快速运动到图 7.5.2(a) 所示的起始点 0，使主轴和刀库的刀具处于水平等高位置，为刀库前移做好准备。

② 刀库前移抓刀。换刀开始后，刀库前移电磁阀接通，刀库向右移到图 7.5.2(b) 所示的主轴下方的换刀位置，使刀库上的刀爪插入到主轴刀具的 V 形槽中，完成抓刀动作。

③ 刀具松开、吹气。刀库完成抓刀后，用于刀柄清洁的主轴吹气电磁阀和刀具松开电磁阀接通，主轴刀具被松开。

④ Z 轴上移卸刀。主轴上的刀具松开后，Z 轴正向移到图 7.5.2(c) 所示的卸刀点 $+Z_1$，将主轴上的刀具从主轴锥孔中取出，完成卸刀动作。

⑤ 回转选刀。Z 轴上移到位后，刀库回转电动机启动，并通过槽轮分度机构驱动刀库回转分度，将需要更换的新刀具回转到主轴下方的换刀位，并通过槽轮机构自动定位。

⑥ Z 轴下移装刀。回转选刀完成后，Z 轴向下返回到图 7.5.2(d) 所示的起始点 0，将新刀具装入到主轴的锥孔。

⑦ 刀具夹紧。Z 轴下移到位后，主轴吹气和松刀电磁阀同时断开，主轴上的刀具可通过蝶形弹簧自动夹紧。

⑧ 刀库后移。刀具夹紧后，刀库后移电磁阀接通，刀库后移到图 7.5.2(a) 所示的初始位置，换刀结束。随后，主轴箱（Z 轴）便可向下运动，进行下一工序的加工。

以上换刀过程与刀库移动换刀的区别仅在于以主轴箱（Z 轴）的上下运动，代替了刀库上下运动，其他完全相同。

(2) 换刀控制

主轴、刀库混合移动换刀加工中心的刀库前后移动和刀具松夹，仍需要采用气动或液压系统控制，气动或液压系统只需要在原刀库移动换刀系统的基础上，去掉刀库上下移动部分，其他控制完全相同。主轴、刀库混合移动换刀的电磁元件动作表如表 7.5.1 所示。

表 7.5.1　刀库换刀的电磁元件动作表

序号	换刀动作	电磁阀动作				检测开关				Z 轴
		Y1	Y2	Y3	Y4	S1	S2	S3	S4	
1	初始位置	—	—	—	+	+	—	+	—	起始点 0
2	刀库前移	—	—	+	—	+	—	—	+	起始点 0
3	刀具松开、吹气	+	+	+	—	—	+	—	+	起始点 0
4	Z 轴上移	+	+	+	—	—	+	—	+	$+Z_1$(卸刀点)
5	回转选刀	+	+	+	—	—	+	—	+	$+Z_1$(卸刀点)
6	Z 轴下移	+	+	+	—	—	+	—	+	起始点 0
7	刀具夹紧	—	—	+	—	+	—	—	+	起始点 0
8	刀库后移	—	—	—	+	+	—	+	—	起始点 0

注："+"表示电磁阀接通或开关发信；"—"表示电磁阀断开或开关不发信。

7.5.2 用户宏程序设计

(1) 用户宏程序设计要求

FANUC 数控系统的用户宏程序（简称宏程序）是用于数控机床特殊加工或运动控制的特

殊 CNC 程序，程序的主要特点如下。

① 可采用变量编程。宏程序可使用算术、逻辑运算式、条件转移等指令，可自动计算、判别坐标轴位置，并可通过宏程序调用指令的变量赋值，进行参数化编程。

② 宏程序可直接读取、修改坐标轴当前位置值、刀具补偿值、工件坐标系设定值等 CNC 数据及 PMC 的 DI/DO 信号状态，实现 CNC 加工程序和 PMC 程序的联合控制。

③ 用户宏程序可由 CNC 加工程序中的特定 G、M、T 代码直接调用，完成特定的机床动作；程序执行完成后，可自动返回到调用的程序段，继续执行原程序。

因此，对于主轴移动式换刀、工作台自动交换等需要通过 CNC 和 PMC 进行联合控制的特殊机床运动，如果采用宏程序进行编程，不仅可大大简化 PMC 程序设计，而且程序编制容易，机床调试、检查方便，工作可靠性高。

有关 CNC 宏程序编制的要求可参见 FANUC 数控系统的编程说明书，本书不再对其进行具体说明。

用于加工中心自动换刀控制的宏程序设计要求如下。

① 宏程序调用。用于加工中心自动换刀控制的用户宏程序一般都通过 CNC 加工程序中的 M06 代码自动调用，为此，需要通过 CNC 参数设定操作，设定调用自动换刀宏程序的 M 代码及需要调用的用户宏程序号。

用于宏程序调用的 M 代码将由 CNC 内部处理，M 代码信号不再输出到 PMC，也无需 PMC 程序进行处理与完成应答。

② 动作分解。为了便于 PMC 程序设计，自动换刀需要进行的机床动作通常需要分解为辅助机能 M 代码控制的独立动作，在 PMC 程序中，可按通常方法处理 M 代码。

例如，对于前述主轴、刀库混合移动的斗笠刀库换刀控制，可以设定以下换刀控制专用 M 代码。

M80：刀库前移。

M81：刀库后移。

M82：主轴刀具夹紧，吹气关闭。

M83：主轴刀具松开，吹气。

M84：刀库回转选刀。

③ 协调控制。PMC 程序和宏程序间的动作协调可通过宏程序输入/输出信号实现。在 PMC 程序中，可通过 32/32 点 CNC 输入/输出信号 F54.0～F57.7/G54.0～G57.7，读取宏程序数据或向宏程序输出 PMC 信号；在宏程序中，可通过 32/32 点宏程序输入/输出 UI000～UI031/UO000～UO031 读取 PMC 状态或向 PMC 输出宏程序数据。

例如，对于当加工程序中的 T 代码编程出错或主轴现行刀号和 CNC 指令刀号一致时，PMC 程序可将 T 代码的处理结果输出到 G054.0（UI000）上，宏程序可通过 UI000 读取该信号，然后通过条件转移指令，直接结束换刀宏程序。

(2) 自动换刀宏程序示例

假设图 7.5.2 所示采用主轴、刀库混合移动自动换刀的立式加工中心，CNC 参数设定的自动换刀宏程序调用指令为 M06，换刀宏程序号为 O 9001；自动换刀的 Z 轴起始点为参考点（坐标值为 $Z0$），刀具装/卸的 Z 轴行程为 120mm，移动速度为 5000mm/min；Z 轴移动到位延时为 0.5s；宏程序输入/输出信号及自动换刀动作 M 代码定义如下。

UI000：宏程序输入，即 PMC 程序中的 CNC 输出信号 G054.0；在 PMC 程序中，

G054.0(UI000) 在编程刀号出错，或者指令刀号与实际刀号一致时输出“1”信号。

M19：主轴定向准停。

M80：刀库前移指令。

M81：刀库后移指令。

M82：主轴刀具夹紧，吹气关闭指令。

M83：主轴刀具松开，吹气指令。

M84：刀库回转选刀指令。

根据以上要求设计的机床自动换刀宏程序示例如下。

```
O 9001;                              // M06 自动调用的换刀宏程序号
N1 IF [[# _UI[0]] EQ 1] GOTO 10;     // 刀号错误或刀号一致,跳转到 N10,宏程序结束
[# _M_SBK]= 0                        // 宏程序允许单段执行
[# _M_FIN]= 0                        // 辅助功能指令利用完成信号 FIN 结束
[# _M_FHD]= 0                        // 进给保持有效
[# _M_OV]= 0                         // 进给倍率调节有效
[# _M_EST]= 0                        // 准确停止有效
N2 G28 Z0 M19;                       // Z 轴回参考点,主轴定向准停
M80;                                 // 刀库前移
M83;                                 // 主轴刀具松开,吹气
N3 G91 G01 Z120.0 F5000;             // Z 轴上移至卸刀点,卸刀
G04 X0.5;                            // Z 轴上位延时 0.5s
M84;                                 // 刀库回转选刀
N4 G91 G01 Z- 120.0 F5000;           // Z 轴下移至参考点,装刀
G04 X0.5;                            // Z 轴下位延时 0.5s
M82;                                 // 主轴刀具夹紧,吹气关闭
M81;                                 // 刀库后移
N10 M99;                             // 宏程序结束返回
```

以上宏程序中的[＃_UI[0]]、[＃_M_SBK]、[＃_M_FIN]、[＃_M_FHD]、[＃_M_OV]、[＃_M_EST]是以“变量名”形式编程的宏程序系统变量，变量含义如下。

① [＃_UI[0]]：宏程序输入信号 UI000，[＃_UI[0]]也可直接以系统变量＃1000 表示，即指令 N1 可用指令“IF[＃1000 EQ 1] GOTO 10”替代。

② [＃_M_SBK]：宏程序系统变量＃3003 bit0；[＃_M_SBK]＝0，单程序段运行对宏程序有效；[＃_M_SBK]＝1，单程序段运行对宏程序无效。

③ [＃_M_FIN]：宏程序系统变量＃3003 bit1；[＃_M_FIN]＝0，辅助功能指令需要 PMC 的辅助功能执行完成应答信号 FIN 结束；[＃_M_FIN]＝1，辅助功能指令在输出二进制代码后直接结束，无需等待 PMC 的 FIN 信号。

[＃_M_SBK]、[＃_M_FIN]也可通过系统变量＃3003（变量名[＃_CNTL1]）的数值 0～3 设定，进行一次性赋值。例如，设定[＃_CNTL1](＃3003)＝1，可直接定义[＃_M_SBK](＃3003 bit0)＝1、[＃_M_FIN](＃3003 bit1)＝0；设定[＃_CNTL1](＃3003)＝2，可直接定义[＃_M_SBK](＃3003 bit0)＝0、[＃_M_FIN](＃3003 bit1)＝1 等。

因此，程序中的指令“[＃_M_SBK]＝0”和“[＃_M_FIN]＝0”也可以直接以指令“＃3003＝0”或“[＃_CNTL1]＝0”替代。

④ [#_M_FHD]：宏程序系统变量#3004 bit0；[#_M_FHD]=0，进给保持对宏程序有效；[#_M_FHD]=1，进给保持对宏程序无效。

⑤ [#_M_OV]：宏程序系统变量#3004 bit1；[#_M_OV]=0，进给倍率对宏程序有效；[#_M_OV]=1，进给倍率对宏程序无效。

⑥ [#_M_EST]：宏程序系统变量#3004 bit2；[#_M_EST]=0，准确停止对宏程序有效；[#_M_EST]=1，准确停止对宏程序无效。

[#_M_FHD]、[#_M_OV]、[#_M_EST]同样可通过系统变量#3004（变量名[#_CNTL2]）的数值 0～7 设定，进行一次性赋值。例如，设定[#_CNTL2](#3004)=5，可直接定义[#_M_FHD](#3004 bit0)=1、[#_M_OV](#3004 bit1)=0、[#_M_EST](#3004 bit2)=1 等。

因此，程序中的指令"[#_M_FHD]=0"、"[#_M_OV]=0"和"[#_M_EST]=0"同样可以直接以指令"#3004=0"或"[#_CNTL4]=0"替代。

宏程序中的其他指令均为常规的 CNC 加工程序指令，在此不再一一说明。

7.5.3 PMC 程序设计

(1) DI/DO 地址

利用宏程序进行控制的自动换刀 PMC 程序不仅需要考虑常规的 CNC 输入/输出信号、机床输入/输出信号，而且还需要考虑宏程序输入/输出信号的要求。

对于图 7.5.2 所示采用主轴、刀库混合移动自动换刀的立式加工中心，如果换刀宏程序为前述的 O 9001，PMC 程序中需要使用的 DI/DO 信号如表 7.5.2 所示。

表 7.5.2 自动换刀控制信号 DI/DO 地址一览表

代号	名称	信号类别	PMC 地址	备注
DEN	分配结束	CNC 输入	F001.3	"1"坐标轴运动结束
MF	M 代码选通	CNC 输入	F007.0	"1"M 代码输出有效
TF	T 代码选通	CNC 输入	F007.3	"1"T 代码输出有效
M00～M31	M 代码	CNC 输入	F010～F013	32 位二进制 M 代码
T00～T31	T 代码	CNC 输入	F026～F029	32 位二进制 T 代码
S1	刀具夹紧	机床输入	X4.0	参考地址，1：夹紧。0：松开
S2	刀具松开	机床输入	X4.1	参考地址，1：松开。0：夹紧
S3	刀库后位	机床输入	X4.2	参考地址，1：后位
S4	刀库前位	机床输入	X4.3	参考地址，1：前位
S7	刀位计数	机床输入	X4.6	参考地址
FIN	M 代码执行完成	CNC 输出	G004.3	M 代码执行完成
T FIN	T 代码执行完成	CNC 输出	G005.3	T 代码执行完成
UI000	宏程序输入	CNC 输出	G054.0	宏程序协调控制信号
Y1	主轴吹气	机床输出	Y0.0	参考地址，1：吹气
Y2	刀具松开	机床输出	Y0.1	参考地址，1：松开。0：夹紧
Y3	刀库前移	机床输出	Y0.2	参考地址，1：前移
Y4	刀库后移	机床输出	Y0.3	参考地址，1：后移
KM1	刀库正转	机床输出	Y0.6	参考地址，1：正转
KM2	刀库反转	机床输出	Y0.7	参考地址，1：反转

(2) PMC 程序

主轴、刀库混合移动的加工中心自动换刀 PMC 控制程序，同样需要包括 T 代码处理和换刀宏程序处理两部分。其中，T 代码处理程序同样需要有刀位计数、刀号出错检查、T 代码执行完成应答等内容，其程序设计方法和 7.4 节的刀库移动式换刀完全相同，可参见 7.4 节图 7.4.5、图 7.4.6。程序执行后，可将指令刀号保存到 R510 上，现行刀座号保存在计数存储器 C002 上；编程刀号出错时可输出 R500.0=1（T=0）、R500.1=1（T>18）信号。

换刀宏程序处理的 PMC 程序需要根据自动换刀宏程序的要求设计，对于上述自动换刀的宏程序 O 9001，PMC 程序示例如图 7.5.3 所示，程序由 UI000 输出、M80～M84 译码与处理、M 代码执行完成应答等部分组成，说明如下。

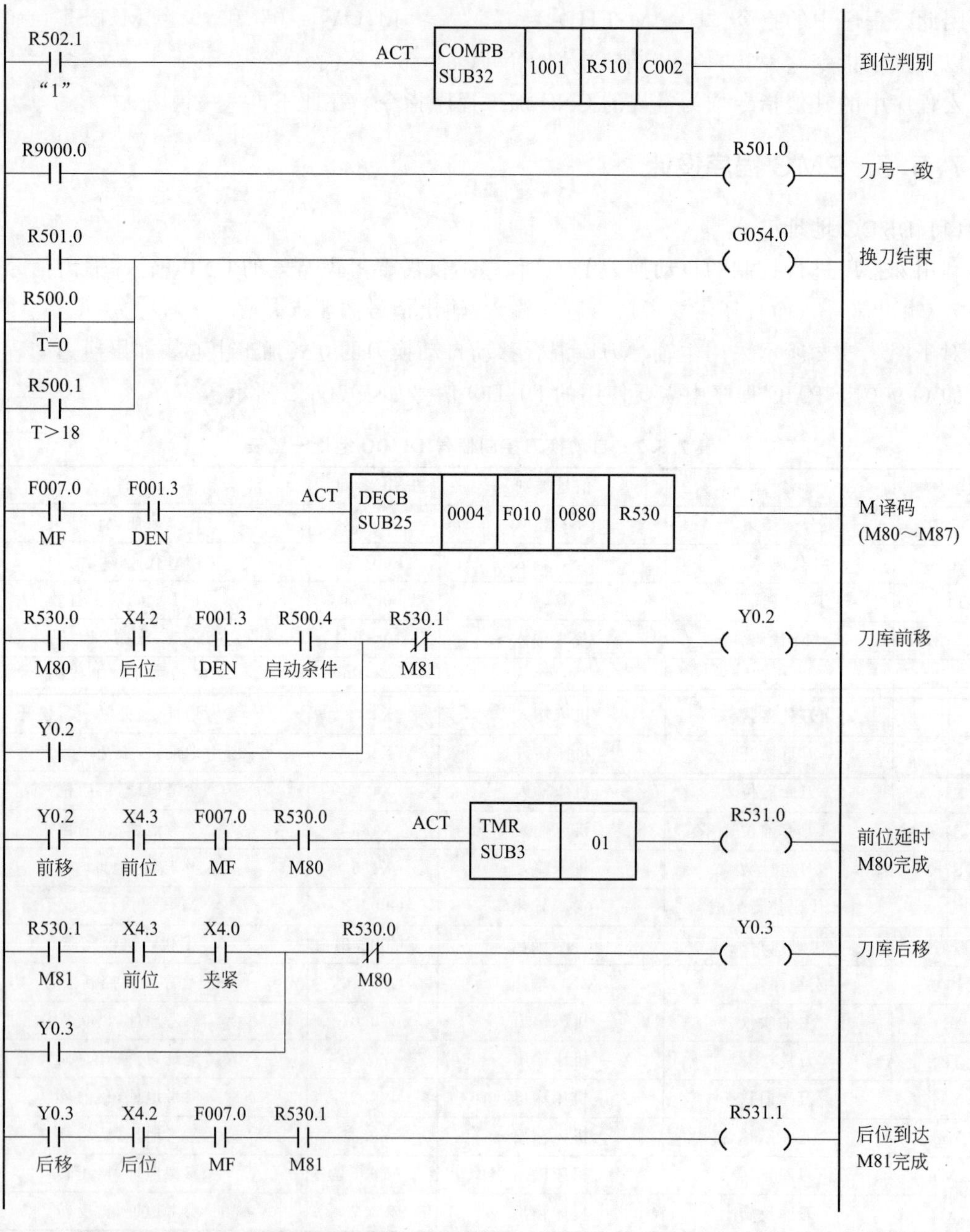

R502.1 "1" — ACT COMPB SUB32 1001 R510 C002 — 到位判别

R9000.0 — R501.0 — 刀号一致

R501.0 / R500.0 T=0 / R500.1 T>18 — G054.0 — 换刀结束

F007.0 MF, F001.3 DEN — ACT DECB SUB25 0004 F010 0080 R530 — M译码 (M80～M87)

R530.0 M80, X4.2 后位, F001.3 DEN, R500.4 启动条件 / Y0.2, R530.1 M81 — Y0.2 — 刀库前移

Y0.2 前移, X4.3 前位, F007.0 MF, R530.0 M80 — ACT TMR SUB3 01 — R531.0 — 前位延时 M80完成

R530.1 M81, X4.3 前位, X4.0 夹紧 / Y0.3, R530.0 M80 — Y0.3 — 刀库后移

Y0.3 后移, X4.2 后位, F007.0 MF, R530.1 M81 — R531.1 — 后位到达 M81完成

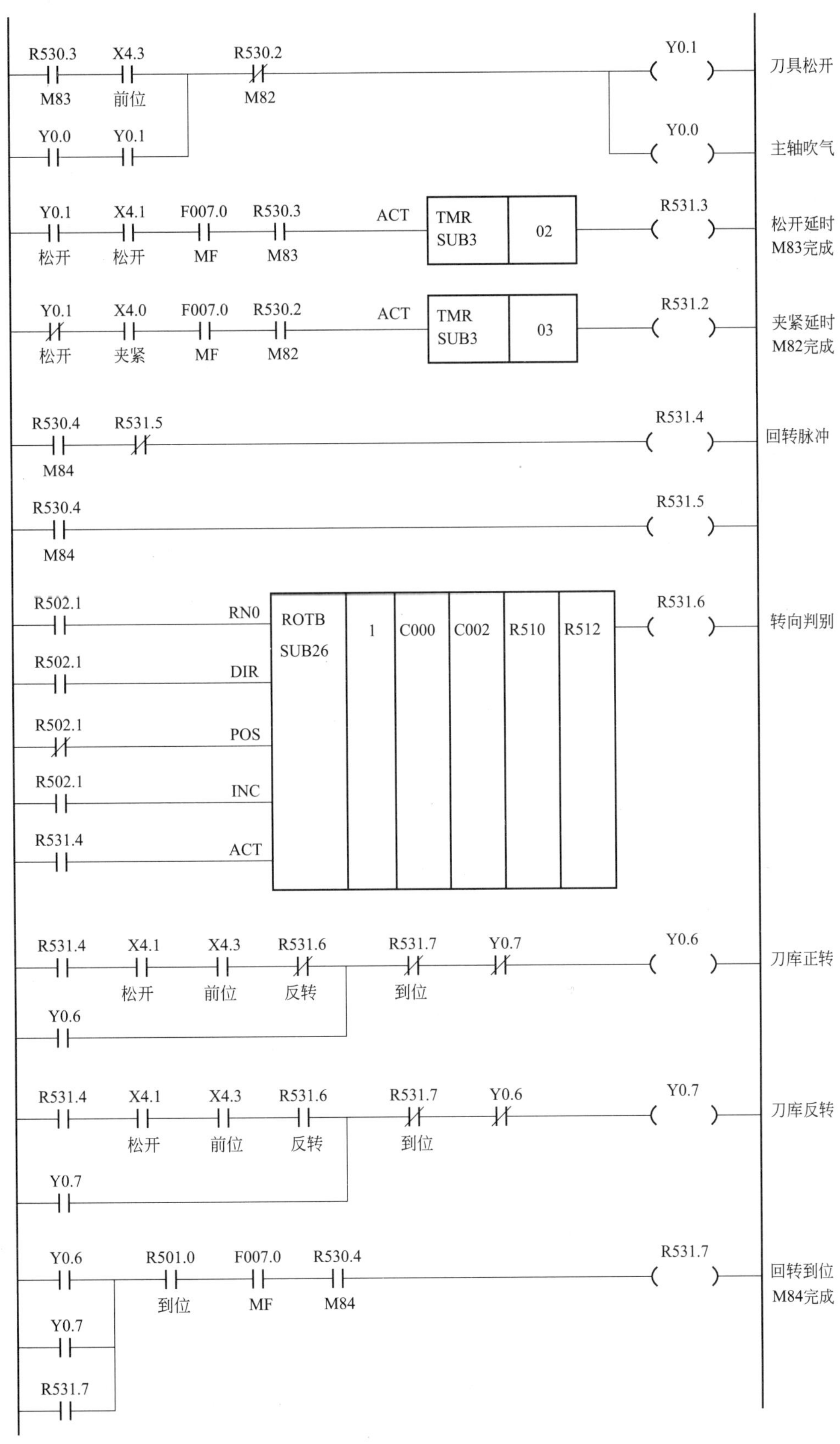
R530.3
X4.3
R530.2
Y0.1
刀具松开
M83
前位
M82
Y0.0
Y0.1
Y0.0
主轴吹气
Y0.1
X4.1
F007.0
R530.3
ACT
TMR
SUB3
02
R531.3
松开延时
M83完成
松开
松开
MF
M83
Y0.1
X4.0
F007.0
R530.2
ACT
TMR
SUB3
03
R531.2
夹紧延时
M82完成
松开
夹紧
MF
M82
R530.4
R531.5
R531.4
回转脉冲
M84
R530.4
R531.5
M84
R502.1
RN0
ROTB
SUB26
1
C000
C002
R510
R512
R531.6
转向判别
R502.1
DIR
R502.1
POS
R502.1
INC
R531.4
ACT
R531.4
X4.1
X4.3
R531.6
R531.7
Y0.7
Y0.6
刀库正转
松开
前位
反转
到位
Y0.6
R531.4
X4.1
X4.3
R531.6
R531.7
Y0.6
Y0.7
刀库反转
松开
前位
反转
到位
Y0.7
Y0.6
R501.0
F007.0
R530.4
R531.7
回转到位
M84完成
到位
MF
M84
Y0.7
R531.7

图 7.5.3

图 7.5.3　换刀宏程序处理的 PMC 程序

① UI000 输出。PMC 程序的第 1～3 段用于自动换刀宏程序中的宏程序输入信号 UI000(G054.0) 的输出。当 CNC 的编程刀号出错（R500.0＝1、R500.1＝1），或者指令刀号和刀库实际刀号一致时，UI000(G054.0) 将输出“1”；此时，便可通过宏程序 O 9001 中的跳转指令 N1，直接结束宏程序执行。

② M80～M84 译码与处理。CNC 的辅助机能代码 M80～M88，可通过程序中的二进制译码指令 DECB(SUB25)，一次性转换为二进制位信号 R530.0～R530.7。由于用户宏程序已将换刀动作分解为独立的 M 代码，PMC 程序只需要利用 M80～M84 的译码信号控制所需的 PMC 输出，然后进行 M 代码执行完成应答便可；此外，由于 M80～M84 严格按用户宏程序中的指令顺序逐条依次输出、执行，因此 PMC 程序的互锁也大大简化。

例如，当执行刀库前移 M80 指令时，只要刀库位于后位（X4.2＝1）、*Z* 轴定位完成(F001.3＝1)、换刀条件满足（R500.4＝1），便可接通刀库前移电磁阀（Y0.2＝1）。刀库前移到位后，经适当延时，便可产生 M80 完成信号 R531.0，并通过程序最后的 M 代码完成应答程序，产生 FIN(G004.3) 信号，结束 M80 指令。CNC 接收到 FIN 信号后，将自动撤销 M 代码输出，使 M80 完成信号 R531.0，FIN 信号重新恢复至“0”；换刀宏程序可继续执行后述的指令。主轴刀具松开和吹气指令 M83、刀库回转选刀指令 M84、主轴刀具夹紧和吹气关闭指令 M82、刀库后移指令 M81 的 PMC 控制程序与 M80 类似，不再一一说明。

③ M 代码执行完成应答。PMC 程序中的辅助机能应答使用的是公共完成应答信号 FIN(G004.3)，因此，自动换刀 PMC 的辅助机能执行完成应答，需要包括 T 代码处理程序中的 T 代码执行完成应答信号 R501.7 以及换刀宏程序中所有的 M 代码完成信号 R531.0、R531.1 等。

调用宏程序 O 9001 的 M06 代码，可由 CNC 操作系统自动处理，M06 既不输出到 PMC，也无需 PMC 程序进行控制和应答。

(3) 程序调试

采用宏程序控制自动换刀时，其 PMC 程序实质上只是多个 M 代码处理程序的合成，因此，在进行自动换刀动作调试时，可选择 CNC 的操作方式 MDI，通过单步执行 M80/M81、M82/M83、G01 Z120.0 F5000 等 CNC 编程指令，随时控制刀库的前/后移动、刀具松/夹、刀具装/卸等动作；换刀时的 *Z* 轴上下行程和移动速度、上位/下位延时时间均可用 CNC 编程指令方便地调节，程序的调试十分容易。

7.6　机械手换刀程序设计

7.6.1　换刀装置结构原理

(1) 组成与特点

在采用刀库移动式、主轴移动式自动换刀的加工中心上，自动换刀时的刀具装卸可通过刀库、主轴的移动实现，无需使用机械手，故又称无机械手换刀方式。无机械手换刀的自动换刀装置结构简单、动作可靠、控制容易、编程方便，因此，在中小规格加工中心中得到了广泛应用。但是，由于结构原因，无机械手换刀方式通常不能实现刀具的预选，自动换刀时，必须先将主轴上的刀具放回刀库的原刀位，然后才能进行刀库回转选刀、装刀等动作，自动换刀的时间较长（通常大于 5s），因此，在加工效率、换刀速度要求较高的加工中心上，需要采用具有刀具预选功能的机械手换刀方式。

采用机械手换刀的中小规格立式加工中心如图 7.6.1 所示，容量在 24 把以下的刀库通常为圆盘回转选刀；容量超过 24 把时，刀库可采用方形、椭圆形、异形等链传动回转选刀，两者只是刀库运动方式的不同，PMC 程序设计并无区别。此外，如果刀库旋转 90°后安装，同样可用于卧式加工中心的自动换刀。

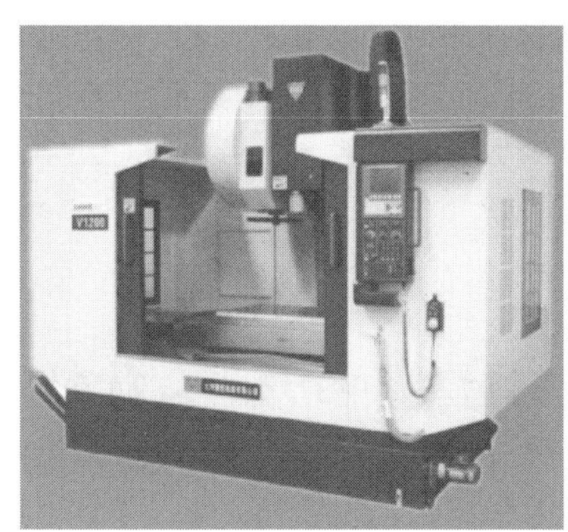

(a) 机床

(b) 刀库

图 7.6.1　机械手换刀立式加工中心

机械手换刀装置的机械手运动可采用机械凸轮或液压、气动系统控制。凸轮驱动的机械手结构紧凑、换刀快捷、控制容易，但其承载能力较低，故多用于中小规格加工中心；机械凸轮驱动的机械手换刀装置，目前已有专业生产厂家生产，机床生产厂家通常直接选配标准产品。采用液压、气动系统控制的机械手动作可靠、承载能力强、调试方便，但需要配套液压、气动系统，故多用于大中型加工中心。

凸轮驱动机械手换刀装置的基本组成如图 7.6.2 所示，自动换刀装置由刀库分度定位机构、机械手驱动装置、机械手 3 部分组成。

刀库分度定位机构由回转电机、减速器、蜗杆凸轮分度定位机构等部件组成，用于刀库的回转与定位。机械手驱动装置由机械手电机、弧面凸轮驱动的机械手回转机构、平面凸轮驱动的刀臂伸缩机构等部件组成，用来驱动机械手回转、刀臂伸缩等动作。机械手用来抓取刀具，完成刀库换刀位和主轴上的刀具交换。

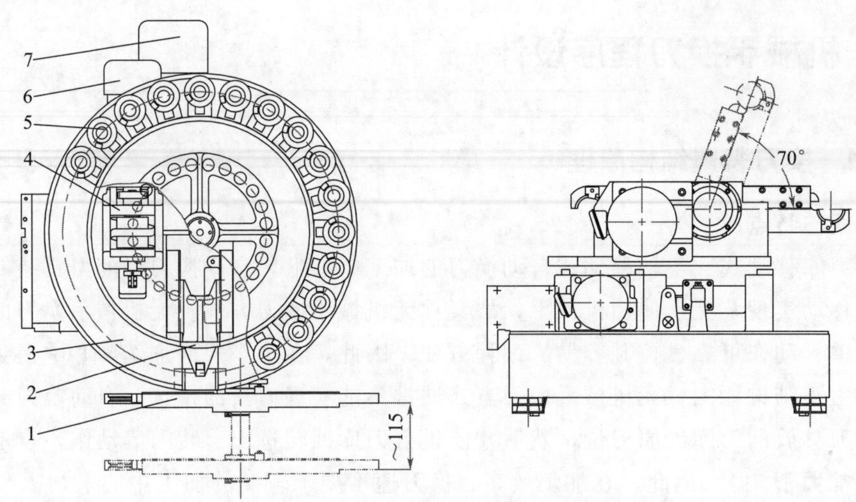

图 7.6.2　凸轮换刀装置的组成

1—刀臂；2—刀套翻转机构；3—刀库；4—分度定位机构；5—刀套；6—回转电机；7—机械手电机

机械手换刀的自动换刀动作利用机械手的运动实现，自动换刀时主轴、刀库不需要进行相对运动，因此，可用于工作台移动、立柱移动、主轴箱移动等各种结构的加工中心。机械手换刀的另一优点是可以实现刀具预选功能，刀库可在换刀前将需要更换的下一刀具提前回转到刀库的换刀位上；自动换刀时只需要进行机械手回转、伸缩等运动，就可完成主轴和刀库侧的刀具交换，由于自动换刀过程中无需进行刀库回转选刀，其换刀速度远高于无机械手的换刀方式，因此，它是目前高速加工中心常用的自动换刀方式。

(2) 蜗杆凸轮分度原理

凸轮驱动机械手换刀装置的刀库回转一般采用蜗杆凸轮分度定位机构，分度定位原理如图 7.6.3 所示。

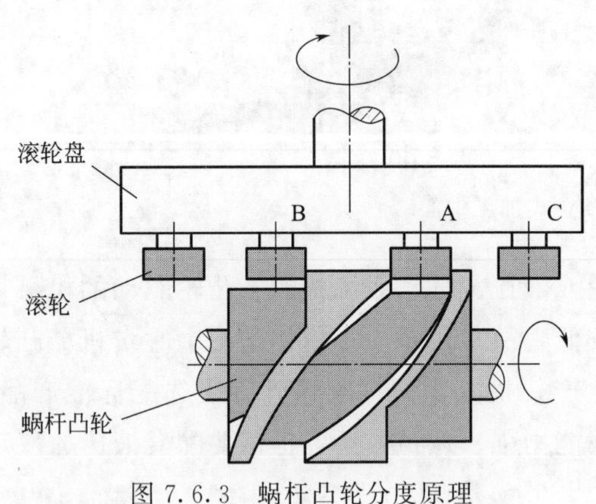

图 7.6.3　蜗杆凸轮分度原理

图 7.6.3 中的蜗杆凸轮可在刀库回转电机、减速器的驱动下回转，凸轮的圆柱面上加工有驱动滚轮移位、带动滚轮盘回转的凸轮槽。滚轮盘与刀库回转盘连接成一体，上面均匀安装有数量与刀库刀位数相同的滚轮；其中的两个滚轮与蜗杆凸轮的槽啮合。当蜗杆凸轮回转时，凸轮槽将驱动滚轮移位，以此带动滚轮盘及刀库回转。

蜗杆凸轮上的凸轮槽中间段为封闭的螺旋升降槽，两端为敞开的定位保持段。当凸轮进行图示的顺时针旋转时，滚轮 A 将进入凸轮的螺旋升降段，并在凸轮槽的推动下移动到滚轮 B 的位置，使滚轮盘顺时针转过一个刀位；与此同时，滚轮 C 将被移动到滚轮 A 的位置，为下一位置的回转做好准备。

当滚轮 A 到达滚轮 B 的位置后，滚轮 A 和 C 都将进入螺旋槽的保持段，此时凸轮的回转将不会产生滚轮的移动，滚轮盘与刀库均进入定位保持状态。如果凸轮继续运动，则又可推动滚轮 C 到滚轮 B 的位置，继续转动一个分度位置，如此循环。

(3) 机械手驱动原理

凸轮机械手驱动装置的结构原理如图 7.6.4 所示，机械手的运动通过两组凸轮机构实现，其中，平面凸轮 4 和连杆 6 组成的机构用来实现机械手的伸缩动作；弧面凸轮 5 和分度盘 8 组成的机构用来实现机械手的转位动作；电机 1 通过减速器 2 与凸轮换刀装置相连，为机械手的运动提供动力。当驱动电机回转时，利用平面凸轮机构和弧面凸轮机构的配合动作，可将电机回转运动转化为机械手伸缩、转位等有序运动。

图 7.6.4 中的平面凸轮 4 通过圆锥齿轮轴 3 和减速器 2 连接，当电机 1 转动时，可通过连杆 6 带动机械手 7 在垂直方向作上、下伸缩运动，实现卸刀、装刀动作。弧面凸轮 5 和平面凸轮 4 相连，当驱动电机回转时，通过分度盘 8 上的 6 个滚珠带动花键轴转动；花键轴可带动机械手 7 在水平方向做旋转运动，实现机械手的转位。发信盘 9 中安装有若干接近开关，以检测机械手实际运动情况，进行动作控制与互锁。

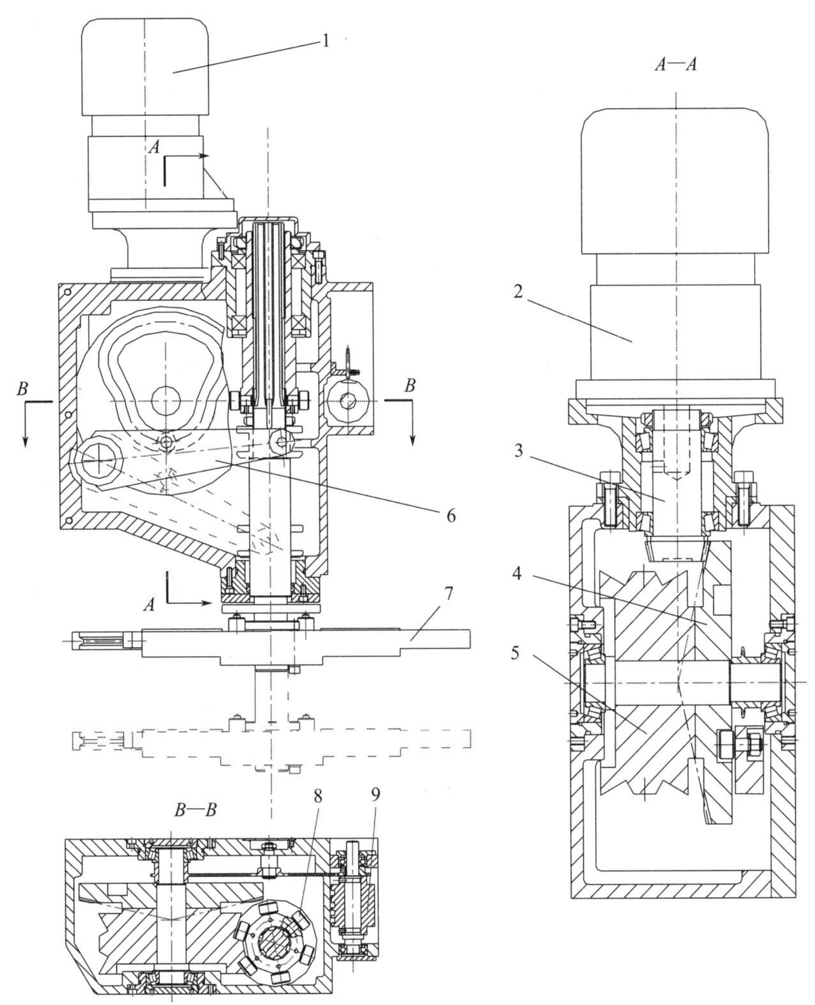

图 7.6.4 机械手运动机构原理

1—电机；2—减速器；3—齿轮轴；4—平面凸轮；5—弧面凸轮；6—连杆；7—机械手；8—分度盘；9—发信盘

机械手换刀装置的刀臂回转（弧面凸轮驱动）、刀臂伸缩（平面凸轮驱动）及驱动电机起动/停止、主轴上刀具松开/夹紧的动作配合曲线如图 7.6.5 所示，图中的角度均为参考值，在不同的产品上稍有区别（下同）。

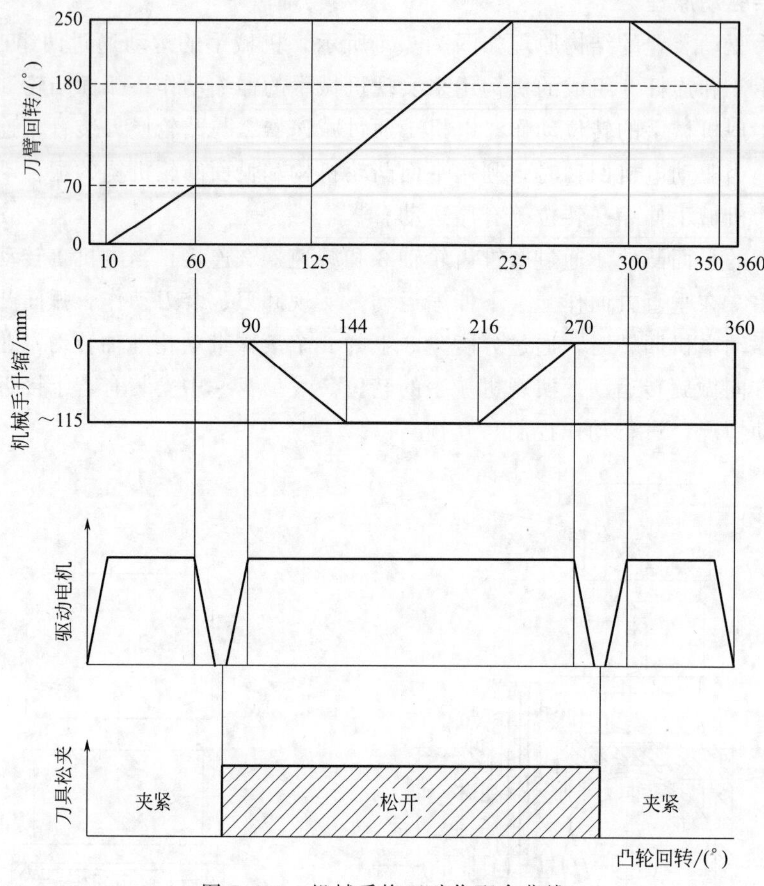

图 7.6.5　机械手换刀动作配合曲线

7.6.2　PMC程序设计要求

(1) 换刀动作

机械手自动换刀装置的换刀动作如图 7.6.6 所示，换刀过程如下。

① 刀具预选。在刀具交换前，机械手应位于上位、0°的初始位置，机床可在加工的同时，通过 T 代码指令，将刀库上安装有下一把刀具的刀座（刀套）事先回转到刀库的刀具交换位上，做好换刀准备，完成刀具预选动作。同样，CNC 在完成加工后，执行自动换刀指令 (M06) 前，需要完成主轴定向准停、*Z* 轴快速运动到换刀位置等准备。

② 机械手回转抓刀。换刀开始后，首先通过气动或液压系统，将刀库换刀位的刀套连同刀具翻转 90°，使刀具轴线和主轴轴线平行。然后，启动机械手驱动电机，机械手可在弧面凸轮的驱动下进行 70°左右的回转，使两侧的手爪同时夹持刀库换刀位和主轴上的刀具刀柄，完成抓刀动作。

如果刀库换刀位刀具翻转不影响机床的正常加工和防护，为了加快换刀速度，上述的刀具翻转动作也可以包含在刀具预选动作中。

③ 卸刀。机械手完成抓刀后，机械手驱动电机停止；然后利用气动或液压系统松开主轴上的刀具，进行主轴吹气。刀具松开后，再次启动机械手驱动电机，机械手将转换到平面凸轮驱动模式，刀臂在平面凸轮的驱动下伸出（SK40 为 115mm 左右），刀库和主轴上的刀具被同时取出。

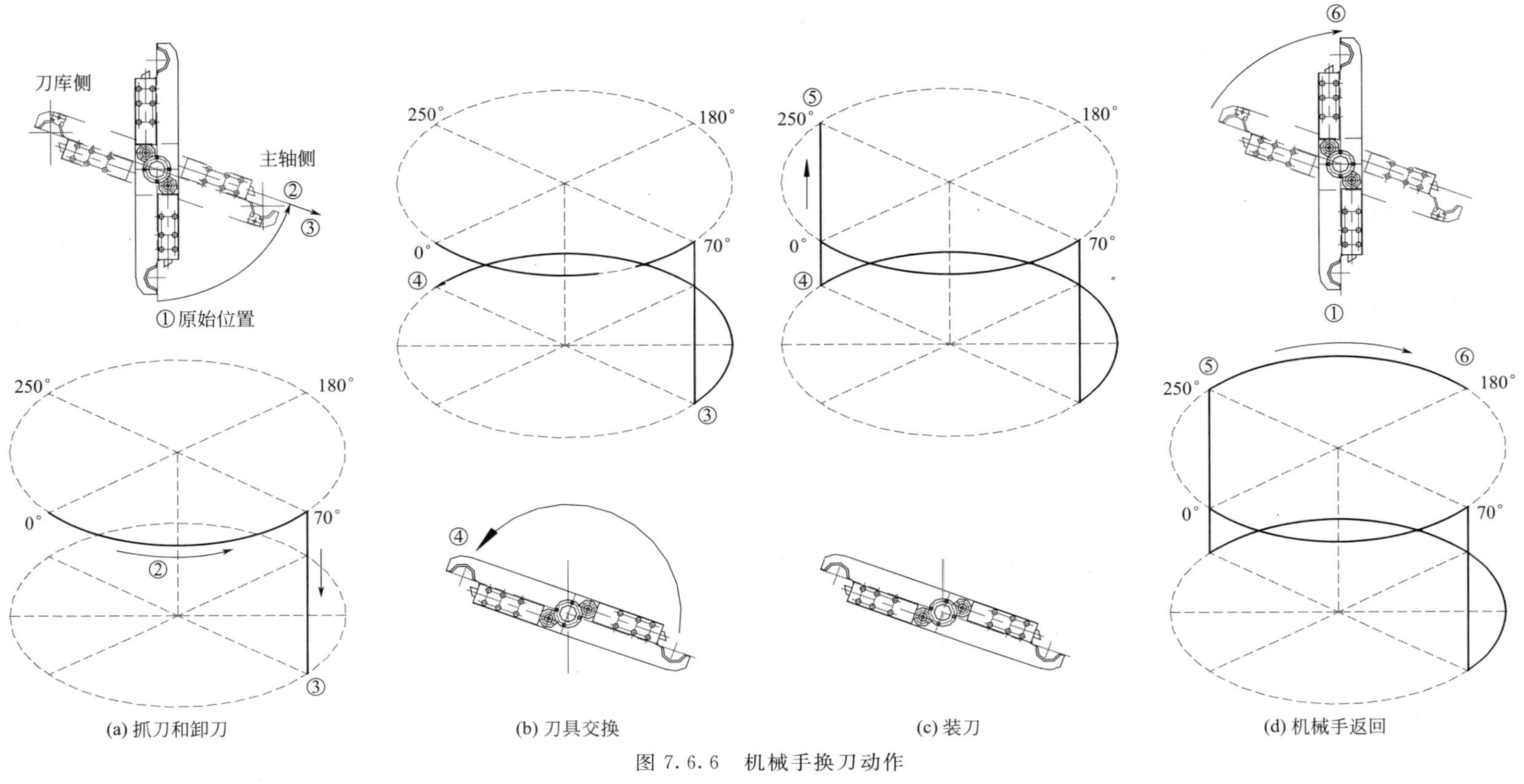

(a) 抓刀和卸刀　(b) 刀具交换　(c) 装刀　(d) 机械手返回

图 7.6.6　机械手换刀动作

④ 刀具交换。卸刀完成后，机械手重新转换到弧面凸轮的驱动模式，进行 180°旋转，将刀库和主轴侧的刀具互换。

⑤ 装刀。刀具交换完成后，机械手又将转换到平面凸轮驱动模式，刀臂自动缩回，将刀具同时装入刀库和主轴。接着，停止机械手驱动电机，并利用气动（或液压）系统夹紧主轴上的刀具，关闭主轴吹气。

⑥ 机械手返回。主轴上的刀具夹紧完成后，第 3 次启动机械手驱动电机，机械手将弧面凸轮的驱动下返回到 180°位置，机械手换刀动作结束。此时，可利用气动（或液压）系统，将刀库刀具交换位的刀套连同刀具向上翻转 90°，回到水平位置。

由于机械手的结构完全对称，因此，其 180°位置和 0°位置并无区别，故可在 180°位置上继续进行下一刀具的交换。

(2) DI/DO 地址

机械手换刀的加工中心具有刀具预选功能，为了提高换刀速度，在加工程序中，一般需要将 T 代码指令与换刀动作指令 M06 分开编程。T 代码指令用于刀库刀具预选，可在机床加工的同时设定与执行；M06 指令用来启动机械手换刀动作，需要在加工结束，完成主轴定向准停，Z 轴移动到换刀位置后才能执行。

机械手换刀装置的刀库换刀位刀具 90°翻转与复位、主轴刀具松开与夹紧一般需要通过气动或液压系统控制，机械手回转、伸缩等运动需要通过机械手驱动电机控制。

在 FANUC 数控系统上，与机械手自动换刀 PMC 程序相关的 PMC 输入/输出信号地址如表 7.6.1 所示，表中的机床输入/输出地址是为了便于说明而假设的 DI/DO 地址，在实际使用时，可利用电气控制系统的设计改变。

表 7.6.1 机械手换刀控制信号地址一览表

代号	名称	信号类别	PMC 地址	备注
DEN	分配结束	CNC 输入	F001.3	“1”坐标轴运动结束
MF	M 代码选通	CNC 输入	F007.0	“1”M 代码输出有效
TF	T 代码选通	CNC 输入	F007.3	“1”T 代码输出有效
M00～M31	M 代码	CNC 输入	F010～F013	32 位二进制 M 代码
T00～T31	T 代码	CNC 输入	F026～F029	32 位二进制 T 代码
S14	刀具夹紧	机床输入	X3.4	参考地址，1:夹紧。0:松开
S15	刀具松开	机床输入	X3.5	参考地址，1:松开。0:夹紧
S21	刀位计数	机床输入	X4.0	参考地址
S22	刀臂上位	机床输入	X4.1	参考地址，信号见表 7.6.2
S23	刀套垂直	机床输入	X4.2	参考地址，信号见表 7.6.2
S24	刀套水平	机床输入	X4.3	参考地址，信号见表 7.6.2
S25	刀臂下位	机床输入	X4.4	参考地址，信号见表 7.6.2
S26	机械手 0°	机床输入	X4.5	参考地址，信号见表 7.6.2
S27	机械手 70°	机床输入	X4.7	参考地址，信号见表 7.6.2
FIN	辅助功能执行完成	CNC 输出	G004.3	M/S/T/B 执行完成
Y1	刀具松开	机床输出	Y2.0	参考地址，1:松开。0:夹紧
Y2	主轴吹气	机床输出	Y2.1	参考地址

续表

代号	名称	信号类别	PMC 地址	备注
Y3	刀套垂直	机床输出	Y2.2	参考地址
Y4	刀套水平	机床输出	Y2.3	参考地址
M3	机械手电机	机床输出	Y4.3	参考地址，1：启动。0：停止
M4	刀库正转	机床输出	Y3.7	参考地址
	刀库反转	机床输出	Y5.7	参考地址

凸轮机械手自动换刀装置的电磁元件动作假设如表 7.6.2 所示。

表 7.6.2　机械手换刀电磁元件动作表

序号	机械手动作	电磁元件				检测开关							
		M3	Y1/Y2	Y3	Y4	S14	S15	S22	S23	S24	S25	S26	S27
1	初始位置	—	—	—	+	+	—	+	—	+	—	+	—
2	刀套翻转 90°	—	—	+	—	+	—	+	+	—	—	+	—
3	机械手 70°回转	+	—	+	—	+	—	+	+	—	—	—	+
4	刀具松开/吹气	—	+	+	—	—	+	+	+	—	—	—	+
5	刀臂伸出	+	+	+	—	—	+	—	+	—	+	—	—
6	机械手 180°回转	+	+	+	—	—	+	—	+	—	+	—	—
7	刀臂缩回	+	+	+	—	—	+	+	+	—	—	—	+
8	刀具夹紧/关气	—	—	+	—	+	—	+	+	—	—	—	+
9	机械手返回	+	—	+	—	+	—	+	+	—	—	+	—
10	刀套返回 0°	—	—	—	+	+	—	+	—	+	—	+	—
11	换刀完成	—	—	—	+	+	—	+	—	+	—	+	—

注：“+”表示电磁阀接通或开关发信；“—”表示电磁阀断开或开关不发信。

7.6.3　随机刀具表的创建

(1) 刀具变化规律

采用机械手换刀时，刀库换刀位的刀具将与主轴上的刀具互换，因此，刀库刀座（刀套）上所安装的刀具号将随着刀具交换的进行而不断改变。

例如，当现行主轴上的刀具为 T01、刀具 T02 安装在刀套 D02 上、刀具 T10 安装在刀套 D10 上时，执行如下加工程序时，其换刀动作及刀套上的刀具变化如表 7.6.3 所示。

```
O 0010;
N01 T01;
N10 M06;
N12 T02;                    // 预选下一把刀具 T02
    ……                      // 刀具 T01 加工程序
    G28 Z0 M19;
N20 M06;
N22 T10;                    // 预选下一把刀具 T10
    ……                      // 刀具 T02 加工程序
    G28 Z0 M19;
```

```
N30 M06;
……                                     //刀具 T10 加工程序
M30;
```

表 7.6.3　第 1 次执行 O 0010 的动作及刀套上的刀具变化表

程序段	换刀动作	主轴上的刀具	刀库换刀位刀套	刀套上的刀具	
				D02	D10
执行前	—	T01	任意	T02	T10
N1	无	T01	不变	T02	T10
N10	无	T01	不变	T02	T10
N12	刀库回转,预选刀具 T02	T01	D02	T02	T10
N20	T02 换刀	T02	D02	T01	T10
N22	刀库回转,预选刀具 T10	T02	D10	T01	T10
N30	T10 换刀	T10	D10	T01	T02

以上程序执行完成后，如果再次执行同一加工程序，其换刀动作及刀套上的刀具变化将如表 7.6.4 所示，如此类推。

表 7.6.4　第 2 次执行 O 0010 的动作及刀套上的刀具变化表

程序段	换刀动作	主轴上的刀具	刀库换刀位刀套	刀套上的刀具	
				D02	D10
执行前	—	T10	D10	T01	T02
N1	刀库回转,预选刀具 T01	T10	D02	T01	T02
N10	T01 换刀	T01	D02	T10	T02
N12	刀库回转,预选刀具 T02	T01	D10	T10	T02
N20	T02 换刀	T02	D10	T10	T01
N22	刀库回转,预选刀具 T10	T02	D02	T10	T01
N30	T10 换刀	T10	D02	T02	T01

(2) 随机刀具表创建

由上可知，在机械手换刀的加工中心上，为了在刀库上找到所需要的刀具，需要建立一个数据表，以指明刀具在刀套上的安装位置，这一数据表称为随机刀具表。

为了便于刀具数据输入、检查和修改，随机刀具表通常建立在数据寄存器 D 上。为便于 PMC 程序检查、阅读，随机刀具表的数据寄存器起始值通常为 D000。

以 16 把刀的刀库为例，随机刀具表的格式示例如表 7.6.5 所示，为了便于 PMC 程序编制，随机刀具表中的数据格式应选择二进制。

表 7.6.5　16 把刀加工中心随机刀具表

数据寄存器地址	数据格式	数据长度	数据寄存器的内容(数值)
D000	二进制	1 字节	主轴上的现行刀具号
D001	二进制	1 字节	刀库 1 号刀套上的现行刀具号
D002	二进制	1 字节	刀库 2 号刀套上的现行刀具号
……	……	1 字节	……
D016	二进制	1 字节	刀库 16 号刀套上的现行刀具号

表中的数据寄存器 D000 代表主轴；D001～D016 与刀套号一一对应，数据寄存器的数值就是安装在对应刀套上的刀具号。因此，执行换刀指令时，只需要通过 PMC 的二进制数据检索指令 DSCHB(SUB34)，将数据表中存储有 T 代码刀具的数据存储器地址输出到指令指定的结果存储器中，便可在结果存储器中的得到对应的刀套号。刀库回转选刀时，只需要将该刀套回转到刀库的换刀位上，便可以完成刀具预选动作。

随机刀具表的数据长度取决于加工程序中的 T 代码编程范围。使用 2 位 T 代码的刀号范围为 T1～T99，数据长度只需 1 字节；使用 4 位、8 位 T 代码编程的刀号范围分别为 T1～T9999、T1～T99999999，数据长度应分别定义为 2、4 字节。

如果刀库刀具进行了手动安装或更换，必须通过 CNC 的 PMC 参数设定操作，重新输入、编辑刀具表，有关 PMC 数据存储器的设定操作可参见后述章节。

7.6.4　刀具预选程序设计

刀具预选程序用于刀库刀具的预选控制，它一般由 T 代码处理和刀库回转选刀两部分组成，PMC 程序示例介绍如下。

(1) T 代码处理

机械手换刀加工中心的 T 代码处理程序一般包括主轴刀号比较、刀具检索、刀库换刀位刀号比较、刀具预选启动、T 代码完成应答等部分。

T 代码处理程序示例如图 7.6.7 所示。

为了保证 CNC 程序出现 T 代码重复编程时的换刀正确，程序将 TF 信号（F007.3）分为了 TF 首循环脉冲 R500.6 和 TF 执行启动信号 R500.5(TFST)。当 CNC 执行加工程序 T 指令、发送 TF 信号时，首先通过 TF 首循环脉冲 R500.6，清除上一 T 代码指令所保存的主轴刀号比较、换刀位刀号比较、刀具预选启动等状态信号；然后，再利用 TF 执行启动信号 R500.5，生成本次 T 代码指令的主轴刀号比较、换刀位刀号比较、刀具预选启动等状态信号。这样，如 CNC 程序出现 T 代码重复指令，将以最后编程的 T 代码为实际有效的 T 代码。

① 主轴刀号比较。程序 TF 执行启动信号 R500.5 为“1”时，首先通过二进制比较指令 COMPB(SUB32) 进行 T 代码与主轴现行刀具号的比较，当 T 指令（F026）与主轴现行刀具号（随机刀具表中数据存储器 D000 内容）一致时，R500.0 为“1”，机床无需进行刀具预选和换刀动作。R500.0=1 时，可通过后述的 T 代码完成应答程序，直接产生 T 代码执行完成信号 R501.7，结束刀具预选动作；R500.0 状态需要 CNC 下一次执行 T 指令时的 TF 首循环脉冲 R500.6 清除。

② 刀具检索。刀具检索可通过利用 PMC 的二进制数据检索指令 DSCHB(SUB34) 实现。由于随机刀具表 7.6.5 的 D000 用于主轴现行刀具号存储，D001～Dn 用于刀套 1～n 上的刀具号存储，因此，当数据表起始地址定义为 D000 时，数据表的长度应为刀库刀套数加 1。刀库刀座（刀套）数就是刀位计数器 C1 的预置值，对应的计数存储器为 C000；为此，程序中可通过二进制加法指令 ADDB(SUB36) 进行 C000 和常数 1 的加法运算，并在结果寄存器 R600 上得到数据表长度。

二进制数据检索指令 DSCHB(SUB34) 的数据长度定义为 1 字节，数据表长度为 R600，数据表起始地址为 D000；需要检索的数据由 F026(T 代码) 指定；检索结果（刀座号）保存在 R610 中。

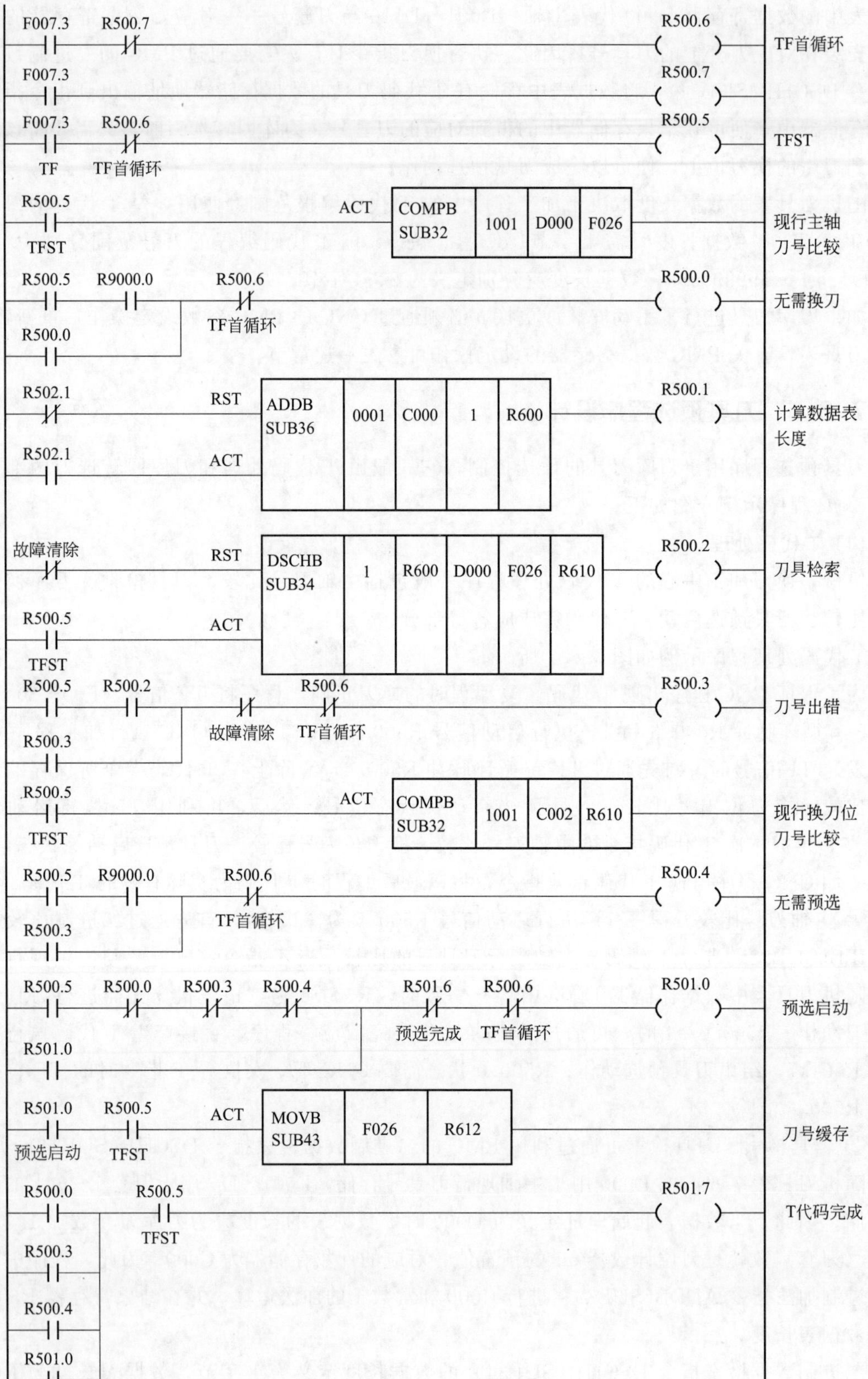

```
F007.3 ─┤├─ R500.7 ─┤/├─────────────────────( R500.6 )  TF首循环

F007.3 ─┤├──────────────────────────────────( R500.7 )

F007.3 ─┤├─ R500.6 ─┤/├─────────────────────( R500.5 )  TFST
TF          TF首循环

R500.5 ─┤├── ACT [COMPB SUB32 | 1001 | D000 | F026]      现行主轴刀号比较
TFST

R500.5 ─┤├─ R9000.0 ─┤├─┬─ R500.6 ─┤/├──────( R500.0 )  无需换刀
R500.0 ─┤├──────────────┘  TF首循环

R502.1 ─┤/├── RST [ADDB SUB36 | 0001 | C000 | 1 | R600] ─( R500.1 )  计算数据表长度
R502.1 ─┤├─── ACT

故障清除 ─┤/├── RST [DSCHB SUB34 | 1 | R600 | D000 | F026 | R610] ─( R500.2 )  刀具检索
R500.5 ─┤├─── ACT
TFST

R500.5 ─┤├─ R500.2 ─┤├─┬─ ─┤/├─ R500.6 ─┤/├─( R500.3 )  刀号出错
R500.3 ─┤├─────────────┘  故障清除  TF首循环

R500.5 ─┤├── ACT [COMPB SUB32 | 1001 | C002 | R610]      现行换刀位刀号比较
TFST

R500.5 ─┤├─ R9000.0 ─┤├─┬─ R500.6 ─┤/├──────( R500.4 )  无需预选
R500.3 ─┤├──────────────┘  TF首循环

R500.5 ─┤├─ R500.0 ─┤/├─ R500.3 ─┤/├─ R500.4 ─┤/├─┬─ R501.6 ─┤/├─ R500.6 ─┤/├─( R501.0 )  预选启动
R501.0 ─┤├────────────────────────────────────────┘  预选完成      TF首循环

R501.0 ─┤├─ R500.5 ─┤├── ACT [MOVB SUB43 | F026 | R612]   刀号缓存
预选启动    TFST

R500.0 ─┤├─┬─ R500.5 ─┤├────────────────────( R501.7 )  T代码完成
R500.3 ─┤├─┤  TFST
R500.4 ─┤├─┤
R501.0 ─┤├─┘
```

图 7.6.7　T 代码处理程序

以执行 T30 指令为例，假如刀具 T30 安装于刀套 8 上，执行指令 DSCHB 的 PMC 处理过程如图 7.6.8 所示；指令执行后，存储有刀具 T30 的数据寄存器序号 08，将被输出到结果寄存器 R610 中，因此，R610 的值就是安装刀具 T30 的刀座（刀套）号。

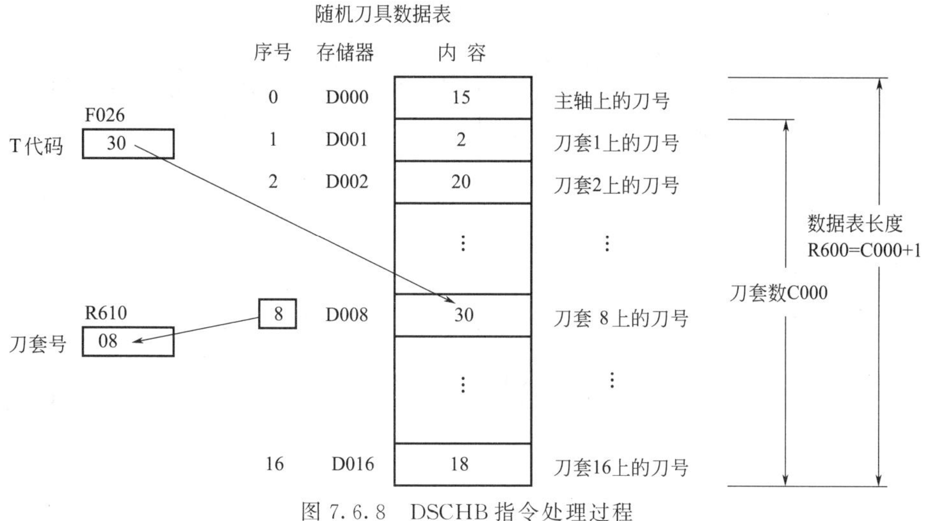

图 7.6.8 DSCHB 指令处理过程

程序中的 R500.3 用于 T 代码出错报警。当 T 指令的刀号在数据表中不存在时，DSCHB 指令输出 R500.2 将为“1”，此时可通过 R500.3 产生机床操作出错报警；同时禁止后述的刀具预选、自动换刀动作。

③ 刀库换刀位刀号比较。当指令刀具的刀套号检索完成后，如果这一刀套已经位于刀库换刀位，可直接通过 M06 启动换刀，无需进行刀具预选。

刀库换刀位刀号比较同样通过二进制数据比较指令 COMPB（SUB32）实现，指令中的 C002 为刀位计数器 C1 的现行计数值存储器，即现在换刀位的刀套号；R610 为指令刀具的刀套号；两者一致时内部继电器 R500.4 为“1”，此时刀库无需进行回转选刀动作。

④ 刀具预选启动。如指令刀具 T 安装在刀库上（R500.0=0、R500.3=0），且不在刀库换刀位（R500.4=0），程序的刀具预选启动信号 R501.0 将为“1”，这一信号将启动后述的刀库回转，进行刀具预选。

程序中的字节传送指令 MOVB（SUB43）用于 T 代码缓存，刀具需要预选时，指令刀具代码 T（F026）保存到缓冲存储器 R612 上；R612 用于自动换刀指令 M06 执行完成后的随机刀具表数据更新。

⑤ T 代码完成应答。T 代码处理结束后，状态信号 R500.0、R500.3、R500.4、R501.0 中必然有 1 个为“1”；此时，T 代码执行完成应答信号 R501.7 将为“1”，R501.7 可将后述的辅助机能执行完成公共应答信号 FIN（G004.3）置“1”，结束 CNC 的 T 指令，继续执行加工程序；而刀库则可在 R501.0 为“1”时，在 PMC 程序的控制下进行下述的回转选刀运动。

（2）刀库回转选刀

刀库回转选刀程序一般由转向判别、正反转控制、刀位计数等部分组成，程序示例如图 7.6.9 所示。

刀库的回转选刀运动利用 T 代码处理程序中的刀具预选启动信号 R501.0 启动；刀库可进行双向回转、捷径选刀。

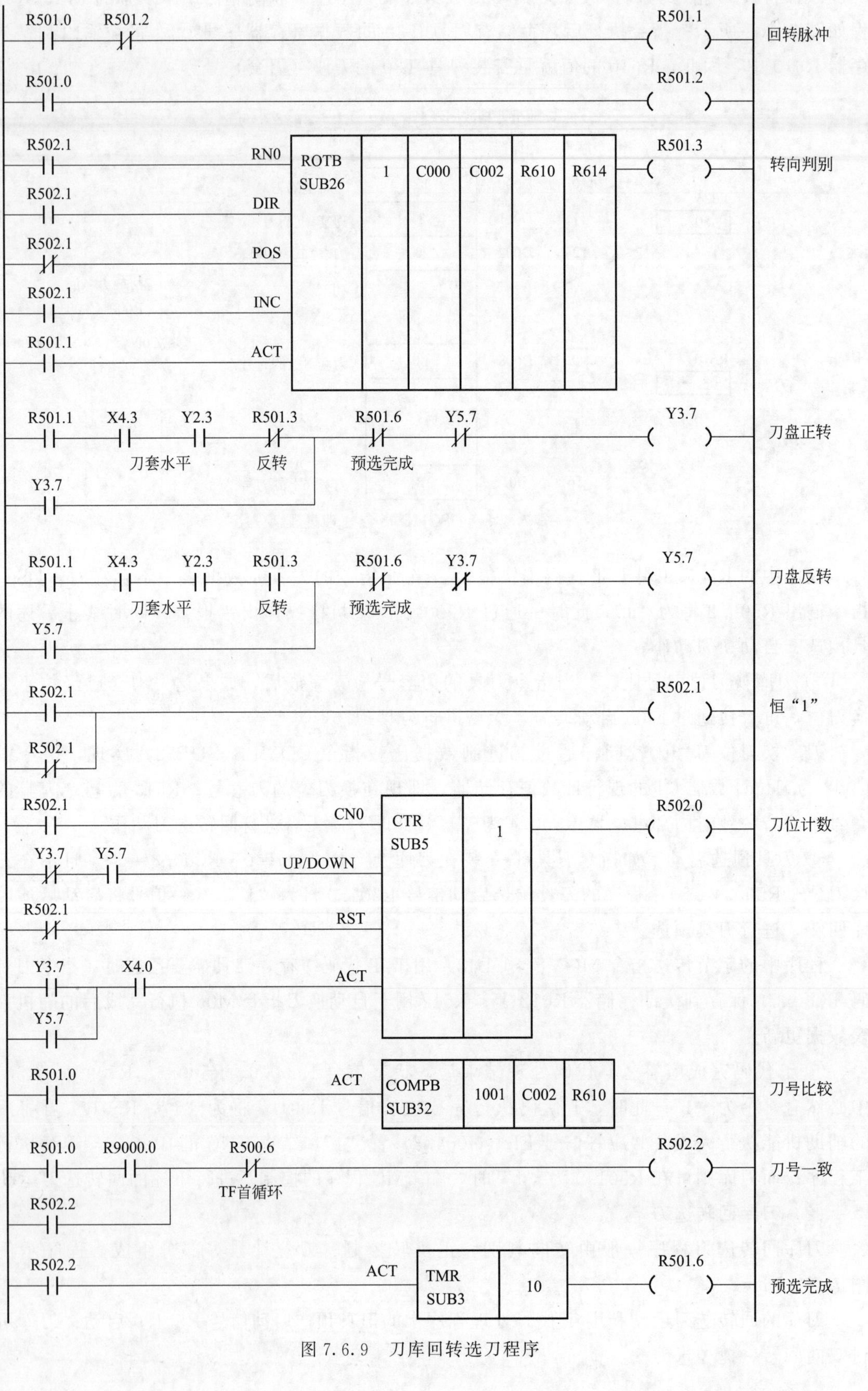

输入条件	功能指令	输出	说明
R501.0 ─┤├─ R501.2 ─┤/├─		R501.1 ( )	回转脉冲
R501.0 ─┤├─		R501.2 ( )	
RN0: R502.1 ─┤├─ DIR: R502.1 ─┤├─ POS: R502.1 ─┤/├─ INC: R502.1 ─┤├─ ACT: R501.1 ─┤├─	ROTB SUB26 | 1 | C000 | C002 | R610 | R614	R501.3 ( )	转向判别
R501.1 ─┤├─ X4.3 ─┤├─（刀套水平） Y2.3 ─┤├─ R501.3 ─┤/├─（反转），并联 Y3.7 ─┤├─；串联 R501.6 ─┤/├─（预选完成） Y5.7 ─┤/├─		Y3.7 ( )	刀盘正转
R501.1 ─┤├─ X4.3 ─┤├─（刀套水平） Y2.3 ─┤├─ R501.3 ─┤├─（反转），并联 Y5.7 ─┤├─；串联 R501.6 ─┤/├─（预选完成） Y3.7 ─┤/├─		Y5.7 ( )	刀盘反转
R502.1 ─┤├─，并联 R502.1 ─┤/├─		R502.1 ( )	恒“1”
CN0: R502.1 ─┤├─ UP/DOWN: Y3.7 ─┤/├─ Y5.7 ─┤├─ RST: R502.1 ─┤/├─ ACT: （Y3.7 ─┤├─ 并联 Y5.7 ─┤├─） X4.0 ─┤├─	CTR SUB5 | 1	R502.0 ( )	刀位计数
ACT: R501.0 ─┤├─	COMPB SUB32 | 1001 | C002 | R610		刀号比较
R501.0 ─┤├─ R9000.0 ─┤├─，并联 R502.2 ─┤├─；串联 R500.6 ─┤/├─（TF首循环）		R502.2 ( )	刀号一致
ACT: R502.2 ─┤├─	TMR SUB3 | 10	R501.6 ( )	预选完成

图 7.6.9　刀库回转选刀程序

刀库的正反转控制，同样通过 PMC 的二进制回转控制功能指令 ROTB(SUB26) 实现；但是，在机械手换刀的加工中心上，ROTB 指令的目标位置应为刀具检索指令 DSCHB 所得到的刀库刀套号 R610。ROTB 指令的作用及功能在前述的程序中已有详细说明，有关内容可参见 7.4 节。

机械手换刀加工中心的刀库的刀套位置计数（刀位计数），通常也采用计数开关计数的方式，在 PMC 程序中可利用 PMC 的回转计数功能指令 CTR(SUB5)，计算刀库现在换刀位的刀套（刀座）号；指令 CTR 的作用及功能可参见 7.4 节。

7.6.5 机械手换刀程序设计

在机械手换刀的加工中心上，自动换刀一般也通过 M06 指令启动，其动作包括刀库换刀位的刀套翻转、主轴上的刀具夹紧/松开、刀具交换等。

凸轮驱动的机械手转位、升缩、手爪松夹等动作都可由凸轮驱动装置及手爪上的机械机构实现，刀具交换时只需要控制驱动电机的启动/停止，因此，换刀控制的 PMC 程序一般分为换刀准备、机械手抓刀、刀具交换、机械手返回和结束处理等部分，典型 PMC 程序及功能说明如下。

(1) 换刀准备

换刀准备典型程序如图 7.6.10 所示，程序包括 M06 译码、M06 完成判别、刀套 90°翻转控制等动作。

在 FANUC 数控系统上，M 代码的译码可直接采用二进制译码指令 DECB(SUB25) 进行，指令说明可参见 7.1 节。执行图 7.6.10 所示的 DECB 指令，可将来自 CNC 的 32 位二进制 M 代码信号 F010～F013 中的 M03～M10，依次转换为 DECB 结果寄存器 R520.0～R520.7 上的二进制位信号，因此，执行换刀指令 M06 时，内部继电器 R520.3 将为“1”，程序中的 M06 启动信号 M06ST(R521.0) 成为“1”。

当 R521.0=1 时，如前述程序中的 T 代码处理结果为 R500.0=1（T 指令刀具和主轴刀具一致）或 R500.3=1(T 指令刀具在刀库中不存在)，程序中的 M06 结束信号 R521.1 将输出“1”。R521.1 可通过后述的 M06 执行完成应答程序，产生辅助功能执行完成应答信号 FIN (G004.3)，结束 M06 指令。

当 R521.0=1 时，如前述程序中的 T 代码处理结果为 R500.4=1(T 指令刀具和刀库现在换刀位刀具一致)，或刀具预选程序的执行结果为 R501.6=1(刀具预选已经完成)，程序可立即产生 ATC 启动信号 R521.2；如 R501.6=0(刀具预选进行中)，则需要等待刀库的刀具预选完成信号 R501.6=1 后，才能产生 ATC 启动信号 R521.2。

ATC 启动信号 R521.2 为“1”后，将生成 M06 启动脉冲 R521.3，此时，如机床的 ATC 启动初始条件已经满足（R521.5=1)，则可通过 ATC 启动脉冲 R521.6，接通刀库换刀位刀套垂直控制电磁阀输出 Y2.2，使刀库换刀位的刀套翻转 90°，刀具轴线由水平状态成为与主轴轴线平行的垂直状态，为机械手换刀做好准备。

刀套垂直电磁阀输出 Y2.2 在整个自动换刀过程中需要一直保持接通，当自动换刀结束时，Y2.2 可通过换刀结束信号 R524.4 断开，恢复水平状态；刀套水平电磁阀的输出 Y2.3 可使用 Y2.2 的取反状态控制。

(2) 机械手抓刀

机械手抓刀俗称“扣刀”，执行这一动作时，机械手驱动电动机将启动旋转，机械手可在

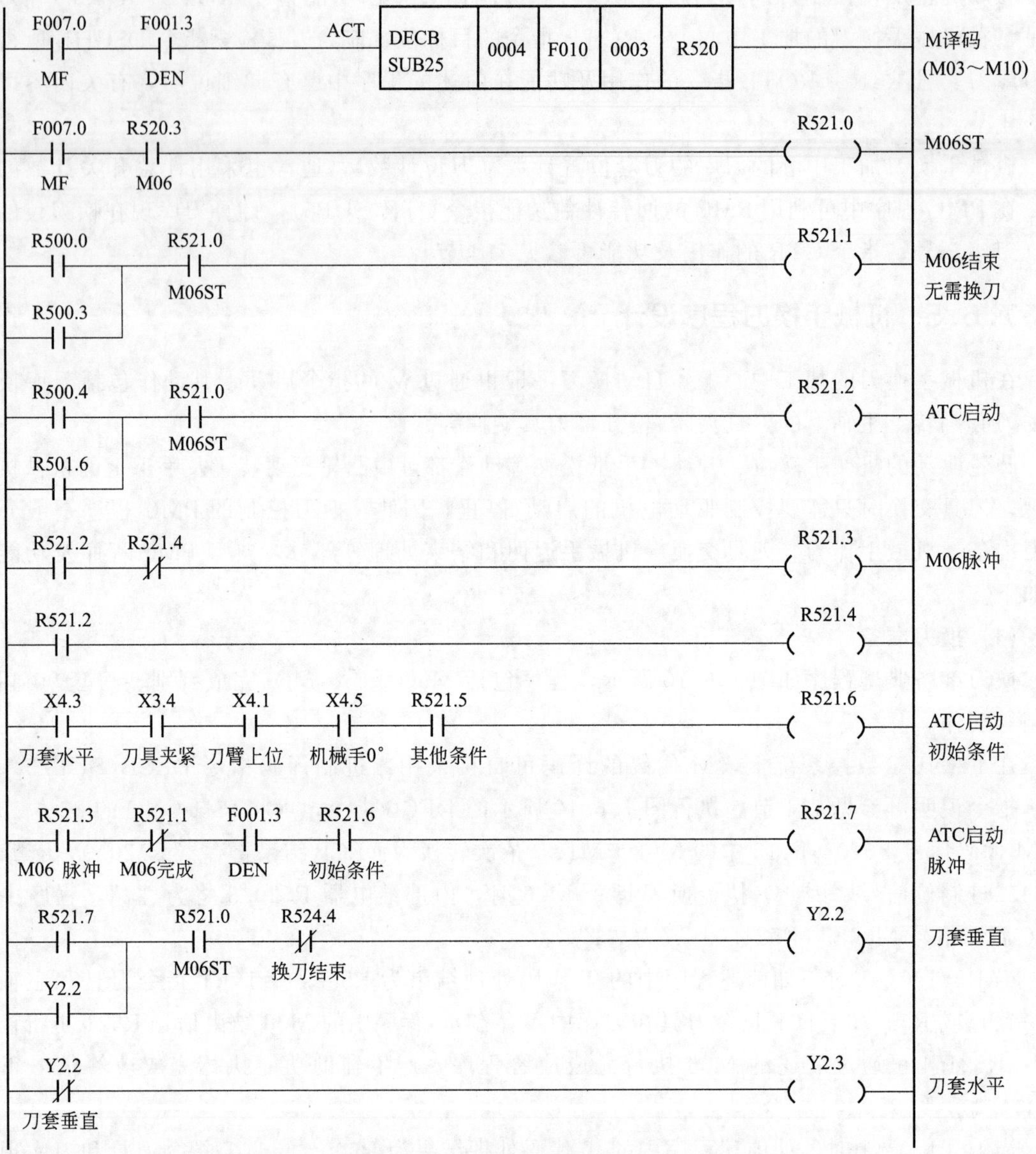

```
F007.0  F001.3        ACT  DECB SUB25 | 0004 | F010 | 0003 | R520      M译码 (M03～M10)
MF      DEN

F007.0  R520.3                                   R521.0   M06ST
MF      M06

R500.0  R521.0                                   R521.1   M06结束 无需换刀
R500.3  M06ST

R500.4  R521.0                                   R521.2   ATC启动
R501.6  M06ST

R521.2  R521.4(常闭)                             R521.3   M06脉冲

R521.2                                           R521.4

X4.3      X3.4      X4.1      X4.5       R521.5    R521.6   ATC启动 初始条件
刀套水平  刀具夹紧  刀臂上位  机械手0°   其他条件

R521.3    R521.1(常闭)  F001.3  R521.6           R521.7   ATC启动 脉冲
M06 脉冲  M06完成       DEN     初始条件

R521.7  R521.0  R524.4(常闭)                     Y2.2     刀套垂直
Y2.2    M06ST   换刀结束

Y2.2(常闭)                                       Y2.3     刀套水平
刀套垂直
```

图 7.6.10　换刀准备程序

弧面凸轮的驱动下，进行 70°左右的回转，使两侧的手爪分别夹持刀库换刀位和主轴上的刀具。

机械手抓刀的 PMC 控制程序主要包括机械手 70°回转和主轴上的刀具松开两个动作，PMC 程序如图 7.6.11 所示。

当自动换刀启动、刀库换刀位的刀套翻转到 90°的垂直位置后，经过 T1 的短时延时（通常为 0.5s），程序中的机械手 70°回转启动脉冲 R522.1 将为“1”。R522.1＝1 时，机械手 70°回转信号 R522.3 将为“1”并保持，R522.3 可使后述程序中的机械手驱动电机启动输出 Y4.3 为“1”，启动驱动电机旋转。

机械手回转到达 70°时，70°检测开关输入 X4.7＝1，程序中的到位信号 R522.4 为“1”。R522.4 可使后述程序中的机械手驱动电机启动输出 Y4.3 为“0”，使驱动电机停止，机械手保持在 70°位置。

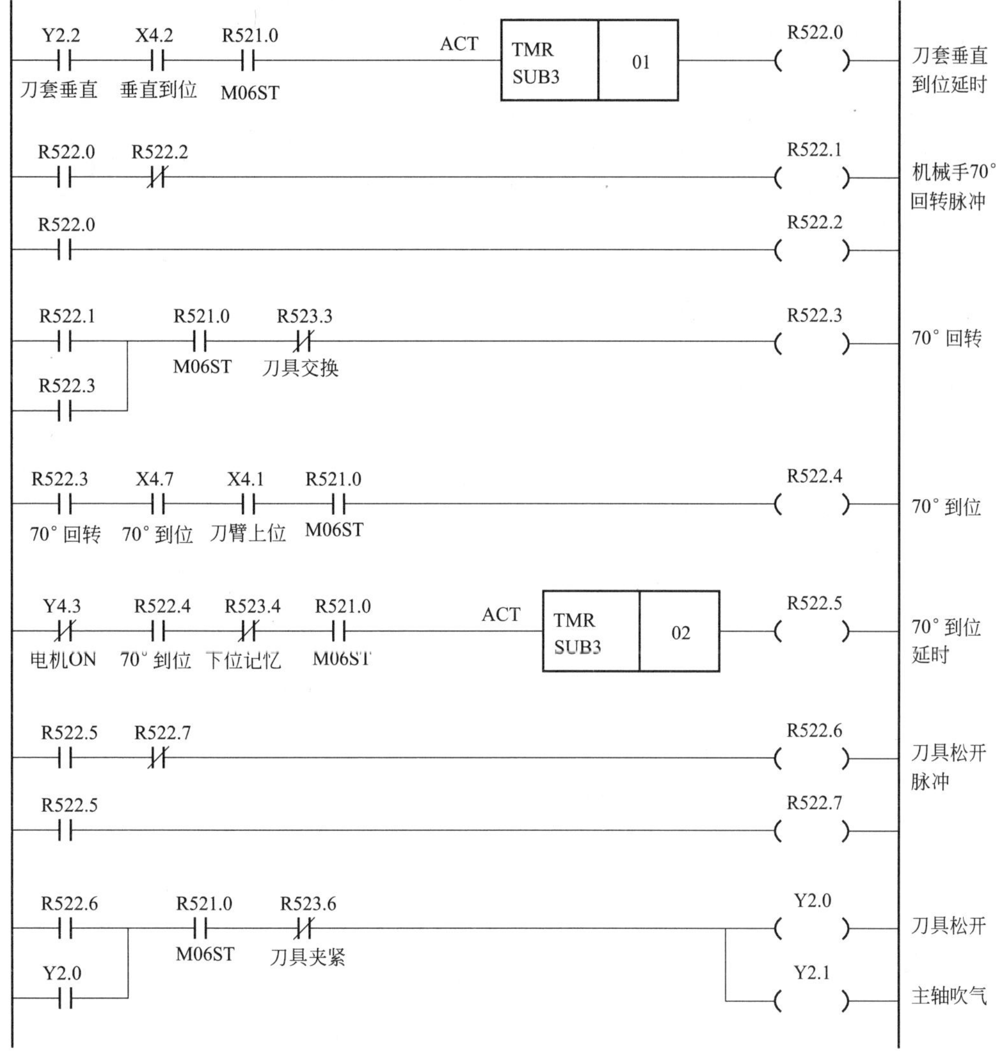

图 7.6.11　机械手抓刀控制程序

Y4.3 断开后，经过 T2 短时延时（也可无延时），程序中的刀具松开启动脉冲 R522.6 将为“1”，这一脉冲将使主轴上的刀具松开电磁阀 Y2.0 和主轴吹气电磁阀 Y2.1 同时输出“1”，主轴上的刀具被松开。

由于机械手在完成后述的刀臂伸出、180°回转、刀臂缩回等刀具交换动作后，将重新回到刀臂上位、70°到位的状态，此时，机床侧的检测开关输入状态与抓刀完成时的状态并无区别，为了避免程序再次产生刀具松开信号，程序中用于产生刀具松开启动脉冲 R522.6 的 70°到位延时继电器 T2 上，增加了刀臂下位记忆 R523.4 这一互锁条件。R523.4 由后述程序中的刀臂下位（伸出）检测开关输入信号 X4.4 产生；R523.4＝1，表明机械手已完成刀具交换动作，禁止再次松开刀具。

(3) 刀具交换

刀具交换包括刀臂伸出（向下卸刀）、机械手 180°回转（刀具交换）、刀臂缩回（向上装刀）及主轴上的刀具夹紧等动作。其中，刀臂向下、机械手 180°回转、刀臂向上是由机械凸轮联动机构控制的连续运动，在 PMC 程序设计时，只需要保证机械手驱动电机连续回转，便可自动实现；主轴刀具夹紧时，需要断开机械手驱动电机，通过气动系统夹紧刀具。刀具交换控制的 PMC 程序示例如图 7.6.12 所示。

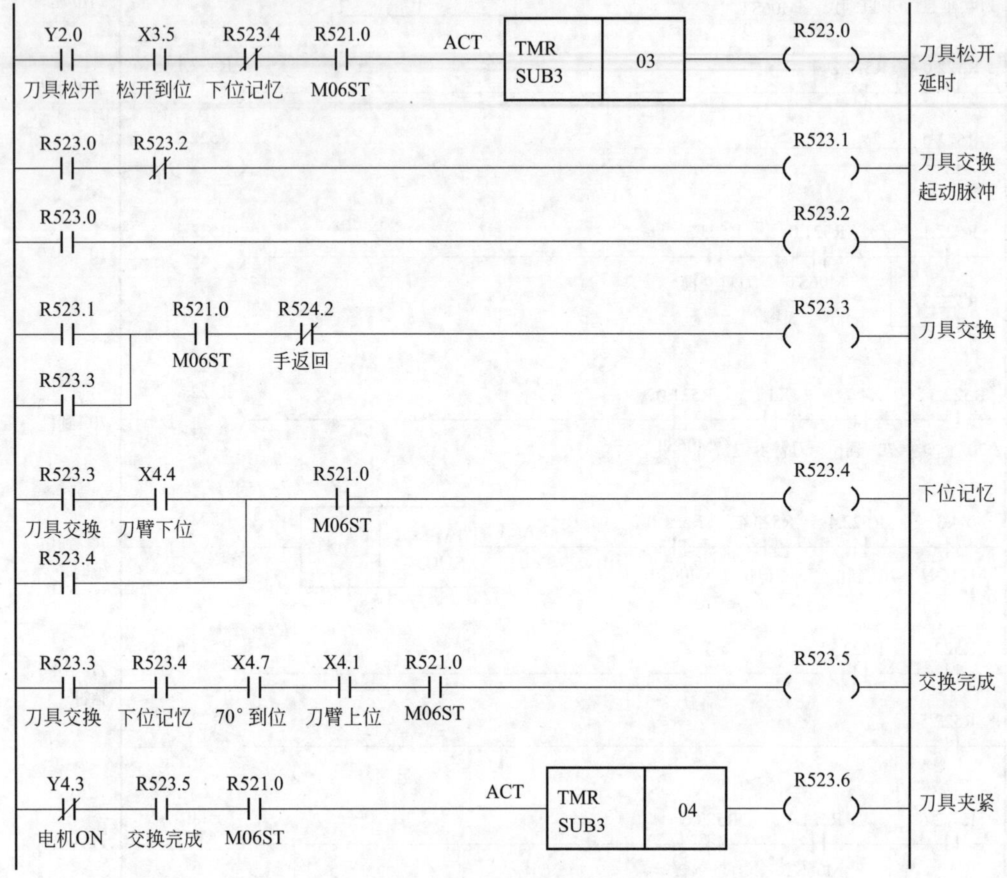

图 7.6.12　刀具交换控制程序

在图 7.6.12 所示的程序中，当主轴刀具松开电磁阀 Y2.0 接通、检测开关 X3.5 发信后，经 T3 的短时延时（通常为 0.5s），将产生刀具交换启动脉冲 R523.1。R523.1 可使机械手驱动电机 2 次启动信号 R523.3＝1 并保持，驱动电机再次启动，机械手将在凸轮联动机构的控制下，连续完成刀臂向下、机械手 180°回转、刀臂向上动作。

同样，当机械手完成上式动作、刀臂回到上位后，将成为刀臂上位、机械手 250°、刀具松开状态。由于机械手结构完全对称，其 70°到位和 250°到位信号实际上使用同一检测开关，因此，检测开关输入状态与刀具交换开始时的状态完全一致。为了避免刀具交换动作的再次启动，用来产生刀具交换启动脉冲 R523.1 的松开延时继电器 T3 上，也需要增加刀臂下位记忆互锁信号 R523.4。

当机械手完成刀具交换动作、刀臂回到上位后，交换完成信号 R523.5 将为“1”，R523.5 将通过后述的程序断开输出 Y4.3，停止驱动电机，使机械手在上位保持。Y4.3 断开后，经过 T4 的短时延时（也可无延时），可产生刀具夹紧信号 R523.6，断开前述程序中的刀具松开和主轴吹气电磁阀输出 Y2.0 和 Y2.1，重新夹紧主轴上的刀具。

(4) 机械手返回

执行机械手返回动作时，只需要第 3 次启动机械手驱动电机，机械手便可在弧面凸轮的控制下，返回到 180°位置。机械手返回的 PMC 程序示例如图 7.6.13 所示。

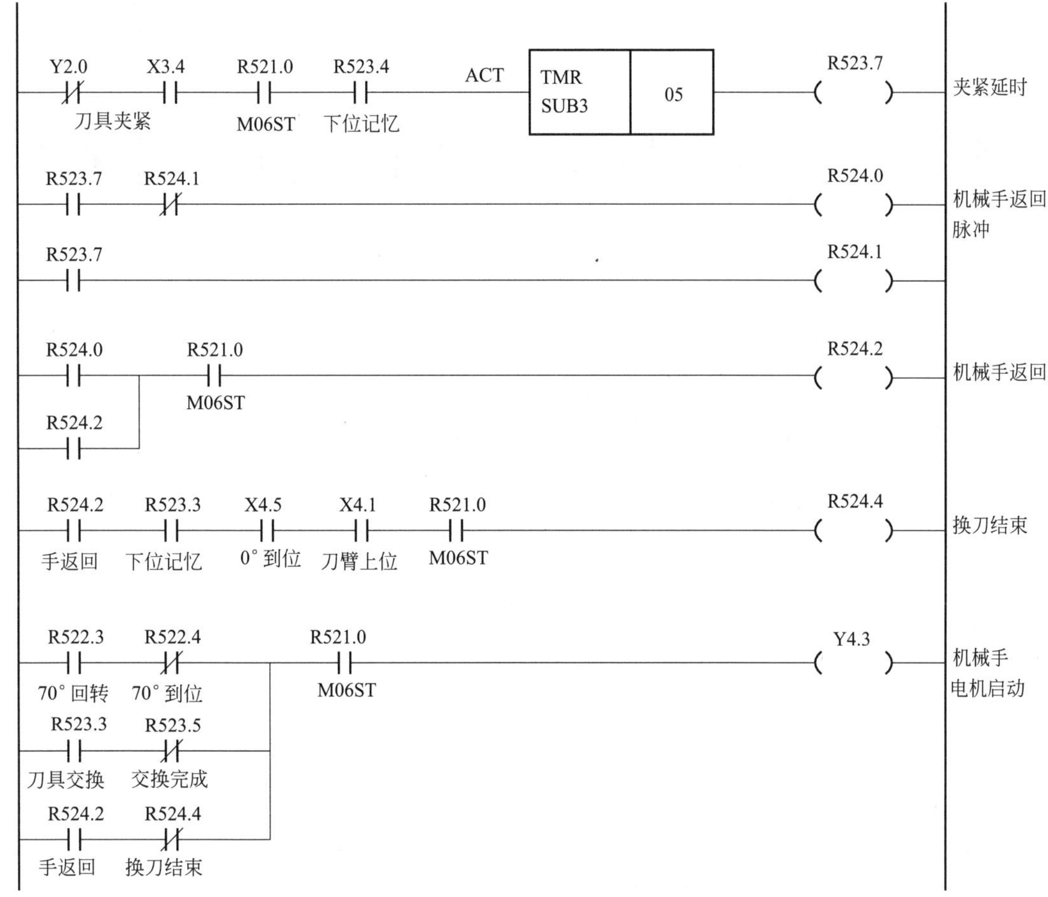

图 7.6.13　机械手返回控制程序

在图 7.6.13 程序中，当主轴刀具松开电磁阀 Y2.0 断开、夹紧检测开关 X3.4 发信后，经过 T5 的短时延时（通常为 0.5s），将产生机械手返回脉冲 R524.0。R524.0 可使机械手驱动电机第 3 次启动信号 R524.2＝1 并保持，电机第 3 次旋转，机械手在凸轮联动机构的控制下，完成返回动作。

当机械手返回到 180°（相当于 0°）位置后，0°到位信号 X4.5＝1，换刀结束信号 R524.4＝1。R524.4 可断开机械手电机接触器控制输出 Y4.3 及前述程序中的刀套翻转电磁阀输出 Y2.2、Y2.3，使刀库上的刀套恢复成水平状态。

程序中的机械手驱动电机控制输出 Y4.3，综合考虑了 70°回转抓刀、刀具交换、机械手返回 3 种情况。70°回转抓刀时，Y4.3 由 70°回转信号 R522.3 启动，由 70°到位信号 R522.4 断开，电机停止后可执行主轴上的刀具松开动作；刀具交换时，Y4.3 由刀具交换信号 R523.3 第 2 次启动，由交换完成信号 R523.5 断开，电机停止后可执行主轴上的刀具夹紧动作；机械手返回时，Y4.3 由机械手返回信号 R524.2 启动，由换刀结束信号 R524.4 断开，整个换刀动作结束。

(5) 结束处理

在机械手换刀的加工中心上，M06 自动换刀指令执行完成后，需要进行随机刀具表的数据更新、M 代码完成应答处理，PMC 程序示例如图 7.6.14 所示。

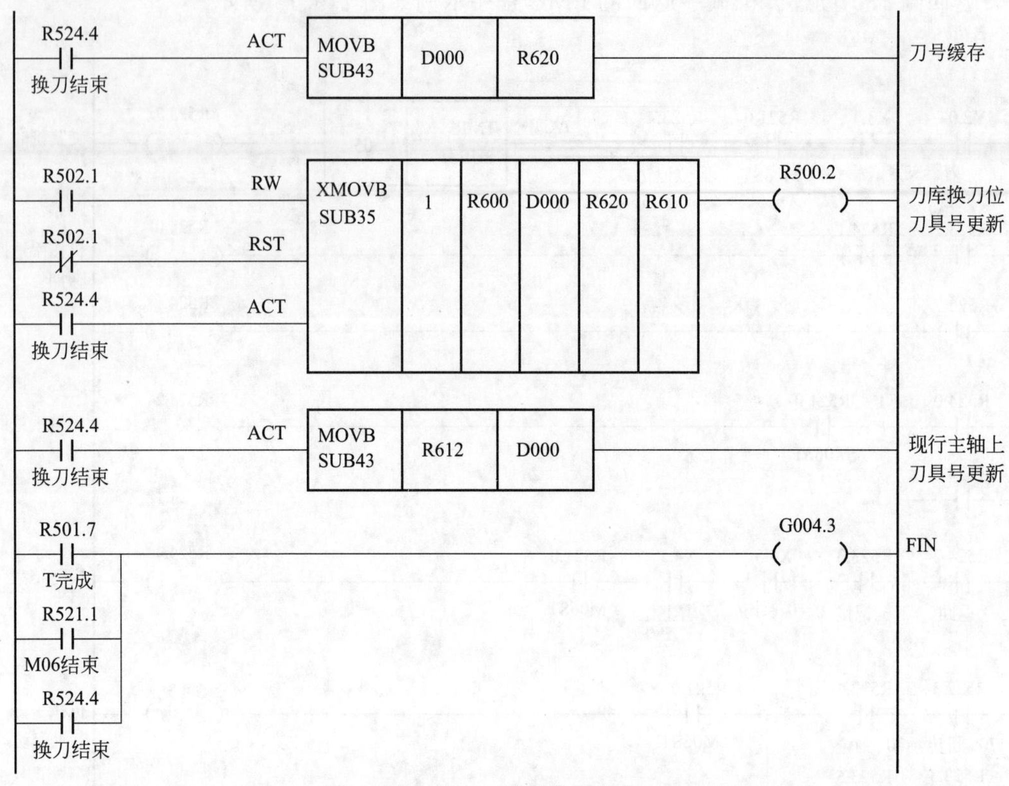

图 7.6.14　结束处理程序

当机械手完成换刀后，CNC加工程序中T代码所指定的刀具将被装入到主轴上，而原主轴上的刀具将被装入刀库换刀位的刀套中，因此，需要进行随机刀具表中的数据寄存器D000及刀库换刀位数据寄存器中的刀具号数据进行更新。

程序中的第1条二进制数据传送指令MOVB(SUB43)用于原主轴上刀具号的缓冲存储，执行指令可将随机刀具表中D000的数据（原主轴上的刀具号）传送到存储器R620上保存。程序中的数据表数据读写指令XMOVB(SUB35)，用于刀库换刀位数据寄存器的刀具号更新，指令的控制条件如下。

RW：读写控制信号。RW＝0为数据读出，RW＝1为数据写入；程序中的RW利用恒"1"信号R502.1控制，可进行数据表的数据写入。

RST：复位输入。RST＝1可清除错误输出WRT，程序不使用该信号，RW恒为"0"。

ACT：指令执行启动信号。利用换刀结束信号R524.4控制，可在换刀完成后进行数据写入操作。

指令的参数作用依次如下。

1：数据表数据长度为1字节。

R600：数据表长度由R600指定，长度为刀库刀位数加1。

D000：数据表起始地址为D000。

R620：需要写入的数据，定义为缓冲存储器R620上的原主轴刀具号。

R610：需要写入的地址，定义为刀库换刀位的刀套号R610。

指令XMOVB(SUB35)执行后，保存在R620上的原主轴刀具号将被写入到刀库换刀位刀套号中。

程序的第 2 条数据传送指令 MOVB(SUB43) 用来更新主轴上刀具号。执行指令可将 R612 上保存的指令刀号 T 写入到数据表的现行主轴刀具号存储器 D000 上。

程序中的 FIN(G004.3) 为辅助机能执行完成公共应答信号，信号在 T 代码处理完成 (R501.7=1)、M06 结束 (R521.1=1)、自动换刀完成 (R524.4=1) 时为“1”，依次对 CNC 的 T 指令、M06 指令进行应答。

第 8 章 主轴控制程序设计

08

8.1 主轴速度控制程序设计

8.1.1 主轴控制的基本内容

数控车削类、镗铣类加工机床都是利用刀具和工件间的相对旋转运动，通过切削金属材料，得到所需工件形状的加工设备，因此，刀具和工件间的相对旋转运动称为金属切削机床的主运动，用来产生主运动的旋转轴称为主轴。

车削加工机床是以工件旋转为主运动，数控坐标轴驱动刀具进行径向（X 轴）和轴向（Z 轴）进给运动，实现回转体零件内外圆、端面加工的设备，主轴用来驱动工件旋转；镗铣加工机床是以刀具旋转为主运动，数控坐标轴驱动工件或主轴箱作进给运动，实现非回转体零件轮廓加工的设备，主轴用来驱动刀具旋转。由于主运动方式不同，两者的主轴控制要求有所区别。

(1) 车削加工机床主轴控制

车削加工数控机床以工件旋转为主运动，切削加工方法如图 8.1.1 所示，主轴控制的基本要求如下。

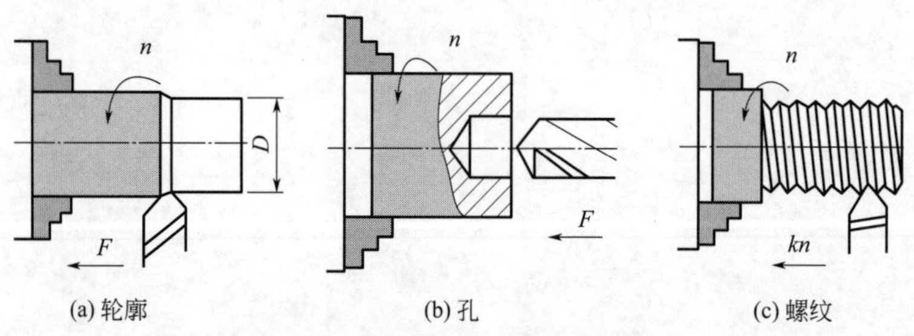

图 8.1.1 车削加工的基本方法

① 切削速度控制。车削加工机床的切削速度通过主轴转速控制实现，计算式如下：

$$v=\frac{\pi Dn}{1000}$$

式中 v ——切削速度，m/min；

n ——工件转速，r/min；

D ——工件加工部位直径，mm。

不同材质的刀具、工件对切削速度的要求各不相同，因此，主轴需要具备大范围转速调节功能。

② 螺纹切削。车削加工机床的螺纹切削利用刀具跟随主轴的同步运动实现，主轴旋转 360°，刀具跟随移动 1 个螺距；为此，主轴必须安装角位移检测的编码器，编码器的检测脉冲

由 CNC 直接转换为刀具进给脉冲，实现刀具跟随主轴的同步进给运动。

③ 位置控制。车削中心、车铣复合加工中心需要通过刀具旋转，利用图 8.1.2 所示的位置控制功能对回转体的侧面或端面进行镗铣加工。

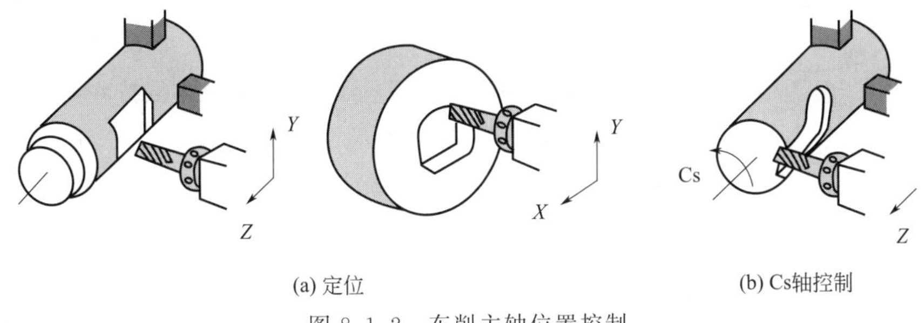

(a) 定位　　(b) Cs轴控制

图 8.1.2　车削主轴位置控制

镗铣加工的车削主轴不仅需要控制转速，而且还需要像数控回转轴一样，进行图 8.1.2(a) 所示的任意角度定位，并与 CNC 基本坐标轴一起进行图 8.1.2(b) 所示的插补，因此，主轴必须具有数控回转轴同样的位置控制功能，这一功能在 FANUC 数控系统上称为 Cs 轮廓控制（Cs contouring control），简称 Cs 轴控制。

Cs 轴控制的主轴需要具备数控回转轴一样的速度、位置控制性能，主轴驱动必须采用高性能主轴电机，位置检测需要使用高精度编码器。

(2) 镗铣加工机床主轴控制

镗铣加工数控机床以刀具旋转为主运动，切削加工方法如图 8.1.3 所示，主轴控制的基本要求如下。

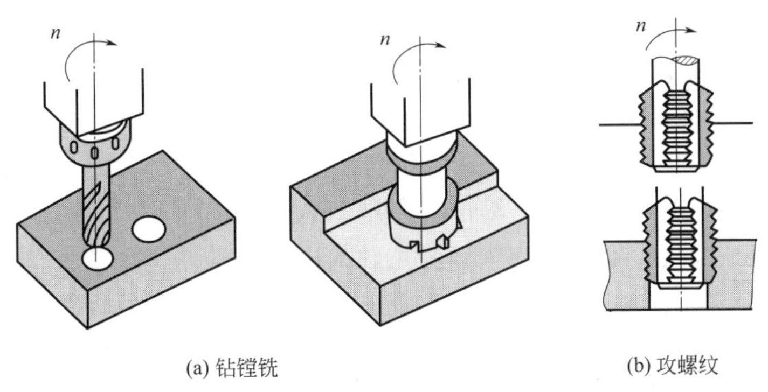

(a) 钻镗铣　　(b) 攻螺纹

图 8.1.3　镗铣加工方法

① 切削速度控制。镗铣加工机床的切削速度同样通过主轴转速控制实现，其计算式与车削加工相同，但是，公式 $v=\pi Dn/1000$ 中的 D 应为刀具直径。由于镗铣加工机床的刀具直径通常远小于车削机床的工件直径，因此对主轴最高转速、调速范围的要求更高。

② 螺纹切削。镗铣加工数控机床的螺纹一般采用丝锥“攻螺纹”方式加工，攻螺纹方式有柔性攻螺纹和刚性攻螺纹 2 种。柔性攻螺纹的丝锥可进行轴向伸缩，以补偿导程误差，加工时只需要保证主轴转速和轴向进给速度的基本匹配，无需进行主轴和 Z 轴的同步控制。刚性攻螺纹的丝锥和刀柄为刚性连接，主轴转速和轴向进给速度必须同步，严格保证丝锥旋转 360°时的轴向进给为 1 个螺距。刚性攻螺纹同样可通过进给轴跟随主轴同步运动的方式实现，攻螺纹加工时，CNC 可直接将主轴的位置检测脉冲转换为进给脉冲，以保证丝锥进给和回转

的同步。

③ 位置控制。镗铣加工数控机床的刀具安装在主轴上，为了传递切削加工转矩，刀具与主轴间需要通过图 8.1.4 所示的定位键啮合。因此，在加工中心换刀时，为了保证主轴的键能与刀具的键槽准确啮合，主轴必须在特定方向（角度）上定位停止，这一功能称为主轴的定向准停（spindle prientation）功能。主轴定向准停只要求主轴能停止并保持在某一固定角度上，因此，位置检测可使用接近开关进行定点检测、定位。如果主轴能通过编码器进行 360°任意位置检测、定位，这一功能称为主轴定位（spindle positioning）。

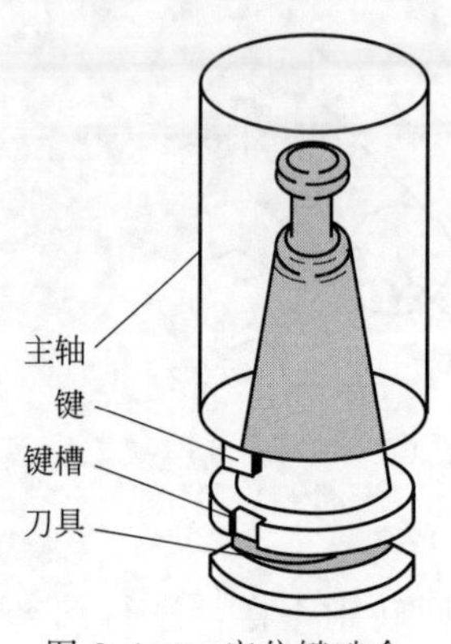

图 8.1.4　定位键啮合

(3) 模拟主轴和串行主轴控制

不需要进行 Cs 轴控制的数控机床主轴可直接通过 CNC 的辅助功能控制，国产普及型数控车床、铣床有时甚至直接采用机械变速箱实现调速。

主轴采用机械变速时，CNC 加工程序只需通过辅助功能 M03/M04/M05，控制电机的正反转和启停，无需（也不能）进行主轴的速度与位置控制，PMC 程序只要进行辅助功能译码及输出主轴正反转、启停信号，程序设计方法与第 7 章 7.1 节的冷却控制相同，在此不再进行说明。

全功能数控机床的主轴速度、位置控制需要配套主轴驱动器，主轴控制方式有模拟量控制和串行总线控制两种。

① 模拟主轴控制。当主轴速度（电机转速）需要通过其他调速装置（如通用型调速装置、变频器等）进行无级调速时，为了便于使用，CNC 可以将加工程序中用来指令主轴转速的 S 代码，直接转换为 DC0～10V（单极性或双极性）的模拟量输出，这一功能称为主轴模拟量输出，采用模拟量控制速度的主轴简称模拟主轴。FANUC 数控系统的主轴模拟量输出，需要选配 D/A 转换模块（称模拟主轴卡）与相应的附加功能。

如主轴调速装置本身具有定向准停或定位功能，也可通过 PMC 程序控制主轴进行定向准停、定位等简单位置控制。当主轴需要进行螺纹车削、刚性攻螺纹等加工时，主轴需要安装位置检测编码器，数控系统可通过进给轴跟随主轴的同步运动，实现螺纹车削、刚性攻螺纹加工；但是，由于 CNC 不能对主轴转速、位置进行高精度闭环控制，所以模拟主轴不能用于 Cs 轴控制。

模拟主轴的位置、速度、转矩控制需要主轴调速装置实现；主轴启停、正反转和定位控制需要通过机床输入/输出信号，由 PMC 程序进行控制。

② 串行主轴控制。需要高精度闭环速度、位置控制的主轴必须采用 FANUC 配套的主轴驱动器及电机，这样的主轴可像其他坐标轴一样，利用数控系统控制速度、位置。FANUC 数控系统的主轴驱动器和 CNC 间采用串行总线连接，简称串行主轴。FANUC 早期的串行主轴驱动器与 CNC 通过专门的 I/O-Link 总线连接；最新的串行主轴驱动器可直接与 CNC 的 FSSB 伺服总线连接。

串行主轴不但可用于高精度速度控制，而且可实现定向准停、定位、螺纹加工、Cs 轴控制等全部位置控制功能，如需要还可用于多主轴、主－从同步等控制。

FANUC 数控系统的模拟主轴和串行主轴的控制性能有较大的区别，以 FS 0i 系列数控系统为例，两种控制方式的主要性能区别如表 8.1.1 所示。

表 8.1.1　模拟主轴与串行主轴性能比较表

项目	模拟主轴	串行主轴
可控制的主轴数	1 轴	2 轴
主轴参数调整和设定	在驱动器上进行	在 CNC 上进行
主轴启停和转向控制	利用机床输入/输出信号控制	利用 CNC 输入/输出信号控制
主轴转速输出	DC0～10V 或 DC－10～10V 模拟量	串行通信数据
位置检测编码器	连接到 CNC	连接到驱动器
主轴定向准停	驱动器控制	CNC 控制
主轴定位	驱动器控制	CNC 控制
Cs 轴控制	不能	可以
主-从同步控制	不能	可以

8.1.2　主轴速度控制要求

数控机床的主轴速度（转速）通过 CNC 加工程序的 S 代码指令控制，数控系统的 S 代码处理流程及相关的 CNC 输入/输出信号如下。

(1) S 代码处理流程

FANUC 数控系统的主轴速度控制包括了 S 代码输出、主轴倍率调节、传动级交换、速度指令选择、S 模拟量输出处理等功能，PMC 程序设计时，需要根据图 8.1.5 所示的 CNC 处理流程，向 CNC 发送正确的控制信号。

① CNC 执行加工程序的 S 代码指令，将 S 代码转换为 32 位二进制信号 S00～S31(F022.0～F025.7)、S 代码修改信号 SF(F007.2）发送至 PMC。

② 如数控系统的 CNC 参数生效了 M 型传动级交换（简称换挡）功能，CNC 将当前 S 代码需要的传动级（挡位），通过信号 GR1O～GR3O(F034.0～F034.2）发送到 PMC。PMC 通过主轴传动级交换控制程序，进行主轴换挡；换挡完成后，将主轴的实际传动级（挡位）通过信号 GR1/GR2(G028.0/G028.1）返回到 CNC。

③ PMC 通过主轴倍率调节程序，将主轴倍率开关的倍率调节值通过信号 SOV0～SOV7(G030.0～G030.7）输出到 CNC。

CNC 根据 S 代码指令转速以及来自 PMC 的主轴实际传动级信号（GR1/GR2)、主轴倍率信号（SOV0～SOV7)，将编程的主轴转速（S 代码）折算为主轴电机的转速。

④ PMC 通过主轴启停控制程序，向 CNC 输出主轴停止信号 *SSTP(G029.6)；如 *SSTP 信号为“1”，CNC 将主轴电机转速通过 12 位二进制信号 R01O～R12O(F036.0～F037.3）发送到 PMC；如 *SSTP 信号为“0”，CNC 的 12 位二进制主轴电机转速信号 R01O～R12O(F036.0～F037.3）及内部的主电机转速均将输出“0”。

在正常情况下，数控机床的主轴停止通过 CNC 加工程序的主轴停止指令 M05 控制，M05 指令可通过 PMC 的主轴停止程序控制主轴驱动器，实现主轴停止。如果执行 M05 指令时，PMC 程序不输出 CNC 的主轴停止信号 *SSTP(G029.6)，CNC 的主轴电机转速信号 R01O～R12O(F036.0～F037.3）及内部的主电机转速均将保留；如 PMC 程序输出 CNC 的主轴停止信号 *SSTP(G029.6)，主轴电机转速信号 R01O～R12O(F036.0～F037.3）及内部的主电机转速均将撤销。

此外，如 PMC 程序的主轴定向准停输出信号 SOR(G029.5）为“1”，主轴停止信号

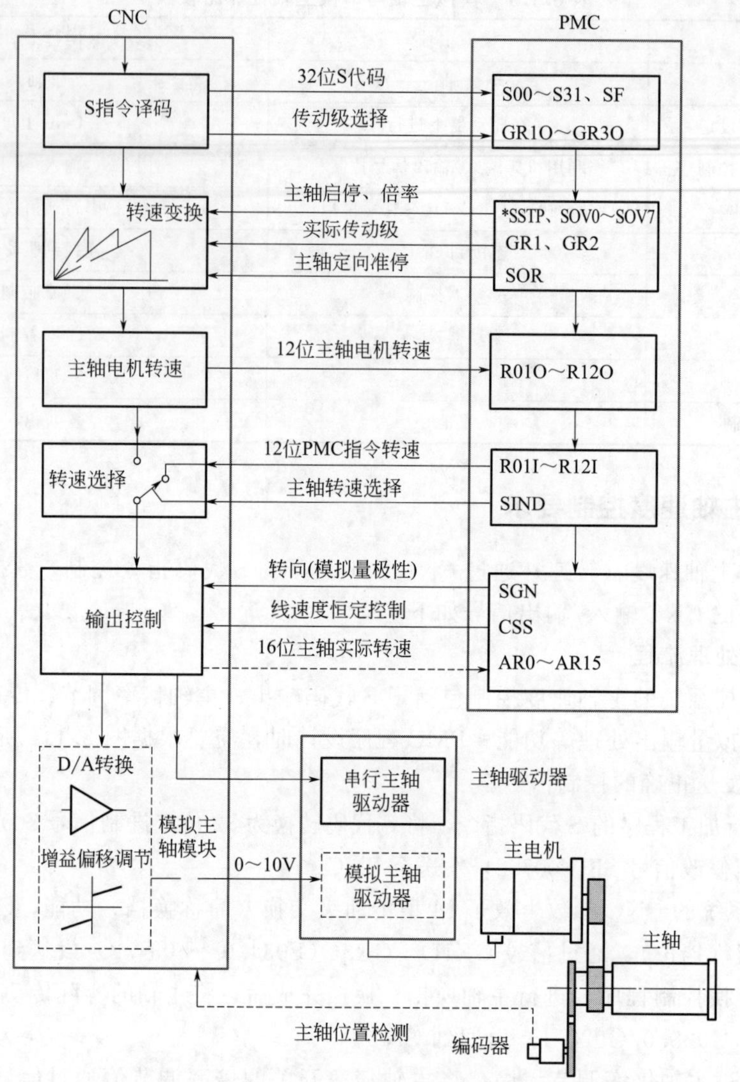

图 8.1.5　S代码处理流程

＊SSTP(G029.6) 为“0”，CNC将自动选择参数设定的主轴定向准停转速、转向。

⑤ 当主轴电机转速需要进行其他处理时，PMC程序可将CNC输入的12位二进制转速R01O～R12O进行相关处理，然后，将处理结果通过12位二进制转速信号R01I～R12I(G032.0～G033.3)、转向信号SGN(G033.5) 返回CNC。

⑥ PMC程序通过转速选择信号SIND(G033.7)，选择CNC的主轴电机转速输出方式，如G033.7=0，则CNC的主轴电机转速有效，转速信号的极性由加工程序中的辅助功能指令M03/M04选择；如G033.7=1，则PMC程序输出的12位二进制转速信号R01I～R12I、转向信号SGN(G033.5) 有效。

⑦ 当数控系统选择主轴模拟量输出附加功能时，CNC可通过D/A转换电路，将12位二进制转速信号转换为DC－10～10V模拟电压，并通过CNC参数对模拟电压进行漂移、增益的调整。

⑧ 在使用主轴位置编码器的系统上，CNC可将来自编码器的主轴位置检测信号，转换为16位二进制信号AR0～AR15(F040.0～F041.7) 并发送到PMC。

(2) 输入/输出信号

FANUC 数控系统与主轴速度控制相关的 DI/DO 信号如表 8.1.2 所示。

表 8.1.2　主轴速度控制 DI/DO 信号

地址	代号	作用	信号说明
G008.4/X008.4	* ESP	急停	1:正常工作。0:CNC 急停
G008.5	* SP	进给保持	1:正常工作。0:进给保持
G008.6/G008.7	RRW/ERS	CNC 复位	0:正常工作。1:CNC 复位
G028.1/G028.2	GR1/GR2	实际传动级输入	00:低速。01:中速。10:准高速。11:高速
G029.4	SAR	主轴转速到达	1:实际转速与指令转速同。0:未到达
G029.5	SOR	主轴定向或换挡	1:输出定向或换挡转速。0:S 编程转速
G029.6	* SSTP	主轴停止	1:输出指令转速。0:转速输出为 0
G030.0～G030.7	SOV0～SOV7	主轴转速倍率	8 位二进制输入
G032.0～G033.3	R01I～R12I	PMC 指令转速	仅用于 PMC 主轴转速控制
G033.7	SIND	主轴转速选择	0:CNC 输出。1:PMC 输入
G033.6	SSIN	主轴转向选择	1:PMC 输入。0:CNC 指令
G033.5	SGN	PMC 主轴转向	PMC 转向指定,1:负。0:正
F001.4	ENB	主轴使能	1:输出转速不为 0。0:输出转速为 0
F002.2	CSS	线速度恒定控制	1:线速度恒定控制生效。0:无效
F007.2	SF	S 修改信号	1:S 指令更改。0:S 指令不变
F022.0～F025.7	S00～S31	S 指令输出	32 位二进制编码的 S 指令输出
F034.0～F034.2	GR1O～GR3O	传动级选择	CNC 传动级选择信号输出
F035.0	SPAL	转速波动报警	1:转速波动超过允许范围。0:正常
F036.0～F037.3	R01O～R12O	指令转速输出	12 位主轴电机转速输出
F040.0～F041.7	AR0～15	实际转速输出	16 位二进制实际主轴转速输出

8.1.3　模拟主轴速度控制程序

(1) 模拟主轴控制信号

数控系统选配主轴模拟量输出附加功能时，主轴调速装置（驱动器）可由用户自由选择，主轴驱动器需要由 PMC 程序控制运行；驱动器的转速给定信号可直接与 CNC 的主轴模拟量输出连接，电机正反转与停止可由 CNC 加工程序中的辅助功能指令 M03/M04/M05 控制。

FANUC 数控系统的模拟主轴控制所需要的 DI/DO 信号如表 8.1.3 所示，表中的机床输入/输出信号的地址，可根据数控系统的 I/O 模块（单元）配置及电路设计改变。

表 8.1.3　模拟主轴速度控制 DI/DO 信号

代号	名称	信号类别	PMC 地址	备注
DEN	分配结束	CNC 输入	F001.3	1:坐标轴运动结束
ENB	主轴使能	CNC 输入	F001.4	1:主轴转速输出允许
MF	M 代码修改	CNC 输入	F007.0	1:M 代码输出有效
M00～M31	M 代码	CNC 输入	F010～F013	32 位二进制 M 代码

续表

代号	名称	信号类别	PMC地址	备注
P1	主轴停止	机床输入	X16.0	参考地址
P2	主轴转速到达	机床输入	X16.1	参考地址
P3	主驱动报警	机床输入	X16.2	参考地址
FIN	辅助功能结束	CNC输出	G004.3	M/S/T/B执行完成
SAR	主轴转速到达	CNC输出	G029.4	1:实际转速与指令转速同
*SSTP	主轴停止	CNC输出	G029.6	1:S转速输出。0:输出为0
SIND	指令转速选择	CNC输出	G033.7	0:CNC输出。1:PMC输入
SSIN	主轴转向选择	CNC输出	G033.6	0:CNC指令。1:PMC输入
KM30	主轴驱动器ON	机床输出	Y8.0	参考地址
KA31	主轴正转	机床输出	Y8.1	参考地址
KA32	主轴反转	机床输出	Y8.2	参考地址

(2) PMC程序

根据表8.1.3所示DI/DO信号设计的模拟主轴速度控制PMC程序如图8.1.6所示，程序一般由指令译码、驱动器控制、完成应答等部分组成。

① 指令译码。指令译码可通过二进制译码指令DECB(SUB25)实现，它可将加工程序中的M03～M10代码，依次转换为结果寄存器R520.0～R520.7上的二进制位信号，有关DECB指令的详细说明可参见第5章。执行M03或M04指令时，PMC程序中的主轴正反转控制信号R300.1或R300.2将输出“1”；执行M05时，R300.1、R300.2均输出“0”。R300.1、R300.2用于主轴驱动器的正反转启动控制。

② 驱动器控制。通常而言，主轴驱动器控制信号主要包括主接触器通断（主驱动ON）、正反转控制等，其中，主接触器通断仅在紧急情况或机床关机时使用，正常情况下的主电机启动、停止应由正反转输入信号控制。

在图8.1.6所示的PMC程序中，只要机床的急停输入信号（X008.4）不为“0”、主轴启动的基本控制条件R300.0为“1”，驱动器的主接触器控制输出Y8.0便可为“1”状态，驱动器主电源接通。

程序中的主轴停止信号*SSTP(G029.6)用于主轴模拟量输出控制，信号G029.6在驱动主接触器接通（Y8.0=1）、驱动器无报警（X16.2=0）时，可通过辅助功能指令M03或M04设定为“1”，当执行辅助功能指令M05时，R300.1、R300.2均输出“0”，CNC的主轴模拟量输出将为“0”。

程序中的G033.6、G033.7为PMC主轴转速、转向控制信号，不使用PMC主轴转速控制功能时，可直接置“0”。

Y8.1、Y8.2为PMC程序输出的主轴驱动器正反转控制信号，M03或M04指令有效时，输出Y8.1或Y8.2将为“1”，主轴电机正转或反转启动；M05指令有效时，Y8.1与Y8.2均为“0”，主轴电机停止。

③ 完成应答。数控系统的主轴正反转指令M03/M04，通常应利用主轴转速到达信号作为应答；主轴停止指令M05则应通过主轴停止信号应答。但是，由于主电机正反转、启停存在加减速，驱动器的转速到达信号X16.1和停止信号X16.0均有一定检测范围；因此，当使用

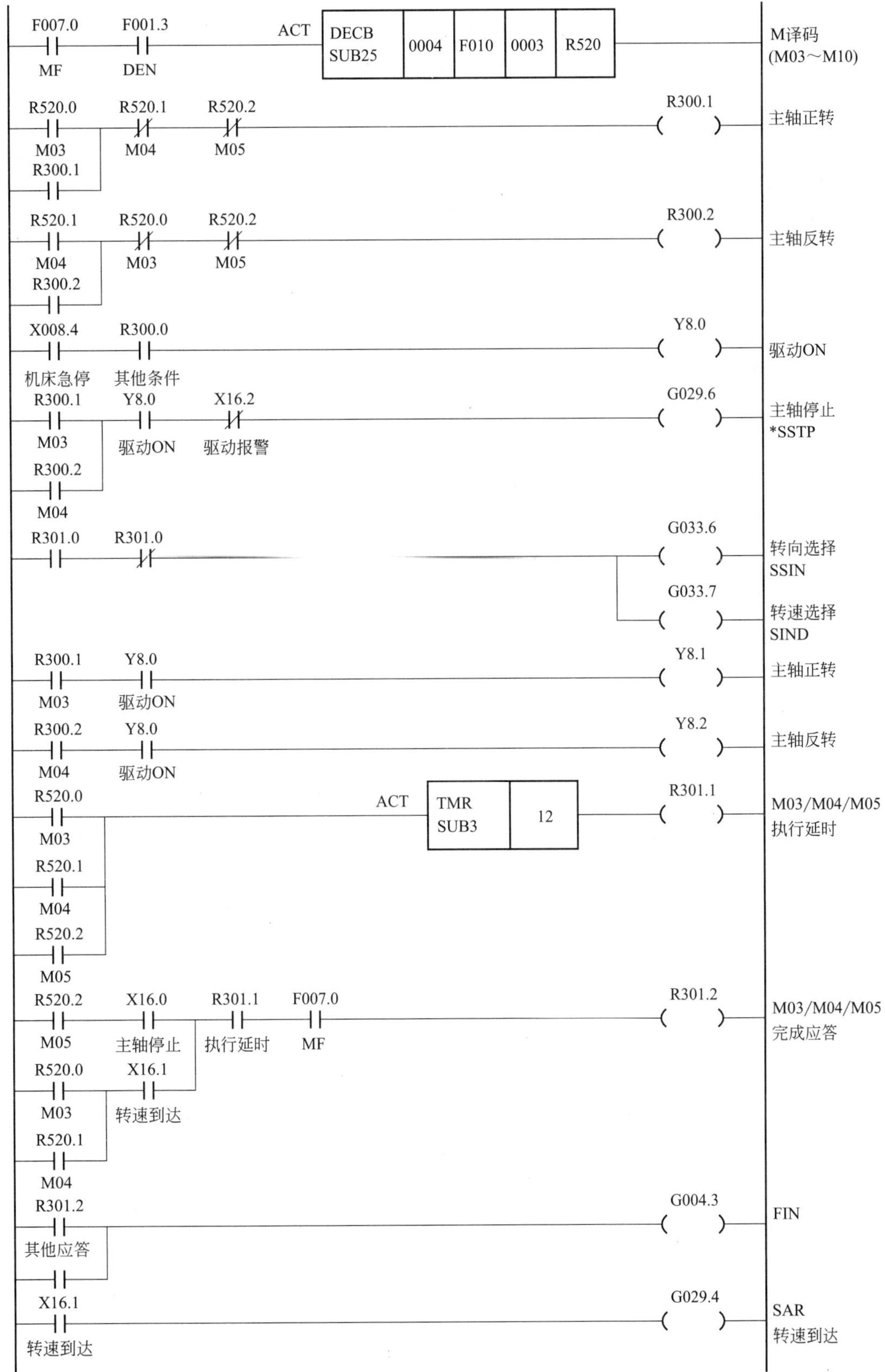

图 8.1.6　模拟主轴速度控制程序

驱动器转速到达信号、停止信号作为 M03/M04/M05 指令执行完成应答时，一般需要延时 0.5～1s 后进行检测。程序中的主轴速度到达信号 G029.4 是 CNC 用于切削加工程序段启动互锁的信号，G029.4 可直接使用驱动器的转速到达信号控制。

8.1.4 串行主轴速度控制程序

(1) 串行主轴信号

数控系统配套使用 FANUC 串行主轴驱动器时，PMC 与主轴驱动器的信号传输可直接通过 I/O-Link 总线进行，主轴驱动器的速度控制、状态检测信号均可直接利用 PMC 的 CNC 输入/输出信号进行控制、读取，无需再连接机床输入/输出。FANUC 数控系统常用串行主轴速度控制信号如表 8.1.4 所示。

表 8.1.4　串行主轴速度控制信号

代号	名称	信号类别	PMC 地址	备注
DEN	分配结束	CNC 输入	F001.3	1:坐标轴运动结束
ENB	主轴使能	CNC 输入	F001.4	1:主轴转速输出允许
MF	M 代码修改	CNC 输入	F007.0	1:M 代码输出有效
M00～M31	M 代码	CNC 输入	F010～F013	32 位二进制 M 代码
ALMA①	主轴报警	CNC 输入	F045.0	1:报警。0:正常
SSTA	主轴停止	CNC 输入	F045.1	1:主轴转速为 0
SARA	主轴转速到达	CNC 输入	F045.3	1:主轴转速与指令转速同
FIN	辅助功能结束	CNC 输出	G004.3	M/S/T/B 执行完成
SAR	主轴转速到达	CNC 输出	G029.4	1:实际转速与指令转速同
* SSTP	主轴停止	CNC 输出	G029.6	1:S 转速输出。0:输出为 0
SIND	指令转速选择	CNC 输出	G033.7	0:CNC 输出。1:PMC 输入
SSIN	主轴转向选择	CNC 输出	G033.6	0:CNC 指令。1:PMC 输入
SRV A	主轴正转	CNC 输出	G070.4	00/11:主轴停止。01:正转。10:反转
SFR A	主轴反转	CNC 输出	G070.5	
MRDY A	主轴驱动使能	CNC 输出	G070.7	1:主轴驱动使能
* ESP A	主轴急停	CNC 输出	G071.1	0:主轴急停

①代号后缀“A”为第 1 主轴信号。

(2) PMC 程序

串行主轴的速度控制 PMC 程序如图 8.1.7 所示，程序设计的基本方法与模拟主轴相同。程序中以串行主轴急停 * ESPA(G071.1)、主轴驱动使能 MRDYA(G070.7) 信号替代了模拟主轴控制的主接触器控制输出 Y8.0，以串行主轴正反转信号 SRVA(G070.4)、SFRA(G070.5) 替代了正反转输出信号 Y8.1、Y8.2。此外，主轴报警、主轴停止、转速到达等机床输入信号，也需要以 PMC 的 CNC 输入信号替代。

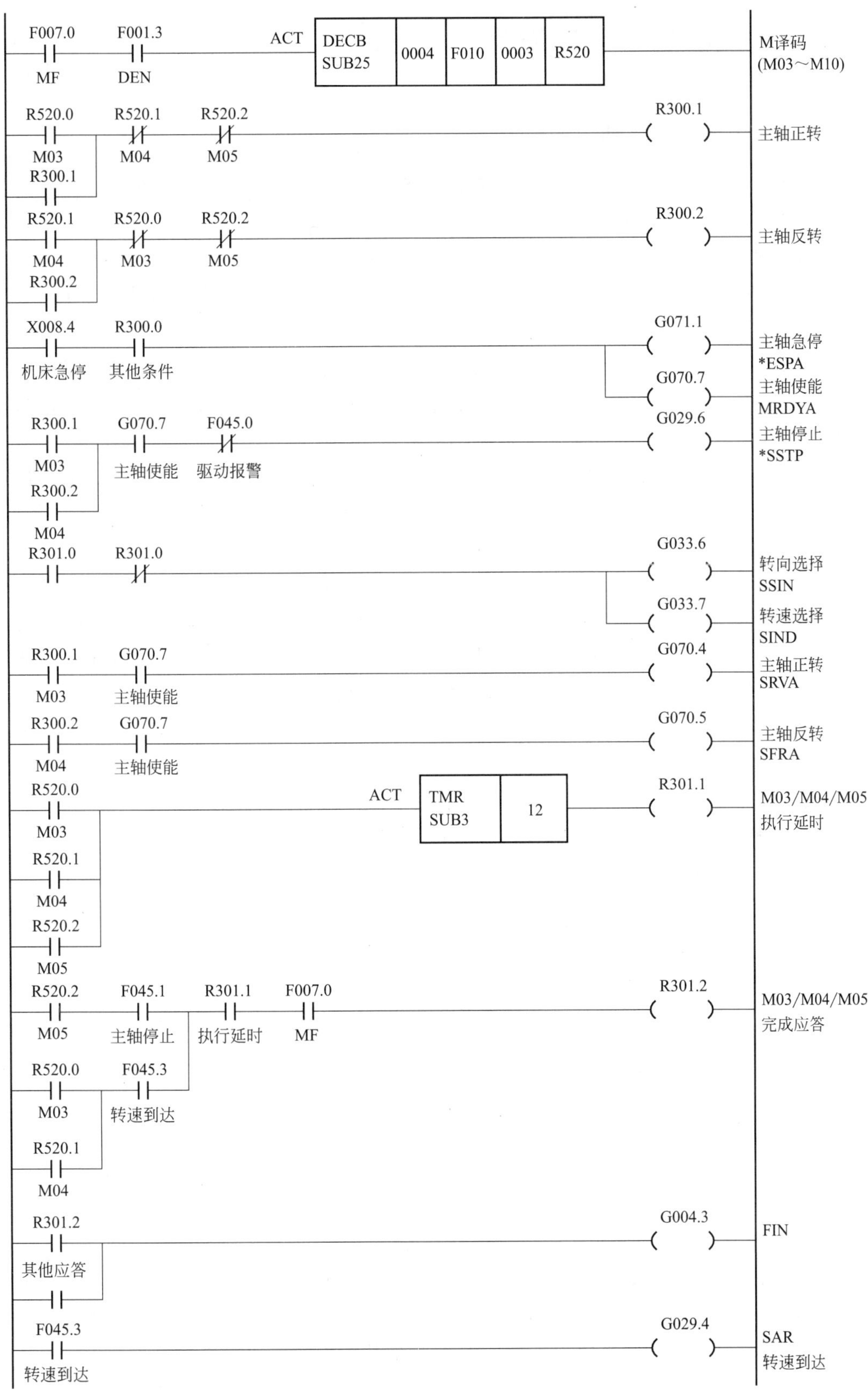

图 8.1.7　串行主轴速度控制程序

8.2 传动级交换程序设计

8.2.1 机械变速主轴与控制

(1) 机械变速的作用

主轴传动级交换又称主轴换挡，这一功能主要用于需要强力切削、主传动系统带机械辅助变速的通用型数控机床。

例如，当数控车床需要进行大直径工件车削或数控铣床需要进行大直径铣削加工时，要求机床主轴具有低速、大扭矩输出特性。此外，由于金属切削机床单位时间能够切除的材料体积与机床主轴的输出功率成正比；为了保证机床的加工效率，就要求主轴能够在不同转速下具有恒定的输出功率；电机的输出功率与输出转矩、转速的乘积成正比（$P=Mn/9550$），为了保证输出功率不变，电机的输出转矩同样必须随着转速的降低而不断提高。

对于机械结构固定的电机，电机的输出转矩与电枢电流成正比；提高输出转矩必须增加电枢电流。但是，由于电枢电流受到电机、驱动器温升条件的限制，因此，在现有技术条件下，只能通过机械变速（减速）来降低转速、提高输出转矩。

数控机床使用机械辅助变速（减速）后，可成倍提高低速时的主轴输出转矩和恒功率调速范围。例如，FANUC αi I22 主轴电机的输出特性如图 8.2.1 所示，电机的额定输出功率为 22kW，额定输出转矩为 140N · m，额定转速为 1500r/min，最高转速为 6000r/min；电机在额定转速以下区域具有 140N · m 恒转矩输出特性，在额定转速以上区域具有 22kW 恒功率输出特性。如果这一主轴电机和机床主轴间通过 1∶1 和 4∶1 两级机械变速进行连接，便可得到图 8.2.1 中的主轴输出转矩和功率曲线。

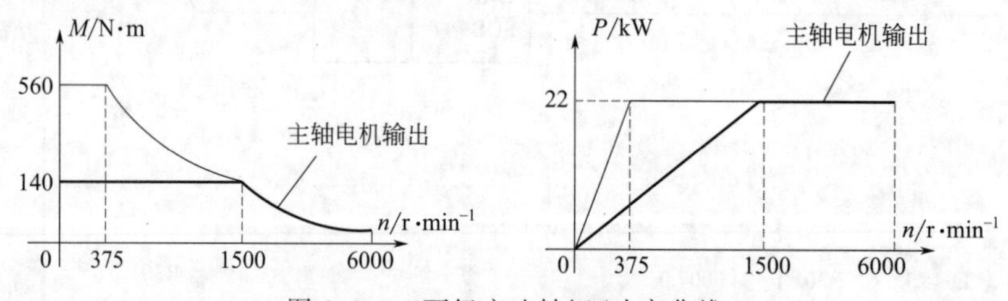

图 8.2.1 两级变速转矩/功率曲线

当电机与主轴为 1∶1 连接时，主轴的输出与电机相同，因此，主轴最高转速可保持 6000r/min 不变；当主轴转速低于 1500r/min 时，可通过机械变速，使电机与主轴为 4∶1 减速连接，主轴在 1500r/min 以下转速的输出转矩便可提高 4 倍，主轴的恒功率调速范围将由原来的 4∶1（1500～6000r/min）增加到 16∶1（375～6000r/min）。

(2) 主传动系统结构

齿轮变速的镗铣加工机床主传动系统结构示例如图 8.2.2 所示。

主轴 11 为中空结构，前端外侧通过 7(4＋3) 个角接触球轴承作为主支承，内侧用来安装刀具松夹机构，前端内侧加工有连接刀具的定位锥孔；主轴中部的 2 只变速齿轮用来带动主轴旋转；主轴后端用来连接松刀气缸、主轴位置检测编码器及进行主轴辅助支承。由于主轴电机和主轴间的传动比不固定，因此，位置检测编码器 5 需要通过同步带与主轴 1∶1 连接，直接检测主轴位置。

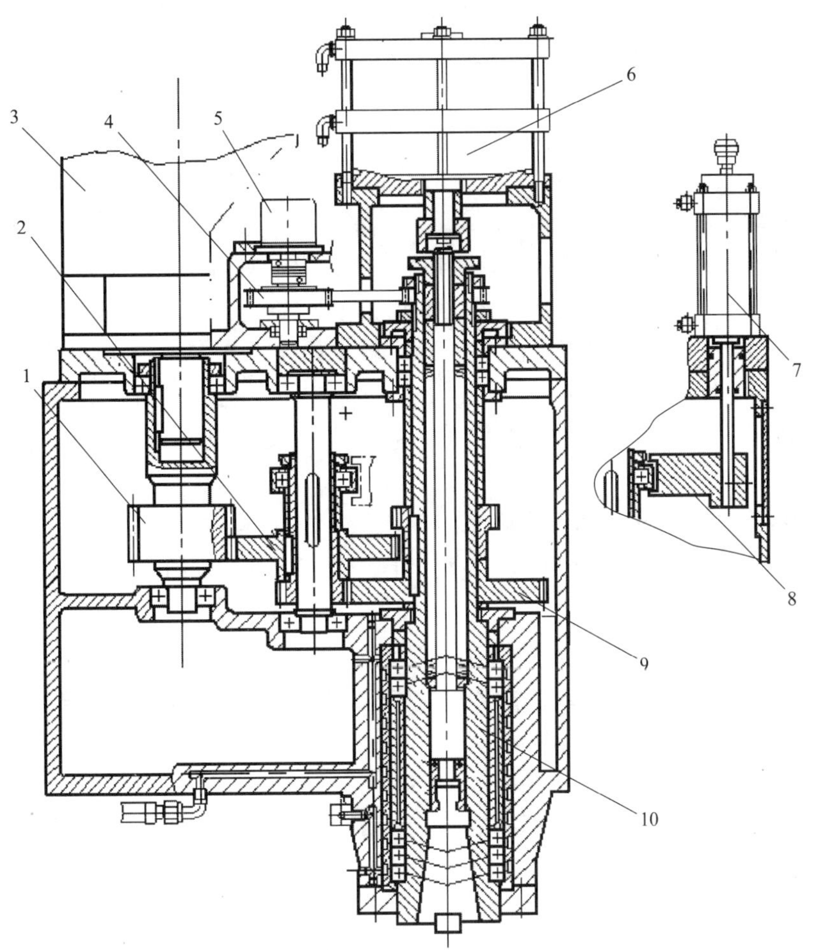

图 8.2.2　主传动系统结构

1—齿轮；2—双联滑移齿轮；3—主电机；4—同步带轮；5—编码器；6—松刀气缸；7—换挡气缸；8—拨叉；9—双联齿轮；10—主轴

主传动系统的机械辅助变速通过双联滑移齿轮 2、换挡气缸 7、拨叉 8 实现。安装在主轴电机输出轴上的齿轮 1 始终与双联滑移齿轮 2 的上部大齿轮啮合。当主轴低速运行时，可通过气动系统控制换挡气缸 7 的活塞杆伸出，拨叉 8 将带动双联滑移齿轮 2 下移，使得双联滑移齿轮 2 的下部小齿轮将与主轴的大齿轮啮合，主轴将成为减速运行状态。当主轴高速运行时，可通过气动系统控制换挡气缸 7 的活塞杆缩回，拨叉 8 将带动双联滑移齿轮 2 上移，使得双联滑移齿轮 2 的上部大齿轮与主轴上的小齿轮啮合，主轴将成为高速运行状态。

(3) 机械变速控制

在数控机床上，CNC 加工程序中的 S 代码用来指定机床的主轴转速，当主传动系统使用机械辅助变速时，由于传动比的变化，使得同样的主轴转速在不同传动比时，要求主轴电机有不同的转速。

例如，对于前述具有 1∶1 和 4∶1 两级机械变速的主传动系统，如果 CNC 加工程序执行了 S1500，当主电机和主轴 1∶1 连接时，主电机的输出转速应为 1500r/min；当主电机和主轴 4∶1 减速连接时，主电机的输出转速必须为 6000r/min。

为了满足以上主电机的控制要求，可采用如下两种方法。

① CNC 控制。利用数控系统的传动级自动交换功能，使 CNC 的主轴转速输出根据主传动系统传动比自动改变。例如，如果主电机 1500r/min 时的驱动器速度给定电压为 2.5V，那么，只要 CNC 能保证主电机和主轴在 1∶1 连接时，S1500 指令的主轴模拟量输出为 2.5V，而在 4∶1 连接时，S1500 指令的主轴模拟量输出为 10V，便可在不改变驱动器任何控制条件的情况下，始终保证机床的主轴转速和加工程序的 S 指令一致。这一功能称为 CNC 传动级自动交换功能。

② 驱动器控制。利用驱动器的传动级自动交换功能，使同样速度给定电压下的主电机转速根据主传动系统传动比自动改变。例如，如果主电机 1500r/min 时的驱动器速度给定电压为 2.5V，数控系统执行 S1500 指令时的主轴模拟量输出始终为 2.5V，但是，驱动器能够主电机和主轴在 1∶1 连接时的电机转速为 1500r/min，而在 4∶1 连接时的电机转速为 6000r/min，也可同样保证机床的主轴转速和加工程序的 S 指令一致。这一功能称为驱动器传动级自动交换功能。

CNC 传动级自动交换和驱动器传动级自动交换在 PMC 程序设计上的区别，只是主轴实际传动级信号输出形式的区别，使用 CNC 传动级自动交换功能时，主轴实际传动级信号应通过 PMC 的 CNC 输出信号直接输出到 CNC 上；使用驱动器传动级自动交换功能时，主轴实际传动级信号应通过 PMC 的机床输出信号直接控制驱动器，或者通过 PMC 的串行主轴输出信号，输出到 FANUC 串行主轴驱动器上。因此，本章后述的内容将以 CNC 传动级自动交换功能为例，介绍 PMC 程序的设计方法。

(4) T 型和 M 型换挡

FANUC 数控系统的 CNC 传动级自动交换功能，可通过 CNC 参数设定，选择 T 型换挡和 M 型换挡两种控制方式，其中，M 型换挡又有 A 型、B 型和攻螺纹型之分。

① T 型换挡。选择 T 型换挡控制时，主传动系统的变速挡由操作者、PMC 程序自由选择，CNC 可根据 PMC 程序输出的主轴实际传动级信号 GR1/GR2（G028.1/G028.2），自动改变主轴转速的输出值；但是，CNC 不能根据加工程序中的 S 代码指令，自动输出传动级选择信号 GR1O～GR3O（F034.0～F034.2）。

T 型换挡属于操作者、PMC 程序自由换挡，主传动系统的传动级交换可通过操作手柄或 CNC 辅助功能 M 指令直接控制，CNC 总是可根据实际传动比输出对应的主轴转速值；因此，即使对于加工程序中的相同 S 代码指令，由于主轴实际变速挡的不同，CNC 的主轴转速输出值也可能不同。

② M 型换挡。选择 M 型换挡控制时，主传动系统的变速挡由 CNC 自动选择，CNC 可根据加工程序中的 S 指令，自动判断所需要的主传动系统变速挡，并向 PMC 输出传动级选择信号 GR1O～GR3O（F034.0～F034.2）；PMC 程序应根据信号 GR1O～GR3O 的要求，进行传动级的交换，传动级交换完成后，再将主轴实际传动级通过 CNC 输出信号 GR1/GR2（G028.1/G028.2）返回到 CNC，CNC 将根据改变 GR1/GR2 的状态，自动改变主轴转速的输出值。

M 型换挡属于 CNC 强制换挡，主传动系统的传动级将由 CNC 根据加工程序的 S 代码指令自动选择，操作者、PMC 程序需要按照 CNC 的传动级交换要求进行换挡；因此，加工程序的每一 S 代码指令，都只有唯一的主轴变速挡和主轴转速输出值。

T 型换挡和 M 型换挡可通过 CNC 参数的设定选择，两种 CNC 传动级交换功能的主要区别如表 8.2.1 所示。

表 8.2.1　T/M 型换挡功能比较

换挡方式	T 型换挡	M 型换挡		
		A 型	B 型	攻螺纹型
FS 0iT 系列 CNC	●	×	×	×
FS 0iM 系列 CNC	●	●	●	●
可使用的挡位数	4	3	3	3
CNC 传动级选择信号输出	×	●	●	●
挡位切换	自由	CNC 强制	CNC 强制	CNC 强制
挡位切换转速	×	电机最高转速	参数设定	参数设定
同一 S 使用不同挡位	●	×	×	×

注：●表示可使用；×表示不能使用。

8.2.2　T 型换挡程序设计

(1) 换挡特性

T 型换挡是一种传统的换挡方式，可用于 FANUC 所有型号的数控系统。T 型换挡一般通过 CNC 辅助功能指令 M41～M44 控制，换挡指令可在加工程序中自由编制；传动级交换完成后，PMC 程序需要向 CNC 发送现行传动级信号 GR1/GR2(G028.1/G028.2)；CNC 便可根据主轴实际传动级及 CNC 参数设定的转速范围，输出与实际传动级对应的转速指令值。

FANUC 0i 系列数控系统的 T 型换挡特性如图 8.2.3 所示，信号 GR1/GR2(G028.1/G028.2) 与挡位的关系如表 8.2.2 所示。

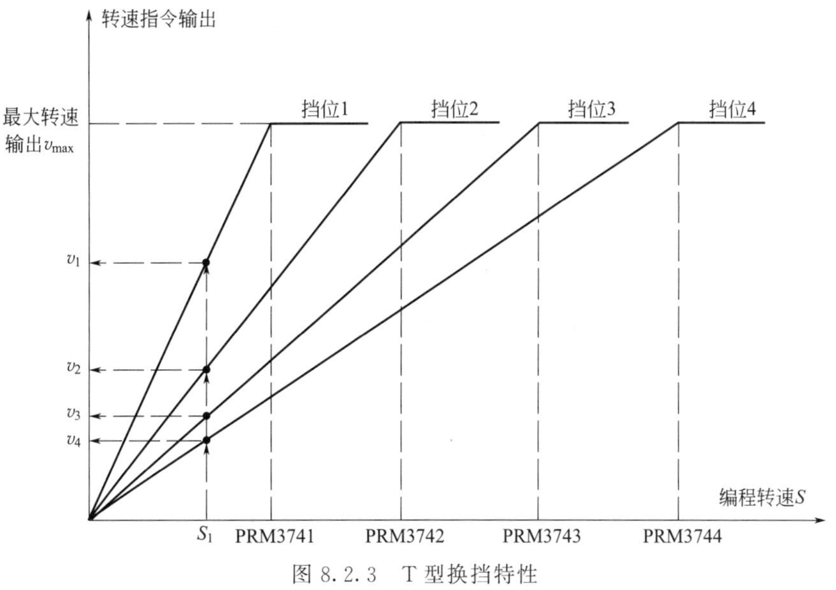

图 8.2.3　T 型换挡特性

表 8.2.2　GR1/GR2 与挡位的关系表

挡位		挡位 1	挡位 2	挡位 3	挡位 4
信号	GR1	0	1	0	1
	GR2	0	0	1	1
主轴最高转速		PRM3741	PRM3742	PRM3743	PRM3744

T型换挡不同挡位的主轴最高转速需要通过CNC参数PRM3741～PRM3744设定，设定值是该挡位的最高主轴转速；对于模拟主轴，就是DC±10V模拟电压所对应的编程转速，对于串行主轴，就是14位带符号二进制代码最大值16383或－16384所对应的编程转速。例如，当设定PRM3741＝1000、PRM3742＝2000时，如来自PMC程序的主轴实际传动级信号G028.2/G028.1(GR2/GR1)＝00，执行加工程序中S1000 M03指令，CNC将输出DC10V模拟量或数字量16383；如来自PMC程序的主轴实际传动级信号G028.2/G028.1(GR2/GR1)＝01，则CNC输出DC5V模拟量或数字量8192。

T型换挡最大可用于4级变速控制，变速挡小于4挡时，应使用挡位1、2或1、2、3；并将挡位4的最高转速设定为99999。

(2) 换挡抖动

数控机床主轴的机械变速通常使用滑移齿轮或电磁离合器，为了避免滑移齿轮、电磁离合器的"顶齿"，进行传动级交换时，主电机一般需要有低速、间隙正反转的"换挡抖动"动作。FANUC数控系统的主轴换挡抖动动作如图8.2.4所示，程序设计要求如下。

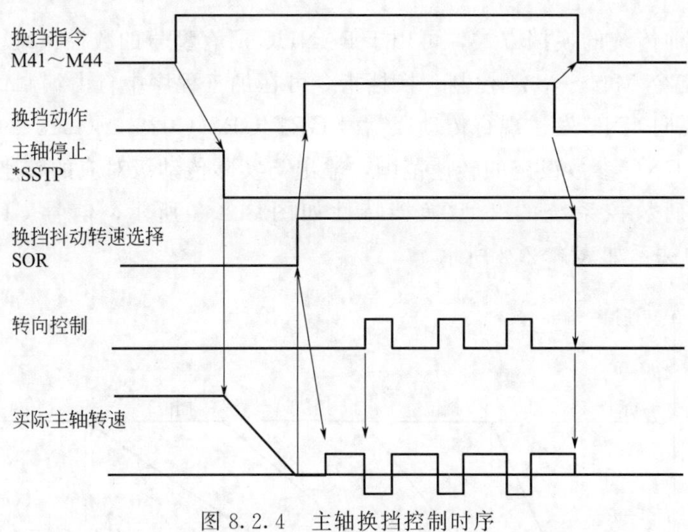

图8.2.4 主轴换挡控制时序

① 执行换挡指令M41～M44，CNC输出辅助功能代码。

② PMC程序向CNC输出主轴停止信号＊SSTP＝0，使CNC的主轴转速输出为0，电机减速停止。

③ 主轴停止后，PMC程序向CNC输出换挡转速选择信号SOR(G029.5)，CNC的主轴转速输出成为CNC参数设定的换挡及主轴定向准停低速。

④ PMC程序向主轴驱动器输出正反转交替变化的转向信号，使得主电机进入正反转换挡抖动状态，换挡抖动时的主轴正反转时间应不同，以保证抖动时齿轮能逐步错位。

⑤ 通过PMC程序，输出气动、液压或电磁离合器控制信号，启动换挡动作。

⑥ 换挡完成、挡位到达后，将换挡转速选择信号SOR(G029.5)置"0"，CNC撤销换挡速度输出；同时，向CNC输出现行传动级信号G028.2/G028.1(GR2/GR1)，并结束辅助功能执行。

(3) DI/DO地址

以高/低2级变速模拟主轴的主传动系统为例，FANUC数控系统与T型换挡有关的PMC

主要 DI/DO 信号如表 8.2.3 所示，表中的机床输入/输出信号的地址，可根据数控系统的 I/O 模块（单元）配置及电路设计改变。

表 8.2.3　T 型换挡控制 DI/DO 信号

代号	名称	信号类别	PMC 地址	备注
DEN	分配结束	CNC 输入	F001.3	1：坐标轴运动结束
ENB	主轴使能	CNC 输入	F001.4	1：主轴转速输出允许
MF	M 代码修改	CNC 输入	F007.0	1：M 代码输出有效
M00～M31	M 代码	CNC 输入	F010～F013	32 位二进制 M 代码
P1	主轴停止	机床输入	X16.0	参考地址
P2	主轴转速到达	机床输入	X16.1	参考地址
P3	主驱动报警	机床输入	X16.2	参考地址
S31	低速挡到位	机床输入	X16.3	参考地址
S32	高速挡到位	机床输入	X16.4	参考地址
FIN	辅助功能结束	CNC 输出	G004.3	M/S/T/B 执行完成
GR2/GR1	实际传动级输入	CNC 输出	G028.2/G028.1	00/01/10/11：低/中/准高/高速
SAR	主轴转速到达	CNC 输出	G029.4	1：实际转速与指令转速同
SOR	换挡转速选择	CNC 输出	G029.5	1：输出定向或换挡转速 0：输出 S 代码编程转速
*SSTP	主轴停止	CNC 输出	G029.6	1：S 转速输出。0：输出为 0
SIND	指令转速选择	CNC 输出	G033.7	0：CNC 输出。1：PMC 输入
SSIN	主轴转向选择	CNC 输出	G033.6	0：CNC 指令。1：PMC 输入
KM30	主轴驱动器启动	机床输出	Y8.0	参考地址
KA31	主轴正转	机床输出	Y8.1	参考地址
KA32	主轴反转	机床输出	Y8.2	参考地址
Y31	主轴换低速挡	机床输出	Y8.3	参考地址
Y32	主轴换高速挡	机床输出	Y8.4	参考地址

（4）PMC 程序设计

使用 T 型换挡的主轴控制 PMC 程序一般由指令译码、正反转控制、传动级交换控制等部分组成，程序示例如下。

① 指令译码。指令译码程序如图 8.2.5 所示。程序包括了主轴正反转及停止控制的 M03、M04、M05 指令译码程序，T 型换挡控制的 M41、M42 指令译码程序，二进制译码指令 DECB(SUB25)，指令的详细说明可参见第 5 章。

通过指令译码程序，CNC 在正常执行主轴正反转值 M03 或 M04 时，程序中的内部继电器 R300.1 或 R300.2 将为“1”；此时，如果无换挡指令，PMC 将输出主轴正反转信号 Y8.1 或 Y8.2。

当 CNC 执行换挡指令 M41 或 M42 时，程序中的内部继电器 R300.3 或 R300.4 将为“1”。此时，如主轴的实际挡位与 M41/M42 指令要求的挡位不符，程序中的换挡启动信号 R300.5 将为“1”，R300.5 将通过后述程序，向 CNC 输出主轴停止信号 *SSTP，并撤销主轴正反转输出信号 Y8.1 或 Y8.2，使得主轴减速停止。

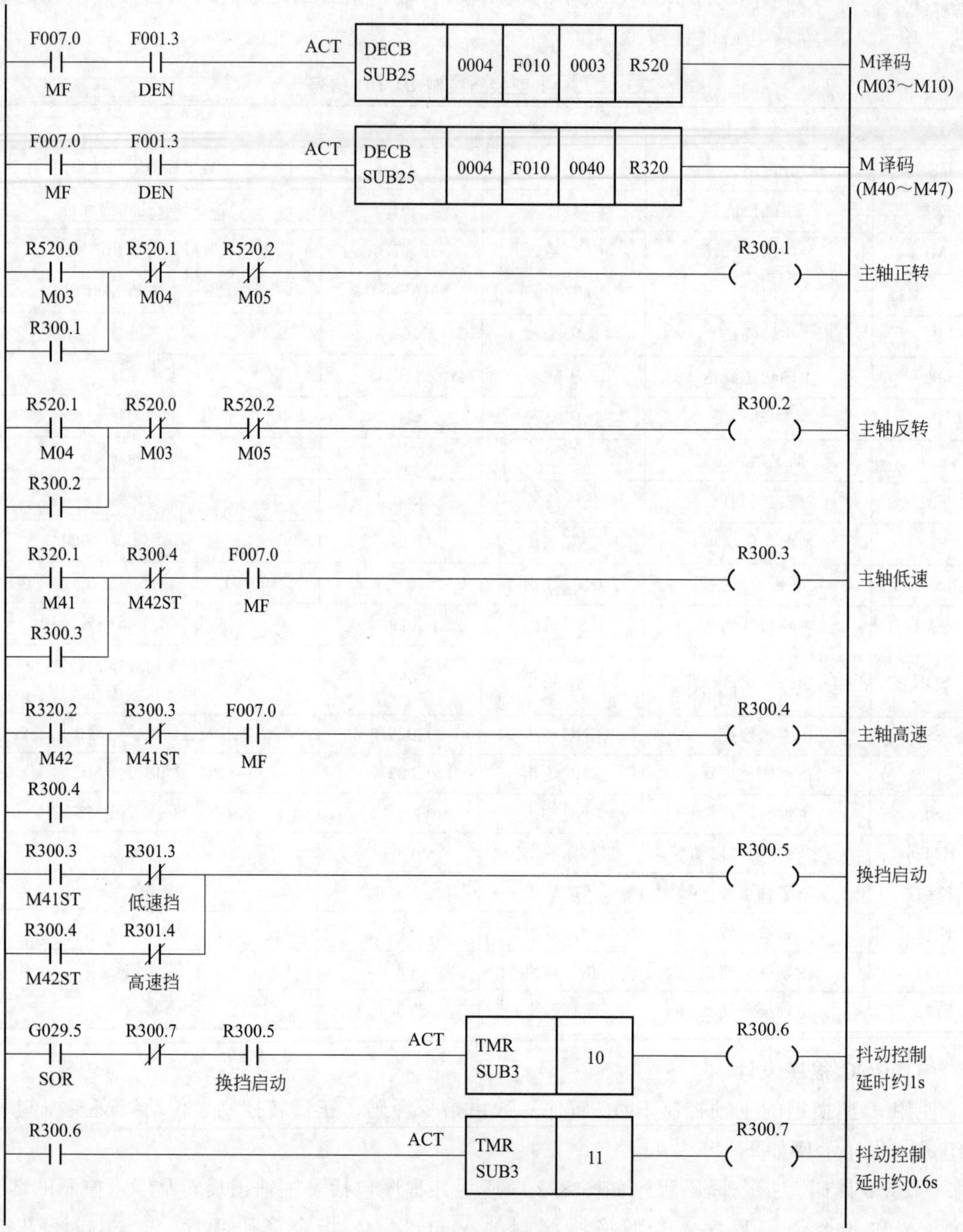

图 8.2.5　指令译码程序

当 CNC 执行换挡指令 M41 或 M42 时，如主轴的实际挡位与 M41/M42 指令要求一致，则可通过后述的 PMC 程序，直接产生 M41/M42 完成信号，结束 M41/M42 指令。

程序中的定时器 T10、T11 用于换挡抖动的正反转时间控制。当 PMC 程序输出 SOR（G029.5）信号、CNC 切换为换挡转速后，通过定时器 T10、T11，可在 R300.6 上得到“0”状态保持时间 1s、“1”状态保持时间 0.6s 的脉冲信号，R300.6 将作为主轴正反转输出信号 Y8.1 或 Y8.2 输出，以控制主轴电机进行间隙正反转运动。

② 正反转控制。主轴正反转控制程序如图 8.2.6 所示，程序和前述模拟主轴速度控制程

序类似，驱动器主接触器输出 Y8.0 在机床不为急停状态（X008.4＝1）及其他条件满足时(R300.0＝1）接通。由于机床一般不使用 PMC 主轴速度控制功能，因此，PMC 转速选择 G033.7、转向控制输出信号 G033.6 通常直接置“0”。

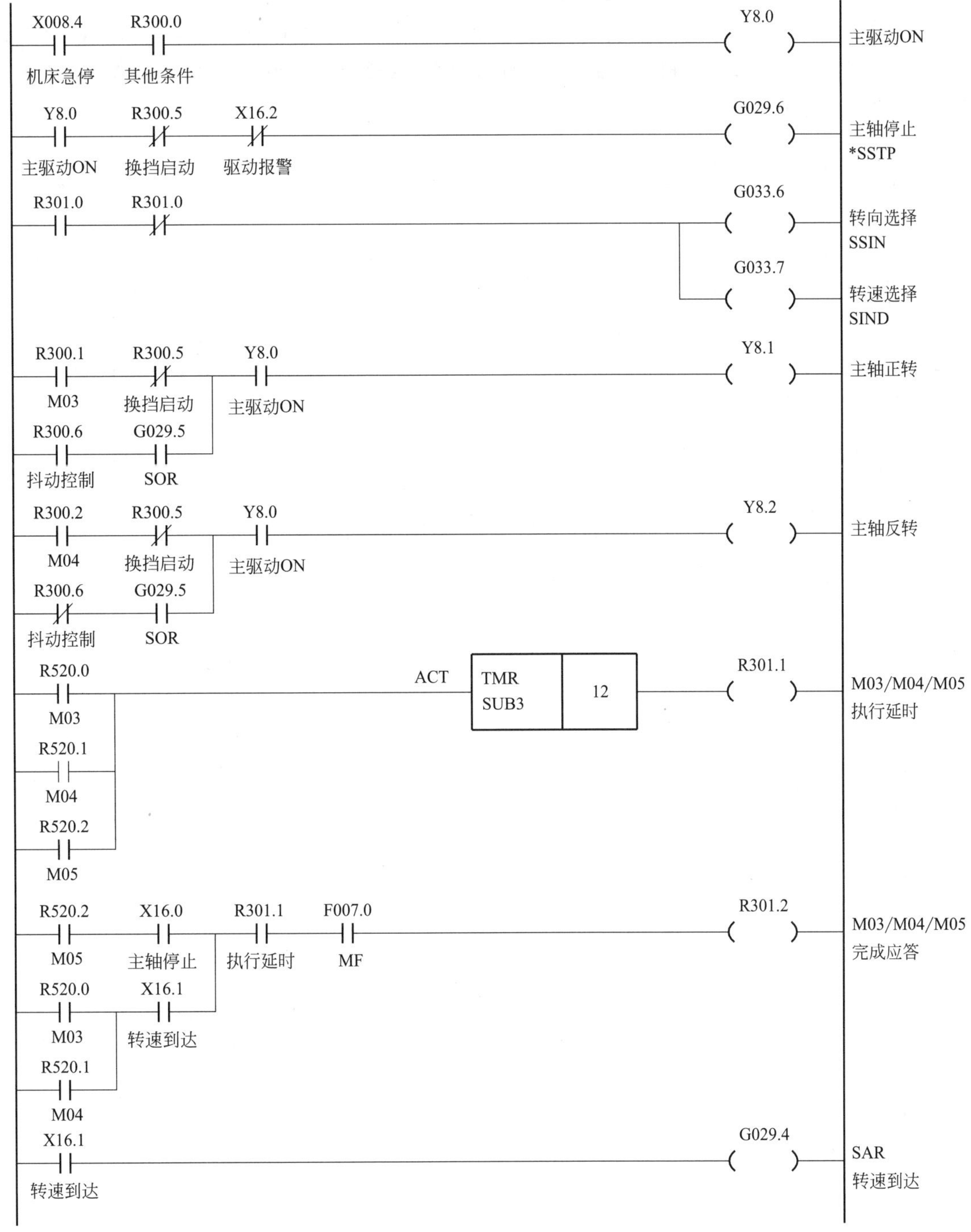

图 8.2.6　主轴正反转控制程序

作为换挡转速输出的要求，PMC 的主轴停止信号 * SSTP(G029.6）输出，在主轴换挡启动时，应利用 R300.5 置为“0”；同时，在主轴换挡启动后（G029.5＝1），驱动器的正反转控制输出 Y8.1、Y8.2 输出需要加入换挡抖动信号 R300.6。

程序中的 R301.2 为正常的 M03/M04/M05 指令执行完成应答信号，G029.4 为主轴转速到达信号，程序的设计方法与模拟主轴速度控制程序相同。

③ 传动级交换控制。主轴传动级交换 PMC 程序如图 8.2.7 所示。当 CNC 执行传动级交换指令 M41/M42 时，首先通过前述正反转控制程序，利用换挡启动信号 R300.5，将 PMC 的主轴停止输出信号 * SSTP(G029.6) 置“0”，停止主轴。主轴停止后，驱动器的主轴停止输入信号 X16.0 为“1”，PMC 程序可输出主轴换挡转速选择信号 SOR(G029.5)，使 CNC 输出主轴换挡及定向准停用的转速。

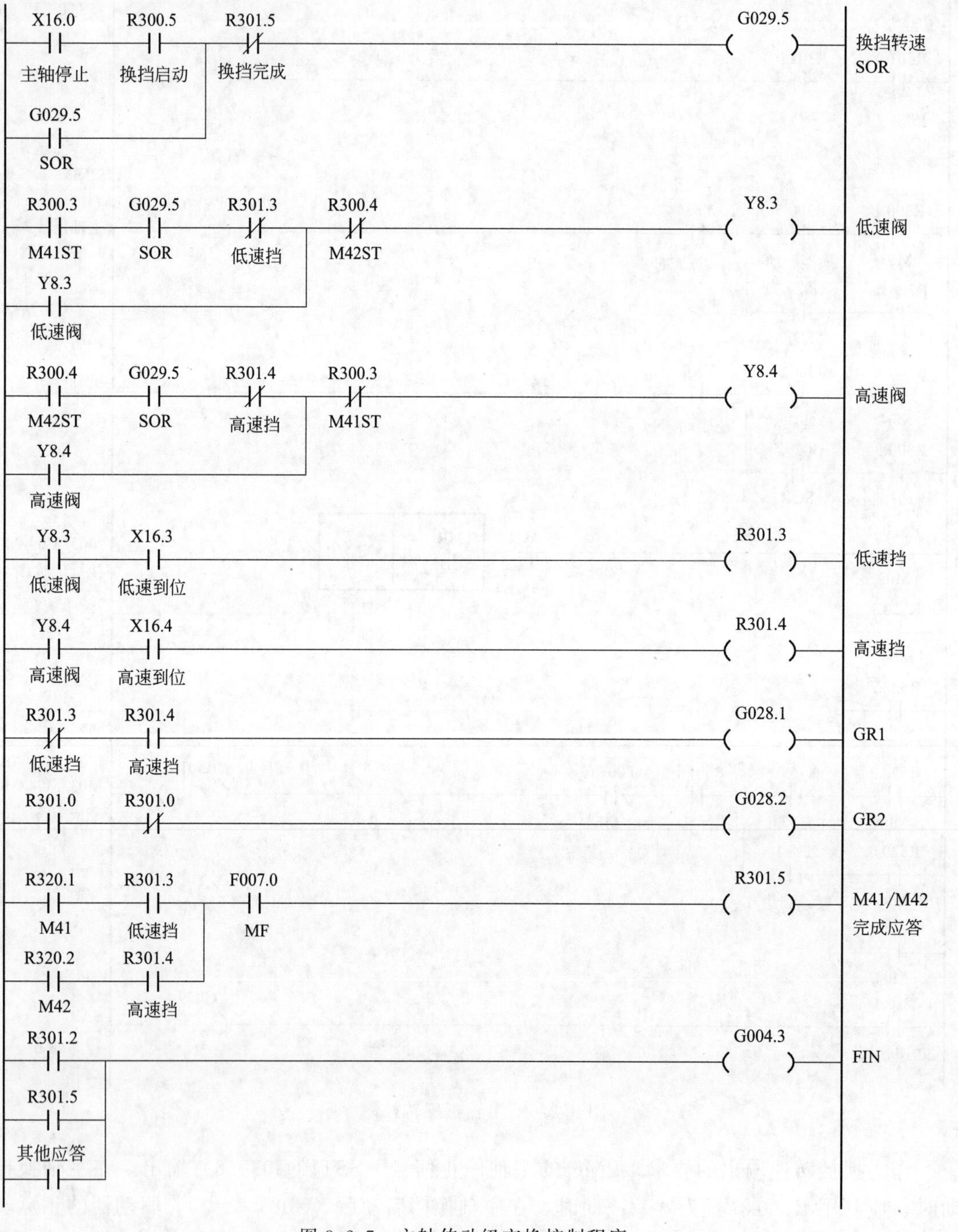

X16.0 主轴停止 —— R300.5 换挡启动 —— R301.5 换挡完成（常闭）—— G029.5 换挡转速 SOR；并联 G029.5 SOR
R300.3 M41ST —— G029.5 SOR —— R301.3 低速挡（常闭）—— R300.4 M42ST（常闭）—— Y8.3 低速阀；并联 Y8.3 低速阀
R300.4 M42ST —— G029.5 SOR —— R301.4 高速挡（常闭）—— R300.3 M41ST（常闭）—— Y8.4 高速阀；并联 Y8.4 高速阀
Y8.3 低速阀 —— X16.3 低速到位 —— R301.3 低速挡
Y8.4 高速阀 —— X16.4 高速到位 —— R301.4 高速挡
R301.3 低速挡（常闭）—— R301.4 高速挡 —— G028.1 GR1
R301.0 —— R301.0（常闭）—— G028.2 GR2
R320.1 M41 —— R301.3 低速挡；并联 R320.2 M42 —— R301.4 高速挡 —— F007.0 MF —— R301.5 M41/M42 完成应答
R301.2；并联 R301.5；并联 其他应答 —— G004.3 FIN

图 8.2.7　主轴传动级交换控制程序

SOR(G029.5）信号输出“1”时，前述正反转控制程序中的正反转输出信号将由抖动信号R300.6控制，主轴电机进行间隙正反转抖动；同时，程序中的低速或高速换挡电磁阀输出Y8.3或Y8.4将接通，启动滑移齿轮运动。

低速挡输出Y8.3接通后，如低速挡到位信号X16.3为“1”，程序中的低速换挡完成信号R301.3将为“1”；高速挡输出Y8.4接通后，如高速挡到位信号X16.4为“1”，程序中的高速换挡完成信号R301.4将为“1”。换挡完成后，PMC程序可通过信号GR1(G028.1）更新主轴实际传动级；由于高低速2挡变速的主轴只需要通过GR1(G028.1）识别实际传动级，因此，程序中的主轴实际传动级信号GR2可直接置为“0”。

低速挡或高速挡完成信号R301.3或R301.4为“1”时，程序可产生M41/M42执行完成信号R301.5，结束M41/M42指令。

串行主轴的换挡抖动程序设计方法与模拟主轴类似，程序设计时只需要在前述串行主轴速度控制程序的基础上，增加同样的换挡控制程序。

8.2.3 M型换挡程序设计

(1) 换挡特性

FANUC数控系统的M型换挡是CNC自动选择挡位的换挡方式，通常用于镗铣加工机床控制的M型数控系统，故称M型换挡。

M型换挡的每一个S指令都有唯一的挡位，主轴传动级交换命令由CNC根据S指令自动生成后，通过PMC的CNC输入信号GR1O～GR3O(F034.0～F034.2）发送到PMC；PMC接收换挡指令后，需要进行信号GR1O～GR3O指定的传动级交换动作。传动级交换完成后，PMC将主轴实际挡位通过信号GR1/GR2(G028.1/G028.2）输出到CNC，如GR1/GR2挡位与GR1O～GR3O挡位一致，CNC即按当前传动级输出对应的主轴转速。

M型换挡的挡位自动切换转速可通过CNC参数自由设定，只要S指令对应的主轴转速输出到达切换转速设定的阈值，CNC便可输出挡位切换信号GR1O～GR3O，因此，可保证主轴电机的转速始终在最高转速以下运行。

M型换挡的挡位切换转速可选择A型、B型和攻螺纹型3种设定方式，挡位切换特性分别如下。

① A型换挡。A型换挡可用于3级及以下的主轴辅助变速，挡位切换特性如图8.2.8所示，各变速挡的最大转速同样可通过CNC参数设定。采用A型换挡时，CNC将在主轴转速输出（模拟电压或14位二进制数值）到达规定阈值时，输出传动级交换信号GR1/GR2，进行自动换挡。

A型换挡不同挡位的切换转速使用相同的阈值，阈值以主轴最大转速输出倍率的形式设定，设定值4095对应主轴最大转速（100%）。如果加工程序S指令所对应的主轴转速输出超过当前挡位的阈值，CNC将自动切换上一挡位；如果S指令对应的主轴转速输出低于下一挡位的阈值，CNC将自动切换下一挡位。

例如，对于前述最高转速6000r/min、使用1∶1和4∶1两级机械变速的主轴，为了保证主电机转速不超过最高转速的90%(5400r/min)，可将自动换挡阈值设定为3686(4095×0.9)。这样便可在S指令大于1350时，自动输出高速挡切换信号；在S指令小于1350时，自动输出低速挡切换信号。

② B型换挡和攻螺纹型换挡。B型换挡和攻螺纹型换挡同样可用于3级及以下的主轴辅助

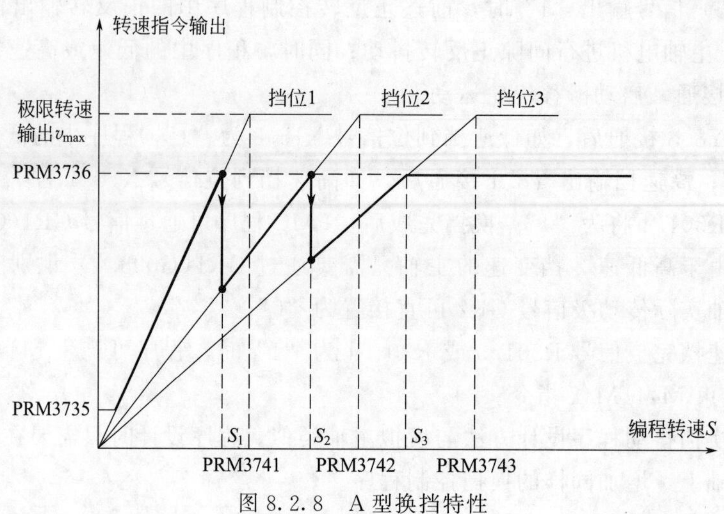

图 8.2.8　A 型换挡特性

变速，两种换挡方式只是挡位切换阈值的 CNC 设定参数不同，其他都一致。

以 B 型换挡为例，主轴的挡位自动切换特性如图 8.2.9 所示。使用攻螺纹型换挡时，图中的挡位 1、2 切换阈值的 CNC 设定参数 PRM3751、PRM3752 应改为 PRM3761、PRM3762。

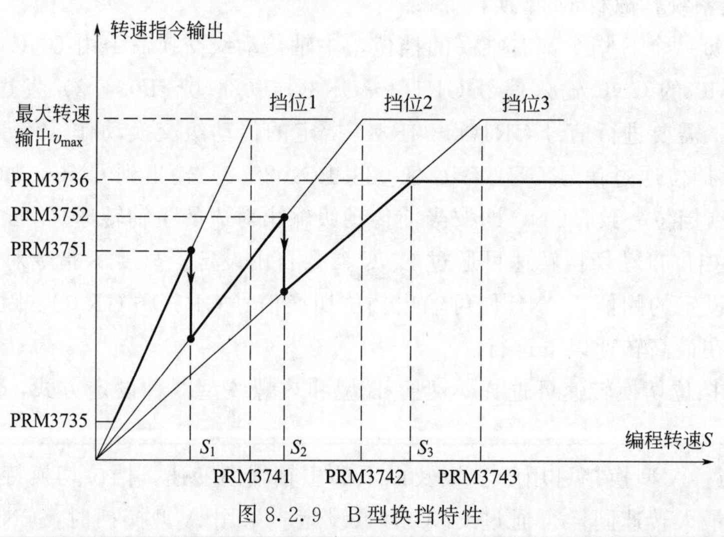

图 8.2.9　B 型换挡特性

B 型换挡、攻螺纹型换挡与 A 型换挡的区别是不同挡位的切换阈值可独立设定，从而保证主轴在低速挡工作时具有更大的输出转矩。

例如，对于额定转速 1500r/min、最高转速 6000r/min 的主轴电机，如果使用 1∶1（高）、2∶1（中）和 4∶1（低）3 级机械变速，为了保证主轴在 1500r/min 以下转速工作时，始终处于恒转矩输出区，可将自动换挡阈值设定为主电机转速 1500r/min 对应的 S 指令值，即挡位 1（4∶1 低速挡）的自动换挡阈值设定为 1024(4095×0.25，B 型换挡）或 375r/min（攻螺纹型换挡，可直接设定转速值)；挡位 2（2∶1 中速挡）的自动换挡阈值设定为 2048(4095×0.5，B 型换挡）或 750r/min（攻螺纹型换挡)；这样便可保证主电机在 1500r/min 以下区域始终处于恒转矩调速区，并且在低速挡具有 4 倍的电机额定输出转矩，中速挡具有 2 倍的电机额定输出转矩。

(2) 换挡控制

M 型换挡的不同换挡方式只是挡位切换转速设定方法的区别，其他控制要求一致。M 型换挡的换挡命令来自 CNC，CNC 的 3 级变速挡选择信号 GR1O～GR3O(F034.0～F034.2) 可以和 S 代码修改信号 SF(F007.2) 同时输出，因此，在 PMC 程序设计时，需要以 GR1O～GR3O 及 SF 信号，代替 T 型换挡程序中的辅助功能指令 M41～M44；主轴传动级交换时，主电机同样需要有换挡抖动动作。

以高、低速 2 级变速模拟主轴的主传动系统为例，数控系统与 M 型换挡有关的 PMC 主要 DI/DO 信号如表 8.2.4 所示，表中的机床输入/输出信号的地址，可根据数控系统的 I/O 模块(单元) 配置及电路设计改变。

表 8.2.4　M 型换挡控制 DI/DO 信号

代号	名称	信号类别	PMC 地址	备注
DEN	分配结束	CNC 输入	F001.3	1:坐标轴运动结束
ENB	主轴使能	CNC 输入	F001.4	1:主轴转速输出允许
MF	M 代码修改	CNC 输入	F007.0	1:M 代码输出有效
SF	S 代码修改	CNC 输入	F007.2	1:主轴需要换挡
M00～M31	M 代码	CNC 输入	F010～F013	32 位二进制 M 代码
GR1O～GR3O	传动级选择	CNC 输入	F034.0～F034.2	CNC 传动级选择信号输出
P1	主轴停止	机床输入	X16.0	参考地址
P2	主轴转速到达	机床输入	X16.1	参考地址
P3	主驱动报警	机床输入	X16.2	参考地址
S31	低速挡到位	机床输入	X16.3	参考地址
S32	高速挡到位	机床输入	X16.4	参考地址
FIN	辅助功能结束	CNC 输出	G004.3	M/S/T/B 执行完成
GR2/GR1	实际传动级输入	CNC 输出	G028.2/G028.1	00/01/10/11:低/中/准高/高速
SAR	主轴转速到达	CNC 输出	G029.4	1:实际转速与指令转速同
SOR	换挡转速输出	CNC 输出	G029.5	1:输出定向或换挡转速 0:输出 S 代码编程转速
*SSTP	主轴停止	CNC 输出	G029.6	1:S 转速输出。0:输出为 0
SIND	指令转速选择	CNC 输出	G033.7	0:CNC 输出。1:PMC 输入
SSIN	主轴转向选择	CNC 输出	G033.6	0:CNC 指令。1:PMC 输入
KM30	主轴驱动器 ON	机床输出	Y8.0	参考地址
KA31	主轴正转	机床输出	Y8.1	参考地址
KA32	主轴反转	机床输出	Y8.2	参考地址
Y33	主轴换低速挡	机床输出	Y8.3	参考地址
Y34	主轴换高速挡	机床输出	Y8.4	参考地址

(3) PMC 程序设计

模拟主轴的 M 型换挡控制 PMC 程序只需要以 GR1O～GR3O、SF 信号来代替 T 型换挡的辅助功能指令 M41/M42，启动主轴换挡运动，其他程序与 T 型换挡基本相同，M 型换挡程序如下。

① 指令译码。M 型换挡的指令译码程序如图 8.2.10 所示，M 型换挡的传动级交换信号

R300.4、R300.5，可直接通过 CNC 输入信号 GR1O～GR3O（F034.0～F034.2）及 SF（F007.2）控制，因此，PMC 程序无需进行换挡指令 M41/M42 的译码；程序的其他部分设计方法与 T 型换挡相同，有关内容可参见前述。

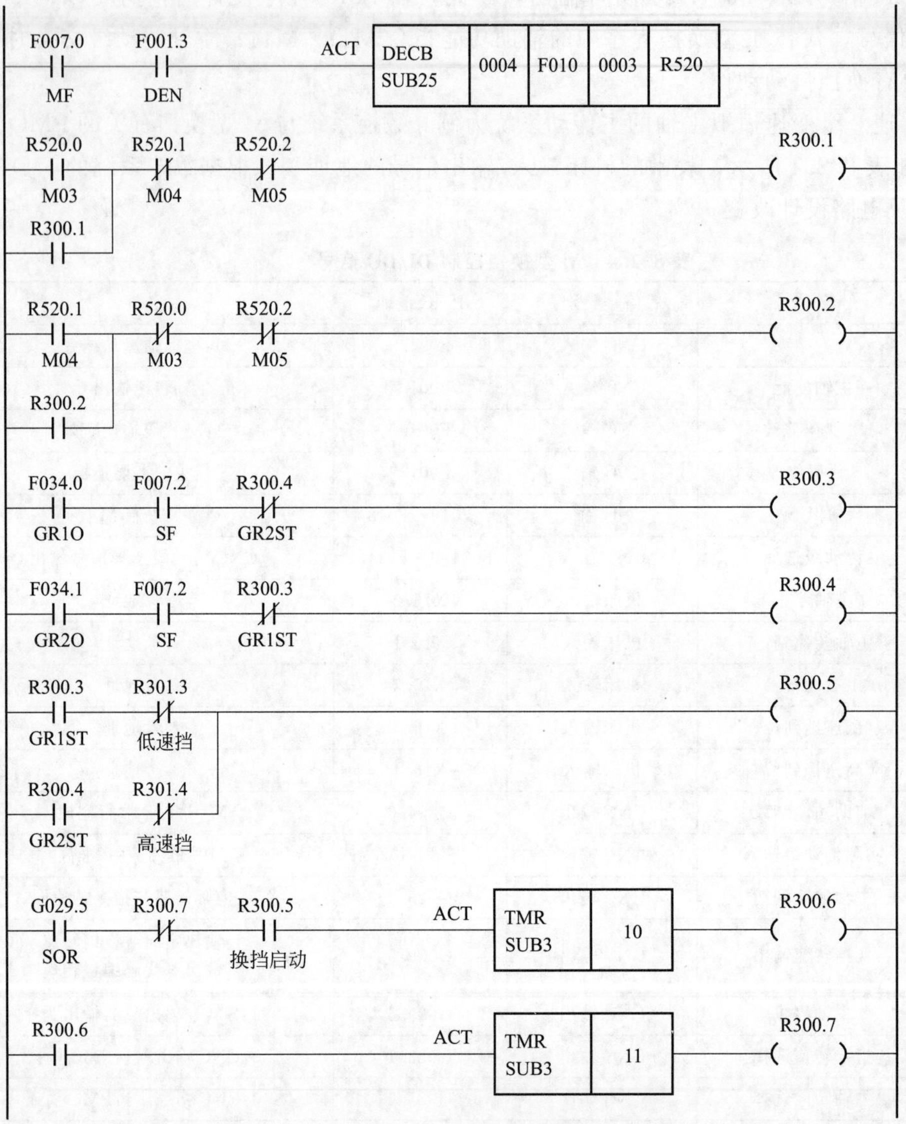

F007.0 MF　F001.3 DEN　ACT　DECB SUB25　0004　F010　0003　R520　M 译码（M03～M10）

R520.0 M03　R520.1 M04　R520.2 M05　R300.1　主轴正转
R300.1

R520.1 M04　R520.0 M03　R520.2 M05　R300.2　主轴反转
R300.2

F034.0 GR1O　F007.2 SF　R300.4 GR2ST　R300.3　主轴低速

F034.1 GR2O　F007.2 SF　R300.3 GR1ST　R300.4　主轴高速

R300.3 GR1ST　R301.3 低速挡　R300.5　换挡启动
R300.4 GR2ST　R301.4 高速挡

G029.5 SOR　R300.7　R300.5 换挡启动　ACT　TMR SUB3　10　R300.6　抖动控制 延时约1s

R300.6　ACT　TMR SUB3　11　R300.7　抖动控制 延时约0.6s

图 8.2.10　M 型换挡指令译码程序

② 正反转控制。M 型换挡的主轴正反转控制 PMC 程序与 T 型换挡完全相同，可直接使用图 8.2.6 所示的 T 型换挡程序。

③ 传动级交换控制。M 型换挡的主轴传动级交换控制 PMC 程序如图 8.2.11 所示。程序中以 S 代码应答代替了 T 型换挡的辅助指令 M41/M42 应答，其余部分与 T 型换挡一致，相关说明可参见前述。

M 型换挡的主轴抖动同样可直接由主轴驱动器产生，对于此类情况，只需要将上述程序中的换挡转速输出控制信号 SOR（G029.5），统一改为 PMC 输出到驱动器的低速（低频）速度选择信号，便可由驱动器控制主电机低速抖动，程序的其他部分通用。

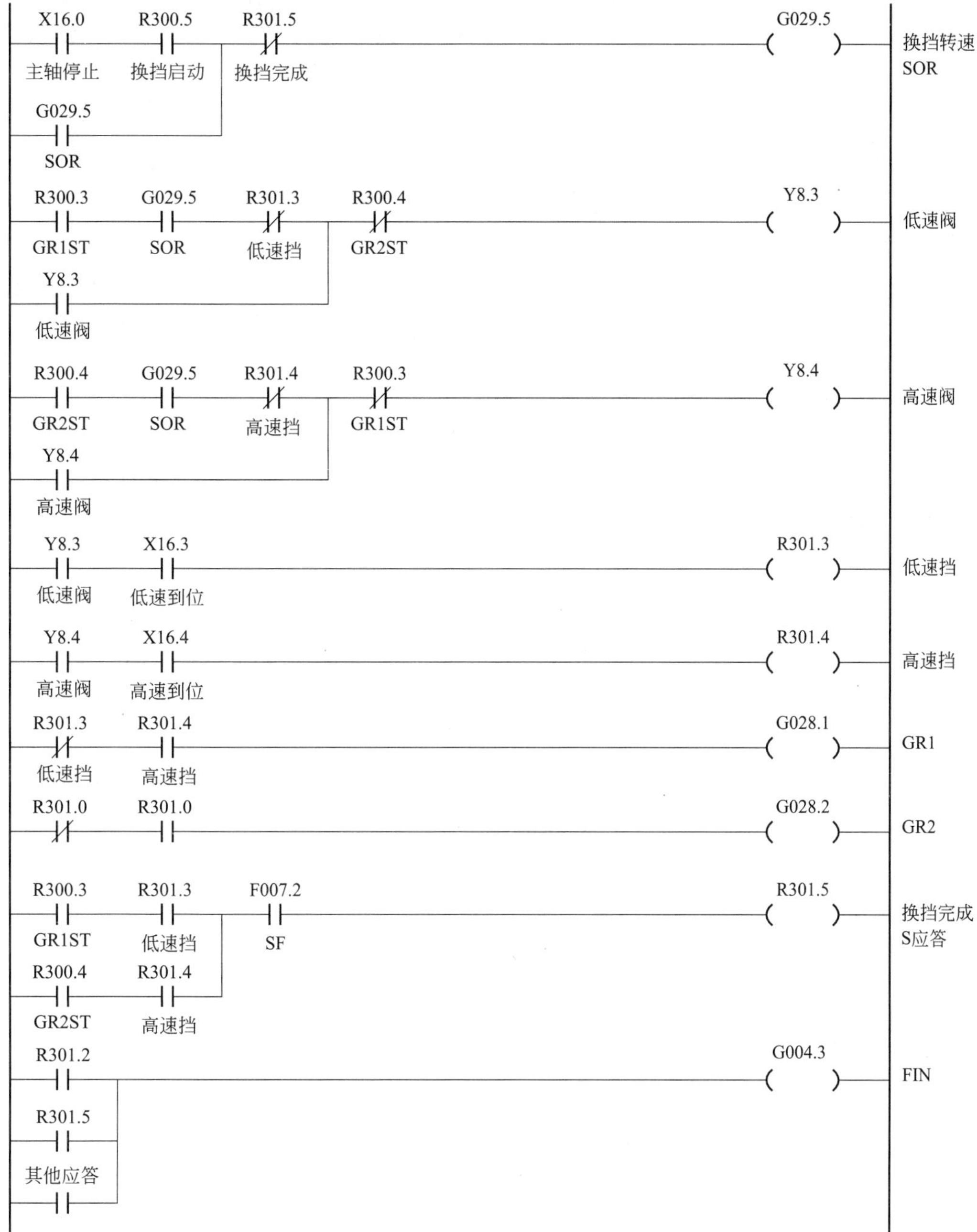

图 8.2.11　M 型换挡传动级交换控制程序

8.3　主轴定向控制程序设计

8.3.1　主轴位置控制要求

(1) 功能与应用

FANUC 数控系统的主轴位置控制包括主轴定向准停（spindle orientation）、主轴任意位置定位（spindle positioning）及 Cs 轴控制（Cs contouring control）3 种。主轴切换为 Cs 轴

控制时，主轴位置、速度可直接利用 CNC 的快速定位、插补及进给指令控制，无需 PMC 程序进行位置、速度信号的处理。因此，本节仅介绍需要利用 PMC 程序控制的主轴定向准停、主轴定位程序的设计方法。

主轴任意位置定向准停（spindle orientation）简称主轴定向，这是一种控制主轴在某一固定位置停止并通过闭环位置调节或其他方式保持定位状态的功能，主轴定向主要用于镗铣加工机床的自动换刀及精密镗孔、反向镗孔时的让刀。

主轴任意位置定位（spindle positioning）是一种简单位置控制功能，功能可控制主轴在 360°范围的任意位置上定位停止、并通过闭环位置调节功能保持。主轴定位后，还可通过编程指令以增量或绝对的方式改变定位点。主轴定位不但可用于镗铣加工机床的自动换刀及精密镗孔、反向镗孔时的让刀，而且还能够用于车削加工机床的主轴简单定位控制。

主轴定向和主轴定位的形式与数控系统功能、主轴驱动器类别有关，FS 0i 系列数控系统常用的定向、定位控制功能如表 8.3.1 所示。

表 8.3.1　FS 0i 可使用的定向、定位控制功能

功能		模拟主轴	串行主轴
主轴定向	机械式定向	●	○
	驱动器控制定向	●	×
	CNC 控制定向	●	●
	串行主轴定向	×	●
主轴定位	驱动器控制定位	●	×
	CNC 控制定位	●	●
	串行主轴定位	×	●

注：●表示可使用；○表示不推荐使用；×表示不能使用。

(2) 主轴定向形式

FANUC 数控系统的主轴定向形式可分为机械定向和电气定向两大类，电气定向又有 CNC 控制定向、驱动器控制定向之分。

① 机械定向。机械定向是利用机械定位机构固定主轴位置的定向方法。定向时，主轴首先以极低的转速旋转，到达定向位置后，通过气动液压将定位销插入主轴销孔，固定主轴。机械定位的动作可靠、定位精度高、定位刚性好，但它需要有插销定位机构及气动、液压控制部件，主轴定向的速度较慢，因此一般只用于早期数控机床或数控改造机床。

② 电气定向。电气定向是一种主轴简易闭环位置控制功能，它可以将主轴的定位误差转换为主轴速度输出电压，控制主轴在指定位置停止并保持。由于主轴定向只需要主轴在某一指定位置停止，因此，主轴的位置检测既可使用脉冲编码器，也可以使用主轴定位用的磁传感器。电气定向是数控机床常用的主轴定向方式，其结构简单、调整容易、定向速度快，但是定位刚性、定位精度不及机械定向，因此，在对主轴定向刚性、可靠性要求很高的数控机床上，有时需要与机械插销配合使用。

电气定向的主轴闭环位置控制可通过 CNC 实现，也可通过驱动器实现。CNC 控制主轴定向时，需要配套主轴位置检测编码器，由 CNC 将主轴的定位误差转换为主轴速度输出电压、建立临时的位置闭环，使主轴在指定点停止并保持，主轴定向的位置可通过 CNC 参数进行调整。CNC 控制的主轴定向既可用于模拟主轴，也可用于串行主轴。

电气定向的主轴闭环位置控制还可通过主轴驱动实现。CNC 通过特定的辅助功能（通常为 M19）向主轴驱动器发送定向命令，然后通过驱动器的闭环位置功能控制主轴在指定位置停止并保持。对于 FANUC 串行主轴驱动器，CNC 的主轴定向命令、定位停止位置等信号，可直接通过 PMC 程序向驱动器发送。

（3）主轴定位

主轴定位不仅能够控制主轴在指定的位置停止并保持，而且还可用增量、绝对的方式偏移定位点、动态改变主轴位置。FANUC 数控系统的主轴定位必须配置 1024P/r 编码器，通过 CNC 对编码器检测信号的 4 倍频处理，主轴的位置检测精度为 0.088°(360°/4096)。

主轴定位同样可通过 CNC 或驱动器实现，功能既可用于模拟主轴，也可用于串行主轴；主轴定位的位置可通过辅助功能 M 或 H、C 指定；M 代码一般用于主轴定点定位，主轴最大可设定 256 个定位点；利用辅助功能代码 H、C 指定定位位置时，可选择 360°范围内的任意位置进行定位。

利用驱动器控制主轴定位时，所选择的主轴驱动器必须具有任意位置定位功能。使用 FANUC 串行主轴驱动器时，只要主轴选配 1024P/r 编码器，所有型号的数控系统都可使用主轴定位功能。如果机床使用其他主轴驱动器，则需要通过 PMC 程序将 CNC 辅助功能 M 或 H、C 指定的定位位置转换为驱动器的定位位置信号，并通过驱动器控制主轴完成定位。

有关主轴定位 PMC 程序的设计方法可参见 8.4 节。

8.3.2　机械定向程序设计

（1）程序设计要求

主轴机械定向控制的 PMC 程序十分简单，程序只需要将 CNC 主轴定向指令 M19 转换为主轴低速旋转信号，使得主轴进入低速旋转后，再利用气动或液压系统，进行插销定位。定位销一旦插入，应立即取消主轴旋转指令，停止主轴，以防止主轴长时间过载。

使用机械定向的主轴驱动器必须具备主轴转矩限制功能，在主轴定位过程中及定位插销后，对主轴电机的输出转矩进行限制，以防止主电机的过载或机械部件的损坏。

机械定向的主轴定向转速既可由 CNC 输出，也可在驱动器上设定。由 CNC 输出定向转速时，PMC 程序应通过 CNC 输出信号 SOR(G029.5）将主轴转速输出切换为主轴定向转速；FANUC 数控系统的主轴定向转速和传动级交换时的主轴抖动转速为同一参数设定的相同值。当主轴定向转速在驱动器上设定时，PMC 程序可通过机床输出信号，直接控制驱动器进入低速旋转状态，定向转速可通过驱动器调整。

机械定向的主轴转向可利用驱动器的正反转信号控制，设计时可根据实际需要选择固定转向（如反转）或保持定向前转向两种方式；定向转向应通过 PMC 程序的设计保证。

以模拟主轴反转定向为例，FS 0i 系列数控系统与主轴定向有关的主要 DI/DO 信号地址如表 8.3.2 所示，表中的机床输入/输出信号的地址，可根据数控系统的 I/O 模块（单元）配置及电路设计改变。

表 8.3.2　主轴定向相关 DI/DO 信号地址

代号	名称	信号类别	PMC 地址	备注
DEN	分配结束	CNC 输入	F001.3	1:坐标轴运动结束
MF	M 代码修改	CNC 输入	F007.0	1:M 代码输出有效
M00～M31	M 代码	CNC 输入	F010～F013	32 位二进制 M 代码

续表

代号	名称	信号类别	PMC地址	备注
P1	主轴停止	机床输入	X16.0	参考地址
P3	主驱动报警	机床输入	X16.2	参考地址
S33	定向插销到位	机床输入	X16.5	参考地址
S34	主轴定向位置	机床输入	X16.6	参考地址
FIN	辅助功能结束	CNC输出	G004.3	M/S/T/B执行完成
SOR	定向转速输出	CNC输出	G029.5	1:输出定向转速 0:输出S代码转速
*SSTP	主轴停止	CNC输出	G029.6	1:S转速输出。0:输出为0
KM30	主轴驱动器ON	机床输出	Y8.0	参考地址
KA32	主轴定向转向(反转)	机床输出	Y8.2	参考地址
Y35	主轴定向插销电磁阀	机床输出	Y8.5	参考地址
KA36	主轴转矩限制	机床输出	Y8.6	参考地址

(2) PMC程序设计

模拟主轴机械定向通常利用CNC加工程序的辅助功能指令M19控制，PMC程序包括指令译码、正反转控制、定向控制、完成应答等部分。

① 指令译码。指令译码程序可使用FANUC二进制译码指令DECB(SUB25)，程序如图8.3.1所示。

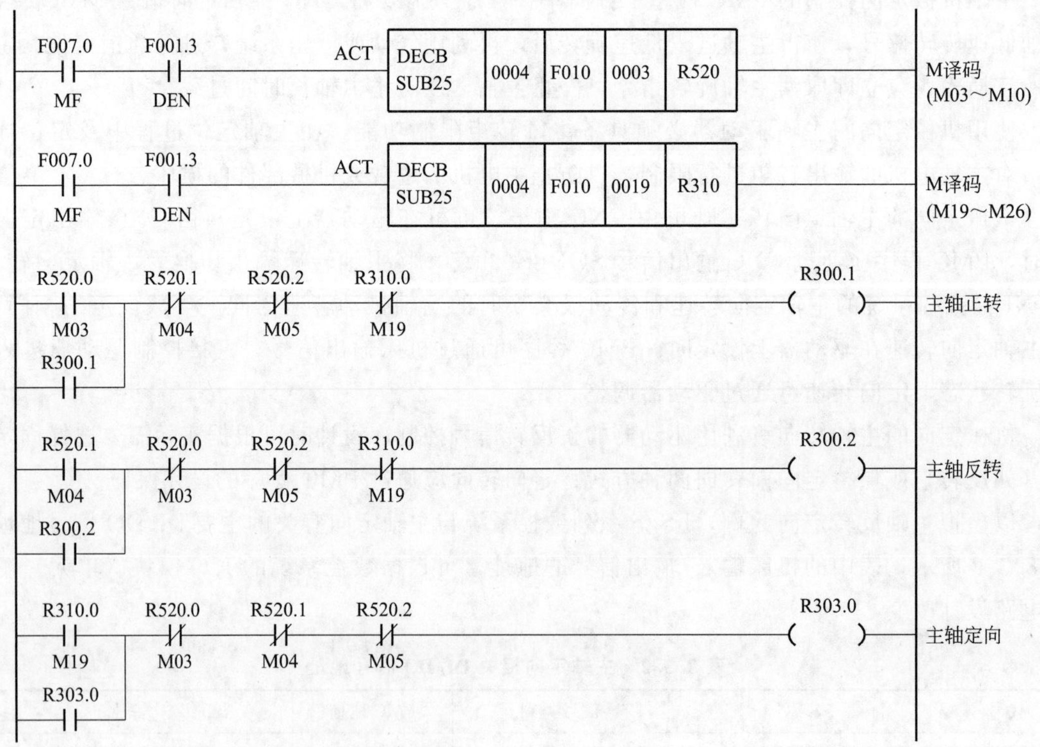

图8.3.1 指令译码程序

当CNC执行M03、M04、M19指令时，PMC程序中的正转信号R300.1、反转信号

R300.2、定向信号 R303.0 之一将为“1”。

② 正反转控制。假设模拟主轴的机械定向需要在主轴低速反转的状态下进行，主轴的转向控制程序如图 8.3.2 所示。

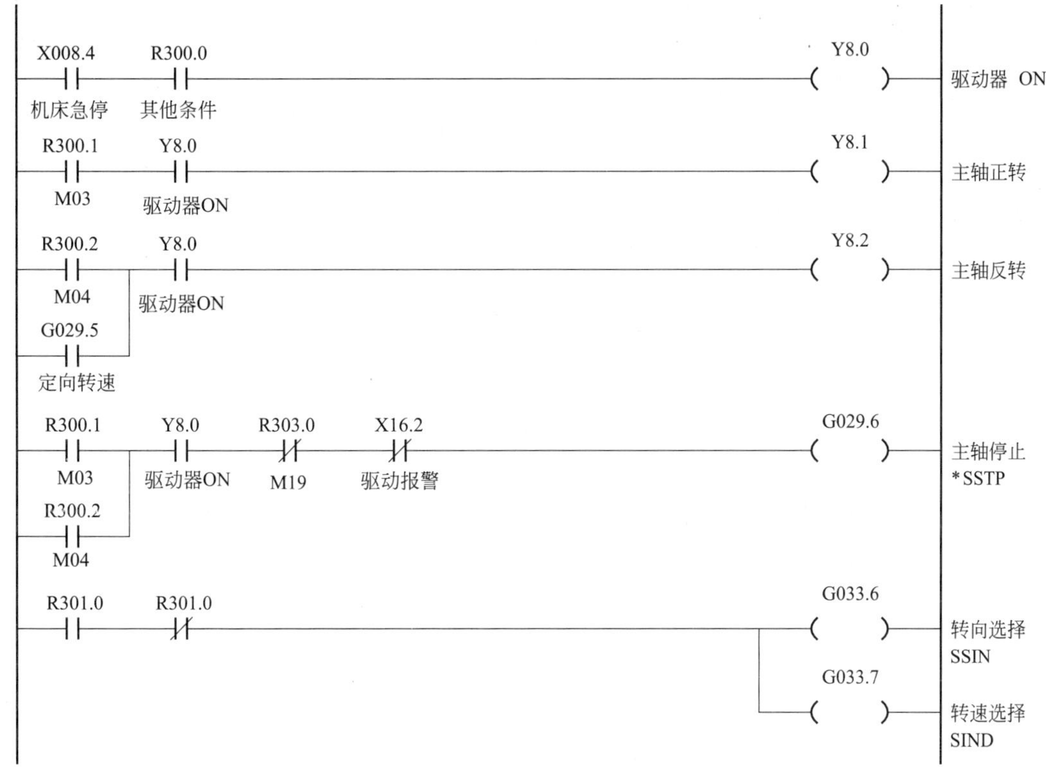

图 8.3.2　转向控制程序

当主轴驱动器启动时，执行 M03，程序将输出主轴正转信号 Y8.1；执行 M04，或者主轴定向 SOR 转速被选择（G029.5 为“1”），程序将输出主轴反转信号 Y8.2。此外，当执行 M03、M04 指令时，程序的主轴停止 CNC 输出信号 * SSTP(G029.6) 为“1”，以保证正反转主轴转速模拟量的正常输出；当执行 M19 指令时，程序的主轴停止 CNC 输出信号 * SSTP（G029.6）为“0”，此时主轴转速模拟量将输出低速定向的 SOR 转速。

程序中的 G033.6、G033.7 为 PMC 主轴转速、转向控制信号，不使用 PMC 主轴转速控制功能时，可直接置“0”。

③ 定向控制。主轴定向控制程序如图 8.3.3 所示。

如 CNC 执行主轴定向指令 M19 时，主轴已处于定向插销阀输出 Y8.5=1、插销到位信号 X16.5=1 的定向状态，程序中的定向完成信号 R303.2 将为“1”，此时将通过后述的完成应答程序，直接产生 M19 指令执行完成信号，结束 CNC 的 M19 指令。如 CNC 执行主轴定向指令 M19 时主轴未定向，程序中的定向启动信号 R303.3 将为“1”。

当定向启动信号 R303.3 为“1”时，如果驱动器的主轴停止信号 X16.0=1，主轴当前位于停止状态，程序将直接输出 CNC 的定向低速选择信号 SOR(G029.5)，使得 CNC 输出主轴低速定向的转速模拟量，同时，通过前述的转向控制控制程序，向驱动器输出主轴反转信号 Y8.2；主电机将直接进入低速定向旋转状态。

当定向启动信号 R303.3 为“1”时，如果驱动器的主轴停止信号 X16.0=0，主轴当前位于旋转状态，则程序首先将主轴停止的 CNC 输出信号 * SSTP、驱动器正反转信号 Y8.0/Y8.1 均置为“0”，同时撤销 CNC 主轴转速模拟量输出及驱动器正反转控制信号，主轴电机将减速停止。主轴电机停止后，驱动器的主轴停止信号 X16.0 将为“1”，PMC 程序将输出主轴定向转速选择信号 SOR(G029.5)，使主轴转速模拟量输出成为定向低速输出，同时，通过前述的转向控制程序，向驱动器输出主轴反转信号 Y8.2；主电机将直接进入低速定向旋转状态。

主轴进入低速反转后，如果主轴的定向位置到达信号 X16.6 为“1”，程序中的主轴定向插销电磁阀输出 Y8.5、主轴转矩限制信号 Y8.6 将成为“1”，定位插销动作，定位销将插入主轴定位孔、固定主轴，同时，主轴输出转矩被限制为规定的值。

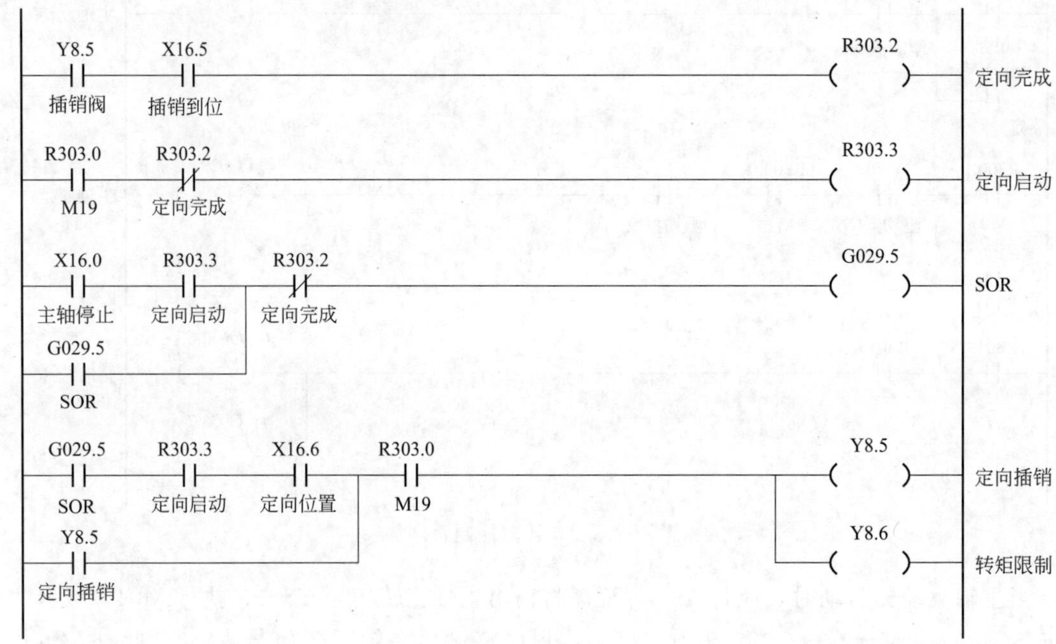

图 8.3.3　定向控制程序

④ 完成应答。CNC 的主轴正反转 M03/M04、停止 M05 及定向 M19 指令的应答程序如图 8.3.4 所示。

CNC 的主轴正反转指令 M03/M04，利用主轴驱动器输入信号转速到达 X16.1 应答；主轴停止指令 M05，利用主轴驱动器输入信号主轴停止 X16.0 应答；主轴定向指令 M19，利用前述定向控制程序中的定向完成信号 R303.2 应答。

同样，由于主轴电机的正反转、启停存在加减速过程，驱动器输出的转速到达信号 X16.1 和停止信号 X16.0 均有一定检查范围；当使用驱动器转速到达信号、停止信号作为 M03/M04/M05 指令执行完成应答时，一般需要延时 0.5～1s 后，再进行应答信号的检测；因此，程序中使用了定时器 T12，用来产生驱动器转速到达信号、停止信号的检测延时，这一延时也是 CNC 执行 M03/M04/M05 指令至少需要的执行时间。

主轴定向指令 M19 的应答信号 R303.4 由定向插销输出 Y8.5、插销到位信号 X16.5 直接生成，无需检测延时，因此，CNC 的 M19 指令可直接利用定向完成信号 R303.4 应答。

程序中的主轴速度到达信号 G029.4 是 CNC 用于切削加工程序段启动互锁的信号，G029.4 可直接使用驱动器的转速到达信号控制。

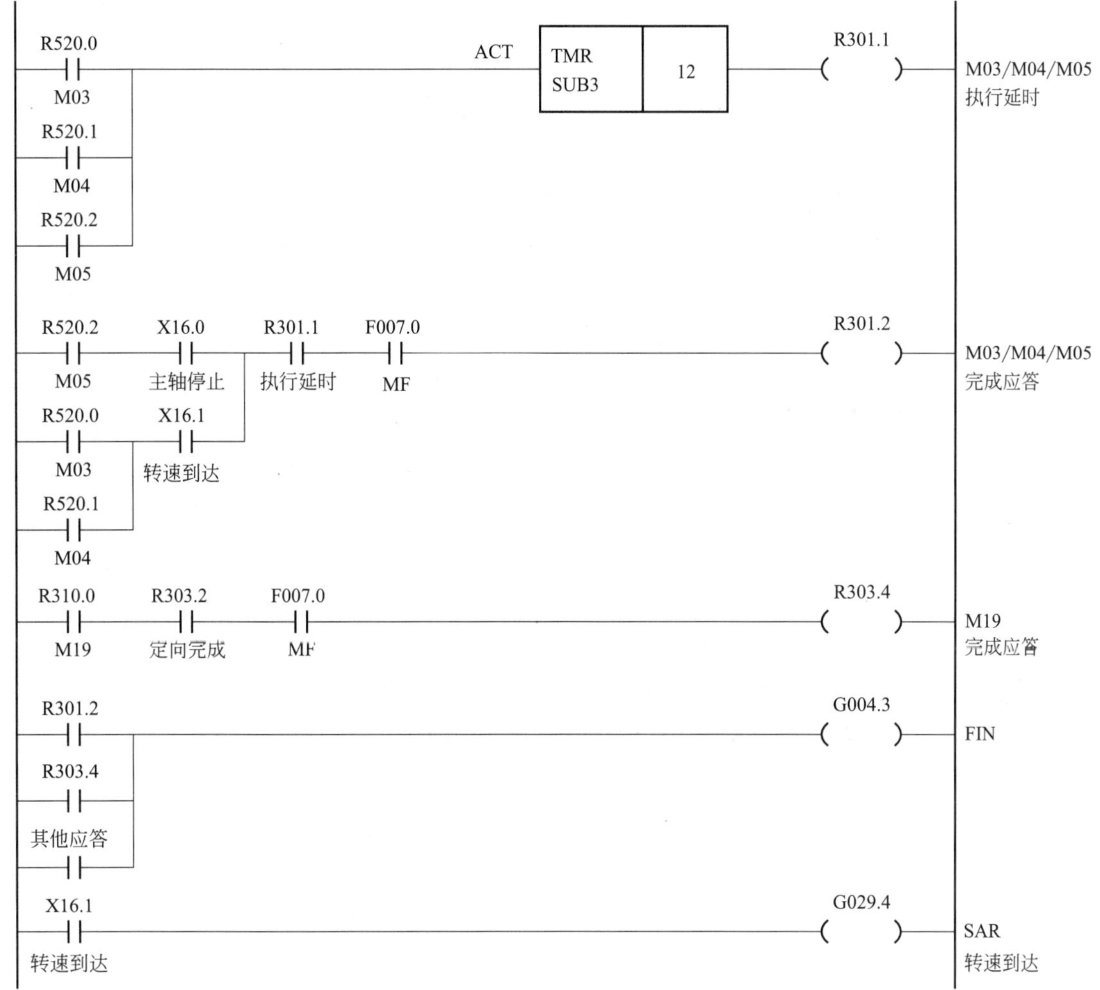

图 8.3.4　完成应答程序

8.3.3 串行主轴定向程序设计

(1) PMC 程序设计要求

电气定向的控制要求与配套的主轴驱动器具备主轴定向或定位功能，PMC 程序应根据驱动器的要求，输出主轴定向控制信号，控制驱动器实现定向动作。

在配套 FANUC 串行主轴驱动器的数控系统上，主轴定向可通过 PMC 程序的 CNC 输出信号，直接控制驱动器实现主轴定向。主轴定向位置检测可使用磁传感器或脉冲编码器，当主轴使用脉冲编码器检测位置时，驱动器不仅可进行主轴定向，而且还可实现后述的主轴定位功能。

FANUC 串行主轴的定向动作过程如图 8.3.5 所示，动作控制要求如下。

① CNC 执行加工程序中的主轴定向指令 M19，PMC 程序同时撤销串行主轴正反转控制的转向输出信号 SFR/SRV(G070.4/G070.5)，并向串行主轴驱动器输出主轴定向信号 ORCM (G070.6)。

② 串行主轴驱动器接到主轴定向信号 ORCM(G070.6) 后，如主轴当前处于旋转状态，将立即减速至 CNC 参数设定的主轴定向速度与转向，进入主轴定向位置控制状态；如主轴处

于停止状态，则按CNC参数设定的定向速度与方向启动旋转，并进入主轴定向位置控制状态。

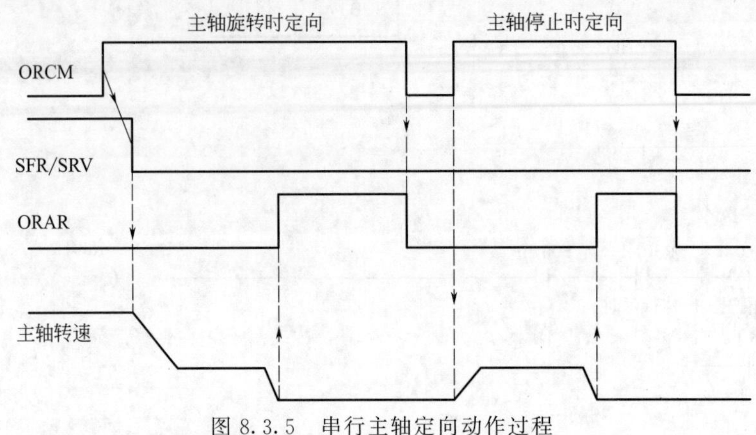

图8.3.5　串行主轴定向动作过程

③ 串行主轴定向时，通常需要主轴以定向速度旋转1～2转后，进入闭环位置调节状态。主轴定向位置到达后，串行主轴驱动器可通过PMC的CNC输入信号ORAR(F045.7)，向PMC发送串行主轴定向完成信号。

④ PMC在接收串行主轴的定向完成信号ORAR后，结束主轴定向M19指令。此时，如主轴无插销等机械固定装置，PMC程序应保持主轴定向输出信号ORCM为“1”状态，使主轴始终保持闭环位置调节状态，以防止机床在执行自动换刀、主轴松开、夹紧等动作时的定位点偏移。

⑤ 当主轴需要恢复旋转时，利用M03/M04/M05指令，撤销主轴定向命令ORCM，使主轴回到速度控制状态。

FANUC串行主轴的所有主轴定向控制信号均可直接通过PMC的CNC输入/输出信号传送，DI/DO信号的地址如表8.3.3所示。

表8.3.3　串行主轴定向PMC接口信号表

代号	名称	信号类别	PMC地址	备注
DEN	分配结束	CNC输入	F001.3	1:坐标轴运动结束
MF	M代码修改	CNC输入	F007.0	1:M代码输出有效
M00～M31	M代码	CNC输入	F010～F013	32位二进制M代码
ALMA	主轴报警	CNC输入	F045.0	1:报警。0:正常
SSTA	主轴停止	CNC输入	F045.1	1:主轴转速为0
SARA	主轴转速到达	CNC输入	F045.3	1:主轴转速与指令转速同
ORARA	主轴定向完成	CNC输入	F045.7	1:定向完成
FIN	辅助功能结束	CNC输出	G004.3	M/S/T/B执行完成
SRVA	主轴正转	CNC输出	G070.4	00或11:停止。01:正转。10:反转
SFRA	主轴反转	CNC输出	G070.5	
ORCMA	主轴定向	CNC输出	G070.6	1:定向。0:撤销定向
MRDYA	主轴驱动使能	CNC输出	G070.7	1:主轴驱动使能
*ESPA	主轴急停	CNC输出	G071.1	1:正常工作。0:急停

(2) PMC 程序设计

串行主轴定向同样需要利用 CNC 加工程序的辅助功能指令 M19 控制，PMC 程序一样包括指令译码、正反转控制、定向控制、完成应答等部分。

① 指令译码。串行主轴的指令译码程序与模拟主轴无区别，可直接使用图 8.3.1 所示的模拟主轴指令译码程序。当 CNC 执行 M03、M04、M19 指令时，PMC 程序中的正转信号 R300.1、反转信号 R300.2、定向信号 R303.0 之一将成为“1”。

② 正反转控制。串行主轴的正反转控制程序如图 8.3.6 所示，程序与模拟主轴的区别只是以串行主轴的 CNC 输入/输出信号，代替了模拟主轴外置驱动器的机床输入/输出信号，其他并无区别；串行主轴的定向转向一般直接通过 CNC 参数设定，无需通过 PMC 程序控制。

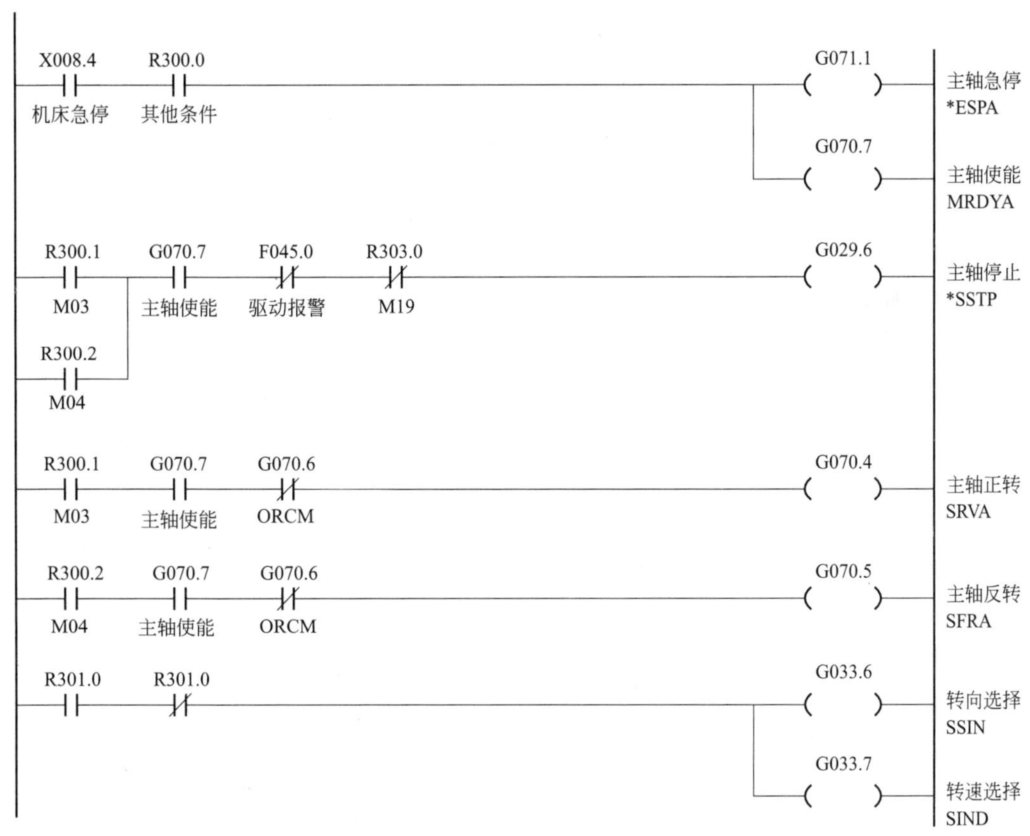

图 8.3.6　串行主轴正反转控制程序

③ 定向控制与完成应答。主轴定向控制与完成应答程序如图 8.3.7 所示，串行主轴可以直接使用 CNC 的主轴定向输出信号 ORCMA(G070.6)，选择主轴定向转速、控制主轴定向；主轴定向完成后，可使用 CNC 的主轴定向完成输入信号 ORAR(F045.7)，作为定向完成应答信号。

程序的其他部分与模拟主轴无太大的区别，串行主轴电机的正反转、启停同样存在加减速过程，转速到达信号 F045.3 和停止信号 F045.1 也有一定的检查范围；因此，当使用转速到达信号 F045.3、停止信号 F045.1、作为 M03/M04/M05 指令执行完成应答时，也需要延时 0.5～1s 后进行应答。

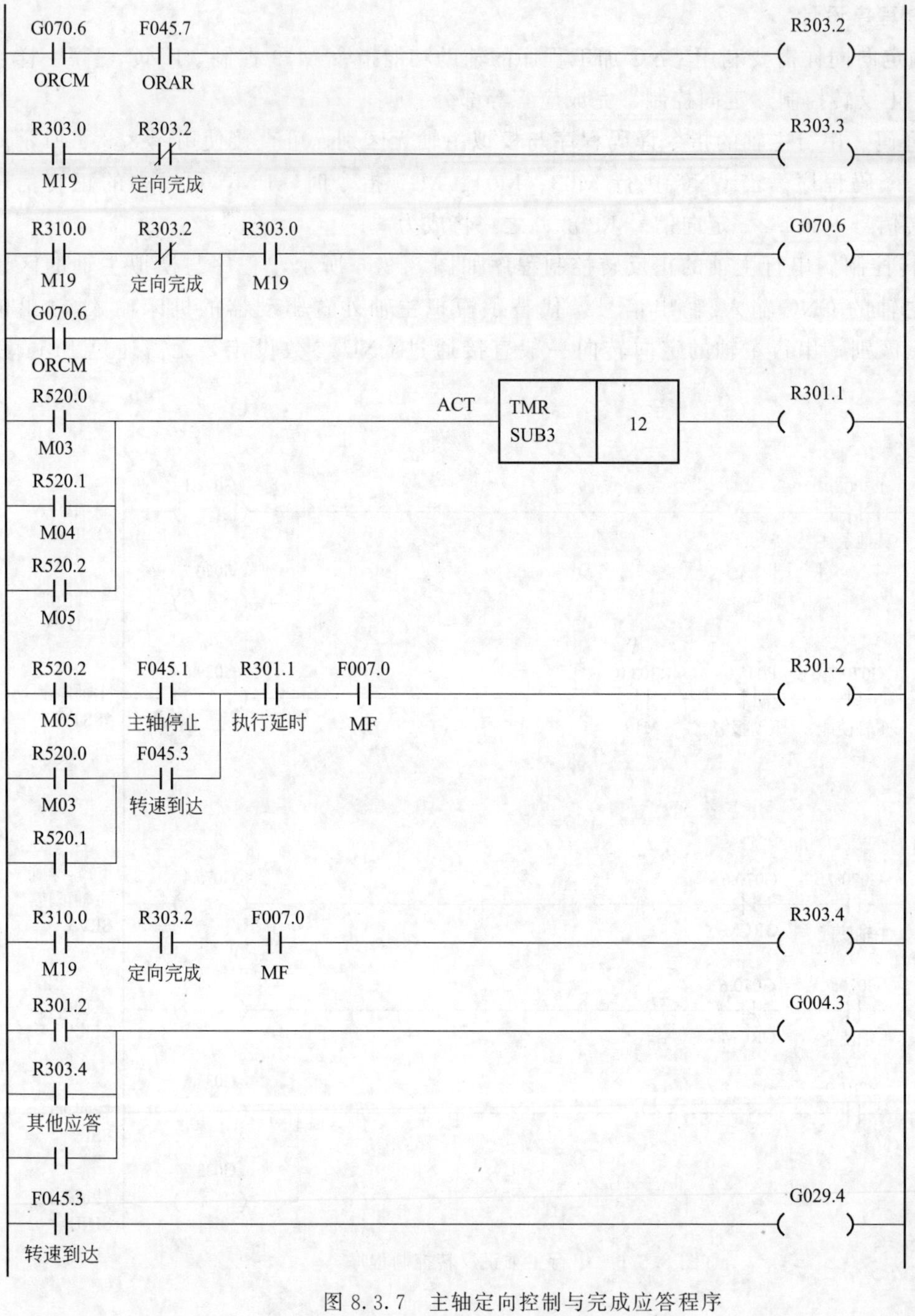

```
G070.6   F045.7                                R303.2
ORCM     ORAR                                  定向完成

R303.0   R303.2                                R303.3
M19      定向完成                               定向启动

R310.0   R303.2   R303.0                       G070.6
M19      定向完成  M19                          主轴定向
G070.6                                         ORCMA
ORCM

R520.0            ACT  TMR SUB3 | 12           R301.1
M03                                            M03/M04/M05
R520.1                                         执行延时
M04
R520.2
M05

R520.2   F045.1   R301.1   F007.0              R301.2
M05      主轴停止  执行延时  MF                  M03/M04/M05
R520.0   F045.3                                完成应答
M03      转速到达
R520.1

R310.0   R303.2   F007.0                       R303.4
M19      定向完成  MF                           M19
                                               完成应答
R301.2                                         G004.3
                                               FIN
R303.4

其他应答

F045.3                                         G029.4
转速到达                                        SAR
                                               转速到达
```

图 8.3.7　主轴定向控制与完成应答程序

8.4　串行主轴定位程序设计

8.4.1　串行主轴定位控制

(1) 功能与使用

在使用 FANUC 串行主轴的数控系统上，如果主轴电机选配带零位脉冲的内置编码器，或配置有外置式光电编码器、磁性编码器等位置检测器件，主轴不但能进行定向控制，而且还可以使用定位功能。

串行主轴定位控制时，光栅编码器一般应为 1024P/r 输入，主轴定位位置的最小单位为 0.088°(360°/4096)，FANUC 串行主轴的定位位置一般通过 CNC 第 2 辅助机能 B（可通过 CNC 参数改变）代码设定，B 代码可通过 PMC 程序转换为 12 位二进制格式的主轴定位位置指令信号 SH01～SH12(G078.0～G079.3)。

主轴定位功能包含了主轴定向准停功能，因此，使用编码器作为主轴位置检测器件时，可直接通过主轴定位实现主轴定向准停功能。

FANUC 串行主轴的定位需要在主轴定向完成后进行，主轴定位时，定向命令 ORCM (G070.6) 必须保持为“1”。在此基础上，可通过 CNC 输出信号 INCMD(G072.5) 选择绝对、捷径、增量 3 种不同的定位方式，将主轴定位到指定的位置。

串行主轴绝对、捷径、增量定位的控制要求介绍如下。

(2) 绝对定位与捷径定位

串行主轴使用绝对位置定位控制时，定位点位置可通过 PMC 的串行主轴位置选择信号 SH01～SH12(G078.0～G079.3) 直接指定。串行主轴绝对位置定位时，首先执行主轴定向动作，然后，再从定向位置回转到 SH01～SH12(G078.0～G079.3) 指定的位置。

主轴绝对定位的回转方向，可通过定位转向信号 ROTA(G072.1) 指定；如果定位捷径选择信号 NRRO(G072.2) 为“1”，驱动器将自动选择运动距离最短的回转方向作为主轴定位方向。

绝对位置定位的动作过程如图 8.4.1 所示，定位控制要求如下。

① 利用 CNC 参数的设定，生效主轴定位停止位置 PMC 指定（外部）功能，同时定义若干用于主轴定位方式选择的辅助功能代码，示例如下。

M20：主轴捷径定位。

M21：主轴正向增量定位。

M22：主轴负向增量定位。

M23：主轴正向绝对定位。

M24：主轴负向绝对定位。

② 执行主轴定向指令 M19，完成主轴定向准停动作，并保持主轴定向信号 ORCM (G070.6) 为“1”。

③ 利用 CNC 的辅助功能指令（通常为 B 代码指令）向 PMC 发送主轴定位位置，PMC 程序将主轴定位位置的辅助功能代码，转换为 12 位二进制串行主轴定位位置选择信号 SH01～SH12(G078.0～G079.3)。

④ 利用 CNC 定位方式选择辅助功能指令，将串行主轴定位方式选择信号 INCMD (G072.5) 置“0”，选择绝对定位方式，并通过串行主轴控制信号 ROTA(G072.1)、NRRO (G072.2)，选择绝对定位方向或捷径定位。

⑤ PMC 程序通过信号 INDX(G072.0) 的下降沿，向串行主轴驱动器输出主轴定位命令，启动主轴定位。

⑥ 串行主轴以指定的方向，回转到 SH01～SH12(G078.0～G079.3) 指定的定位位置，定位完成后，PMC 的串行主轴输入信号 ORAR(F045.7) 为“1”；驱动器保持定位位置闭环自动调节状态。

⑦ 如需要，可重复步骤③～⑥，改变主轴定位点。

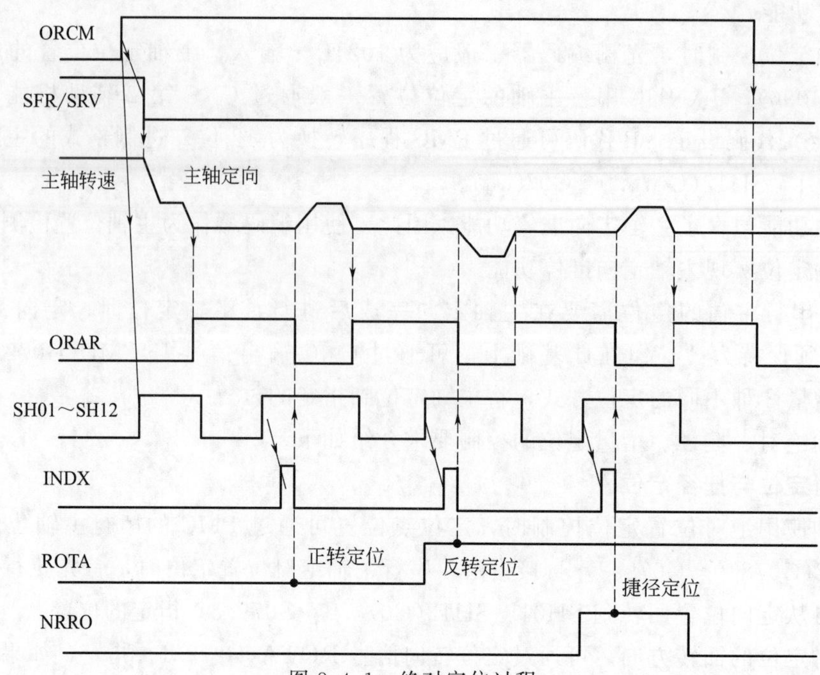

图 8.4.1　绝对定位过程

⑧ 主轴定位完成后，如 PMC 程序将主轴定向控制信号 ORCM(G070.6) 置“0”，主轴撤销闭环位置控制功能，返回速度控制方式。

(3) 增量定位

串行主轴选择增量位置定位时，可直接通过定位位置输入信号 SH01～SH12(G078.0～G079.3) 调整定位点。增量定位同样需要在主轴定向完成、定向命令 ORCM(G070.6) 保持为“1”的状态下进行，主轴定位的回转方向同样可通过定位转向信号 ROTA(G072.1) 选择，增量定位不能使用捷径定位功能。

增量定位的动作过程如图 8.4.2 所示，定位控制要求如下。

①～② 同绝对定位，首先控制主轴完成定向准停。

③ 利用 CNC 的辅助功能指令（通常为 B 代码指令）向 PMC 发送主轴增量定位距离（增量回转角度），PMC 程序将主轴定位位置的辅助功能代码，转换为 12 位二进制串行主轴定位位置选择信号 SH01～SH12(G078.0～G079.3)。

④ 通过 CNC 的辅助功能指令，将定位方式选择信号 INCMD(G072.5) 置“1”，选择增量定位方式，并利用信号 ROTA(G072.1) 选择定位方向。

⑤ PMC 程序通过信号 INDX(G072.0) 的下降沿，向串行主轴驱动器输出主轴定位命令，启动主轴定位。

⑥ 串行主轴以指定的方向，回转 SH01～SH12(G078.0～G079.3) 指定的距离，定位完成后，PMC 的串行主轴输入信号 ORAR(F045.7) 为“1”；驱动器保持定位位置闭环自动调节状态。

⑦ 如需要，可重复③～⑥动作，变换主轴定位点。

⑧ 主轴定位完成后，如 PMC 程序将主轴定向控制信号 ORCM(G070.6) 置“0”，主轴撤销闭环位置控制功能，返回速度控制方式。

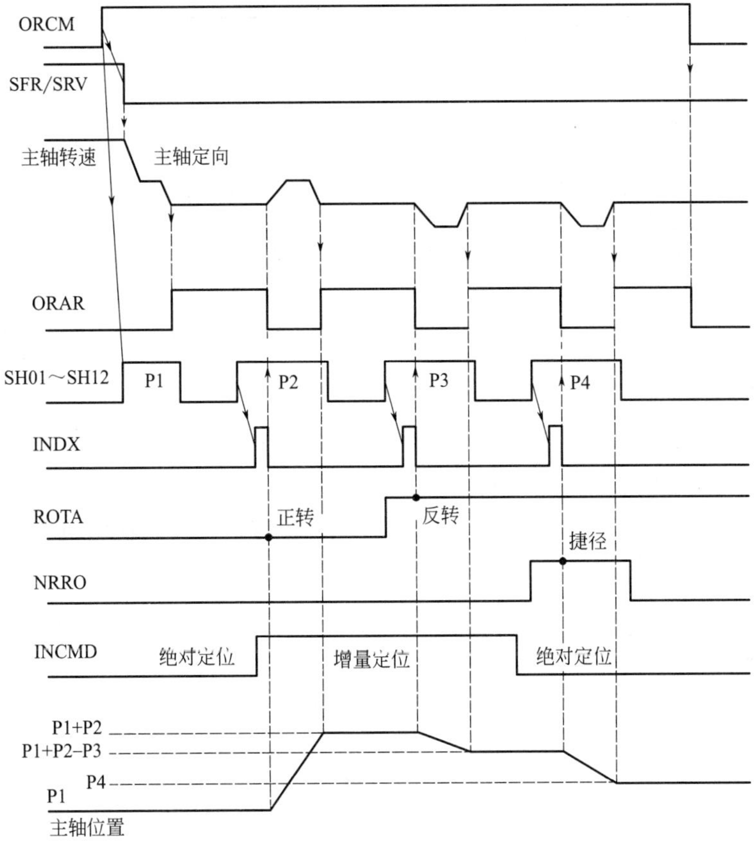

图 8.4.2　增量定位过程

8.4.2　串行主轴定位程序

(1) DI/DO 信号

FANUC 串行主轴定位可直接通过 PMC 的 CNC 输入/输出信号控制，串行主轴定位信号如表 8.4.1 所示。

表 8.4.1　串行主轴定位信号

代号	名称	信号类别	PMC 地址	备注
DEN	分配结束	CNC 输入	F001.3	1:坐标轴运动结束
MF	M 代码修改	CNC 输入	F007.0	1:M 代码输出有效
M00～M31	M 代码	CNC 输入	F010～F013	32 位二进制 M 代码
BF	B 代码修改	CNC 输入	F007.4	FS 0iTD 为 F007.7
B00～B31	B 代码	CNC 输入	F030～F033	32 位二进制代码
ORARA	主轴定位完成	CNC 输入	F045.7	1:定位完成
INCSTA	现行定位方式	CNC 输入	F045.1	0:绝对。1:增量
FIN	辅助功能结束	CNC 输出	G004.3	M/S/T/B 执行完成
SRVA	主轴正转	CNC 输出	G070.4	00 或 11:停止。01:正转。10:反转
SFRA	主轴反转	CNC 输出	G070.5	
ORCMA	主轴定向	CNC 输出	G070.6	1:定向。0:撤销定向

续表

代号	名称	信号类别	PMC 地址	备注
MRDYA	主轴驱动使能	CNC 输出	G070.7	1:主轴驱动使能
*ESPA	主轴急停	CNC 输出	G071.1	1:正常工作。0:急停
INDX A	主轴定位指令	CNC 输出	G072.0	下降沿有效
ROTA A	主轴定位转向	CNC 输出	G072.1	0:正转。1:反转
NRRO A	主轴捷径定位	CNC 输出	G072.2	0:无效。1:有效
INCMD A	主轴定位方式	CNC 输出	G072.5	0:绝对。1:增量
SHA01～SHA12	主轴定位点指定	CNC 输出	G078.0～G079.3	12 位二进制

(2) PMC 程序设计

FANUC 数控系统的串行主轴定位位置通常利用第 2 辅助机能 B 代码指定，主轴定位方式、定位方向则利用辅助机能 M 代码指定。

假设主轴定位位置以 12 位 B 代码（B0～B4095）指定，并定义辅助功能代码 M20 为捷径定位、M21/M22 分别为正向/负向增量定位、M23/M24 分别为正向/负向绝对定位时，串行主轴定位的 PMC 程序示例如下，主轴定位程序需要结合前述的串行主轴定向程序一起使用，执行定位指令 M20～M24 前，应首先通过 M19 指令完成主轴定向准停。

① B 代码处理。B 代码处理程序如图 8.4.3 所示。

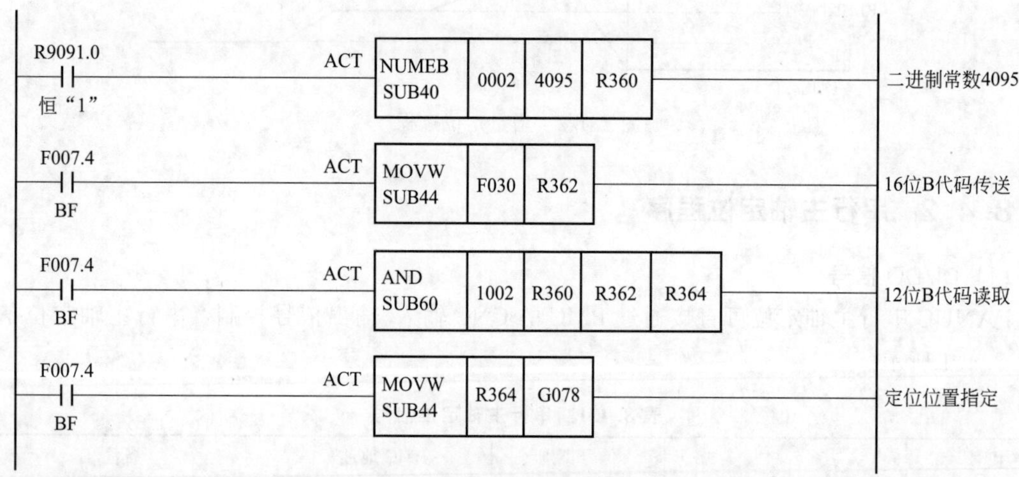

图 8.4.3　B 代码处理程序

串行主轴的定位位置应以 12 位二进制格式输入，但是，CNC 的 B 代码输出通常为 32 位二进制信号，因此，在 PMC 程序中，低 16 位 B 代码输出（F030/F031）和二进制常数 0FFF（4095）进行“位与”运算，读取低 12 位输出，并将处理结果输出到 CNC 的串行主轴控制信号 G078 上。

② M 代码处理与应答。M 代码处理程序如图 8.4.4 所示。

当 CNC 执行主轴定位 M 代码 M20～M24 时，如主轴已完成定向准停且定向信号 ORCM（G070.6）保持为“1”，PMC 程序将依次进行如下处理。

在 M 代码修改信号 MF(F007.0) 为“1”的 PMC 第 1 循环周期，首先利用二进制译码指令 DECB(SUB25)，将 M20～M24 代码转换为内部继电器 R310.1～R310.5 的状态；但是，由

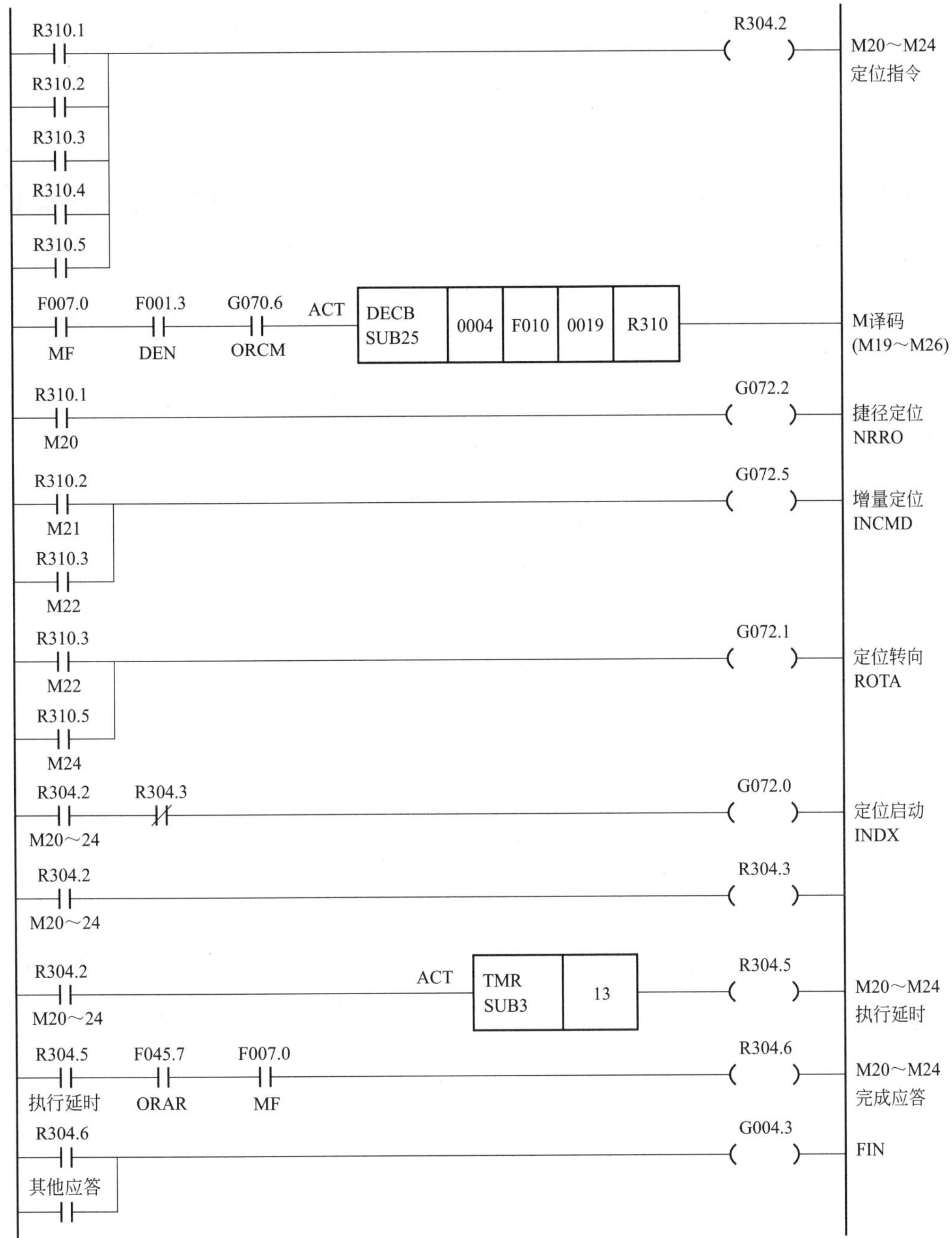

图 8.4.4　M 代码处理程序

于内部继电器 R304.2 的输出指令位于二进制译码指令 DECB(SUB25) 之前，因此 R304.2 在第 1 循环周期的状态将为“0”。接着，PMC 程序将根据 M 代码的功能定义，执行 M20 指令时，输出串行主轴捷径定位信号 NRRO(G072.0)；执行增量定位指令 M21 或 M22 时，输出串行主轴增量定位信号 INCMD(G072.5)；执行负向增量或负向绝对定位指令 M22、M24 时，可将串行主轴的转向信号 ROTA(G072.1) 设定为负向 (G072.1=1)。

在 M 代码修改信号 MF(F007.0) 为“1”的 PMC 第 2 循环周期，定位指令 M20～M24 的译码信号 R310.1～R310.5 将使内部继电器 R304.2 的状态为“1”，R304.2 将在串行主轴定位指令信号 INDX(G072.0) 上产生宽度为 1 个 PMC 循环周期的脉冲信号，由于定位指令信号 INDX(G072.0) 为下降沿有效，因此，主轴在 PMC 第 2 循环周期并不能启动主轴的定位动作。

在 M 代码修改信号 MF(F007.0) 为“1”的 PMC 第 2 循环周期，串行主轴定位指令信号 INDX(G072.0) 将由“1”变为“0”，信号下降沿将启动主轴定位动作。

通过以上程序设计，保证了串行主轴的捷径定位、增量定位、定位方向信号，可提前于定位启动信号 INDX(G072.0) 2 个 PMC 循环周期输出，以满足串行主轴定位控制的信号时序要求。

由于执行主轴定位指令 M20～M24 时，主轴已处于定向或定位完成的状态、串行主轴的定位完成信号 ORAR(F045.7) 为“1”，为避免 M20～M24 指令被 FIN 信号直接结束，M20～M24 的完成应答信号 R304.6，需要通过定时 T13 进行适当延时，待主轴启动定位、离开原定位点后，再通过定位完成信号 ORAR(F045.7) 进行应答。

8.5 主轴 CNC 定位程序设计

8.5.1 主轴回零与定位撤销

(1) 功能与使用

主轴 CNC 定位是 FANUC T 型车削机床控制系统（如 FS 0iT F 等）的附加功能，功能既可用于串行主轴，也可用于模拟主轴。

FANUC T 型数控系统的主轴 CNC 定位必须配置 1024P/r、带零脉冲输出的位置检测编码器，通过 CNC 的 4 倍频处理，主轴的位置检测精度为 0.088°(360°/4096)。选配主轴 CNC 定位功能后，车削主轴的位置（转角）可直接由 CNC 进行闭环控制，主轴可像数控回转工作台一样，进行主轴回零、360°范围内任意位置定位。

主轴 CNC 定位的性质类似与数控分度工作台，功能只能以规定的速度、进行主轴规定位置的定位，但不能对主轴位置进行插补控制，因此，不能像 Cs 轴控制那样，通过 CNC 加工程序控制主轴回转速度，进行切削加工，也不能参与 CNC 的插补运算，进行轮廓加工。

主轴 CNC 定位可用于多头螺纹车削加工等场合，例如，进行双头螺纹切削时，可先通过主轴回零操作，将螺纹车削起点定位为 0°，完成第 1 条螺旋槽的车削加工；然后，将主轴的螺纹车削起点定位为 180°，完成第 2 条螺旋槽的车削加工。由于螺纹车削加工时要求刀具的进给跟随主轴回转运动，因此，主轴回零和定位需要由 CNC 进行控制。

T 型车削机床控制系统的 CNC 主轴定位需要像坐标轴一样，首先通过主轴回零，建立主轴的零点位置，然后才能进行指定位置的定位。主轴回零可将主轴定位到固定的零点上，故又称主轴定向。

主轴 CNC 定位功能的使用要求如下。

① 主轴 CNC 定位的闭环位置控制通过 CNC 实现，因此，主轴必须安装 1024P/r、带零脉冲输出的位置检测编码器。

② 主轴 CNC 定位既可用于串行主轴，也可用于模拟主轴。串行主轴选择 CNC 主轴定位控制时，应通过 CNC 参数的设定，取消驱动器定位控制功能。模拟主轴的 CNC 定位需要通过改变模拟量输出极性，来产生定位保持转矩，因此，所使用的主轴驱动器应具备利用速度给

定输入极性控制主轴正反转的功能。

③ 主轴 CNC 定位的闭环位置控制功能通过主轴回零生效，主轴回零（主轴定向）与 CNC 闭环位置控制的撤销（定位撤销），需要通过 CNC 参数设定专门的辅助功能指令代码（M 代码）；加工程序可通过所设定的 M 代码，进行主轴闭环位置控制与速度控制模式的切换。在一般情况下，FANUC 数控系统的主轴回零（定向）指令为 M19，位置控制撤销（定位撤销）指令为 M20。

用于主轴闭环位置控制与速度控制模式切换的 M 代码，在 CNC 加工程序中需要使用单独的程序段编程；CNC 加工程序的进给保持、试运行、机床锁住等操作，不能中断已启动的 CNC 主轴回零动作；进给保持、试运行、机床锁住操作只有在主轴回零完成后才能生效；此外，程序重新启动、辅助功能锁住操作对 CNC 主轴回零的 M 代码无效。

④ 主轴回零方向、回零速度、零点位置可通过 CNC 参数进行设定、调整，模拟主轴与串行主轴回零使用不同的 CNC 参数；模拟主轴的零点可进行 −180°～180°偏移，串行主轴的零点可进行 0°～360°偏移。

⑤ CNC 执行主轴回零指令时，可自动向 PMC 发送主轴机械制动器夹紧、松开控制信号，信号可通过 PMC 程序控制主轴制动器夹紧、松开。

⑥ CNC 主轴定位需要设定较多的 CNC 参数，使用该功能时，必须保证相关的 CNC 参数设定准确。

(2) 主轴回零

FANUC T 型数控系统的主轴回零可通过 CNC 参数设定的 M 代码（M19）指定，CNC 执行主轴回零指令时，可将主轴定位到零点位置，实现主轴定向功能。主轴回零指令需要使用单独的程序段编程，进给保持、试运行、机床锁住、程序重新启动、辅助功能锁住对 CNC 主轴回零指令无效。

主轴回零过程与坐标轴回参考点类似。当主轴执行 CNC 主轴回零指令（M19）时，如主轴当前处于旋转状态，则应通过 PMC 程序停止主轴；主轴停止后，CNC 可将主轴切换至位置控制模式，启动主轴回零操作。主轴回零启动后，主轴可在 CNC 的控制下，以回零转速旋转，检测编码器零脉冲；CNC 检测到零脉冲后，自动切换为 CNC 参数设定的零点搜索转速，进行零点定位；当编码器零脉冲再次输入时，主轴完成零点定位后停止，并在零点保持闭环位置自动调节功能。

CNC 主轴回零的动作过程如图 8.5.1 所示，控制要求如下。

① 执行 CNC 参数设定的主轴回零（定向）指令（M19），向 PMC 输出 M 代码和修改信号 MF。PMC 程序执行 M 代码，立即停止主轴；主轴停止后，向 CNC 输出主轴停止信号 SPSTP(G028.6)。

② CNC 收到 PMC 的主轴停止信号 SPSTP(G028.6) 后，将主轴由转速控制切换至位置控制模式，并向 PMC 发送主轴位置控制生效信号 MSPOS(F039.0) 和主轴松开信号 SUCLP (F038.1)。

③ PMC 程序执行主轴松开动作；松开到位后，向 CNC 输出松开完成应答信号 *SUCPF (G028.4)；*SUCPF 为常闭型信号，状态 0 有效。

④ CNC 收到松开完成应答信号 *SUCPF 后，撤销主轴松开信号 SUCLP；PMC 程序将松开完成应答信号 *SUCPF(G028.4) 恢复为“1”。随后，主轴可通过 CNC 的控制，以主轴回零转速进行零点定位；定位完成后，向 PMC 发送主轴回零完成信号 ZP1(F094.0) 和主轴夹

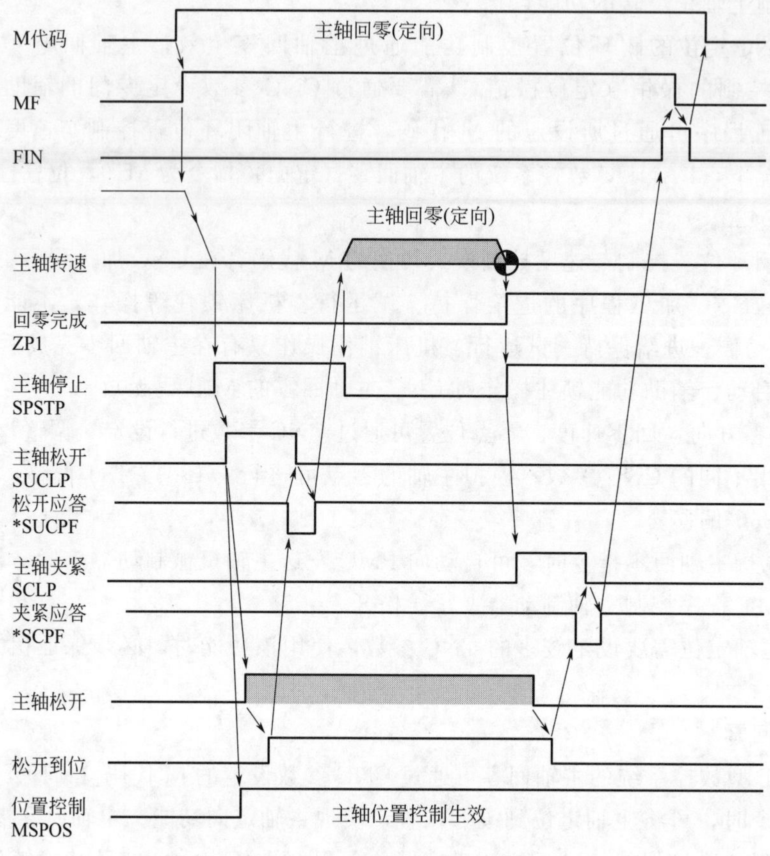

图 8.5.1 主轴回零动作过程

紧信号 SCLP(F038.0)。

⑤ PMC 程序执行主轴的夹紧动作，夹紧到位后，向 CNC 输出夹紧完成应答信号 * SCPF (G028.5)，* SCPF 同样为常闭型信号，状态 0 有效。

⑥ CNC 收到 * SCPF 后，撤销主轴夹紧信号 SCLP；PMC 程序将夹紧完成应答信号 * SCPF 恢复为“1”。

⑦ PMC 程序输出辅助机能执行完成信号 FIN(G004.3)，CNC 结束 M 代码执行，PMC 程序将 FIN 信号置“0”，CNC 撤销 M 代码输出。

(3) 定位撤销

当主轴需要撤销 CNC 位置控制、恢复主轴速度控制功能时，需要在 CNC 加工程序中编制 CNC 参数设定的主轴定位撤销专用 M 代码（如 M20)；CNC 执行 M 代码指令，可将主轴从位置控制模式切换为速度控制模式。主轴定位撤销指令需要使用单独的程序段编程，进给保持、试运行、机床锁住、程序重新启动、辅助功能锁住对定位撤销指令无效。

撤销主轴 CNC 位置控制的动作过程如图 8.5.2 所示，控制要求如下。

① 执行 CNC 参数设定的主轴定位撤销指令（M20)，CNC 向 PMC 输出 M 代码和修改信号 MF。PMC 程序确认主轴当前已处于停止状态后，输出 CNC 主轴停止应答信号 SPSTP(G028.6)。

② CNC 在接收到主轴停止应答信号 SPSTP(G028.6) 后，撤销 CNC 的主轴闭环位置控制功能，恢复速度控制模式，并将主轴位置控制信号 MSPOS(F039.0) 恢复“0”，同时向 PMC 发送主轴松开信号 SUCLP(F038.1)。

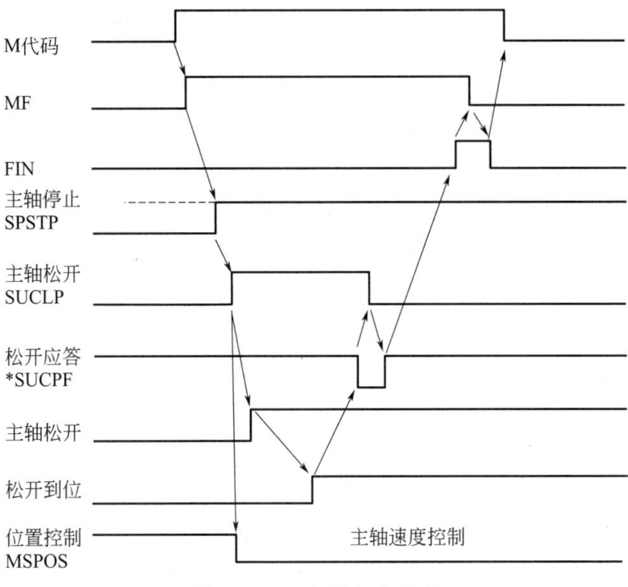

图 8.5.2　主轴定位撤销

③ PMC 程序执行主轴松开动作，松开到位后，向 CNC 输出松开完成应答信号 * SUCPF (G028.4)；* SUCPF 为常闭型信号，状态 0 有效。

④ CNC 接收松开完成应答信号 * SUCPF 后，撤销主轴松开信号 SUCLP，PMC 程序将松开完成应答信号 * SUCPF 恢复至“1”。

⑤ PMC 程序输出辅助机能执行完成信号 FIN(G004.3)，CNC 结束 M 代码执行，PMC 程序将 FIN 信号置“0”，CNC 撤销 M 代码输出。

8.5.2　主轴定向及撤销程序设计

(1) DI/DO 信号

假设 CNC 参数设定的主轴定向（回零）M 代码为 M19，主轴定位撤销 M 代码为 M20；以模拟主轴 CNC 定位控制为例，PMC 与主轴定向（回零）及定位撤销有关的 DI/DO 信号如表 8.5.1 所示，表中的机床输入/输出信号的地址，可根据数控系统的 I/O 模块（单元）配置及电路设计改变。

表 8.5.1　主轴定向及撤销 DI/DO 信号

代号	名称	信号类别	PMC 地址	备注
DEN	分配结束	CNC 输入	F001.3	1:坐标轴运动结束
MF	M 代码修改	CNC 输入	F007.0	1:M 代码输出有效
M00～M31	M 代码	CNC 输入	F010～F013	32 位二进制 M 代码
SCLP	主轴夹紧	CNC 输入	F038.0	1:主轴夹紧。0:无效
SUCLP	主轴松开	CNC 输入	F038.1	1:主轴松开。0:无效
MSPOSA	主轴位置控制	CNC 输入	F039.0	1:主轴定位。0:速度控制
ZP1	主轴回零完成	CNC 输入	F094.0	1:主轴定向完成
P1	主轴停止	机床输入	X16.0	参考地址
P3	主驱动报警	机床输入	X16.2	参考地址

续表

代号	名称	信号类别	PMC 地址	备注
S36	主轴夹紧	机床输入	X16.6	参考地址
S37	主轴松开	机床输入	X16.7	参考地址
FIN	辅助功能结束	CNC 输出	G004.3	M/S/T/B 执行完成
* SUCPF	主轴松开应答	CNC 输出	G028.4	0:已松开。1:未松开
* SCPF	主轴夹紧应答	CNC 输出	G028.5	0:已夹紧。1:未夹紧
SPSTP	主轴停止应答	CNC 输出	G028.6	1:主轴停止。0:旋转中
* SSTP	主轴停止	CNC 输出	G029.6	1:转速输出。0:转速输出 0
KM30	主轴驱动器 ON	机床输出	Y8.0	参考地址
Y37	主轴制动器	机床输出	Y8.7	参考地址(0:夹紧。1:松开)

(2) PMC 程序设计

模拟主轴 CNC 定向控制（主轴回零）及定位撤销的 PMC 程序示例如图 8.5.3 所示，程序需要结合模拟主轴速度控制 PMC 程序一起使用。由于 CNC 主轴位置控制与速度控制可由数控系统根据参数定义的 M 代码自动切换，因此，PMC 程序只需要根据 CNC 的要求进行主轴制动器的夹紧、松开控制。PMC 程序的工作过程如下。

当 CNC 执行加工程序中的主轴定向（回零）指令 M19 或定位撤销指令 M20 时，PMC 首先向 CNC 输出主轴停止信号 * SSTP(G029.6)，撤销主轴转速模拟量输出，以便使当前旋转的主轴减速停止。主轴停止后，驱动器的主轴停止输入 X16.0 将为“1”，PMC 程序可输出主轴停止应答信号 SPSTP(G028.6)，此时，对于 M19 指令，CNC 将使主轴从速度控制模式切换至闭环位置控制模式；对于 M19 指令，CNC 将使主轴从闭环位置控制模式切换至速度控制模式。

当 CNC 执行 M19 指令、主轴位置控制生效时，主轴位置控制信号 MSPOS(F039.0) 将为“1”，主轴制动器可利用 CNC 的主轴松开信号 SUCLP(F038.1) 输出 Y8.7=1，松开制动器；主轴回零完成后，可利用 CNC 的主轴夹紧信号 SCLP(F038.0) 输出 Y8.7=0，夹紧制动器。

当 CNC 执行 M20 指令、撤销主轴位置控制时，主轴制动器同样可利用 CNC 的主轴松开信号 SUCLP(F038.1) 输出 Y8.7=1，松开制动器。CNC 一旦处于速度控制模式时，主轴位置控制信号 MSPOS(F039.0) 将成为“0”，此时，主轴制动器可通过 CNC 加工程序中的主轴松开指令（如 M 代码指令）松开。

程序中的主轴松开完成应答信号 * SUCPF(G028.4)、夹紧完成应答信号 * SCPF(G028.5) 以及 M19、M20 指令执行完成应答信号的处理方法如下。

① 主轴松开应答。主轴的制动器松开需要利用松开完成应答信号 * SUCPF(G028.4) 应答；由于 CNC 要求信号 * SUCPF(G028.4) 为常闭型输入，因此，作为 PMC 程序设计最简单的方法是直接将按照正常应答（常开型应答）设计的应答信号，利用取反输出指令取反后输出到 CNC，便可满足常闭型应答的要求。

对于正常应答（常开型应答），当 CNC 执行 M19 或 M20 指令、主轴松开信号 SUCLP(F038.1) 输出“1”时，只要主轴松开检测信号 X16.7 为“1”，便可结束 CNC 的主轴松开动作，这一逻辑运算结果取反后输出，可直接作为要求常闭型输入的 CNC 主轴松开完成应答信号 * SUCPF(G028.4)。

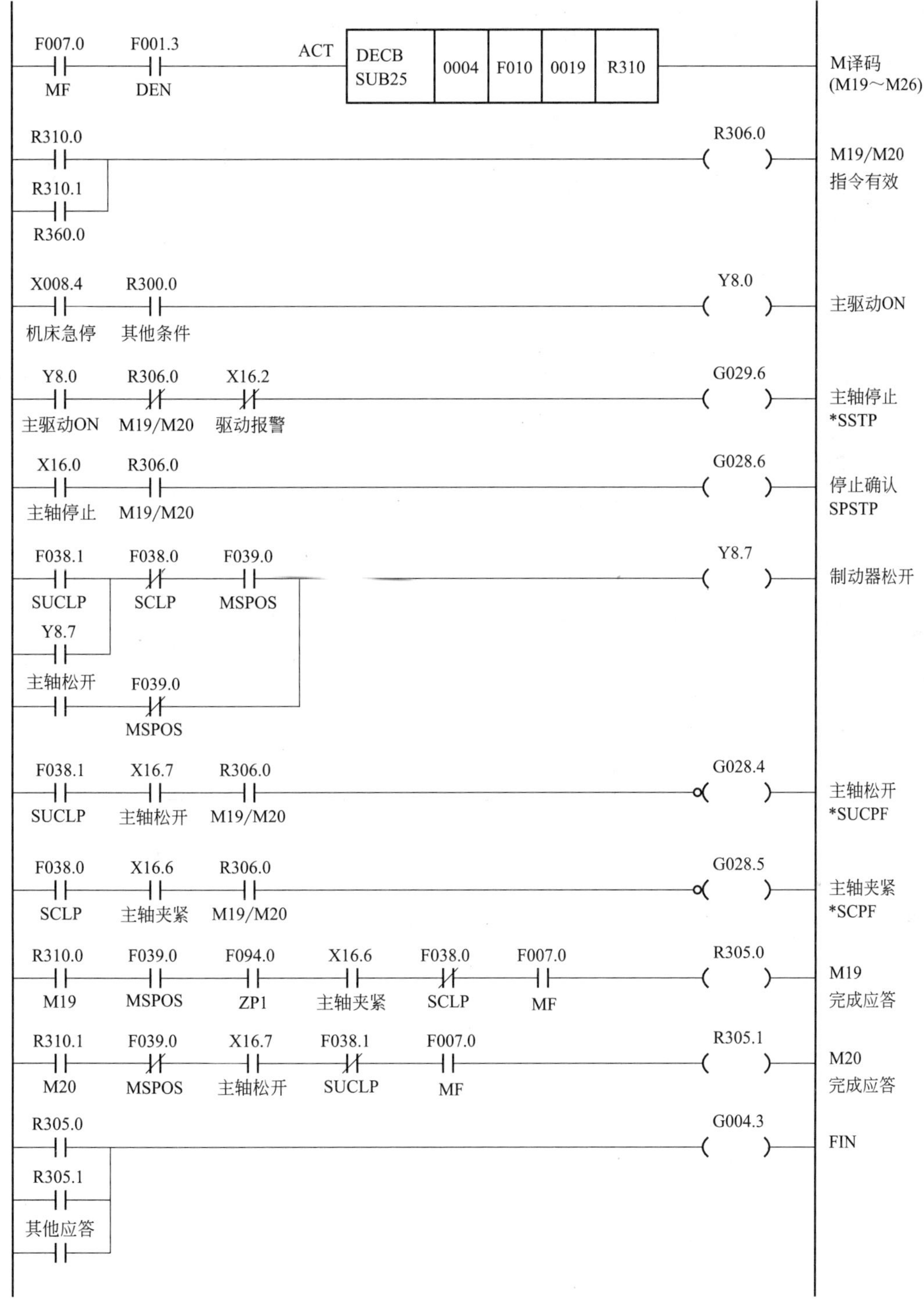

图 8.5.3　CNC 主轴定位及撤销程序

② 主轴夹紧应答。主轴夹紧完成应答信号 * SCPF(G028.5) 的处理方法与主轴松开相同，当 CNC 执行 M19、CNC 夹紧控制信号 SCLP(F038.0) 输入为“1”时，如夹紧检测开关输入 X16.0 输入为“1”，便可结束 CNC 的主轴夹紧动作；这一逻辑运算结果取反后输出，可直接作为要求常闭型输入的 CNC 主轴夹紧完成应答信号 * SCPF(G028.5)。

③ M19 应答。主轴回零（定向）指令 M19 的完成应答信号 R305.0，在主轴位置控制生效、信号 MSPOS(F039.0) 为“1”时，可通过 CNC 输入的回零完成信号 ZP1(F094.0=1)、主轴夹紧信号（X16.6=1）、夹紧结束信号（F038.0=0）应答。

④ M20 应答。主轴定位撤销指令 M20 的应答信号 R305.1，在主轴定位撤销、信号 MSPOS(F039.0) 为“0”时，可通过主轴松开信号（X16.7=1）、松开结束信号（F038.1=0）应答。

M19 或 M20 执行完成后，PMC 可向 CNC 输出辅助功能执行完成信号 FIN(G004.3)，结束 M19 或 M20 执行过程。

8.5.3 主轴定位与控制

FANUC T 型数控系统不但可通过主轴回零实现定向准停，而且还能通过 CNC 控制主轴在 360°范围内的任意位置定位。

T 型数控系统的 CNC 主轴定位位置可通过加工程序中的 *C* 轴指定，或者通过辅助功能指令 M 指定；前者称为 *C* 轴定位，后者称为 M 代码定位；两种定位方式的功能区别及控制要求分别如下。

(1) *C* 轴定位与控制

采用 *C* 轴定位时，主轴的定位位置可通过加工程序中的 *C* 轴编程指令任意指定。*C* 轴定位指令必须在主轴完成回零（定向）操作、进入 CNC 位置控制模式后才能执行；*C* 轴定位完成后，同样可通过主轴定位撤销指令（M20）予以撤销。

C 轴定位指令的编程格式与 CNC 坐标轴相同，在加工程序中，可通过“G00 C□□□”或“G00 H□□□”指令（代码体系 A，见后述）指定主轴定位位置与定位方向，主轴定位位置的输入范围为−359.999°～359.999°，实际定位分辨率为 0.088°(360°/4096)；主轴定位方向可通过 C（或 H）的符号指定，采用绝对位置定位时，还可通过 CNC 参数的设定，生效捷径选择功能，由 CNC 自动判别定位方向。

C 轴定位指令可采用绝对、增量编程方式指定定位点，但指令格式与 CNC 参数设定所选择的 G 代码体系有关。

当 T 型数控系统选择 G 代码体系 A 时，主轴增量定位需要以 H 代码代替指令中的 C 代码，来指定主轴的增量定位距离。例如，执行 CNC 加工程序指令“G00 C180”，可控制主轴在 180°绝对位置定位；执行 CNC 加工程序指令“G00 H180”，可使主轴由当前定位位置正向回转 180°。

当 T 型数控系统选择 G 代码体系 B 或 C 时，主轴的绝对/增量定位可通过指令 G90/G91 选择，绝对定位位置、增量定位距离都通过 C 代码指定。例如，执行 CNC 加工程序指令“G90 G00 C180”，可控制主轴在 180°绝对位置定位；执行 CNC 加工程序指令“G91 G00 C180”，可使主轴由当前定位位置正向回转 180°。

C 轴定位可用于主轴回零（定向）后的定位位置调整，这一调整可利用 CNC 的主轴闭环位置功能自动实现。当 CNC 执行加工程序中的 *C* 轴定位指令时，如主轴回零已完成，位置控制生效信号 MSPOS(F039.0) 及主轴停止信号 SPSTP(G028.6) 的状态为“1”，便可自动输出主轴松开信号 SUCLP(F038.1)、主轴夹紧信号 SCLP(F038.0) 信号，同时使主轴在 CNC 的控制下完成定位运动。因此，*C* 轴定位 PMC 程序的设计要求与主轴回零完全相同，无需另行设计 PMC 程序。

(2) M 代码定位与控制

M 代码定位用于主轴圆周等分位置分度定位，它可通过 1～255 个连续的 M 代码，来选择定位位置、进行指定位置定位；这一功能在 FANUC 说明书上称为“半固定角度定位”。

在 CNC 加工程序中，用于主轴定位的 M 代码指令需要使用单独程序段编程，CNC 的进给保持、试运行、机床锁住、程序重新启动、辅助功能锁住对 M 代码定位指令无效。

用于主轴定位点选择和 CNC 定位控制的起始 M 代码、M 代码数量（定位点数量）、定位点间隔角度、定位转向等，均可通过 CNC 参数的设定选择；M 代码数量（定位点数量）最大可为 256 个；定位点间隔角度允许为 0°～60°。

例如，当起始 M 代码设定为 M50、M 代码数量设定为 6 个时，如定位点间隔角度设定为 60°，辅助功能指令 M50～M55 可分别用于主轴 60°、120°、180°、240°、300°、360°定位；如定位点间隔角度设定为 30°，则 M50～M55 可分别用于主轴 30°、60°、90°、120°、150°、180°定位。

M 代码定位可通过 CNC 参数的设定，选择 A 和 B 两种不同的定位方式。

定位方式 A 只能用于定位点偏移控制，进行 M 代码定位前，必须先进行主轴回零（定向）动作；主轴定位的撤销需要执行主轴定向撤销 M 指令。

定位方式 B 可直接控制主轴定位，M 代码定位指令不仅可在主轴回零（定向）完成后执行，而且还可在主轴速度控制模式下直接执行。当指令在主轴速度控制模式下直接执行时，CNC 可一次性完成主轴回零（定向）、指定位置定位及闭环位置控制撤销的动作；CNC 在到达 M 代码指令的定位点、主轴夹紧后，可重新恢复速度控制模式。

8.5.4 主轴定位程序设计

C 轴定位用于主轴回零（定向）后的定位位置调整，这一调整可利用 CNC 的主轴闭环位置功能自动实现，PMC 程序的设计要求与主轴回零完全相同，无需另行设计 PMC 程序。M 代码定位的 PMC 程序设计与定位方式有关，程序的设计要求如下。

(1) M 代码定位方式 A

M 代码定位方式 A 用于主轴定位点偏移，功能需要在前述的主轴定向（回零）、主轴定位撤销指令基础上使用，PMC 的 DI/DO 信号与主轴定向（回零）相同，PMC 程序只需要进行 M 代码的处理。定位方式 A 的动作过程如图 8.5.4 所示，控制要求如下。

① CNC 执行 M 代码定位指令，向 PMC 发送 32 位二进制 M 代码及修改信号 MF。

② PMC 程序确认主轴已完成定向（回零）、位置控制信号 MSPOS(F039.0) 为“1”后，输出（或保持）主轴停止信号 SPSTP(G028.6) 为“1”。

③ CNC 确认主轴停止信号 SPSTP(G028.6) 为“1”后，执行与主轴定向（回零）同样的动作，依次进行主轴松开、主轴定位、主轴夹紧动作；PMC 程序同样需要通过主轴松开、夹紧完成应答信号，使主轴在 CNC 控制下完成 M 指令定位。由于 M 代码定位的定位点不在主轴零点，定位完成后 CNC 不能输出定位点到达信号；因此，在 PMC 程序中，可将 CNC 主轴夹紧信号 SCLP(F038.0) 输入，作为主轴定位完成信号。

(2) M 代码定位方式 B

M 代码定位方式 B 可同时完成主轴定向（回零）、主轴定位和定位撤销动作。因此，采用定位方式 B 时，既无需在定位前进行主轴回零，也无需在定位完成后，通过定向撤销指令取消位置控制模式。定位方式 B 的动作过程如图 8.5.5 所示，控制要求如下。

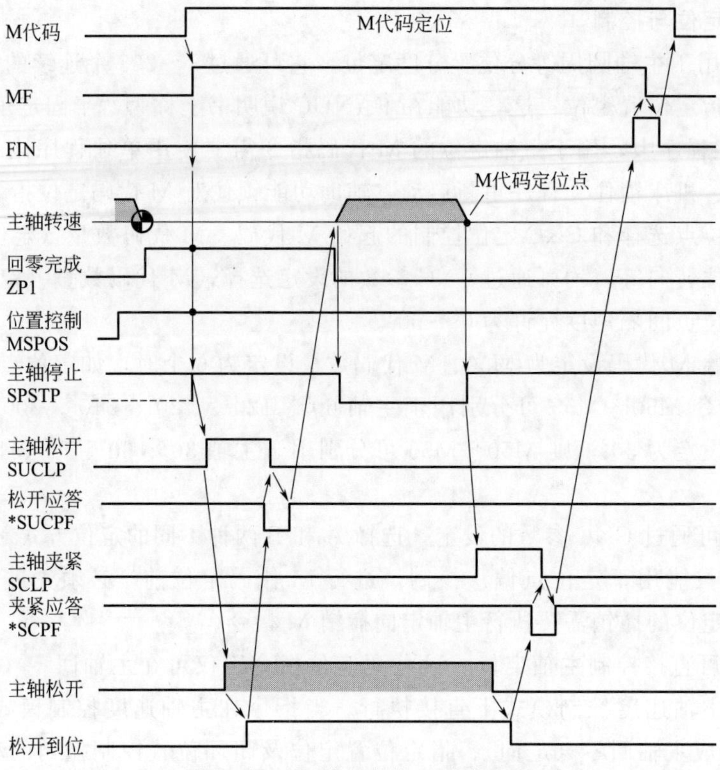

图 8.5.4　M 代码定位 A 动作过程

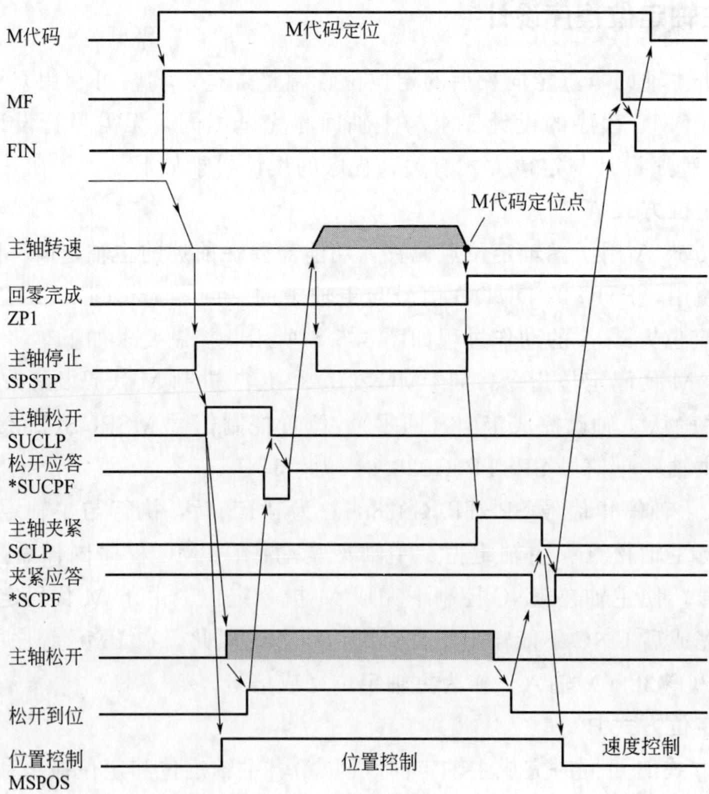

图 8.5.5　M 代码定位 B 动作过程

M 代码定位方式 B 的控制要求与主轴回零（定向）相同，但主轴的定位位置不同；此外，当主轴完成定位点定位、PMC 完成主轴夹紧动作、CNC 接收到 PMC 的夹紧完成应答信号 ＊SCPF 后，在撤销主轴夹紧信号 SCLP 的同时，将直接撤销主轴位置控制功能、恢复速度控制模式，但主轴的定位位置可通过制动器继续保持。M 代码定位方式 B 定位完成后，只要松开制动器，主轴便可进行正常的速度控制。

(3) PMC 程序设计

以模拟主轴控制为例，如 CNC 参数设定的定位 M 代码为 M50～M55，主轴回零/定位撤销代码为 M19/M20，且机床输入/输出信号地址假设与前述的主轴回零相同（参见表 8.5.1），CNC 主轴 M 代码定位的 PMC 程序示例如图 8.5.6 所示。

图 8.5.6 所示的 M 代码定位程序需要结合模拟主轴速度控制 PMC 程序一起使用，程序既可用于主轴回零（定向），也可用于 M 代码定位 A、定位 B。

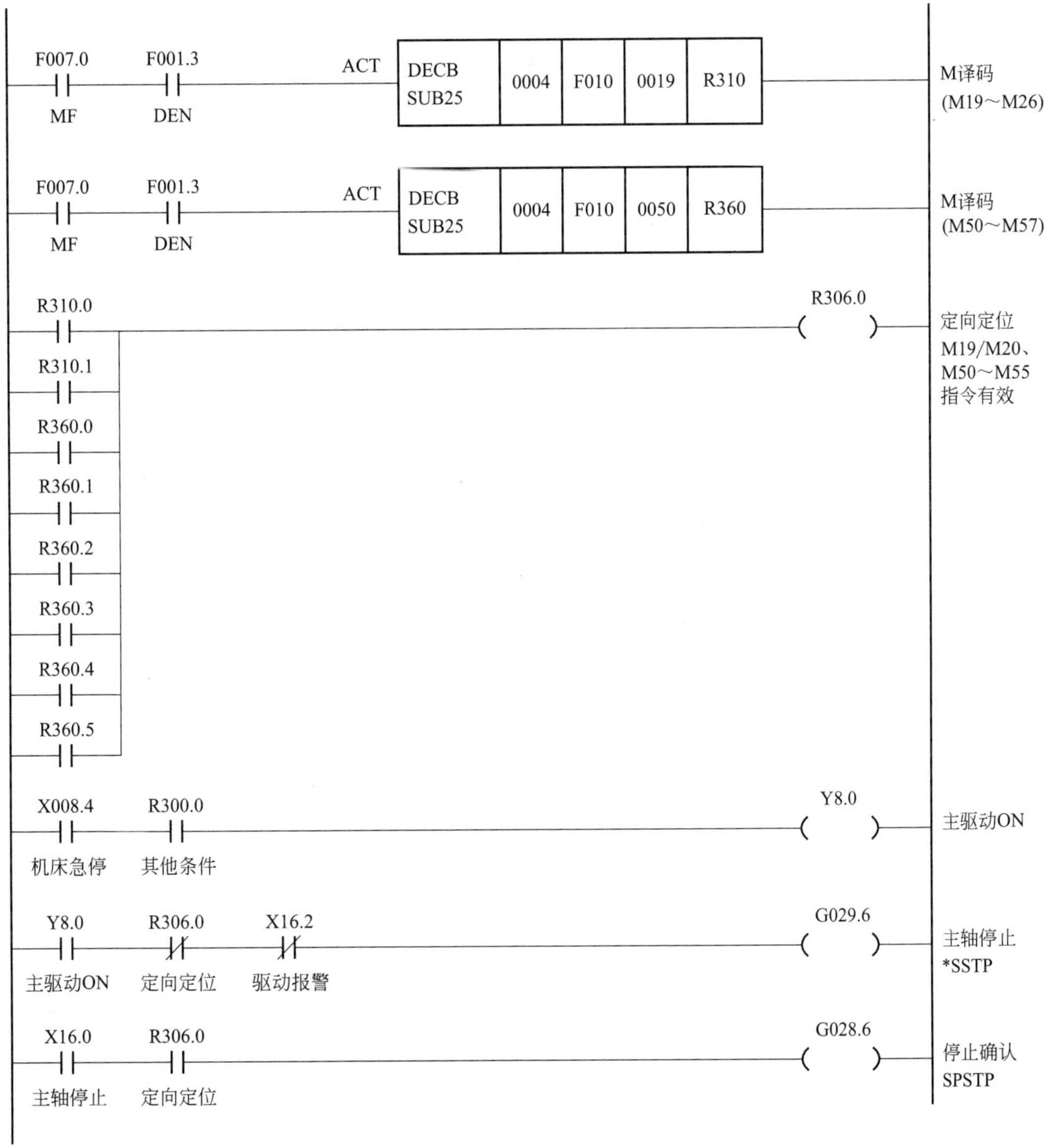

图 8.5.6

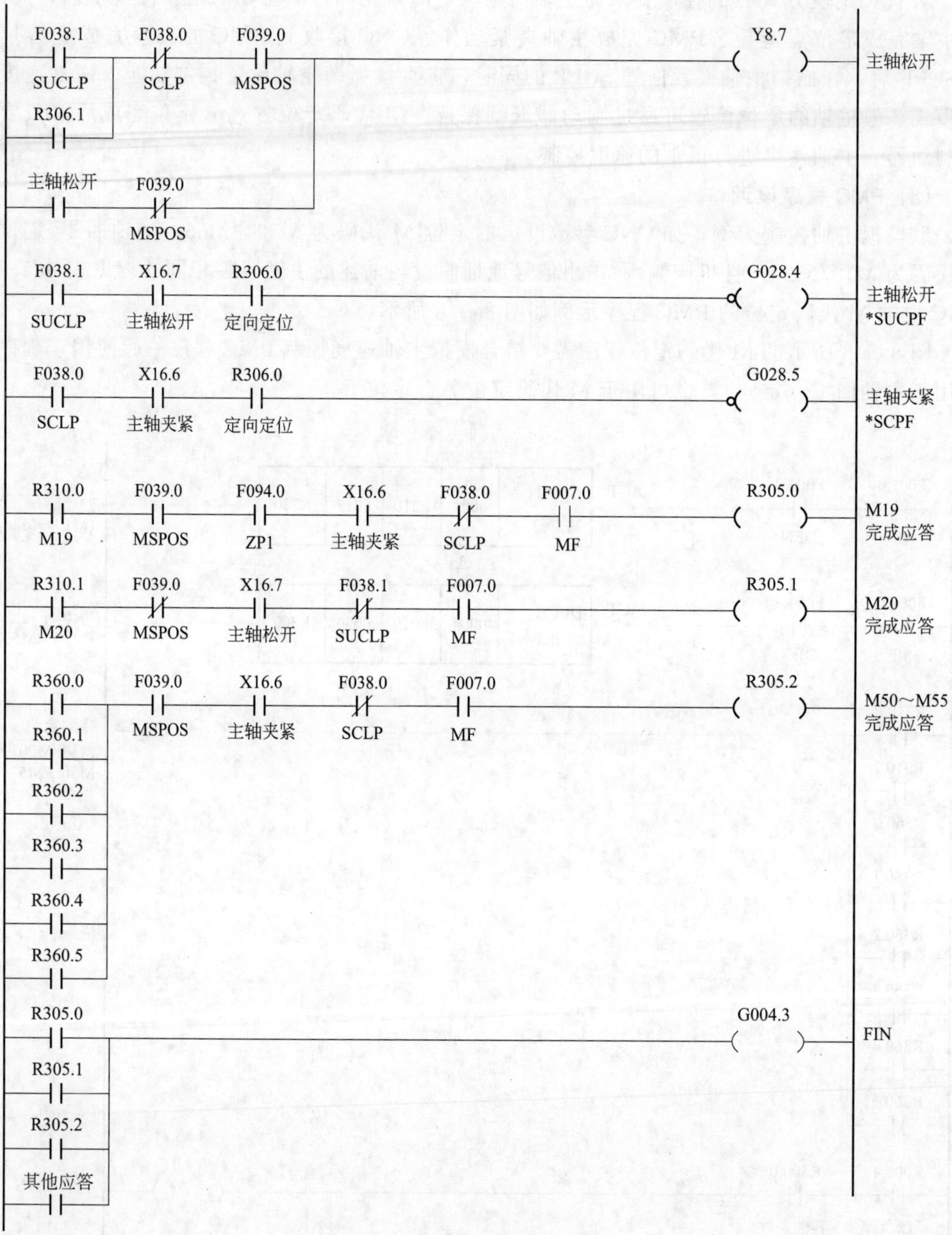

```
F038.1      F038.0      F039.0                                              Y8.7
--| |--+----|/|---------| |--------------------------------------------------(    )-- 主轴松开
SUCLP  |    SCLP        MSPOS
R306.1 |
--| |--+
主轴松开    F039.0
--| |-------|/|
            MSPOS

F038.1      X16.7       R306.0                                              G028.4
--| |-------| |---------| |-------------------------------------------------o(    )-- 主轴松开 *SUCPF
SUCLP       主轴松开    定向定位

F038.0      X16.6       R306.0                                              G028.5
--| |-------| |---------| |-------------------------------------------------o(    )-- 主轴夹紧 *SCPF
SCLP        主轴夹紧    定向定位

R310.0      F039.0      F094.0      X16.6       F038.0      F007.0          R305.0
--| |-------| |---------| |---------| |---------|/|---------| |---------------(    )-- M19 完成应答
M19         MSPOS       ZP1         主轴夹紧    SCLP        MF

R310.1      F039.0      X16.7       F038.1      F007.0                      R305.1
--| |-------|/|---------| |---------|/|---------| |---------------------------(    )-- M20 完成应答
M20         MSPOS       主轴松开    SUCLP       MF

R360.0      F039.0      X16.6       F038.0      F007.0                      R305.2
--| |--+----| |---------| |---------|/|---------| |---------------------------(    )-- M50～M55 完成应答
R360.1 |    MSPOS       主轴夹紧    SCLP        MF
--| |--+
R360.2 |
--| |--+
R360.3 |
--| |--+
R360.4 |
--| |--+
R360.5 |
--| |--+

R305.0                                                                      G004.3
--| |--+---------------------------------------------------------------------(    )-- FIN
R305.1 |
--| |--+
R305.2 |
--| |--+
其他应答|
--| |--+
```

图 8.5.6　M 代码定位程序

在图 8.5.6 所示的 PMC 程序中，通过二进制译码指令 DECB(SUB25)，只要 CNC 执行 M19、M20、M50～M55 中的任意一条 M 代码指令，内部继电器 R306.0 均可为"1"，并向 CNC 输出主轴停止信号 * SSTP(G029.6)，将 CNC 的主轴转速模拟量输出置 0，以停止主轴旋转。R306.0 为"1"时，如主轴驱动器的主轴停止信号 X16.0 输入为"1"，程序即可输出主轴停止应答信号 SPSTP(G028.6)，启动 CNC 主轴回零（定向）、M 代码定位或定位撤销运动。

主轴制动器的夹紧/松开控制及主轴松开、夹紧完成应答信号 * SUCPF(G028.4)、* SCPF(G028.5) 的处理程序与主轴回零相同，可参见前述的说明。

CNC 主轴回零（定向）、定位和定位撤销的 M 代码执行完成信号 FIN(G004.3) 需要分别产生。主轴回零（定向）指令 M19 的执行完成应答信号 R305.0，需要在主轴位置控制信号 MSPOS(F039.0)、零位到达 ZP1(F094.0)、主轴制动器夹紧到位信号 X16.6 均为 1，且 CNC 的主轴夹紧信号 SCLP(F038.0) 撤销后生成。主轴定位撤销指令 M20 的执行完成应答信号 R305.1，需要在主轴位置控制模式撤销、主轴位置控制信号 MSPOS(F039.0) 为"0"，主轴松开到位信号 X16.7 为"1"、主轴松开信号 SUCLP(F038.1) 撤销后生成。主轴 M 代码定位指令 M50～M55 的完成应答信号 R305.2，则需要在主轴位置控制信号 MSPOS(F039.0)、主轴制动器夹紧到位信号 X16.6 均为"1"，且 CNC 的主轴夹紧信号 SCLP（F038.0）撤销后生成。以上应答信号合并后，便可作为 CNC 主轴回零（定向）、定位和定位撤销的辅助功能执行完成信号 FIN(G004.3) 输出，以结束 CNC 的 M 代码指令。

8.6　刚性攻螺纹程序设计

8.6.1　刚性攻螺纹控制要求

(1) 功能与使用

刚性攻螺纹是一种攻螺纹进给轴（通常为 Z 轴）与主轴转角保持同步的进给控制方式，通常用于镗铣类数控机床的螺纹加工。刚性攻螺纹功能生效后，镗铣加工数控机床的 Z 轴可像车削机床一样跟随主轴同步进给，严格保证主轴每转所对应的进给量为 1 个螺距。

使用刚性攻螺纹功能的基本要求如下。

① 刚性攻螺纹既可用于串行主轴，也可用于模拟主轴；启动刚性攻螺纹前，必须撤销主轴定向、定位功能。

② 使用刚性攻螺纹功能时，主轴必须安装有 1024P/r(或 512P/r) 的位置检测编码器。

③ 刚性攻螺纹需要通过 CNC 参数设定的特殊 M 代码启动，FANUC 数控系统出厂默认的设定为 M29。

④ CNC 程序的空运行、机床锁住对刚性攻螺纹有效。空运行时 CNC 可自动调整主轴转速，使之与 Z 轴的空运行速度匹配；机床锁住时，主轴与进 Z 轴同时停止。但是，为了保证螺丝锥能够安全退出工件，刚性攻螺纹过程中一般不应进行进给暂停或单程序操作。

⑤ 在 CNC 加工程序中，刚性攻螺纹需要与攻螺纹固定循环指令（如 G84/G74）同时使用，M29 指令的编程可通过 CNC 参数设定选择在攻螺纹固定循环指令前编程，或者，由攻螺纹固定循环自动生成。对于后者，PMC 程序同样需要进行 M 代码执行完成应答处理，且攻螺纹固定循环不能再用于普通的柔性攻螺纹。

⑥ 刚性攻螺纹控制需要设定较多的 CNC 参数，有关内容可参见 FANUC 编程说明书。

(2) 刚性攻螺纹的启动与撤销

启动刚性攻螺纹的启动与撤销动作如图 8.6.1 所示，刚性攻螺纹的启动过程如下。

① CNC 执行刚性攻螺纹指令，输出 M29 代码和 MF 信号，同时将刚性攻螺纹生效信号 RTAP(F076.3) 置"1"，并撤销主轴使能信号 ENB（F001.4）。

② PMC 程序撤销主轴正反转信号，停止主轴旋转；主轴停止后，向 CNC 输出刚性攻螺

纹启动信号 RGTAP(G0061.0=1)，使 CNC 进入刚性攻螺纹同步控制模式。

③ 主轴通过 CNC 的刚性攻螺纹转向输出信号 RGSPP(F065.0)/RGSPM(F065.1)，启动主轴正反转，进行刚性攻螺纹转速旋转。

④ PMC 向 CNC 发送 M 代码执行完成信号 FIN，结束刚性攻螺纹 M 代码；CNC 将主轴使能信号 ENB(F001.4) 恢复为“1”。

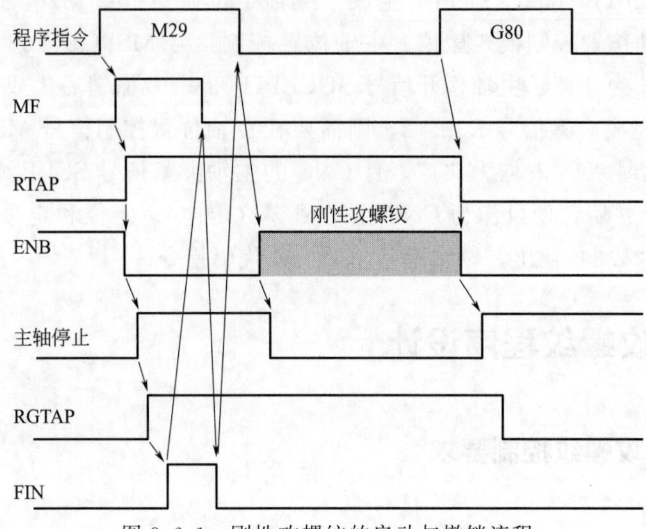

图 8.6.1　刚性攻螺纹的启动与撤销流程

刚性攻螺纹功能可通过 CNC 加工程序中的固定循环撤销指令 G80 或 CNC 的复位操作撤销，撤销刚性攻螺纹的动作过程如下。

① CNC 执行 G80 指令、撤销攻螺纹固定循环时，将刚性攻螺纹生效信号 RTAP (F0076.3)、主轴使能信号 ENB(F0001.4) 同时置“0”。

② 通过 PMC 程序的主轴正/反转信号，停止主轴旋转。

③ 主轴停止后，PMC 程序撤销刚性攻螺纹启动信号 RGTAP(G0061.0)，CNC 结束刚性攻螺纹。

8.6.2　模拟主轴刚性攻螺纹程序

(1) DI/DO 信号

在选配模拟主轴控制功能的数控系统上，PMC 与刚性攻螺纹有关的 DI/DO 信号如表 8.6.1 所示，表中的机床输入/输出信号的地址，可根据数控系统的 I/O 模块（单元）配置及电路设计改变。

表 8.6.1　模拟主轴刚性攻螺纹 DI/DO 信号

代号	名称	信号类别	PMC 地址	备注
RST	CNC 复位	CNC 输入	F001.1	1:CNC 复位
DEN	分配结束	CNC 输入	F001.3	1:坐标轴运动结束
ENB	主轴使能	CNC 输入	F001.4	1:主轴转速输出允许
MF	M 代码修改	CNC 输入	F007.0	1:M 代码输出有效
M00～M31	M 代码	CNC 输入	F010～F013	32 位二进制 M 代码

续表

代号	名称	信号类别	PMC 地址	备注
RGSPP	主轴正转	CNC 输入	F065.0	1:刚性攻螺纹主轴正转
RGSPM	主轴反转	CNC 输入	F065.1	1:刚性攻螺纹主轴反转
RTAP	刚性攻螺纹生效	CNC 输入	F076.3	1:刚性攻螺纹生效
P1	主轴停止	机床输入	X16.0	参考地址
P2	主轴转速到达	机床输入	X16.1	参考地址
P3	主驱动报警	机床输入	X16.2	参考地址
FIN	辅助功能结束	CNC 输出	G004.3	M/S/T/B 执行完成
RGTAP	刚性攻螺纹启动	CNC 输出	G061.0	1:启动刚性攻螺纹
KM30	主轴驱动器 ON	机床输出	Y8.0	参考地址
KA31	主轴正转	机床输出	Y8.1	参考地址
KA32	主轴反转	机床输出	Y8.2	参考地址

(2) PMC 程序

模拟主轴刚性攻螺纹 PMC 程序示例如图 8.6.2、图 8.6.3 所示，图 8.6.2 程序用于刚性攻螺纹的启动与撤销控制；图 8.6.3 程序用于模拟主轴驱动器的主电机正反转控制和刚性攻螺纹 M 代码完成应答。

示例程序可直接用于数控镗铣加工机床的速度控制和刚性攻螺纹控制。但是，对于需要同时使用刚性攻螺纹、主轴定位、主轴换挡等功能的数控机床，程序中的主轴停止信号 *SSTP、正/反转控制信号 Y8.1/Y8.2，需要参照本章前述，增加主轴换挡、主轴定位的控制条件，并且在 PMC 程序中增加相关的主轴换挡、主轴定位控制程序。

图 8.6.2 所示程序中的 R300.1、R300.2、R701.0 分别为译码后的 M03、M04、M29 状态信号。CNC 执行刚性攻螺纹指令时，M29 状态信号 R701.0 为“1”，此时，可撤销 M03 或 M04 状态信号 R300.1 或 R300.2，并通过后述的程序，将 PMC 输出到主轴驱动器的正反转控制信号 Y8.1/Y8.2 同时撤销，停止主轴旋转。

程序中的 R701.1 和 R701.3 是利用 CNC 刚性攻螺纹生效输入信号 RTAP(F076.3) 上升、下降沿所生成的刚性攻螺纹启动、撤销脉冲。当 CNC 执行刚性攻螺纹指令时，将输出 M29 代码(R701.0) 和刚性攻螺纹生效信号 RTAP(F076.3)，此时，如驱动器的主轴停止信号 X016.0 输入为“1”，便可生成刚性攻螺纹启动脉冲 R701.1；PMC 程序中的刚性攻螺纹启动信号 RGTAP 可输出“1”、启动 CNC 的刚性攻螺纹。当 CNC 撤销刚性攻螺纹时，刚性攻螺纹生效信号 RTAP 将为“0”，但 M29 的状态信号 R701.0 保持为“1”，此时，如驱动器的主轴停止信号 X016.0 输入为“1”，便可生成刚性攻螺纹撤销脉冲 R701.3，将刚性攻螺纹启动信号 RGTAP 置“0”。此外，如果 CNC 的复位信号 RST (F001.1) 输入“1”，可直接撤销刚性攻螺纹启动信号 RGTAP。

刚性攻螺纹启动信号 RGTAP 为“1”后，一般需要经过 250ms 左右的执行延时，才能产生 M29 完成应答信号 FIN，结束 CNC 的 M29 指令。

图 8.6.3 所示的程序模拟主轴驱动器的主电机正反转控制和 M 代码完成应答。在正常的主轴速度控制模式下，驱动器的主轴正反转控制输出信号 Y8.1、Y8.2 可由 M03/M04 指令进行控制；执行刚性攻螺纹指令 M29 后，主轴正反转控制输出信号 Y8.1、Y8.2 将由 CNC 的刚性攻螺纹转向输入信号 RGSPP(F065.0)、RGSPM(F065.1) 控制。

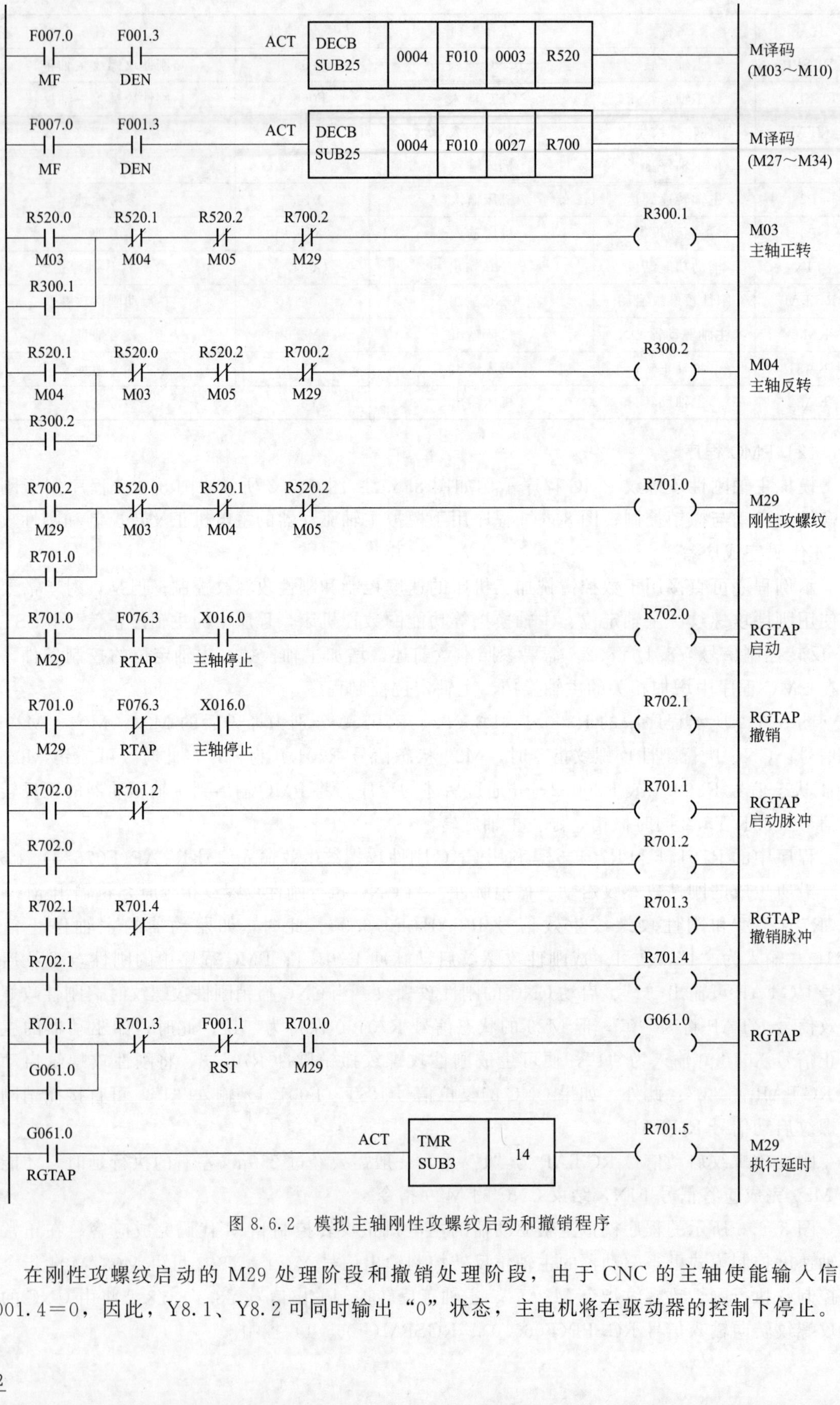

输入条件	功能指令	输出	说明
F007.0 (MF) ─┤├─，F001.3 (DEN) ─┤├─	ACT DECB SUB25 0004 F010 0003 R520		M译码 (M03～M10)
F007.0 (MF) ─┤├─，F001.3 (DEN) ─┤├─	ACT DECB SUB25 0004 F010 0027 R700		M译码 (M27～M34)
[R520.0 (M03) ─┤├─ 或 R300.1 ─┤├─]，R520.1 (M04) ─┤/├─，R520.2 (M05) ─┤/├─，R700.2 (M29) ─┤/├─		R300.1	M03 主轴正转
[R520.1 (M04) ─┤├─ 或 R300.2 ─┤├─]，R520.0 (M03) ─┤/├─，R520.2 (M05) ─┤/├─，R700.2 (M29) ─┤/├─		R300.2	M04 主轴反转
[R700.2 (M29) ─┤├─ 或 R701.0 ─┤├─]，R520.0 (M03) ─┤/├─，R520.1 (M04) ─┤/├─，R520.2 (M05) ─┤/├─		R701.0	M29 刚性攻螺纹
R701.0 (M29) ─┤├─，F076.3 (RTAP) ─┤├─，X016.0 (主轴停止) ─┤├─		R702.0	RGTAP 启动
R701.0 (M29) ─┤├─，F076.3 (RTAP) ─┤/├─，X016.0 (主轴停止) ─┤├─		R702.1	RGTAP 撤销
R702.0 ─┤├─，R701.2 ─┤/├─		R701.1	RGTAP 启动脉冲
R702.0 ─┤├─		R701.2	
R702.1 ─┤├─，R701.4 ─┤/├─		R701.3	RGTAP 撤销脉冲
R702.1 ─┤├─		R701.4	
[R701.1 ─┤├─ 或 G061.0 ─┤├─]，R701.3 ─┤/├─，F001.1 (RST) ─┤/├─，R701.0 (M29) ─┤├─		G061.0	RGTAP
G061.0 (RGTAP) ─┤├─	ACT TMR SUB3 14	R701.5	M29 执行延时

图 8.6.2 模拟主轴刚性攻螺纹启动和撤销程序

在刚性攻螺纹启动的 M29 处理阶段和撤销处理阶段，由于 CNC 的主轴使能输入信号 F001.4＝0，因此，Y8.1、Y8.2 可同时输出“0”状态，主电机将在驱动器的控制下停止。

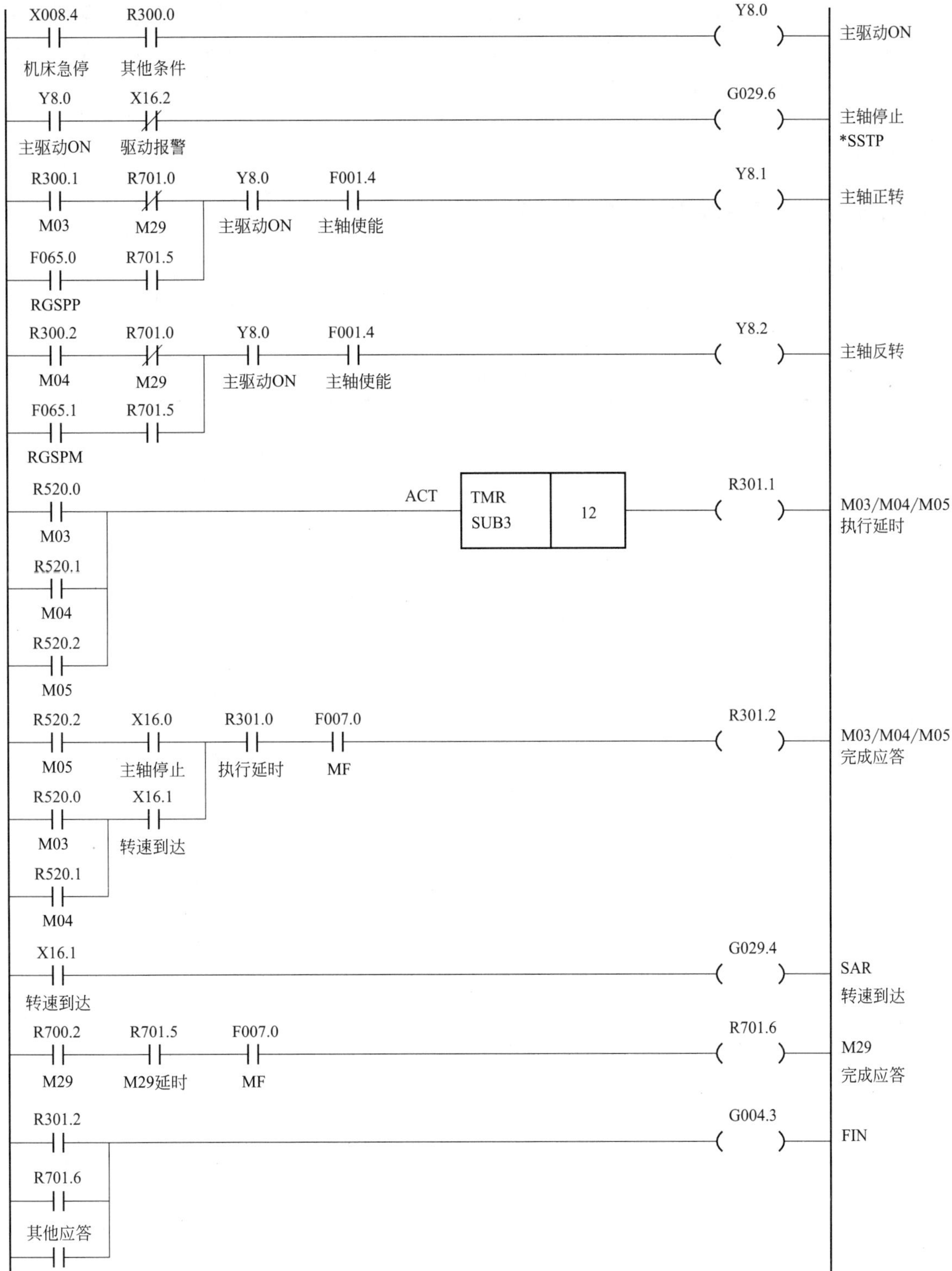

图 8.6.3　模拟主轴正反转与 M 代码应答程序

主轴正反转 M03/M04、停止 M05 应答程序与模拟主轴速度控制程序相同。主轴正反转指令 M03/M04，利用主轴驱动器输入信号转速到达 X16.1 应答；主轴停止指令 M05，利用主轴驱动器输入信号主轴停止 X16.0 应答。同样，由于主轴电机的正反转、启停存在加减速过程，驱动器输出的转速到达信号X16.1和停止信号X16.0均有一定检查范围；当使用驱动器转速到达信号、停止信号作为M03/M04/M05指令执行完成应答时，一般需要经过定时器T12延时0.5～1s后，再进行应答信号的检测。

刚性攻螺纹指令M29的应答一般需要经过250ms左右的执行延时后应答，M29的执行延时可通过图8.6.2中的定时器T14生成。

8.6.3 串行主轴刚性攻螺纹程序

(1) DI/DO信号

在使用FANUC串行主轴的数控系统上，主轴驱动器的控制信号可直接通过CNC输入/输出信号传送，PMC程序设计时与刚性攻螺纹相关的DI/DO信号如表8.6.2所示。

表8.6.2 串行主轴刚性攻螺纹DI/DO信号

代号	名称	信号类别	PMC地址	备注
RST	CNC复位	CNC输入	F001.1	1:CNC复位
DEN	分配结束	CNC输入	F001.3	1:坐标轴运动结束
ENB	主轴使能	CNC输入	F001.4	1:主轴转速输出允许
MF	M代码修改	CNC输入	F007.0	1:M代码输出有效
M00～M31	M代码	CNC输入	F010～F013	32位二进制M代码
ALMA	主轴报警	CNC输入	F045.0	1:报警。0:正常
SSTA	主轴停止	CNC输入	F045.1	1:主轴转速为0
SARA	主轴转速到达	CNC输入	F045.3	1:主轴转速与指令转速同
ORARA	主轴定位完成	CNC输入	F045.7	1:定位完成
RGSPP	主轴正转	CNC输入	F065.0	1:刚性攻螺纹主轴正转
RGSPM	主轴反转	CNC输入	F065.1	1:刚性攻螺纹主轴反转
RTAP	刚性攻螺纹生效	CNC输入	F076.3	1:刚性攻螺纹生效
FIN	辅助功能结束	CNC输出	G004.3	M/S/T/B执行完成
SAR	主轴转速到达	CNC输出	G029.4	1:实际转速与指令转速同
RGTAP	刚性攻螺纹启动	CNC输出	G061.0	1:启动刚性攻螺纹
SRV A	主轴正转	CNC输出	G070.4	00/11:主轴停止。01:正转。10:反转
SFR A	主轴反转	CNC输出	G070.5	
MRDY A	主轴驱动使能	CNC输出	G070.7	1:主轴驱动使能
* ESP A	主轴急停	CNC输出	G071.1	0:主轴急停

(2) PMC程序

串行主轴刚性攻螺纹的PMC程序设计方法与模拟主轴相同。由于串行主轴驱动器的控制信号、状态信号可直接通过PMC的CNC输入/输出信号传输，因此，在PMC程序中，模拟主轴控制时的主驱动器启动输出Y8.0，可用CNC-PMC接口信号串行主轴急停 * ESPA (G071.1) 及主轴驱动使能MRDYA(G070.7) 替代；主轴正/反转控制输出Y8.1/Y8.2，可用串行主轴正/反转接口信号SRVA(G070.4) /SFRA(G070.5) 替代。同样，模拟主轴控制时的驱动器报警输入信号X16.2，可用串行主轴报警接口信号ALMA(F045.0) 替代；主轴停止输入信号X16.0，可用串行主轴停止接口信号SSTA(F045.1) 替代；转速到达输入信号X16.1，可用串行主轴转速到达接口信号SARA(F045.3) 替代。

串行主轴刚性攻螺纹的PMC程序如图8.6.4、图8.6.5所示，图8.6.4程序用于刚性攻螺纹的启动与撤销控制；图 8.6.5 程序用于串行主轴驱动器的主电机正反转控制和刚性攻螺纹 M 代码完成应答。示例程序可直接用于数控镗铣加工机床的速度控制和刚性攻螺纹控制。但是，对于需要同时使用刚性攻螺纹、主轴定位、主轴换挡等功能的数控机床，程序中的主轴停止信号 * SSTP、正/反转控制信号 Y8.1/Y8.2，需要参照本章前述，增加主轴换挡、主轴定位的控制条件，并且在 PMC 程序中增加相关的主轴换挡、主轴定位控制程序。

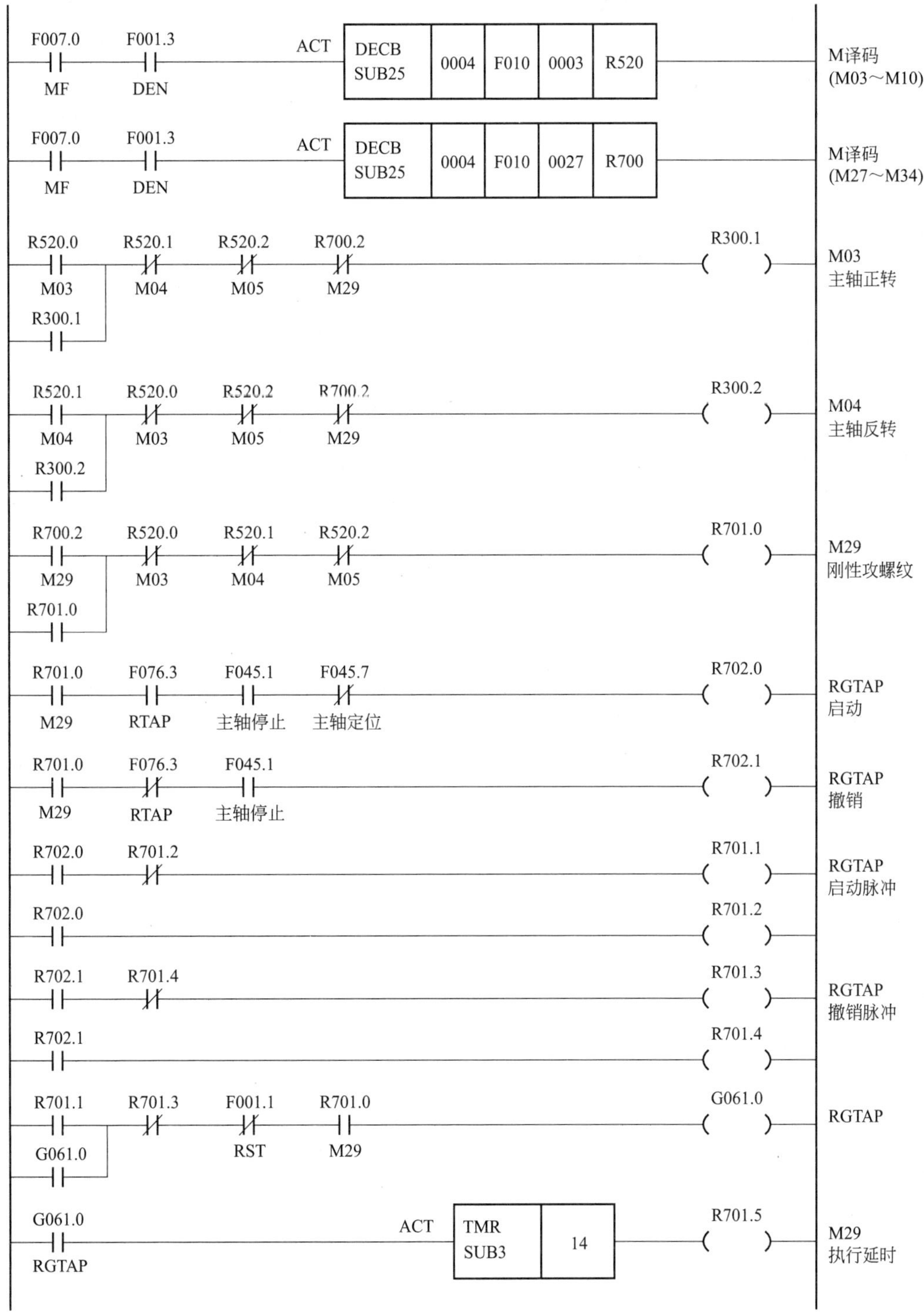

图 8.6.4　串行主轴刚性攻螺纹启动和撤销程序

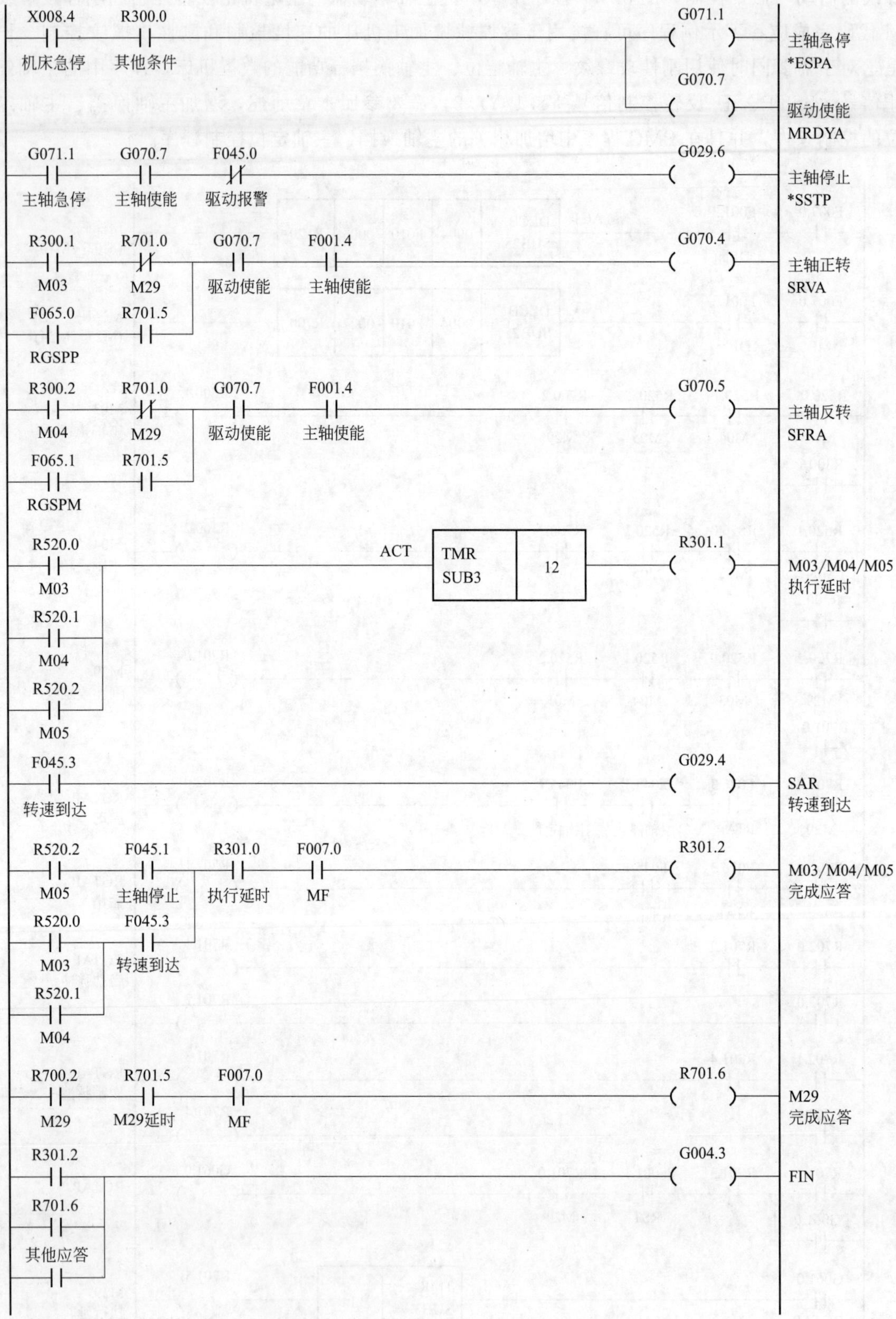

X008.4 机床急停　R300.0 其他条件　G071.1 主轴急停 *ESPA
G070.7 驱动使能 MRDYA

G071.1 主轴急停　G070.7 主轴使能　F045.0 驱动报警　G029.6 主轴停止 *SSTP

R300.1 M03　R701.0 M29　G070.7 驱动使能　F001.4 主轴使能　G070.4 主轴正转 SRVA
F065.0 RGSPP　R701.5

R300.2 M04　R701.0 M29　G070.7 驱动使能　F001.4 主轴使能　G070.5 主轴反转 SFRA
F065.1 RGSPM　R701.5

R520.0 M03　ACT　TMR SUB3　12　R301.1 M03/M04/M05 执行延时
R520.1 M04
R520.2 M05

F045.3 转速到达　G029.4 SAR 转速到达

R520.2 M05　F045.1 主轴停止　R301.0 执行延时　F007.0 MF　R301.2 M03/M04/M05 完成应答
R520.0 M03　F045.3 转速到达
R520.1 M04

R700.2 M29　R701.5 M29延时　F007.0 MF　R701.6 M29 完成应答

R301.2　G004.3 FIN
R701.6
其他应答

图 8.6.5　串行主轴正反转与 M 代码应答程序

第 9 章 集成 PMC 操作

9.1 PMC 编辑器及设定

9.1.1 MDI/LCD 操作单元

(1) MDI/LCD 结构

当前使用的 FANUC 数控系统均集成有 PMC 编辑器功能，PMC 的梯形图监控、编辑等操作，同样可直接通过 CNC 的 MDI/LCD 单元进行。

数控系统的 MDI/LCD 单元是用于 CNC 的手动数据输入和显示的基本组件，FANUC 数控系统有多种结构可供选择（见第 3 章），因此，由于硬件配置的不同，以及生产时间、软件版本的不同，在不同的数控系统上，MDI/LCD 单元的结构、操作键布置、LCD 的显示形式等可能稍有区别，但基本操作和显示内容一致。

例如，10.4in 垂直布置的 FS 0i 数控系统的 MDI/LCD 单元结构如图 9.1.1 所示，MDI/LCD 单元由手动数据输入面板（MDI）、CNC/LCD 集成单元两部分组成，数控装置（CNC）、存储卡安装接口、软功能键与 LCD 集成一体。

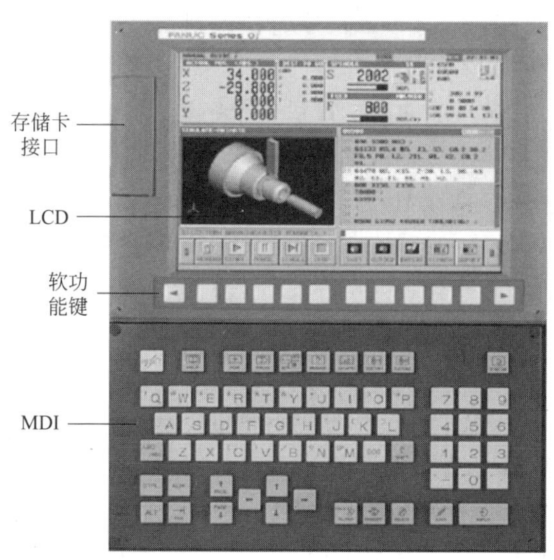

图 9.1.1 10.4in MDI/LCD 单元

(2) MDI 面板

10.4in 垂直布置的 FS 0i 数控系统的 MDI 面板如图 9.1.2 所示，面板操作键的功能如下。

① 辅助键。辅助键是用于 CNC 辅助操作的按键，一般包括以下操作键。

RESET：CNC 复位键，用于报警清除、加工程序复位等操作。

HELP：帮助键，可进行 CNC 帮助文件、报警详情显示等操作。

CTRL、AUX、ALT、TAB：计算机操作键，用于 PC 操作。

② 字符键。字符键用于英文字母（地址）以及＃、%、!、括号等特殊字符输入，字符键包括以下切换键。

ABC/abc：大小写切换，用于英文字母大小写切换。

SHIFT：上/下档切换，用于按键上/下字符切换。

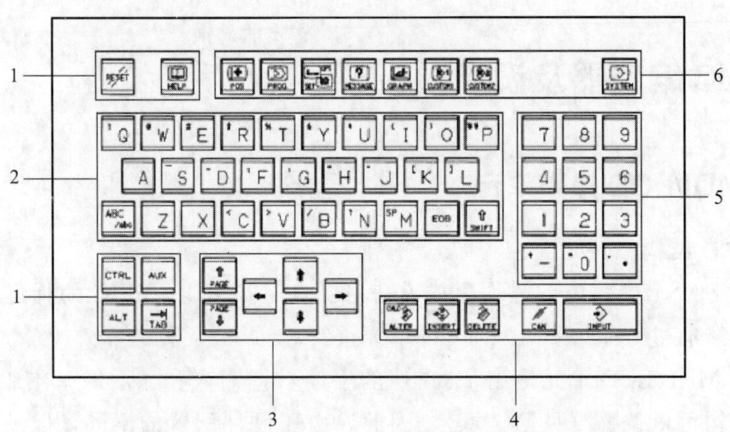

图 9.1.2　MDI 面板布置

1—辅助键；2—字符键；3—选页及光标键；4—编辑键；5—数字键；6—功能键

③ 选页及光标键。用于 LCD 显示页面的切换和光标位置的调整。

④ 编辑键。用于数据输入、修改、删除等编辑操作，操作键作用如下。

【ALTER】：替换，可用输入缓冲区的字符替换将光标选定字符。

【INSERT】：插入，可将输入缓冲区的字符插入到光标选定位置。

【DELETE】：删除，可删除光标选定字符。

【CAN】：取消，可删除输入缓冲区的最后一个字符。

【INPUT】：输入，可将输入缓冲区的内容写入到 CNC 存储器。

⑤ 数字键。用于数字（包括小数点、正负号）的输入。

⑥ 功能键。用于 LCD 显示内容的选择和切换。按下功能键，LCD 可以显示该功能所对应的基本显示页，在此基础上，操作者可进一步通过 LCD 的软功能键，选择更多的显示内容（详见后述）。

(3) LCD 显示

LCD 的显示内容可利用 MDI 面板上的功能键切换，不同功能的显示页面各不相同。

例如，当选择功能键【POS】（位置显示）时，LCD 可显示图 9.1.3(a) 所示坐标轴的绝对位置（绝对坐标系）、机床坐标系位置（机械坐标）、剩余移动量等位置数据，以及当前有效的 CNC 加工程序、进给速度 F、主轴转速 S、加工零件数、程序运行时间、程序循环时间等状态数据。

CNC 的操作状态显示区位于 LCD 的右下方（或下方），显示格式如图 9.1.3(b) 所示，显示内容根据功能键所选择的显示内容有所不同。

操作状态显示区一般为 4 行，显示内容依次如下。

① 输入缓冲区。输入缓冲区可显示 MDI 面板所输入的字符，已输入字符后可显示下一字符输入的光标提示符“_”。如按 MDI 的编辑键【CAN】，可取消最后一个输入字符；如按 MDI 的

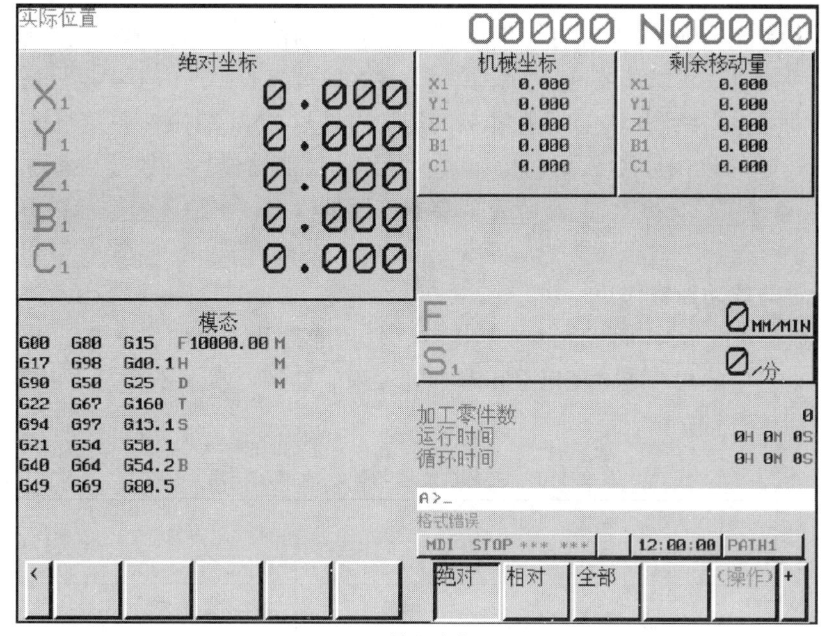

(a) 显示页面

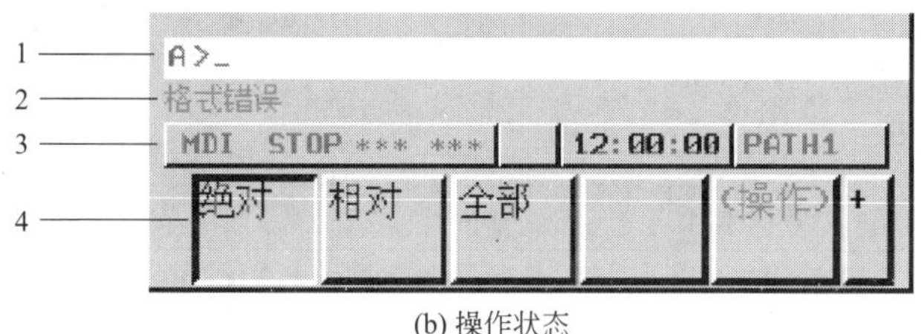

(b) 操作状态

图 9.1.3　LCD 显示

1—输入缓冲区；2—出错信息；3—CNC 状态；4—软功能键

上/下档切换【SHIFT】键，提示符可由“_”变为“^”，MDI 面板的操作键被切换到上档。

② 出错信息。如输入操作不正确或操作不允许，出错信息显示行将显示操作出错及出错的原因。

③ CNC 状态。CNC 显示行可显示 CNC 的当前操作方式（如 MDI、MEM、EDIT 等）、程序自动运行状态（STOP、STRT、HOLD、DWL 等）、辅助机能执行状态（FIN）、警示信息（ALM、BAT 等），以及当前的系统时间、程序编辑状态等内容。

④ 软功能键。显示软功能键当前的功能。

9.1.2　CNC 功能键与软功能键

(1) 功能键与软功能键

FANUC 数控系统的功能键是 MDI 面板上的实体键，按键在任何情况下都具有相同的功能；软功能键是 LCD 下方的操作键，操作键的功能可通过 MDI 上的功能键或软功能扩展键改变，软功能键的当前功能被显示在 LCD 的最下方（见图 9.1.3）。为了便于文档编辑，本书将统一用符号“【】”表示 MDI 面板的功能键（实体键），用“〖〗”表示软功能键。

数控系统的 LCD 显示内容可通过 MDI 面板的功能键切换，按功能键，LCD 将显示该功能键所对应的基本显示页面；在此基础上，操作者可通过软功能键，展开功能、选择与显示更多的操作、显示内容。

软功能键具有显示（FANUC 手册称为章节选择）、操作两方面功能，并且有多层；同一层的软功能键可通过软功能扩展键〖＋〗扩展，或者通过〖＜〗返回上一层。用于操作的软功能键可通过软功能键〖(操作)〗进入，操作软功能的内容与 CNC 的操作方式选择、LCD 显示内容有关；例如，选择 CNC 参数设定的操作时，操作软功能键包括参数号检索(〖检索号〗)、参数值 0(〖OFF：0〗) 或 1(〖ON：1〗) 设定、参数值增量输入(〖＋输入〗)、参数值直接输入(〖输入〗) 等。

(2) 功能键与软功能键作用

FANUC 数控系统 MDI 面板的主要功能键、软功能键及作用如表 9.1.1 所示，MDI 面板功能键选择后，对应的软功能键便可显示与选择。限于篇幅，本书不再对与 PMC 操作无关的功能键与软功能键进行介绍。

表 9.1.1　主要功能键与软功能键及作用

功能键	CNC 操作方式选择	软功能键		LCD 显示内容
		英文界面	中文界面	
POS【POS】	任意	〖ABS〗	〖绝对值〗	绝对位置显示
		〖REL〗	〖相对〗	相对位置显示
		〖ALL〗	〖全部〗	位置综合显示
		〖HNDL〗	〖手动〗	手轮中断操作
		〖MONI〗	〖监控〗	轴负载表、主轴负载和转速表显示
PROG【PROG】	MEM/RMT	〖PROGRM〗	〖程序〗	加工程序
		〖CHECK〗	〖检测〗	当前执行段、坐标轴位置、模态代码
		〖CURRENT〗	〖现在段〗	当前执行段、模态代码
		〖NEXT〗	〖下一步〗	当前执行段、下一程序段
		〖RESTART〗	〖再开〗	程序重新启动信息
		〖DIR〗	〖一览〗	加工程序一览表
	MDI	〖PROGRM〗	〖程序〗	加工程序
		〖MDI〗	〖MDI〗	MDI 程序输入
		〖CURRENT〗	〖现在段〗	当前执行段、模态代码
		〖NEXT〗	〖下一步〗	当前执行段、下一程序段
		〖RESTART〗	〖再开〗	程序重新启动信息
		〖DIR〗	〖一览〗	加工程序一览表
	EDIT/TJOG/THND	〖PROGRM〗	〖程序〗	加工程序
		〖DIR〗	〖一览〗	加工程序一览表
		〖C. A. P〗	〖对话型〗	对话型编程或 0i 引导编程
	JOG/HND/REF	〖PROGRM〗	〖程序〗	加工程序
		〖CURRENT〗	〖现在段〗	当前执行段、模态代码
		〖NEXT〗	〖下一步〗	当前执行段、下一程序段
		〖RESTART〗	〖再开〗	程序重新启动信息
		〖DIR〗	〖一览〗	加工程序一览表

续表

功能键	CNC操作方式选择	软功能键		LCD显示内容
		英文界面	中文界面	
【OFS/SET】	任意	〖OFFSET〗	〖刀偏〗	刀具补偿(偏置)数据
		〖SETTING〗	〖设定〗	CNC设定参数
		〖WORK〗	〖工件坐标系〗	工件坐标系偏置数据
		〖MACRO〗	〖宏程序〗	宏程序变量
		〖MENU〗	〖菜单〗	机床生产厂图形编程菜单
		〖OPR〗	〖操作〗	机床操作面板控制键设定
		〖TOOLLF〗	〖TL寿命〗	刀具寿命管理数据
		〖OFST.2〗	〖刀偏.2〗	0iTD刀具Y轴位置偏置
		〖W.SHFT〗	〖工件偏〗	0iTD工件偏移
		〖BARRIER〗	〖卡盘-尾架〗	0iTD卡盘、尾架保护区
		〖RR-LEY〗	〖精度LV〗	精度等级调整数据
		〖LANG.〗	〖语种〗	LCD显示语言选择
		〖PROT.〗	〖保护〗	数据保护与密码设定
		〖GUARD〗	〖误操作〗	误操作保护设定
【SYSTEM】	任意	〖PARAM〗	〖参数〗	CNC参数
		〖DGNOS〗	〖诊断〗	CNC诊断数据显示
		〖SYSTEM〗	〖系统〗	系统配置信息
		〖PITCH〗	〖螺补〗	螺距误差补偿数据
		〖SV.SET〗	〖SV设定〗	伺服设定
		〖SP.SET〗	〖主轴设定〗	主轴设定
		〖W.DGNS〗	〖波形诊断〗	跟随误差、转矩、信号画面
		〖ALL IO〗	〖所有IO〗	数据输入/输出
		〖OPEHIS〗	〖操作历〗	操作履历
		〖PMCMNT〗	〖PMC维修〗	PMC信号状态、参数、波形
		〖PMCLAD〗	〖PMC梯图〗	PMC程序梯形图
		〖PMCCNF〗	〖PMC配置〗	PMC数据
		〖PM.MGR〗	〖PM.MGR〗	Power Mate管理器
		〖COLOR〗	〖颜色〗	LCD颜色设定
		〖MAINTE〗	〖维修〗	定期维护信息
		〖M-INFO〗	〖M-信息〗	维修信息
		〖FSSB〗	〖FSSB〗	FSSB网络配置
		〖PRMSET〗	〖PRM设〗	CNC参数的快捷设定
		〖EMBED〗	〖内嵌〗	内置以太网网卡设定
		〖PCMCIA〗	〖PCMCIA〗	PCMCIA网卡设定
		〖ETHBRD〗	〖内嵌板〗	快速以太网/数据服务器设定
		〖RMTDIAG〗	〖远程诊断〗	以太网远程诊断设定数据
		〖M-TUN〗	〖M-TUN〗	精度等级调整参数

续表

功能键	CNC 操作方式选择	软功能键		LCD 显示内容
		英文界面	中文界面	
SYSTEM【SYSTEM】	任意	〖ID-INF〗	〖ID 信息〗	ID 数据
		〖MEMORY〗	〖存储器〗	存储器信息
		〖PROF. M〗	〖PROF. M〗	PROFIBUS 主站设定
		〖PROF. S〗	〖PROF. S〗	PROFIBUS 从站设定
MESSAGE【MESSAGE】	任意	〖ALARM〗	〖报警〗	报警显示
		〖MSG〗	〖信息〗	操作者信息
		〖HUSTRY〗	〖履历〗	报警履历
		〖MSGHIS〗	〖MSGHIS〗	操作者信息履历
		〖EMBLOG〗	〖内嵌板日志〗	内置以太网出错信息
		〖PCMLOG〗	〖PCM 日志〗	PCMCIA 以太网卡出错信息
		〖BRDLOG〗	〖板日志〗	快速以太网/数据服务器出错信息
CSTM GRP【CSTM/GRAPH】	任意	〖PARAM〗	〖参数〗	图形显示参数
		〖GRAPH〗	〖图形〗	0iMD 刀具轨迹显示设定
		〖GRAPH〗	〖图形〗	0iTD 刀具轨迹显示设定
		〖LARGE〗	〖扩大〗	图形缩放
		〖EXEC〗	〖执行〗	刀具轨迹图形显示(0iMD)
		〖EXEC〗	〖执行〗	虚拟动画显示(0iMD)
		〖POS〗	〖位置〗	刀具位置显示(0iMD)
		〖PARAM〗	〖参数〗	图形显示参数(0iMD)
		〖3-PLN〗	〖3 面图〗	3 视图显示(0iMD/扩展)

9.1.3 PMC 编辑器功能与设定

(1) PMC 编辑器显示

当前的 FANUC 数控系统均集成有 PMC 编辑器功能，PMC 的梯形图监控、编辑等操作，可直接通过 CNC 的 LCD/MDI 操作面板进行。不同时期的 CNC 产品、不同软件版本的数控系统的 PMC 编辑器功能可能稍有不同，但基本操作方法一致，其步骤如下。

① 按 MDI 面板的功能键【SYSTEM】，选择 CNC 系统显示模式。

② 按软功能扩展键，使 LCD 显示图 9.1.4 所示的 PMC 操作软功能键显示页。

PMC 操作软功能键显示页的软功能键可用于 PMC 编辑功能选择，其作用如下。

〖PMC 维护〗：通常用于维修操作，选定后可进行 I/O 信号状态监控、I/O-Link 网络连接检查、PMC 报警显示、I/O 信号综合诊断等操作，有关内容详见后述的章节。

〖PMC 梯图〗：用于 PMC 梯形图编辑和动态监控相似。数控系统调试时，可选择 PMC 梯形图编辑操作，进行 PMC 梯形图程序的输入与编辑；维修时可进行动态梯形图监控，检查 PMC 程序执行情况，有关内容详见后述的章节。

〖PMC 配置〗：用于 PMC 程序标题栏、PMC 基本参数、PMC 控制继电器、I/O-Link 配置、符号表、操作者信息文本的显示、设定和编辑。

〖P. MATE 管理器〗：FANUC Power Mate 管理器，用于 βi I/O-Link 驱动器设定。

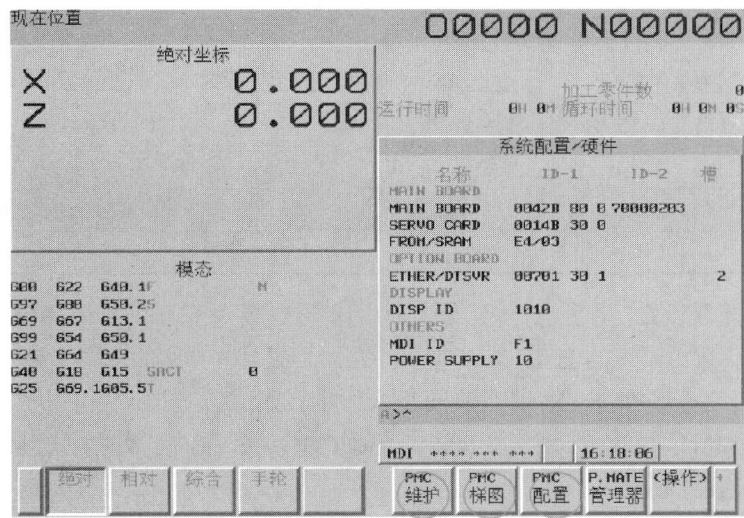

图 9.1.4　PMC 操作软功能键显示页

(2) PMC 编辑器功能

FANUC 数控系统的 PMC 编辑器包括 PMC 维修(〖PMC 维护〗)、梯形图编辑与显示(〖PMC 梯图〗)和 PMC 配置(〖PMC 配置〗)3 大功能，其主要内容及相关的功能选择操作如表 9.1.2 所示。

表 9.1.2　PMC 编辑器功能表

项目	软功能键		显示和操作
	英文界面	中文界面	
〖PMCMNT〗(PMC 维护)	〖STATUS〗	〖信号〗	信号状态显示
	〖I/OLNK〗	〖I/OLNK〗	I/O-Link 网络链接显示
	〖ALARM〗	〖报警〗	PMC 报警显示
	〖I/O〗	〖I/O〗	PMC 数据的输入/输出
	〖TIMER〗	〖定时〗	定时器的设定和显示
	〖COUNTR〗	〖计数器〗	计数器的设定和显示
	〖KEEPRL〗	〖K 参数〗	保持型继电器的设定和显示
	〖DATA〗	〖数据〗	数据寄存器的设定和显示
	〖TRACE〗	〖跟踪〗	信号时序图跟踪显示
	〖TRPRM〗	〖TRCPRM〗	信号时序图跟踪参数设定
	〖I/ODGN〗	〖I/O 诊断〗	I/O 信号综合显示和诊断
〖PMCLAD〗(PMC 梯图)	〖LIST〗	〖列表〗	PMC 程序一览表显示
	〖LADDER〗	〖梯形图〗	PMC 梯形图显示和动态监控
	〖D. COIL〗	〖多重圈检查〗	多重输出线圈检查
〖PMCCNF〗(PMC 配置)	〖TITLE〗	〖标头〗	PMC 程序标题的显示和编辑
	〖SETING〗	〖设定〗	PMC 设定
	〖PMCST.〗	〖PMC 状态〗	PMC 工作状态显示
	〖SYSPRM〗	〖SYS 参数〗	PMC 系统参数设定

续表

项目	软功能键		显示和操作
	英文界面	中文界面	
〖PMCCNF〗（PMC 配置）	〖MODULE〗	〖模块〗	I/O 模块设定
	〖SYMBOL〗	〖符号〗	符号表的显示和编辑
	〖MSSAGE〗	〖信息〗	机床操作信息的显示与编辑
	〖ONLINE〗	〖在线〗	PMC 在线

（3）PMC 编辑器设定

使用 FANUC 数控系统的 PMC 编辑器，首先需要设定 PMC 的基本参数和相关控制继电器，以生效 PMC 编辑器功能。PMC 编辑器设定的步骤如下。

① 在图 9.1.4 所示的 PMC 操作软功能键显示页上，按〖PMC 配置（PMCCNF）〗软功能键，显示 PMC 配置页面。

② 按软功能键〖设定（SETING）〗，LCD 可显示图 9.1.5 所示的 PMC 编辑器功能参数和相关系统保持型继电器的设定页面。

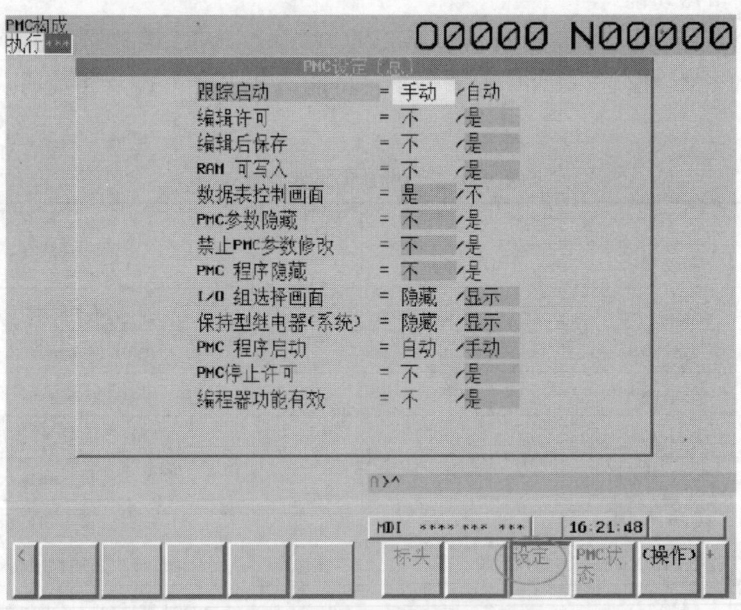

图 9.1.5　PMC 编辑功能设定页面

③ 利用光标移动键、操作软功能键、输入键，进行如下设定。

编辑许可：选择“是”，解除 PMC 编辑保护功能。

编辑后保存：选择“是”，自动保存 PMC 编辑操作。

RAM 可写入：选择“是”，解除 RAM 编辑保护功能。

数据表控制画面：选择“是”，显示数据寄存器控制参数设定画面。

PMC 参数隐藏：选择“不”，使 LCD 能显示 PMC 参数。

禁止 PMC 参数修改：选择“不”，解除 PMC 参数保护功能。

PMC 程序隐藏：选择“不”，使 LCD 能显示 PMC 程序。

I/O 组选择画面：选择“显示”，生效 I/O 信号成组显示功能。

保持型继电器（系统）：选择“显示”，生效系统保持型继电器显示功能。

PMC 程序启动：选择“手动”，使 PMC 程序编辑完成后的第一次运行，通过软功能键〖RUN〗启动。

PMC 停止许可：选择“是”，生效 PMC 程序的软功能键〖STOP〗停止功能。

编辑器功能有效：选择“是”，生效 PMC 编辑器功能。

9.2　I/O-Link 网络配置操作

9.2.1　I/O-Link 网络配置与检查

(1) I/O-Link 网络配置

FANUC 数控系统集成 PMC 采用的是 I/O-Link 总线网络控制，PMC 的各类 I/O 模块或单元（包括 FANUC 主面板、分布式 I/O 模块与单元、βi I/O-Link 驱动器等）均需要以网络从站的形式连接到数控系统集成 PMC 的 I/O-Link 总线上，为此，需要通过数控系统的 PMC 参数设定操作，对各 I/O-Link 从站的安装位置、DI/DO 点数、DI/DO 地址进行分配与设定，这一操作称为 I/O-Link 网络配置。

I/O-Link 网络配置是 PMC 正常工作的前提条件，操作需要在系统调试、PMC 程序输入前完成；其中，I/O-Link 从站的 DI/DO 点数与地址设定是 I/O-Link 网络配置的主要内容。

FANUC 数控系统的 I/O-Link 网络结构如图 9.2.1 所示，网络配置应遵守如下原则。

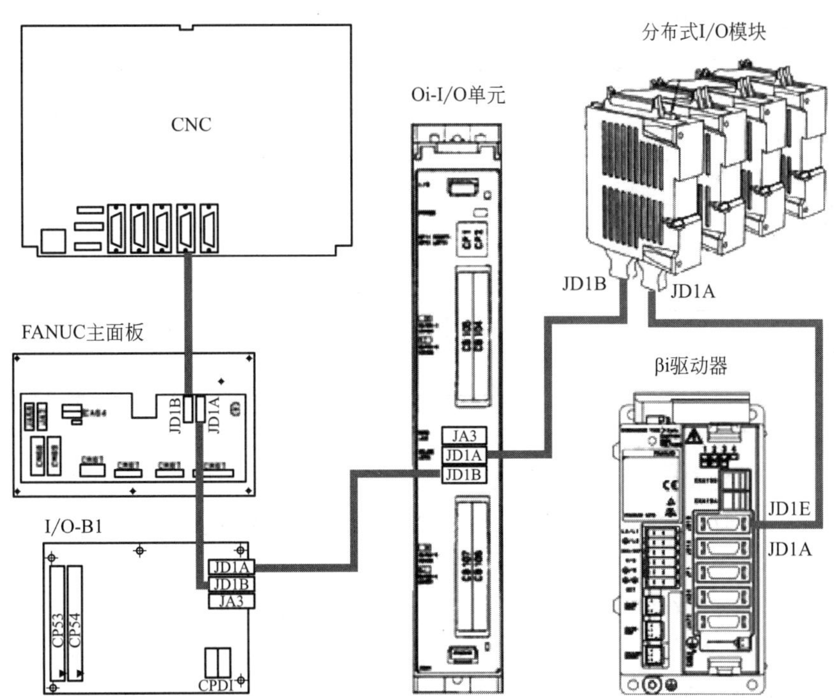

图 9.2.1　I/O-Link 网络结构

① I/O-Link 从站的规格、输入应根据机床实际需要选配，在数控系统集成 PMC 功能允许的范围内，可同时选配多个相同或不同型号的从站；各 I/O-Link 从站在网络中的安装位置无规定要求，从站的网络地址可通过 I/O-Link 网络配置进行设定。

② I/O-Link 网络采用总线形拓扑结构，各 I/O-Link 从站依次串联连接，CNC 单元上的 I/O-Link 总线连接器为网络主站（集成 PMC）的总线输出端。其他 I/O 从站上的 I/O-Link 总线连接器 JD1B 为总线输入端，可与 CNC 单元或上一 I/O-Link 从站相连；从站上的 I/O-Link 总线连接器 JD1A 为总线输出端，可与下一从站的总线输入端 JD1B 连接。最后一个 I/O-Link 从站的总线输出端 JD1A 不需要安装终端连接器。

③ 数控系统集成 PMC 可链接的 I/O-Link 从站总数与 PMC 功能有关，标准配置的 FS 0iF 系统为 16 个，每一从站可连接的最大 DI/DO 点为 256/256 点（16/16 字节输入/输出），但是，不同数控系统实际使用的 I/O-Link 从站数量，以及各从站实际可连接的 DI/DO 点数，与数控系统的硬件配置有关。例如，在配置 FANUC 主面板 B 和 1 个 0i-I/O 单元的系统上，实际使用的从站为 2 个，其中，FANUC 主面板 B 需要占用 128/64 点 DI/DO，实际可连接 96/64 个 DI/DO 信号；0i-I/O 单元需要占用 128/64 点 DI/DO，实际可连接 96/64 个 DI/DO 信号；因此，PMC 的 DI/DO 总点数为 256/128 点，实际可连接的 DI/DO 信号为 192/128。

④ 手轮在 FANUC 数控系统上以 PMC 输入信号的形式进行处理，每一手轮需要占用 8 点 DI，因此，可连接 3 个手轮的 FANUC 主面板 B、0i-I/O 单元等，需要使用 24 点 DI 信号。虽然手轮使用的 DI 点可按实际使用的手轮数量计算，没有连接手轮的手轮接口，不需要占用从站的 DI 点，但是为了方便手轮连接的更改，在 I/O-Link 网络配置时，一般仍以 3 个手轮的连接要求分配 DI/DO 点。

例如，图 9.2.1 所示的数控系统共使用 5 个不同类别的 I/O-Link 从站，I/O-Link 网络配置时的 DI/DO 点可按表 9.2.1 分配。

表 9.2.1 I/O-Link 从站 DI/DO 分配表

从站名称	位置(组号)	实际 DI/DO	手轮预留 DI	系统预留 DI/DO	总计 DI/DO
FANUC 主面板	0	96/64	24	8/0	128/64
操作面板 I/O-B1	1	48/32	24	56/32	128/64
0i-I/O 单元	2	96/64	24	8/0	128/64
分布式 I/O 模块	3	96/64	24	8/0	128/64
βi I/O-Link 驱动器	4	—	—	128/128	128/128
总计	—	336/224	96/0	208/160	640/384

(2) I/O-Link 网络配置检查

FANUC 0i 系列数控系统的 I/O-Link 网络配置可通过后述的"PMC 配置"操作设定；系统当前的 I/O-Link 网络配置状态可利用"PMC 维修"操作检查。显示系统 I/O-Link 网络配置的操作步骤如下。

① 按数控系统 MDI 面板的功能显示键【SYSTEM】，选择系统显示页面。

② 按软功能扩展键，LCD 显示 PMC 操作软功能键〖PMCMNT〗(PMC 维修)、〖PM-CLAD〗(梯形图显示) 和〖PMCCNF〗(PMC 配置)。

③ 按软功能键〖PMCMNT〗，LED 可显示 PMC 维修页面。

④ 选择软功能键〖I/OLNK〗，LCD 可显示图 9.2.2 所示的 I/O-Link 网络配置信息。

I/O-Link 网络配置显示页面各栏的显示内容如下。

通道：PMC 当前的通道（路径）号显示。

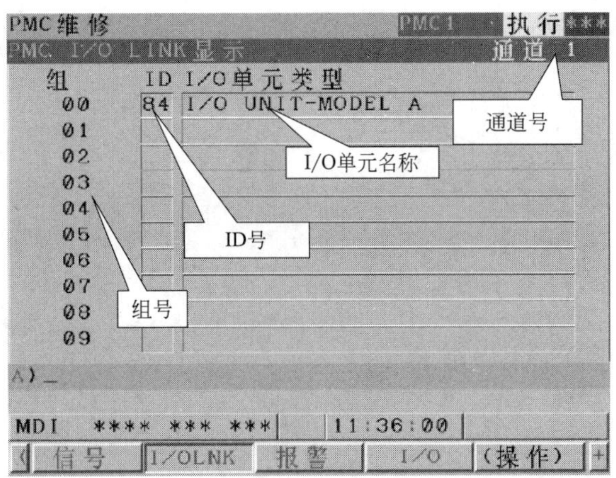

图 9.2.2　I/O-Link 网络配置显示

组：组号，I/O-Link 网络的从站连接序号显示。组号是 I/O 单元或模块在 I/O-Link 网络中的安装位置序号，与网络主站（CNC 单元）连接的第 1 个 I/O 单元或模块的组号为 0，后续 I/O 单元或模块的组号依次递增（参见表 9.2.1）。

ID：I/O 单元或模块的 ID 号显示。ID 号是 I/O-Link 从站的识别标记，PMC 的每一 I/O 单元或模块都有规定的 ID 号，例如，分布式 I/O 单元 A 的 ID 号为“84”、FANUC 主面板的 ID 号为“53”、操作面板 I/O-B1 模块的 ID 号为“82”等。进行 I/O-Link 网络配置时，当 ID 号设定后，数控系统便可根据 ID 号，自动识别 I/O 单元或模块、分配从站的 DI/DO 点数和地址。

I/O 单元类型：I/O 单元或模块的类型和名称显示。当 ID 号设定后，数控系统便可根据 ID 号，自动显示 ID 号所对应的 I/O 单元或模块名称，例如，分布式 I/O 单元 A 的显示为“I/O UNIT-MODEL A”（I/O 单元 A）等。

9.2.2　I/O-Link 配置参数设定

(1) DI/DO 地址设定操作

FANUC 数控系统 I/O 单元或模块的输入/输出连接端的 DI/DO 相对地址已固定，不能通过网络配置改变，但是，I/O 单元或模块的安装位置、DI/DO 起始地址 m、n 以及 I/O 单元或模块名称，需要通过 I/O-Link 网络配置操作予以设定；单元或模块的 DI/DO 点总数，可由系统根据名称自动分配。

利用 CNC 的 MDI 面板，设定 I/O 单元或模块安装位置、DI/DO 起始地址 m、n 以及 I/O 单元或模块名称的操作步骤如下。

① 按数控系统 MDI 面板的功能显示键【SYSTEM】，选择系统显示页面。

② 按软功能扩展键，LCD 可显示软功能键〖PMCMNT〗（PMC 维修）、〖PMCLAD〗（梯形图显示）和〖PMCCNF〗（PMC 配置）。

③ 按软功能键〖PMCCNF〗（PMC 配置），LCD 可显示 PMC 配置页面。

④ 按功能扩展键，并按扩展软功能键〖MODULE〗，LCD 可显示图 9.2.3 所示的 I/O 单元或模块配置（DI/DO 地址设定）页面。

显示页的“地址（ADDRESS）”栏可显示系统内部的 DI/DO 地址（字节）；显示栏“组

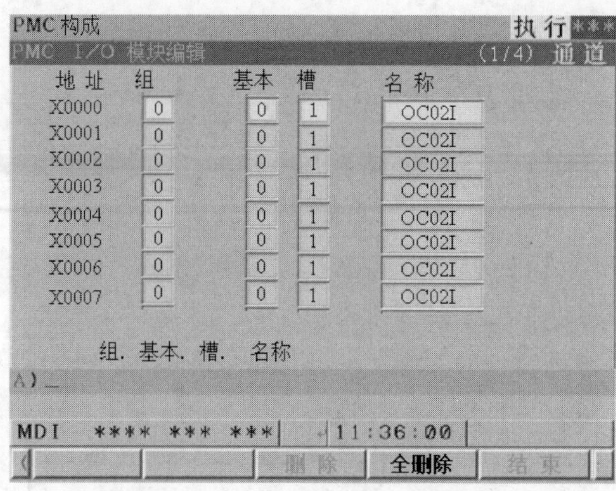

图 9.2.3 DI/DO 地址设定页面

（GROP）”“基座（BASE，中文显示为‘基本’）”“槽（SLOT）”“名称（NAME）”用来显示、设定 DI/DO 地址所对应的 I/O 连接端在 I/O-Link 网络上的位置，以及所属 I/O 单元或模块的名称。

⑤ 光标选定“地址（ADDRESS）”栏的 I/O 单元或模块的起始输入、输出地址，然后，输入“组（GROP）”“基座（BASE）”“槽（SLOT）”“名称（NAME）”等网络配置参数；组、基座、槽、名称的设定方法见下述。

网络配置参数可一次性输入，不同参数需要用小数点“.”进行分隔。例如，安装在 0 组、0 号基座、1 号槽上，名称为“OC02I（16 字节、128 点输入单元）”的 DI/DO 单元，如定义单元的输入起始 m＝0，可用光标选定“X0000”的输入区，然后，利用 MDI 面板输入“0. 0. 1. OC02I”，便可一次性完成组、基座、槽、名称的输入。

每一 I/O 单元或模块只需要进行起始输入、输出字节行的配置参数设定，该单元其余的输入、输出地址可由系统根据单元名称，自动确定 DI、DO 字节数，分配 DI/DO 地址。例如，当输入字节 X0000 所在行，设定了 16 字节输入单元名称“OC02I”后，随后的 15 字节输入 X0001～X0015 所在行的单元名称也将自动成为“OC02I”，而 X0016 后的输入名称则需要另行设定。

⑥ 设定完成后，按软功能键〖结束〗，结束 I/O 地址设定操作。输入错误时，可用光标选定 I/O 单元或模块行，按软功能键〖删除〗，便可删除该 I/O 单元或模块；按软功能键〖全删除〗，则可删除全部 I/O 单元或模块。

（2）网络配置参数设定

DI/DO 地址设定页面的网络配置参数“组（GROP）”“基座（BASE）”“槽（SLOT）”的设定方法如图 9.2.4 所示，参数含义如下。

组（GROP）：“组”是 DI/DO 连接端所在的 I/O 单元或模块（I/O-Link 从站）在 I/O-Link 网络中的安装位置序号。最靠近 CNC 单元（网络主站）的第 1 个 I/O 单元或模块的序号（组）为“0”，后续的 I/O 单元或模块序号依次连续递增。

例如，对于前述图 9.2.1 所示的数控系统，最靠近 CNC 单元的 I/O 模块为 FANUC 主面板组号为“0”，与主面板连接的操作面板 I/O-B1 模块的组号为“1”，随后的 0i-I/O 单元、分布式 I/O 模块、βi 伺服驱动器组号依次为 2、3、4 等。

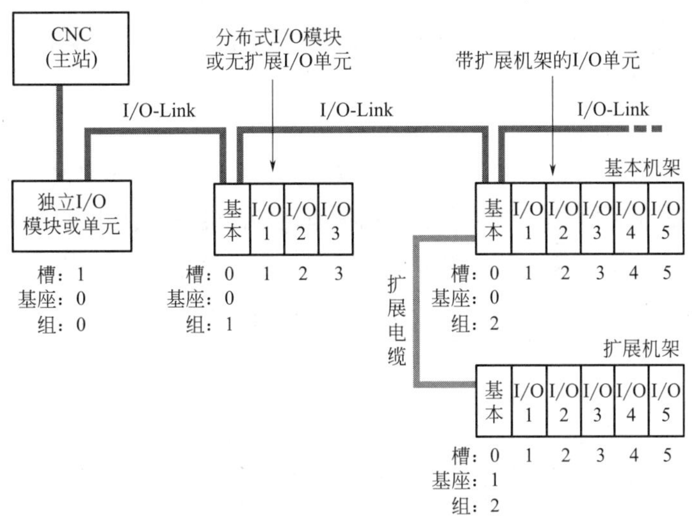

图 9.2.4　组、基座、槽的设定

在常用的 I/O 从站中，FANUC 小型主面板 B 是唯一需要设定 2 个组号的 I/O 模块，面板连接器 CE73 的 24/16 点通用 DI/DO，需要占用 1 个独立的组号。

基座（BASE）：基座是 DI/DO 连接端所在的机架编号，仅用于分布式 I/O 单元（I/O Unit-Model A、I/O Unit-Model B）。分布式 I/O 单元基本机架的基座号为“0”，第 1 个扩展机架的基座号为“1”，第 2 个扩展机架的基座号为“2”，依次类推。FANUC 主面板、0i-I/O 单元、操作面板 I/O、电气柜 I/O 等无扩展机架的 I/O-Link 从站，基座号规定为“0”。

槽（SLOT）：槽是 DI/DO 连接端所在的模块安装位置序号，用于分布式 I/O 模块和分布式 I/O 单元。插接型、端子型分布式 I/O 模块可安装 1 个基本模块和 3 个扩展模块，基本模块的槽号为“0”，扩展模块的槽号依次为 1～3；紧凑型分布式 I/O 模块可安装 1 个基本模块和 1 个扩展模块，基本模块的槽号为“0”，扩展模块的槽号依次为“1”。分布式 I/O 单元的 5 槽机架可安装 1 个接口模块和 5 个 I/O 模块，I/O 模块的槽号依次为 1～5；10 槽机架可安装 1 个接口模块和 10 个 I/O 模块，I/O 模块的槽号依次为 1～10。FANUC 主面板、0i-I/O 单元、操作面板 I/O、电气柜 I/O 等扩展性能的 I/O-Link 从站，槽号规定为“1”。

名称（NAME）：I/O 单元或模块的名称用来定义该 I/O 单元或模块所占用的 DI/DO 点数，其定义方法如表 9.2.2 所示。

表 9.2.2　I/O 单元或模块的名称定义

DI/DO 点数	I/O 单元或模块名称	
	DI 名称	DO 名称
1～8 字节、8～64 点 DI 或 DO	/1～/8	/1～/8
12 字节、96 点 DI 或 DO	OC01I	OC01O
16 字节、128 点 DI 或 DO	OC02I	OC02O
32 字节、256 点 DI 或 DO	OC03I	OC03O
32/32 点 DI/DO	FS04A	FS04A
64/64 点 DI/DO	FS08A	FS08A

例如，FANUC 主面板、0i-I/O 单元、操作面板 I/O-B1 需要使用 128/64 点 DI/DO，DI

名称可定义为“OC02I”、DO 名称可定义为“/8”；βi I/O-Link 驱动器需要使用 128/128 点 DI/DO，DI 名称可定义为“OC02I”、DO 名称可定义为“OC02O”；分布式 I/O 模块或单元的 DI/DO 名称可根据各模块所需要的 DI/DO 点数定义。

(3) 高速信号输入

在 FANUC 数控系统上，急停、参考点减速、跳步切削、位置测量等输入信号是由 PMC 操作系统直接处理的高速信号，需要连接到规定地址的高速输入点上。FANUC 数控系统出厂默认的高速输入信号地址如表 9.2.3 所示，设定网络配置参数时，应保证 DI 地址的正确。

表 9.2.3　FS 0iD 高速输入信号地址表

输入地址	信号名称	T 型(车削 CNC)	M 型(铣削 CNC)
X4.0	刀具测量/跳步切削信号	XAE1/SKIP7	XAE1/SKIP7
X4.1	刀具测量/跳步切削信号	XAE2/SKIP8	XAE2/SKIP8
X4.2	刀具补偿输入或刀具测量/跳步切削信号	+MIT1/SKIP2	XAE3/SKIP2
X4.3	刀具补偿输入/跳步切削信号	−MIT1/SKIP3	SKIP3
X4.4	刀具补偿输入/跳步切削信号	+MIT2/SKIP4	SKIP4
X4.5	刀具补偿输入/跳步切削信号	−MIT2/SKIP5	SKIP5
X9.2	跳步切削信号	ESKIP/SKIP6	ESKIP/SKIP6
X4.7	跳步切削信号	SKIP	SKIP
X8.4	急停输入	*ESP	*ESP
X9.0～X9.4	第 1～5 轴回参考点减速	*DEC1～*DEC5	*DEC1～*DEC5

9.2.3　I/O-Link 网络配置示例

【例 1】　假设 FS 0i 数控系统只有一个 0i-I/O 单元，系统需要连接手轮，其 I/O-Link 网络配置的方法如下。

0i-I/O 单元可连接 96/64 点通用 DI/DO 和 3 个手轮，连接手轮时需要占用 16 字节、128 点 DI 和 8 字节、64 点 DO。由于数控系统只有一个 I/O-Link 从站，组号只能为“0”，0i-I/O 单元无扩展机架及模块，因此，基座号为“0”，槽号为“1”。

为了保证数控系统能够正确连接高速输入信号，使 DI 信号包含输入字节 X4、X8、X9，PMC 的 I/O-Link 网络配置参数可设定如下。

DI 输入 X0～X15：0.0.1.OC02I；组号 0、基座号 0、槽号 1；名称为 16 字节、128 点 DI 单元“OC02I”。

输出 Y0～Y7：0.0.1./8；组号 0、基座号 0、槽号 1；名称为 8 字节、64 点 DO 单元“/8”。

网络配置参数设定时，只需要在输入字节 X0000 上输入“0.0.1.OC02I”，在输出字节 Y0000 上输入“0.0.1./8”；后续输入字节 X0001～X0015 的网络配置参数将被自动设定为“0.0.1.OC02I”，输出字节 Y0001～Y0007 的网络配置参数将被自动设定为“0.0.1./8”。

【例 2】　假设 FS 0i 数控系统需要使用 0i-I/O 单元、FANUC 主面板 2 个 I/O-Link 从站，主面板需要连接手轮，试确定从站安装位置，并设定 I/O-Link 网络配置参数。

在一般情况下，0i-I/O 单元安装在电气控制柜内，FANUC 主面板安装在操纵台上，如果从 I/O-Link 总线连接的角度，宜将 FANUC 主面板作为第 1 从站、0i-I/O 单元作为第 2 从站。但是，这种连接方式将使系统的高速输入信号输入字节 X4、X8、X9 的连接端被 FANUC 主面板所占用，因此，在实际使用时应将 0i-I/O 单元作为第 1 从站与 CNC 连接，而将主面板作为第 2 从站与 0i-I/O 单元连接。由此可以确定，与 CNC 连接的 0i-I/O 单元的组号、基座号、槽号为“0.0.1”；与 0i-I/O 单元连接的 FANUC 主面板的组号、基座号、槽号为“1.0.1”。

0i-I/O 单元、FANUC 主面板均需要占用 16 字节、128 点 DI 和 8 字节、64 点 DO。0i-I/O 单元的 DI/DO 地址可从 X0000、Y0000 开始分配。FANUC 数控系统 PMC 的 DI/DO 地址允许间断，为了设定简单，FANUC 主面板的 DI/DO 地址可直接从 X0020、Y0010 开始分配。PMC 的 I/O-Link 网络配置参数可设定如下。

输入 X0～X16：16 字节、128 点 0i-I/O 单元输入；配置参数“0.0.1.OC02I”，组号 0、基座号 0、槽号 1，名称“OC02I”。

输出 Y0～Y7：8 字节、64 点 0i-I/O 单元输出；配置参数“0.0.1./8”，组号 0、基座号 0、槽号 1，名称“/8”。

输入 X20～X35：16 字节、128 点 FANUC 主面板输入；配置参数“1.0.1.OC02I”，组号 1、基座号 0、槽号 1，名称“OC02I”。

输出 Y8～Y15：8 字节、64 点 FANUC 主面板输出；配置参数“1.0.1./8”，组号 1、基座号 0、槽号 1，名称“/8”。

网络配置参数设定时，输入字节 X0000、X0020 上分别输入“0.0.1.OC02I”“1.0.1.OC02I”；在输出字节 Y0000、Y0020 上分别输入“0.0.1./8”“1.0.1./8”；输入字节 X0001～X0015 将被自动设定为“0.0.1.OC02I”，X0021～X0035 将被自动设定为“1.0.1.OC02I”，输出字节 Y0001～Y0007 被自动设定为“0.0.1./8”，Y0011～Y0017 将被自动设定为“1.0.1./8”。4 字节输入地址 X16～X19、2 字节输出地址 Y8、Y9 成为系统预留 DI/DO 点。

【例 3】 假设数控系统需要使用分布式 I/O 单元 A、FANUC 主面板和 βi I/O-Link 伺服驱动器 3 个 I/O-Link 从站；其中，分布式 I/O 单元 A 为 10 槽基本机架，依次安装有 4 个 32 点 DI 模块和 2 个 32 点 DO 模块、1 个 16 点 DO 模块，试确定从站安装位置，并设定 I/O-Link 网络配置参数。

在一般情况下，分布式 I/O 单元 A、βi I/O-Link 伺服驱动器安装在电气控制柜内，FANUC 主面板安装在操纵台上，为了保证高速输入信号输入字节 X4、X8、X9 的连接端在 I/O 单元 A 上，应将 I/O 单元 A 作为第 1 从站与 CNC 连接；然后，将同在电气柜内的 βi I/O-Link 伺服驱动器作为第 2 从站与 I/O 单元 A 连接；FANUC 主面板作为最后一个从站，与 βi I/O-Link 伺服驱动器连接。

按以上次序连接的各 I/O-Link 从站的网络配置参数可设定如下。

输入 X0～X3：分布式 I/O 单元 A 的第 1 个 32 点 DI 模块，组号 0、基座号 0、槽号 1，名称“/4”，网络配置参数“0.0.1./4”。

输入 X4～X7：分布式 I/O 单元 A 第 2 个 32 点 DI 模块，组号 0、基座号 0、槽号 2，名称“/4”，网络配置参数“0.0.2./4”。

输入 X8～X11：I/O 单元 A 第 3 个 32 点 DI 模块，组号 0、基座号 0、槽号 3，名称“/4”，网络配置参数“0.0.3./4”。

输入 X12～X15：I/O 单元 A 第 4 个 32 点 DI 模块，组号 0、基座号 0、槽号 4，名称“/4”，网络配置参数“0.0.4./4”。

输入 X20～X35：βi I/O-Link 伺服驱动器 128 点 DI，组号 1、基座号 0、槽号 1，名称“OC02I”，网络配置参数“1.0.1.OC02I”。

输入 X40～X55：FANUC 主面板 128 点 DI，组号 2、基座号 0、槽号 1，名称“OC02I”，网络配置参数“2.0.1.OC02I”。

输出 Y0～Y3：分布式 I/O 单元 A 第 1 个 32 点 DO 模块，组号 0、基座号 0、槽号 5，名称“/4”，网络配置参数“0.0.5./4”。

输出 Y4～Y7：分布式 I/O 单元 A 第 2 个 32 点 DO 模块，组号 0、基座号 0、槽号 6，名称“/4”，网络配置参数“0.0.6./4”。

输出 Y8～Y9：分布式 I/O 单元 A 第 3 个 16 点 DO 模块，组号 0、基座号 0、槽号 7，名称“/4”，网络配置参数“0.0.7./2”。

输出 Y10～Y25：βi I/O-Link 伺服驱动器 128 点 DO，组号 1、基座号 0、槽号 1，名称“OC02O”，网络配置参数“1.0.1.OC02O”。

输出 Y30～Y37：FANUC 主面板 64 点 DO，组号 2、基座号 0、槽号 1，名称“/8”，网络配置参数“2.0.1./8”。

网络配置参数设定时，同样只需要在不同网络配置参数的输入起始字节 X0000、X0004、X0008、X0012、X0020、X0040 上，分别输入“0.0.1./4”“0.0.2./4”“0.0.3./4”“0.0.4./4”“1.0.1.OC02I”“2.0.1.OC02I”；在输入起始字节 Y0000、Y0004、Y0008、Y0010、Y0030 上，分别输入“0.0.5./4”“0.0.6./4”“0.0.7./2”“1.0.1.OC02O”“2.0.1./8”；其他 DI/DO 的网络配置参数将被自动设定；中间空余的输入、输出地址将成为系统预留 DI/DO 点。

9.3 PMC 文本文件编辑

9.3.1 程序标题与符号表编辑

PMC 文件编辑可通过 PMC 操作软功能键〖PMC 配置〗选择，该功能不仅可用于前述的 I/O-Link 网络配置，而且还可用于 PMC 程序标题栏编辑、符号表、操作者信息文本编辑等，使用方法如下。

(1) 程序标题编辑

PMC 程序标题可进行 PMC 程序基本信息的设定，如果需要，可通过以下操作设定 PMC 程序的基本信息。

① 在 PMC 操作软功能键显示页上，按软功能键〖PMC 配置〗，显示 PMC 配置页面，并完成 PMC 编辑器功能参数和相关系统保持型继电器的设定，生效 PMC 编辑功能。

② 按软功能键〖标头〗，LCD 显示图 9.3.1 所示的 PMC 程序标题显示页面。

③ 按软功能键〖(操作)〗，LCD 可显示操作软功能键〖EDIT（编辑)〗、〖MESSAGE TITLE（信息)〗。

④ 按软功能键〖EDIT（编辑)〗，LCD 可显示图 9.3.2 所示的标题编辑页面。

⑤ 利用光标移动键【↑】/【↓】选定输入栏，通过 MDI 面板键及软功能键，完成 PMC 程序标题各栏信息的输入与编辑。

标题编辑页面的操作软功能键作用如下。

〖INPUT MODE（输入)〗：输入模式切换。按此软功能键可循环显示软功能键〖INPUT MODE（输入)〗、〖INSERT（插入)〗、〖ALTER（修改)〗，进行标题信息输入、插入、修改操作。

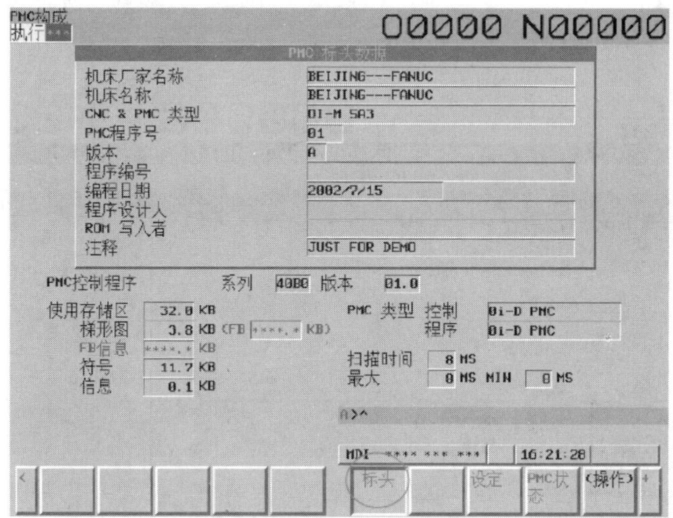

图 9.3.1　标题显示页面

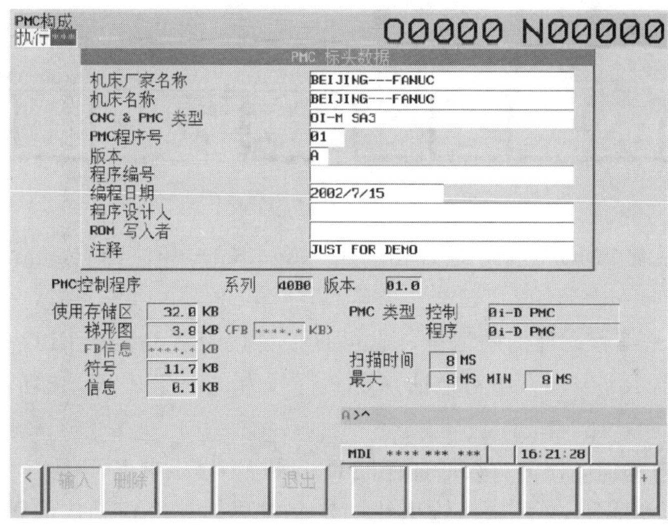

图 9.3.2　标题编辑页面

〖DELETE（删除）〗：按此软功能键可删除所选栏的字符。

〖EXIT EDIT（退出）〗：退出标题信息编辑操作、返回显示页面。

(2) 符号与注释显示

PMC 程序中的编程元件可使用绝对地址（memory address）和符号地址（symbol address）两种编程方式，两种地址可在 PMC 程序中混用。

绝对地址是 PMC 内部分配的 DI/DO 缓冲存储器、数据寄存器、内部继电器等的存储器区域，二进制逻辑状态的地址格式为“字母＋字节.位”，如 X0001.5、R0200.0、Y0003.2、D0100.5 等。

符号地址是一种利用文字符号（助记符）来代替绝对地址的表示方式，符号地址只是为了方便程序阅读检查、减少输入与编辑出错而增加的辅助表示方法，对 PMC 程序的动作不产生任何影响，也不能改变绝对地址。

符号地址可通过后述 PMC 梯形图显示的设定操作显示或隐藏，符号地址、注释显示有效时，PMC 梯形图的显示如图 9.3.3 所示。

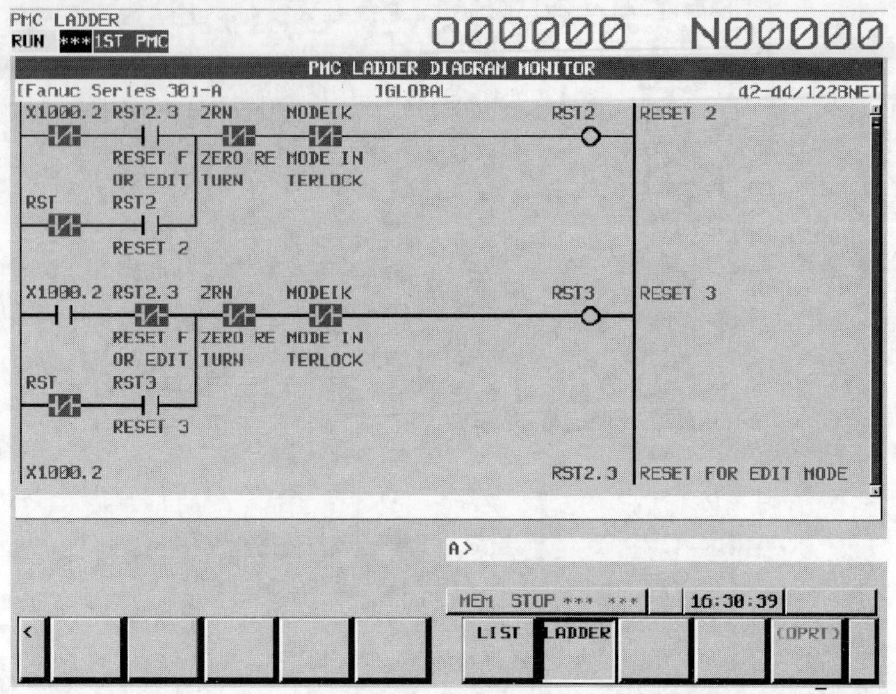

图 9.3.3　符号与注释显示

FANUC 数控系统 PMC 的符号地址由符号（symbol）和注释（comment）两部分组成，使用方法如下。

① 符号。符号是编程元件的助记符，它可直接替代绝对地址在 PLC 梯形图程序上显示。例如，当内部继电器 R0501.5（绝对地址）定义符号为“RST 2.3”，梯形图中的 R0501.5 将被 RST 2.3 替代。

机床输出 Y、内部继电器 R、数据寄存器 D、保持型继电器 K 等具有输出功能的编程元件的线圈与触点只能使用同一符号，当输出线圈定义符号时，编程元件的触点将显示同样的符号。例如，内部继电器 R0501.3 的线圈定义符号为“RST 2”，程序中的 R0501.3 触点也将显示符号“RST 2”。

② 注释。注释是对编程元件的简要说明，注释的字符数可比“符号”更多。注释同样可在梯形图上显示，触点的注释被显示在触点下方；线圈的注释被显示在输出线圈的右侧。同样，具有输出功能的编程元件的线圈与触点同样只能使用同一注释，当输出线圈定义注释时，编程元件的触点将显示同样的注释。例如，内部继电器 R0501.5 定义注释为“RESET FOR EDIT MODE”，R0501.5 的触点下方将自动添加注释“RESET FOR EDIT MODE”。

(3) 符号表显示与编辑

PMC 程序中需要使用的符号地址、注释可通过符号表进行集中显示和编辑，符号表的显示操作步骤如下。

① 在 PMC 操作软功能键显示页上，按软功能键〖PMC 配置〗，显示 PMC 配置页面，并完成 PMC 编辑器功能参数和相关系统保持型继电器的设定，生效 PMC 编辑功能。

② 按软功能键扩展键，并选择扩展软功能键〖SYMBOL〗，LCD 显示图 9.3.4 所示的符号

表显示页面；多页符号表可通过 MDI 面板的选页键切换；符号表的下方可显示系统自动生成的符号、注释所占的存储器容量。

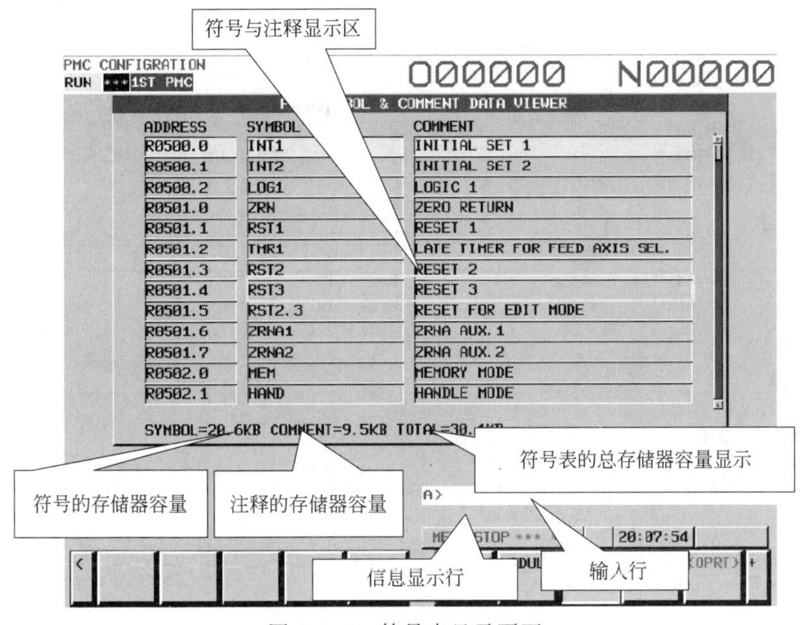

图 9.3.4　符号表显示页面

符号表显示页面各栏的显示内容如下。

ADDRESS：绝对地址显示，该栏可显示 PMC 存储器的绝对地址。

SYMBOL：符号显示，该栏可显示 PMC 存储器绝对地址所定义的符号，符号的长度一般应小于 16 字符。

COMMENT：注释，该栏可显示 PMC 存储器绝对地址所定义的注释，符号的长度一般应小于 30 字符。

③ 按符号表显示页的软功能键〖（OPRT）（操作）〗，LCD 可显示操作软功能键〖EDIT（编辑）〗和〖SEARCH（搜索）〗。

④ 用 MDI 面板的选页键、光标选定需要编辑的地址行，或者，用 MDI 面板输入编程元件绝对地址、符号或注释后，按软功能键〖SEARCH（搜索）〗，可将光标直接定位到需要编辑的编程元件符号地址显示行。

⑤ 按软功能键〖EDIT（编辑）〗，使得 LCD 显示图 9.3.5 所示的符号表编辑页面。

⑥ 利用光标移动键【↑】/【↓】选定需要编辑的栏后，利用以下软功能键，选择所需要的编辑操作。

〖ZOOM〗：行编辑，显示符号表行的编辑页面，对所选编程元件的符号地址进行重新编辑（见下述）。

〖NEW ENTRY〗：添加新行，显示符号地址输入行，添加新的编程元件符号地址表（见下述）。

〖DELETE〗：删除，删除光标选定编程元件的符号地址。

〖DELETE ALL〗：全部删除，删除所有编程元件的符号地址。

〖SEARCH〗：检索，搜索符号表中的编程元件、符号或注释。

〖EXIT EDIT〗：保存编辑内容，退出符号表编辑操作，返回符号表显示页面。

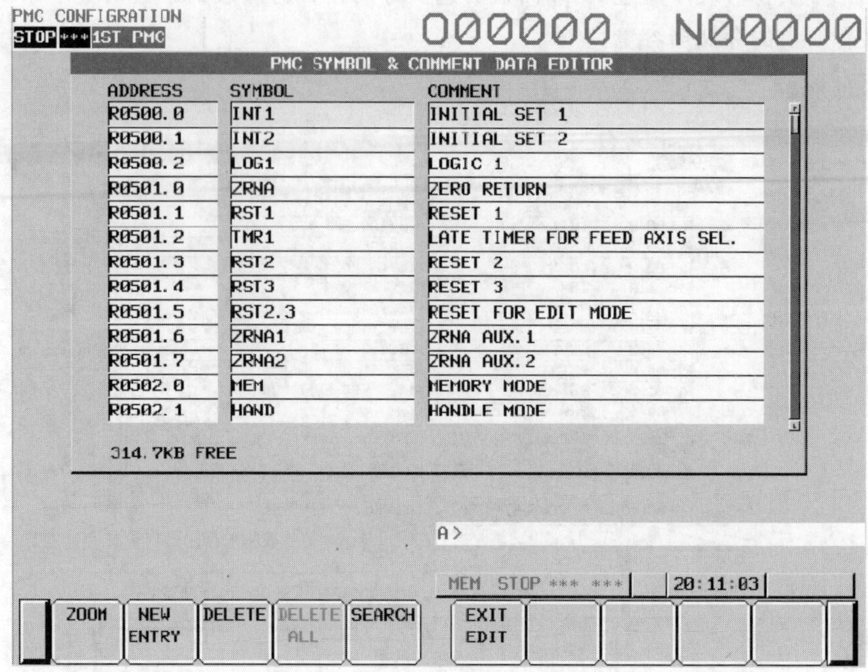

图 9.3.5　符号表编辑页面

⑦ 选定编辑操作软功能键，通过 MDI 面板进行符号表的编辑、添加、删除等操作。

⑧ 全部编辑完成后，按软功能键〖EXIT EDIT〗，保存编辑内容，退出符号表编辑操作，LCD 返回图 9.3.4 所示的符号表显示页面。

(4) 符号表行添加与编辑

① 行添加。符号表创建或现有符号表需要添加新的编程元件时，按图 9.3.5 所示符号表编辑页面的软功能键〖NEW ENTRY〗，LCD 可显示图 9.3.6 所示的符号表输入行及以下软功能键。

〖INPUT MODE(输入)〗：输入模式切换。按此软功能键可循环显示软功能键〖INPUT MODE(输入)〗、〖INSERT（插入)〗、〖ALTER(修改)〗，进行标题信息输入、插入、修改操作。

〖ADD LINE〗：添加行，添加新的编程元件符号表输入行。

〖DELETE〗：删除，删除光标所选定的内容。

〖CANCEL EDIT〗：撤销编辑，撤销当前的编辑操作。

〖EXIT EDIT〗：退出编辑，生效编辑操作，退出行编辑操作，返回图 9.3.5 所示的符号表编辑页面。

② 行编辑。需要对现有编程元件的符号地址进行重新编辑时，按图 9.3.5 所示符号表编辑页面的软功能键〖ZOOM〗，LCD 可显示图 9.3.7 所示的符号表行编辑页面。

在行编辑页面上，光标所选的编程元件符号表内容将被复制到符号表输入行，操作者可通过 MDI 面板及操作软功能键，对现有的编程元件符号表进行修改操作。

行编辑页面软功能键〖INPUT MODE(输入)〗、〖ADD LINE〗、〖DELETE〗、〖CANCEL EDIT〗、〖EXIT EDIT〗的作用与行输入页相同；软功能键〖ALTER〗用于修改操作，按此键，输入缓冲区的内容将替换光标指定位置的内容。

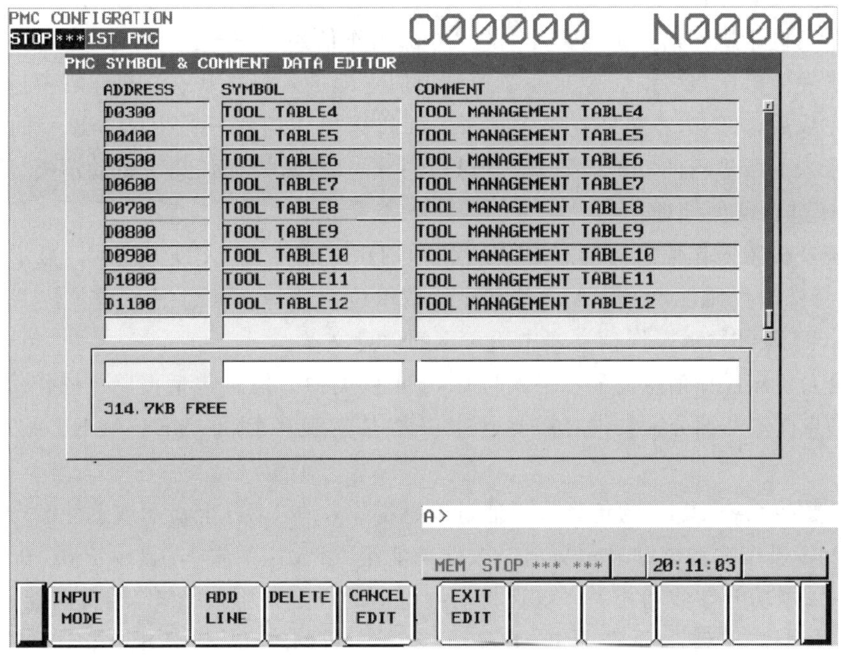

图 9.3.6　符号表行添加页面

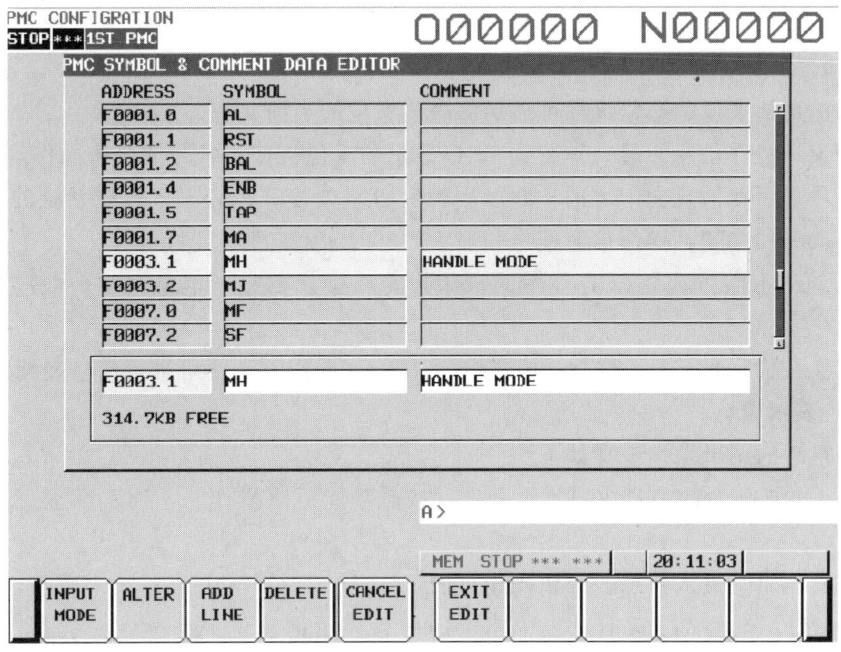

图 9.3.7　符号表行编辑页面

9.3.2　操作信息表编辑

(1) 操作信息表

在正规设计的数控机床上，为了便于用户维修，PMC 程序通常需要根据机床的实际控制需要，在数控系统生产厂家所定义的 CNC 报警的基础上，添加机床特定的报警（称为机床报警）或信息提示文本（称为机床操作信息）。

机床报警及机床操作信息通常 CNC 的“外部操作信息”，但是，两者的重要度有所不同。通常而言，当发生机床报警时，数控系统原则上应立即进入停止状态，机床需要进行故障维修处理，维修完成后，CNC 才能恢复正常运行；而机床操作信息只是以文本显示的方式，使操作者了解机床当前所进行的动作，动作一旦执行完成，机床操作信息可自动消失，操作者无需对 CNC、机床进行任何处理。

机床报警及机床操作信息可通过 PMC 程序的 DISP 指令在 LCD 上显示，显示内容可通过 PMC 程序的特殊编程元件 A *** .* （信息显示请求位）选择；信息显示请求位 A *** .* 一旦输出“1”，LCD 即可显示操作信息表中所对应的信息文本。

机床报警及机床操作信息的显示格式与 CNC 报警类似，信息包括报警（操作信息）号、报警（操作）信息文本两部分，其内容需要通过 PMC 信息表（ PMC MESSAGE DATA LIST）编辑操作创建。

FANUC 数控系统 PMC 的信息表可通过以下操作，在 LCD 上显示或创建。

① 在 PMC 操作软功能键显示页上，按软功能键〖PMC 配置〗，显示 PMC 配置页面，并完成 PMC 编辑器功能参数和相关系统保持型继电器的设定，生效 PMC 编辑功能。

② 按软功能扩展键，并选择扩展软功能键〖SYMBOL〗〖MESSAGE〗，LCD 可显示图 9. 3. 8 所示的信息表显示页面，多页信息表可通过 MDI 面板的选页键切换。

信息表显示页面各栏的显示内容如下。

ADDRESS：信息请求位地址，该栏为 LCD 显示指定信息时，PMC 程序需要生效的信息请求位绝对地址 A *** .* 。

MON：信息请求位状态，该栏可显示信息请求位的当前状态。

NO：报警（操作信息）号，该栏为 LCD 显示的 4 位机床报警号或机床操作信息号，报警（操作信息）号显示在信息文本之前，并可用来区分重要度。FANUC 数控系统的机床报警编号一般为“1000～1999”，操作信息编号一般为“2000～2999”。

MESSAGE：信息文本，LCD 显示的机床报警或操作信息，信息文本一般应在 255 个字符以内。

③ 在信息表显示页面上，按软功能键〖(OPRT)（操作)〗，便可进行信息表编辑操作。

(2) 信息表编辑

PMC 信息表的编辑操作步骤如下。

① 在图 9. 3. 8 所示的信息表显示页面上，按软功能键〖(操作)〗，LCD 可显示如下操作软功能键。

〖EDIT〗：编辑，进入信息表编辑操作页面。

〖SEARCH〗：检索，搜索信息表中指定的信息显示请求位 A *** .* 、报警（操作信息）号或信息文本。

〖DOUBLE CHAR〗：双字节字符编辑，选择双字节特殊字符的编辑操作。

② 用 MDI 面板的选页键、光标选定需要编辑的信息行，或者用 MDI 面板输入信息显示请求位 A *** .* 、报警（操作信息）号或信息文本后，按软功能键〖SEARCH（搜索)〗，可将光标直接定位到需要编辑的信息行。

③ 按软功能键〖EDIT〗，LCD 可显示图 9. 3. 9 所示的信息表编辑页面及以下软功能键。

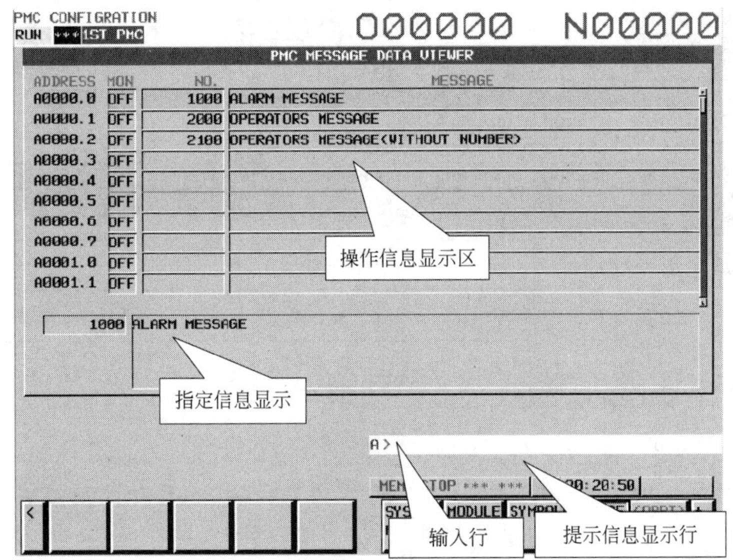

图 9.3.8　信息表显示页面

〖ZOOM〗：行编辑，LCD 显示信息表的行编辑页面，可对所选信息行进行编辑操作（见后述）。

〖EXIT EDIT〗：退出编辑，生效信息表编辑操作，退出编辑并返回信息表编辑页面。

〖SELECT〗：选择，选择需要进行删除、剪切、复制操作的内容。

〖DELETE〗：删除，删除所选择区域的内容。

〖CUT〗：剪切，将所选择的内容剪切到粘贴板中。

〖COPY〗：复制，将所选择的内容复制到粘贴板中。

〖PASTE〗：粘贴，将粘贴板中的内容粘贴到光标指定的位置。

〖DELETE ALL〗：删除全部数据。

④ 选定编辑操作软功能键，通过 MDI 面板进行信息表的编辑、删除、复制等操作。

⑤ 全部编辑完成后，按软功能键〖EXIT EDIT〗，保存编辑内容，退出信息表编辑操作，LCD 返回图 9.3.8 所示的信息表显示页面。

(3) 信息表行编辑

创建信息表或进行信息表编辑操作时，应选择图 9.3.9 所示编辑页面的软功能键〖ZOOM〗，使 LCD 显示图 9.3.10 所示的信息表行编辑页面及如下编辑软功能键。

〖INPUT MODE(输入)〗：输入模式切换。按此软功能键可循环显示软功能键〖INPUT MODE(输入)〗、〖INSERT(插入)〗、〖ALTER(修改)〗，进行标题信息输入、插入、修改操作。

〖<=>〗：光标切换键，按此键可将光标从报警（操作信息）编号栏“NO.”，切换到信息文本栏“MESSAGE”，或反之。

〖@〗：字符@，用于字符“@”的输入。

〖DOUBLE CHAR〗：双字节字符，选择双字节特殊字符。

〖EXIT〗：退出，退出行编辑操作，返回信息表编辑页面。

〖SELECT〗：选择，选择需要进行删除、剪切、复制操作的内容。

〖DELETE〗：删除，删除所选择的内容。

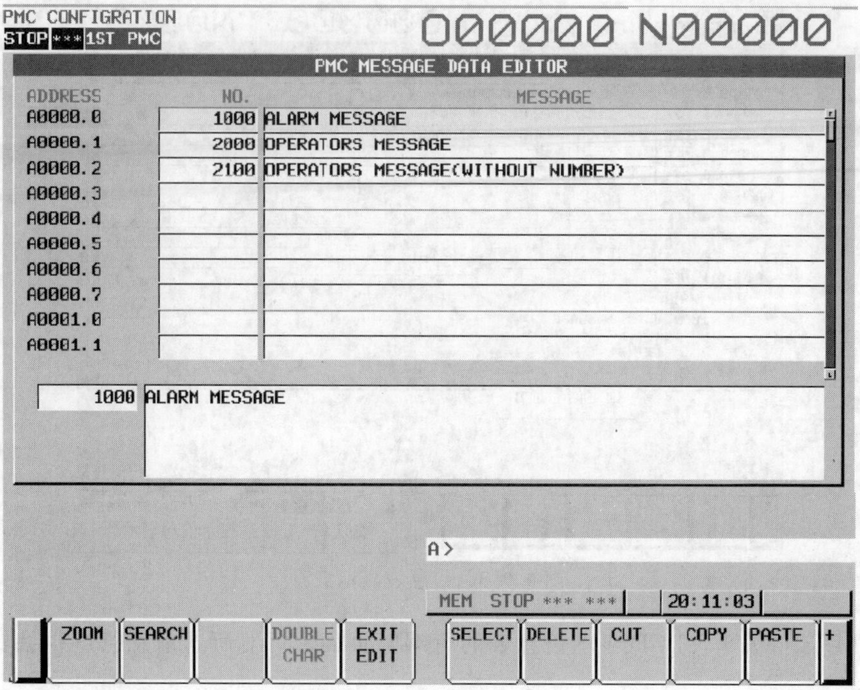

PMC CONFIGRATION
STOP *** 1ST PMC　　O00000 N00000

PMC MESSAGE DATA EDITOR

ADDRESS	NO.	MESSAGE
A0000.0	1000	ALARM MESSAGE
A0000.1	2000	OPERATORS MESSAGE
A0000.2	2100	OPERATORS MESSAGE(WITHOUT NUMBER)
A0000.3		
A0000.4		
A0000.5		
A0000.6		
A0000.7		
A0001.0		
A0001.1		

1000 ALARM MESSAGE

A>

MEM STOP *** *** 20:11:03

ZOOM | SEARCH | | DOUBLE CHAR | EXIT EDIT | SELECT | DELETE | CUT | COPY | PASTE | +

图 9.3.9　信息表编辑页面

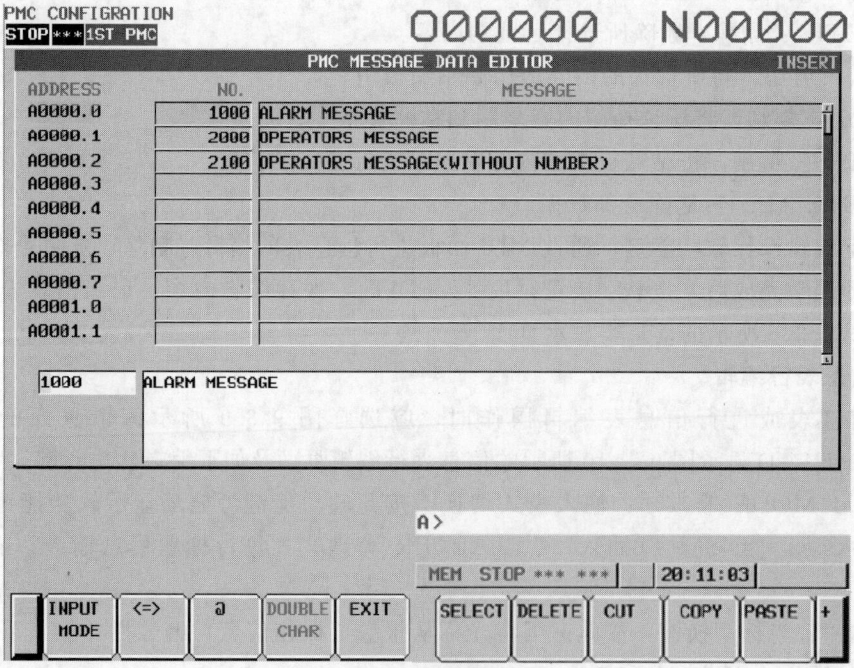

PMC CONFIGRATION
STOP *** 1ST PMC　　O00000 N00000

PMC MESSAGE DATA EDITOR　INSERT

ADDRESS	NO.	MESSAGE
A0000.0	1000	ALARM MESSAGE
A0000.1	2000	OPERATORS MESSAGE
A0000.2	2100	OPERATORS MESSAGE(WITHOUT NUMBER)
A0000.3		
A0000.4		
A0000.5		
A0000.6		
A0000.7		
A0001.0		
A0001.1		

1000 ALARM MESSAGE

A>

MEM STOP *** *** 20:11:03

INPUT MODE | <=> | @ | DOUBLE CHAR | EXIT | SELECT | DELETE | CUT | COPY | PASTE | +

图 9.3.10　信息表行编辑页面

〖CUT〗：剪切，将所选择的内容剪切到粘贴板中。

〖COPY〗：复制，将所选择的内容复制到粘贴板中。

〖PASTE〗：粘贴，将粘贴板中的内容粘贴到光标指定的位置。

〖CANCEL EDIT〗：撤销编辑操作。

信息行编辑完成后，按软功能键〖EXIT〗，保存编辑内容、退出信息表行编辑操作，LCD 返回图 9.3.8 所示的信息表显示页面。

9.4　PMC 梯形图程序编辑

9.4.1　PMC 程序编辑

(1) 梯形图程序编辑

当前的 FANUC 数控系统均集成有 PMC 编辑器功能，PMC 的梯形图监控、编辑等操作，可直接通过 CNC 的 LCD/MDI 操作面板进行。

PMC 程序梯形图的输入与编辑，需要在 CNC 的 PMC 梯形图显示与编辑页面进行，在 PMC 操作软功能键显示页，按软功能键〖PMC 梯图（PMCLAD)〗，显示 PMC 梯形图后，选择软功能键〖梯形图（LADDER)〗，LCD 便可显示图 9.4.1(a) 所示的 PMC 梯形图程序；在此基础上，再选择软功能键〖（操作)〗，LCD 可进一步显示图 9.4.1(b) 所示的操作软功能键，以进行所需的操作。

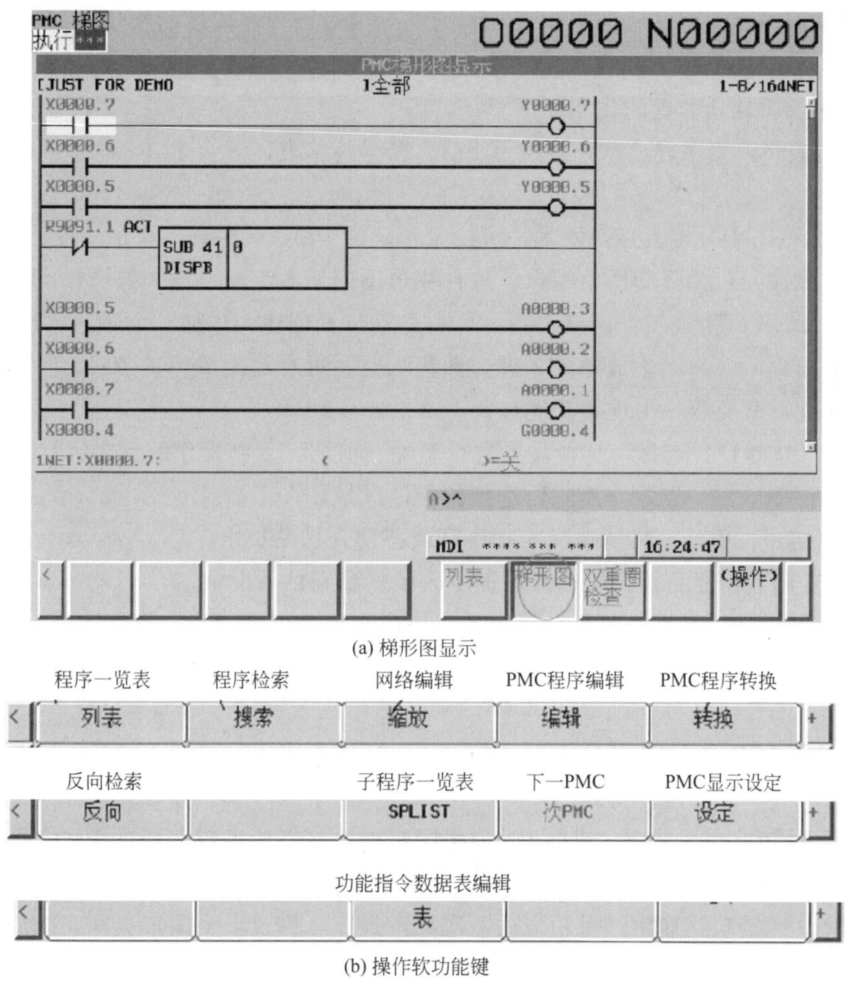

(a) 梯形图显示

(b) 操作软功能键

图 9.4.1　PMC 梯形图显示

在 PMC 梯形图程序中，梯形图程序的组成元素通常可分为如下几种。

编程元件：梯形图中的触点、连线、线圈、功能指令框等。

行：位于梯形图水平方向同一直线上的编程元件称为“行”。

网络（network，简称 NET）：梯形图中的输出线圈及所有控制这一输出线圈的触点、连线所组成的 PMC 程序段称为网络。网络是构成梯形图的基本单位，在梯形图程序中，未构成网络的编程元件及行都不能实现逻辑操作。

FANUC 数控系统的梯形图编辑可分 PMC 程序编辑、梯形图网络编辑两部分。PMC 程序编辑主要用于梯形图显示设定、网络删除/剪切/复制/粘贴、地址修改、地址索引表显示等操作。梯形图网络编辑主要用于梯形图的网络创建与编辑，可进行编程元件插入、修改、删除等梯形图基本编辑操作。

(2) PMC 程序编辑

PMC 程序编辑具有梯形图显示设定、网络删除/剪切/复制/粘贴、地址修改、地址索引表显示等功能。

PMC 程序编辑操作可在图 9.4.1(a) 所示的梯形图显示页上，按软功能键〖(操作)(OPRT)〗、选择 PMC 编辑操作后，利用图 9.4.1(b) 所示的操作软功能键〖编辑 (EDIT)〗选择。

PMC 程序编辑页面的显示如图 9.4.2(a) 所示，PMC 程序编辑的软功能键如图 9.4.2(b) 所示，部分软功能键需要通过软功能扩展键〖+〗显示。

PMC 程序编辑软功能键的作用如下。

〖LIST(列表)〗：程序表显示，可显示 PMC 程序一览表，进行 PMC 程序创建、删除等编辑操作。

〖SEARCH MENU(搜索)〗：检索，可检索指定的 PMC 程序行、指定编程元件。

〖ZOOM(缩放)〗：梯形图网络编辑，进行梯形图网络的编辑、插入等操作（详见后述）。

〖CREATE NET(生成)〗：网络创建，可在光标位置创建、添加一个新的梯形图网络。

〖AUTO(自动)〗：自动生成地址，梯形图输入时，可自动生成当前 PMC 程序中尚未使用的编程元件地址，避免程序出现重复地址。

〖SELECT(选择)〗：选择，选择需要进行删除、剪切、复制操作的程序区域。

〖DELETE(删除)〗：删除，删除所选择的程序区域。

〖CUT(剪切)〗：剪切，将所选择的程序区域剪切到粘贴板中。

〖COPY(复制)〗：复制，将所选择的程序区域复制到粘贴板中。

〖PASTE(粘贴)〗：粘贴，将粘贴板中的程序内容粘贴到光标指定的位置。

〖CHANGE ADRS(改变地址)〗：地址修改，可进行编程元件地址的修改或全部地址的一次性修改操作。

〖ADDRES MAP(地址图)〗：交叉表显示，可显示各编程元件在 PMC 程序中的位置索引表（交叉表）。

〖UPDATE(转换)〗：转换，进行 PMC 程序检查，并将所编辑完成的 PMC 程序转换为实际可执行的 PMC 程序。

〖RESTRE(撤销)〗：撤销，撤销最近一次编辑操作，恢复上一编辑页面，或放弃所进行的 PMC 程序转换。

〖SCREEN SETING(显示设定)〗：程序显示设定，可进行与 PMC 程序显示有关的设定

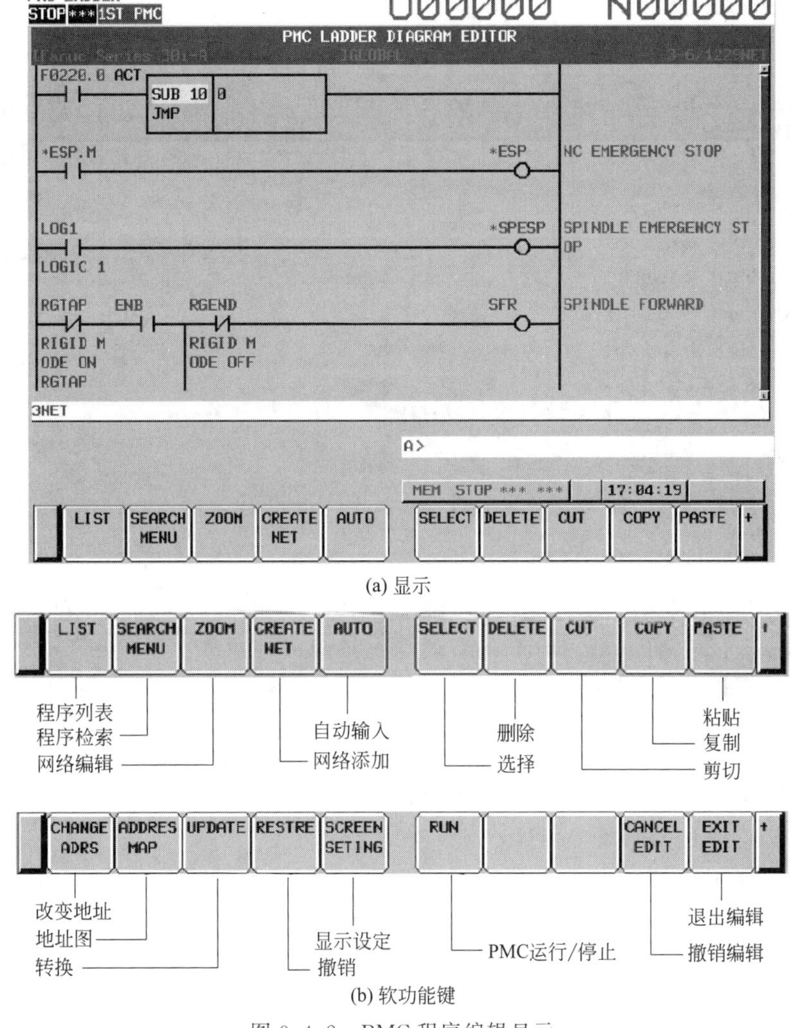

(a) 显示

(b) 软功能键

图 9.4.2　PMC 程序编辑显示

（详见下述）。

〖RUN〗/〖STOP〗：启动/停止，利用手动操作，启动或停止 PMC 程序运行。

〖CANCEL EDIT（撤销编辑）〗：编辑撤销，放弃 PMC 程序编辑操作，恢复原 PMC 程序或退出程序转换。

〖EXIT EDIT（退出）〗：退出编辑，生效已完成的 PMC 程序编辑操作，退出 PMC 程序编辑页面。

9.4.2　显示设定与程序管理

（1） PMC 程序显示设定

FANUC 数控系统的 PMC 程序显示设定操作可改变 PMC 梯形图程序的显示格式，显示设定操作可通过图 9.4.3 中的操作软功能键〖SCREEN SETING（显示设定）〗选择，为了便于 PMC 程序的编辑，显示设定原则上应在程序创建、梯形图网络编辑前完成。

PMC 程序显示设定页面共有 3 页，各页面的设定内容如下。

① 第 1 页。PMC 程序显示设定的第 1 页用于 PMC 程序基本显示设定，页面显示如

图 9.4.3 所示，各设定项的作用如下。

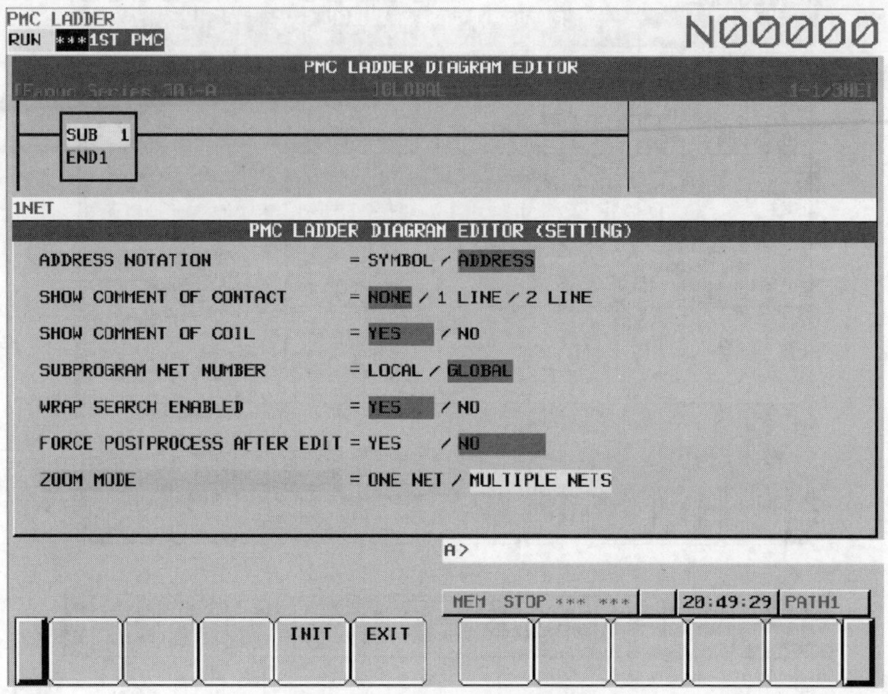

图 9.4.3 基本显示设定

ADDRESS NOTATION：编程元件地址显示格式。选择“SYMBOL”为符号地址显示；选择“ADDRESS”为绝对地址显示。

SHOW COMMENT OF CONTACT：触点注释显示设定。触点注释显示如图 9.4.4(a) 所示，选择“NONE”，不显示触点注释；选择“1 LINE”，触点可显示 1 行注释；选择“2 LINE”，可显示 2 行注释。

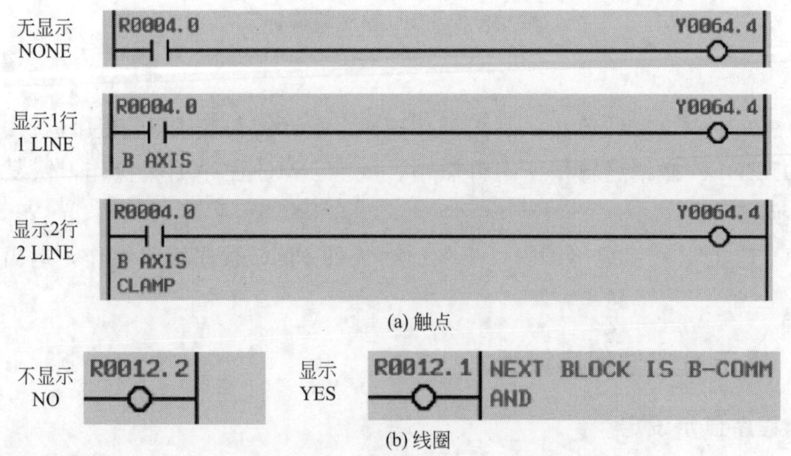

图 9.4.4 编程元件注释显示设定

SHOW COMMENT OF COIL：线圈注释显示设定。线圈注释显示的形式如图 9.4.4(b) 所示，选择“NO”，显示线圈注释；选择“YES”，可显示 2 行线圈注释。

SUBPROGRAM NET NUMBER：子程序的梯形图网络起始行号设定。选择“LOCAL

(局域)”时,子程序的梯形图网络起始行号总是为“1”;选择“GLOBAL(全局)”时,子程序的梯形图网络起始行号由 PMC 程序行号依次编排。

WRAP SEARCH ENABLED:循环检索设定。选择“NO”为单向检索,系统以指定的方向检索 PMC 程序,到达 PMC 程序结束(向下检索)或程序起始(向上检索)位置后,停止检索;选择“YES”为循环检索,PMC 程序搜索在到达程序结束或开始位置后,可从程序开始位置或结束位置继续进行检索。

FORCE POSTPROCESS AFTER EDIT:强制后处理设定。选择“NO”,PMC 程序的后处理(程序检查)只能通过 PMC 程序转换〖UPDATE(转换)〗操作进行,利用〖EXIT EDIT(退出)〗退出梯形图编辑操作时,系统不能进行后处理;选择“YES”,系统在退出程序编辑操作时,将自动执行程序后处理操作,进行 PMC 程序检查与转换。

ZOOM MODE:梯形图网络编辑设定。选择“ONE NET”,通过〖ZOOM(缩放)〗进入梯形图网络编辑操作时,每次只能进行 1 个梯形图网络的编辑、插入等操作;选择“MULTIPLE NETS”,通过〖ZOOM(缩放)〗进入梯形图网络编辑操作后,可进行多个梯形图网络的编辑、插入等操作。

② 第 2 页。PMC 程序显示设定的第 2 页用于 PMC 程序一览表显示设定,页面显示如图 9.4.5 所示,各设定项的作用如下。

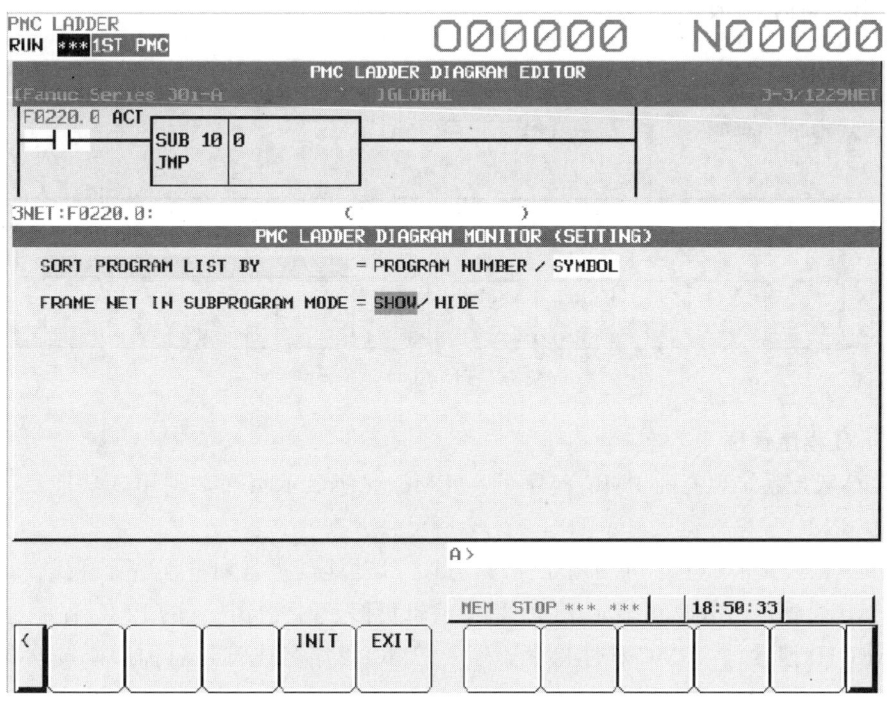

图 9.4.5　程序一览表显示设定

SORT PROGRAM LIST BY:程序一览表的排序方式设定。选择“PROGRAM NUMBER”时,PMC 程序按照程序号,由小至大依次排序;选择“SYMBOL”时,PMC 程序按程序名称(符号)的英文字母、数字次序,依次排序。

FRAME NET IN SUBPROGRAM MODE:子程序的梯形图网络结构显示设定,选择“SHOW”时,LCD 可显示子程序的梯形图网络结构;选择“HIDE”时,LCD 将隐藏子程序的梯形图网络结构。

③ 第 3 页。PMC 程序显示设定的第 3 页用于彩色 LCD 的颜色设定，页面显示如图 9.4.6 所示，各设定项的作用如下。

BOLD DIAGRAM：大图显示。选择“YES”，梯形图网络中的所有编程元件全部成为加大、加粗显示；选择“NO”，梯形图网络中的所有编程元件全部为最小、细线显示。

ADDRESS/DIAGRAM/SELECTED NET/PROTECTED NET/COMMENT COLOR：分别用于编程元件地址、图形、当前选定网络、受保护网络（如 END1、END3 指令）、编程元件注释的颜色设定；设定栏“FORE GROUND”用来设置前景色；设定栏“BACK GROUND”用于背景色设置，颜色以色号 0～15 的方式输入。

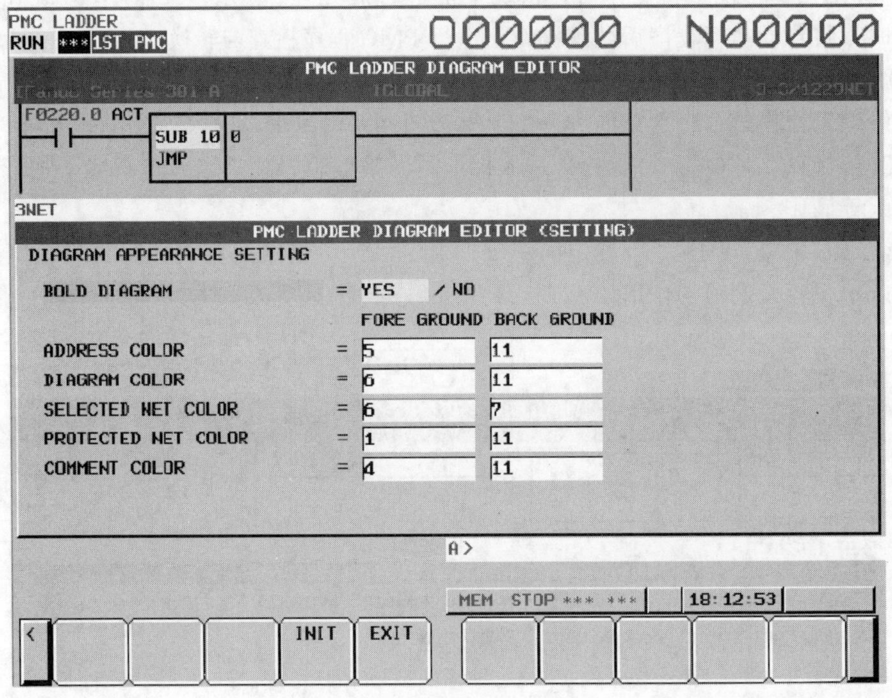

图 9.4.6　彩色 LCD 颜色设定

(2) PMC 程序管理

FANUC 数控系统现有的 PMC 程序可在 PMC 程序显示页面，利用软功能键〖LIST(列表)〗打开，PMC 程序一览表显示如图 9.4.7 所示。

在程序一览表显示页上，可利用光标移动键、软功能键进行如下程序管理操作。

〖ZOOM(缩放)〗：LCD 可显示 PMC 程序编辑页面，对光标选定的 PMC 程序进行编辑。

〖SEARCH(搜索)〗：PMC 程序检索。输入 PMC 程序名或符号名称后，按软功能键可将光标定位到指定的 PMC 程序上。

〖SETING(设定)〗：PMC 程序设定。

〖NEW〗：PMC 程序创建。输入 PMC 程序一览表中未使用的程序名或符号名称后，按软功能键可创建一个新的 PMC 程序。

〖DELETE〗：删除 PMC 程序。删除光标选择的程序，或者在输入程序名或符号名称后，通过该软功能键可将指定的 PMC 程序删除。但是，程序一览表中的 GLOBAL、LEVEL1、LEVEL2 等程序，只能通过软功能键〖DELETE〗删除内容、不能删除名称。

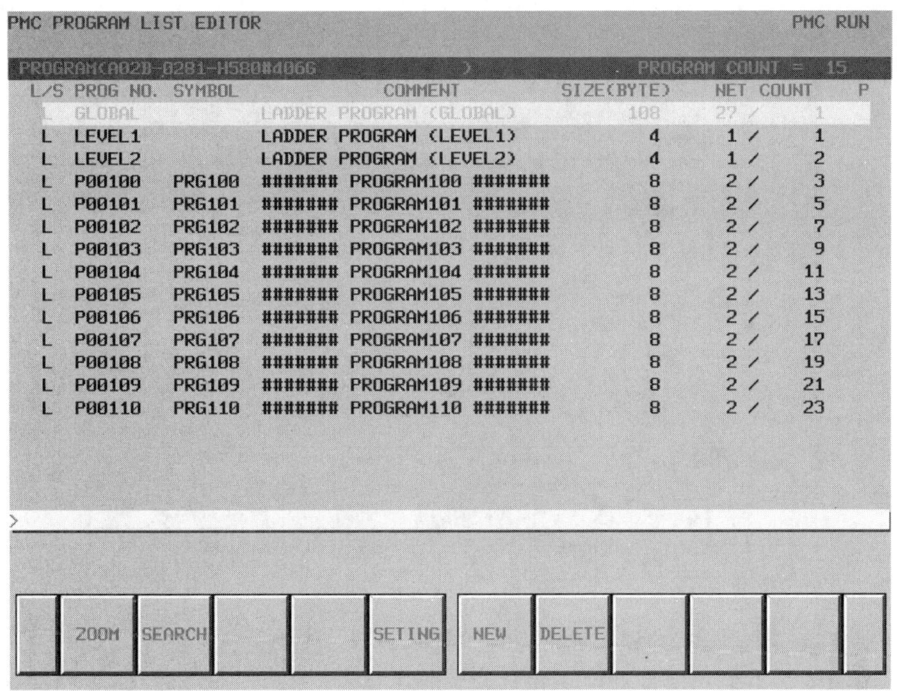

图 9.4.7　PMC 程序一览表显示

9.4.3　梯形图网络编辑

(1) 梯形图网络编辑

FANUC 数控系统的 PMC 梯形图网络编辑操作，可通过图 9.4.2 所示 PMC 程序编辑页面的操作软功能键〖ZOOM（缩放）〗或〖CREATE NET（生成）〗选择。

网络编辑功能选定后，LCD 可显示前述图 9.4.8(a) 所示的梯形图网络编辑页面及图 9.4.8(b) 所示的编辑软功能键，部分软功能键需要通过软功能扩展键〖+〗显示。

网络编辑软功能键的作用如下。

触点/连线/线圈：用于编程元件触点、线圈及连线的输入、插入、替换等编辑操作。

〖FUNC〗：功能指令，用于功能指令的输入操作（见后述）。

〖AUTO〗：自动生成地址，梯形图输入时，可自动生成当前 PMC 程序中尚未使用的编程元件地址，避免程序出现重复地址。

〖DATA TABLE〗：数据表编辑，可进入功能指令的数据表编辑页面（见后述）。

〖RESTRE〗：撤销，撤销梯形图网络编辑操作，恢复编辑前的状态。

〖NEXT NET〗：下一网络，结束当前梯形图网络编辑，进入下一网络的编辑页面。

〖INSERT LINE〗：插入行，在光标指定位置增加一个空行。

〖INSERT COLUMN〗：插入列，在光标指定位置的前方，增加一个图 9.4.9(a) 所示的编程元件插入列。

〖APPEND COLUMN〗：增加列，在光标指定位置的后方，增加一个图 9.4.9(b) 所示的编程元件插入列。

〖CANCEL EDIT〗：撤销编辑，撤销梯形图网络的编辑操作，返回到 PMC 程序编辑显示页。

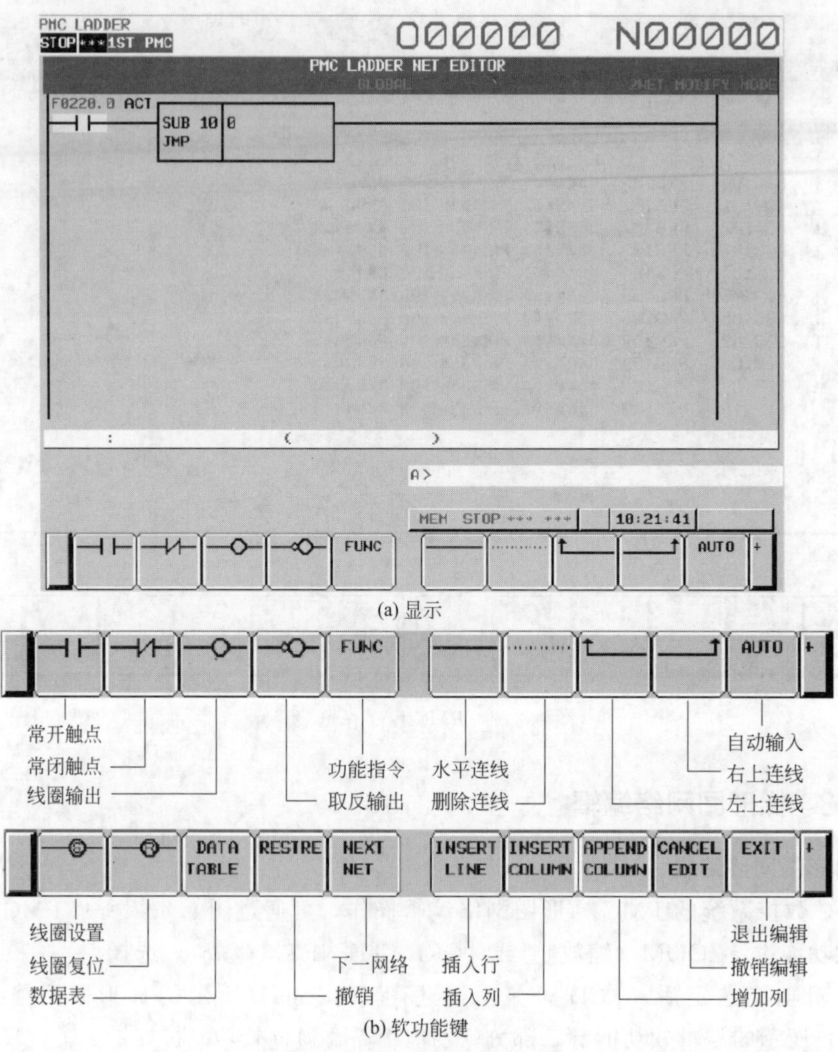

(a) 显示

(b) 软功能键

图 9.4.8　梯形图网络编辑显示

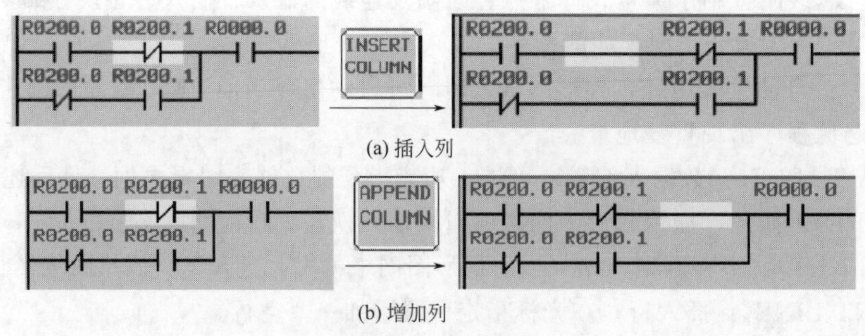

(a) 插入列

(b) 增加列

图 9.4.9　列的插入

〖EXIT EDIT（退出）〗：生效和保存已编辑的梯形图网络，如果所编辑的梯形图网络存在错误，系统将保留编辑页面，并显示出错信息。

（2）逻辑梯形图编辑

在 PMC 梯形图网络编辑页面上，可通过以下步骤进行逻辑网络输入、编辑操作。

① 利用光标移动键，选择编程元件输入位置或选定需要编辑的编程元件。

② 利用图 9.4.10 所示的操作软功能键输入或修改编程元件。例如，选择软功能键〖┤ ├〗，便可在光标选择的位置增加一个常开触点等。

③ 利用 MDI 面板的字母、数字键输入编程元件的地址，如 X0.1 等，完成后用【INPUT】键输入。

④ 通过步骤①～③同样的操作，完成同一行其他编程元件输入或编辑。

⑤ 当前行的触点输入完成后，按下线圈输出软功能键〖—○—〗，可在当前行中生成一个输出线圈。

⑥ 利用 MDI 面板的字母、数字键输入编程元件的地址，如 R200.0 等，完成后用【INPUT】键输入。

⑦ 当前行输入、编辑完成后，光标可自动下移一行；如需要，可通过步骤①～③同样的操作，完成并联支路的触点输入；并联支路可通过水平连线软功能键〖——〗延长。

⑧ 并联支路输入、编辑完成后，选择右上连线软功能键〖___↑〗，使得水平连接线与上一行连接，完成支路并联。

⑨ 通过⑦～⑧同样的操作，完成全部并联支路的输入、编辑操作。

(3) 功能指令编辑

在 PMC 梯形图网络编辑页面上，可通过以下步骤进行 PMC 功能指令输入、编辑操作。

① 利用光标移动键，选择功能指令控制条件的输入位置。

② 通过逻辑梯形图输入、编辑同样的操作，完成功能指令第 1 行控制条件的输入。

③ 按操作软功能键〖FUNC〗，LCD 可显示图 9.4.10 所示的功能指令选择菜单。

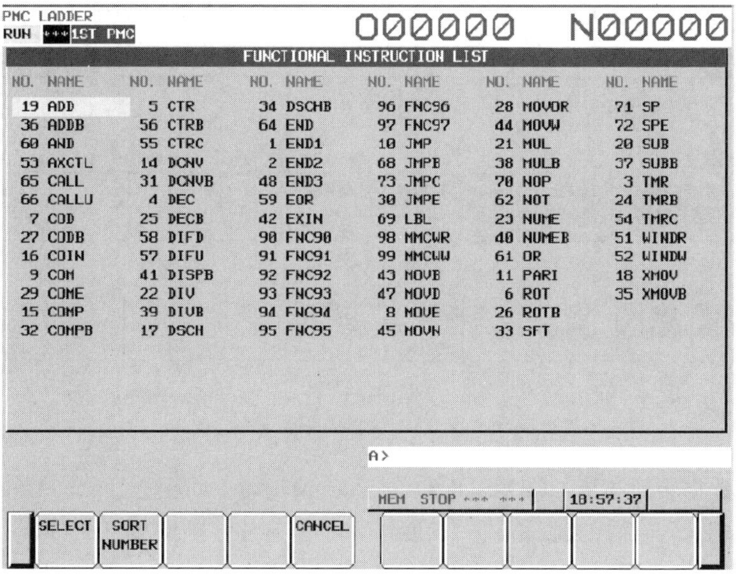

图 9.4.10　功能指令显示

④ 功能指令的排序方式可通过显示页的软功能键〖SORT NUMBER〗，选择按 SUB 号排序；或者按软功能键〖SORT NAME〗，选择按功能指令名称排序。

⑤ 利用光标移动键，选定需要输入的功能指令，按〖SELECT〗键输入；选择错误时，可按〖CANCEL〗键退出功能指令显示，返回梯形图网络编辑页面。

⑥ 利用 MDI 面板的字母、数字键输入功能指令的参数，并用【INPUT】键输入。

⑦ 通过逻辑梯形图输入、编辑同样的操作，完成功能指令其他控制条件的输入。

(4) 数据表编辑

FANUC 数控系统的十进制、二进制数据表转换指令 COD(SUB7)/CODB(SUB27)，需要创建数据转换表，操作步骤如下。

① 选择梯形图网络编辑页面，并通过图 9.4.8 所示的操作软功能扩展键〖DATA TABLE〗，使 LCD 显示图 9.4.11 所示的数据表编辑页面。

② 进行二进制数据转换指令 CODB(SUB27) 输入、编辑时，可通过图 9.4.11(a) 所示的软功能键〖BYTE〗、〖WORD〗、〖DWORD〗，选定数据格式（长度）格式参数（1 字节、1 字或双字）。

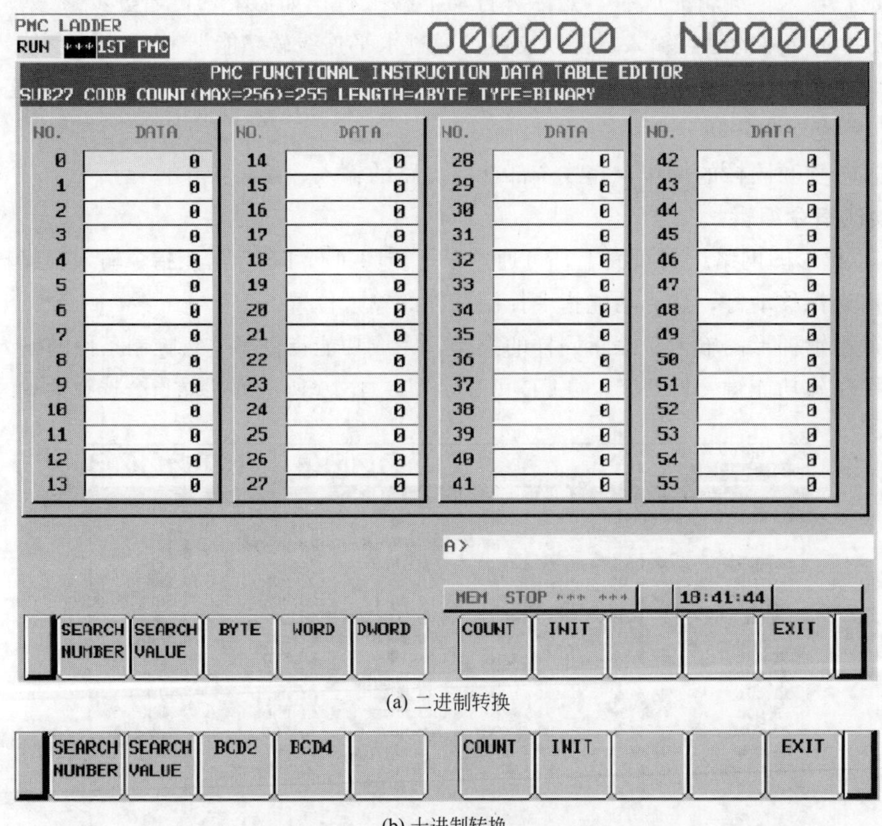

(a) 二进制转换

(b) 十进制转换

图 9.4.11　数据表编辑显示

进行十进制数据转换指令 COD(SUB7) 输入、编辑时，可通过 9.4.11(b) 所示的软功能键〖BCD2〗、〖BCD4〗，选择数据格式（长度）为 2 位 BCD、4 位 BCD 数据。

③ 利用光标移动键，或者，利用 MDI 面板输入数据号、数据值后，按软功能键〖SEARCH NUMBER〗、〖SEARCH VALUE〗键，选定数据表的输入或编辑位置。

④ 利用 MDI 面板的数字键输入或编辑数据表数据。按软功能键〖COUNT〗，可修改数据号；如按软功能键〖INIT〗，可将所有数据清零。

⑤ 数据表编辑完成后，可按软功能键〖EXIT〗键，退出数据表编辑页面，返回梯形图网络编辑页面。

9.4.4 PMC 地址编辑

(1) 地址修改

在图 9.4.2 所示的 PMC 程序编辑页面上，选择操作软功能扩展键〖CHANGE ADRS〗，LCD 可显示图 9.4.12 所示的编程元件地址修改显示页面，对编程元件的地址进行个别或一次性修改。

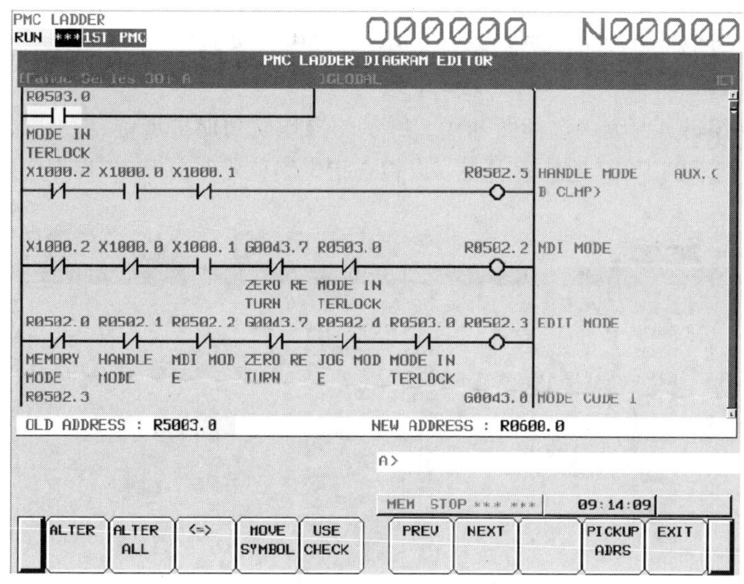

图 9.4.12　地址修改显示

编程元件地址修改显示页上的“旧地址（OLD ADDRESS）”“新地址（NEW ADDRESS）”栏可直接利用 MDI 面板的字母、数字、【INPUT】键输入，或者按软功能键〖PICKUP ADRS〗，用光标在梯形图上选择。编程元件的地址允许使用通配符“＊”，例如，输入地址 X0100.＊，可一次性指定地址 X0100.0～X0100.7。

新、旧编程元件地址输入完成后，可通过显示页的如下操作软功能，进行个别修改或一次性修改。

〖ALTER〗：个别修改。可将当前选定的旧地址修改为输入的新地址；如 LCD 不能显示软功能键〖ALTER〗，表明当前所选的编程元件地址不允许进行修改。

〖ALTER ALL〗：一次性修改。将所选程序中的指定地址一次性修改为新地址；按软功能键〖ALTER ALL〗，LCD 的信息行将显示“DO YOU ALTER OLD ADDRESS IN GLOBAL?”操作确认信息，确认后，地址将被一次性修改；修改完成后，信息行显示“ADDRESSES WERE ALTERED INTO ＊＊＊＊IN THE GLOBAL”。

〖＜＝＞〗：光标移动键。按此键，光标可进行“旧地址（OLD ADDRESS）”“新地址（NEW ADDRESS）”输入栏的切换。

〖MOVE SYMBOL〗：符号表转移。通常而言，编程元件地址被修改后，旧地址上的符号表将被自动删除，如需要将符号表移植到新地址上，可选择〖MOVE SYMBOL〗键。进行符号表转移时，LCD 的信息行将显示“ARE YOU SURE YOU WANT TO MOVE THE SYMBOL?”操作确认信息，确认后，符号表将被转移；转移完成后，LCD 的信息行可显示“THE

SYMBOL MOVED”。

〖USE CHECK〗：应用与检查。按软功能键，可搜索 PMC 程序中所有旧地址栏的编程元件，检查并应用新地址。

〖PREV〗：反向搜索旧地址栏的编程元件。

〖NEXT〗：正向搜索旧地址栏的编程元件。

〖PICKUP ADRS〗：地址采集。将梯形图中光标选定位置的地址输入到旧地址栏或新地址栏。

〖EXIT〗：退出地址修改显示页，返回 PMC 程序编辑页面。

(2) 交叉表显示

在 PMC 程序编辑页面上，选择图 9.4.2 所示的操作软功能扩展键〖ADDRES MAP〗，LCD 可显示图 9.4.13 所示的 PMC 地址索引表，以检查指定编程元件在 PMC 程序中的使用情况。

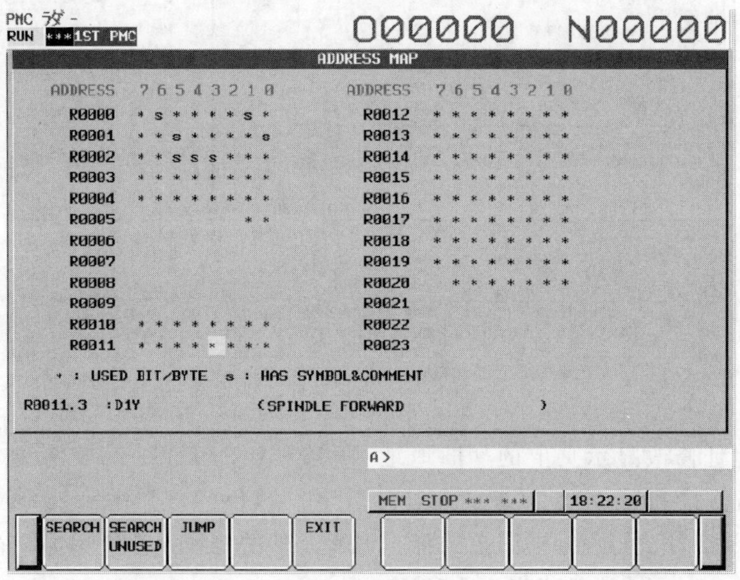

图 9.4.13 地址索引表显示

地址索引表显示页的状态显示字符的含义如下。

“＊（或●）”：代表该地址的编程元件以二进制位或字节的形式在程序中编程；以字节形式使用时，地址前带有“＊”标记。如“＊ R100 ●●●●●●●●”等。

S：代表该地址的编程元件使用了符号或注释。

地址索引表显示页的软功能键作用如下。

〖SEARCH〗：地址检索。搜索 MDI 输入的地址，并将该地址作为起始地址在索引表上显示。

〖SEARCH UNUSED〗：未使用的地址检索。搜索 PMC 程序中未使用的地址，并在地址索引表上显示。

〖JUMP〗：地址引用。引用光标指定位置的地址。

〖EXIT〗：退出地址索引表显示，返回 PMC 程序编辑页面。

(3) 地址、参数号自动输入

在 PMC 程序编辑时，可利用地址自动输入功能，自动搜索程序中未使用的地址，并将其输入到 PMC 程序中。

内部继电器 R、扩展内部继电器 E，数据寄存器 D 地址自动输入操作只能用于以二进制位编程的元件。PMC 程序编辑页面上，如输入地址 R、D、E，按软功能键〖AUTO〗，操作系统可自动搜索程序中未使用的 R、D、E 地址，并有小到大依次插入到程序中。如所有地址都已使用，LCD 的信息显示行将显示提示信息“NO FREE ADDRESS IS FOUND BEFOR ****”。

进行定时指令 TMR/TMRB、计数指令 CTR/CTRB、边沿检测指令 DIFU/DIFD 的地址自动输入操作时，可将光标移动到定时器、计数器、边沿检测的编号输入位置，按软功能键〖AUTO〗，操作系统变可自动搜索并输入程序中未使用的定时器、计数器、边沿检测号，并有小到大依次插入到程序中。如果所有的编号都已使用，则显示提示信息“NO UNUSED PARAMETER NUMBER”。

9.5　PMC 调试与维修操作

9.5.1　PMC 状态检查

CNC 集成 PMC 是数控系统的重要组成部分，它起着控制 CNC 手动及程序自动运行、编译辅助指令、控制机床动作等作用。安装在机床上的操作按钮、检测开关等都需要通过 PMC 程序转换为 CNC 的控制信号；CNC 加工程序中的辅助机能指令、工作状态信号，需要通过 PMC 程序转换为机床的状态指示和机械、电气动作，因此，数控系统调试、维修时，需要进行 PMC 的状态检查、参数设定、梯形图监控等诸多操作。

PMC 状态检查的内容及操作步骤如下。

(1) PMC 信号状态显示

PMC 信号状态显示的操作步骤如下。

① 按 MDI 面板的功能键【SYSTEM】，选择 CNC 系统显示模式。

② 按软功能扩展键，使 LCD 显示图 9.5.1 所示的 PMC 操作软功能键〖PMC 维护（PMCMNT）〗、〖PMC 梯图（PMCLAD）〗、〖PMC 配置（PMCCNF）〗。

③ 按软功能键〖PMC 维护（PMCMNT）〗，选择 PMC 维修操作，LCD 可显示图 9.5.2 所示的 PMC 维修显示页面及状态显示软功能键。

④ 按软功能键〖信号状态〗，LCD 可显示 PMC 信号状态显示页面，并显示如下内容（参见图 9.5.2）。

地址：PMC 信号的绝对地址，绝对地址按由小至大的次序依次排列。

状态：PMC 信号以字节为单位显示，状态显示栏可显示信号的 8 位二进制状态及对应的十六进制（或十进制）数值，利用输入仿真、输出强制操作设定的信号状态，在二进制状态前可显示“>”标记。

附加信息：定义有符号表的 PMC 信号被光标所选择时，附加信息行可显示指定信号的符号和注释。

⑤ 按软功能键〖(操作)〗，LCD 可显示如下操作软功能键，选择所需的操作。

〖搜索〗：PMC 信号类别切换或指定地址信号的检索。PMC 信号切换、检索时，可利用 MDI 面板输入 PMC 信号绝对地址，然后，按软功能键〖搜索〗，LCD 便可切换到指定 PMC 信号的状态显示页面。

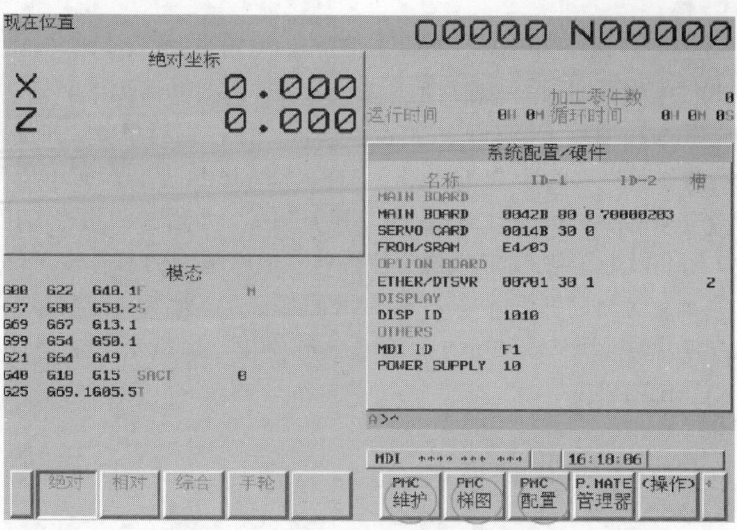

图 9.5.1 PMC 操作软功能键显示

〖10 进〗：PMC 信号的状态数值以十进制格式显示。

〖16 进〗：PMC 信号的状态数值以十六进制格式显示。

〖强制〗：切换到 PMC 的输入仿真、输出强制操作页面。

〖次 PMC〗：切换到第二 PMC 的信号状态显示页面。

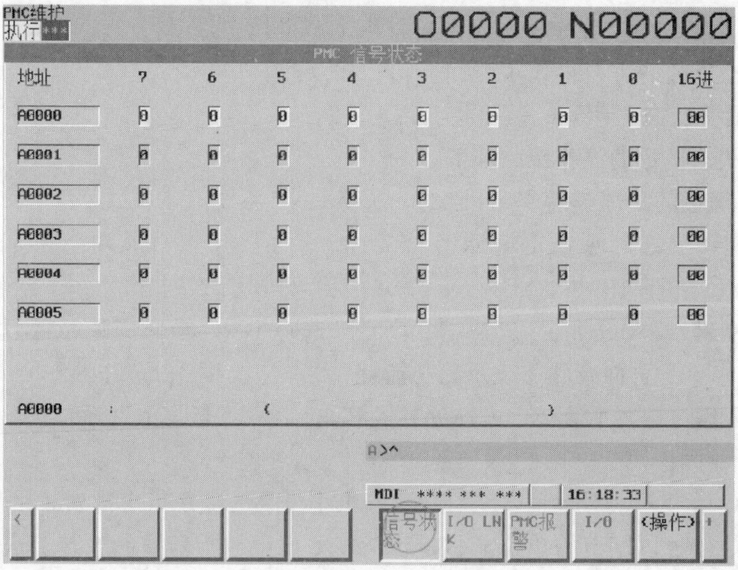

PMC维护
执行 ***
O0000 N00000
PMC 信号状态

地址	7	6	5	4	3	2	1	0	16进
A0000	0	0	0	0	0	0	0	0	00
A0001	0	0	0	0	0	0	0	0	00
A0002	0	0	0	0	0	0	0	0	00
A0003	0	0	0	0	0	0	0	0	00
A0004	0	0	0	0	0	0	0	0	00
A0005	0	0	0	0	0	0	0	0	00

A0000 : ( )
A>^
MDI **** *** *** 16:18:33
信号状态 I/O LNK PMC报警 I/O (操作)

图 9.5.2 PMC 维修信号状态显示

(2) I/O-Link 网络配置显示

在图 9.5.2 所示的 PMC 维修信号显示页面上，如选择软功能键〖I/O LNK〗，LCD 可显示图 9.5.3 所示的 I/O-Link 网络配置信息。

I/O-Link 网络配置信息显示页面的显示内容如下。

通道：PMC 当前的通道（路径）号显示。

组：I/O-Link 网络的从站连接序号（安装位置）显示。

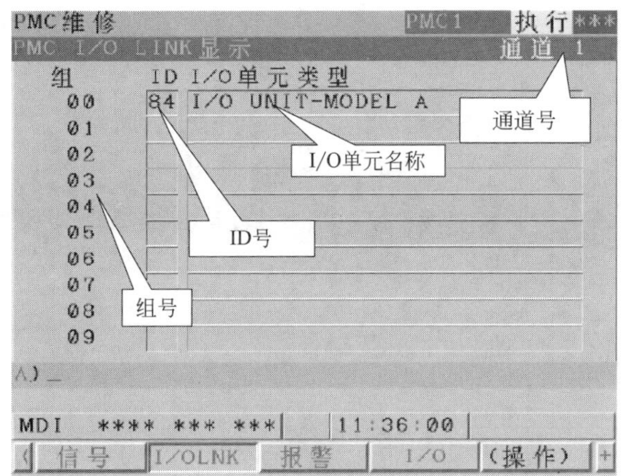

图 9.5.3　I/O-Link 网络配置信息显示

ID：I/O 单元或模块的 ID 号显示。

I/O 单元类型：I/O 单元或模块的类型和名称显示。

有关 I/O-Link 网络配置信息的详细说明可参见本章前述。

(3) PMC 报警

在图 9.5.2 所示的 PMC 维修显示页面上，如选择软功能键〖PMC 报警〗，LCD 可显示图 9.5.4 所示的 PMC 报警页面；当 PMC 发生报警时，该页面可显示 PMC 报警号、报警内容及相关的报警信息。PMC 报警的内容及原因详见附录 B。

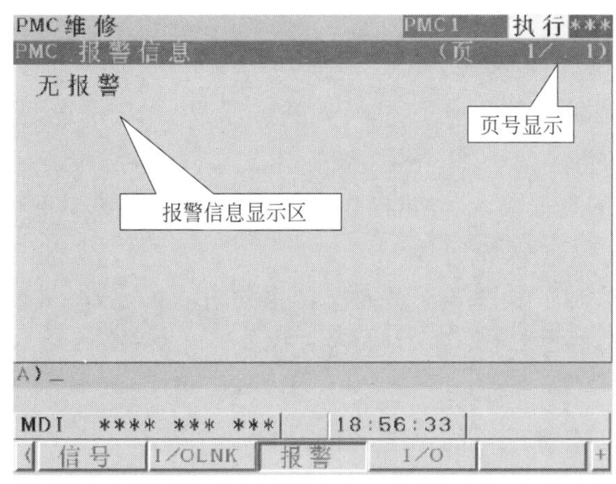

图 9.5.4　PMC 报警显示

(4) 数据输入/输出

PMC 数据可通过 CNC 的数据输入/输出接口输出。在图 9.5.2 所示的 PMC 维修显示页面上，如选择软功能键〖I/O〗，LCD 可显示图 9.5.5 所示的 PMC 数据输入/输出页面。

PMC 数据输入/输出显示页各选项的作用如下。

装置：输入/输出设备选择。

功能：选择输入/输出操作。

数据类型：选择输入/输出数据类型。

文件号、文件名：定义 PMC 数据文件的编号、名称。

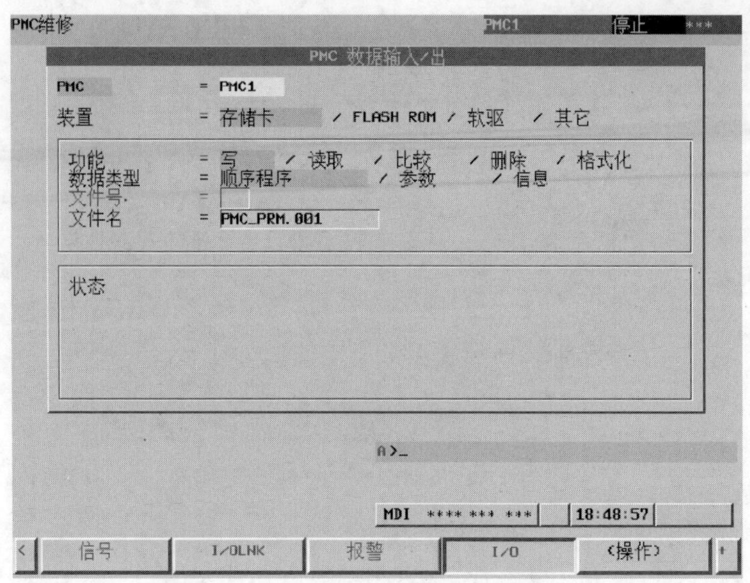

图 9.5.5　PMC 数据输入/输出显示

PMC 数据输入/输出功能选择后，按软功能键〖(操作)〗，LCD 可显示如下操作软功能键、选择所需的操作。

〖执行〗：执行数据输入/输出操作。

〖列表〗：切换到 PMC 程序一览表显示页面。

〖设定〗：数据输入/输出的设定。

〖文件名〗：定义输入/输出文件名。

〖方式〗：切换字符输入方式。

〖字删除〗：删除字符。

〖取消〗：取消所选的数据输入/输出操作。

(5) I/O 诊断

在图 9.5.2 所示的 PMC 维修显示页面上，按软功能扩展键，LCD 可显示扩展软功能键〖I/O 诊断〗；选择〖I/O 诊断〗后，LCD 可显示图 9.5.6 所示的 I/O 信号诊断页面，显示 I/O 信号的所有信息。

I/O 信号综合诊断页各显示栏的含义如下。

GRP：PMC 符号地址的分组名，通过扩展软功能键〖组〗或〖全组〗，可选择符号地址组或显示所有组的信号。

程序符号：显示信号在 PMC 程序中所使用的符号地址。

地址：显示信号的 PMC 存储器地址（绝对地址）。

值：信号的状态或 10 进制数值。

I/O 信息：指示信号的 I/O 连接情况。显示值的首字母为 I/O 模块类型，“I”为输入模块，“O”为输出模块，“*”为其他模块；第 2、3 位为 I/O-Link 从站信息，以“L*n*”表示（*n* 为 PMC 通道号），PROFIBUS 从站显示“P”；第 4～6 位为从站地址“组·基座号·插槽号”；最后位置显示网络通信状态，OK 代表正常。

显示页的软功能键、扩展软功能键作用如下。

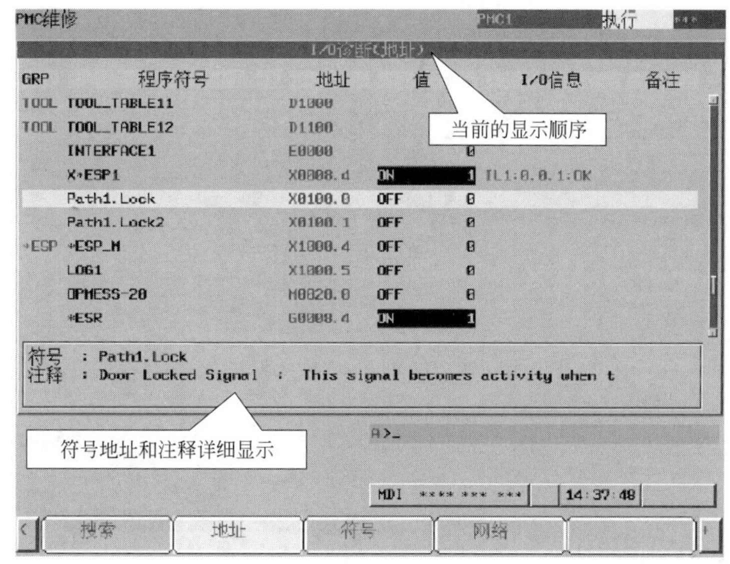

图 9.5.6　I/O 综合诊断显示

〖搜索〗：在 MDI 面板输入地址后，按此键可以直接搜索指定地址的信号，并在 LCD 上显示。

〖地址〗：I/O 信号按存储器绝对地址次序显示。

〖符号〗：I/O 信号按符号表地址次序显示。

〖网络〗：I/O 信号按 I/O-Link 网络连接次序显示。

〖组〗：显示指定符号地址组的信号。

〖全组〗：显示所有符号地址组的信号。

〖设定〗：设定显示内容。

9.5.2　PMC 参数显示与设定

PMC 程序中的定时器定时值、计数器的计数预置值和当前计数值、保存型继电器的设定值、数据寄存器的设定值等，可在选择 CNC 系统显示模式后，通过扩展软功能键〖PMC-MNT(PMC 维修)〗，进行如下显示和设定。

(1) 定时器设定

PMC 程序中所使用的可变定时器，其延时需要通过定时器设定页面设定。在 PMC 维修软功能键〖PMCMNT〗选择后，如按软功能键〖定时〗，LCD 可显示图 9.5.7 所示的 PMC 定时器设定页面，显示页各栏的含义如下。

号：PMC 程序中的定时器编号。

地址：PMC 内部使用的定时存储器地址。

设定时间：根据程序要求设定的定时器延时时间，单位 ms。

精度：定时器延时精度，单位 ms。设定时间应为延时精度的整数倍，如设定值不为精度的整数倍，数据输入后将被自动转换为整数倍。FS 0i 允许使用的延时单位有 8ms、48ms、1ms、10ms、100ms、1s、1min 等。

注释：显示 PMC 程序中的定时器注释文本。

在定时器设定和显示页面，可通过如下软功能键选择所需的操作。

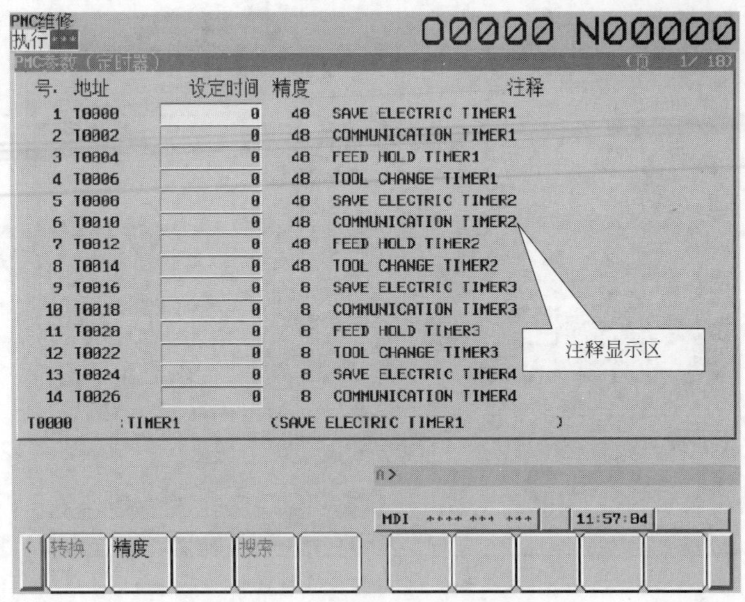

图 9.5.7 PMC 定时器设定显示

〖精度〗：定时器延时精度设定。按此键可进一步显示软功能键〖1MS〗、〖10MS〗、〖100MS〗、〖1 秒〗、〖1 分〗、〖初始化〗，可根据需要确定定时器的延时精度。如按〖初始化〗软功能键时，定时器 T1～T8 的延时精度为 48ms，定时器 T9～T250 的延时精度为 8ms。

〖搜索〗：定时器显示有多页，可利用 MDI 面板上的选页键【PAGE↑】/【PAGE↓】选择所需要的定时器显示页，或者，在 MDI 面板输入定时器号后，按此键直接搜索指定编号的定时器，并在 LCD 上显示。

定时器显示后，可用光标移动键【←】/【→】选择所需的定时器，然后按软功能键〖精度〗，设定定时器延时精度；定时器的延时可通过 MDI 面板的数字键和编辑键【INPUT】输入后设定。

(2) 计数器设定

PMC 程序中的计数器计数预置值、当前计数值需要通过 PMC 的计数器设定页面设定。在 PMC 维修软功能键〖PMCMNT〗选择后，如按软功能键〖计数器〗，LCD 可显示图 9.5.8 所示的 PMC 计数器设定页面，显示页各栏的含义如下。

号：PMC 程序中的计数器编号。

地址：PMC 内部使用的计数存储器地址。

设定值：根据 PMC 程序要求设定的计数器计数预置值。

现在值：计数器的当前计数值。

注释：显示 PMC 程序中的计数器注释文本。

该页面可通过如下软功能键选择所需的操作。

〖搜索〗：计数器显示有多页，可利用 MDI 面板上的选页键【PAGE↑】/【PAGE↓】选择所需要的计数器显示页，或者，在 MDI 面板输入计数器号后，按此键直接搜索指定编号的计数器，并在 LCD 上显示。

计数器显示后，可用光标移动键【←】/【→】选择所需的计数器，然后，通过 MDI 面板的数字键、编辑键【INPUT】输入计数预置值和当前计数值，设定计数器。

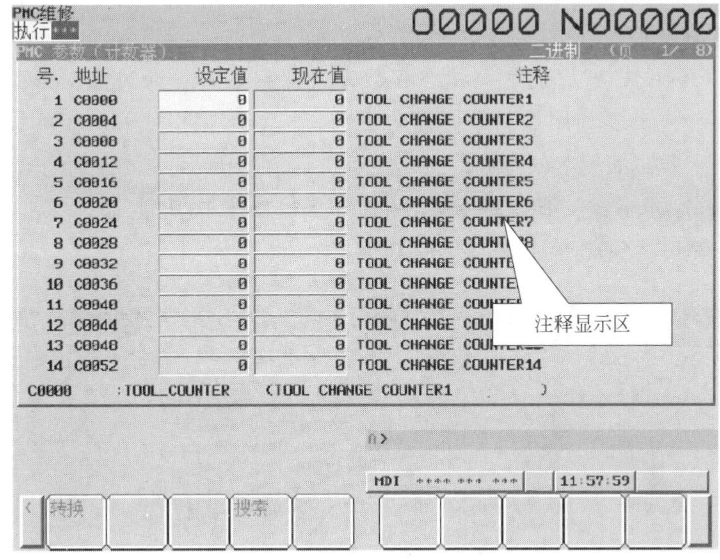

图 9.5.8　PMC 计数器设定显示

(3) 保持型继电器设定

FS 0i 系统的保持型继电器分 PMC 控制继电器（K900～K999）和 PMC 程序用继电器（K0～K99）两类，前者用于 PMC 的程序编辑、显示、保护等管理设定，后者可用于 PMC 程序的状态寄存、并能够断电保持。

保持型继电器的值可通过保持型继电器设定页面设定。在选择 PMC 维修软功能键〖PM-CMNT〗后，如按软功能键〖K 参数〗，LCD 可显示图 9.5.9 所示的 PMC 保持型继电器设定页面。

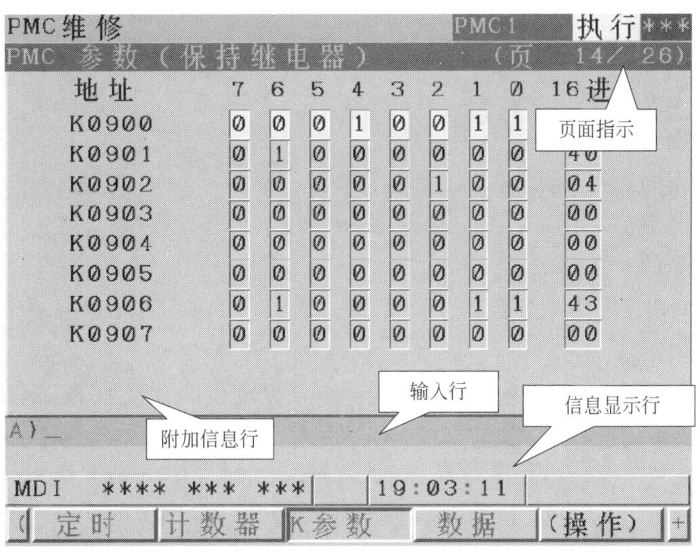

图 9.5.9　保持型继电器设定显示

保持型继电器显示有多页，可利用 MDI 面板上的选页键【PAGE↑】/【PAGE↓】选择所需要的显示页，或者在 MDI 面板输入计数器号后，按〖搜索〗键直接搜索指定编号的保持型继电器，并在 LCD 上显示。保持型继电器显示后，可用光标移动键【←】/【→】选择所需的继电器，然后用 MDI 面板的数字键、编辑键【INPUT】输入数据，设定保持型继电器的值。

(4) 数据寄存器设定

数据寄存器用于 PMC 程序的中间状态和数据的保存，它可通过数据寄存器设定页面进行设定。数据寄存器首先需要利用控制数据设定页面，进行数据格式和分组的设定；然后才能在数值设定页面，设定数据寄存器的值。

在 PMC 维修软功能键〖PMCMNT〗选择后，如按软功能键〖数据〗，LCD 可显示图 9.5.10 所示的 PMC 数据寄存器控制数据设定页面。

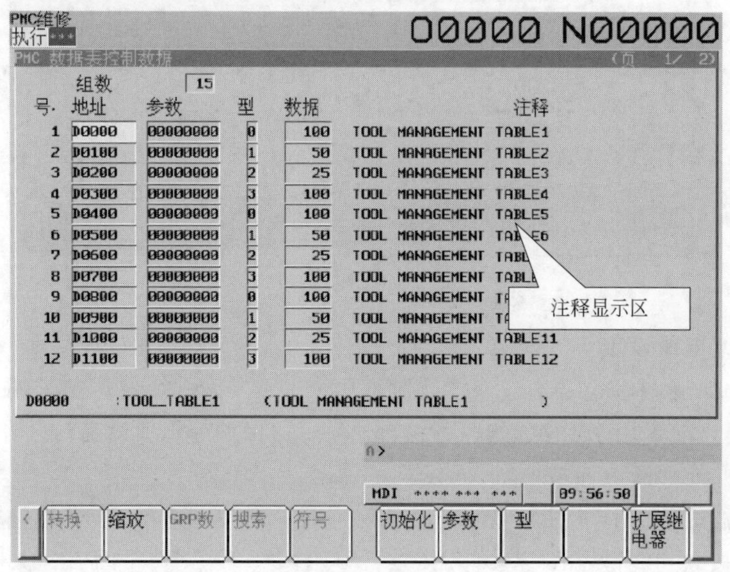

图 9.5.10 控制数据设定显示

控制数据设定显示页各栏的含义如下。

组数：数据寄存器的分组数量。

号：数据组的编号。

地址：该组数据的起始数据寄存器地址。

参数：该组数据的控制参数。

型：该组数据的类型，设定 0、1、2 分别为 1、2、4 字节数据，设定 3 为二进制位。

数据：该组数据的个数。

注释：显示 PMC 程序中的计数器注释文本。在 8.4in LCD 上，光标所在位置的计数器注释可在附加信息行显示。

数据寄存器的控制参数以二进制位的形式设定，设定位的含义如下。

bit0：数据组的格式选择 1。设定“0”为二进制格式，设定“1”为十进制格式。

bit1：数据组的写入保护设定。设定“0”为允许修改，设定“1”为写入保护。

bit2：数据组的格式选择 2。设定“0”时，数据格式利用 bit0 选择；设定“1”为十六进制数，此时 bit0、bit3 的设定将无效。

bit3：数据组的格式选择 3。设定“0”为带符号，设定“1”为无符号。

在控制数据设定页面上，可通过如下软功能键选择所需的操作。

〖缩放〗：显示数据寄存器的数值设定页面。

〖GRP 数〗：进行数据组数定义。

〖搜索〗：数据控制参数显示有多页，可利用 MDI 面板上的选页键【PAGE↑】/【PAGE↓】选择所需要的控制数据设定页，或者在 MDI 面板输入组号后，按此键直接搜索指定组数据，并在 LCD 上显示。

〖符号〗/〖地址〗：进行数据寄存器符号地址/存储器地址的切换。

〖初始化〗：初始化控制数据。

〖参数〗：数据组控制参数设定。软功能键选择后，可显示〖带符号〗、〖无符号〗、〖BCD〗、〖16 进〗、〖保护〗等控制参数设定软功能键，选择不同软功能键，可直接设定数据组的控制参数。

〖型〗：设定数据组的数据类型。软功能键选择后，可显示〖字节〗、〖字〗、〖双字〗、〖位〗等类型设定软功能键，按不同软功能键，可直接设定数据组的数据类型。

〖扩展继电器〗/〖表〗：进行扩展继电器/数据寄存器的显示切换。

在数据寄存器的控制数据设定页面上，如按软功能键〖缩放〗，便可显示图 9.5.11 所示的数据寄存器的数值设定页面。该显示页的第 3 行上显示数据组号、数据组控制参数的设定信息，其他各栏的含义如下。

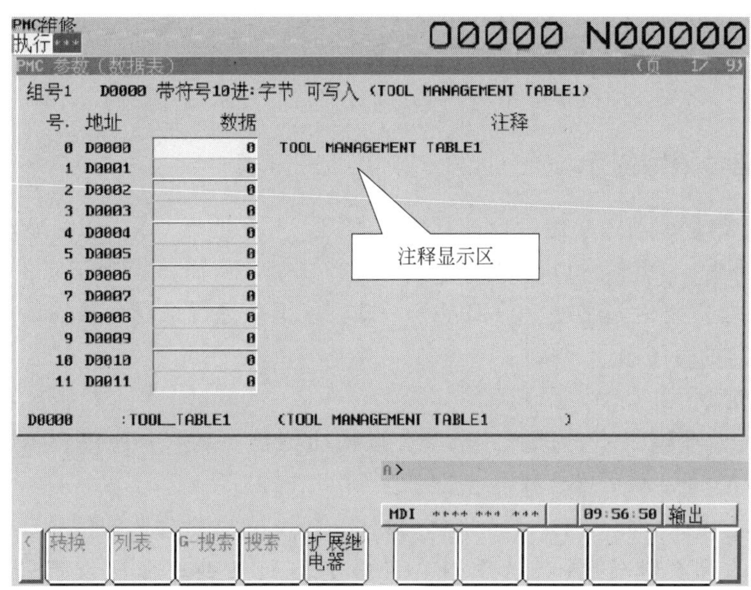

图 9.5.11　数据寄存器数值设定显示

号：数据寄存器的序号。

地址：数据寄存器的存储器地址。

数据：数据寄存器的数值显示和设定区，对于二进制位数据，可按字节显示和设定每一位的状态，或以十六进制格式进行显示和设定，其显示如图 9.5.12 所示。

注释：显示数据寄存器在 PMC 程序中的注释文本。

数据寄存器数值设定和显示页上的各软功能键作用如下。

〖列表〗：切换到列表显示页。

〖G-搜索〗：搜索数据组。数据寄存器显示有多页，可利用 MDI 面板上的选页键【PAGE↑】/【PAGE↓】选择所需要的数据组，或者在 MDI 面板输入组号后，按此键直接搜索指定组数据，并在 LCD 上显示。

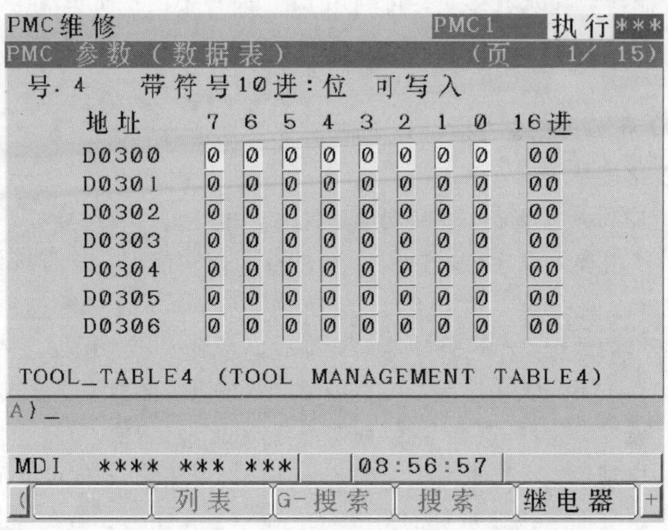

图 9.5.12 二进制位数据的显示

〖搜索〗：搜索数据寄存器。可利用 MDI 面板输入数据寄存器地址后，按此键直接搜索指定的数据寄存器，并在 LCD 上显示。

〖扩展继电器〗/〖表〗：进行扩展继电器/数据寄存器的显示切换。

9.5.3 信号跟踪显示

为了对 PMC 信号的动态变化过程进行跟踪监控，可在选择 CNC 系统显示模式后，通过扩展软功能键〖跟踪〗，将信号以时序图的形式进行显示，从而监控和记录信号的变化过程。PMC 信号跟踪功能需要事先通过〖TRCPRM〗软功能键，进行采样参数的设定，然后再利用〖跟踪〗，显示信号的时序图。

(1) 采样设定

在 CNC 系统显示模式下，选择 PMC 维修软功能键〖PMCMNT〗后，如按软功能键〖TRCPRM〗，LCD 可显示采样参数设定页面。

采样参数设定共有 2 页，第 1 页为采样参数设定页，第 2 页为监控信号选择页，两者可通过 MDI 面板上的选页键【PAGE↑】/【PAGE↓】进行切换。采样设定的第 1 页显示如图 9.5.13 所示，显示页可进行如下设定。

MODE：跟踪方式选择。可选择周期采样（TIME CYCLE）或信号变化采样（SIGNAL TRANSITION）两种跟踪方式。

RESOLUTION：采样分辨率，它是更新信号状态的时间间隔。

TIME：跟踪方式选择周期采样时，需要在此参数上设定对信号进行跟踪监控的时间。

STOP CONDITION：信号跟踪监控的停止条件。可选择“无（NONE）”进行连续跟踪，或在“数据缓冲器溢出（BOFFER FULL）”时停止跟踪，或利用指定信号进行“触发（TRIGGER）”停止跟踪三种停止方式。

当选择信号触发停止跟踪时，需要后续的 TRIGGER 栏设定触发信号的地址（ADDRESS），并选择触发方式（MODE）为上升沿（RISING EDGE）、下降沿（FALLING EDGE）或状态变化（BOTH EDGE）。此外，还需要在显示位置（POSITION）栏，设定触发停止点在时序图时间轴上的显示位置。

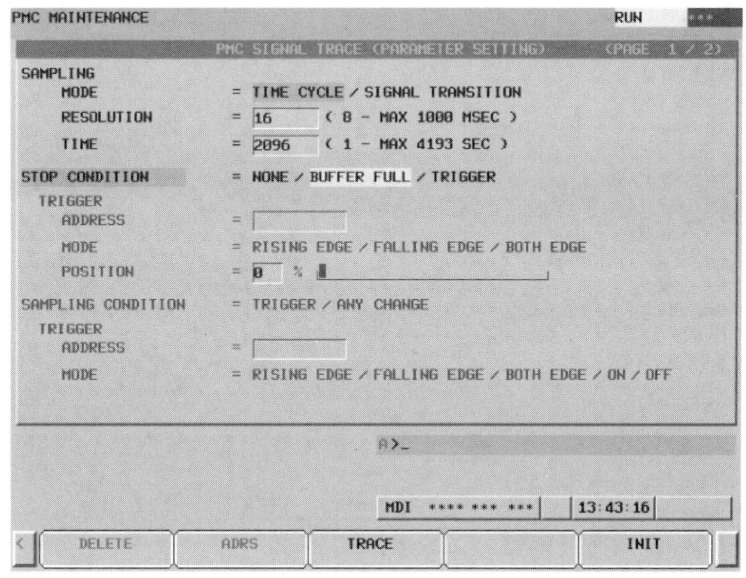

图 9.5.13　采样设定显示

SAMPLING CONDITION：信号跟踪监控的启动条件。如果跟踪方式选择了信号变化采样（SIGNAL TRANSITION），则需要在该栏上选择触发启动（TRIGGER）或信号变化启动（ANY CHANGE）两种启动跟踪的方式。如选择触发启动时，则需要在后续的 TRIGGER 栏设定触发信号的地址（ADDRESS），并选择触发启动方式（MODE）为上升沿（RISING EDGE）、下降沿（FALLING EDGE）、状态变化（BOTH EDGE）或信号接通（ON）、信号断开（OFF）。

（2）信号选择

采样设定的第 2 页用于监控信号的选择与设定。在采样参数设定完成后，可利用选页键【PAGE↑】/【PAGE↓】，显示监控信号设定页面，并选择需要进行跟踪监控的信号。

监控信号选择页的显示如图 9.5.14 所示。在监控信号选择页上，可输入需要跟踪监控的信号地址，FS 0iD 最大允许显示 32 个信号的时序图。

监控信号选择页的软功能键作用如下。

〖删除〗：将光标所选择的跟踪信号删除。

〖符号〗/〖地址〗：进行符号地址和存储器地址的切换。

〖上移〗/〖下移〗：上下交换监控信号的位置。

〖全删除〗：一次性删除所有跟踪监控信号。

地址后面的选择框为触发条件选择，当跟踪方式选择为“信号变化采样（SIGNAL TRANSITION）”“启动方式为信号变化（ANY CHANGE）”时，可通过标记“√”，将该信号作为跟踪监控的启动信号，也可通过 PMC 参数的设定，选择电源启动后自动开始跟踪。

（3）时序图显示

采样参数设定完成后，可通过如下操作，显示信号跟踪监控的时序图。

① 在 CNC 系统显示模式下，按扩展软功能键〖跟踪〗，选择信号跟踪显示。

② 按软功能键〖（操作）〗，显示信号跟踪操作软功能键。

③ 按软功能键〖启动〗，启动信号跟踪，LCD 显示图 9.5.15 所示的信号跟踪时序图。

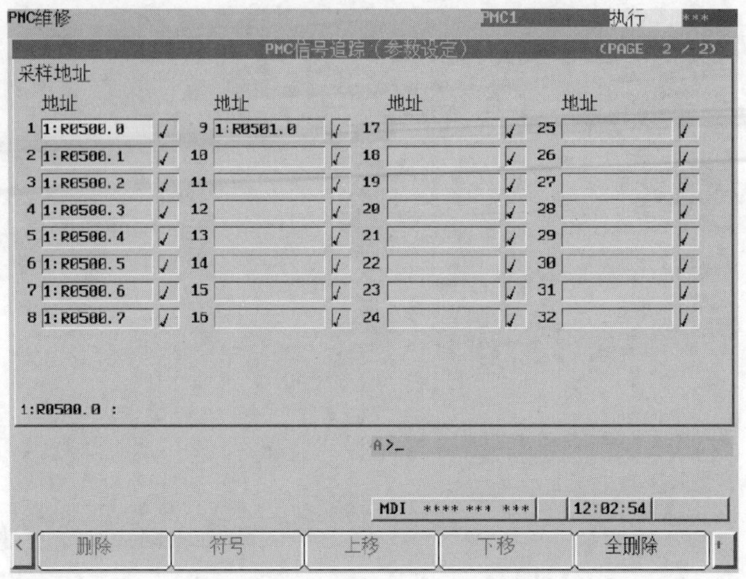

图 9.5.14　监控信号选择页显示

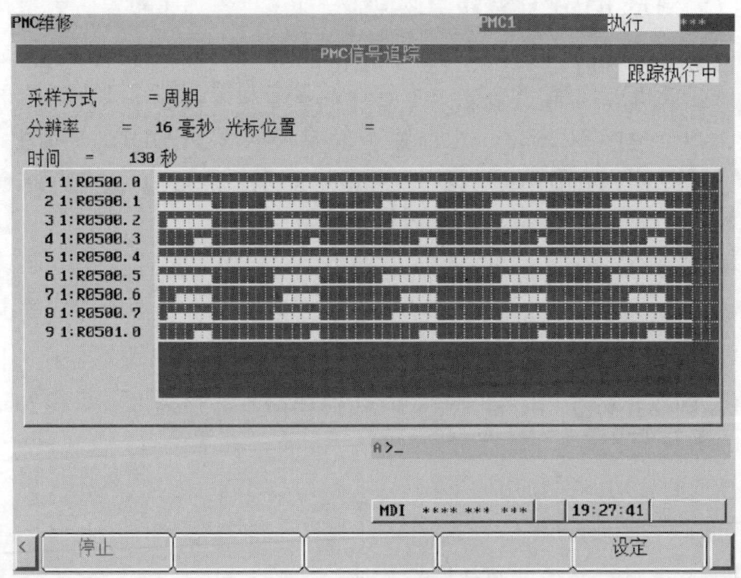

图 9.5.15　信号跟踪过程显示

④ 当跟踪停止条件满足或按软功能键〖停止〗，可中断信号的跟踪监控。跟踪停止后，可显示图 9.5.16 所示的跟踪结果图。

在跟踪结果显示页上，可通过如下操作查看。

选页键【PAGE↑】/【PAGE↓】或光标移动键【↑】/【↓】：选择跟踪监控信号。

〖《前页〗/〖下页》〗或光标移动键【←】/【→】：改变时序图显示的时间区域。

〖符号〗/〖地址〗：进行符号地址和存储器地址的切换。

〖标记〗：在光标指定的位置做标记。

〖扩大〗/〖缩小〗：缩放跟踪结果的时序图显示。

〖上移〗/〖下移〗：进行信号位置的上下交换。

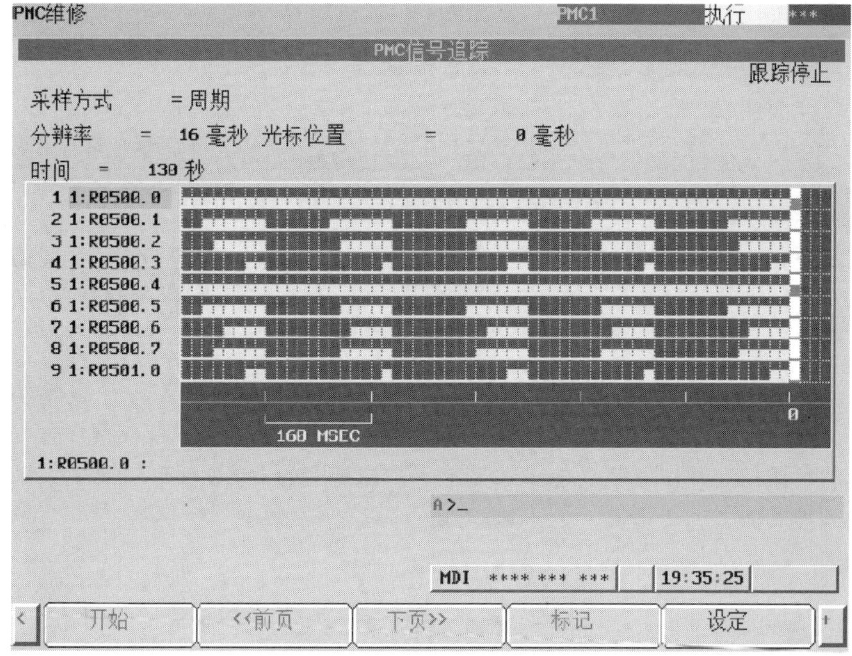

图 9.5.16 信号跟踪结果显示

9.5.4 梯形图显示与监控

FANUC 数控系统集成 PMC 带有动态梯形图显示和编辑功能，梯形图显示和监控操作可在选择 CNC 系统显示模式后，通过扩展软功能键〖PMCLAD〗、软功能键〖梯形图〗，可显示图 9.5.17 所示的梯形图监控显示页面及软功能键。

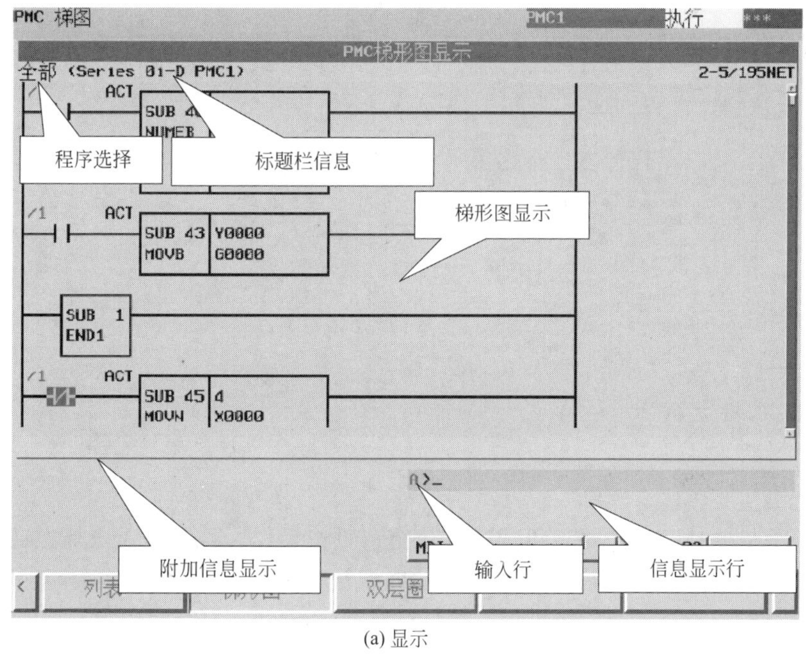

(a) 显示

图 9.5.17

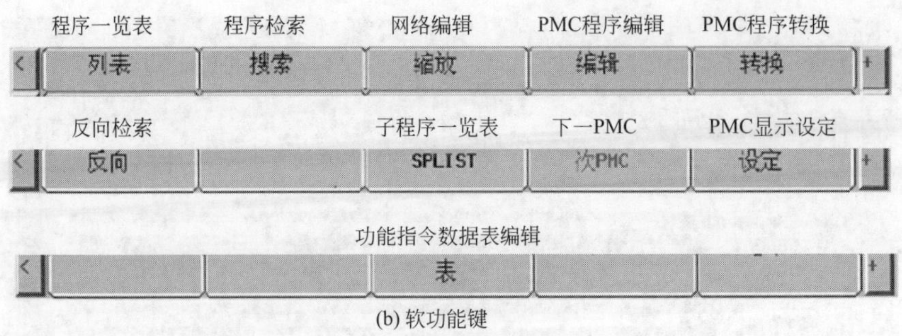

(b) 软功能键

图 9.5.17　梯形图监控显示及软功能键

选择图 9.5.17(b) 中的软功能键〖搜索〗，LCD 可进一步显示图 9.5.18 所示的梯形图搜索软功能键。操作者可根据需要，利用 MDI 面板输入程序网络的序号或编程元件地址、功能指令号等，然后按指定的搜索软功能键，显示、监控指定的 PMC 梯形图网络，显示图 9.5.19 所示的动态监控页面。

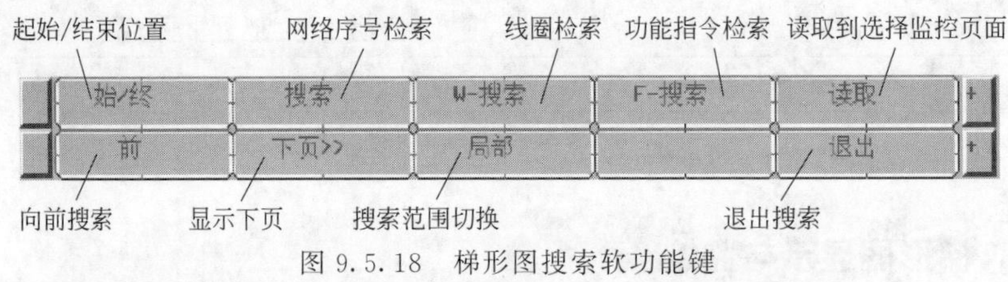

图 9.5.18　梯形图搜索软功能键

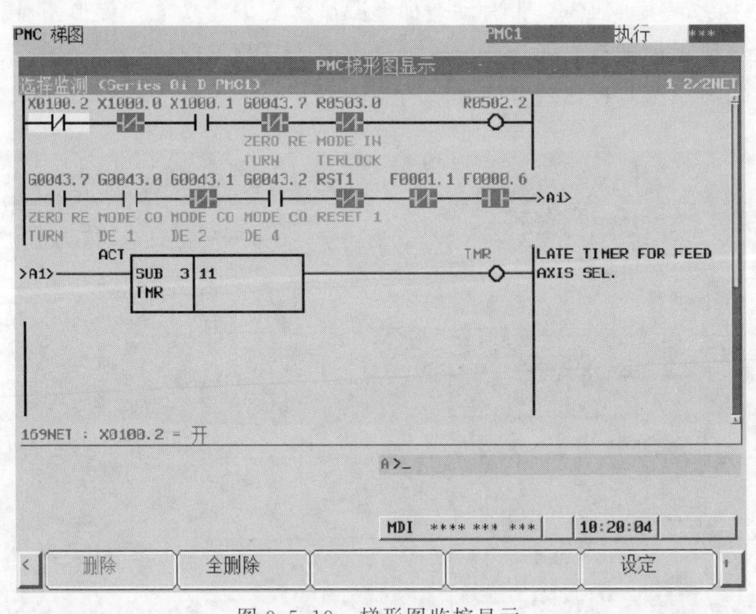

图 9.5.19　梯形图监控显示

选择梯形图监控时，如需要也可通过监控窗口重组操作，将需要重点监控或经常检查的梯形图程序合并到一个监控窗显示；有关 PMC 调试、维修更多的操作，可参见 FANUC 数控系统使用手册。

附录

附录 A　CNC 输入/输出信号总表

附录 B　FANUC PMC 常见报警表

扫码下载查阅